全国注册城乡规划师职业资格考试用书

注册城乡规划师职业资格考试辅导教材

2

城乡规划相关知识

凡 新 周树伟 张 鹏 主编

中国建筑工业出版社

图书在版编目(CIP)数据

注册城乡规划师职业资格考试辅导教材. 2,城乡规
划相关知识 / 凡新,周树伟,张鹏主编. -- 北京:中
国建筑工业出版社,2025.6. --(全国注册城乡规划师
职业资格考试用书). -- ISBN 978-7-112-31246-7

Ⅰ. TU984.2

中国国家版本馆 CIP 数据核字第 2025BY8452 号

责任编辑:黄 翙 徐 冉
责任校对:张惠雯

全国注册城乡规划师职业资格考试用书

注册城乡规划师职业资格考试辅导教材 2 城乡规划相关知识

凡 新 周树伟 张 鹏 主编

*

中国建筑工业出版社出版、发行(北京海淀三里河路9号)

各地新华书店、建筑书店经销

北京红光制版公司制版

北京市密东印刷有限公司印刷

*

开本:787 毫米×1092 毫米 1/16 印张:26 字数:676 千字

2025 年 6 月第一版 2025 年 6 月第一次印刷

定价:**105.00** 元(含增值服务)

ISBN 978-7-112-31246-7

(45226)

编委会名单

（以姓氏笔画为序）

凡　新　　王　存　兰　程　　兰利文　　刘　彬　　吴金凤

张　鹏　　张　璐　　张志斌　　张洁璐　　周树伟　　徐丹仪

康则全　　惠　劫　　蒲　宇

前　言

一、注册城乡规划师考试介绍

1999年，依据人事部、建设部发布的《关于印发〈注册城市规划师执业资格制度暂行规定〉及〈注册城市规划师执业资格认定办法〉的通知》（人发〔1999〕39号），国家开始实施城市规划师执业资格制度。

2000年2月，人事部、建设部发布了《关于印发〈注册城市规划师执业资格考试实施办法〉的通知》（人发〔2000〕20号）。2000年10月，首次全国注册城市规划师执业资格考试举行。

2017年，注册城市规划师更名为注册城乡规划师。

2024年，依据《自然资源部　人力资源社会保障部关于印发〈注册城乡规划师职业资格制度规定〉和〈注册城乡规划师职业资格考试实施办法〉的通知》（自然资规〔2024〕3号），注册城乡规划师考试开始正式实行新的办法。

二、丛书介绍

本套丛书为全新编写，每个分册均包含历年考频、知识点、相关精选真题、拓展内容以及最近一年真题及答案。其特色主要有以下几点。

（1）知识系统化：本书将注册城乡规划师的知识点进行整合，打破科目间的界限，以四科融合的姿态和更加宏观的角度去理解新时代的国土空间规划。如在学习城市规划原理的时候，联系实务中功能分区、用地布局、交通规划以及历史文化保护等内容，通过多层次、多节点的方式，形象化记忆，让考生形成自己的思维体系。

（2）考点扁平化：本书采用了全新"扁平化"的架构，让暗藏的知识点浮出水面，跃然纸上。本书创新地将考点与考点之间的联系深度挖掘，犹如在规划整个城市，从城镇到山水林田湖草沙，从开发利用到保护修复，考点与考点之间形成了逻辑链，有了系统化的关联，考生应对考试也不再是艰苦的旅程，而变成了对工作的探索与发现。

（3）真题数据化：历年真题是最有价值的备考资料，尤其是最新年份的真题。本书将真题作为数据源，遴选经典真题与考点进行关联，以展现考核角度，凸显各考点与知识点考核侧重，使得备考更具针对性，从而使广大考生不至于迷失在茫茫的题海之中。

三、丛书架构与使用说明

2024年度注册城乡规划师职业资格考试大纲沿用《全国注册城市规划师执业资格考试大纲》（2014版）和自然资源部国土空间规划局《关于增补注册城乡规划师职业资格考试大纲内容的函》中附件所列内容。为迎接全新的注册城乡规划师考试，基于新大纲的变化，整套书包含了《注册城乡规划师职业资格考试辅导教材》（4本）与《注册城乡规划师职业资格考试　政策文件·法律法规·标准规范　高频考点与真题演练》（1本）。辅导教材按板块列出知识点，并对高频考点予以标注，有些内容还进行了相应拓展，以便考生更好地抓住重点。除了要掌握相应的规范、标准外，辅导教材还按板块整理并精选了历年真题，学习与做题互动，有助于考生巩固知识点，加深理解和记忆。

《注册城乡规划师职业资格考试 政策文件 · 法律法规 · 标准规范 高频考点与真题演练》摘录了除"城乡规划实务"外其他3个科目涉及的文件重点和相关真题，适合考生考前冲刺。因2018年国土空间规划改革，2018年以前的文件及相关真题暂不纳入本次汇编，以2019～2024年近6年的文件为重点，同时将2024年最新考点单独标记，方便考生快速查找阅读。

中国建筑工业出版社为更好地满足考生需求，除了纸质图书外，还配套准备了注册城乡规划师考试数字资源，包括导学课程、部分精讲课程、学习规划手册等。考生可以选择适宜的方式进行复习。

四、编写分工

《注册城乡规划师职业资格考试辅导教材1 城乡规划原理》：张洁璐、兰利文、张鹏。

《注册城乡规划师职业资格考试辅导教材2 城乡规划相关知识》：凡新、周树伟、张鹏。

《注册城乡规划师职业资格考试辅导教材3 城乡规划管理与法规》：张鹏、吴金凤。

《注册城乡规划师职业资格考试辅导教材4 城乡规划实务》：张鹏、吴金凤。

《注册城乡规划师职业资格考试 政策文件·法律法规·标准规范 高频考点与真题演练》：张鹏、周树伟、张志彬。

在此预祝各位考生取得好成绩，考试顺利过关！

全国注册城乡规划师职业资格考试用书编委会

2025年1月

目　录

建　筑　学

信息技术在城乡规划中的应用

城　市　经　济　学

城 市 地 理 学

城 市 社 会 学

建 筑 学

板块 1   中外建筑史的基本知识

历年考频

板块	2020 年	2021 年	2022 年	2023 年	2024 年
中外建筑史的基本知识	7	5	3	5	6

知识点 1   中国古代建筑的主要分类与特征 【★★★★★】

1. 中国古代建筑的类型

居住建筑，政权建筑及其附属设施，礼制建筑，宗教建筑，商业与手工业建筑，教育、文化、娱乐建筑，园林与风景建筑，市政建筑，标志建筑，防御建筑等。

2. 木构架体系

优势： 取材方便；适应性强；有较强的抗震性能；施工速度快；便于修缮、搬迁。

缺陷： 根本性缺陷在于木材现在越来越少，易遭火灾；采用简支梁体系，难以满足更大、更复杂的空间需求。

木构架体系特征

内容	说明
结构与构造	木结构形式为主，包括抬梁式、穿斗式、井干式三种形式
木构架体系	承重的梁柱结构部分，即大木作（梁、檩、枋、椽、柱等）； 仅为分割空间或装饰之用的非承重部分，即小木作（门、窗、隔扇、屏风等）
建筑著作（2024考点）	北宋李诫所著《营造法式》和清工部颁布的《工程做法则例》。 其中，《营造法式》是王安石推行政治改革的产物，目的是掌握设计与施工标准、节制国家财政开支、保证工程质量，由将作监李诫编写完成，是我国古代最完整的建筑技术书籍。 《管子》提出因地制宜的营城原则
建筑模数	宋代用"材"；清代用"斗口"
斗栱	斗栱是中国木架建筑特有的构件，由水平放置的方形的斗和升、矩形的栱以及斜置的昂组成。在宋代称"铺作"。到了明清时期，斗栱尺寸变小，受力作用变小，逐步演变为装饰性构件

3. 平面布局

中国古代建筑的单座建筑（殿堂、房舍等）平面构成一般都以"柱网"的方式来布置，横向方向以步架称谓。平面布置以"间"和"步"为单位。

间："间"的概念为四柱之间的空间、两榀梁架之间的空间。我国木构建筑单体建筑中以"间"作为度量单位，正面两檐柱间水平距离称为"开间"（又叫面阔），各开间宽度总和称"通面阔"。汉代以前开间数有奇有偶，汉以后用十一以下的奇数间，民间建筑多三、五开间，庙宇、官署建筑多五、七开间，宫殿建筑中的较高等级建筑可为九、十一开间，如西安唐大明宫含元殿、麟德殿和北京清故宫太和殿为十一开间。

步：屋架上檩与檩中心线水平间距，清代称为"步"。各步距总和或侧面各间进深宽度的总和称为"通进深"，若有斗栱，则按前后挑檐檩中心线间的水平距离计算。清代各步距离相等，宋代有相等、递增或递减及不规则排列的。

4. 建筑物等级

建筑物等级

内容	说明
屋顶类型	庑殿、歇山、攒尖、悬山、硬山、单坡、平顶
屋架类型	彻上明造、天花吊顶。其中天花类型包括平闇、平棊、藻井
等级由高到低	**屋顶**：重檐庑殿、重檐歇山、重檐攒尖、单檐庑殿、单檐歇山、悬山、硬山、攒尖； **开间**：十一、九、七、五、三间； **色彩**：黄、赤、绿、青、蓝、黑、灰（宫殿用金、黄、赤色，民舍用黑、灰、白色）

5. 宫殿建筑

宫殿建筑形制

朝代	说明
周朝	三朝五门（形制）：外朝——决定国家大事；治朝——王视事之朝；内朝——办理皇族内部事务，举办宴会
汉代	首开"东西堂制"，即大朝居中，两侧为常朝。晋、南北朝（北周除外）均行东西堂制。隋及以后均行三朝纵列之周制
隋、唐	三朝五门：承天门、太极门、朱明门、两仪门、甘露门。其中，外朝承天门、中朝太极殿、内朝两仪殿
宋代	创造性地发展了御街千步廊制度，另一特点是使用工字形殿

我国已知最早的宫殿遗址是河南偃师二里头商代宫殿遗址。

北京故宫是我国至今保存最为完好的宫殿建筑，建于明永乐年间。其平面为中轴对称，纵深布局，三朝五门，前朝后寝。三朝是指连在须弥座上的太和殿、中和殿、保和殿；五门是指从正阳门到太和门之间的大清门、天安门、端门、午门、太和门。

6. 坛庙建筑

都城是否有坛庙，是立国合法与否的标准之一。坛庙主要有三类：第一类祭祀自然神；第二类是祭祀祖先；第三类是祭祀先贤祠庙。

坛庙建筑分类及实例

分类	实例	说明
祭祀自然神	北京天坛	天坛是世界上最大的祭天建筑群，建于明初，有二重垣，北圆南方，象征天圆地方。内坛分为南北两部，北为"祈谷坛"，南为"圜丘坛"；西天门内南侧建有"斋宫"，是祀前皇帝斋戒的居所；西部外坛设有"神乐署"，掌管祭祀乐舞的教习和演奏。垣内有三组建筑，即斋宫、祭坛、祈年殿
祭祀祖先	太原晋祠	圣母殿是宋代所留殿宇中最大的一座，殿身五间，副阶周匝，所以立面面阔七间，尾顶为重檐九脊顶，殿前飞梁鱼沼。减柱构造典型实例，内部彻上明造，檐柱有侧脚及生起
祭祀先贤祠庙	曲阜孔庙	主殿大成殿，后设寝殿，是前朝后寝的传统形制，为重檐歇山九间殿，黄琉璃瓦，同保和殿规制

7. 陵墓

陵墓建筑反映了人间建筑的布局和设计。秦、汉、唐和北宋的帝后陵都有明显的轴线。陵丘居中，绕以围墙，四面辟门；而唐与北宋诸陵在每个陵的轴线上建享殿、门阙、神道和石象生等。在唐宋陵墓的基础上发展起来的明朝各陵，采用公共神道与牌坊、碑亭以及方城明楼和宝顶相结合的布局方式。清朝的皇陵基本上承袭了明朝的布局和形制。

陵墓实例

实例	说明
秦始皇陵	秦始皇开创了中国封建社会帝王埋葬规制和陵园布局的先例，是中国古代最大的一座人工坟丘，发现有秦兵马俑和铜车马
唐乾陵	唐朝的陵墓大多分布在渭河以北一线山区。乾陵是唐高宗李治和武则天合葬墓，依凉山而建
明孝陵、十三陵	明太祖孝陵位于南京钟山南麓，开曲折自然式神道的先河，并始建宝城宝顶。 北京明十三陵以天寿山为屏障，神道稍有曲折，长约7km，以永乐的长陵为中心，分布在周围的山坡上，每一个陵占一个山趾。陵的布置：陵体称宝城，正前为明楼，楼中立皇帝庙谥石碑，下为灵寝门

8. 宗教建筑

我国比较重要的宗教有佛教、道教和伊斯兰教等。佛教大约在东汉初期传入中国，在两晋、南北朝得到很大发展。中土的佛寺划分为以佛塔为主和以佛殿为主两大类型。以佛塔为主的佛寺在我国出现最早，这类寺院以一座高大、居中的佛塔为主体，其周围环绕方形广庭和回廊门殿，例如建于东汉洛阳的我国首座佛塔寺白马寺等；以佛殿为主的佛寺，采用我国传统宅邸的多进庭院式布局，最早源于南北朝时期王公贵胄的"舍宅为寺"。

佛教建筑：分为汉传佛教建筑、藏传佛教建筑和南传佛教建筑三大类。汉传佛教建筑由塔、殿和廊院组成，其布局的演变由以塔为主到前殿后塔，再到塔殿并列、塔另设别院或山门前，最后变成塔可有可无。

伊斯兰教建筑：代表建筑有元代的福建泉州清净寺以及明初西安华觉巷清真寺。

（1）寺庙祠观实例

寺庙祠观实例

朝代	实例	说明
唐代	山西五台东佛光寺东大殿	平面为"金厢斗底槽"，风格平整开朗；为我国现存最大的唐代木结构建筑
吐蕃王朝	西藏拉萨布达拉宫	最大的藏传佛教寺院建筑群，建于公元7世纪松赞干布时期，清顺治时期重建
辽代	天津蓟州独乐寺	寺内观音阁平面为"金厢斗底槽"式样，是我国最古老的楼阁建筑；其山门平面为"分心槽"样式
宋代	山西太原晋祠圣母殿	减柱造的典型
元代	山西芮城永乐宫	道教建筑，其内部壁画卓有成就
清代	河北承德外八庙	建筑群局部模仿布达拉宫

现存"金厢斗底槽"的5个建筑实例：山西五台佛光寺东大殿、天津蓟州独乐寺观音阁、山西应县佛宫寺释迦塔、河北正定隆兴寺摩尼殿、日本奈良唐招提寺金殿。

（2）佛塔

塔是佛教建筑，通常由塔座、塔身、塔刹三部分组成。我国的佛塔在类型上大致可分为大乘佛教的楼阁式塔、密檐塔、单层塔、覆钵式塔和金刚宝座塔，以及小乘佛教的佛塔几类。

佛塔分类及实例

分类	实例	说明
楼阁式塔	山西应县佛宫寺释迦塔	建于辽代（1056年），是世界现存唯一最古老、最完整与最高的木塔。塔高67m，八角形，筒中筒结构，外观5层，实为9层
密檐塔	河南登封嵩岳寺塔	建于北魏，是我国现存最古老的密檐式砖塔，平面为十二边形，是我国密檐式塔中的孤例，密檐15层，高40m
金刚宝座塔	北京正觉寺金刚宝座塔	建于明代，在高台上建塔5座（中央一座较高大，四隅各一，较低小）。金刚宝座塔仅见于明、清两代，为数很少

（3）经幢

经幢是在八角形石柱上镌刻经文（陀罗尼经），用以宣扬佛法的纪念性建筑。始见于唐，至宋、辽时颇为发展，元以后又少见。一般由基座、幢身、幢顶三部分组成。

（4）石窟

中国的石窟来源于印度的石窟寺。特点为：建筑以石洞窟为主，附属的土木构筑很少；其规模以洞窟多少与面积大小为依凭；总体平面常依崖壁做带形展开，与一般寺院沿纵深布置不同；由于建造需开山凿石，故工程量大，费时也长；除石窟本身外，在其雕刻、绘画等艺术中，还保存了我国许多早期的建筑形象。

（5）摩崖造像

大多是以石刻为主要内容的佛教造像，少数为道教造像。其特点是造像或置于露天（有的上覆木架构建筑），或位于浅龛中，多数情况下以群组形式出现，有时亦与石窟并存。其单体尺度大至70余米，小至10cm。表现手法多为圆雕或高浮雕，浅浮刻甚少（多作为背景供衬托用）。

9. 住宅

因不同的地域、气候和生活方式，我国境内形成了多种多样的民族住宅建筑样式。在西南地区至今仍使用干阑式民居；内蒙古及西北少数民族则使用毡包；黄土高原地区广泛采用窑洞住宅。

中国传统住宅的主要类型（2023、2024 年连续考察）：

① 庭院式：中国传统住宅的主要形式，包括多种形态，如四合院（北京）、四水归堂（江南地区）、一颗印（云南）、土楼（福建）、围龙屋（广东）等。② 窑洞式：分布于河南、山西、陕西等黄土层厚的地域，有靠山窑及平地窑。③ 毡包：分布于内蒙古、新疆、青海等地，是牧民移动式房屋。④ 碉房：藏族的住房。⑤ 干阑：分布于西南少数民族地区，住宅生活层架空，以利防潮、防虫蛇野兽的木构房屋，如广西壮族的麻栏、云南傣族的竹楼等。⑥ 阿以旺：新疆地区传统民居。

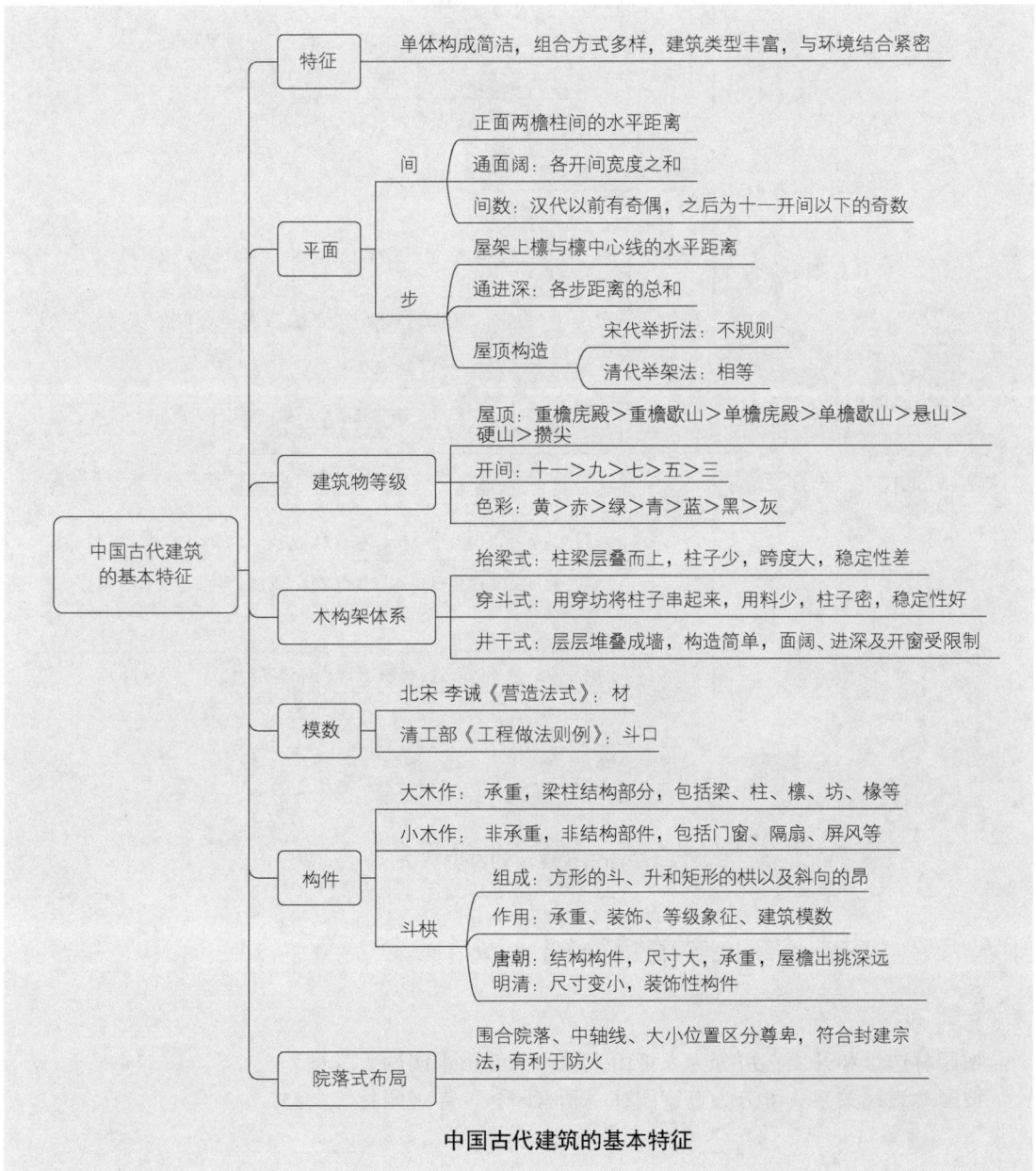

中国古代建筑的基本特征

- 特征：单体构成简洁，组合方式多样，建筑类型丰富，与环境结合紧密
- 平面
  - 间
    - 正面两檐柱间的水平距离
    - 通面阔：各开间宽度之和
    - 间数：汉代以前有奇偶，之后为十一开间以下的奇数
  - 步
    - 屋架上檩与檩中心线的水平距离
    - 通进深：各步距离的总和
    - 屋顶构造
      - 宋代举折法：不规则
      - 清代举架法：相等
- 建筑物等级
  - 屋顶：重檐庑殿＞重檐歇山＞单檐庑殿＞单檐歇山＞悬山＞硬山＞攒尖
  - 开间：十一＞九＞七＞五＞三
  - 色彩：黄＞赤＞绿＞青＞蓝＞黑＞灰
- 木构架体系
  - 抬梁式：柱梁层叠而上，柱子少，跨度大，稳定性差
  - 穿斗式：用穿坊将柱子串起来，用料少，柱子密，稳定性好
  - 井干式：层层堆叠成墙，构造简单，面阔、进深及开窗受限制
- 模数
  - 北宋 李诫《营造法式》：材
  - 清工部《工程做法则例》：斗口
- 构件
  - 大木作：承重，梁柱结构部分，包括梁、柱、檩、坊、橡等
  - 小木作：非承重，非结构部件，包括门窗、隔扇、屏风等
  - 斗栱
    - 组成：方形的斗、升和矩形的栱以及斜向的昂
    - 作用：承重、装饰、等级象征、建筑模数
    - 唐朝：结构构件，尺寸大，承重，屋檐出挑深远
    - 明清：尺寸变小，装饰性构件
- 院落式布局：围合院落、中轴线、大小位置区分尊卑，符合封建宗法，有利于防火

中国古代建筑的基本特征

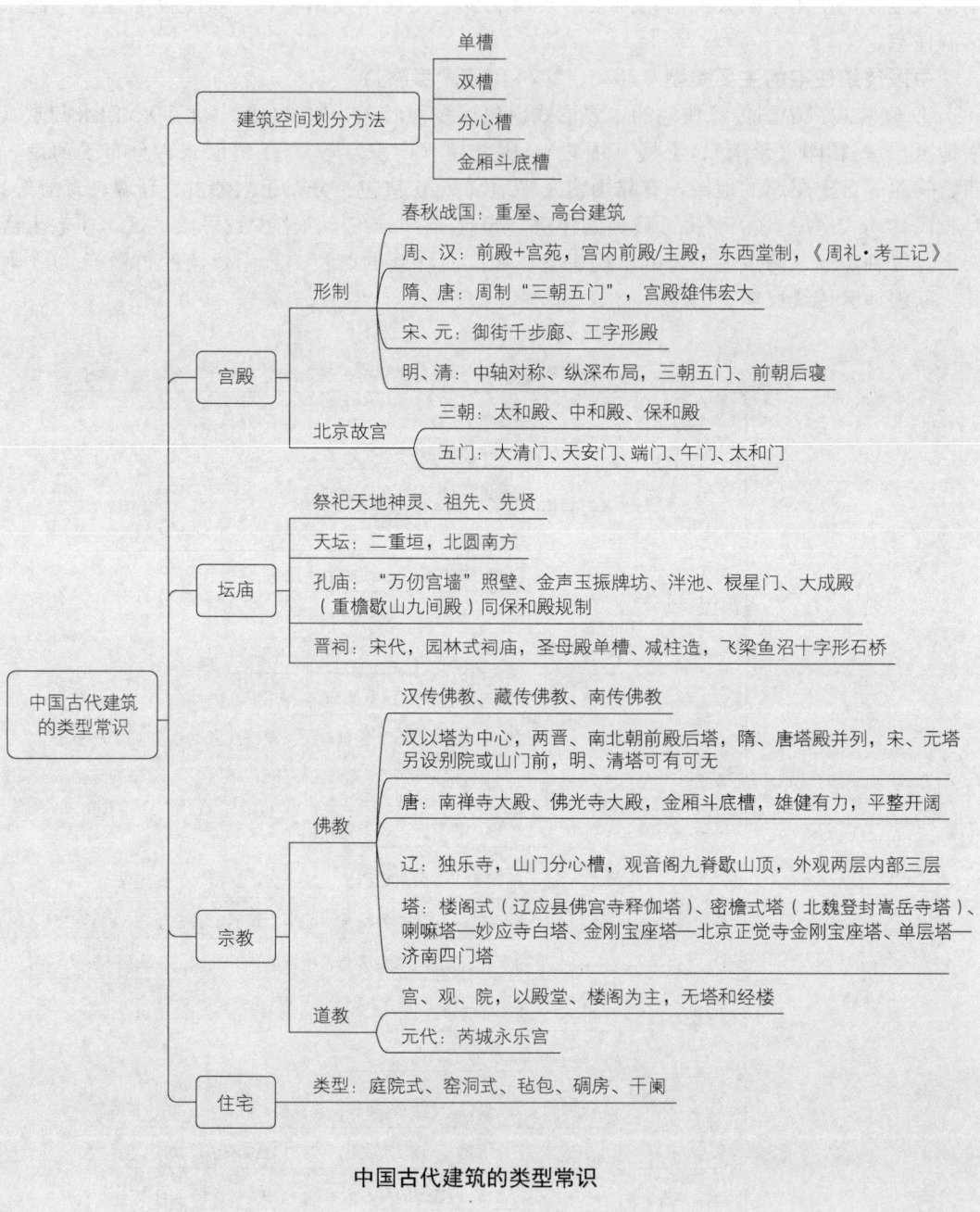

建筑空间划分方法
- 单槽
- 双槽
- 分心槽
- 金厢斗底槽

宫殿
- 形制
  - 春秋战国：重屋、高台建筑
  - 周、汉：前殿+宫苑，宫内前殿/主殿，东西堂制，《周礼·考工记》
  - 隋、唐：周制"三朝五门"，宫殿雄伟宏大
  - 宋、元：御街千步廊、工字形殿
  - 明、清：中轴对称、纵深布局，三朝五门、前朝后寝
- 北京故宫
  - 三朝：太和殿、中和殿、保和殿
  - 五门：大清门、天安门、端门、午门、太和门

中国古代建筑的类型常识

坛庙
- 祭祀天地神灵、祖先、先贤
- 天坛：二重垣，北圆南方
- 孔庙："万仞宫墙"照壁、金声玉振牌坊、泮池、棂星门、大成殿（重檐歇山九间殿）同保和殿规制
- 晋祠：宋代，园林式祠庙，圣母殿单槽、减柱造，飞梁鱼沼十字形石桥

宗教
- 佛教
  - 汉传佛教、藏传佛教、南传佛教
  - 汉以塔为中心，两晋、南北朝前殿后塔，隋、唐塔殿并列，宋、元塔另设别院或山门前，明、清塔可有可无
  - 唐：南禅寺大殿、佛光寺大殿，金厢斗底槽，雄健有力，平整开阔
  - 辽：独乐寺，山门分心槽，观音阁九脊歇山顶，外观两层内部三层
  - 塔：楼阁式（辽应县佛宫寺释伽塔）、密檐式（北魏登封嵩岳寺塔）、喇嘛塔—妙应寺白塔、金刚宝座塔—北京正觉寺金刚宝座塔、单层塔—济南四门塔
- 道教
  - 宫、观、院，以殿堂、楼阁为主，无塔和经楼
  - 元代：芮城永乐宫

住宅
- 类型：庭院式、窑洞式、毡包、碉房、干阑

中国古代建筑的类型常识

知识点 2 中国传统园林的特征 【★★】

1. 分类

按园林选址和开发：可分为人工山水园和天然山水园两大类型。

按园林隶属关系：可分为皇家园林、私家园林、寺观园林等类型。

2. 分期

中国传统园林分期及其特征

分期	年代	特征
生成期	商、周、秦、汉	汉以前，以规模宏大的贵族宫苑和皇家园林为主流
转折期	魏、晋、南北朝	佛教、道教流行，使得寺观园林兴盛，形成造园活动从生成到全盛的转折，初步确立中国园林的美学思想，奠定山水式园林的基础
全盛期	隋、唐	中央集权逐渐健全完善。在思想基础方面，形成以儒家为主导，儒、释、道互补共尊的体系，中国园林所具有的风格特征基本形成，风景园林全面发展
成熟时期	两宋到清初	城市商业经济空前繁荣，市民文化兴起，园林的发展由盛年期升华为富于创造进取精神的成熟时期。两宋时造园风气遍及地方城市，影响广泛；明清时皇家园林与江南私家园林均达盛期
成熟后期	清中叶到清末	封建社会盛极而衰，逐渐趋于解体。园林的发展一方面继承前一时期的成熟传统而更趋于精致，另一方面丧失前一时期的积极创新精神，暴露出某些衰颓倾向

3. 古代哲学思想对园林的影响

人与自然共生的思想：早在先秦时，儒家的君子比德思想、道家的神仙思想共同决定了中国风景式园林的发展方向。从汉、唐离宫别苑的宏大规模，到南北朝、隋唐的别墅、山居与大自然环境完美契合的"以小观大"，再到两宋时的"壶中天地"。

禅宗：从中唐到北宋，佛教的禅宗逐渐兴起，促成了寺观园林更多地受到文人园林的影响。

理学：宋代兴起的新儒学——理学，讲究纲常伦纪，使得文人士大夫转向园林中去寻求一定程度的对个性、自由的满足。元、明直到清初是中国园林史上文人园林的极盛时期。

隐逸文化：宋代以前，"仕"与"隐"的矛盾一直是知识分子的一个情结，由此而衍生的隐逸思想也影响到造园活动。两晋、南北朝时，通过"归园田居"的实践行为，使隐逸与园林得以联系起来，促进了此后别墅园林的大发展。唐代对"中隐"的倡导把隐逸由实践行为转化为精神享受，它与园林的关系就更密切了。当时，文人士大夫盛行"隐于园"的观念，这是促成私家园林大发展和文人园林兴起的主要因素。

4. 代表性园林及著作（2024 考点）

皇家园林：承德的避暑山庄，北京的颐和园、北海静心斋。

私家园林：无锡的寄畅园，苏州的留园、拙政园等。

《园冶》：明代计成所著，反映了中国古代造园的成就，总结了造园经验，是一部研究古代园林的重要著作，为后世的园林建造提供了理论框架以及可供模仿的范本。

```
                    分类：人工、天然，皇家、私家和寺观园林
                         ┌─ 生成期：殷周秦汉，规模宏大
                         ├─ 转折期：魏晋、南北朝，寺观、山水
              分期 ──────┼─ 全盛期：隋唐，儒家
  中国传统 ───┤           ├─ 成熟时期：两宋到清初，富于创造
  园林        │           └─ 成熟后期：清中叶到清末，精致、颓废
              │
              │           人与自然共生，神仙思想"一池三山"；汉唐时规模宏大，两宋时
              │           以小观大；禅宗，理学的文人园，隐逸文化的私家园林、诗情画意的
              └─ 哲学思想：写意山水园
```

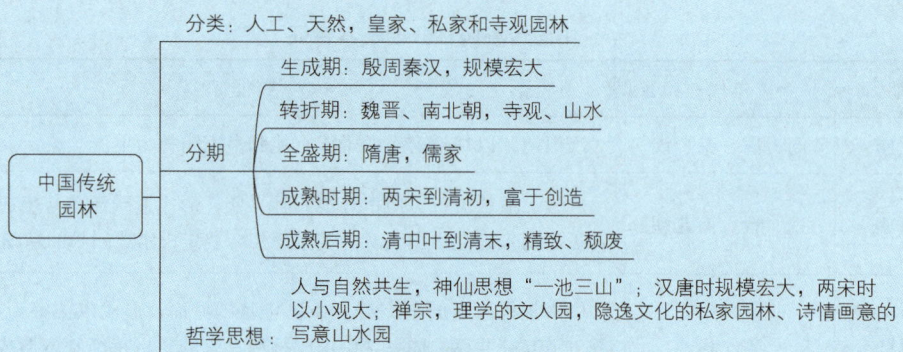

中国传统园林基本知识

知识点3 中国古代城市建设 【★★★★】

1. 城市布局的演变（2024年考点）

中国古代城市有三个基本要素：统治机构（宫廷、官署）、手工业和商业区、居民区。各时期的城市形态也随着这三者的发展而不断变化，期间大致可以分为四个阶段。

中国古代城市布局的发展阶段及其特征

阶段	名称	时期	特征
第一阶段	城市初生期	原始社会晚期和夏、商、周三代	各要素的分布还处于散漫而无序的状态，中间有大片空白地段相隔，城市仍带有氏族聚落的色彩
第二阶段	里坊制确立期	春秋至汉	把全城分割为若干封闭的"里"作为居住区，商业与手工业则限制在一些定时开闭的"市"中，统治者们的宫殿、衙署占有全城最有利的地位，并用城墙保护起来。"里"和"市"都环以高墙，设里门与市门，由吏卒和市令管理，全城实行宵禁。城市总体布局比较自由，形式较为多样：有大城包小城（曲阜，鲁国故都）、二城东西并列（易县，燕国下都故城）
第三阶段	里坊制极盛期	三国至唐	三国时的曹魏邺城开创了里坊制城市格局，而唐长安城则是里坊制的典型代表
第四阶段	街巷制城市布局	宋代以后	北宋中叶以后，官府取消了城市宵禁制度，陆续拆除坊墙，延续已久的封闭式里坊制至此结束，演变成街巷制的城市布局。值得注意的是，现在这种制度没有延续，仅保留了街巷制对于城市划分的形式。由于坊墙的阻隔，唐代的城市主次干道与坊内街巷是不连续的，市民生活被限制在封闭区域内，而东京城里坊的界限瓦解，小巷可直通干道，牌坊代替坊门划分空间，形成开放的街市格局。代表城市为北宋（后周）东京城（今开封）

2. 中国古代都城建设的类型和特点

中国古代都城建设的分类及其特征

阶段	年代	特征
第一类	新建城市	原来没有基础，平地起城，如先秦时期许多诸侯城和王城、明中都凤阳（失败案例）
第二类	依靠旧城建设新城	汉代以后的都城多采用此模式，如西汉长安城（利用秦咸阳旧城）、隋大兴城（利用西汉至后周的旧都）、元大都（利用金中都旧城）。这类都城又有两种情况：一是新城建成后，旧城废弃不用，如隋大兴城；二是旧城继续使用，如元大都
第三类	以旧城为基础扩建	优点是能充分利用旧城的基础，为新都城服务，投入少而收效快，如明初南京和北京

都城建设的特点是为封建统治服务，一切围绕皇帝和皇权所在的宫廷展开。在建设程序上，是先宫城、皇城，然后才是都城和外郭城；在布局上，宫城居于首要位置，其次是各种政权职能机构和王府、大臣府邸以及相应的市政建设，最后才是一般庶民住处及手工业、商业地段。

知识点4　外国建筑的基本知识　【★★★】

1. 奴隶制社会建筑

奴隶制社会建筑

时期		主要特征和代表性建筑
古埃及建筑	古王国时期（公元前3千纪）	**代表性建筑**：陵墓。最初是仿照住宅的"马斯塔巴"式，即略有收分的长方形台子。方锥形金字塔以吉萨的三大金字塔——库夫、哈夫拉、孟卡乌拉为代表，金字塔墓主要由临河处的下庙、神道、上庙（祭祀厅堂）及方锥形塔墓组成。哈夫拉金字塔前有著名的狮身人面像
	中王国时期（公元前21—前18世纪）	祭祀厅堂成为陵墓建筑的主体，结构技术已进步到用梁柱结构建造了比较宽敞的内部空间，纪念性建筑内部艺术的意义增强，在严整的中轴线上按纵深系列布局，整个悬崖被组织到陵墓的外部形象中
	新王国时期（公元前16—前11世纪）	埃及摆脱了自然神崇拜，形成适应专制制度的宗教，太阳神庙代替与拜物教相联系的陵墓成为主要建筑类型。著名的太阳神庙有卡纳克和卢克索的阿蒙神庙。其布局沿轴线依次排列高大的牌楼门、柱廊院、多柱厅等神殿、密室和僧侣用房等
古典建筑	古代希腊建筑（公元前12—前2世纪）	**三柱式**：盛期的两大主要柱式（多立克柱式、爱奥尼柱式）和晚期成熟的柱式（科林斯柱式）
		主要成就：建筑物和建筑群体艺术形式完美；注重建筑与地形环境结合；古典柱式体系集中体现了非凡的审美能力和高超的石作技术；建筑与雕刻等其他艺术形式完美结合
		美学思想：反映出平民的人本主义世界观，体现了严谨的理性精神，追求一般的、理想的美
		风格特征：庄重、典雅、精致、有性格、有活力

9

时期	主要特征和代表性建筑
古代希腊建筑（公元前12—前2世纪）	**代表性建筑**：雅典卫城及其主要建筑，建于公元前5世纪。 **布局特征**：群体布局体现了对立统一的构图原则，根据祭祀庆典活动的路线，布局自由活泼，建筑物安排顺应地势，照顾山上、山下观赏，综合运用多立克和爱奥尼克两种柱式。 **中心**：雅典娜-帕提农铜像。 **主要建筑**：帕提农神庙（代表多立克柱式的最高成就）、伊瑞克提翁神庙（古典盛期爱奥尼柱式的代表）、胜利神庙和山门
古代罗马建筑（公元前3—4世纪）	**建筑成就**：继承并大大推进了古代希腊建筑成就，开拓了新的建筑领域，丰富了建筑艺术手法和建筑形制、技术方面的广泛成就达到了奴隶制时代建筑的最高峰
	建筑技术 　**建筑材料**：除砖、木、石外，还使用了火山灰制的天然混凝土，并发明了相应支模、混凝土浇筑及大理石饰面技术。 　**建筑结构**：在伊特鲁里亚和希腊发展了梁柱与拱券结构技术。拱券结构是罗马最大的成就之一。 　**建筑种类**：简拱、交叉拱、十字拱、穹隆（半球）
	建筑艺术 　利用穹隆、简拱、交叉拱、十字拱和拱券平衡技术，创造出拱券覆盖的单一空间、单向纵深空间、序列式组合空间等多种建筑空间形式。 　**五柱式**：多立克柱式、爱奥尼柱式、科林斯柱式、塔司干柱式、组合柱式。 　**券柱式**：解决了拱券结构的笨重墙墩同柱式艺术风格的矛盾。 　**叠柱式**：解决了柱式与多层建筑的矛盾，创造了水平、立面划分构图形式。 　**巨柱式**：适应高大建筑体量构图，创造了垂直式构图形式。 　**连续券**：创造了拱券与柱列的结合，将券脚立在柱式檐部上。 　**线脚**：解决了柱式线脚与巨大建筑体积的矛盾，用一组线脚或复合线脚代替
	建筑著作：公元前1世纪罗马人维特鲁威所著的《建筑十书》是现存欧洲古代最完备的建筑专著，提出了"坚固、适用、美观"的建筑原则，奠定了欧洲建筑学科的基本体系
	重要建筑类型 　**城市广场**：共和时期的广场（城市社会、政治和经济活动中心）、恺撒广场（宣告罗马共和制的结束和帝国时代的来临）、奥古斯都广场（歌功颂德）、图拉真广场（古罗马最大的广场，帝国的象征）。 　**神庙**：万神庙又叫潘泰翁，是单一空间、集中式构图建筑的代表，也是罗马穹顶技术的最高代表。其平面与剖面内径都是43.3m。顶部有直径为8.9m的圆洞。 　**军事纪念物**：凯旋门——为炫耀侵略战争胜利而建，第度凯旋门为单拱门，塞维鲁斯和君士坦丁为三拱门凯旋门；纪功柱——歌颂皇帝战功的纪念物，如图拉真纪功柱。 　**剧场**：在希腊半圆形露天剧场的基础上，对剧场的功能、结构和艺术形式都有很大提高，如罗马的马采鲁斯剧场。 　**斗兽场**：罗马大角斗场在功能、结构和形式上和谐统一，是现代体育场建筑的原型。 　**公共浴场**：卡拉卡拉浴场、戴克利提乌姆浴场，内部空间流转、贯通丰富多变，开创了内部空间序列的艺术手法。 　**巴西利卡**：具有多种功能的大厅性公共建筑，如图拉真巴西利卡。 　**居住建筑**：四合院式或明厅式，内层与围柱院组合式，如庞贝城中的潘萨府邸、城市中的公寓式。 　**宫殿**：罗马的哈德良离宫、斯巴拉多的戴克利提乌姆宫

左侧纵向合并单元格标注：古典建筑

古希腊三柱式特征

项目	多立克柱式（盛期）	爱奥尼柱式（盛期）	科林斯柱式（晚期）
发源地	始于意大利、西西里，后在希腊各地庙宇中使用	起源于小亚细亚地区	—
比例	较粗壮	较细长	较细长
柱头	简洁的倒圆锥台	精巧的圆形涡卷	由毛茛叶组成，宛如花篮
柱身	有尖棱角的凹槽	带有小圆面的凹槽	带有小圆面的凹槽
檐部	较厚重，线脚较少，多为直面	较薄，使用多种复合线脚	—
柱础	没有柱础直接立在台基上	复杂组合而有弹性	复杂组合而有弹性
收分卷杀	较明显	不明显	—
开间	较小	较宽	—
风格	力求刚劲、质朴有力、和谐	秀美、华丽	—
性别特征	男性	女性	少女

2. 中世纪建筑

中世纪建筑特征

思潮		主要特征
拜占庭建筑	4—15世纪	**穹顶结构技术**：发展古罗马的穹顶结构和集中式形制，创造穹顶支在四个或更多的独立柱上的结构方法和穹顶统率下的集中式形制建筑，发明帆拱、鼓座、穹顶相结合的做法
		结构：采用穹顶和帆拱形式，平面为巴西利卡式、集中式、希腊十字形
		代表性建筑：东罗马帝国的首都君士坦丁堡的圣索菲亚大教堂，是东正教的中心教堂，是皇帝举行重要仪典的场所。特点包括成熟的结构体系（穹顶与帆拱）、集中统一又曲折多变的内部空间（希腊十字式）和内部灿烂夺目的色彩效果
罗马风建筑	10—12世纪欧洲基督教地区	**造型特征**：创造了扶壁、肋骨拱、束柱。承袭早期基督教建筑，平面仍为拉丁十字，西面有一两座钟楼，有时拉丁十字交点和横厅上也有钟楼
		代表性建筑：意大利比萨主教堂群、德国乌尔姆斯主教堂、法国昂古莱姆主教堂
哥特建筑	11世纪下半叶起源于法国，12—15世纪流行于欧洲	**结构特点** 哥特式建筑通过尖拱、尖券和骨架券等设计巧妙地分散建筑重量，减轻墙体负担，从而实现高耸的空间感和开阔的内部视野。飞扶壁作为外部支撑结构，进一步增强了建筑的稳定性，使得建筑能够拥有大面积的彩色玻璃窗，为室内带来斑斓的光线。细长的柱子和立柱、高耸的尖塔与尖顶，以及复杂的装饰和雕塑，共同营造出一种神秘、庄严且富有宗教氛围的独特美感。 **内部**：中厅不宽但很长，两侧支柱的间距不大，形成自入口导向祭坛的强烈动势。 **外部**：典型构图是山墙被两个钟塔和中厅垂直划分为三部分，山墙上的栏杆门洞上的雕像带等将三部分联为整体；三座多层线脚的"透视门"之上的中央是巨大的玫瑰窗

思潮		主要特征
哥特建筑	11世纪下半叶起源于法国，12～15世纪流行于欧洲	**装饰特点**：内部近似框架式结构，几乎没有墙面可做壁画或雕塑；祭坛是装饰的重点；两柱间的大窗做成彩色玻璃窗，极富装饰效果；外部力求削弱重量感，局部和细节都减小断面，凹凸较大，用山花、龛、小尖塔等装饰外墙
		形制发展：以法国为中心，基本是拉丁十字式，东端布局更复杂，礼拜室更多，西立面对称建一对钟塔，英国、德国、意大利等国的形制小有变化，带有地方特色
		代表性建筑 **法国**：巴黎圣母院、亚眠主教堂、兰斯主教堂。 **英国**：索尔兹伯里主教堂，水平划分突出，比较舒缓。 **德国**：科隆主教堂、乌尔姆主教堂，立面水平线弱，垂直线密而突出，显得森冷峻峭。 **意大利**：米兰大教堂、比萨主教堂，有较多的传统因素。 **西班牙**：伯各斯主教堂，由于大量伊斯兰建筑手法掺入到哥特建筑中而形成穆旦迦风格

3. 文艺复兴时期建筑

文艺复兴时期建筑特征

思潮		主要特征和代表性建筑
意大利文艺复兴建筑	早期（15世纪）以佛罗伦萨为中心	**第一个作品**：佛罗伦萨主教堂的穹顶标志着意大利文艺复兴建筑史的开始，被称为"新时代的第一朵报春花"，设计师是早期文艺复兴的奠基人伯鲁乃列斯基。 **府邸建筑**：美狄奇—吕卡尔第府邸是早期文艺复兴府邸的典型作品，设计师是米开罗佐。 **教堂建筑**：巴齐礼拜堂，其内部与外部都由柱式控制，力求轻快和雅洁，设计师是伯鲁乃列斯基
	盛期（15世纪末～16世纪上叶半）以罗马为中心	**坦比哀多礼拜堂**：纪念性风格的典型代表，由伯拉孟特设计。构图完整，体积感强，以穹顶统率整体的集中式形制，是当时有重大创新的建筑，对后世建筑影响很大。 **文特拉米尼府邸**：威尼斯文艺复兴府邸代表。比例和谐，细部精致，立面轻快开朗。由龙巴都设计。 **圣马可图书馆**：券柱式控制立面，体形简洁明快。由雅各布·珊索维诺设计。 **罗马的圣彼得大教堂**：是意大利文艺复兴的纪念碑，由米开朗琪罗主持设计
	晚期（16世纪上半叶）以维晋寨为中心	**维晋寨的巴西利卡**：晚期文艺复兴重要建筑师帕拉第奥的重要作品之一。其立面构图处理是柱式构图的重要创造，称为"帕拉第奥母题"。 **圆厅别墅**：晚期文艺复兴庄园府邸的代表。外形由明确而单纯的几何体组成，依纵横两轴线对称布置，比例和谐，构图严谨，形体统一、完整。帕拉第奥的重要作品之一，对后世创作产生影响。 **奥林匹克剧场**：由帕拉第奥设计，第一个把露天剧场转化为室内剧场的建筑，为剧场形制的发展开辟了道路

思潮		主要特征和代表性建筑
意大利文艺复兴建筑	晚期（16世纪上半叶）以维晋寨为中心	**建筑成就**：世俗建筑类型增加，造型设计出现灵活多样的处理方法，有许多创新。建筑技术上梁柱系统与拱券技术混合应用，墙体砌筑技术多样，穹顶采用内外壳和肋骨建造，施工技术提高
		建筑理论：1485年出版的《论建筑》，作者是阿尔伯蒂，是意大利文艺复兴时期最重要的建筑理论著作，体系完备，成就相当高，影响很大。《建筑四书》（帕拉第奥）、《五种柱式规范》（维尼奥拉）等成为欧洲建筑史上的重要著作
		城市广场 恢复了古典的传统，克服了中世纪广场的封闭、狭隘，注意广场建筑群的完整性。 **佛罗伦萨的安农齐阿广场**：意大利文艺复兴早期最完整的广场。 **罗马的市政广场**：较早按轴线对称布局的梯形广场，由米开朗琪罗设计。 **威尼斯的圣马可广场**：文艺复兴时期最终完成，由大小两个梯形组合而成，被誉为"欧洲最漂亮的客厅"
巴洛克建筑	17~18世纪在意大利文艺复兴建筑基础上发展起来的建筑和装饰风格	**风格特征**：追求新奇；建筑处理手法打破古典形式，建筑外形自由，有时不顾结构逻辑，采用非理性组合，以取得反常效果；追求建筑形体和空间的动态，常用穿插的曲面和椭圆形空间；喜好富丽的装饰、强烈的色彩，打破建筑与雕刻绘画的界限，使其相互渗透；趋向自然，追求自由奔放的格调，表达世俗情趣，具有欢乐气氛
		代表性建筑 **教堂建筑**：罗马耶稣会教堂（维尼奥拉）、罗马圣卡罗教堂（波罗米尼）。 **城市广场**：圣彼得大教堂广场（教廷总建筑师伯尼尼）、波波罗广场（封丹纳）、纳沃那广场（波罗米尼）
法国古典主义建筑	17世纪	**风格特征**：推崇古典柱式，排斥民族传统与地方特色。在建筑平面布局、立面造型中以古典柱式为构图基础，强调轴线对称，注意比例，讲求主从关系，突出中心与规则的几何形体。运用三段式构图手法，追求外形端庄与雄伟的完整统一和稳定感。内部空间与装饰上常有巴洛克特征
		代表性建筑 **卢佛尔宫东立面（勒伏、勒勃亨、彼洛）**：典型的古典主义建筑作品，采用横三段、纵三段的手法，被称为理性美的代表，体现了古典主义的各项原则。 **凡尔赛宫（孟莎）**：法国绝对君权最重要的纪念碑，其总体布局对欧洲的城市规划很有影响。是法国17~18世纪艺术和技术的集中体现者
洛可可风格	18世纪20年代法国	**风格特征**：主要表现在室内装饰上，应用明快鲜艳的色彩、纤巧的装饰，家具精致而偏于烦琐，具有妖媚柔靡的贵族气味和浓厚的脂粉气
		装饰特点：细腻柔媚，常用不对称手法，喜用弧线和S形线，常以自然物作为装饰题材，有时流于矫揉造作。色彩喜用鲜艳的浅色调，如嫩绿、粉红等颜色，线脚多用金色，反映了法国路易十五时代贵族的生活趣味
		代表性建筑 巴黎苏俾士府邸客厅，设计者是洛可可装饰名家勃夫杭。 **广场**：由封闭型的单一空间变为开敞的组合式广场。如南锡广场群。巴黎的协和广场是开放式广场，目前已成为巴黎主轴线上的重要枢纽

4. 19 世纪末复古思潮及工业革命影响

19 世纪末复古思潮特征

思潮	代表性建筑
复古思潮	法国巴黎万神庙、美国国会大厦是罗马复兴代表建筑。 德国柏林宫廷剧院是希腊复兴代表建筑。 浪漫主义建筑最著名的作品英国国会大厦是哥特复兴的建筑实例。 巴黎歌剧院是折中主义代表建筑
新材料、新技术、新类型	1851 年伦敦"水晶宫",开辟了建筑形式新纪元,被誉为第一座现代建筑。 1889 年巴黎世界博览会的埃菲尔铁塔、机械馆,创造了当时世界最高建筑(328m)和最大跨度建筑(115m)的新纪录
城市规划探索	巴黎改建(奥斯曼提出)、协和新村(欧文提出)、田园城市(霍华德提出)、工业城市(戛涅提出)、带形城市(索里亚·马塔提出)

5. 新建筑运动初期

新建筑运动初期建筑思潮特征

思潮	时间	地点	代表人物	主张	代表性建筑
工艺美术运动	19 世纪50 年代	英国	拉斯金、莫里斯	小资产阶级浪漫主义思想,敌视工业文明,认为机器生产是文化的敌人,热衷于手工艺的效果与自然材料的美。在建筑上主张建造"田园式"住宅来摆脱古典建筑形式	英国肯特郡"红屋"
新艺术运动	19 世纪80 年代	比利时	凡·德·费尔德、贝伦斯、高迪	主张创造一种前所未有的、适应工业时代精神的简化装饰,反对历史式样,目的是解决建筑和工艺品的艺术风格问题。装饰主题是模仿自然生长草木形状的曲线,并大量使用便于制作曲线的铁构件	比利时霍塔设计的布鲁塞尔都灵路 12 号住宅; 德国青年风格派奥别列奇设计的路德维希展览馆; 英国麦金托什设计的格拉斯哥艺术学校图书馆,其"四人组"创作又称格拉斯哥学派; 西班牙高迪设计的巴塞罗那米拉公寓、圣家族教堂
维也纳分离派	19 世纪80 年代	奥地利	瓦格纳、奥别列夫、霍夫曼、路斯	和过去的传统决裂,主张造型简洁与集中装饰,装饰主题用直线、大面墙片以及简单立方体	维也纳的斯坦纳住宅
美国芝加哥学派	19 世纪70 年代	美国	沙利文、詹尼	芝加哥学派是美国现代建筑的奠基者。在工程技术上创造了高层金属框架结构和箱形基础。建筑造型趋向简洁,并创造独特的风格,突出功能在设计中的主要地位。 沙利文提出"形式追随功能"的口号,为现代主义建筑设计思想开辟了道路;总结出了高层办公楼建筑类型在功能上的特征	芝加哥百货公司大厦(立面采用了"芝加哥窗"形式的网格式处理)

思潮	时间	地点	代表人物	主张	代表性建筑
德意志制造联盟	1907年	德国	彼得·贝伦斯	目的在于提高工业制品的质量以达到国际水平，主张建筑应当是真实的，建筑必须与工业结合，现代结构应当在建筑中表现出来，以产生新的建筑形式	德国柏林通用电气公司透平机车间，为探求新建筑起了示范作用，被称为第一座真正的"现代建筑"，由贝伦斯设计；德意志制造联盟展览会办公楼，由格罗皮乌斯设计

6. 一战后新建筑流派

一战后新建筑流派

流派	时间	地点	代表人物	主张	代表性建筑
风格派	1917年	荷兰	蒙德里安、里特维德	被称为"新造型派""要素派"。主张艺术就是基本几何形象的组合和构图	乌德勒支的施罗德住宅
构成派	一战前后	俄国	马来维奇、塔特林、伽勃	把抽象几何形体组成的空间当作绘画和雕刻的内容，作品因而很像工程结构，称为"构成派"	第三国际纪念碑、列宁格勒真理报馆方案
表现派	20世纪初	德国奥地利	门德尔松	在建筑上常采用奇特、夸张的建筑体形来表达某种思想情绪，象征时代精神	德国波茨坦市爱因斯坦天文台

7. 二战后建筑的主要思潮

二战后建筑的主要思潮

思潮	代表人物	主张	代表性建筑
对"理性主义"的充实与提高	格罗皮乌斯、柯布西耶	讲究功能与技术合理，注意结合环境与服务对象的生活需要	TAC事务所设计的哈佛大学研究生中心楼
讲求技术精美的倾向	密斯·凡·德·罗、埃罗·沙里宁	设计方法属于"重理"的一种思潮，强调结构逻辑性（即结构的合理运用及其忠实表现）和自由分割空间在建筑造型中的体现。特点：以钢和玻璃为主要材料，构造与施工精确，外形纯净、透明，反映建筑的材料、结构和它的内部空间	范斯沃斯住宅、芝加哥湖滨公寓、西格拉姆大厦、西柏林新国家美术馆
"粗野主义"倾向	柯布西耶、英国史密森夫妇、前川国男	有时被理解为一种艺术形式，有时指一种设计倾向。特点：毛糙的混凝土，沉重的构件和它们粗鲁的组合	勒·柯布西耶设计的马赛公寓、昌迪加尔行政中心、史密森夫妇设计的亨斯特顿学校，鲁道夫设计的耶鲁大学建筑与艺术系大楼，斯特林设计的莱斯特大学工程馆

建筑学

思潮	代表人物	主张	代表性建筑
"典雅主义"倾向	约翰逊、斯东、雅马萨奇	运用传统的美学法则来使现代的材料和结构产生规整、端庄与典雅的庄严感	约翰逊等设计的纽约林肯文化中心、谢尔屯艺术纪念馆，斯东设计的美国驻新德里大使馆和1958年布鲁塞尔世界博览会美国馆，雅马萨奇设计的麦格拉格纪念会议中心、纽约世界贸易中心等
注重"高度工业技术"倾向	皮亚诺、罗杰斯	不仅坚持在建筑中采用新技术，而且在美学上极力表现新技术的倾向。主张：用最新材料和各种化学制品来制造体量轻、用料少，能够快速灵活地装配、拆卸和改建的结构与房屋；强调系统与参数设计；流行采用玻璃幕墙	SOM事务所设计的布鲁塞尔兰姆伯特银行大楼、科罗拉多州空军士官学院教堂，丹下健三（新陈代谢派）设计的山梨文化会馆，皮亚诺和罗杰斯设计的巴黎蓬皮杜国家艺术与文化中心
讲究"人情化"与"地方性"的倾向	阿尔瓦·阿尔托	现代建筑中比较偏"情"的方面，将"理性主义"设计原则结合当地的地方特点和民族习惯，既要讲技术又要讲形式，而在形式上又强调自己特点，满足心理感情需要	阿尔瓦·阿尔托设计的珊纳特赛罗镇中心主楼、奥尔夫斯贝格文化中心，丹下健三设计的香川县厅舍、仓敷县厅舍是二战后日本追求地方性的典型代表
讲求"个性"与象征的倾向	路易斯·康、小沙里宁	对现代建筑风格"共性"的反抗，主张要使每一房屋与每一个场地都具有不同于其他的个性与特征，在建筑形式上变化多端。三种手段：运用几何形构图、运用抽象的象征、运用具体的象征	赖特设计的纽约古根海姆美术馆，贝聿铭设计的华盛顿美国国家美术馆东馆，勒·柯布西耶设计的朗香教堂，夏隆设计的柏林爱乐音乐厅，路易斯·康理查医学研究楼，小沙里宁设计的TWA候机楼，伍重设计的悉尼歌剧院
后现代主义	詹克斯、约翰逊、格雷夫斯、文丘里、斯特恩、摩尔	PM派注重地方传统，强调借鉴历史，同时对装饰感兴趣，他们把建筑看作面的组合，是片段构件的编织。反对现代主义的机器美学，肯定建筑的复杂性与矛盾性。R. 斯特恩提出后现代主义建筑的三个主要特征：采用装饰、具有象征性或隐喻性、与现有环境融合（文脉主义）。查尔斯·詹克斯归纳出后现代主义六方面表现形式：历史主义与新折中主义、复古式变形装饰、新乡土、个性化＋都市化＝文脉主义、隐喻和玄学、复杂与含混的空间	母亲住宅、美国奥柏林学院爱伦美术馆扩建部分、美国新奥尔良市的意大利广场中的圣约瑟喷泉、美国波特兰市政大楼、美国电话电报公司大楼

8. 现代主义四位大师理论及作品

一战后，20世纪20年代出现的建筑新主张的共同特点：① 设计以功能为出发点；② 发挥新型材料和建筑结构的性能；③ 注重建筑的经济性；④ 强调建筑形式与功能、材料、结构、工艺的一致性，灵活处理建筑造型，突破传统的建筑构图格式；⑤ 认为建筑空间是建筑的主角；⑥ 反对表面的外加装饰。

现代主义四位大师理论及作品

大师	主张	代表性作品
格罗皮乌斯	建筑师中最早主张走建筑工业化道路的人之一。他认为"建筑没有终极，只有不断的变革""美的观念随着思想和技术的进步而改变"，反对复古主义，主张用工业化方法解决住房问题，在建筑设计原则和方法方面把功能因素和经济因素放在最重要的位置上，并创造了一些很有表现力的新手法和新语汇。 积极提倡建筑设计与工艺的统一，艺术与技术的结合，讲究功能、技术和经济效益。他的建筑设计讲究充分的采光和通风，主张按空间的用途、性质、相互关系来进行合理组织和布局，按人的生理要求、人体尺度来确定空间的最小极限等。利用机械化大量生产建筑构件和预制装配的建筑方法。 提出整套关于房屋设计标准化和预制装配的理论和办法	阿尔费尔德的法古斯工厂、科隆的德意志制造联盟展览会办公楼、德绍的包豪斯校舍 代表著作：1965年完成的《新建筑学与包豪斯》
勒·柯布西耶	现代主义建筑的主要倡导者。机器美学的重要奠基人，1923年出版著作《走向新建筑》，提出要创造新时代的新建筑，激烈否定因循守旧的建筑观，主张建筑工业化，认为"住宅是居住的机器"；并提倡建筑师向工程师的理性学习，在设计方法上提出"平面是由内到外开始的，外部是内部的结果"，功能第一，在建筑形式上赞美简单的几何形体；同时又强调建筑的艺术性应体现在纯精神的创造。 早期作品：萨伏伊别墅体现了1926年提出了新建筑的5个特点，即① 房屋底层采用独立支柱；② 屋顶花园；③ 自由平面；④ 横向长窗；⑤ 自由立面。 中期作品：马赛公寓是"粗野主义"的代表建筑。 晚期作品：朗香教堂反映了浪漫主义的思想倾向	巴黎的萨沃依别墅、巴黎瑞士学生宿舍、日内瓦国际联盟总部设计方案、印度昌迪加尔规划
密斯·凡·德·罗	强调建筑要符合时代特点，要创造新时代的建筑而不能模仿过去。重视建筑结构和建造方法的革新，认为"建造方法必须工业化"，以"少就是多"为建筑原则，提出"流动空间"的主张，作品巴塞罗那德国馆和吐根哈特住宅体现了其对结构—空间—形式的见解。他一方面简化结构体系，精简结构构件，创造只有极少屏障而可作多种用途的建筑空间；另一方面净化建筑形式，精确施工，形成由钢和玻璃构成的直角盒子	西格拉姆大厦、巴塞罗那博览会德国馆、伊利诺工学院校舍、范斯沃斯住宅
赖特	对建筑的看法与现代建筑中的其他人有所不同，在美国西部建筑的基础上融合了浪漫主义精神而创造了富有田园情趣的"草原式住宅"，后来发展为"有机建筑论"。 反对袭用传统建筑样式，主张创新，但不是从现代工业化社会出发，认为20世纪20年代现代建筑把新建筑引入歧途。在创作方法上重视内外空间的交融，运用新材料和新结构，注意发挥传统建筑材料的优点，同自然环境结合是其建筑作品的最大特色。 主张建筑应"由内而外"，目标是"整体性"。他的建筑空间灵活多样，既有内外空间的交融流通，同时又具备安静隐蔽的特色。赖特的建筑使人觉着亲切而有深度，不像勒·柯布西耶那样严峻	东京帝国饭店、流水别墅、约翰逊蜡烛公司总部、西塔里埃森、古根海姆美术馆、普赖斯大厦、佛罗里达南方学院教堂、大量草原住宅

外国古代建筑常识

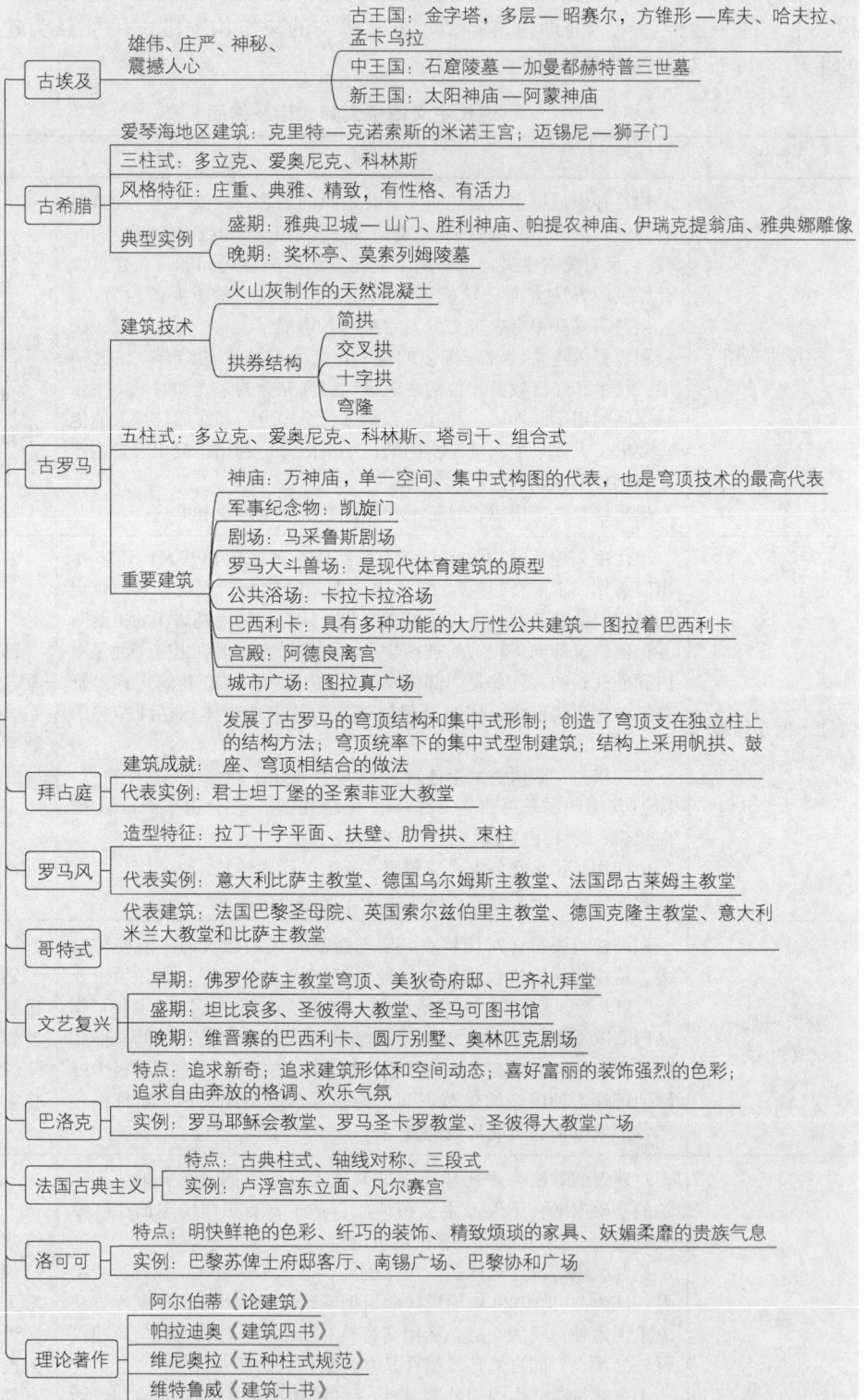

- **古埃及** — 雄伟、庄严、神秘、震撼人心
  - 古王国：金字塔，多层 — 昭赛尔，方锥形 — 库夫、哈夫拉、孟卡乌拉
  - 中王国：石窟陵墓 — 加曼都赫特普三世墓
  - 新王国：太阳神庙 — 阿蒙神庙

- **古希腊**
  - 爱琴海地区建筑：克里特 — 克诺索斯的米诺王宫；迈锡尼 — 狮子门
  - 三柱式：多立克、爱奥尼克、科林斯
  - 风格特征：庄重、典雅、精致，有性格、有活力
  - 典型实例
    - 盛期：雅典卫城 — 山门、胜利神庙、帕提农神庙、伊瑞克提翁庙、雅典娜雕像
    - 晚期：奖杯亭、莫索列姆陵墓

- **古罗马**
  - 建筑技术
    - 火山灰制作的天然混凝土
    - 拱券结构
      - 简拱
      - 交叉拱
      - 十字拱
      - 穹隆
  - 五柱式：多立克、爱奥尼克、科林斯、塔司干、组合式
  - 重要建筑
    - 神庙：万神庙，单一空间、集中式构图的代表，也是穹顶技术的最高代表
    - 军事纪念物：凯旋门
    - 剧场：马采鲁斯剧场
    - 罗马大斗兽场：是现代体育建筑的原型
    - 公共浴场：卡拉卡拉浴场
    - 巴西利卡：具有多种功能的大厅性公共建筑 — 图拉着巴西利卡
    - 宫殿：阿德良离宫
    - 城市广场：图拉真广场

- **拜占庭**
  - 建筑成就：发展了古罗马的穹顶结构和集中式形制；创造了穹顶支在独立柱上的结构方法；穹顶统率下的集中式型制建筑；结构上采用帆拱、鼓座、穹顶相结合的做法
  - 代表实例：君士坦丁堡的圣索菲亚大教堂

- **罗马风**
  - 造型特征：拉丁十字平面、扶壁、肋骨拱、束柱
  - 代表实例：意大利比萨主教堂、德国乌尔姆斯主教堂、法国昂古莱姆主教堂

- **哥特式**
  - 代表建筑：法国巴黎圣母院、英国索尔兹伯里主教堂、德国克隆主教堂、意大利米兰大教堂和比萨主教堂

- **文艺复兴**
  - 早期：佛罗伦萨主教堂穹顶、美狄奇府邸、巴齐礼拜堂
  - 盛期：坦比哀多、圣彼得大教堂、圣马可图书馆
  - 晚期：维晋寨的巴西利卡、圆厅别墅、奥林匹克剧场

- **巴洛克**
  - 特点：追求新奇；追求建筑形体和空间动态；喜好富丽的装饰强烈的色彩；追求自由奔放的格调、欢乐气氛
  - 实例：罗马耶稣会教堂、罗马圣卡罗教堂、圣彼得大教堂广场

- **法国古典主义**
  - 特点：古典柱式、轴线对称、三段式
  - 实例：卢浮宫东立面、凡尔赛宫

- **洛可可**
  - 特点：明快鲜艳的色彩、纤巧的装饰、精致烦琐的家具、妖媚柔靡的贵族气息
  - 实例：巴黎苏俾士府邸客厅、南锡广场、巴黎协和广场

- **理论著作**
  - 阿尔伯蒂《论建筑》
  - 帕拉迪奥《建筑四书》
  - 维尼奥拉《五种柱式规范》
  - 维特鲁威《建筑十书》

外国古代建筑常识

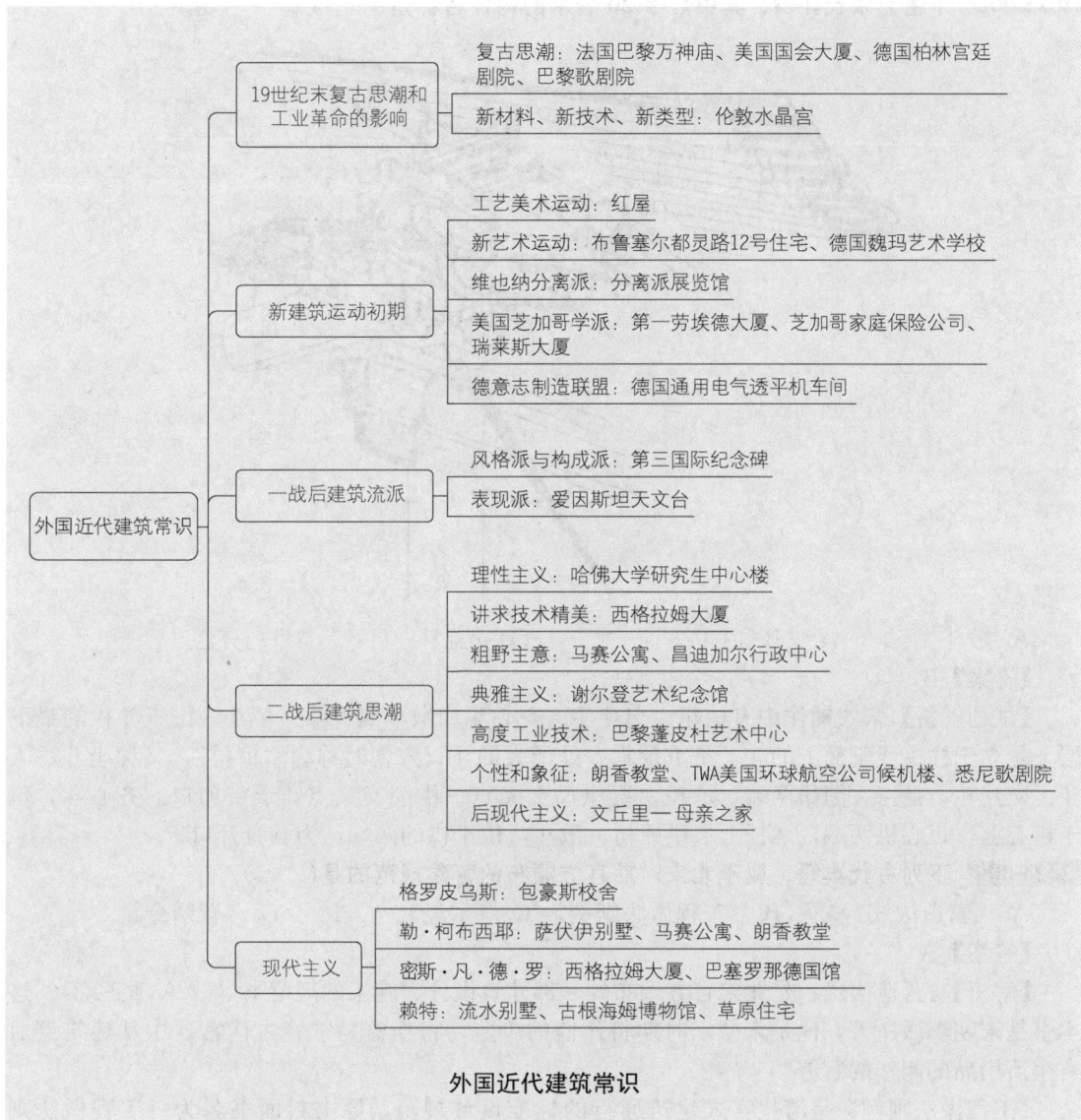

```
外国近代建筑常识
├─ 19世纪末复古思潮和工业革命的影响
│   ├─ 复古思潮：法国巴黎万神庙、美国国会大厦、德国柏林宫廷剧院、巴黎歌剧院
│   └─ 新材料、新技术、新类型：伦敦水晶宫
├─ 新建筑运动初期
│   ├─ 工艺美术运动：红屋
│   ├─ 新艺术运动：布鲁塞尔都灵路12号住宅、德国魏玛艺术学校
│   ├─ 维也纳分离派：分离派展览馆
│   ├─ 美国芝加哥学派：第一劳埃德大厦、芝加哥家庭保险公司、瑞莱斯大厦
│   └─ 德意志制造联盟：德国通用电气透平机车间
├─ 一战后建筑流派
│   ├─ 风格派与构成派：第三国际纪念碑
│   └─ 表现派：爱因斯坦天文台
├─ 二战后建筑思潮
│   ├─ 理性主义：哈佛大学研究生中心楼
│   ├─ 讲求技术精美：西格拉姆大厦
│   ├─ 粗野主义：马赛公寓、昌迪加尔行政中心
│   ├─ 典雅主义：谢尔登艺术纪念馆
│   ├─ 高度工业技术：巴黎蓬皮杜艺术中心
│   ├─ 个性和象征：朗香教堂、TWA美国环球航空公司候机楼、悉尼歌剧院
│   └─ 后现代主义：文丘里一母亲之家
└─ 现代主义
    ├─ 格罗皮乌斯：包豪斯校舍
    ├─ 勒·柯布西耶：萨伏伊别墅、马赛公寓、朗香教堂
    ├─ 密斯·凡·德·罗：西格拉姆大厦、巴塞罗那德国馆
    └─ 赖特：流水别墅、古根海姆博物馆、草原住宅
```

外国近代建筑常识

真题演练

2022-001 下列关于中国古代建筑穿斗式结构的表述，错误的是（　　）。

A. 柱上架枋承受檩上的荷载

B. 用较小的柱与椽构成较大的构架

C. 立柱间距比抬梁式的间距小

D. 可以与抬梁式木构架体系混合使用

【答案】A

【解析】在中国古代木构架的三种不同的结构方式中，穿斗式结构的主要特点是整体结构的高度完整性，沿房屋的进深方向按檩数立一排柱，每柱上架一檩，檩上布椽，屋面荷载直接由檩传至柱（故A项错误）。

19

2022-002 下图为宋代斗栱，其中数字 **20** 表示的构件名称是（　　）。

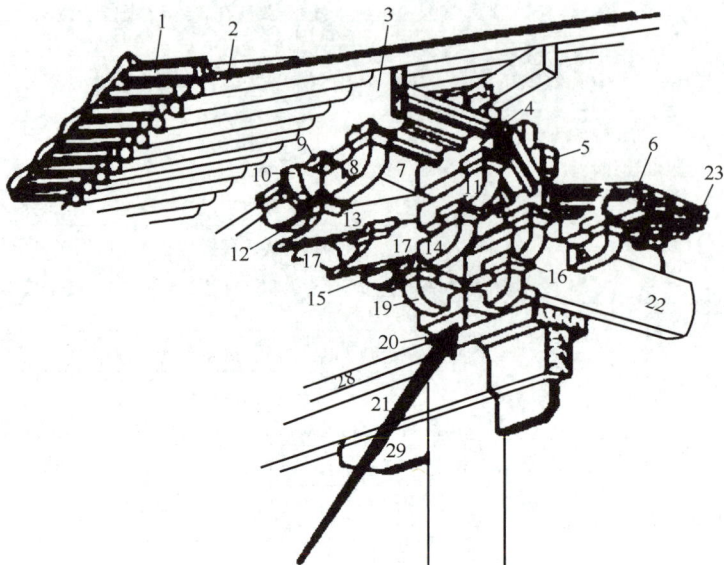

A. 散斗　　　　　　B. 栌斗　　　　　　C. 交互斗　　　　　　D. 齐心斗

【答案】B

【试题解析】宋式铺作中有栌斗、交互斗、齐心斗和散斗四种斗。栌斗，位于斗栱的最下层，是立于柱头或阑额上的斗，是重量集中处最大的斗；宋朝时称为"栌枓"，又称坐斗、大斗。交互斗，是指在翘昂两端，承托上层栱昂交叉点、栱翘交叉点，十字卯口。齐心斗，位于栱心上，正心栱两端，承托上层栱或枋。散斗，位于栱的两端，为顺身开口。

2023-006 下列古代典籍，属于北宋时期官方颁布的营建规范的是（　　）。

A.《营造法式》　　　B.《工程做法则例》C.《木经》　　　D.《营缮令》

【答案】A

【解析】《营造法式》是北宋官方颁布的一部建筑设计、施工的规范书（故 A 项正确）。这本书是宋朝李诫所著，他是宋徽宗时期将作监的少监，将作监是掌管古代宫廷中从建筑到后宫生活用品的制作的官署。

《工程做法则例》是清代官式建筑通行的标准设计规范，原书封面书名为《工程做法则例》，而中缝书名为《工程做法》，共 74 卷，雍正十二年（1734 年）刊行，是继宋代《营造法式》之后官方颁布的又一部较为系统、全面的建筑工程专书。

《木经》是一部关于房屋建筑方法的著作，也是我国历史上第一部木结构建筑手册，不是官方颁布的规范。作者是北宋前期建筑师喻皓。令人遗憾的是，这部书后来失传，北宋沈括在《梦溪笔谈》中有简略记载。

《营缮令》是唐朝建筑工程营建和修缮的法令。如修城郭、筑堤防，须计人工多少，经尚书省批准；王公以下至庶人房舍形式及间数各有规格等。

2021-002 下列关于中国古代园林类型及设计概念演变的表述，错误的是（　　）。

A. 东晋开始出现寺观园林　　　　　　B. 魏、晋、南北朝出现私家园林

C. 东汉开始出现"一池三山"　　　　　　D. 唐、宋出现形成"诗情画意"

【答案】C

【解析】最早开创应用"一池三山"叠山理水模式的园林是建章宫，即汉代的上林苑建

筑。自从汉武帝在长安城修建了象征性的"瑶池三仙山"开始，"一池三山"就成为历代皇家园林的传统格局（故 C 项错误）。

2023-007 下列古代城市属于街巷制城市布局的是(　　)。

　　A. 曹魏邺城　　　　B. 北魏平城　　　　C. 隋大兴城　　　　D. 南宋平江城

【答案】D

【解析】中国古代城市的发展过程，可大致划分为四个大的阶段：①先秦时期——城市起源及早期发展阶段；②秦汉时期——新的城市体系的形成阶段；③魏、晋至隋、唐时期——封闭式里坊制城市阶段；④宋、元、明、清时期——开放式街巷制城市阶段（故 D 项正确）。

里坊是中国古代城市民居一种独特形式，端倪草萌于西汉长安，孕怀发育于曹魏邺城（故 A 项错误），分娩定型于北魏平城（故 B 项错误），复制发展于北魏洛阳，高峰鼎盛于隋唐长安（故 C 项错误），终极崩溃于宋代开封。

南宋绍定二年（1229 年）郡守李寿明主持刻绘了一幅《平江图》，该图刻绘了宋代平江城的平面轮廓和街巷布局（故 D 项正确）。宋代的平江就是如今的苏州古城，面积 14.2km²，与平江图相对照，苏州古城总体框架、骨干水系、路桥名胜基本一致，这在世界上是罕见的。

2023-010 下列传统民居与其主要分布地区的对应关系，错误的是(　　)。

　　A. 四合院/北京　　　　　　　　　B. 一颗印/云南

　　C. 围龙屋/浙江　　　　　　　　　D. 窑洞/陕西

【答案】C

【解析】中国五大特色民居建筑：客家围龙屋、北京四合院、陕西窑洞、广西干阑、云南一颗印。

围龙屋主要分布于广东省（故 C 项错误）。只要在客家人聚居之处，都能见到围屋的踪迹，包括我国广东、江西、福建省，以及我国香港新界和台湾的屏东、云林、台中东势等。

2021-003 下列关于西方建筑风格的表述，描述古典主义建筑特征的是(　　)。

　　A. 雄伟、震撼人心　　　　　　　B. 庄重、体现人本主义

　　C. 山墙垂直划分为三部分　　　　D. 轴线对称，注意比例，讲求主从关系

【答案】D

【解析】西方古典主义建筑的风格特征：推崇古典柱式，排斥民族传统与地方特色。在建筑平面布局、立面造型中以古典柱式为构图基础，强调轴线对称，注意比例，讲求主从关系，突出中心与规则的几何形体。运用三段式构图手法，追求外形端庄与雄伟的完整统一和稳定感。而内部空间与装饰上常有巴洛克特征（故 D 项正确）。

古埃及建筑风格特征为雄伟、震撼人心。古希腊建筑风格特征为庄重、体现人本主义。哥特式建筑山墙被两个钟塔和中厅垂直划分为三部分。

2022-003 下列关于西方古建筑技术发源地的表述，错误的是(　　)。

　　A. 古希腊创立了多立克柱式

　　B. 小亚细亚地区创造了爱奥尼柱式

　　C. 古罗马发明了大理石饰面技术

　　D. 拜占庭创造了穹顶支在 4 个或更多独立支柱上的做法

【答案】A

【解析】多立克柱式是古典建筑三种柱式中出现最早的一种，起始于意大利西西里一带，早期实例如意大利南部帕埃斯图姆的庙宇，后在希腊各地庙宇中使用（故 A 项错误）。

2021-008 关于西方建筑的用色，下列说法错误的是(　　)。

A. 古希腊建筑用色朴素淡雅   B. 哥特式建筑用色阴暗沉重

C. 文艺复兴时期建筑用色明朗   D. 巴洛克建筑用色大胆，对比强烈

【答案】A

【解析】古希腊建筑庄重、典雅、精致（故 A 项错误）。中世纪欧洲的拜占庭、罗马风及哥特建筑更多注重形式，与古典时期相比，色彩显得阴暗、沉重。文艺复兴时期，建筑的色彩由灰暗转为明朗。巴洛克风格在色彩的使用上较为大胆，对比强烈。

2020-006 以下关于现代主要流派及作表大师的说法，错误的是(   )。

A. 格罗皮乌斯是最早主张走建筑工业化道路的人之一

B. 勒·柯布西耶认为建筑应功能第一

C. 密斯·凡·德·罗提出了"少就是多""流动空间"等主张

D. 赖特主张建筑应满足时代的现实主义和功能主义的需要

【答案】D

【解析】格罗皮乌斯是建筑师中最早主张走建筑工业化道路的人之一。积极提倡建筑设计与工艺的统一、艺术与技术的结合，讲究功能、技术和经济效益。

勒·柯布西耶是现代主义建筑的主要倡导者、机器美学的重要奠基人。1923 年出版的著作《走向新建筑》中提出要创造新时代的新建筑，激烈否定因循守旧的建筑观，主张建筑工业化，认为"住宅是居住的机器"；并提倡建筑师向工程师的理性学习，在设计方法上提出"平面是由内到外开始的，外部是内部的结果"，功能第一，在建筑形式上赞美简单的几何形体；同时又强调建筑的艺术性应体现在纯精神的创造。

密斯·凡·德·罗主张建筑应满足时代的现实主义和功能主义的需要，应实现建筑工业化生产。探索钢框架结构和玻璃在建筑设计中应用的可能性，提出"少就是多""流动空间"等主张。

赖特主张建筑与自然环境紧密结合，应从自然中获得启示，创造灵活多样的建筑空间，打破工业化的局限性（故 D 项错误）。

板块 2　各类建筑的功能组合

历年考频

板块	2020 年	2021 年	2022 年	2023 年	2024 年
各类建筑的功能组合	3	3	4	5	3

知识点 1　公共建筑的空间组织和防灾要求 【★★★★】

1. 公共建筑的空间组织

由主要使用部分、次要使用部分（或称辅助部分）、交通联系部分三类空间组合而成。

2. 公共建筑的交通联系

通常将过道、过厅、门厅、出入口、楼梯、电梯、自动扶梯、坡道等称为建筑的交通联

系空间。交通联系空间的形式、大小和位置，服从于建筑空间处理和功能关系的需要。一般交通联系空间要有适宜的高度、宽度和形状，流线宜简单明确，不宜迂回曲折，同时要起到引导人流的作用。此外，交通联系空间应有良好的采光，并应满足防火的要求。

一般可以分为水平交通空间、垂直交通空间和枢纽交通空间三种基本空间形式。

（1）水平交通空间

水平交通空间指联系统一标高上的各部分的交通空间，有些还附带等候、休息、观赏等功能要求。

水平交通空间

功能	形式	举例
单纯的交通联系	供人流集散时使用的过道、过厅和通廊	旅馆、办公建筑的走道和电影院中的安全通道等
主要作为交通联系但兼有其他功能	过道、过厅和通廊	医院建筑中门诊部的宽过道、小学校的过厅和过道等
各种功能综合使用	各种功能综合使用的过道、通廊、厅堂	展览馆、陈列馆建筑的过道等

公共建筑通道的宽度和长度取决于功能需要、防火要求及空间感受等，应根据建筑物的耐火等级和过道中行人数量的多少进行防火要求最小宽度的校核。单股人流的通行宽度为550～600mm，走道的宽度还与走道两侧门窗位置、开启方向有关。

（2）垂直交通空间

垂直交通空间是联系不同标高空间必不可少的部分，常用的有楼梯、直梯、坡道、自动扶梯等形式。

垂直交通空间

类型	特征
楼梯	**分类**：按使用性质分为主要楼梯、次要楼梯、辅助楼梯、防火楼梯。 **形式**：直跑楼梯、双跑楼梯、三跑楼梯、旋转楼梯、剪刀楼梯等。 **构成**：梯段、平台、栏杆三部分。 **相关要求（2024考点）**： ① 供日常交通用的公共楼梯的梯段最小净宽应根据建筑物使用的特征，按人流股数和每股人流宽度0.55m确定，并不应少于两股人流的宽度； ② 梯段改变方向时，楼梯休息平台的最小宽度不应小于梯段净宽，并不应小于1.2m；当中间有实体墙时，扶手转向端处的平台净宽不应小于1.3m； ③ 直跑楼梯的中间平台宽度不应小于0.9m； ④ 公共楼梯休息平台上部及下部过道处的净高不应小于2m，梯段净高不应小于2.2m
电梯	按防火要求配置辅助性质的安全疏散楼梯，供电梯发生故障时使用。每层电梯出入口前，应考虑有停留等候的空间，即考虑设置一定的交通面积，以免造成拥挤和堵塞。 8层左右的多层建筑中，电梯与楼梯同等重要，二者要靠近布置。 当住宅建筑8层以上、公共建筑高度24m以上时，电梯就成为主要交通工具。 在以电梯为主要垂直交通的建筑物内，每个服务区的电梯不宜少于2部；单侧排列的电梯不应超过4部，双侧排列的电梯不应超过8部

类型	特征
坡道	① 一般坡度为 8%～15%，常用坡度为 10%～12%，供残疾人使用的坡道坡度为 12%。 ② 室内坡道的最小宽度应不小于 900mm，室外坡道的最小宽度应不小于 1500mm。 ③ 当人行坡道总高度达到或超过 0.7m 时，应在临空面采取防护措施；铺装面应采取防滑措施。 ④ 坡道所占的面积通常为楼梯的 4 倍
自动扶梯	**特点：**连续不断运送人流。 **布置形式：**单向布置、交叉布置、转向布置。 **相关指标：**自动扶梯的倾斜角不应大于 30°，当提升高度 h 不大于 6m 且名义速度不大于 0.5m/s 时，倾斜角允许增至 35°。自动人行道的倾斜角不应大于 12°。单股人流使用的自动扶梯通常宽 810mm，每小时运送人数 5000～6000 人，运行的垂直方向升高速度为 28～38m/min。 自动扶梯的梯级、自动人行道的踏板或传送带上空，垂直净高不应小于 2.3m

（3）枢纽交通空间

在公共建筑中，考虑到人流集散、方向的转换、水平和垂直交通空间的衔接等，需要设置门厅、过厅等空间起到交通枢纽和空间过渡作用。

3. 公共建筑的功能分区与人流组织

（1）功能分区

空间的"主"与"次"：建筑物功能分区的主次关系与具体的使用顺序相结合。如行政办公的传达室、医院的挂号室等，在空间性质上虽然属于次要空间，但从功能分区上看却要安排在主要的位置上。

空间的"闹"与"静"：公共建筑在组合空间时，按"闹"与"静"进行功能分区，以便其既有分割、互不干扰，又有适当的联系。如旅馆建筑中的客房部分应布置在比较安静的位置上，而公共使用部分则应布置在邻近道路及距出入口较近的位置上。

空间联系的"内"与"外"：功能分区时应具体分析空间的内外关系，将对外联系较强的空间，尽量布置在出入口等交通枢纽的附近；与内部联系性较强的空间，布置在比较隐蔽的位置，并使其靠近内部交通的区域。

（2）人流组织

公共建筑的人流组织方式

形式	适用建筑类型
平面组织方式	适用于中小型公共建筑人流组织，特点是人流简单、使用方便
立体组织方式	适用于功能要求比较复杂，仅靠平面组织不能完全解决人流集散的公共建筑，如大型交通建筑、商业建筑等

公共建筑的人流疏散方式

形式	特征
正常疏散	有连续的（如医院、商店、旅馆等）和集中的（如剧院、体育馆等），以及两者兼有的（如学校教学楼、展览馆等）
紧急疏散	在公共建筑发生火灾、自然灾害、恐怖袭击等紧急情况下，不论哪种类型的公共建筑，都会变成集中而紧急的疏散性质（如火车站、飞机场、医院、剧院等）

4. 公共建筑室内空间组织

公共建筑室内空间组织

类型	空间组织方式	特点
走廊式	用走廊将各个房间联系起来的方式	各使用空间相对独立，保证各房间有比较安静的环境。 常见于办公楼、学校、医院等
单元式	将内容相同、关系密切的建筑组成单元，再由交通联系空间组合在一起的方式	功能分区明确，同类型房间可以构成不同结构单元并与其他单元有不同功能联系，布局整齐，便于分期、分段建造。 常见于学校、幼儿园、图书馆等
穿套式	房间与房间之间相互贯通的联系方式	交通空间与使用空间合并在一起，房间之间联系紧密，但互有干扰。有串联式和放射式两种形式。 常见于展览馆、博物馆等
大厅式	以大型空间为主体穿插辅助空间的联系方式	主体空间突出，主从关系分明，辅助空间都依附于主体空间。 常见于会堂、影剧院、体育馆等
分割式	大空间分割组织各部分空间的形式	自由灵活，空间简单。 常见于大型商业建筑、展览建筑、办公建筑等

5. 公共建筑的群体组合

公共建筑的群体组合类型及特点

类型	特点
分散式布局	**特点**：功能分区明确，减少不同功能间的相互干扰，有利于适应不规则地形，可增加建筑的层次感，有利于争取良好的朝向与自然通风。 **形式**：可分为对称式和非对称式两种形式。 常见于医疗建筑、交通建筑、博览建筑等
中心式布局	将性质上比较接近的公共建筑集中在一起，组成各种形式的组群。 常见于居住区中心的公共建筑、商业服务中心、体育中心、展览中心、市政中心等

6. 公共建筑的场地要求

（1）室外空间与建筑

室外空间的构成中，建筑物或建筑群是空间的主体。其他如场地、道路、庭园绿化、建筑小品等，只是起到配合、充实或补充的作用。

（2）室外空间与场地

公共建筑的室外场地

类型	特点
开敞场地	其大小和形状应视公共建筑的性质与所处地段情况而定。 对于人流和车流量大而集中、交通组织比较复杂的公共建筑，如铁路客运站、体育中心、影剧院等，建筑前面需要较大的场地，并形成集散广场

类型	特点
活动场地	公共建筑如体育馆、学校、幼儿园、托儿所等，需设置运动场、球场、游戏场等室外活动空间，这些场地与室内空间有密切的联系，应靠近主体建筑的主要空间和出入口
停车场地	大型公共建筑应结合总图布置，合理布局足够的机动车和非机动车停车场地。 一般设置在出入口附近但又不妨碍观瞻和交通的位置上，因此常设在建筑主体一侧或后边。 高层建筑或在车辆较多情况下，可考虑设地下停车场以节约用地

7. 公共建筑的防灾要求

建筑设计应针对我国城市易发并易致灾的地震、火灾、风灾、洪水、地质破坏五大灾种，因地制宜地进行防灾设计。

（1）防灾原则

防灾方针："预防为主，防治结合"的总方针。

（2）防洪标准

根据《防洪标准》GB 50201—2014 条款 4.2.1，城市防护区应根据政治、经济地位的重要性、常住人口或当量经济规模指标分为 4 个防护等级。

城市防护区的防护等级和标准

防护等级	重要性	常住人口（万人）	当量经济规模（万人）	防洪标准（重现期）（年）
Ⅰ	特别重要	≥150	≥300	≥200
Ⅱ	重要	<150，≥50	<300，≥100	200～100
Ⅲ	比较重要	<50，≥20	<100，≥40	100～50
Ⅳ	一般	<20	<40	50～20

注：当量经济规模为城市防护区人均 GDP 指数与人口的乘积，人均 GDP 指数为城市防护区人均 GDP 与同期全国人均 GDP 的比值。

（3）防风标准

考虑台风和寒潮及雷暴大风，按《建筑结构荷载规范》GB 50009—2012 规定的以 50 年为重现期的标准设防；对于重要的生命线工程设施（水、能源、通信、交通、医疗），设防标准应提高到 100 年一遇。

（4）抗震标准

建筑抗震设防以 50 年为基准期。

① 在多遇地震烈度下（超越概率为 63%）不坏，保证正常使用；

② 在基本烈度下（超越概率 10%）可修，即有破坏但维修恢复后可正常使用；

③ 在罕遇地震烈度下（超越概率 2%～3%）不倒，即有严重破坏但不倒塌，达到减少人员伤亡和财产损失的目的。

（5）技术措施

① 根据当地不同灾种的风险程度和建（构）筑物重要性等级提出合理的设防标准。

② 在建筑规划和选址阶段应充分掌握灾害的背景资料和风险程度，采取相应对策；在设计和建设阶段应严格执行标准规范，加强防灾质量控制；制定和执行灾后鉴定、评估和恢复重建的技术措施。

③ 加强建（构）筑物的震害预测研究。

④ 建筑设计与施工应严格执行防火标准规范，高层建筑和大型公共建筑尤应注重防火安全设计。

⑤ 重视城市地下空间建筑的规划和防灾设计。

⑥ 村镇建筑要有利防灾，便于灾后自救和恢复重建。

⑦ 将防灾管理提高到动态、网络化和智能化的先进水平。

知识点 2　住宅建筑的类型及设计要点 【★★★★★】

1. 功能空间

居住空间：一套住宅根据不同的套型标准和居住对象，可分为卧室、起居室、工作学习室、餐室等。

厨卫空间：厨卫空间是住宅设计的核心部分，它对住宅的功能与质量起着关键作用。

交通及其他辅助空间：交通联系空间，即门厅、前室、过道、过厅、户内楼梯等；贮藏空间；室外空间，即阳台、露台等；其他设施，即晾晒设施、垃圾处理等。

2. 户内功能分区

内外分区：卧室、书房、主人卫生间等为私密区，应安排在最内部。

动静分区：会客厅、起居室、餐厅、厨房等是动区，卧室、书房是静区。

洁污分区：主要体现为有烟气、污水及垃圾污染的区域和清洁卫生区域的区分。

合理分室：合理分室是把不同的功能空间分别独立出来，避免空间功能的合用和重叠，包括生理分室和功能分室两方面。

3. 住宅建筑的类型

民用建筑高度和层数的分类主要是按照现行国家标准《建筑设计防火规范》GB 50016、《建筑防火通用规范》GB 55037 和《城市居住区规划设计标准》GB 50180 来划分。

当建筑高度是按照防火标准分类时，其计算方法按现行国家标准《建筑设计防火规范》GB 50016 和《建筑防火通用规范》GB 55037 执行。一般建筑按层数划分时，公共建筑和宿舍建筑 1～3 层为低层，4～6 层为多层，大于等于 7 层为高层；住宅建筑 1～3 层为低层，4～9 层为多层，10 层及以上为高层。也可按建筑高度划分。

民用建筑分类

建筑类型		建筑高度（m）
低层或多层民用建筑	住宅建筑	≤27
	公共建筑	≤24，>24 的单层

建筑类型		建筑高度（m）
高层民用建筑	住宅建筑	100≥建筑高度>27
	公共建筑	100≥建筑高度>24 的非单层
超高层建筑		>100

（1）按层数分类

不同层数住宅类型及特征

类型		基本特点	平面组合形式及特点
低层住宅 （1～3层）		① 能适应面积较大、标准较高的住宅，也能适应面积较小、标准较低的住宅。既有独立式、联立（并列）式和联排式，也有单元式等平面布置类型。 ② 平面布置紧凑，上下交通联系方便。 ③ 一般有院落，使室内外空间相互流通，扩大了生活空间，便于绿化，能创造更好的居住环境。 ④ 对基地要求不高，建筑结构简单，可因地制宜、就地取材，住户可以自己动手建造。 ⑤ 占地面积大，道路、管网以及其他市政设施投资较高	**独院式或独立式**：建筑四面临空，平面组合灵活，采光、通风好，干扰少，院子组织和使用方便，但占地面积大，建筑墙体多，市政设施投资较高
			双联式或联立式：将两个独院式住宅拼联在一起。每户三面临空，平面组合较灵活。采光、通风好，比独立式住宅节约一面山墙和一侧院子，能减少市政设施的投资
			联排式：将独院式住宅拼联至3户及以上。一般拼联不宜过多，否则交通迂回，干扰较大，通风也受影响；拼联也不宜过少，否则对节约用地不利
多层住宅 （4～9层）	4～6层 住宅	①从平面组合来说，多层住宅必须借助于公共楼梯（住宅7层以下不要求设电梯）以解决垂直交通，有时还需设置公共走廊以解决水平交通。 ② 比低层住宅节省用地，造价比高层住宅低。 ③ 多层住宅不及低层住宅与室外联系方便，虽不需高层住宅所必需的电梯，上面几层的垂直交通仍会使住户感到不便	**单元式（梯间式）**：每个单元设置1个楼梯，每个单元可安排2～4户，由楼梯平台直接进入分户门
			外廊式 **长外廊**：便于各户并列组合，一梯服务多户。 **短外廊**：以一梯4户居多，具有长外廊的部分优点且又较为安静

类型		基本特点	平面组合形式及特点
多层住宅 （4～9层）	7～9层 住宅	① 节约用地，尺度适宜。同多层住宅相比，具有节约用地的明显效果。从观赏角度看比较接近自然，不太压抑。 ②户型优越。具有良好的通风、采光、观景效果和良好的户内布局。由于每户分摊的公用面积并不大，易为购房者所接受。 ③提高了生活质量。电梯，将给中高层住宅的老、弱、病、残、孕居民上下楼以及居民搬运重物等带来极大方便，提高了生活质量。 ④投资少、工期短、难度低	**内廊式** **长内廊**：内廊两侧布置各户，楼梯服务户数多，使用率大大提高，节约用地。但各户均为单朝向，内廊较暗，套间干扰也大，套内不能组织穿堂风。 **短内廊**：也称内廊单元式，保留了长内廊的一些优点，较安静
			跃层式：进入各户后，再由户内小楼梯进入另一层。节省公共交通面积，增加户数，减少干扰，每户可争取两个朝向，采光、通风较好。一般在每户面积大、居室多时较适宜
			点式（集中式）：数户围绕一个楼梯布置，单元四面临空，节能、经济性比板式住宅差。 **平面布局的变化**：楼梯形式除一般的双跑、单跑和三跑楼梯外，还有外突楼梯、内楼梯、单跑横向楼梯和直跑楼梯等
高层住宅 （10层及以上）		① 提高容积率，节约城市用地。 ② 节省市政建设投资。 ③ 获得较多的空间用以布置公共活动场地和绿化，丰富城市景观。 ④ 用钢量较大，一般为多层住宅的3～4倍。 ⑤ 对居民生理和心理会产生一定的不利影响	**单元组合式**：以电梯、楼梯为核心组合布置。常见平面形式有矩形、T形、十字形、Y形等
			长廊式：有内长廊、外长廊和内外廊式。内长廊式较少采用；外长廊式特点基本与同类多层住宅相似，为挡风雨一般廊封闭；内外廊式兼有前两者的特点
			塔式：与多层点式住宅特点类似。一般每层布置4～8户。该形式目前采用较多
			跃廊式：每隔1～2层设有公共走廊，电梯利用率提高，节约交通面积，对每户面积较大、居室多的户型较为有利

高层住宅的垂直交通、消防疏散特征

类型	特征
垂直交通	① 垂直交通以电梯为主、楼梯为辅。12层以上住宅每栋楼设置电梯应不少于2部。 ② 楼梯应布置在电梯附近，但楼梯又应有一定的独立性。单独作疏散用楼梯可设在远离电梯的尽端。 ③ 电梯不宜紧邻居室，尤其不应紧靠卧室；必须考虑对电梯井的隔声处理

类型	特征
消防疏散	① 消防能力与建筑层数和高度的关系：防火云梯高度多为30~50m，我国目前高层住宅的高度即是参考这一情况决定的。高层住宅与周围建筑的间距是根据其高度和防火等级而定的。 ② 防火措施：提高耐火性能，将建筑物分为几个防火区，消除起火因素，安装火灾报警器。 ③ 安全疏散楼梯和消防电梯的布置：长廊式高层住宅一般应有2部以上的电梯用以解决居民的疏散

（2）按分布区位不同分类

不同分布区位住宅类型及特征

类型	特征
严寒地区住宅	主要解决防寒问题，包括供暖与保温两方面。 **供暖：**根据《民用建筑供暖通风与空气调节设计规范》GB 50736—2012条款5.1.2，累年日平均温度稳定低于或等于5℃的日数大于或等于90天的地区，宜设置集中供暖。 **保温：**最有效的措施是加大建筑的进深，缩短外墙长度，尽量减少每户所占的外墙面。 **朝向与形式：**朝向应争取南向，充分利用东、西向，尽可能避免北向。东西向住宅可以采取短内廊式，或在东西向内楼梯的平面组合基础上将辅助房间全部集中在单元的内部，设置小天井、加大建筑进深等
炎热地区住宅	**基本特点：**为使居民在夏季温度较高、相对湿度较大、没有空调的情况下获得较适宜的感受，设计时要考虑尽量减少阳光辐射及厨房炉灶产生的热量对室内温度的影响，组织自然通风，获得较为开敞与通透的平面组合体形。 **朝向：**考虑阳光照射及夏季主导风向，注意减少东西向阳光对建筑物的直接照射，并组织夏季主导风入室。较好朝向依次为南向、南偏东向、南偏西向、东向、北向，尽量避免西向。 **处理方式：**遮阳隔热、自然通风、平面组合。遮阳按照不同的使用要求可以分为水平式遮阳、垂直式遮阳、综合式遮阳、挡板式遮阳；按照材料构造的不同可分为固定式遮阳、活动式遮阳、简易式遮阳。隔热通常可采用减少东西向墙体、采用具有较好隔热性能的建筑材料和隔热构造来提高墙体和屋顶的隔热性能，如利用绿化隔热降温等措施
坡地住宅	**基本要求：**应结合地形布置，同时也要综合考虑朝向、通风、地质等条件。 **建筑与等高线的关系：**建筑与等高线平行、建筑与等高线垂直、建筑与等高线斜交。 **垂直组合形式：**由于单元内部或单元之间组合方式的不同，可以有错叠、跌落、掉层、错层等几种形式。 **临街坡地住宅处理方式：**常有错层、吊脚、天桥、凸出楼梯间、连廊、室外梯道等几种

3. 建筑热工设计区划（2024考点）

根据《民用建筑热工设计规范》GB 50176—2016，建筑热工设计区划分为两级。一级区划分为严寒地区、寒冷地区、夏热冬冷地区、夏热冬暖地区、温和地区；二级区划分为严寒A区、严寒B区、严寒C区、寒冷A区、寒冷B区、夏热冬冷A区、夏热冬冷B区、夏热冬暖A区、夏热冬暖B区、温和A区、温和B区。

建筑热工设计一级区划设计原则

序号	一级区划名称	设计原则
Ⅰ	严寒地区	必须满足冬季保暖，一般可以不考虑夏季防热
Ⅱ	寒冷地区	应满足冬季保温要求，部分地区兼顾夏季防热
Ⅲ	夏热冬冷地区	必须满足夏季防热要求，适当兼顾冬季保温
Ⅳ	夏热冬暖地区	必须充分满足夏季防热要求，一般可不考虑冬季保温
Ⅴ	温和地区	部分地区应考虑冬季保温，一般可不考虑夏季防热

知识点 3 《住宅项目规范》GB 55038—2025 【★★★★★】

1. 套内空间

4.1.1 卧室的使用面积应符合下列规定：

① 卧室使用面积不应小于 5m²；

② 兼起居室的卧室使用面积不应小于 9m²；

③ 卧室短边净宽不应小于 1.8m。

4.1.2 新建住宅建筑的层高和室内净高应符合下列规定：

① 层高不应低于 3m；

② 卧室、起居室的室内净高不应低于 2.6m，局部净高不应低于 2.2m，且局部净高低于 2.6m 的面积不应大于室内使用面积的 1/3；

③ 利用坡屋顶内空间作卧室、起居室时，室内净高不低于 2.2m 的使用面积不应小于室内使用面积的 1/2；

④ 厨房、卫生间的室内净高不应低于 2.2m。

4.1.7 卫生间不应直接布置在其他住户的卧室、起居室、厨房或餐厅的上层。

4.1.14 新建住宅建筑户门通行净宽不应小于 0.9m，既有住宅建筑改造户门通行净宽不应小于 0.8m。卧室门的通行净宽不应小于 0.8m，厨房门和卫生间门的通行净宽不应小于 0.7m，并应预留无障碍改造的条件。

4.1.15 设有阳台时，应符合下列规定：

阳台栏杆净高不应低于 1.2m，栏杆的竖向杆件间净距不应大于 0.11m，阳台栏杆应采取防止攀登的措施。

4.1.16 临空外窗的窗台距室内地面的净高小于 0.9m 时，应配置防护设施，防护设施的高度应由室内地面或可登踏面起算，且不应小于 0.9m。当凸窗窗台高度小于或等于 0.45m 时，其防护设施高度应从窗台面起算，且不应小于 0.9m；当凸窗窗台高度大于 0.45m 时，其防护设施高度应从窗台面起算，且不应小于 0.6m；凸窗的防护设施应贴外窗设置。

4.1.17 当住宅建筑凹口的净宽与净深之比小于 1∶3 且净宽小于 1.2m 时，卧室和起居室的外窗不应设置在凹口内。

2. 公共空间

4.2.1 设有公共走廊时，应符合下列规定：

① 走廊净宽不应小于 1.2m，净高不应低于 2.2m；

② 当设置封闭外廊时，应设可开启的窗扇。

31

4.2.4 新建住宅建筑电梯设置应符合下列规定：

① 最高入户层为四层及四层以上，或最高入户层楼面距室外设计地面高度超过9m的住宅建筑，每个住宅单元应至少设置1台电梯。

② 最高入户层为十二层及十二层以上，或最高入户层楼面距室外设计地面高度超过33m的住宅建筑，每个住宅单元应至少设置2台电梯。

③ 设有电梯的住宅单元，应至少有1台电梯满足下列尺寸要求：轿厢门净宽不应小于0.9m；采用宽轿厢时，轿厢长边尺寸不应小于1.6m，短边尺寸不应小于1.5m，采用深轿厢时，轿厢宽度不应小于1.1m，深度不应小于2.1m。

4.2.7 公共出入口设置应符合下列规定：

① 每个住宅单元至少应有1个无障碍公共出入口。

② 公共出入口的外门通行净宽不应小于1.1m。当外门为双扇门时，至少应有1扇门的通行净宽不小于0.8m。

4.2.8 外廊、室内回廊、内天井、室外楼梯及上人屋面等临空处应设防护栏杆，且应符合下列规定：

① 栏杆净高不应低于1.2m；

② 栏杆应有防止攀登和物品坠落的措施，栏杆竖向杆件间的净距不应大于0.11m。

3. 声环境

6.1.2 住宅卧室、起居室与相邻房间之间墙、楼板的隔声性能应符合下列规定：

卧室、起居室楼板的计权标准化撞击声压级不应大于65dB。

4. 给水排水

7.1.8 生活污、废水不应排入雨水排水系统。

知识点4　《建筑与市政工程无障碍通用规范》 GB 55019—2021 【★★★★】

1. 无障碍通行设施一般规定

2.1.1 城市开敞空间、建筑场地、建筑内部及其之间应提供连贯的无障碍通行流线。

2.1.2 无障碍通行流线上的标识物、垃圾桶、座椅、灯柱、隔离墩、地灯和地面布线（线槽）等设施均不应妨碍行动障碍者的独立通行。固定在无障碍通道、轮椅坡道、楼梯的墙或柱面上的物体，突出部分大于100mm且底面距地面高度小于2m时，其底面距地面高度不应大于600mm，且应保证有效通行净宽。

2.1.3 无障碍通行流线在邻近地形险要地段处应设置安全防护设施，必要时应同时设置安全警示线。

2.1.4 无障碍通行设施的地面应坚固、平整、防滑、不积水。

2. 无障碍通道

2.2.1 无障碍通道上有地面高差时，应设置轮椅坡道或缘石坡道。

2.2.2 无障碍通道的通行净宽不应小于1.2m，人员密集的公共场所的通行净宽不应小于1.8m。

2.2.3 无障碍通道上的门洞口应满足轮椅通行，各类检票口、结算口等应设轮椅通道，通行净宽不应小于900mm。

2.2.4 无障碍通道上有井盖、算子时，井盖、算子孔洞的宽度或直径不应大于13mm，条状孔洞应垂直于通行方向。

2.2.5 自动扶梯、楼梯的下部和其他室内外低矮空间可以进入时，应在净高不大于2m处采取安全阻挡措施。

3. 轮椅坡道

2.3.1 轮椅坡道的坡度和坡段提升高度应符合下列规定：横向坡度不应大于1：50，纵向坡度不应大于1：12，当条件受限且坡段起止点的高差不大于150mm时，纵向坡度不应大于1：10；每段坡道的提升高度不应大于750mm。

2.3.2 轮椅坡道的通行净宽不应小于1.2m。

2.3.3 轮椅坡道的起点、终点和休息平台的通行净宽不应小于坡道的通行净宽，水平长度不应小于1.5m，门扇开启和物体不应占用此范围空间。

2.3.4 轮椅坡道的高度大于300mm且纵向坡度大于1：20时，应在两侧设置扶手，坡道与休息平台的扶手应保持连贯。

4. 无障碍出入口

2.4.2 除平坡出入口外，无障碍出入口的门前应设置平台；在门完全开启的状态下，平台的净深度不应小于1.5m；无障碍出入口的上方应设置雨篷。

2.4.3 设置出入口闸机时，至少有一台开启后的通行净宽不应小于900mm，或者在紧邻闸机处设置供乘轮椅者通行的出入口，通行净宽不应小于900mm。

5. 门

2.5.2 在无障碍通道上不应使用旋转门。

2.5.3 满足无障碍要求的门不应设挡块和门槛，门口有高差时，高度不应大于15mm，并应以斜面过渡，斜面的纵向坡度不应大于1：10。

2.5.4 满足无障碍要求的手动门应符合下列规定：新建和扩建建筑的门开启后的通行净宽不应小于900mm，既有建筑改造或改建的门开启后的通行净宽不应小于800mm；平开门的门扇外侧和里侧均应设置扶手，扶手应保证单手握拳操作，操作部分距地面高度应为0.85~1m。

6. 无障碍电梯和升降平台

2.6.1 无障碍电梯的候梯厅应符合下列规定：电梯门前应设直径不小于1.5m的轮椅回转空间，公共建筑的候梯厅深度不应小于1.8m；呼叫按钮的中心距地面高度应为0.85~1.1m，且距内转角处侧墙距离不应小于400mm，按钮应设置盲文标志。

2.6.2 无障碍电梯的轿厢的规格应依据建筑类型和使用要求选用。满足乘轮椅者使用的最小轿厢规格，深度不应小于1.4m，宽度不应小于1.1m。同时满足乘轮椅者使用和容纳担架的轿厢，如采用宽轿厢，深度不应小于1.5m，宽度不应小于1.6m；如采用深轿厢，深度不应小于2.1m，宽度不应小于1.1m。轿厢内部设施应满足无障碍要求。

7. 楼梯和台阶

2.7.1 视觉障碍者主要使用的楼梯和台阶应符合下列规定：距踏步起点和终点250~300mm处应设置提示盲道，提示盲道的长度应与梯段的宽度相对应；上行和下行的第一阶踏步应在颜色或材质上与平台有明显区别；不应采用无踢面和直角形突缘的踏步；踏步防滑条、警示条等附着物均不应突出踏面。

8. 无障碍机动车停车位和上/落客区

2.9.2 无障碍机动车停车位一侧，应设宽度不小于1.2m的轮椅通道。轮椅通道与其所服务的停车位不应有高差，和人行通道有高差处应设置缘石坡道，且应与无障碍通道衔接。

2.9.3 无障碍机动车停车位的地面坡度不应大于1：50。

2.9.5 总停车数在 100 辆以下时应至少设置 1 个无障碍机动车停车位，100 辆以上时应设置不少于总停车数 1% 的无障碍机动车停车位；城市广场、公共绿地、城市道路等场所的停车位应设置不少于总停车数 2% 的无障碍机动车停车位。

2.9.6 无障碍小汽（客）车上客和落客区的尺寸不应小于 2.4m×7m，和人行通道有高差处应设置缘石坡道，且应与无障碍通道衔接。

9. 盲道

2.11.1 盲道的铺设应保证视觉障碍者安全行走和辨别方向。

2.11.2 盲道铺设应避开障碍物，任何设施不得占用盲道。

2.11.3 需要安全警示和提示处应设置提示盲道，其长度应与需安全警示和提示的范围相对应。行进盲道的起点、终点、转弯处，应设置提示盲道，其宽度不应小于 300mm，且不应小于行进盲道的宽度。

2.11.4 盲道应与相邻人行道铺面的颜色或材质形成差异。

真题演练

2018-004 下列关于建筑交通联系空间及布局的表述，错误的是(　　)。

A. 过厅、自动扶梯、出入口属于交通联系空间

B. 应服从于建筑空间处理和功能关系的需要

C. 可分为水平交通、综合交通和枢纽交通三种

D. 流线设计应简单明确并避免迂回曲折

【答案】C

【解析】通常将过道、过厅、门厅、出入口、楼梯、电梯、自动扶梯、坡道等称为建筑的交通联系空间（故 A 项正确）。交通联系空间的形式、大小和位置，服从于建筑空间处理和功能关系的需要（故 B 项正确）。一般交通联系空间要有适宜的高度、宽度和形状，流线宜简单明确，不宜迂回曲折，同时要起到引导人流的作用（故 D 项正确）。此外交通联系空间应有良好的采光和满足防火的要求。建筑的交通联系部分，可分为水平交通、垂直交通和枢纽交通三种空间形式（故 C 项错误）。

2023-002 下列关于建筑环境中无障碍出入口设置的说法，错误的是(　　)。

A. 出入口应同时设置台阶和升降平台　　　B. 平坡出入口地面坡度应不大于 1∶20

C. 无障碍出入口应避免设置在雨篷下方　　D. 非平坡式的无障碍出入口前应设置平台

【答案】C

【解析】依据现行《无障碍设计规范》GB 50763—2012 以下条款：

3.3.1　无障碍出入口包括以下几种类别：平坡出入口；同时设置台阶和轮椅坡道的出入口；同时设置台阶和升降平台的出入口（故 A 项正确）。

3.3.2　无障碍出入口应符合下列规定：

1　出入口的地面应平整、防滑；

2　室外地面滤水箅子的孔洞宽度不应大于 15mm（轮椅小轮趋于小型化，《建筑与市政工程无障碍通用规范》GB 55019—2021 规定，孔洞宽度不宜大于 13mm，且应与行进方向垂直）；

3　同时设置台阶和升降平台的出入口宜只应用于受场地限制无法改造坡道的工程；

4　除平坡出入口外，在门完全开启的状态下，建筑物无障碍出入口的平台的净深度不应小于 1.5m（故 D 项正确）；

5　建筑物无障碍出入口的门厅、过厅如设置两道门，门扇同时开启时两道门的间距不应

34

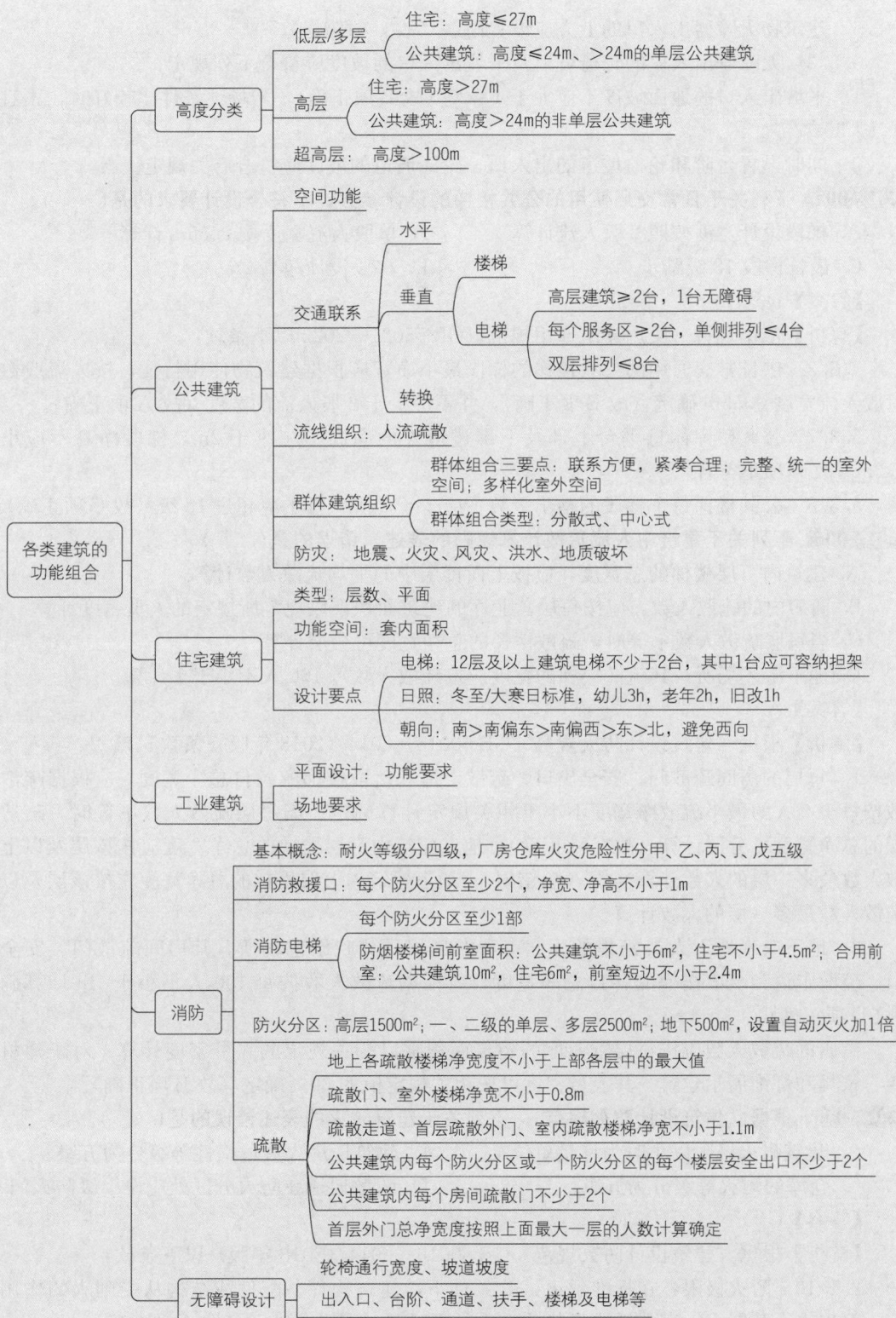

各类建筑的功能组合

- **高度分类**
  - **低层/多层**
    - 住宅：高度≤27m
    - 公共建筑：高度≤24m、>24m的单层公共建筑
  - **高层**
    - 住宅：高度>27m
    - 公共建筑：高度>24m的非单层公共建筑
  - 超高层：高度>100m
- **公共建筑**
  - 空间功能
  - **交通联系**
    - 水平
    - **垂直**
      - 楼梯
      - **电梯**
        - 高层建筑≥2台，1台无障碍
        - 每个服务区≥2台，单侧排列≤4台
        - 双层排列≤8台
    - 转换
  - 流线组织：人流疏散
  - **群体建筑组织**
    - 群体组合三要点：联系方便，紧凑合理；完整、统一的室外空间；多样化室外空间
    - 群体组合类型：分散式、中心式
  - 防灾：地震、火灾、风灾、洪水、地质破坏
- **住宅建筑**
  - 类型：层数、平面
  - 功能空间：套内面积
  - **设计要点**
    - 电梯：12层及以上建筑电梯不少于2台，其中1台应可容纳担架
    - 日照：冬至/大寒日标准，幼儿3h，老年2h，旧改1h
    - 朝向：南>南偏东>南偏西>东>北，避免西向
- **工业建筑**
  - 平面设计：功能要求
  - 场地要求
- **消防**
  - 基本概念：耐火等级分四级，厂房仓库火灾危险性分甲、乙、丙、丁、戊五级
  - 消防救援口：每个防火分区至少2个，净宽、净高不小于1m
  - **消防电梯**
    - 每个防火分区至少1部
    - 防烟楼梯间前室面积：公共建筑不小于6m²，住宅不小于4.5m²；合用前室：公共建筑10m²，住宅6m²，前室短边不小于2.4m
  - 防火分区：高层1500m²；一、二级的单层、多层2500m²；地下500m²，设置自动灭火加1倍
  - **疏散**
    - 地上各疏散楼梯净宽度不小于上部各层中的最大值
    - 疏散门、室外楼梯净宽不小于0.8m
    - 疏散走道、首层疏散外门、室内疏散楼梯净宽不小于1.1m
    - 公共建筑内每个防火分区或一个防火分区的每个楼层安全出口不少于2个
    - 公共建筑内每个房间疏散门不少于2个
    - 首层外门总净宽度按照上面最大一层的人数计算确定
- **无障碍设计**
  - 轮椅通行宽度、坡道坡度
  - 出入口、台阶、通道、扶手、楼梯及电梯等

各类建筑的功能组合

小于 1.5m；

6 建筑物无障碍出入口的上方应设置雨篷（故 C 项错误）。

3.3.3 无障碍出入口的轮椅坡道及平坡出入口的坡度应符合下列规定：

1 平坡出入口的地面坡度不应大于 1：20（故 B 项正确），当场地条件比较好时，不宜大于 1：30；

2 同时设置台阶和轮椅坡道的出入口，轮椅坡道的坡度应符合有关规定。

2023-004 下列关于日常交通使用的公共楼梯的设计参数，不符合设计要求的是（ ）。

A. 梯段设计宽度按照 2 股人流计算　　　　B. 单股人流宽度按 0.55m 计算

C. 最长梯段 18 级踏步　　　　　　　　　　D. 梯段设计净高 2m

【答案】D

【解析】依据现行《民用建筑通用规范》GB 55031—2022 以下条款：

5.3.2 供日常交通用的公共楼梯的梯段最小净宽应根据建筑物使用特征，按人流股数和每股人流宽度 0.55m 确定（故 B 项正确），并不应少于 2 股人流的宽度（故 A 项正确）。

5.3.7 公共楼梯休息平台上部及下部过道处的净高不应小于 2m，梯段净高不应小于 2.2m（故 D 项不符合）。

5.3.8 公共楼梯每个梯段的踏步级数不应少于 2 级，且不应超过 18 级（故 C 项正确）。

2022-005 下列关于建筑中人流疏散计算规则的表述，错误的是（ ）。

A. 建筑内下层楼梯的总宽度，应按上面楼层中的平均疏散人数计算

B. 商店内的疏散人数，应按每层营业厅的建筑面积乘以规范所规定的人员密度计算

C. 当每层疏散人数不等时，疏散楼梯的总净宽度可分层计算

D. 地下游艺场所，其疏散楼梯的宽度应按疏散人数每 100 人不小于 1 计算

【答案】A

【解析】根据《建筑设计防火规范》GB 50016—2014（2018 年版）条款 5.5.21：

1 每层的房间疏散门、安全出口、疏散走道和疏散楼梯的各自总净宽度，应根据疏散人数按每 100 人的最小疏散净宽度不小于相关规定计算确定。当每层疏散人数不等时，疏散楼梯的总净宽度可分层计算（故 C 项正确），地上建筑内下层楼梯的总净宽度应按该层及以上疏散人数最多一层的人数计算（故 A 项错误）；地下建筑内上层楼梯的总净宽度应按该层及以下疏散人数最多一层的人数计算。

2 地下或半地下人员密集的厅、室和歌舞娱乐放映游艺场所，其房间疏散门、安全出口、疏散走道和疏散楼梯的各自总净宽度，应根据疏散人数按每 100 人不小于 1m 计算确定（故 D 项正确）。

商店的疏散人数应按每层营业厅的建筑面积乘以相关规定的人员密度计算。对于建材商店、家具和灯饰展示建筑，其人员密度可按相关规定值的 30% 确定（故 B 项正确）。

2022-006 根据《建筑设计防火规范》，下列关于建筑防火的表述错误的是（ ）。

A. 建筑耐火极限以小时为计量单位　　　　B. 建筑厂房火灾危险性等级分为五级

C. 仓库的耐火等级分为五级　　　　　　　D. 疏散通道在防火分区处应设甲级防火门

【答案】C

【解析】根据《建筑设计防火规范》GB 50016—2014（2018 年版）以下条款：

2.1.10 耐火极限：在标准耐火试验条件下，建筑构件、配件或结构从受到火的作用时起，至失去承载能力、完整性或隔热性时止所用时间，用小时表示（故 A 项正确）。

3.1.1 生产的火灾危险性应根据生产中使用或产生的物质性质及其数量等因素分，可分

为甲、乙、丙、丁、戊类（故 B 项正确）。

3.2.1 厂房和仓库的耐火等级可分为一、二、三、四级（故 C 项错误）。

根据《建筑防火通用规范》GB 55037—2022 条款 6.4.2，下列部位的门应为甲级防火门：

1 设置在防火墙上的门、疏散走道在防火分区处设置的门（故 D 项正确）。

2021-009 下列关于建筑防烟楼梯间设置要求的说法，错误的是（　　）。

A. 一类高层公共建筑应设置防烟楼梯间

B. 33m 以上高度住宅建筑应设置防烟楼梯间

C. 高度大于 32m 的公共建筑应设置防烟楼梯间

D. 防烟楼梯不得与消防电梯间前室合用

【答案】D

【解析】根据《建筑设计防火规范》GB 50016—2014（2018 年版）条款 6.4.3，防烟楼梯间前室可与消防电梯间前室合用。故 D 项错误。

2021-010 下列关于建筑类型的判断，错误的是（　　）。

A. 高度为 25m 的非单层公共建筑是高层建筑

B. 高度为 28m 的单层公共建筑是高层建筑

C. 高度为 35m 的住宅建筑是高层建筑

D. 高度为 110m 的建筑是超高层建筑

【答案】B

【解析】根据现行《民用建筑设计统一标准》GB 50352—2019 条款 3.1.2，民用建筑按地上建筑高度或层数进行分类应符合下列规定：

1 建筑高度不大于 27m 的住宅建筑、建筑高度不大于 24m 的公共建筑及建筑高度大于 24m 的单层公共建筑为低层或多层民用建筑；

2 建筑高度大于 27m 的住宅建筑和建筑高度大于 24m 的非单层公共建筑，且高度不大于 100m 的，为高层民用建筑（故 B 项错误）；

3 建筑高度大于 100m 为超高层建筑。

2020-008 下列关于住宅建筑套内空间的说法，错误的是（　　）。

A. 由卧室、起居室（厅）、厨房和卫生间等组成的套型，其使用面积不应小于 30m²

B. 由兼起居的卧室、厨房和卫生间等组成的最小套型，其使用面积不应小于 22m²

C. 双人卧室不应小于 9m²

D. 起居室（厅）的使用面积不应小于 9m²

【答案】D

【解析】根据现行《住宅设计规范》GB 50096—2011 条款 5.2.2，起居室（厅）的使用面积不应小于 10m²（故 D 项错误）。

2021-082 根据《民用建筑热工设计规范》，下列热工分区的名称正确的有（　　）。（多选）

A. 严寒地区　　　　　　　　　　B. 夏热冬冷地区

C. 干冷地区　　　　　　　　　　D. 干热地区

E. 温和地区

【答案】ABE

【解析】根据现行《民用建筑热工设计规范》GB 50176—2016，建筑热工设计区划分为两级。一级区划分为严寒地区、寒冷地区、夏热冬冷地区、夏热冬暖地区、温和地区。

板块 3 建筑场地条件的分析及设计要求

历年考频

板块	2020 年	2021 年	2022 年	2023 年	2024 年
建筑场地条件的分析及设计要求	—	—	2	—	—

知识点 1　场地选择的基本要求　【★★】

1. 资源

建设项目应尽可能充分利用自然资源条件，如矿藏、森林、生物、土壤、地表及地下水资源等，还包括人工筑凿、考古发现的历史遗迹和历代园林景观等人文资源。

2. 场地面积

含建筑基底面积、广场道路和停车场面积、露天堆放场地面积，以及绿化面积等。不同类别用地所占面积应根据国家用地定额标准指标，经计算确定。同时应考虑施工使用场地，并应根据施工的规模、进程作出相应的安排，或用临建用地代替。

3. 地界与地貌条件

（1）地界

场地边界外形应因地制宜、尽可能简单，这样既合理又经济。地貌要利于建筑布置。道路短捷顺畅，地形宜于场地排水。

用地坡度特征

类型	坡度	特征
平坡	0.3%～5%	场地较理想
缓坡	5%～10%	场地要错落
中坡	10%～25%	场地要做台地，填挖土方量要大
陡坡	25%～100%	场地不宜建设

一般自然地形坡度不宜小于0.3%。适宜建设的场地均应考虑竖向规划，以减少土石方工程量。注意分析不同地貌的小气候特点和利用日照。

（2）地形地貌

类型： 宏观划分为山地、丘陵、平原三类。进一步划分为山谷、山丘、山坡、冲沟、盆地、河漫滩、阶地等。

地形图： 区域性地形图常用 1∶5000～1∶10000 地形图，总图常用 1∶500～1∶1000 地形图。图例中有地物符号、地形符号和标记符号三类。

地图方向与坐标： 上北下南、左西右东定方位。纵向 X 轴为南北坐标，横向 Y 轴为东西坐标。城市地域一般用方格独立坐标网绘地图。场地地图多以城市地域坐标网控制，也可用相对独立坐标网地形图。

城市各项建筑用地适用坡度

用地	坡度	用地	坡度
工业用地	0.5%～2%	铁路战场	0～0.25%
居住用地	0.3%～10%	机场用地	0.5%～1%

地形图高程与等高线：各国的地形图选用特定零点高程算起，称**绝对高程或海拔**。工程地图的假定水准点高程，称**相对高程**。我国地图等高线是以青岛黄海平均海平面作**零点高程**，以米为单位计，以等高相同点连线标注的绝对高程线于地图上。等高线应是一条封闭曲线。两等高线水平距离叫**等高线间距**，两等高线高差叫**等高距**。等高线间距随地形起伏，起伏越大线越密。等高线向低方向凸出，形成山脊，反之形成山沟。

4. 气象基础条件
包括温度、湿度、降水、冻土深度、天气现象、风象、日照等。

5. 水文地质条件
河流、水库、湖泊及滨海的水位；50年一遇、100年一遇及常年洪水淹没范围；沿岸特征、冲积断面、流量、流速方向；水温；含沙等地面水资料情况；深水井、泉水的水量、水位变化，水的物理、化学和生物的性能、成分分析等。

6. 工程地质条件
场地所处区域的地质构造、地层成因、形成年代等；对建筑指定性和适宜性评价；场地地震基本烈度；历史地震资料，震速、震源和断裂构造；场址所处土岩类别、性质、承载力，有无不良滑坡、沉陷地质现象及人为破坏或修筑古墓等。应避免于地震烈度9级及以上地震区、泥石流、流沙、溶洞、三级湿陷黄土、一级膨胀土、古井、古墓、坑穴、采空区，以及有开采价值的矿藏区的场地安排开发项目。

建筑物对土壤允许承载力的要求

建筑层数	承载力（kPa）
1层	60～100
2、3层	100～120
4、5层	120

注：当地基承载力小于100kPa时，应注意地基的变形问题。

7. 交通运输条件
公路、铁路和水运、空运便利的地区，由于开发建设的直接经济效益高，宜作为建设场地。

8. 给水排水条件
靠近水源，保证供水的可靠性。水质、水量、水温要符合要求。城市管网布局、管径、标高、压力的保证及补救措施；污水系统现状与新建连接点管道埋深、管径、坡度和排入允许水量；粪便污水的处理方式。污水净化环保要达标。雨水应考虑如何排除或利用。

9. 能源供应条件
热力供给与可能性、热源及热媒参数、热量、管网、价格；燃气可能性与供应量、压力、发热量、网络及价格；供电电源位置、距离，供电量，电源回路，输电线路进入场地的设计、分工，电计价方式与供电部门的供电文件、协议。

10. 通信需求条件

电话、电视、电传、网络等各种信号需要量与场地附近设备设施的供给的可能性和敷线方式、截面调改等应与有关部门达成协议。

11. 安全保护条件

建设项目场地与相邻环境的间距应满足安全、卫生、视觉、环保等各项规定。符合人防、防水、电源要求。避免于洪泛地段、通信微波走廊、高压输电通廊与地下工程管道区域内建造建筑。

12. 景观与环境

场地上的文物古迹及自然景观，应按当地文物部门的要求采取相应的保护措施，动植物自然保护区不能破坏。

13. 施工条件

当地及外来建材供应、产量、价格；当地施工技术力量、水平；机械起重能力数量；施工期水、电、劳动力供应条件。

知识点2　场地选择的基本要求 【★★】

1. 公共建筑场地选址要求

公共建筑场地选址要求

建筑类型	要求
旅馆	① 基地选择应符合当地规划要求等基本条件。 ② 与车站、码头、航空港及各种交通路线联系方便。 ③ 城市中的各类旅馆应考虑使用原有的市政设施，以缩短建筑周期。 ④ 历史文化名城内及休养、疗养、观光、运动等类型的旅馆，应与风景区、海滨及周围的环境相协调，应符合国家和地方的有关管理条例和保护规划的要求。 ⑤ 基地应至少一面临接城市道路，其长度应满足基地内组织各功能区的出入口，如客货运输车路线、防火疏散及环境卫生等要求
剧场	① 应与规划协调，合理布点。重要剧场应选在城市重要位置，形成的建筑群应对城市面貌有较大影响。 ② 剧场基地选择应采取与剧场的类型和所在区域居民的文化素养、艺术情趣相适应的原则。 ③ 儿童剧场应设于位置适中、公共交通便利、比较安静的区域。 ④ 基地至少有一面临接城市道路，临接长度不小于基地周长的1/6，剧场前面应有不小于0.2m²/座的集散广场。剧场临接道路宽度应不小于剧场安全出口宽度的总和。如800座以下，不小于8m；800～1200座，不小于12m；1200座以上，不小于15m，以保证剧场观众的疏散不至造成城市交通阻滞。 ⑤ 剧场与其他建筑毗邻修建时，剧场前面若不能保证观众疏散总宽及足够的集散广场，应在剧场后面或侧面另辟疏散口，连接的疏散小巷宽度不小于3.5m。 ⑥ 剧场与其他类型建筑合建时，应保证专有的疏散通道，室外广场应包含有剧场的集散广场。 ⑦ 剧场基地应设置停车场，或由规划统一设置

建筑类型	要求
电影院	① 应结合城镇交通、商业网点、文化设施综合考虑，方便群众，增加社会、经济和环境效益。 ② 基地应临接城镇道路、广场或空地，应按观众厅座位数总容量所定规模确定集散空地面积
文化馆	① 省、市群众艺术馆，区、县文化馆宜有独立的建筑基地，并应符合文化产业和规划的布点要求。 ② 文化馆基地应选设在位置适中、交通便利、环境优美、适度绿化、远离污染源、便于群众活动的地段。 ③ 乡镇文化站、居住区、小区文化站应位于所在地区的公共建筑中心或靠近公共绿地
档案馆	① 馆址应远离有易燃、易爆物的场所，不设在有污染、腐蚀气体排放单位的下风向，避免架空高压输电线穿过。 ② 应选择地势较高、场地干燥、排水通畅、空气流通和环境安静的地段，并宜有适当的扩建余地。 ③ 应建在交通便利，且城市公用设施比较完备的地区。除特殊需要外，一般不宜远离市区。为保持馆区环境安静、减少干扰，也不宜建在闹市区。 ④ 确需在城区建馆时，应选择安全可靠和交通方便的地区。不应设在有发生沉陷、滑坡、泥石流可能的地段和埋有矿藏的场地上面。为避免噪声和交通的干扰，也不宜紧邻近铁路或在交通繁忙的公路附近修建
博物馆	① 选址地点宜交通便利、城市公用设施完备，并具有适当的用于自身发展的扩建用地。 ② 不应选择在环境污染的区域内，应远离易燃、易爆物。 ③ 场地干燥，排水通畅，通风良好
展览馆	① 基地的位置、规模应符合规划要求。 ② 应位于城市社会活动的中心地区或城市近郊、利于人流集散的地方。 ③ 应交通便捷且与航空港、港口或火车站有良好的联系。 ④ 大型展览馆宜与江湖水泊、公园绿地结合。充分利用周围现有的公共服务设施和旅馆、文化娱乐场所等。 ⑤ 基地须具备齐全的市政配套设施（包括水、电、气等）。 ⑥ 利用荒废建筑改造或扩建也是馆址选择的途径之一
百货商店	① 大中型商店建筑基地宜选择在城市商业地区或主要道路的适宜位置。 ② 大中型商店建筑应有不小于1/4的周边总长度和建筑物不少于2个出入口与一边城市道路相临接；基地内应设净宽度不小于4m的运输、消防道路。 ③ 设相应的集散场地及停车场
银行	应遍布于城市各区段中心或交通方便的便民位置
办公建筑	① 应选在交通方便的地段，避开散发粉尘、煤烟，产生有害物质的场所和贮存易爆、易燃品等地段。 ② 城市办公楼基地应符合规划布局，选在市政设施比较完善的地段，并且避开车站、码头等人流集中或噪声大的地段。 ③ 工业企业的办公楼可在企业基地内选择合适的地段建造，但应符合卫生和环境保护等有关规定

建 筑 学

建筑类型	要求
高校	应有适宜的人文环境和自然生态环境、良好的自然条件、充足的土地面积与合宜的地貌形状、有利的基础设施
中小学	① 符合当地规划要求，一般在居住区内设置，考虑学校的服务半径及学校的分布情况。 ② 根据当地人口密度、人口发展趋势和学龄儿童比例选定校址。 ③ 地面易于排水，能充分利用地形，避免大量填挖土方。山区应注意排洪，要有可设置运动场的平坦地段。 ④ 有足够的水源、电源和排除污水的条件。 ⑤ 学校布点应注意学生上下学安全，避免学生穿行主要干道和铁路。 ⑥ 应有安静、卫生的环境。 ⑦ 有充足的阳光和良好的通风条件。 ⑧ 避免交通和工业噪声干扰。 ⑨ 避免工业生产和生活中所产生的化学污染，并避免各种生物污染。 ⑩ 避免电磁波等物理污染源。 ⑪ 避免学生发育中影响身心健康的精神污染（闹市、娱乐场所、精神病院和医院太平间等）。 ⑫ 不应毗邻危及师生安全的危险仓库、工业单位等。 ⑬ 校园内不允许有架空高压线通过
托儿所、幼儿园	① 4个班以上的应有独立基地，并符合居民区、小区、住宅组团的规划布点。 ② 应远离污染源，满足有关卫生防护标准的要求。 ③ 方便家长接送，避免交通干扰。 ④ 日照充足，地面干燥，排水通畅，环境优美或接近城市绿化地带。 ⑤ 能为建筑功能分区、出入口、室外游戏场地的布置提供必要条件
综合医院	① 应符合当地规划和医疗卫生网点的布局要求。 ② 交通方便，宜邻近至少两条城市道路。 ③ 便于利用城市基础设施。 ④ 环境安静，远离污染源。 ⑤ 地形力求规整，以解决多功能分区和多出入口的合理布局。 ⑥ 远离易燃、易爆物品的生产和贮存区，并远离高压线路及其设施。 ⑦ 不应邻近少年儿童活动密集的场所
电台、电视台	① 宜设置在交通比较方便的城市中心附近，邻近城市干道和次干道。 ② 环境尽可能安静，场地四周的地上和地下没有强振动源和强噪声源，空中没有飞机航道通过，并尽可能远离高压架空输电线和高频发生器。 ③ 电台、电视台和广播电视中心场址的选择必须考虑与其发射台（塔）进行节目传送有方便（空中和地下）的技术通路。 ④ 有足够的发展用地
停车库	① 车库进出车辆频繁，库址宜选在道路通畅、交通方便的地方，但须避免直接建在城市交通干道旁和主要道路交叉口处。 ② 多层车库是消防重点部门之一，并有噪声干扰，须按现行防火规范与其周围建筑保持一定的消防距离和卫生间距，尤其不宜靠近医院、学校、住宅建筑
停车场	按城市总体规划均匀布置在各个区域性线网的中心处，以及旧城区、交通复杂的商业区、市中心、主要交通枢纽的附近

建筑类型	要求
汽车客运站	① 与城市交通系统联系密切，车辆流向合理、出入方便。 ② 方便旅客集散和换乘。 ③ 近远期结合，近期建设有足够场地，并有发展余地。 ④ 有必要的水源、电源、消防、疏散及排污等条件。 ⑤ 不应选择在低洼积水地段或易发生山洪断层、滑坡、流沙的地段及沼泽地区

2. 居住住宅的场地选址要求

选择环境条件优越地段布置住宅，其布局应技术经济指标合理，用地节约紧凑。住宅群体组合还应注意功能方面的要求，如日照、通风、密度、朝向、间距、防噪声等，以达到居住方便、安全、利于管理的要求。

在Ⅰ、Ⅱ、Ⅲ、Ⅳ类建筑气候区，主要应利于住宅冬季的防寒、保温与防风沙，在Ⅲ、Ⅳ建筑气候区，还应考虑住宅夏季防热和组织自然通风、导风入室的要求。

在丘陵和山区，除考虑住宅布置与主导风向的关系外，尚应重视因地形变化而产生的地方风对建筑防寒、保温或自然通风的影响。

知识点 3　场地规划控制要点 【★★★】

1. 用地范围及界限

应掌握道路中心线、道路红线、绿化控制线、用地界线、建筑控制线等几条控制线的含义。

2. 基地地面高程

基地地面高程应按规划确定的控制标高设计，应与相邻基地标高协调，不妨碍相邻各方的排水。基地地面最低处高程宜高于相邻城市道路最低高程，否则应有排除地面水的措施。

3. 相邻基地的关系

① 建筑物与相邻基地之间应按建筑防火等要求留出空地和道路。当建筑前后各自留有空地或道路，并符合防火规范有关规定时，则相邻基地边界两边的建筑可毗连建造。

② 本基地内建筑物和构筑物均不得影响本基地或其他用地内建筑物的日照标准和采光标准。

③ 除规划确定的永久性空地外，紧贴基地用地红线建造的建筑物不得向相邻基地方向设洞口、门、外平开窗、阳台、挑檐、空调室外机、废气排出口及排泄雨水。

4. 与城市道路的关系

基地应与道路红线相连接，否则应设通路与道路红线相连接。基地与道路红线连接时，一般从退道路红线一定距离为建筑控制线。建筑一般均不得超出建筑控制线建造。

属于公益上有需要的建筑物和临时性建筑物（绿化小品、书报亭等），经当地规划主管部门批准，可突入道路红线建造。

建筑物的台阶、平台、窗井、地下建筑、建筑基础，均不得突入道路红线。建筑突出物可有条件地突入道路红线。

5. 基地内道路设计坡度

基地内道路设计坡度

项目	相关规定
机动车道	纵坡不应小于0.3%，且不应大于8%。 当采用8%坡度时，其坡长不应大于200m。 当遇特殊困难纵坡小于0.3%时，应采取有效的排水措施；个别特殊路段，坡度不应大于11%，其坡长不应大于100m；在积雪或冰冻地区坡度不应大于6%，其坡长不应大于350m。 横坡宜为1%～2%
非机动车道	纵坡不应小于0.2%，最大纵坡不宜大于2.5%。 困难时不应大于3.5%，当采用3.5%坡度时，其坡长不应大于150m。 横坡宜为1%～2%
步行道	不应小于0.2%，且不应大于8%，积雪或冰冻地区不应大于4%。 横坡应为1%～2%；当大于极限坡度时，应设置为台阶步道
无障碍通道	基地内人流活动的主要地段，应设置无障碍通道
特殊地区基地道路	位于山地和丘陵地区的基地道路设计纵坡可适当放宽，且应符合地方相关标准的规定，或经当地相关管理部门的批准

6. 场地交通组织

建筑基地与道路相关规定

项目	相关规定
连接道路	建筑基地应与城市道路或镇区道路相邻接，否则应设置连接道路： ① 当建筑基地内建筑面积小于或等于3000m²时，其连接道路的宽度不应小于4m。 ② 当建筑基地内建筑面积大于3000m²且只有一条连接道路时，其宽度不应小于7m。 ③ 当有两条或两条以上连接道路时，单条连接道路宽度不应小于4m
基地道路	① 单车道路宽不应小于4m，住宅区内双车道路宽不应小于6m，其他基地道路宽不应小于7m； ②人行道路宽度不应小于1.5m。 ③道路转弯半径不应小于3m。 ④尽端式道路长度大于120m时，应在尽端设置不小于12m×12m的回车场地

地下机动车停车场要求

项目	相关规定
地下机动车车库出入口	建筑基地内地下机动车车库出入口与连接道路间宜设置缓冲段，缓冲段应从车库出入口坡道起坡点算起。 ① 出入口缓冲段与基地内道路连接处的转弯半径不宜小于5.5m。 ② 当出入口与基地道路垂直时，缓冲段长度不应小于5.5m。 ③ 当出入口与基地道路平行时，应设长不小于5.5m的缓冲段再汇入基地道路。 ④ 当出入口直接连接基地外城市道路时，其缓冲段长度不宜小于7.5m

室外机动车停车场要求

项目	相关规定
停车场	① 停车场地应满足排水要求，排水坡度不应小于 0.3%。 ② 停车场出入口的设计应避免进出车辆交叉。 ③ 停车场应设置无障碍停车位
出入口数量	① 当停车数为 50 辆及以下时，可设 1 个出入口，宜为双向行驶的出入口。 ② 当停车数为 51～300 辆时，应设置 2 个出入口，宜为双向行驶的出入口。 ③ 当停车数为 301～500 辆时，应设置 2 个双向行驶的出入口。 ④ 当停车数大于 500 辆时，应设置 3 个出入口，宜为双向行驶的出入口
出入口设置	① 大于 300 辆停车位的停车场，各出入口的间距不应小于 15m。 ② 单向行驶的出入口宽度不应小于 4m，双向行驶的出入口宽度不应小于 7m
出入口位置	建筑基地机动车出入口位置应符合所在地控制性详细规划。 ① 中等城市、大城市的主干路交叉口，自道路红线交叉点起沿线 70m 范围内不应设置机动车出入口。 ② 距人行横道、人行天桥、人行地道（包括引道、引桥）的最近边缘线不应小于 5m。 ③ 距地铁出入口、公共交通站台边缘不应小于 15m。 ④ 距公园、学校及有儿童、老年人、残疾人使用建筑的出入口最近边缘不应小于 20m；当基地道路坡度大于 8% 时，应设缓冲段与城市道路连接

7. 建筑限高区

对建筑高度有特别要求的地区，应按规划要求控制建筑高度。

沿城市道路的建筑物，应根据道路的宽度控制建筑裙楼和主体塔楼的高度。

保护区范围内、视线景观走廊及风景区范围内的建筑，市、区中心的临街建筑物，机场、电台、电信、微波通信、气象台、卫星地面站、军事要塞工程等周围的建筑，当其处在各种技术作业控制区范围内时，应按净空要求控制建筑高度。

8. 建筑高度控制的计算

建筑高度计算方法

类型	高度计算方法
平屋顶	按建筑物室外地面至其屋面面层或女儿墙顶点的高度计算
坡屋顶	按建筑物室外地面至屋檐和屋脊的平均高度计算
突出物	下列突出物不计入建筑高度内：局部突出屋面的楼梯间、电梯机房、水箱间等辅助用房占屋顶平面面积不超过 1/4 者；突出屋面的通风道、烟囱、装饰构件、花架、通信设施等；空调冷却塔等设备；在保护区、控制区内应计入高度

知识点 4　场地空间布局 【★★★★★】

1. 功能分区

功能分区就是确定场地或建筑内部各个组成部分的相互关系和相互位置。应根据项目的

45

生产流程、使用的先后顺序、相互之间的联系紧密程度将性质相同、功能接近，并且联系密切，对环境要求一致的建筑物、构筑物及设施分成若干组，结合基地内外条件，形成合理功能分区，合理使用土地。一般以道路、河流、绿化带作为边界。

2. 建筑朝向与间距

（1）建筑朝向

影响建筑朝向的主要因素是日照和通风。由于我国位于北半球，因此大部分地区最佳的建筑朝向为南向，适宜朝向为东南向。

（2）建筑间距

影响因素：影响建筑间距的主要因素有日照、通风、防火、防噪声、卫生、通行通道、工程设施布置、抗震要求，还应满足规划相关要求。

（3）建筑日照间距

日照标准：是根据建筑物所处的气候区、城市规模和建筑物的使用性质确定的，在规定的日照标准日（冬至日或大寒日）的有效日照时间范围内，以有日照要求楼层的窗台面为计算起点的建筑外窗获得的日照时间。

日照间距系数（D/H）：即日照标准确定的房屋间距与遮挡房屋檐高的比值。

日照间距在不同方向的折减系数

方位	0°～15°	15°～30°	30°～45°	45°～60°	＞60°
折减系数	1L	0.9L	0.8L	0.9L	0.95L

注：① 表中方位为正南向（0°）偏东、偏西的方位角。
　　② L 为当地正南向住宅的标准日照间距（单位：m）。

相关规范、标准：《民用建筑通用规范》GB 55031、《建筑防火通用规范》GB 55037、《城市居住区规划设计标准》GB 50180、《民用建筑通用规范》GB 55031、《民用建筑设计统一标准》GB 50352、《建筑防火通用规范》GB 55037、《建筑设计防火规范》GB 50016 中对建筑和场地日照标准都有相关要求。

住宅、宿舍、托儿所、幼儿园、宿舍、老年人居住建筑、医院病房楼等类型建筑也有相关日照标准，并应执行当地规划行政主管部门依照日照标准制定的相关规定。

《城市居住区规划设计标准》GB 50180—2018 规定了我国气候分区六类；大中小城市分标准；有效日照时间按太阳日出至日落方位角（高度角）运动中的 8 时至 16 时，长达 7～9h 要求；日照标准日若提前至大寒节气，日照时数增至 3h 规定等；

（4）建筑防火间距

民用建筑物的防火间距

耐火等级	防火间距（m）		
一、二级	6	7	9
三级	7	8	10
四级	9	10	12

高层建筑物的防火间距

建筑类别 防火间距（m） 高层民用建筑	高层民用建筑		其他民用建筑		
	主体建筑	附属建筑	耐火等级		
			一、二级	三级	四级
主体建筑	13	13	13	15	18
附属建筑	13	6	6	7	9

3. 建筑布局原则

建筑布局原则

项目	布局原则
建筑体形与用地的关系	建筑功能决定建筑的基本体形，只有充分考虑场地条件，才能产生出与环境相融合的建筑群体
建筑朝向	我国纬度、气候等差别大，对北纬45°以北亚寒带、寒带，主要争取冬季大量日照，为争取日照效果，用东西朝向。北纬地带，需大量朝阳面，避免西北季风。南北向建筑冬暖夏凉，常被选用
建筑间距	两建筑相邻外墙间距离应考虑防火、日照、防噪声、卫生、通风、视线等要求。防火间距依据消防规范，日照间距依据地域规定标准
布置方式	建筑群体的布置方式可以选择集中式、分散式或集中分散结合式。无论选择何种形式，均取决于场地的地貌及环境条件。 布局方式：集中式、分散式、组群式； 组合手法：规整式、自由式、混合式
建筑群体的艺术处理	建筑群的整体造型与格局可统一中有变化，主从分明。 平面布局可规律严整，也可自由活泼；建筑群体空间应富于节奏、韵律和变化，以使之效果清新、个性突出。 设计中应掌握好比例和尺度、色彩和材质，以及建筑风格的处理等问题
人的心理与场地设计的关系	人们对环境、空间产生的行为或心理活动，如开阔与狭窄、通透与私密，因此应注意避免建筑空间阴暗死角的产生

知识点5　竖向设计要点　【★★★★★】

1. 设计地面的形式

设计地面连接形式

地面设计形式	特征	连接形式
平坡式	将用地处理成一个或几个坡向的整平面，坡度和标高没有剧烈的变化	基地自然坡度小于5%
台阶式	由两个标高差较大的不同整平面连接而成，在连接处一般设置挡土墙或护坡等构筑物	基地自然坡度大于8%时，宜采用台阶式布置方式，台地连接处应设挡墙或护坡；基地邻近挡墙或护坡的地段，宜设置排水沟，且坡向排水沟的地面坡度不应小于1%。 当场地长度超过500m，坡度小于5%，也可用台阶式

地面设计形式	特征	连接形式
混合式	即平坡和台阶混合使用，把建设用地分为几个大的区域，每个大的区域用平坡式改造地形，而坡面相接处用台阶连接	基地自然坡度为 5％～8％时，宜规划为混合式

2. 建筑基地场地设计规定

① 基地地面坡度不宜小于 0.2％；当坡度小于 0.2％时，宜采用多坡向或特殊措施排水。场地设计标高应高于多年最高地下水位。

② 基地临近挡墙或护坡的地段，宜设置排水沟，且坡向排水沟的地面坡度不应小于 1％。

③ 场地设计标高不应低于城市的设计防洪、防涝水位标高；沿江、河、湖、海岸或受洪水、潮水泛滥威胁的地区，除设有可靠防洪堤、坝的城市、街区外，场地设计标高不应低于设计洪水位 0.5m，否则应采取相应的防洪措施；有内涝威胁的用地应采取可靠的防、排内涝水措施，否则其场地设计标高不应低于内涝水位 0.5m。

④ 当基地外围有较大汇水量汇入或穿越基地时，宜设置边沟或排（截）洪沟，有组织地进行地面排水。

⑤ 场地设计标高宜比周边城市市政道路的最低路段标高高 0.2m 以上；当市政道路标高高于基地标高时，应有防止客水进入基地的措施。

⑥ 场地设计标高应高于多年最高地下水位。

⑦ 面积较大或地形较复杂的基地，建筑布局应合理利用地形，减少土石方工程量，并使基地内填挖方量接近平衡。

3. 设计标高确定的主要因素

考虑因素：用地不被水淹，雨水能顺利排出；考虑地下水、地质条件影响；场地内、外道路连接的可能性；减少土石填、挖方量和基础工程量。

设计要求：场地建筑至道路坡度最好为 1％～3％，一般允许 0.5％～6％；场地建筑地坪高，进车道略低，一般相差 0.15m；场地建筑地坪高，人行道略低，一般相差 0.45～0.6m，允许 0.3～0.9m；城市型道路有雨水口，一般雨水口最小纵坡 0.3％，比建筑室内地坪低 0.25～0.3m。

4. 设计标高确定的一般要求

室内外高差：当建筑有进车道时，高差一般为 0.15m；无进车道时，室内外高差为 0.45～0.6m，室内地坪比室外地坪高 0.3～0.9m。

建筑物与道路：道路中心标高一般比建筑室内地坪低 0.25～0.3m；道路最小纵坡为 0.3％。

5. 场地道路设计坡度

① 基地内机动车道的纵坡不应小于 0.3％，且不应大于 8％。当采用 8％坡度时，其坡长不应大于 200m。当遇特殊困难纵坡小于 0.3％时，应采取有效的排水措施；个别特殊路段，坡度不应大于 11％，其坡长不应大于 100m。在积雪或冰冻地区不应大于 6％，其坡长不应大于 350m；横坡宜为 1％～2％。

② 基地内非机动车道的纵坡不应小于 0.2％，最大纵坡不宜大于 2.5％；困难时不应大于 3.5％，当采用 3.5％坡度时，其坡长不应大于 150m；横坡宜为 1％～2％。

③ 基地内步行道的纵坡不应小于 0.2％，且不应大于 8％。积雪或冰冻地区不应大于 4％；横坡应为 1％～2％；当大于极限坡度时，应设置为台阶步道。

6. 场地排水形式

场地排水形式

形式	特征
暗管排水	多用于建筑物、构筑物较集中的场地； 运输线路及地下管线较多、面积较大、地势平坦的地段； 大部分屋面为内落水； 道路低于建筑物标高，并利用路面雨水口排水的情况
明沟排水	多用于建筑物、构筑物比较分散的场地，断面尺寸按汇水面积大小而定，如汇水面积不大，明沟排水坡度为 0.3%～0.5%，特殊困难地段可为 0.1%

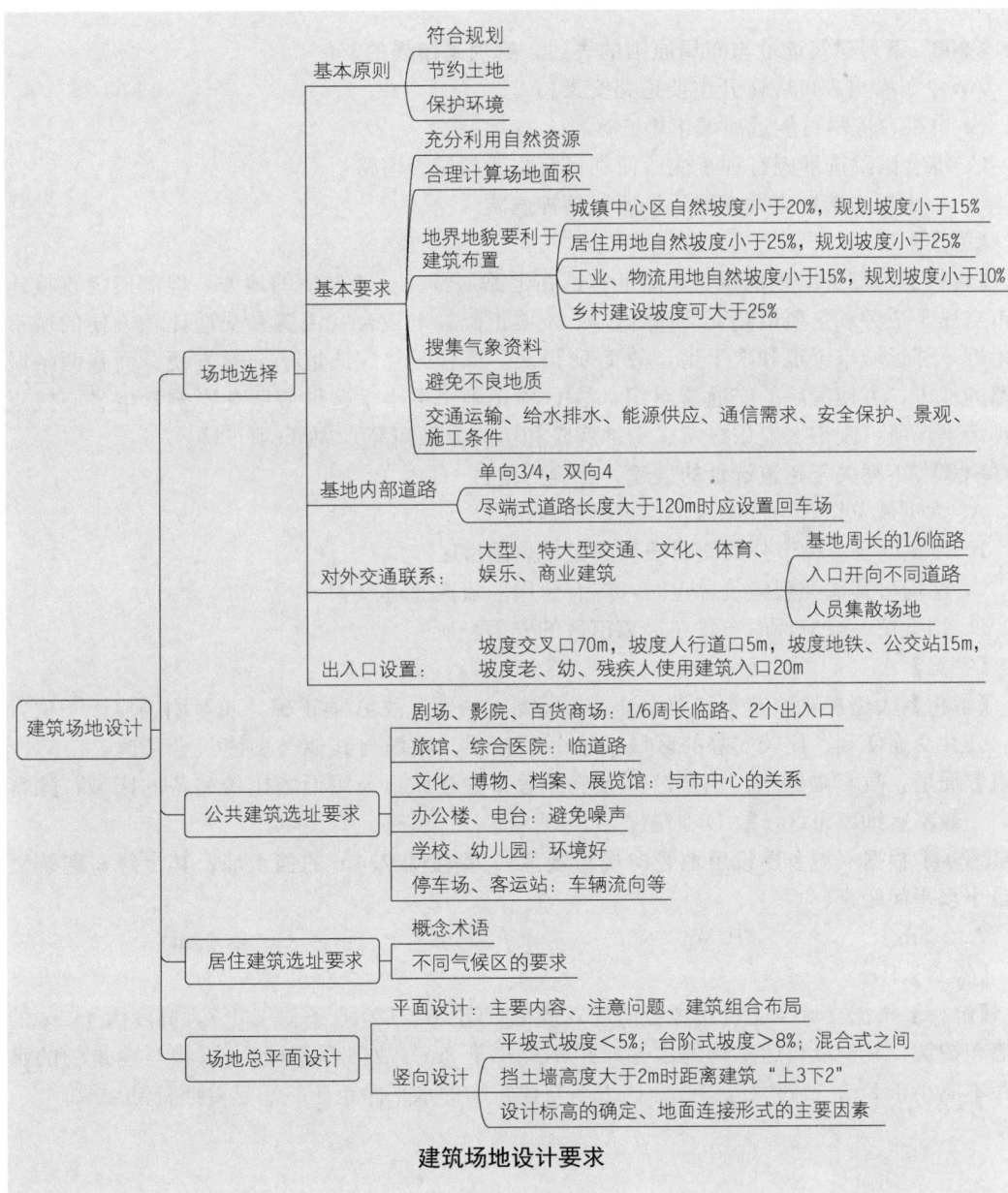

建筑场地设计
- 场地选择
  - 基本原则
    - 符合规划
    - 节约土地
    - 保护环境
  - 基本要求
    - 充分利用自然资源
    - 合理计算场地面积
    - 地界地貌要利于建筑布置
      - 城镇中心区自然坡度小于20%，规划坡度小于15%
      - 居住用地自然坡度小于25%，规划坡度小于25%
      - 工业、物流用地自然坡度小于15%，规划坡度小于10%
      - 乡村建设坡度可大于25%
    - 搜集气象资料
    - 避免不良地质
    - 交通运输、给水排水、能源供应、通信需求、安全保护、景观、施工条件
  - 基地内部道路
    - 单向3/4，双向4
    - 尽端式道路长度大于120m时应设置回车场
  - 对外交通联系：大型、特大型交通、文化、体育、娱乐、商业建筑
    - 基地周长的1/6临路
    - 入口开向不同道路
    - 人员集散场地
  - 出入口设置：坡度交叉口70m，坡度人行道口5m，坡度地铁、公交站15m，坡度老、幼、残疾人使用建筑入口20m
- 公共建筑选址要求
  - 剧场、影院、百货商场：1/6周长临路、2个出入口
  - 旅馆、综合医院：临道路
  - 文化、博物、档案、展览馆：与市中心的关系
  - 办公楼、电台：避免噪声
  - 学校、幼儿园：环境好
  - 停车场、客运站：车辆流向等
- 居住建筑选址要求
  - 概念术语
  - 不同气候区的要求
- 场地总平面设计
  - 平面设计：主要内容、注意问题、建筑组合布局
  - 竖向设计
    - 平坡式坡度<5%；台阶式坡度>8%；混合式之间
    - 挡土墙高度大于2m时距离建筑"上3下2"
    - 设计标高的确定、地面连接形式的主要因素

建筑场地设计要求

真题演练

2018-010 下列关于工厂场地布置要求的表述，哪项是错误的？（　　）

　　A. 应符合所在地域的区位规划

　　B. 应尽可能利用自然资源条件

　　C. 应满足外部交通的直接穿行

　　D. 应尽可能采用外形简单的场地边界

　　【答案】C

　　【解析】工厂场地是一个完整的项目，要满足工厂的运输，但也要避免外部车辆的穿行，故 C 项错误。

2019-008 下列建筑选址与布局原则的表述，哪项是错误的？（　　）

　　A. 停车库出入口应避开主要道路交叉口

　　B. 电视台应尽可能远离城市中心区

　　C. 综合医院选址应有利于交通便利且宜临两条城市道路

　　D. 中小学的选址应远离娱乐场所、精神病院

　　【答案】B

　　【解析】车库进出车辆频繁，库址宜选在道路通畅、交通方便的地方，但需避免直接建在城市交通干道旁和主要道路交叉口处，故 A 项正确。电视台宜设置在交通比较方便的城市中心附近，邻近城市干道和次干道，故 B 项错误。综合医院应选址于交通方便、面临两条城市道路的地方，方便医院的交通流组织，故 C 项正确。中小学选址应避免影响学生身心健康的精神污染场所（闹市、娱乐场所、精神病院和医院太平间等），故 D 项正确。

2020-009 下列关于建筑选址的表述，正确的是（　　）。

　　A. 大型展览馆宜与江湖水泊、公园绿地结合

　　B. 儿童剧场应设于公共交通便利的繁华热闹市区

　　C. 剧场与其他类型建筑合建时，应有公用的疏散通道

　　D. 档案馆一般应考虑布置在远离市区的安静场所

　　【答案】A

　　【解析】大型展览馆宜与江湖水泊、公园绿地结合，故 A 项正确。儿童剧场应设于位置适中、公共交通便利、比较安静的区域，故 B 项错误。剧场与其他类型建筑合建时，应有专用的疏散通道，故 C 项错误。档案馆一般应考虑布置在城市公用设施比较完备的区域，除特殊外，一般不宜远离市区，故 D 项错误。

2022-004 根据《城乡建设用地竖向规划规范》，高度为 2.4m 的挡土墙，其上缘与建筑之间的最小水平间距是（　　）。

　　A. 0.5m　　　　　　B. 3m　　　　　　C. 5m　　　　　　D. 10m

　　【答案】B

　　【解析】根据《城乡建设用地竖向规划规范》CJJ 83—2016 条款 4.0.7，高度大于 2m 的挡土墙和护坡，其上缘与建筑物的水平净距不应小于 3m（故 B 项正确），下缘与建筑物的水平净距不应小于 2m；高度大于 3m 的挡土墙与建筑物的水平净距还应满足日照标准要求。

板块 4　建筑技术的基本知识

历年考频

板块	2020 年	2021 年	2022 年	2023 年	2024 年
建筑技术的基本知识	1	5	7	2	2

知识点 1　建筑结构的选型 【★★★★】

1. 低层、多层建筑结构选型

低层、多层建筑常用的结构形式有砖混、框架、排架等。

砖混结构三种承重体系要点

项目	横向承重体系	纵向承重体系	内框架承重体系
承重构件	横墙是承重墙，纵墙起围隔作用	纵墙是主要承重墙，横墙满足空间刚度和整体性	外墙和框架柱
荷载传递路线	板→横墙→基础→地基	板→梁→纵墙→基础→地基	板→梁→外纵墙→外纵墙基础→地基； 板→梁→柱→柱基础→地基
结构性能	抵抗风、地震作用等水平荷载的作用和调整地基的不均匀沉降等方面有利于纵墙承重体系	空间刚度不如横向承重体系	横墙较少，空间刚度较差；柱和墙基础形式不一，沉降量不易一致，结构容易产生不均匀变形
开门开窗	纵墙上开门、开窗限制较少	纵墙上开门、开窗的大小和位置受到限制	内墙无限制，需考虑外墙开窗
空间	横墙间距短，数量多，空间大小受限	横墙间距比较长，数量较少，利于形成较大空间	取消内墙，由柱代替，有较大空间，不增加梁的跨度
材料使用	楼盖做法较简单，施工较方便，用料较少；墙体材料用量大	楼盖材料用量较大，墙体材料用量较小	柱和墙用料不同，施工复杂
适用建筑	宿舍、住宅等居住建筑	教学楼、实验楼、办公楼、图书馆、食堂、工业厂房	教学楼、旅馆、商店、多层工业厂房

框架结构优缺点比较

优点	缺点
① 空间分隔灵活，自重轻，有利于抗震，节省材料； ② 可以较灵活地配合建筑平面布置，利于安排较大空间； ③ 框架结构的梁、柱构件易于标准化、定型化，便于采用装配整体式结构，以缩短施工工期； ④ 采用现浇混凝土框架时，结构的整体性、刚度较好，设计处理好也能达到较好的抗震效果，而且可以把梁或柱浇筑成各种需要的截面形状	① 框架节点应力集中显著； ② 框架结构的侧向刚度小，属柔性结构框架，在强烈地震作用下，结构所产生的水平位移较大，易造成严重的非结构性破坏； ③ 钢材和水泥用量较大，构件的总数多，吊装次数多，接头工作量大，工序多，浪费人力，施工受季节、环境影响较大； ④ 不适宜建造高层建筑，框架是由梁、柱构成的杆系结构，其承载力和刚度都较低，特别是水平方向的。一般适用于建造不超过15层的房屋

2. 大跨度建筑结构选型

常用的大跨度空间结构形式包括桁架结构、拱式结构、薄壳结构、空间网格结构、索结构等。

大跨度建筑结构特点

结构类型		特点
平面结构体系	单层刚架结构	跨度可达到76m，结构简单
	拱式结构	有推力的结构，主要内力是轴向压力，适宜跨度为40～60m
	桁架结构	所有杆件只受拉力和压力，常适用于6～60m跨度
空间结构体系	网架结构	多次超静定空间结构；整体性强，稳定性好，空间刚度大，抗震性能好；传力途径简捷；施工安装简便；网架杆件和节点便于定型化、商品化，可在工厂中成批生产，有利于提高生产效率； 平面布置灵活，屋盖平整，有利于安装吊顶、管道和设备； 建筑造型轻巧、美观、大方，便于建筑处理和装饰
	薄壳结构	种类多，形式丰富。薄壳结构的曲面通常以其中面为准。曲面形式有旋转曲面、平移曲面、直纹曲面等形式
	折板结构	跨度可达27m，类似于筒壳薄壁空间体系
	悬索结构	材料用量大，结构复杂，施工困难，造价很高； 结构受力：仅通过索的轴向拉伸来抵抗外荷载的作用，结构中不出现弯距和剪力效应，可充分利用钢材的强度；形式多样，布置灵活，适应多种建筑平面；钢索自重小，屋盖结构轻，安装不需要大型起重设备，但悬索结构的分析设计理论与常规结构相比比较复杂，限制了它的广泛应用
	网壳结构	兼有杆系结构和薄壳结构的主要特性，杆件单一，结构刚度大，跨越能力大； 可用小型构件组装大型空间，构件和连接节点可以在工厂预制，安装简便，综合经济指标较好；造型丰富，不论是平面还是空间曲面，都可根据创作要求任意选取
	膜结构	自重轻、跨度大；建筑造型自由丰富；施工方便；具有良好的经济性和较高的安全性；透光性和自洁性好；耐久性较差

3. 高层建筑结构设计

特点：高度大，荷载大，技术要求高。

形式：框架—剪力墙结构、剪力墙结构、筒体结构等。

知识点 2　建筑材料的分类与建筑物的组成构件　【★★★★】

1. 分类

按组成物质的种类和化学成分分类：无机材料、有机材料、复合材料。

按在建筑物中的功能分类：结构材料、围护和隔绝材料、装饰材料、其他功能材料。

2. 基本性质

建筑材料的力学性质

力学性质		内涵
强度	抗拉	抗拉强度指材料在拉断前可承受的最大应力值
	抗压	抗压强度指外力施压力时的强度极限
	抗弯	抗弯强度是指材料抵抗弯曲不断裂的能力，主要用于考察陶瓷等脆性材料的强度
	抗剪	抗剪强度即楼房抵抗剪切破坏的极限能力，其数值等于剪切破坏时滑动的剪应力
弹性		物体受外力作用发生形变、除去作用力能恢复原来形状的性质
塑性		在某种给定载荷下，材料产生永久变形的材料特性
脆性		材料在外力作用下（如拉伸、冲击等）仅产生很小的变形即断裂破坏的性质
韧性		在冲击、振动荷载作用下，材料能够吸收较大能量，同时还能产生一定的变形而不致破坏的性质称为韧性（冲击韧性）。一般以测定其冲击破坏时试件所吸收的功作为指标。建筑钢材（软钢）、木材等属于韧性材料

建筑材料的物理参数

参数	内涵
密度	材料在绝对密实状态下单位体积内所具有的质量
表观密度	材料在自然状态下单位体积内所具有的质量
堆积密度	散粒状材料在自然堆积状态下单位体积的质量
孔隙率	材料中孔隙体积占材料总体积的百分率
空隙率	散粒状材料在自然堆积状态下，颗粒之间空隙体积占总体积的百分率
吸水率	材料由干燥状态变饱水状态所增加的质量与材料干质量的百分率
含水率	材料内部所含水分的质量占材料干质量的百分率

知识点 3　建筑物的组成构件　【★★★★】

1. 建筑物的组成构件

在多层民用建筑中，房屋是由竖向建筑构件（基础、墙体、门、窗）、水平建筑构件（屋顶、楼面、地面）及解决上下层交通联系用的楼梯所组成，统称为"八大构件"。阳台、雨篷、烟囱等构件属于楼面、墙体等基本建筑构件的特殊形式。

2. 影响外因

外力的作用： 自重、使用荷载、附加荷载、特殊荷载等。

自然气候的影响： 日辐射、降雨量、风雪、冰冻、地下水位、地震烈度等。

人为因素的影响： 由于房屋使用者不慎而产生的噪声、火灾、卫生间漏水等。

3. 一般构造的原理与方法

建筑构造方法

方法		要点
防水构造	地下室防水	设计最高地下水位高于地下室地面的标高时，要设防水
	屋顶防水	坡面升高与其投影长度之比 $i \leqslant 10\%$ 为平屋顶，$i > 10\%$ 为斜屋顶。保护层、找平层涂刷冷底子油
防潮构造		勒脚：用于隔水；散水：用于排水；地下室：用于防潮
保温构造		内置式保温层：将保温层放在结构层之上、防水层之下，成为封闭的保温层。 外置式保温层：将保温层放在防水层之上、结构层之下。 室内供暖的气温要求为 16～20℃
隔热构造		南方地区的夏季辐射十分强烈，据测试 24h 的太阳辐射热总量，东西墙是南墙的 2 倍以上，屋面是南向墙的 3.5 倍左右。 对东向、西向和屋顶房间应采用构造措施隔热：采用浅色、光洁的外饰面；采用遮阳、通风构造；合理利用封闭空气间层；绿化植被隔热
变形缝构造		可分为伸缩缝、沉降缝、防震缝三种

知识点 4　绿色建筑相关 【★★★】

1. 绿色建筑的概念

在全寿命期内，节约资源、保护环境、减少污染，为人们提供健康、适用、高效的使用空间，最大限度地实现人与自然和谐共生的高质量建筑。

2. 绿色建筑设计理念

节约能源： 充分利用太阳能，采用节能的建筑围护结构以及供暖和空调设施。根据自然通风的原理设置风冷系统，使建筑能够有效地利用夏季的主导风向。建筑采用适应当地气候条件的平面形式及总体布局。

节约资源： 在建筑设计、建造和建筑材料的选择中，均考虑资源的合理使用和处置。要减少资源的使用，力求使资源可再生利用。节约水资源，包括节约绿化用水。

回归自然： 绿色建筑外部要强调与周边环境相融合，和谐一致、动静互补，做到保护自然生态环境。

3. 绿色建筑评价（2024 考点）

（1）一般规定

绿色建筑评价应以单栋建筑或建筑群为评价对象。

绿色建筑评价应在建筑工程竣工后进行。在建筑工程施工图设计完成后，可进行预评价。

申请评价方应对参评建筑进行全寿命期技术和经济分析，选用适宜技术、设备和材料，对规划、设计、施工、运行阶段进行全过程控制，并应在评价时提交相应分析、测试报告和相关文件。

评价机构应对申请评价方提交的分析、测试报告和相关文件进行审查，出具评价报告，确定等级。

申请绿色金融服务的建筑项目，应对节能措施、节水措施、建筑能耗和碳排放等进行计算和说明，并应形成专项报告。

（2）评价与等级划分

绿色建筑评价指标体系应由安全耐久、健康舒适、生活便利、资源节约、环境宜居五类指标组成，且每类指标均包括控制项和评分项；评价指标体系统一设置加分项。

控制项的评定结果应为达标或不达标；评分项和加分项的评定结果应为分值。

对于多功能的综合性单体建筑，应按全部评价条文逐条对适用的区域进行评价，确定各评价条文的得分。

绿色建筑划分应为基本级、一星级、二星级、三星级四个等级。当满足全部控制项要求时，绿色建筑等级应为基本级。

一星级、二星级、三星级绿色建筑的技术要求

项目	一星级	二星级	三星级
围护结构热工性能提高比例，或建筑供暖空调负荷降低比例	围护结构提高 5%，或负荷降低 5%	围护结构提高 10%，或负荷降低 10%	围护结构提高 20%，或负荷降低 15%
严寒和寒冷地区住宅建筑外窗传热系数降低比例	5%	10%	20%
节水器具用水效率等级	3 级	2 级	
住宅建筑隔声性能	—	室外与卧室之间、分户墙（楼板）两侧卧室之间的空气声隔声性能以及卧室楼板的撞击声隔声性能达到低限标准限值和高要求标准限值的平均值	室外与卧室之间、分户墙（楼板）两侧卧室之间的空气声隔声性能以及卧室楼板的撞击声隔声性能达到高要求标准限值
室内主要空气污染物浓度降低比例	10%	20%	
外窗气密性能	符合国家现行相关节能设计标准的规定，且外窗洞口与外窗本体的结合部位应严密		

（3）绿色建筑主要评分项

绿色建筑主要评分项

评分项	内容
安全耐久	安全耐久
健康舒适	室内空气品质、水质、声环境与光环境、室内热湿环境
生活便利	出行与无障碍、服务设施、智慧运行、物业管理
资源节约	节地与土地利用、节能与能源利用、节水与水资源利用、节材与绿色建材
环境宜居	场地生态与景观、室外物理环境

知识点 5 《民用建筑设计统一标准》 GB 50352—2019 【★★★★★】

1. 设计使用年限

3.2.1 民用建筑的设计使用年限应符合表 3.2.1 的规定。

设计使用年限分类（表 3.2.1）

类别	设计使用年限	示例
1	5	临时性建筑
2	25	易于替换结构构件的建筑
3	50	普通建筑和构筑物
4	100	纪念性建筑和特别重要的建筑

注：此表依据《建筑结构可靠性设计统一标准》GB 50068，并与其协调一致。

2. 地下室和半地下室

6.4.1 地下室和半地下室应合理布置地下停车库、地下人防工程、各类设备用房等功能空间及其出入口，出入口、进排风竖井的地面建（构）筑物应与周边环境协调。

6.4.2 地下建筑连接体的设计应符合城市地下空间规划的相关规定，并应做到导向清晰、流线简捷，防火分区与管理等界线明确。

6.4.3 地下室和半地下室的建造不得影响相邻建（构）筑物、市政管线等的安全。

6.4.4 当日常为人员使用时，地下室和半地下室应满足安全、卫生及节能的要求，且宜利用窗井或下沉庭院等进行自然通风和采光。其他功能的地下室和半地下室应符合国家现行有关标准的规定。

6.4.5 地下室和半地下室外围护结构应规整，其防水等级及技术要求应符合现行国家标准《地下工程防水技术规范》GB 50108 的规定，并应符合下列规定：应设排水设施；出入口、窗井、下沉庭院、风井等应有防止涌水、倒灌的措施。

6.4.6 地下室和半地下室的耐火等级、防火分区、安全疏散、防排烟设施、房间内部装修等应符合现行国家标准《建筑设计防火规范》GB 50016 的有关规定。

6.4.7 地下室不应布置居室；当居室布置在半地下室时，必须采取满足采光、通风、日照、防潮、防霉及安全防护等要求的相关措施。

3. 设备层、避难层和架空层

6.5.1 设备层设置应符合下列规定：

① 设备层的净高应根据设备和管线的安装检修需要确定；

② 设备层的布置应便于设备的进出和检修操作；

③ 在安全及卫生等方面互有影响的设备用房不宜相邻布置；

④ 应采取有效的措施，防止有振动和噪声的设备对设备层上、下层或毗邻的使用空间产生不利影响；

⑤ 设备层应有自然通风或机械通风。

6.5.2 避难层的设置应符合现行国家标准《建筑设计防火规范》GB 50016 的规定，并应符合下列规定：

① 避难层在满足避难面积的情况下，避难区外的其他区域可兼作设备用房等空间，但各

功能区应相对独立，并应满足防火、隔振、隔声等的要求；

② 避难层的净高不应低于 2m。当避难层兼顾其他功能时，应根据功能空间的需要来确定净高。

6.5.3 有人员正常活动的架空层的净高不应低于 2m。

4. 墙身和变形缝

6.10.1 墙身应根据其在建筑物中的位置、作用和受力状态确定墙体厚度、材料及构造做法，材料的选择应因地制宜。

6.10.2 外墙应根据当地气候条件和建筑使用要求，采取保温、隔热、隔声、防火、防水、防潮和防结露等措施，并应符合国家现行相关标准的规定。

6.10.3 墙身防潮、防渗及防水等应符合下列规定：

① 砌筑墙体应在室外地面以上、位于室内地面垫层处设置连续的水平防潮层；室内相邻地面有高差时，应在高差处墙身贴邻土壤一侧加设防潮层；

② 室内墙面有防潮要求时，其迎水面一侧应设防潮层；室内墙面有防水要求时，其迎水面一侧应设防水层；

③ 防潮层采用的材料不应影响墙体的整体抗震性能；

④ 室内墙面有防污、防碰等要求时，应按使用要求设置墙裙；

⑤ 外窗台应采取防水、排水构造措施；

⑥ 外墙上空调室外机搁板应组织好冷凝水的排放，并采取防雨水倒灌及外墙防潮的构造措施；

⑦ 外墙上空调室外机的位置应便于安装和检修。

6.10.4 在外墙的洞口、门窗等处应采取防止产生变形裂缝的加固措施。

6.10.5 变形缝包括伸缩缝、沉降缝和抗震缝等，其设置应符合下列规定：

① 变形缝应按设缝的性质和条件设计，使其在产生位移或变形时不受阻，且不破坏建筑物；

② 根据建筑使用要求，变形缝应分别采取防水、防火、保温、隔声、防老化、防腐蚀、防虫害和防脱落等构造措施；

③ 变形缝不应穿过厕所、卫生间、盥洗室和浴室等用水的房间，也不应穿过配电间等严禁有漏水的房间。

5. 楼地面

6.13.1 地面的基本构造层宜为面层、垫层和地基；楼面的基本构造层宜为面层和楼板。当地面或楼面的基本构造不能满足使用或构造要求时，可增设结合层、隔离层、填充层、找平层、防水层、防潮层和保温绝热层等其他构造层。

6.13.2 除有特殊使用要求外，楼地面应满足平整、耐磨、不起尘、环保、防污染、隔声、易于清洁等要求，且应具有防滑性能。

6.13.3 厕所、浴室、盥洗室等受水或非腐蚀性液体经常浸湿的楼地面应采取防水、防滑的构造措施，并设排水坡坡向地漏。有防水要求的楼地面应低于相邻楼地面 15mm。经常有水流淌的楼地面应设置防水层，宜设门槛等挡水设施，且应有排水措施，其楼地面应采用不吸水、易冲洗、防滑的面层材料，并应设置防水隔离层。

6.13.4 建筑地面应根据需要采取防潮、防基土冻胀或膨胀、防不均匀沉陷等措施。

6.13.5 存放食品、食料、种子或药物等的房间，其楼地面应采用符合国家现行相关卫生环保标准的面层材料。

6.13.6 受较大荷载或有冲击力作用的楼地面，应根据使用性质及场所选用由板、块材料、混凝土等组成的易于修复的刚性构造，或由粒料、灰土等组成的柔性构造。

6. 屋面

6.14.1 屋面工程应根据建筑物的性质、重要程度及使用功能，结合工程特点、气候条件等按不同等级进行防水设防，合理采取保温、隔热措施。

6.14.2 屋面排水坡度应根据屋顶结构形式、屋面基层类别、防水构造形式、材料性能及当地气候等条件确定，并应符合下列规定：

① 屋面采用结构找坡时不应小于3%，采用建筑找坡时不应小于2%；

② 瓦屋面坡度大于100%以及大风和抗震设防烈度大于7度的地区，应采取固定和防止瓦材滑落的措施；

③ 卷材防水屋面檐沟、天沟纵向坡度不应小于1%，金属屋面集水沟可无坡度；

④ 当种植屋面的坡度大于20%时，应采取固定和防止滑落的措施。

6.14.6 屋面构造应符合下列规定：

① 设置保温隔热层的屋面应进行热工验算，应采取防结露、防蒸汽渗透等技术措施，且应符合现行国家标准《建筑设计防火规范》GB 50016的相关规定；

② 当屋面坡度较大时，应采取固定加强和防止屋面系统各个构造层及材料滑落的措施；

③ 强风地区的金属屋面和异形金属屋面，应在边区、角区、檐口、屋脊及屋面形态变化处采取构造加强措施；

④ 采用架空隔热层的屋面，架空隔热层的高度应按照屋面的宽度或坡度的大小变化确定，架空隔热层不得堵塞；

⑤ 屋面应设上人检修口；当屋面无楼梯通达，并低于10m时，可设外墙爬梯，并应有安全防护和防止儿童攀爬的措施；大型屋面及异形屋面的上屋面检修口宜多于2个；

⑥ 闷顶应设通风口和通向闷顶的检修人孔，闷顶内应设防火分隔；

⑦ 严寒及寒冷地区的坡屋面，檐口部位应采取防止冰雪融化下坠和冰坝形成等措施；

⑧ 天沟、天窗、檐沟、檐口、雨水管、泛水、变形缝和伸出屋面管道等处应采取与工程特点相适应的防水加强构造措施，并应符合国家现行有关标准的规定。

知识点6 《公共建筑节能设计标准》 GB 50189—2015 【★★★】

2.0.2 建筑体形系数 （2024考点）

建筑物与室外空气直接接触的外表面积与其所包围的体积的比值，外表面积不包括地面和不供暖楼梯间内墙的面积。

真题演练

2021-005 下列结构形式中，可以满足超高层建筑的结构刚性与内部灵活布局要求的结构是（　　）。

　A. 框架结构　　　　B. 框剪结构　　　　C. 简体结构　　　　D. 剪力墙结构

【答案】C

【解析】高层建筑结构体系主要有框架结构、剪力墙、框架—剪力墙体系。随着建筑高度的增加，这些传统的结构体系已经难以满足要求，目前超高层建筑结构体系最常采用抗侧更为高效的简体结构及其衍生的结构形式。

建筑技术
├─ 结构选型
│   ├─ 低层、多层
│   │   ├─ 砖混结构
│   │   │   ├─ 纵墙承重
│   │   │   ├─ 横墙承重
│   │   │   └─ 内框架承重
│   │   └─ 框架结构
│   ├─ 大跨度
│   │   ├─ 平面结构：单层刚架、拱式、桁架
│   │   └─ 空间结构：网架、薄壳、折板、悬索等
│   └─ 高层
│   ├─ 特点
│   │   ├─ 高度高、荷载大
│   │   └─ 技术要求：重量轻，强度大，抗侧力好
│   └─ 选型
│   ├─ 框架—剪力墙：空间灵活，有一定强度，高度不高
│   ├─ 剪力墙
│   └─ 筒体：内筒、框筒、筒中筒、束筒
├─ 建筑材料
│   ├─ 分类：按化学组成分
│   │   ├─ 无机材料：金属、非金属
│   │   ├─ 有机材料：植物质、沥青、合成高分子
│   │   └─ 复合材料：金属—非金属、无机非金属—有机、金属—有机
│   ├─ 性质
│   │   ├─ 力学：强度、弹性、塑性、脆性、韧性
│   │   ├─ 物理：密度、表观密度、孔隙率、空隙率、吸水率、含水率
│   │   └─ 耐久
│   └─ 胶凝材料
│   ├─ 气硬性：石灰、石膏、水玻璃、菱苦土
│   └─ 水硬性：水泥
│   ├─ 硅酸盐水泥：强度大，水化热大，早期强度高
│   ├─ 矿渣硅酸盐水泥：耐高温
│   ├─ 火山灰水泥：保水性好，大坝
│   └─ 粉煤灰水泥：水下
├─ 绿色建筑
│   ├─ 国外评价标准
│   ├─ 评价要求
│   │   ├─ 单栋或建筑群，竣工后
│   │   ├─ 指标体系：安全耐久、健康舒适、生活便利、资源节约、环境宜居
│   │   └─ 内容：节地与室外环境、节能与能源利用、节材与材料资源利用、室内环境质量、运行管理、施工管理
│   └─ 分级：基本级、一星级、二星级、三星级
└─ 建筑构造
    ├─ 防水、防潮
    │   ├─ 防水
    │   │   ├─ 地下室防水
    │   │   └─ 屋顶防水
    │   └─ 防潮
    │   ├─ 勒脚与底层实铺
    │   ├─ 地面回潮的防止
    │   └─ 地下室防潮
    ├─ 外墙保温
    │   ├─ 内保温：有热桥，材料易发霉、开裂
    │   ├─ 外保温：对保温材料和粘结要求高，成本高，应用广
    │   ├─ 夹心保温：厚，构造复杂，有热桥
    │   └─ 自保温：构造简单，严寒地区不适用
    ├─ 隔热
    └─ 变形缝：伸缩缝、防震缝、沉降缝

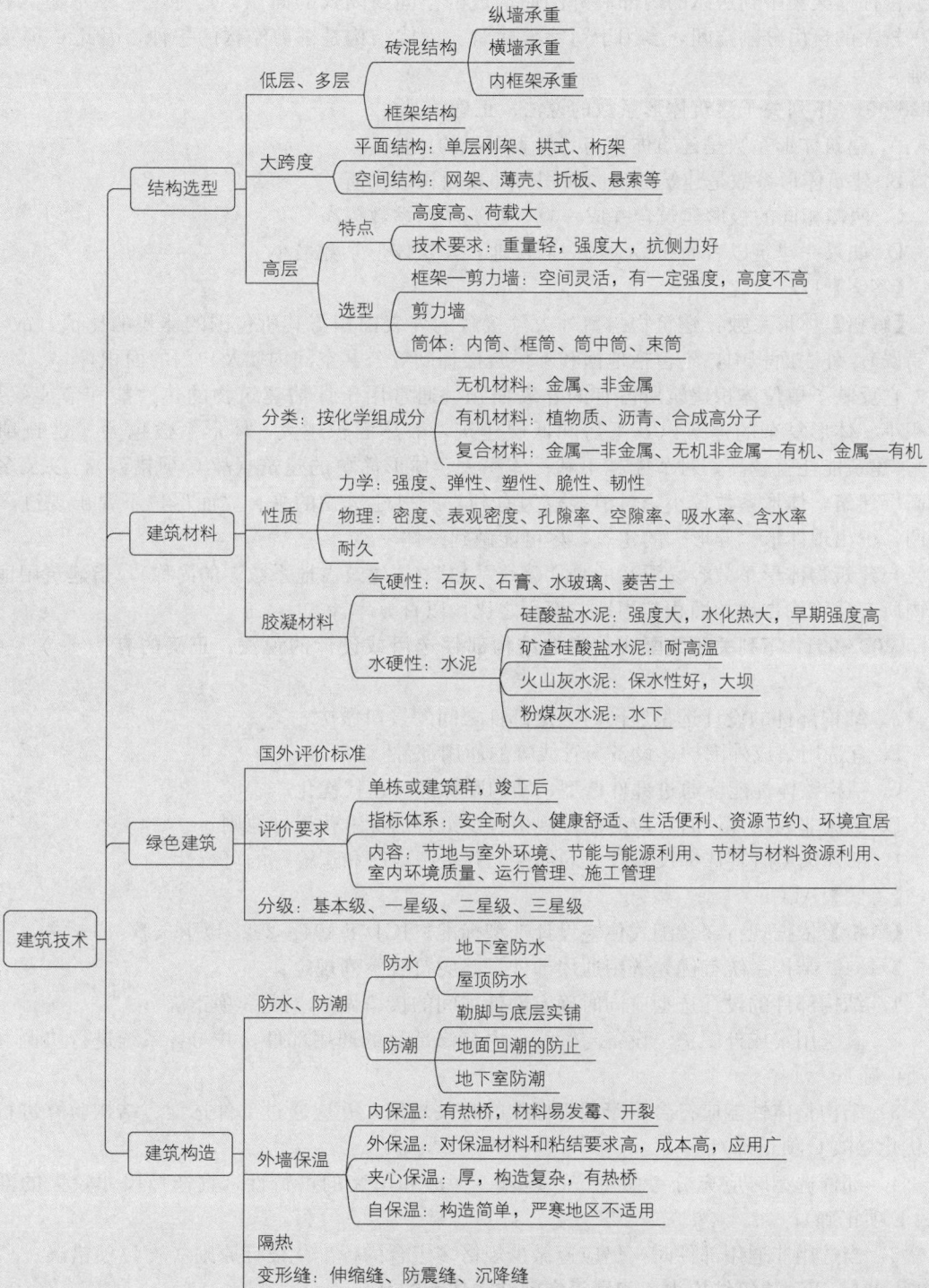

建筑技术基本知识

筒体结构由框架－剪力墙结构与全剪力墙结构综合演变和发展而来。筒体结构是将剪力墙或密柱框架集中到房屋的内部和外围而形成的空间封闭式的筒体。其特点是剪力墙集中而获得较大的自由分割空间，多用于写字楼建筑。筒体结构是框剪结构的一种，因此 C 项更为准确。

2023-001 下列关于建筑体形系数的说法，正确的是(   )。

A. 建筑体形系数是建筑体积与其外表面积的比值

B. 建筑体形系数是建筑的室内面积与外表面积的比值

C. 两幢相同的板形建筑合并成一幢，建筑体形系数提高

D. 如果一建筑以表面积最大的一面接地，建筑体形系数最小

【答案】D

【解析】体形系数：建筑物与室外大气接触的外表面积与其所包围的体积的比值（故 AB 项错误）。外表面积中，不包括地面和不供暖楼梯间等公共空间内墙及户门的面积。

它反映了单位体积建筑所占有的外表面积，通常用于评估建筑物的热性能和节能效果。体积小、体形复杂的建筑以及平房和低层建筑，散热面积越大，体形系数越大（故 D 项正确），建筑能耗就越高，对节能越不利；体积大、体形简单的建筑（故 C 项错误），以及多层和高层建筑，体形系数较小，对节能较为有利。所以建筑物的平、立面尽量不要出现过多的凹凸，少出现体形"异形"的建筑，尽可能做到整体平整。

与建筑物体形系数容易混淆的是"建筑系数"（"建筑占地系数"的简称），指建筑用地范围内所有建筑物占地的面积与用地总面积之比，以百分率计。

2023-081 下列关于装配式住宅的结构部件选用或设计的说法，正确的有(   )。（多选）

A. 结构部件的设计选型应同时确定部件之间的接口做法

B. 宜选用集成外围护、设备与管线等的通用部件

C. 结构整体性能应通过部件选型、结构验算进行迭代优化

D. 选用非通用部件时，应遵循多规格、少组合的标准化设计原则

E. 部件选型时宜选择尺寸较大的部件，并考虑生产和运输等的可行性

【答案】ABCE

【解析】依据现行《装配式住宅设计选型标准》JGJ/T 494—2022 以下条款：

5.1.4 结构系统宜优先选用通用部件，并应符合下列规定：

1 结构部件的设计选型应同时确定部件之间的接口做法（故 A 项正确）；

2 宜选用集成外围护、设备与管线、内装修部品的通用部件，并与各系统进行协调（故 B 项正确）；

3 结构整体性能应符合国家现行标准的有关规定，并应通过部件选型、结构验算进行迭代优化（故 C 项正确）；

4 部件选型时应充分考虑生产、运输、存放和吊装的可行性，宜选择尺寸较大的部件（故 E 项正确）；

5 当选用非通用部件时，仍应遵循少规格多组合的标准化设计原则（故 D 项错误）。

2021-006 下列建筑结构中，不属于空间结构体系的是(   )。

A. 折板结构   B. 拱式结构   C. 悬索结构   D. 网架结构

【答案】B

【解析】空间结构体系包含网架、薄壳、折板、悬索等结构形式（故 B 项错误）。

2020-082 下列有关砖混结构的叙述，（　　　）是错误的。（多选）

　　A. 纵向承重体系对纵墙上开门、开窗的限制较小

　　B. 横向承重体系楼盖的材料用量较少

　　C. 内框架承重体系空间刚度较好

　　D. 内框架承重体系施工比较复杂

　　E. 纵向承重体系中横墙是主要承重墙

【答案】ACE

【解析】纵向承重体系中纵墙是主要承重墙（故 E 项错误）。纵墙承受的荷载较大，纵墙上开门、开窗的大小和位置都要受到一定限制（故 A 项错误）；横向承重体系中横墙是主要承重墙。楼盖做法比较简单，施工比较方便，材料用量较少，墙体材料用量相对较大；内框架承重体系的外墙和框架柱都是主要承重构件。房屋的空间刚度较差，结构容易产生不均匀变形（故 C 项错误）。柱和墙的材料不同，施工方法不同，给施工工序的搭接带来一定麻烦。

2022-007 从建筑结构设计的角度，下列不计入永久荷载的是（　　　）。

　　A. 土压力　　　　　　　　　　B. 面层与装饰自重

　　C. 吊车荷载　　　　　　　　　D. 长期储物自重

【答案】C

【解析】荷载指的是使结构或构件产生内力和变形的外力及其他因素。

根据《建筑结构荷载规范》GB 50009—2012 以下条款：

2.1.1　永久荷载：在结构使用期间，其值不随时间变化，或其变化与平均值相比可以忽略不计，或其变化是单调的并能趋于限值的荷载。

3.1.1　建筑结构的荷载可分为下列三类：①永久荷载，包括结构自重（故 B 项正确）、土压力（故 A 项正确）、预应力等；②可变荷载，包括楼面活荷载、屋面活荷载和积灰荷载、吊车荷载（故 C 项错误）、风荷载、雪荷载、温度作用等；③偶然荷载，包括爆炸力、撞击力等。

永久荷载包括结构构件、围护构件、面层及装饰、固定设备、长期储物的自重（故 D 项正确）、土压力、水压力等。例如固定隔墙的自重、水位不变的水压力、预应力、地基变形、混凝土收缩、钢材焊接变形等。活动隔墙自重、风荷载、雪荷载等属于可变作用。

2020-008 下列关于建筑防潮层设计的表述，错误的是（　　　）。

　　A. 湿度大的房间外墙应设防潮层

　　B. 室内相邻地面有高差时，应在高差处墙身的侧面加设防潮层

　　C. 地面建筑砌体墙的防潮层应设置在室外地面以上

　　D. 砌体墙水平防潮层应设置于室内地面垫层的底部

【答案】D

【解析】墙身防潮应符合下列要求：砌体墙应在室外地面以上，位于室内地面垫层处设置连续的水平防潮层。因为高于或低于室内地坪的水平防潮层及室外地坪以下的防潮层，均不能挡住地下潮湿进入墙体，只有防潮层设在室内混凝土地面厚度范围内，形成整体防潮层，才能起到防潮作用。

2022-009 在下列建筑热工设计分区中，适宜采用外墙夹心保温构造做法的是（　　　）。

　　A. 严寒地区　　　　B. 夏热冬冷地区　　　　C. 夏热冬暖地区　　　　D. 温和地区

【答案】A

【解析】近年来，外墙夹心保温技术在黑龙江、内蒙古、甘肃北部等严寒地区得到一定程

度的应用，但非严寒地区此类墙体与传统墙体相比偏厚，且内外侧墙片之间需有连接件连接，构造较传统墙体更为复杂，抗震性能差，建筑中圈梁和构造柱的设置尚有热（冷）桥存在，保温材料的性能仍然得不到充分利用。

2021-081 下列关于常见的国外绿色建筑评价标准及其相应国别的说法，错误的有（   ）。（多选）

A. 美国——能源与环境设计先锋（LEED）
B. 英国——绿色建筑评估体系（BREEAM）
C. 德国——可持续建筑评价标准（DGNB）
D. 日本——绿色标志（Green Mark）
E. 荷兰——绿色建筑评估体系（CASBEE）

【答案】DE

【解析】日本——建筑物综合环境性能评价体系（CASBEE），荷兰——建筑评估工具（Green Calc）。

板块 5　建筑美学的基本知识

历年考频

板块	2020 年	2021 年	2022 年	2023 年	2024 年
建筑美学的基本知识	—	1	—	—	—

知识点 1　城市建筑色彩的作用 【★★】

1. 色彩的作用

（1）物理作用

色彩具有一定的物理性能，不同的色彩对太阳辐射的吸收是不同的，热吸收系数（取值介于0~1）也就不同，因此会产生不同的物理效能。最明显的例子是，在炎热的夏天，人们总爱穿浅色的服装，感觉凉爽些；而在寒冷的冬季，则偏爱穿红色、橙色等暖色调的衣服。同样，对于装有全空调的楼宇而言，其外粉刷色彩宜选用浅淡色调，具有节能省电的功效。墙面的色彩若选择不当，会导致墙面温度高，使外墙面粉刷脱落，而影响美观。另外，不同色彩对光的反射系数也不同，黄、白色等反射系数最高，浅蓝、淡绿等浅淡色彩次之，紫、黑色反射系数最小，因此在建筑外墙上采用高反射系数的色彩可以增加环境的亮度。

（2）装饰作用

色彩在城市建筑中的首要功能就是装饰。形形色色的城市建筑经过色彩的装点，与地面、植物、天空等背景融合在一起，构成了丰富多彩的城市环境。人们徜徉其中，会由于多姿多彩的景致而身心感到愉悦。

通过色彩的装饰，建筑可以很好地融入周围环境，也可以从周围环境中"跳"出来，充分显示个性。

（3）标识作用

色彩在装饰城市建筑的同时，也在不同的建筑之间和同一建筑的不同组成部分之间起着重要的区分标识作用，增加了建筑的可识别性。

（4）情感作用

色彩的情感作用是从人们的心理特点及需要出发，赋予城市建筑一种抽象意义。

城市中的居住建筑，目前大多采用高明度、低彩度、偏暖的颜色，这样的颜色能给人带来温暖、明亮、轻松、愉悦的视觉心理感受；办公建筑为了体现理智、冷静、高效率的工作气氛，往往采用中性或偏冷的颜色，如白色、淡蓝、浅灰、灰绿等。

（5）文化意义

色彩不仅具有本身的特性，还是一种文化信息的传递媒介，它含有人们附加在其上的内涵，在一定程度上代表了城市、国家的文化。色彩表达了宗教、等级、方位等观念。希腊神殿的色彩实际上就是希腊人宗教观念的反映，用红色象征火，青色象征大地，绿色象征水，紫色象征空气。我国魏、晋时期，金色在佛教建筑中是必要的色彩，色彩体现出人们的宗教信仰。

2. 城市色彩要素

建筑色彩、街道色彩、环境色彩、植物色彩、灯光色彩。

知识点 2　美学理论的基本要素 【★★】

美国现代建筑学家托伯特·哈姆林提出了现代建筑技术美的十大法则，即统一、均衡、比例、尺度、韵律、布局中的序列、规则的和不规则的序列设计、性格、风格、色彩，较全面地概括了建筑美学的基本内容。

1. 建筑形式美法则

对比与微差：建筑要素之间存在着差异，对比是显著的差异，微差则是细微的差异。就形式美而言，两者都不可少。对比可以借相互烘托、陪衬求得变化，微差则借彼此之间的协调和连续性以求得调和。没有对比会产生单调，而过分强调对比以致失掉了连续性又会造成杂乱。

比例与尺度：谐调的比例可以使人们获得美感。古希腊毕达哥拉斯学派认为万物最基本的元素是数，数的原则统摄着宇宙中心的一切现象。该学派运用这种观点研究美学问题：在音乐、建筑、雕刻和造型艺术中，探求什么样的数量比例关系能产生美的效果。著名的"黄金分割"就是这个学派提出来的。在建筑中，无论是组合要素本身、各组合要素之间，还是某一组要素与整体之间，无不保持着某种确定的数的制约关系。

均衡与稳定：处于地球重力场内的一切物体只有在重心最低和左右均衡的时候，才有稳定的感觉。如下大上小的山、左右对称的人等。人眼习惯于均衡的组合。通过建筑实践，人们认识到，均衡而稳定的建筑不仅实际上是安全的，而且在感觉上也是舒服的。

韵律与节奏：自然界中的许多事物或现象，往往由于有秩序地变化或有规律地重复出现而激起人们的美感，这种美通常称为韵律美。表现在建筑中的韵律可分为连续韵律、渐变韵律、起伏韵律和交错韵律。

重复与再现：在建筑中可以借某一母题的重复或再现来增强整体的统一性。随着建筑工业化和标准化水平的提高，这种手法已得到越来越广泛的运用。一般说来，重复或再现总是同对比和变化结合在一起，这样才能获得良好的效果。

渗透与层次：近代技术的进步和新材料的不断出现，特别是框架结构取代砖石结构，为自由灵活地分隔空间创造了条件，从而由空间自由灵活"分隔"的概念代替传统的把若干个六面体空间连成整体的"组合"概念。这样，各部分空间互相连通、贯穿、渗透，呈现出极其丰富的层次变化。所谓"流动空间"正是对这种空间所作的形象的概括。中国古典园林中的借景就是一种空间的渗透。"借"是把彼处的景物引到此处来，以获得层次丰富的景观效果。"庭院深深深几许"就是描述中国古典庭园所独具的幽深境界。

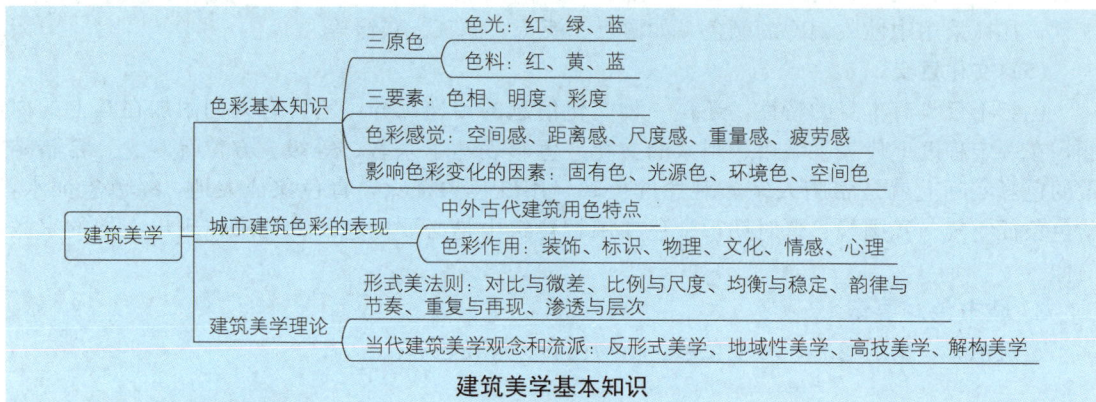

建筑美学基本知识

真题演练

2014-012 下列关于色彩的表述，哪项是错误的？（　　）

A. 色彩的原色纯度最高　　　　　　B. 红、黄、蓝为色光三原色

C. 青、品红、黄色为色料三原色　　D. 固有色指的是物体的本色

【答案】B

【解析】色光中存在三种最基本的色光，它们的颜色分别为红色、绿色、蓝色，即色光三原色，故 B 项错误。

2017-012 下列关于建筑色彩的物理属性及应用的表述，哪项是错误的？（　　）

A. 黄白色系的反射系数高，浅蓝淡绿次之

B. 高反射系数色彩的屋顶会加剧城市热岛效应

C. 炎热地区建筑宜采用浅色调外墙

D. 居住建筑宜采用高亮度与低彩度颜色

【答案】B

【解析】采用高反射系数的色彩可以增加环境的亮度，而非热岛效应，故 B 项错误。

板块 6　政策文件、标准规范清单

《民用建筑通用规范》GB 55031—2022

《建筑防火通用规范》GB 55037—2022

《建筑与市政工程无障碍通用规范》GB 55019—2021

《城市居住区规划设计标准》GB 50180—2018

《住宅项目规范》GB 55038—2025

《严寒和寒冷地区居住建筑节能设计标准》JGJ 26—2018

《建筑设计防火规范》GB 50016—2014（2018 年版）

《建筑结构可靠度设计统一标准》GB 50068—2018

《建筑结构荷载规范》GB 50009—2012

《绿色建筑评价标准》GB/T 50378—2019（2024 年版）

《工业项目建设用地控制指标》（自然资发〔2023〕72 号）

《民用建筑热工设计规范》GB 50176—2016

《装配式住宅设计选型标准》JGJ/T 494—2022

《无障碍设计规范》GB 50763—2012

城 市 交 通

02

微信扫码
免费听课

板块 1　城市道路规划设计

历年考频

板块	2020 年	2021 年	2022 年	2023 年	2024 年
城市道路规划设计	2	1	4	3	4

知识点 1　城市道路规划设计的基础知识　【★★★★】

1. 净空和限界

净空：人和车辆在城市道路上通行要占有一定的通行断面。

限界：为了保证交通的畅通，避免发生交通事故，要求街道和道路构筑物为车辆和行人的通行提供一定的限制性空间。

净空与净宽要求

项目		净空（m）	净宽（m）	备注
行人		2.2	0.75～1	道路及桥洞的通行限界为：行人和自行车高度限界为 2.5m，汽车高度限界为 4.5m
自行车		2.2	1	
机动车	小汽车	1.6	2	
	公共汽车	3	2.6	
	大货车（载货）	4	3	

2. 车辆视距与视距限界

（1）停车视距与会车视距

停车视距：由驾驶人员反应时间内车辆行驶距离、车辆制动距离和车辆在障碍物前面停止的安全距离组成。

会车视距：两辆机动车在一条车行道上对向行驶，保证安全的最短视线距离。根据实际经验，会车视距通常按 2 倍停车视距计算。

停车视距

设计速度（km/h）	100	80	60	50	40	30	20
停车视距（m）	160	110	70	60	40	30	20

（2）视距限界

平面弯道视距限界： 车辆在平曲线路段上行驶时，曲线内侧应清除高于 1.2m 的障碍物，以保证行车安全。

纵向视距限界： 车辆翻越坡顶时，与对面驶来车辆应保证必要的安全视距，约等于两车的停车视距之和。通常用设置竖曲线的方法来保证，并以竖曲线半径来表示纵向视距限界。

交叉口视距限界： 由两车的停车视距和视线组成的交叉口视距空间和限界，又称视距三角形，指的是在平面交叉路口处，由一条道路进入路口行驶方向的最外侧的车道中线与相交道路最内侧的车道中线的交点为顶点，两条车道中线各按其规定车速停车视距的长度为两边，所组成的三角形。

在视距三角形限界范围内要清除高于 1.2m 的障碍物，包括高于 1.2m 的灌木和乔木；如果障碍物难以清除，则应限制车行速度并设置警告标志，以保证安全。按照最不利的情况，考虑最靠右的一条直行车道与相交道路最靠中间的直行车道的组合确定视距三角形。

3. 城市道路网规划

（1）影响因素

① 城市在区域中的位置；② 城市用地布局形态；③ 城市交通运输系统。

（2）基本要求

① 满足用地布局的骨架要求；

② 满足运输要求，与沿路开发性质协调结合；结构完整，分布均匀、可靠；密度和面积适应城市发展；利于分流，利于组织管理；对外交通联系方便。

③ 满足环境要求；

④ 满足布置管线要求。

（3）城市道路功能等级划分

城市道路按照其所承担的城市活动特征，可分为：

三个大类： 干线道路、支线道路以及联系两者的集散道路。

四个中类： 快速路、主干路、次干路、支路。

八个小类： Ⅰ级快速路、Ⅱ级快速路、Ⅰ级主干路、Ⅱ级主干路、Ⅲ级主干路、次干路、Ⅰ级支路、Ⅱ级支路。

城市道路功能等级划分与规划要求

大类	中类	小类	功能说明	设计速度（km/h）
干线道路	快速路	Ⅰ级快速路	为城市长距离机动车出行提供快速、高效的交通服务	80～100
		Ⅱ级快速路	为城市长距离机动车出行提供快速交通服务	60～80
	主干路	Ⅰ级主干路	为城市主要分区（组团）间的中、长距离联系交通服务	60
		Ⅱ级主干路	为城市主要分区（组团）间中、长距离联系以及分区（组团）内部主要交通联系服务	50～60
		Ⅲ级主干路	为城市分区（组团）间联系以及分区（组团）内部中等距离交通联系提供辅助服务，为沿线用地服务较多	40～50

大类	中类	小类	功能说明	设计速度（km/h）
集散道路	次干路	次干路	为干线道路与支线道路的转换以及城市内中、短距离的地方性活动组织服务	30~50
支线道路	支路	Ⅰ级支路	为短距离地方性活动组织服务	20~30
		Ⅱ级支路	为短距离地方性活动组织服务的街坊内道路，步行、非机动车专用路等	—

4. 公路网规划

（1）《城镇化地区公路工程技术标准》JTG 2112—2021

3.1.2 城镇化地区公路与城市道路衔接应符合下列规定（2024考点）：①高速公路、作为干线的一级公路，宜与快速路衔接；②作为集散的一级公路、作为干线的二级公路，宜与主干路衔接；③作为集散的二、三级公路，宜与次干路衔接；④作为支线的三级公路、四级公路，宜与支路衔接。

（2）《公路工程技术标准》JTG B01—2014

1.0.5 公路用地范围为公路路堤两侧排水沟外边缘（无排水沟时为路堤或护坡道坡脚）以外，或路堑坡顶截水沟外边缘（无截水沟为坡顶）以外不小于1m范围内的土地；在有条件的地段，高速公路、一级公路不小于3m，二级公路不小于2m范围内的土地为公路用地范围。

3.1.1 公路分为高速公路、一级公路、二级公路、三级公路和四级公路五个技术等级。

知识点2 城市道路横断面规划设计 【★★★★】

1. 组成及设计原则

（1）路幅宽度

城市道路横断面规划宽度称为路幅宽度，由车行道、人行道、分隔带和绿地等部分组成。

（2）设计原则

① 道路横断面设计应在城市规划的红线宽度范围内进行。

② 横断面设计应近远期结合，使近期工程成为远期工程的组成部分，并预留管线位置。路幅宽度及标高等应留有发展余地。

③ 对现有道路改建应采取工程措施与交通管理相结合的办法，以提高道路通行能力和保障交通安全。

2. 机动车道设计

（1）车道宽度

车道宽度取决于通行车辆的车身宽度和车辆行驶中横向的必要安全距离，即车辆在行驶时摆动偏移的宽度，以及车身与相邻车道或人行道边缘必要的安全间隙、通车速度、路面质量、驾驶技术、交通秩序。

一般城市主干路一条小型车车道宽度选用3.5m；一条大型车道或混合行驶车道选用3.75m；一条支路车道最窄不宜小于3m，公路边停靠车辆的车道宽度为2.5~3m。

（2）一条车道的通行能力

城市道路一条车道的小汽车理论通行能力为每车道1800辆/h。靠近中线的车道，通行能力最大，右侧同向车道通行能力将依次有所折减，最右侧车道的通行能力最小。

一条车道的平均最大通行能力

车辆类型	小汽车	载重汽车	公共汽（电）车	混合交通
每小时最大通行车辆数（辆）	500～1000	300～600	50～100	400

（3）路段通行能力

路段通行能力分为可能通行能力与设计通行能力。

路段通行能力

计算行车速度（km/h）	50	40	30	21
可能通行能力（pcu/h）	1690	1640	1550	1380

受平面交叉口影响的机动车车道设计通行能力应根据不同的计算行车速度、绿信比、交叉口间距等进行折减。

（4）机动车车行道宽度的确定

机动车车行道的宽度是各机动车道宽度的总和。通常以规划确定的单向高峰小时交通量除以一条车道的通行能力，以确定单向所需机动车车道数，乘以 2，再乘以一条车道的宽度，即得到机动车车行道的宽度。

（5）应注意的问题

① 车道宽度的相互调剂与相互搭配：双车道多用 7.5～8m；四车道多用 13～15m；六车道多用 19～22m。

② 道路两个方向的车道数一般不宜超过 4～6 条；过多会引起行车紊乱，行人过路不便和驾驶人员选择困难。

③ 技术规范规定：两块板道路的单向机动车车道数不得少于 2 条，四块板道路的单向机动车车道数至少为 2 条。一般行驶公交车辆的一块板次干路，其单向行车道的最小宽度应能停靠一辆公共汽车、通行一辆大型汽车，再考虑适当自行车道宽度即可。

3. 非机动车道设计

（1）自行车道宽度的确定

一般推荐一条自行车道的宽度为 1.5m，两条自行车道的宽度为 2.5m，三条自行车道的宽度为 3.5m，每增加一条车道宽度增加 1m；两辆自行车与一辆公共汽车或无轨电车的停站宽 5.5m。非机动车道要考虑最宽的车辆有超车的条件，结合将来可能改为行驶机动车辆，则宽度以 6～7m 更妥。

（2）自行车道的通行能力

路面标线划分机动车道与非机动车道时，一条自行车道的通行能力规范推荐值为 800～1000 辆/h。

4. 人行道设计

（1）人行道宽度的确定方法

一条步行道的宽度一般需要 0.75m，在火车站和大型商店附近及全市干道上则需要 0.9m。城市主干道上，单侧人行道步行道条数，一般不宜少于 6 条，次干道不宜少于 4 条，住宅区不宜少于 2 条。

人行道宽度要考虑埋设电力线、电信线以及给水管三种基本管线所需要的最小宽度（4.5m），加上绿化和路灯等最小占地（1.5m），共需要 6m 左右。

人行道宽度和最大通行能力表

所在地点	宽度（m）	最大通行能力（人/h）
城市道路上	0.75	1800
车站、码头、人行天桥和地下通道	0.9	1400

（2）人行道的布置

人行道通常在车行道两侧对称并等宽布置。在受到地形限制或有其他特殊情况时，不一定要对称等宽，可按其具体情况做灵活处理。人行道一般高出车行道 10～20cm，一般采用直线式横坡，向缘石方向倾斜。横坡坡度一般在 0.3‰～3.0‰范围内选择。

人行道铺装设计应贯彻因地制宜、合理利用当地材料及工业废渣的原则，并考虑施工最小厚度。人行道铺装面层应平整、抗滑、耐磨、美观。基层材料应具有适当强度。处于潮湿地带及冰冻地区时，应采用水稳定性好的材料。

5. 缘石

缘石宜高出路面边缘 10～20cm。隧道内线形弯曲路段或陡峻路段等处，可高出 25～40cm，并应有足够的埋置深度，以保证稳定。缘石宽度宜为 10～15cm。

6. 道路绿化设计

宽度大于 40m 的滨河路或主干路上，当交通条件许可时，可考虑沿道路两侧或一侧成行种树，布置成有一定宽度的林荫道（最小宽度为 8m，多采用 8～15m）。

应选择能适应当地自然条件和城市复杂环境的乡土树种。行道树树种的选择原则：树干挺直，树形美观，夏日遮阳，耐修剪，抗病虫害、风灾及有害气体等。

（1）行道树的占地宽度

行道树的最小布置宽度一般为 1.5m，道路分隔带兼作公共车辆停靠站台或供行人过路临时驻足之用时，最好宽 2m 以上。绿化带的最大宽度取决于可利用的路幅宽度，除保留备用地外，一般绿化宽度宜为红线宽度的 15％～30％，路幅窄的取低限，宽的取高限。人行道绿化有绿带、树穴两种形式，绿带一般每侧宽 1.5～4.5m，长度以 50～100m 为宜，树穴一般为 1.25m×1.25m。

（2）行道树的高度

道路的中央分隔带或机动车与非机动车分隔带上布置的绿化，高度一般在 1m 以下。人行道上的行道树分枝点高度应为 3.5m 以上，树高不限，但要注意不应影响道路照明。

（3）行道树的株距

行道树定植株距应以其树种壮年期冠幅为准，最小种植株距应为 4m。行道树树干中心至路缘石外侧最小距离宜为 0.75m。种植行道树的苗木胸径：快生树不得小于 5cm，慢生树不宜小于 8cm。在道路交叉口视距三角形范围内，行道树绿带应采用通透式配置。

（4）道路绿地率

园林景观路绿地率不得小于 40％；红线宽度大于 50m 的道路绿地率不得小于 30％；红线宽度为 40～50m 的道路绿地率不得小于 25％；红线宽度小于 40m 的道路绿地率不得小于 20％。

7. 城市道路横断面形式的选择与组合

（1）形式

一块板：即单幅路。车行道完全不设分隔带，用交通标线分隔对向车流，或者不画标线，机动车在中间行驶，非机动车靠右边行驶的道路。一块板道路车辆混行，安全系数较低，严重影响车辆行驶速度与交通安全。多用于"钟摆式"交通路段及生活性道路；适用于机动车交通量不大、非机动车较少的次干路与支路，以及用地不足、拆迁困难的旧城市道路。

两块板： 即双幅路。由中间一条分隔带将车行道分为单向行驶的车行道，机动车与非机动车仍为混合行驶。适用于机动车辆多，单向两条机动车车道以上，非机动车较少，夜间交通量大，车速要求高，非机动车类型较单纯，且数量不多的联系远郊区交通的入城干道。有平行道路可供非机动车通行的快速路和郊区道路以及横向高差大或地形特殊的路段，亦可采用双幅路。

三块板： 即三幅路。用两条分隔带分离上、下行机动车与非机动车车流，将车行道一分为三的道路。中间部分为机动车双向行驶车道，两侧为非机动车车道。分隔带可采用绿带、隔离墩、安全护栏等。适用于道路较宽、交通量大的主要交通干道；适用于机动车量大、车速要求高、非机动车多、道路红线宽度大于或等于40m的交通干道。

四块板： 即四幅路。用三条分隔带分隔对向车流、机动车与非机动车车流，将车行道一分为四的道路。中间两部分分别为对向行驶的机动车车道，两侧为非机动车车道。四块板道路实现了机动车与非机动车的完全分离，有利于提高车速，保证交通安全，但占面积大，造价高。比较少见，主要用于高速道路和交通量大的郊区干道。适用于机动车速度高、单向两条机动车车道以上、非机动车多的快速路与主干路。

（2）城市道路横断面的选择与组合基本原则

城市道路横断面的选择与组合主要取决于道路的性质、等级和功能要求，同时还要综合考虑环境和工程设施等方面的要求。

知识点3　城市道路平面规划设计 【★★】

城市道路平面规划设计指的是城市道路线形、交叉口、排水设施及各种道路附属设施等平面位置的设计。

1. 平曲线

（1）最小半径

机动车辆在平曲线上做圆周运动时受水平方向离心力的作用，促使车辆向曲线外侧滑移和倾覆。平曲线最小半径是指保证机动车辆以设计车速安全行驶时圆曲线最小半径。

平曲线最小半径主要取决于道路的设计车速，与之成正比。平曲线最小半径的确定，必须综合考虑机动车辆在平曲线上行驶的稳定性、乘客的舒适程度、车辆燃料消耗和轮胎磨损等各方面的因素。

（2）超高

当受地形、地物等条件限制不允许设置平曲线最小半径时，可以将道路外侧抬高，使道路横坡呈单向内侧倾斜，成为超高。当一条道路的设计车速 V 与横向力系数 μ 选定后，超高横坡的大小将取决于平曲线半径的大小。按《城市道路工程设计规范》CJJ 37 规定，平曲线半径小于不设超高的最小半径时，在平曲线范围内应设超高。

2. 加宽与超高、加宽缓和段

（1）平曲线路面加宽

在曲线段上行驶的汽车所占有的行驶宽度要比直线段宽，所以曲线段的车行道往往需要加宽，其加宽值与曲线半径、车型几何尺寸、车速要求等有关。道路平曲线半径小于或等于250m 时，应在平曲线内侧加宽。

（2）超高缓和段、加宽缓和段

超高缓和段： 由直线段上的双向坡横断面过渡到具有完全超高的单向坡横断面的路段，超高缓和段的长度不宜过短，否则车辆行驶时会发生侧向摆动，行车不十分稳定。一般情况下，超高缓和段长度最好不要小于 15～20m。

加宽缓和段： 在平曲线的两端，从直线上的正常宽度逐渐增加到曲线上的全加宽的路段。当曲线加宽与超高同时设置时，加宽缓和段长度应与超高缓和段长度相等，内侧增加宽度，外侧增加超高。如曲线不设超高而只有加宽，则可采用不小于 10m 的加宽缓和段长度。不设超高的两相邻反向曲线，可直接相连；若有超高，两曲线之间的直线段长度应至少等于 2 个曲线超高缓和段长度之和。

知识点 4　城市道路交叉口规划设计　【★★★】

1. 交叉口交通组织方式

无交通管制： 适用于交通量很小的道路交叉口。

渠化交通： 在道路上施画各种交通管理标线及设置交通岛，用以组织不同类型、不同方向车流分道行驶，互不干扰地通过交叉口。适用于交通量较小的次要交叉口、交通组织复杂的异形交叉口和城市边缘地区的道路交叉口。在交通量比较大的交叉口，配合信号灯组织渠化交通，有利于交叉口的交通秩序，增大交叉口的通行能力。

交通指挥（信号灯控制或交通警察指挥）： 常用于一般平面十字交叉口。

立体交叉： 适用于快速、有连续交通要求的大交通量交叉口。

2. 基本类型及其特点

交叉口按竖向位置可分为平面交叉与立体交叉两大基本类型。

3. 平面交叉口自行车交通组织及自行车道布置

设置自行车右转专用车道；设置左转候车区；停车线提前法；两次绿灯法；设置自行车横道。

4. 平面交叉口设计

（1）平面布置

形式： 十字交叉、X 形交叉、丁字形（T 形）交叉、Y 形交叉、多路交叉、环形交叉，应根据城市道路的布置、相交道路等级、性质和交通组织等确定。

转角半径： 根据道路性质、横断面形式、车型、车速来确定。交叉口内的计算行车速度应按各级道路计算行车速度的 0.5～0.7 倍计算，直行车取大值，转弯车取小值。

人行横道： 人行横道的设置应与行人流向一致，并尽量与车行道垂直，使行人横过车行道的距离最短，以缩短行人横过车行道的时间；人行横道应尽量靠近交叉口，以缩小交叉区域，减少车辆通过交叉口的时间。

人行横道的宽度取决于单位时间内过路行人的数量及行人过路时信号放行的时间，规范规定最小宽度为 4m，通常选用经验宽度 4～10m。规范规定机动车车道数大于等于 6 条或人行横道长度大于 30m 时，应在道路中央设置安全岛（最小宽度为 1m）。当行车密度很大或车速很高，行人过路受到极大威胁时，可考虑设置立体人行过街设施——人行地道或天桥。

停止线： 停止线设在人行横道线外侧面 1～2m 处。

交叉口拓宽： 建议高峰小时一个信号周期进入交叉口左转车辆大于 3～4 辆时，增辟左转车辆的专用车道。进入交叉口的右转车辆多于 4 辆时，需增设右转车辆的专用车道。增设车道的宽度，可比路段车道宽度缩窄 0.25~0.5m，应不小于 3m；进口段长度一般为 50~75m。

（2）竖向设计

交叉口竖向设计应综合考虑行车舒适、排水通畅、工程量大小和美观等因素，合理确定交叉口设计标高。

① 两条道路相交，主要道路的纵坡度宜保持不变，次要道路纵坡度服从主要道路。

② 交叉口设计范围内的纵坡度宜小于或等于 2%，困难情况下应小于或等于 3%。

③ 交叉口竖向设计标高应与四周建筑物的地坪标高协调。

④ 合理确定变坡点和布置雨水进水口。

5. 平面交叉口改善

除渠化、拓宽路口、组织环形交叉和立体交叉外，改善的方法主要有：错口交叉改善为十字交叉；斜角交叉改善为正交交叉；多路交叉改善为十字交叉；合并次要道路，再与主要道路相交。

6. 环形交叉口设计

平面环形交叉口多适用于多条道路交会的交叉口和左转交通量较大的交叉口，一般不适用于快速路和主干路。当相交道路总数超过 8 条时，就应当考虑道路适当合并后再接入交叉口。

（1）中心岛形状和尺寸的确定

中心岛的半径首先应满足设计车速的需要，计算时按路段设计车速的 0.5 倍作为环道的设计车速，依此计算出环道的圆曲线半径，中心岛半径就是该圆曲线半径减去环道宽度的一半。

（2）环道的交织要求

环形交叉是以交织方式来完成直行同右转车辆进出路口的行驶，一般在中等交通密度，非机动车不多的情况下，最小交织距离最好不应小于 4s 的运行距离。

车辆沿最短距离方向行驶交织时的交角称为交织角，交织角越小越安全。一般交织角在 20°~30° 之间为宜。

（3）环道宽度的确定

环道即环绕中心岛的车行道，其宽度需要根据环道上的行车要求确定。环道上一般布置三条机动车道，一条车道绕行，一条车道交织，一条作为右转车道；同时还应设置一条专用的非机动车道。车道过多会造成行车的混乱，反而有碍安全。一般环道宽度选择 18m 左右比较适当，即相当于 3 条机动车道和 1 条非机动车道，再加上弯道加宽值。

7. 立体交叉口设计

组成： 跨路桥、匝道、外环与内环、入口与出口、加速车道、减速车道、引道。

设计： 交叉口的交通量很大，采用平面交叉难以解决交通时，为了提高通行能力，可以采用立体交叉；行车速度达 80~120km/h 的高速道路与其他道路相交时，为保证行车速度与安全，要采用立体交叉；干道与铁路相交时，要采用立体交叉；对于交通和安全有特殊要求，交叉处的地形适宜时，可以采用立体交叉。

形式： 根据立体交叉结构形式不同，分为隧道式和跨路桥式；根据相交道路上行驶的车辆是否能相互转换，分为分离式和互通式。

① 分离式立交：相交道路互不相通，交通分离。主要有铁路与城市道路相交的立交、快速道路与地方性道路（次干路、支路、自行车专用路、步行路）的立交。

② 互通式立交：可以实现相交道路上的交通在立交互相转换。又分为非定向式立交（直

73

通式、环形、菱形、梨形、苜蓿叶式等形式）和定向立交两类。

技术：路段设计车速一般为80km/h，环形立交的环道设计车速一般为25～30km/h，匝道设计车速一般为25km/h。

互通式立交最小净距离

干道设计车速（km/h）	80	60	50	40
互通式立交最小净距离（m）	1000	900	800	700

道路宽度：干道机动车道每条宽度为3.75～4m，自行车道可达6～8m。

匝道：其曲线半径决定于车辆行驶速度，双向行车匝道宽12.5m，单向行车匝道宽7.0m。

相交道路的上下位置：一般等级高、速度快的道路宜布置在下面，等级低、速度慢的道路宜布置在上面。在地形条件受限制时，可按现状标高考虑，高的道路在上面，低的道路在下面；高架道路在上面，地面道路在下面。

知识点5　城市道路纵断面设计 【★★】

城市道路的纵断面是指沿道路中心线方向的剖面，道路纵坡是指道路中心线的纵向坡度。

1. 设计要求

道路纵断面设计要求道路线形尽可能平顺，土方尽可能平衡，道路与两侧街坊衔接良好和排水良好。

2. 道路纵坡的确定

（1）最大纵坡

道路纵坡主要取决于自然地形、道路两旁地物、道路构筑物净空限界要求、车辆性能和道路等级等。

城市道路机动车道的最大纵坡决定于道路的设计车速。等级高的道路设计车速高，需要尽量采用平缓的纵坡。对于平原城市，机动车道路的最大纵坡宜控制在5%以下。

城市道路非机动车道的最大纵坡，按自行车的行驶能力控制在2.5%以下为宜。

（2）最小纵坡

城市道路最小纵坡主要取决于道路排水和地下管道的埋设要求，也与雨量大小、路面种类有关。道路最小纵坡度应大于或等于0.5%，困难时可大于或等于0.3%，遇特殊困难纵坡度小于0.3%时，应设置锯齿形偏沟或采取其他排水措施。

（3）坡道长度限制

道路坡道的长度与道路的等级要求和车辆的爬坡能力有关，不宜太长，但也不宜太短，一般最小长度应不小于相邻竖曲线切线长度之和。

3. 竖曲线

为使路线平顺、行车平稳，在道路纵坡转折点设置竖曲线将相邻的直线坡段平滑地连接起来，以使行车比较平稳，避免车辆颠簸，并满足驾驶人员的视线要求。

分类：竖曲线分为凸形与凹形两种。凸形竖曲线的设置主要满足视线、视距的要求，凹形竖曲线的设置主要满足车辆行驶平稳（离心力）的要求。城市道路竖曲线设置时，应尽量选择大半径的竖曲线。一般当城市干路相邻坡段的坡度差小于0.5%或外距小于5cm时，可以不设置竖曲线。

设计要求：城市道路设计时一般希望平曲线与竖曲线分开设置。如果确实需要重合设置时，通常要求将竖曲线设置在平曲线内，而不应交错。为了保持平面和纵断面的线形平顺，一般取凸形竖曲线的半径为平曲线半径的 10～20 倍。应避免将小半径的竖曲线设在长的直线段上。竖曲线长度一般至少应为 20m，其取值一般为 20m 的倍数。

知识点 6　城市道路交通管理设施规划设计 【★★】

1. 城市道路交通管理设施

为了让城市道路交通保持畅通，防止交通事故的发生，需要根据具体的道路交通状况对交通实施管理，用于此目的的设施称为交通管理设施，包括交通信号机、道路标志、道路交通标线等。

2. 城市道路交通管理设施内容以及规划设计要求

(1) 道路交通管理设施的分类

道路交通管理设施主要包括统一的交通规则、设置必要的交通标志、交通指挥信号和路面标志。

(2) 道路交通标志

《道路交通标志和标线》GB 5768.2 规定的交通标志分为七大类：①警告标志；②禁令标志；③指示标志；④指路标志；⑤旅游区标志；⑥道路施工安全标志；⑦辅助标志。

(3) 交通标线

交通标线是由标画于路面上的各种线条、箭头、文字、立面标记、突起路标和轮廓标等所构成的交通安全设施，它的作用是管制和引导交通。

(4) 交通指挥信号

在交叉口交通量不大的情况下，一般由交通民警指挥交通。这种方式的优点是管理比较灵活，无须投资设备费用。若交通量较大或有特殊要求的交叉口则应采用信号灯指挥交通。这种方式的优点是可以减轻交通民警的劳动强度，减少交通事故和提高交叉口通行能力。

信号灯要求色彩清晰、亮度均匀，应保证驾驶人员能在 100m 以外见到。同时，信号灯还应正对车辆前进方向，使在交叉口停车线前等候的车辆驾驶人员也能看见灯色的变换。交通信号灯的管理方法有人工控制和自动控制两种。

(5) 路面交通标志

路面交通标志常见的有车道线、停车线、人行横道线（斑马人行线）、导向箭头，以及分车线、公共交通停靠范围、停车道范围（高速公路还有路面边缘线）。所有这些组织交通的线条、箭头、文字或图案，一般用白漆（或黄漆）漆在路面上，也有用白色沥青或水泥混凝土、白色瓷砖或特制耐磨的塑料嵌砌或粘贴于路面上，以指引交通。

(6) 防护设施

防护设施包括车行护栏、护柱、人行护栏、分隔物、高缘石、防眩板、防撞护栏等。

3. 交通控制　**(1) 城市交通信号控制方式**

① 单个交叉口独立控制方式；②主干道交通信号控制；③区域交通信号控制；④城市智能运输系统（ITS）中的交通控制方法。

（2）平面交叉口的交通控制

① 交通信号灯法：红、黄、绿灯。

② 多路停车法：在交叉口所有引导入口的右侧设立停车标志。

③ 二路停车法：在次要道路进入交叉口的引导上设立停车标志。

④ 让路停车法：在进入交叉口的引道上设立停车标志，车流量进入交叉口前必须放慢车速，伺机通过。

⑤ 不设管制：交通量很小的交叉口。

（3）平面交叉口的交通控制类型

① 主干路与支路交叉：二路停车。

② 次干路与次干路交叉：交通信号灯、多路停车、二路停车或让路停车。

③ 次干路与支路交叉：二路停车或让路停车。

④ 支路与支路交叉：二路停车、让路停车或不设管制。

知识点 7 《建设项目交通影响评价技术标准》 CJJ/T 141—2010 【★★★★】

1. 交通影响评价启动阈值

5.0.3 表 5.0.3 注 3：符合下列条件之一的建设项目，应在报建阶段进行交通影响评价：

① 单独报建的学校（T07）类建设项目；

② 交通生成量大的交通（T08）类建设项目；

③ 混合（T10）类的建设项目，其总建筑面积或指标达到项目所含建设项目分类（T01~T09、T11）中任一类的启动阈值；

④ 主管部门认为应当进行交通影响评价的工业（T09）类、其他（T11）类和其他建设项目。

2. 交通影响程度评价

8.0.1 应根据建设项目新生成交通加入前后道路上机动车服务水平的变化确定机动车交通显著影响判定标准。当建设项目新生成交通使评价范围内机动车交通量增加，导致项目出入口、道路交叉口任一进口道服务水平发生变化，背景交通服务水平和项目新生成交通加入后的服务水平符合相关规定时，应判定建设项目对评价范围内交通系统有显著影响。

1 信号交叉口、信号环形交叉口以及无信号单环道环形交叉口，其机动车交通显著影响判定标准应符合表 8.0.1-1 的规定。

信号交叉口机动车交通显著影响判定标准（表 8.0.1-1）

背景交通服务水平	项目新生成交通加入后的服务水平
A	D、E、F
B	
C	
D	E、F
E	F
F	F

知识点 8 《城市步行和自行车交通系统规划标准》 GB/T 51439—2021 【★★★★】

1. 过街用时比

2.0.7 过街用时比：指从相同的过街起点到终点，使用立体过街设施所需过街时间与平面过街时间的比值。

2. 通行空间

5.1.3 城市道路的人行道与非机动车道不宜共平面设置。

5.3.2 人行道宽度（W_p）应按单条行人通行带的整倍数计算。

单条行人通行带的宽度和设计通行能力（表 5.3.2）

所在地点	宽度（m）	设计通行能力（p/h）
城市道路上	0.75	1800
车站码头、人行天桥和地道处	0.9	1400

5.3.4 非机动车道宽度（W_b）应按单条自行车通行带的整倍数计算。

单条自行车通行带的宽度和设计通行能力（表 5.3.4）（2024 考点）

所在地点	隔离类型	宽度（m）	设计通行能力（veh/h）
城市路段	机非隔离	1	1500
	无机非隔离		1300
城市交叉口	机非隔离	1	750
	无机非隔离		650

5.4.3 步行和自行车交通与轨道车站出入口的衔接应符合现行国家标准《城市轨道交通线网规划标准》GB/T 50546 的相关要求，并符合以下规定：

① 轨道车站出入口宜设置客流集散广场，面积不宜小于 $30m^2$；

② 轨道车站出入口确需占用人行道时，人行道的剩余宽度不得小于 3m；

③ 轨道车站出入口附近 20m 范围内不宜设置墙体、围挡、护栏等设施；

④ 轨道车站出入口与自行车停放设施的接驳距离不应大于 50m，自行车停放设施应方便可达，规模应结合轨道交通接驳详细规划确定，停放位置与自行车进出主流线不得阻碍行人的通行。

5.4.4 步行和自行车交通与立体过街设施的衔接应符合以下规定：

① 立体过街设施的接地点应结合行道树设施带或机非隔离带设置，立体过街设施的接地点确需占用人行道时，人行道的剩余宽度应满足行人通行要求；

② 人行天桥梯道或坡道的下方空间宜结合自行车停放设施和街道家具等进行综合利用，并满足无障碍设计要求。

5.6.2 步行和自行车的通行空间应保障净空高度，最小净高为 2.5m。

3. 过街设施

6.1.3 过街设施的设置应符合下列规定：

① 一般区域行人过街设施最大间距不得超过 300m；

② 与学校、幼儿园、医院、养老院出入口的距离不宜大于 30m，且不应大于 80m；

③ 与公交站及轨道车站出入口的距离不宜大于 30m，且不应大于 100m；

④ 与居住区、大型商业设施、公共活动中心等建筑出入口的距离不宜大于 50m，且不应大于 120m。

6.2.1 人行过街横道长度超过 16m 时（不包括非机动车道），或虽小于 16m 但需加强过街安全性时，应在人行横道中央设置行人过街安全岛。

6.2.2 过街安全岛的设置应符合以下规定：

① 过街安全岛宽度不应小于 2m，有自行车使用时宽度不应小于 2.5m。

② 过街安全岛面积应满足行人驻足要求，可根据行人过街流量，按排队密度 2 人/m² 计算安全岛面积。

③ 过街安全岛宜采用垂直式。当采用倾斜式或栏杆诱导式时，应使行人通过方向面向机动车驶来方向。

④ 无中央分隔带的道路可采用局部缩窄机动车道宽度、缩窄两侧机非隔离带宽度等方法设置过街安全岛，并应在过街安全岛两端设置防护设施，在来车方向与安全岛之间设置安全渐变段，并设置相应标志标线。

⑤ 在中央绿化分隔带设置过街安全岛时，应严格保障安全视距，过街安全岛两端的绿化不得高于 0.5m。

6.2.3 人行过街横道宽度根据高峰小时设计行人流量确定。人行过街横道宽度不宜小于 3m，宜采用 1m 为单位增减。

6.2.4 人行过街横道应遵循行人过街的最短路线布置。当交叉口斜向人行过街需求较大时，可设置斜穿交叉口的人行过街横道。

6.2.5 位于路段的公交停靠站，其周边的人行过街横道宜设置在公交停靠站上游。

6.3.2 立体过街设施的设置应符合下列规定：

① 地面快速路主路应设置立体过街设施；

② 曾经发生或评估后可能发生重、特大道路交通事故的地点，在分析事故成因基础上，经论证后确有必要设置立体过街的地点应设置立体过街设施。

6.3.3 同一地点的立体过街设施与平面过街设施的过街用时比不宜大于 1.5 : 1。

6.3.4 自行车立体过街设施的坡道坡度不应大于 1 : 4。

4. 停驻空间

7.5.2 单个自行车停车位尺寸宽度宜为 0.6～0.8m，长度为 2m。空间不足时，应斜向设置停车位或采用立体停车方式。

5. 交通环境

8.2.1 应加强林荫道建设，为行人、骑行者提供遮阴纳凉的高品质环境，宜结合机非隔离带、行道树设施带、绿化设施带连续种植高大乔木。结合种植空间增加列数，行道树种植间距宜为 4～6m。

8.2.2 路段及交叉口宜形成连续的林荫。在交叉口视距三角形范围内，行道树应采用通透式配置。应选择分枝点高的乔木，间距不得小于 4m。

8.2.3 绿化设施带宽度大于 8m 时宜设计成开放式绿地，除植物景观外，还应提供人员停留活动场地和设施。

8.3.1 人行道铺装应连续、平整、防滑、透水，并满足无障碍通行需求。

8.3.2 行道树的树池宜采用平树池形式。

道路规划设计
- 概念术语
  - 通行能力
    - 基本：理想条件，期望的合理最大值
    - 实际：具体条件，期望的合理最大值
    - 设计：具体条件，设计服务水平下的最大值
  - 当量小汽车pcu：4~5座的小客车
- 基本内容
  - 路线、交叉口、道路附属设施、路面、交通管理设施
  - 总体规划
    - 综合交通系统、网络
    - 公交与设施
    - 重要交通廊道
  - 详细性控制规划
    - 道路选线
    - 道路横断面组合
    - 道路交叉口选型
- 功能等级
  - 干线
    - 快速路：Ⅰ级、Ⅱ级
    - 主干路：Ⅰ级、Ⅱ级、Ⅲ级
  - 集散：次干路
  - 支路
    - Ⅰ级
    - Ⅱ级
- 管理设施
  - 作用
  - 交通标识标线、信号灯
  - 平面交叉口的控制方式：交通信号灯、多路停车、二路停车、让路停车、不设管制
  - 智能化
- 路段设计
  - 设计基础：限界、视距
  - 平面：道路平曲线、超高缓和带、加宽缓和带
  - 横断面：机动车道、非机动车道、人行道、绿化
  - 纵断面：纵坡、竖曲线
- 交叉口
  - 类型
    - 平面交叉口
      - 分类
        - 形状：十字形、T形、X形、Y形、错位交叉等
        - 交通组织方式：信号控制交叉口、无信号控制交叉口和环形交叉口
      - 改善措施
        - 车行：转弯半径、拓宽
        - 人行：人行横道、安全岛
    - 立体交叉口
      - 分离式：交通分离，铁路与城市道路、快速路与地方性道路
      - 互通式：相交道路的交通可在立交上转换，非定向、定向
    - 环形交叉口
      - 适用条件、设置原则
      - 形状、尺寸、交织距离、环道宽度等
  - 交通组织方式：无管制、渠化、指挥、立交
- 规划原则
  - 符合上位规划（土地利用、道路系统）
  - 远近结合、分期实施
  - 满足交通发展需求
  - 满足行人、行车技术要求
  - 兼顾两侧用地，协调周围环境
  - 合理使用技术标准

道路规划设计基本知识

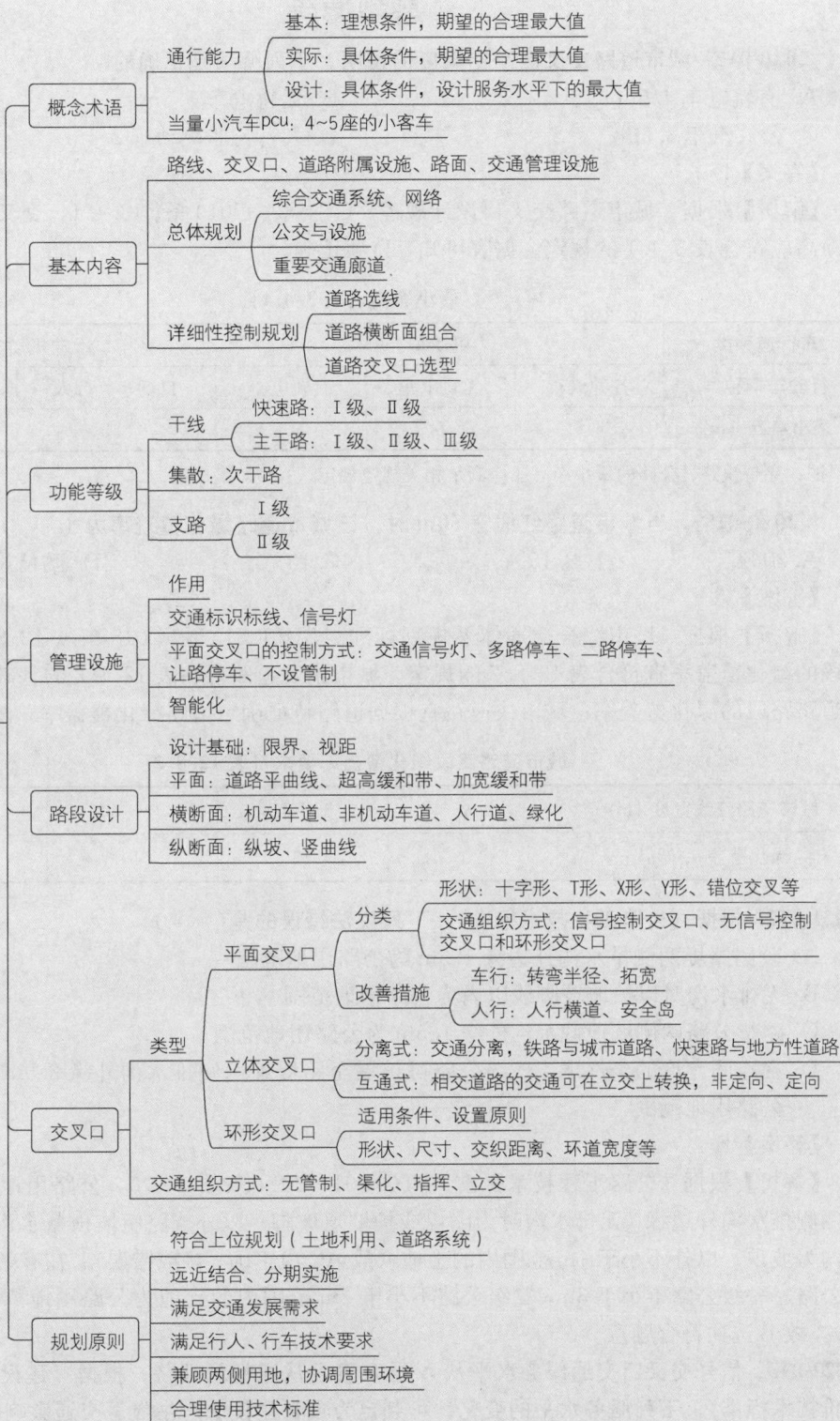

真题演练

2020-012 城市道路交叉口净空高度的说明，下列哪项是正确的？（　　）

A. 有轨电车 4.5m
B. 无轨电车 5.5m
C. 公共汽车 3.5m
D. 人行与非机动车 2.5m

【答案】D

【解析】根据《城市道路交叉口设计规程》CJJ 152—2010 条款 3.4.1，交叉口范围内的最小净高应符合表 3.4.1 的规定。据表可知，D 项正确。

最小净高（表 3.4.1）

车行道种类	机动车			非机动车	
行驶车辆种类	各种汽车	无轨电车	有轨电车	自行车、行人	其他非机动车
最小净高（m）	4.5	5	5.5	2.5	3.5

注：穿越铁路、公路的最小净高还应满足相关规范规定。

2020-018 当城市道路红线宽 50m 时，该城市道路绿化覆盖率为（　　）。

A. 20%　　　　B. 15%　　　　C. 10%　　　　D. 酌情设置

【答案】A

【解析】根据《城市综合交通体系规划标准》GB/T 51328—2018 条款 12.8.2，城市道路路段的绿化覆盖率宜符合表 12.8.2 的规定。城市景观道路可在表 12.8.2 的基础上适度增加城市道路路段的绿化覆盖率；城市快速路宜根据道路特征确定道路绿化覆盖率。故 A 项正确。

城市道路路段绿化覆盖率要求（表 12.8.2）

城市道路红线宽度（m）	>45	30~45	15~30	<15
绿化覆盖率（%）	20	15	10	酌情设置

2021-012 根据《公路工程技术标准》，下列说法错误的是（　　）。

A. 公路路堤两侧排水沟外边缘 1.5m 为公路用地范围
B. 无排水沟时以护坡坡脚线以内为公路用地范围
C. 路堑公路两侧坡顶截水沟外缘 1.5m 为公路用地范围
D. 在空间允许的条件下，二级公路可扩展至路堤外两侧排水沟外缘 2.5m 以内的土地为公路用地范围

【答案】B

【解析】根据《公路工程技术标准》JTG B01—2014 条款 1.0.5，公路用地范围为公路路堤两侧排水沟外边缘（无排水沟时为路堤或护坡道坡脚）以外或路堑坡顶截水沟外边缘（无截水沟为坡顶）以外不小于1m 范围内的土地（故 AC 项正确，B 项错误）。在有条件的地段，高速公路、一级公路不小于 3m，二级公路不小于 2m 范围内的土地为公路用地范围（故 D 项正确）。故 B 选项符合题意。

2022-013 信号交叉口交通服务水平从 **A** 至 **F** 表示从通畅到拥挤，根据《建设项目交通影响评价技术标准》，下列服务水平的变化，可判定为项目建设未产生显著交通影响的是（　　）。

A. 信号交叉口背景交通服务水平为 A，项目新生成交通加入后为 B
B. 信号交叉口背景交通服务水平为 C，项目新生成交通加入后为 D

C. 信号交叉口背景交通服务水平为 E，项目新生成交通加入后为 F

D. 信号交叉口背景交通服务水平为 F，项目新生成交通加入后为 F

【答案】A

【解析】根据《建设项目交通影响评价技术标准》CJJ/T 141—2010 条款 2.0.2，建设项目交通影响评价指对建设项目投入使用后，新生成交通需求对周围交通系统运行的影响程度进行评价，并制定相应的对策，消减建设项目交通影响的技术方法。根据表 8.0.1-1 信号交叉口机动车交通显著影响判定标准，故 A 项正确。

信号交叉口机动车交通显著影响判定标准（表 8.0.1-1）

背景交通服务水平	项目新生成交通加入后的服务水平
A	
B	D、E、F
C	
D	E、F
E	F
F	F

2022-015 下列关于人行过街设施设置，说法错误的是（   ）。

A. 城市主干路应优先采用平面过街方式

B. 人行过街横道长度大于 16m 应设置人行过街安全岛

C. 人行过街横道宽度不应小于 3m

D. 路段上有公交停靠站，其周边的过街人行设施应该设置于公交停靠站的下游

【答案】D

【解析】《城市步行和自行车交通系统规划标准》GB/T 51439—2021 条款 6.1.2 规定：除快速路外的其他各类城市道路应优先采用平面过街方式。条款 6.2.1 规定：人行过街横道长度超过 16m 时（不包括非机动车道），或虽小于 16m 但需加强过街安全性时，应在人行横道中央设置行人过街安全岛。条款 6.2.3 规定：人行过街横道宽度不宜小于 3m，宜采用 1m 为单位增减。条款 6.2.5 规定：位于路段的公交停靠站，其周边的人行过街横道宜设置在公交停靠站上游（故 D 项错误）。

2022-017 下列关于道路通行能力的说法，正确的是（   ）。

A. 道路基本通行能力为在实际的道路交通条件下，单位时间内通过道路上某一断面的最大车辆数

B. 道路可能通行能力为在理想的道路交通条件下和所选用的服务水平下单位时间内通过道路上某一断面的最大车辆数

C. 道路设计通行能力为在预测的道路交通条件下和所选用服务水平下单位时间内通过道路上某一断面的最大车辆数

D. 道路设计通行能力为在实际的道路交通条件下和所选用服务水平下单位时间内通过道路上某一断面的最大车辆数

【答案】C

【解析】根据通行能力的性质和使用要求的不同，通行能力可分为基本通行能力、可能通行能力和实用通行能力。实用通行能力相当于设计通行能力。其定义如下：①基本通行能力

81

是指道路和交通都处于理想条件下，由技术性能相同的一种标准车，以最小的车头间距连续行驶的理想交通流，在单位时间内能通过道路断面的最大车辆数，也称理论通行能力。因为它是假定理想条件下的通行能力，实际上不可能达到。②可能通行能力是指考虑到道路和交通条件的影响，并对基本通行能力进行修正后得到的通行能力，实际上是指道路所能承担的最大交通量。③实用通行能力是指用来作为道路规划和设计标准而要求道路承担的通行能力。④设计通行能力是指在设计某一公路设施时，根据对交通运行质量的要求，即在一定服务水平要求下，公路设施所能通行的最大小时交通量。设计通行能力与选取的服务水平级别有关。故 C 项正确。

2023-013 根据《城市步行和自行车交通系统规划标准》，对于相同的过街起终点过街用时比是指(   )。

A. 使用立体过街设施所需过街时间与平面过街时间的比值
B. 老年人平均过街时间与青壮年平均过街时间的比值
C. 步行过街时间与自行车过街时间的比值
D. 最长过街时间与过街时间平均值的比值

【答案】A

【解析】根据《城市步行和自行车交通系统规划标准》GB/T 51439—2021 条款 2.0.7，过街用时比指从相同的过街起点到终点，使用立体过街设施所需过街时间与平面过街时间的比值。故 A 项正确。

2023-018 根据《步行和自行车交通系统规划标准》规定，城市道路上，单条行人通行带宽度为 (   )m?

A. 0.5　　　　　B. 0.75　　　　　C. 1　　　　　D. 1.25

【答案】B

【解析】根据《城市步行和自行车交通系统规划标准》GB/T 51439—2021 条款 5.3.2，人行道宽度（W_p）应按单条行人通行带的整倍数计算，并根据高峰小时设计行人流量和通行能力综合确定。由下表可知 B 项正确。

单条行人通行带的宽度和设计通行能力（表 5.3.2）

所在地点	宽度（m）	设计通行能力（p/h）
城市道路上	0.75	1800
车站码头、人行天桥和地道处	0.9	1400

2023-084 根据《城市综合交通体系规划标准》，下列城市道路类型，不属于城市干线道路大类的有(   )。（多选）

A 主干路　　　　　B. Ⅰ级快速路
C. 次干路　　　　　D. 支线道路
E. 集散道路

【答案】CDE

【解析】根据《城市综合交通体系规划标准》GB/T 51328—2018 条款 12.2.1，按照城市道路所承担的城市活动特征，城市道路应分为干线道路、支线道路以及联系两者的集散道路三类；干线道路包括快速路和主干路，快速路包括Ⅰ级和Ⅱ级快速路，主干路包括Ⅰ级、Ⅱ级和Ⅲ级主干路。

板块 2　城市停车设施的规划设计

城市交通

历年考频

板块	2020 年	2021 年	2022 年	2023 年	2024 年
城市停车设施规划设计	—	—	1	1	1

知识点 1　机动车停车设施规划设计 【★★★】

1. 停车场的分类

按车辆性质分：机动车停车场、非机动车停车场。

按停车场的服务对象分：专用停车场、公用停车场。

城市公共停车场应分外来机动车公共停车场、市内机动车公共停车场和自行车公共停车场三类，其用地总面积可按规划城市人口每人 $0.8\sim1m^2$ 计算。其中，机动车停车场的用地宜为 $80\%\sim90\%$，自行车停车场的用地宜为 $10\%\sim20\%$。市区宜建停车楼或地下停车库。

公用停车场的停车区距所服务的公共建筑出入口的距离宜为 $50\sim100m$。对于风景名胜区，当考虑到环境保护需要或受用地限制时，距主要出入口可达 $150\sim200m$；对于医院、疗养院、学校、公共图书馆与居住区，为保持环境宁静，减少交通噪声或废气污染的影响，应使停车场与这几类建筑物之间保持一定距离。

机动车停车场的出入口应有良好的视野。不宜设在主干路上，可设在次干路或支路上并远离交叉口；不得设在人行横道、公共交通停靠站以及桥隧引道处。出入口距离人行过街天桥、地道和桥梁、隧道引道须大于 $50m$；距离交叉路口须大于 $80m$。机动车停车场车位指标大于 50 个时，出入口不得少于 2 个；大于 500 个时，出入口不得少于 3 个。出入口之间的净距须大于 $10m$，出入口宽度不得小于 $7m$。

机动车公共停车场的服务半径，在市中心地区不应大于 $200m$，一般地区不应大于 $300m$。

2. 设计原则

① 按照规划确定的规模、用地、与城市道路连接方式等要求及停车设施的性质进行总体布置。

② 停车设施出入口不得设在交叉口、人行横道、公共交通停靠站及桥隧引道处，一般宜设置在次要干道上，如需要在主要干道设置出入口，则应远离干道交叉口，并用专用通道与主干道相连。

③ 停车设施的交通流线组织应尽可能遵循"单向右行"的原则，避免车流相互交叉，并应配备醒目的指路标志。

④ 停车设施设计必须综合考虑路面结构、绿化、照明、排水及必要的附属设施的设计。

⑤ 停车场的竖向设计应与排水设计结合，最小坡度与广场要求相同，与通道平行方向的最大纵坡度为 1%，与通道垂直方向为 3%。

3. 车辆停发方式

前进式停车、后退式发车：停车迅速，发车费时，不宜迅速疏散，常用于斜向停车。

后退式停车、前进式发车：停车较慢，发车迅速，平均占地面积少，是常用的停发车方式。

前进式停车、前进式发车：停车迅速，发车迅速，但平均占地面积较大，常用于公共汽车和大型货车停车场。

4. 车辆停放方式

平行式：停车车身方向与通道平行，是路边停车带或狭长地段停车的常用形式。**特点**：所需停车带最小，驶出车辆方便，但占用的停车面积最大。适用于车道较宽或交通较少，且停车不多、时间较短的情况，还可用于狭长的停车场地或作集中驶出的停车场布置，也适用于停放不同类型车辆及车辆零来整走。例如体育场、影剧院等的停车场。

垂直式：停车车身方向与通道垂直，是最常用的停车方式。**特点**：单位长度内停放的车辆最多，占用停车道宽度最大，但用地紧凑且进出便利，进出停车需要倒车一次，因而要求通道至少有两个车道宽。

斜放式：停车车身方向与通道成角度停放，一般有 30°、45°、60° 三种角度。**特点**：停车带宽度随车长和停放角度有所不同，适于场地受限制时采用，车辆出入方便，且出入时占用车行道宽度较小。有利于迅速停车与疏散。**缺点**：单位停车面积比垂直停放方式要多，特别是 30° 停放，用地最费。

5. 公共停车设施

路边停车带：是按规划在车行道旁沿路缘石边设置的供临时停车的公共停车设施。车辆停放没有一定规律，多是短时停车，随到随开。城市主干路旁不应设置路边停车带；次干路旁设置路边停车带时，应布置为港湾式，或设分隔带与车行道分离；支路旁设置路边停车带也宜布置为港湾式。城市繁华地区道路用地比较紧张，路边停车带多供不应求，所以多采用计时收费的措施来加速停车泊位的周转，以供更多的车辆停放。

路外停车场：包括道路以外专设的露天停车场和坡道式、机械提升式的多层、地下停车库。停车设施的停车面积规划指标是按当量小汽车进行估算的。露天停车场占地为 25～30m² /停车位，路边停车带占地为 16～20m² /停车位，室内停车库占地为 30～35m² /停车位。

6. 机动车停车库设计

直坡道式停车库：由水平停车楼面水平组成，每层间用直坡道相连，坡道可设在库外或库内。这种停车库布局简单整齐，交通线路明确，但用地不够经济，单位停车位占用面积较大。出口单车行驶宽 3.5m，双车不小于 6m。

螺旋坡道式停车库：与直坡道式相似，每层楼面之间用圆形（螺旋式）坡道相连，坡道可为单向行驶或双向行驶（双向行驶时上行在外、下行在内）方式。布局简单整齐，交通线路明确，上、下行坡道干扰少，速度较快，但螺旋式坡道造价较高，用地稍比直行坡道节省，单位停车占用面积较大。

错层式（半坡道式）停车库：由直坡式发展而成，停车楼面分为错开半层的两段或三段楼面，楼面之间用短坡道相连，因而大幅缩短了坡道长度，坡度也可适当加大。错层停车库用地较省，单位停车占用面积较小，但交通线路对部分停车位的进出有干扰，建筑外立面呈错层形式。

斜楼板式停车库：停车楼板呈缓慢倾斜状布置，利用通道的倾斜作为楼层转换的坡道，因而无需再设置专用的坡道，所以用地最为节省，单位停车面积最小。但由于坡道和通道合一，交通线路较长，对停车位的进出普遍存在干扰。斜坡楼板式停车库是常用的停车库类型，建筑外立面呈倾斜状，具有停车库的建筑个性。

知识点 2　自行车停车设施规划设计　【★★】

1. 自行车停车设施设计

（1）类型

固定的、经常性的专用停车场；临时性的停车场；街边停车场；快慢车分隔带上的停车场。

（2）停放方式

停放方式有垂直式、斜放式两种。每辆车占地 1.4～1.8m²。

自行车公共停车场宜分成 15～20m 长的段，每段设一个出入口，宽度不得小于 3m；500 个车位以上的停车场出入口不得少于 2 个。自行车停车场的规模应根据所服务的公共建筑性质、平均高峰日车次总量、平均停放时间、每日场地有效周转次数以及停车不均衡系数等确定。

场地铺装应平整、坚实、防滑。坡度宜小于或等于 4%，最小坡度为 0.3%。停车区宜有车棚、存车支架等设施。

知识点 3　《城市停车规划规范》GB/T 51149—2016　【★★★★】

1. 概念

2.0.6 城市公共停车场：位于道路红线以外的独立占地的面向公众服务的停车场和由建筑物代建的不独立占地的面向公众服务的停车场。

2.0.7 路内停车位：在道路红线以内划设的供机动车或（和）非机动车停放的停车空间。

2.0.8 基本车位：满足车辆拥有者在无出行时车辆长时间停放需求的相对固定停车位。

2.0.9 出行车位：满足车辆使用者在有出行时车辆临时停放需求的停车位。

2. 基本规定

3.0.1 城市中心区的人均机动车停车位供给水平不应高于城市外围地区；公共交通服务水平较高的地区的人均机动车停车位供给水平不应高于公共交通服务水平较低的地区。

3.0.3 城市停车位供给应以建筑物配建停车场提供的停车位为主体，以城市公共停车场提供的停车位为辅助。

3.0.4 建筑物配建停车场按照建筑物分类划分为居住类建筑物配建停车场和非居住类建筑物配建停车场。居住类建筑物配建停车场提供的停车位是基本车位供给的主体，应以满足本建筑物业主的基本车位需求为主；非居住类建筑物配建停车场提供的停车位是出行车位的主体，应以满足本建筑物使用者和社会公众的出行车位需求为主。

3. 停车需求预测与停车位供给

4.2.1 城市机动车停车位供给总量应在停车需求预测的基础上确定，并应符合下列规定：

① 规划人口规模大于等于 50 万人的城市，机动车停车位供给总量应控制在机动车保有量的 1.1～1.3 倍之间。

② 规划人口规模小于 50 万人的城市，机动车停车位供给总量应控制在机动车保有量的 1.1～1.5 倍之间。

4.2.2 城市非机动车停车位供给总量不应小于非机动车保有量的 1.5 倍。

4.2.3 城市机动车停车位供给结构应符合下列规定：

① 建筑物配建停车位是城市机动车停车位供给的主体，应占城市机动车停车位供给总量的 85% 以上。

② 城市公共停车场提供的停车位可占城市机动车停车位供给总量的 10%～15%。

4.2.4 机动车停车位供需矛盾突出的城市可通过临时设置路内停车位作为城市机动车停车位供给的补充，临时设置路内停车位的规模不应大于城市机动车停车位供给总量的 5%，且应制定临时设置路内停车位的效益评估和退出机制。路内停车位设置应采取白天短时停车和夜间长时停车相结合的规划原则，提高路内停车位周转率和利用率，发挥出行车位和基本车位供给的双重补充作用。

4.2.5 城市公共停车场规划用地总规模可按规划城市人口核算，人均城市公共停车场占地规模宜控制在 0.5～1m² 。

4. 停车场规划

5.1.4 地面机动车停车场标准车停放面积宜采用 25～30m²，地下机动车停车库与地上机动车停车楼标准车停放建筑面积宜采用 30～40m²，机械式机动车停车库标准车停放建筑面积宜采用 15～25m² 。

5.1.5 非机动车单个停车位建筑面积宜采用 1.5～1.8m² 。

5.2.3 停车场应结合电动车辆发展需求、停车场规模及用地条件，预留充电设施建设条件，具备充电条件的停车位数量不宜小于停车位总数的 10% **（2024 考点）**。

5.2.6 建筑物配建停车场需设置机械停车设备的，居住类建筑其机械停车位数量不得超过停车位总数的 90%。采用二层升降式或二层升降横移式机械停车设备的停车设施，其净空高度不得低于 3.8m。

5.2.13 建筑物配建非机动车停车场应采用分散与集中相结合的原则就近设置在建筑物出入口附近，且地面停车位规模不应小于总规模的 50%。

真题演练

2022-014 根据《城市停车规划规范》，某住宅类建筑配建非机动停车位方案，地下停车规模 210 个，下列地上停车规模符合要求的是（　　）。

　　A. 100 个　　　　　B. 150 个　　　　　C. 200 个　　　　　D. 250 个

【答案】D

【解析】根据《城市停车规划规范》GB/T 51149—2016 条款 5.2.13，建筑物配建非机动车停车场应采用分散与集中相结合的原则就近设置在建筑物出入口附近，且地面停车位规模不应小于总规模的 50%。故 D 项正确。

停车设施基本知识

```
停车设施
├─ 停车设施分类
│   ├─ 路边停车带
│   ├─ 路外停车场
│   ├─ 建筑物配建停车位：占供给总量85%以上
│   ├─ 城市公共停车场：供给总量的10%~15%
│   ├─ 路内停车位
│   ├─ 基本车位：无出行时也可长时间固定停车
│   └─ 出行车位：出行时临时停放
├─ 停车位数值
│   ├─ 充电桩车位占比不小于10%
│   ├─ 居住类建筑其机械停车位数量不得超过停车位总数的90%
│   ├─ 非机动车地面车位数量占比要大于50%
│   └─ 标准车停放面积：地面25~30m²；地下30~40m²；机械式：15~25m²
└─ 停车库设计
    ├─ 直坡道式：用地不经济
    ├─ 错层式：用地较节省，有干扰
    ├─ 螺旋坡道式：用地稍节省，造价高
    ├─ 斜楼板式：用地更节省、普遍干扰
    └─ 机械式：用地最节省
```

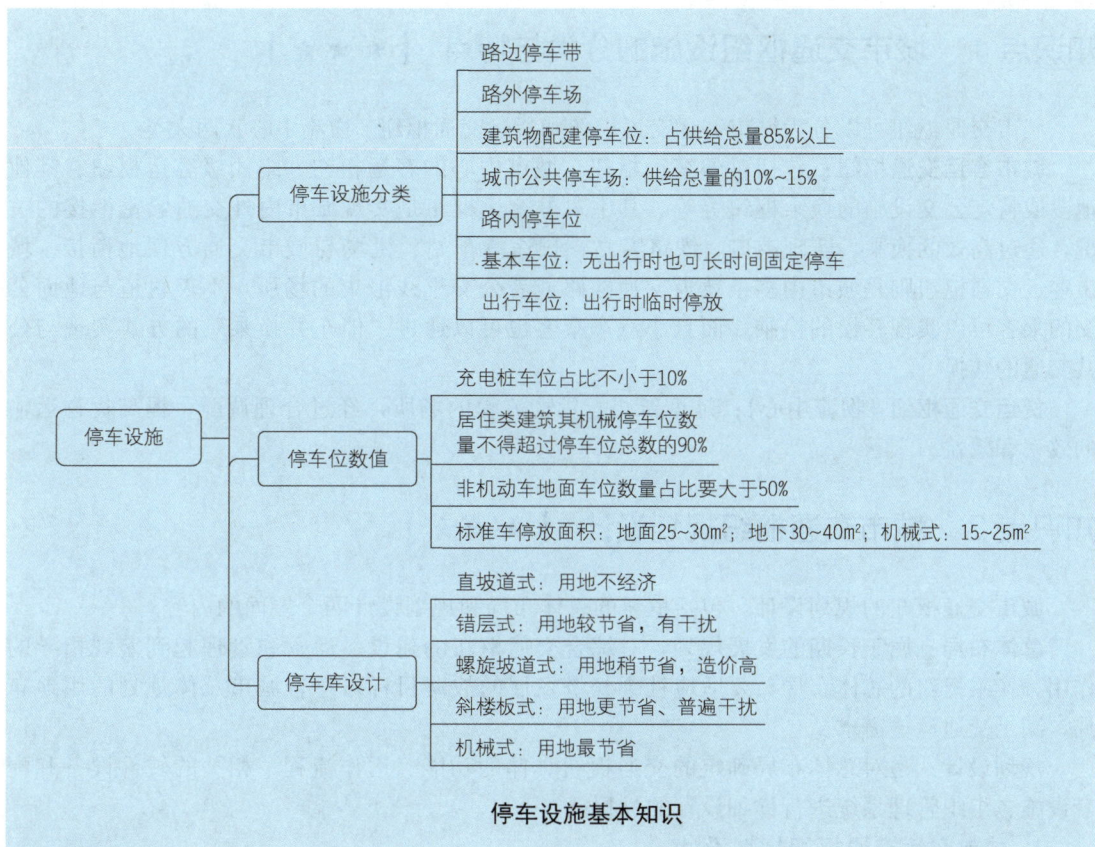

2023-019 根据《城市停车规划规范》，一大型居住区设计的机动车停车标准车位面积如下，不符合要求的是(　　　)。

A. 地面停车位 27m²
B. 地下停车库车位 35m²
C. 停车楼车位 20m²
D. 机械式停车位 16m²

【答案】C

【解析】根据《城市停车规划规范》GB/T 51149—2016 条款 5.1.4，地面机动车停车场标准车停放面积宜采用 25～30m²，地下机动车停车库与地上机动车停车楼标准车停放建筑面积宜采用 30～40m²（故 C 项不符合），机械式机动车停车库标准车停放建筑面积宜采用 15～25m²。

板块 3　城市交通枢纽规划设计

历年考频

板块	2020 年	2021 年	2022 年	2023 年	2024 年
城市交通枢纽规划设计	—	—	—	—	1

知识点 1　城市交通枢纽设施的分类与特点　【★★★】

城市交通枢纽可以分为城市客运交通枢纽和货运交通枢纽（物流中心）两大类。

城市客运交通枢纽：包括对外客运枢纽、城市中心的客运枢纽、组团级客运枢纽、其他地段或特定公交设施的换乘枢纽等等，其中对外客运枢纽是实现城市内外交通紧密衔接的关键，通过高效的换乘，实现港口、铁路客站、长途汽车站、机场与城市交通方便地衔接。城市客运交通枢纽则是城市内多条轨道交通线路或者公交干线汇集的场所，不仅轨道与地面公交的乘客可以实现轻松的换乘，而且小汽车乘客也可以通过"停车并换乘"的方式实现与公共交通的转换。

货运交通枢纽（物流中心）：是重新调配货物流程的场所，经过合理调配，提高货物运输的效率和效益。

知识点 2　城市交通枢纽规划设计　【★★★】

城市交通枢纽的规划设计，包括枢纽的总体布局和规划设计两个层面的内容。

总体布局：属于长期的发展规划，对综合交通枢纽的建设、运营和管理起到宏观指导的作用。换乘枢纽的总体布局，要适应社会经济发展的战略目标，符合城市总体规划的用地布局，满足交通运输需求。

规划设计：是对总体布局确定的交通枢纽具体的功能、运作流程、相关的硬件设备和配套设施、组织管理系统进行详细设计的过程。

1. 城市客运交通枢纽规划设计

分级：城市客运交通枢纽分为市级客运枢纽、组团级客运枢纽、其他地段或特定公交设施的换乘枢纽三级。城市客运交通枢纽应根据规划年限的枢纽日客流量进行分级（2024 考点）。

规划设计内容：依据城市客运交通枢纽总体布局，进一步确定枢纽的具体选址与功能定位；枢纽的客流预测及各种交通方式之间的换乘客流量预测；枢纽内部和外部的平面布置与空间设计；内部流线设计；外部交通组织。

2. 货物流通中心规划设计

（1）概念

货物流通中心是组织、转运、调节和管理物流的场所，是集城市货物储存、运输、商贸为一体的重要集散点，是为了加速物资流通而发展起来的新兴运输产业。货物流通中心是将城市货物的储存、批发、运输组合在一起的机构。

（2）分类

按其功能和作用可分为集货、分货、配送、转运、储调、加工等组成部分；按其服务范围和性质，又可分为地区性货物流通中心、生产性货物流通中心、生活性货物流通中心三种类型，并应合理确定规模与布局。

地区性货物流通中心：主要服务于城市间或经济协作区内的货物集散运输，是城市对外流通的重要环节。大城市的地区性货物流通中心应布置在城市边缘地区，其数量不宜少于 2 处，每处用地面积宜为 50 万～60 万 m²。中、小城市货物流通中心的数量和规模宜根据实际货运需要确定。

生产性货物流通中心：主要服务于城市的工业生产，是原材料与中间产品的储存、流通中心。应与工业区结合，服务半径宜为3～4km。其用地规模应根据储运货物的工作量计算确定，或宜按每处6万～10万 m^2 估算。

生活性货物流通中心：主要为城市居民生活服务，是居民生活物资的配送中心。用地规模应根据其服务的人口数量计算确定，但每处用地面积不宜大于5万 m^2，服务半径宜为2～3km。

知识点3　城市广场规划设计 【★★★】

1. 城市广场的设计特点

（1）分类

城市广场按其性质、用途及在道路网中的地位分为公共活动广场、集散广场、交通广场、纪念性广场与商业广场五类。有些广场兼有多种功能。

（2）规划设计原则

①以人为本原则；②地方特色原则；③效益兼顾原则；④突出主题原则。

（3）设计要点

① 公共活动广场：主要供居民文化休息活动。有集会功能时，应按集会的人数计算需用场地，并对大量人流迅速集散的交通组织以及与其相适应的各类车辆停放场地进行合理布置和设计。

② 集散广场：应根据高峰时间人流和车辆的多少、公共建筑物主要出入口的位置，结合地形，合理布置车辆与人群的进出通道、停车场地、步行活动地带等。

③ 交通广场：包括桥头广场、环形交通广场等，应处理好广场与所衔接道路的交通，合理确定交通组织方式和广场平面布置，减少不同流向人、车的相互干扰，必要时设人行天桥或人行地道。

④ 纪念性广场：应以纪念性建筑物为主体，结合地形布置绿化与供瞻仰、游览活动的铺装场地。为保持环境安静，应另辟停车场地，避免导入车流。

⑤ 商业广场：应以行人活动为主，合理布置商业贸易建筑、人流活动区。广场的人流进出口应与周围公共交通站协调，合理解决人流与车流的干扰。

（4）设计坡度

平原地区应小于或等于1.0%，最小为0.3%；丘陵和山区应小于或等于3.0%。地形困难时，可建成阶梯式广场。与广场相连接的道路纵坡度以0.5%～2.0%为宜。困难时最大纵坡度不应大于7%，积雪及寒冷地区不应大于6%，但在出入口处应设置纵坡度小于或等于2.0%的缓坡。

2. 交通广场的概念

交通广场分为两类：一类是道路交叉口的扩大，疏导多条道路交汇所产生的不同流向的车流与人流交通；另一类是交通集散广场，主要解决人流、车流的交通集散。

3. 城市交通广场的规划设计要求

城市交通广场应很好地组织人流和车流，以保证广场上的车辆和行人互不干扰、畅通无阻；广场要有足够的行车面积、停车面积和行人活动面积，其大小根据广场上的车辆及行人的数量决定；在广场建筑物的附近设置公共交通停车站、汽车停车场时，其具体位置应与建筑物的出入口协调，以免人、车混杂或车流交叉过多，使交通阻塞。

4. 城市交通广场的规划设计方法

① 交通枢纽站前广场主要应解决人流、车流、货流三大流线的相互关系，一般应为货运设置独立出入口和连接城市交通干线的单独路线。

② 长途汽车站应与铁路车站和停车场等的位置配合好，合理组织站前的交通，以便在最少流向交叉的条件下，使广场上的步行人流和车流畅通无阻，并注意步行人流线路和车流线路尽量不相交混。在可能的条件下，可考虑修建地下人行地道或人行天桥。

③ 码头前广场的性质与铁路广场基本上相同，其布局原则上与铁路车站广场相似。

④ 影、剧院和体育馆、展览馆前的广场应主要考虑人流集散。

⑤ 桥头广场主要解决人流、车流的交通组织，保证车流畅通、行人安全。

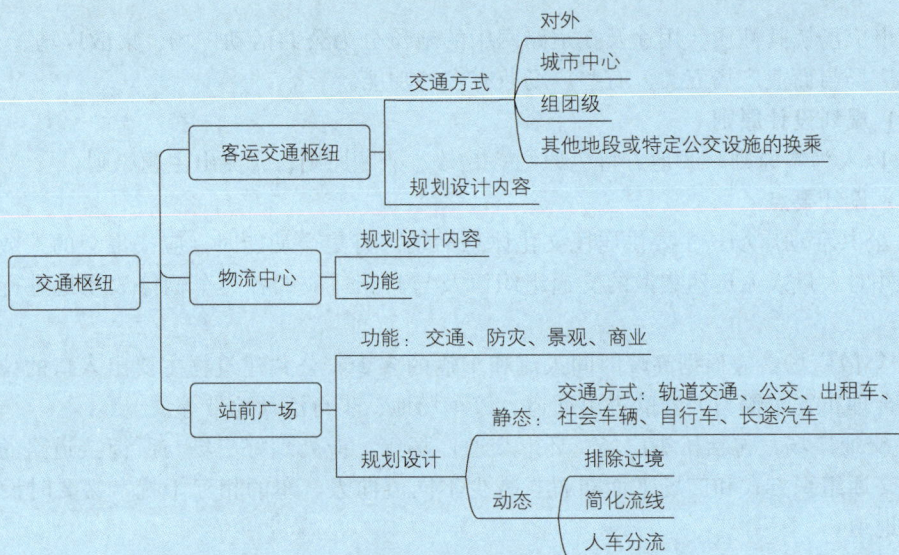

交通枢纽基本知识

真题演练

2017-023 下列关于城市广场的表述，哪项是错误的？（　　）

A. 大型体育馆、展览馆等的门前广场属于集散广场

B. 机场、车站等交通枢纽的站前广场属于交通广场

C. 商业广场是结合商业建筑的布局而设置的人流活动区域

D. 公共活动广场主要为居民文化休憩活动提供场所

【答案】B

【解析】机场、车站等交通枢纽的站前广场为集散广场，并兼有防灾、环境景观等多种功能，故 B 项正确。

2018-022 下列关于站前广场规划设计中交通组织说法的表述，错误的是（　　）。

A. 公交站点应离站房最近，出租车停车场次之，社会车辆停车场最远

B. 合理布置相应的自行车停车场

C. 长途汽车站应当远离铁路站前广场

D. 应当限制车辆进入站前广场

【答案】C

【解析】为了方便公路、铁路联运，国内城市在站前广场的外围基本上都配置了长途汽车站，长途汽车站作为枢纽内的一种换乘方式应该放在整个站前广场中来考虑，其停车泊位的多少可以根据实际需要来定，故 C 项错误。

2019-018 下列不属于物流中心规划设计主要内容的是（　　）。

　　A. 规模的确定和运量预测

　　B. 物流中心内部交通组织

　　C. 物流中心功能定位

　　D. 物流中心的建筑设计

【答案】D

【解析】物流中心规划设计的主要内容包括：①物流中心的选址和功能定位；②物流中心规模的确定与运量预测；③物流中心的平面设计与空间设计；④物流中心的内部交通组织；⑤物流中心的外部交通组织。建筑设计属于修建性详细规划的建筑设计内容，不属于物流中心规划设计的内容，故 D 项不属于。

板块 4　城市轨道交通

历年考频

板块	2020 年	2021 年	2022 年	2023 年	2024 年
城市轨道交通	4	2	2	2	1

知识点 1　城市轨道交通的分类和技术特征　【★★★】

1. 城市轨道交通的分类和技术特征

（1）类型

地铁、轻轨、单轨、有轨电车、城市铁路、磁悬浮列车系统、线性电机车系统、新交通系统。

（2）分类

按运营方式分类：市区轨道交通、市域轨道交通。

按运输能力分类：①高运量系统：单向运能 4.5 万～7 万人次/h；②大运量系统：单向运能 2.5 万～5 万人次/h；③中运量系统：单向运能 1 万～3 万人次/h；④低运量系统：单向运能低于 1 万人次/h。

按路权分类：全封闭系统、不封闭系统、部分封闭系统。

按敷设方式分类：地下线、地面线、高架线。

按支撑和导向方式分类：钢轮钢轨系统、胶轮导轨系统、磁悬浮系统。

按牵引方式分类：旋转电机牵引系统、直线电机牵引系统。

（3）技术特征

地铁系统：采用全封闭线路、专用轨道、专用信号、独立运营的大运量城市轨道交通系统；单向高峰小时客运能力为 2.5 万人；主要服务于市区。

轻轨系统：采用全封闭或部分封闭的线路、专用轨道，以独立运营为主的中运量城市轨道交通系统；单向高峰小时客运能力为 1 万～3 万人；主要服务于市区。

单轨系统：单向客运能力为 2.5 万人，采用全封闭线路，主要适用于城市道路高差较大、道路半径小、线路地形条件较差的地区，改造已经基本完成、道路较窄的旧城区，大量客流集散点之间的接驳线路，市郊居民区与市区之间的联络线，旅游区域景点之间的联络线、旅游观光线路等。

有轨电车：低运量的城市轨道交通，轨道铺设在城市道路路面上，与其他地面交通混行。

磁浮系统：分为高速磁浮系统（线路最小半径不宜小于 350m，坡度不大于 100‰，最高行车速度不大于 500km/h。用于城市之间远程客运）和中低速磁浮系统（线路最小半径不宜小于 50m，坡度不大于 70‰，最高行车速度不大于 100km/h。用于城市区域内站间距大于 1km 的中、短程客运）。

自动导航轨道系统：车辆小型化、重量轻，降低建设成本；可无人驾驶，但载客量小；适于在大坡度线路上运行，噪声低。

市域快速轨道系统：在地面或高架桥上运行，也可设置在地下隧道内，可根据速度或运行要求选用车辆。

知识点 2　城市轨道交通线网规划 【★★★】

1. 规划要求

符合城市总体规划要求，随城市总体规划的变动而调整，且相辅相成。布局除考虑地区的繁华程度、人口稠密程度外，还须考虑轨道交通线网具有调整、优化城市布局和用地功能的潜在优势，即所谓"廊道效应"。

2. 线网规划

线网总图规划：应重点研究线网的总体结构形态、覆盖范围、分布密度、总体规模、换乘节点、车辆基地及其联络线分布等，采用定性、定量分析，经客流预测和多方案评比，确定远景线网总图规划。

线网实施规划：应重点研究线网的近期建设规模、建设时序、运行组织、工程实施、换乘接驳以及建设用地控制规划，支持远景线网规划的可实施性。

专题研究：在线网规划完成后，应对线网资源的综合利用进行专题研究，包括车辆与车辆基地、控制中心、供电、通信、信号、自动售检票等系统的资源共享和综合规划研究，以及沿线建设用地开发用地、交通枢纽及停车换乘等用地的控制性详细规划研究。

3. 规划布局内容

① 确定各条线路的大致走向和起讫点位置，提出线网密度等技术指标。

② 确定换乘车站的规划布局，明确各换乘车站的功能定位。

③ 处理好城市轨道交通线路之间的换乘关系，以及城市轨道交通与其他交通方式的衔接关系。

④ 在充分考虑规划和环境保护方面的基础上，根据沿线地形、道路交通和两侧土地利用的条件，提出各条线路的敷设方式。

⑤ 根据城市与交通发展要求，在交通需求预测的基础上，提出城市轨道交通分期建设时序。

4. 影响线网方案的主要因素

① 与客流相关的因素：城市性质、城市人口、土地利用的规模和布局形态，城市对外交通枢纽和公共客流集散点。

② 与建设相关的因素：城市自然、人文地理条件、城市经济状况、轨道交通的辐射方式。

③ 与运营有关的因素：线路结构、线路的起终点及换乘的选址。

5. 线网的基本形态及特征

布置方式： 分离式线网、联合式线网。

基本形态： 网格式、无环放射式和有环放射式。

6. 线路敷设

线路敷设方式应根据城市总体规划和地理环境条件，因地制宜地选择。

在线路长、大陡坡地段，不宜与平面小半径曲线重叠。当正线线路坡度或连续提升高度大于相关的规定值时，根据列车动力配置、线路具体条件和环境条件，均应对列车各种运行状态下的安全性以及运行速度进行全面分析评价。

7. 线路的走向选择

① 根据在线网中的功能定位和客流预测分析，沿主、客流方向选择，便于乘客直达目的地，减少换乘。

② 应考虑全日客流效益、通勤客流规模，宜有大型客流的支撑。

③ 线路起、终点不要设在市区内大客流断面位置。

④ 超长线路一般以最长运行 1h 为目标，运行速度达到最高运行速度的 45%～50% 为宜。

⑤ 对设置支线的运行线路，支线长度不宜过长，宜选择在客流断面较小的地段。

⑥ 城市中心区宜采用地下线，注意对地面建筑、地下资源和文物的保护；城市中心区外宜选择高架线；有条件地段也可采用地面线。

⑦ 在线路长、大陡坡地段，不宜与平面小半径曲线重叠。

⑧ 充分考虑停车场和车辆基站的位置和联络线。

8. 车站分布

① 车站应布设在主要客流集散点和各种交通枢纽点上，其位置应利于乘客集散，并应与其他交通换乘方便。

② 高架车站应控制造型和体量，中运量轨道交通的车站长度不宜超过 100m。站厅落地的高架车站宜设置站前广场，有利于周边环境和交通衔接相协调。

③ 车站间距应根据线路功能、沿线用地规划确定。在全封闭线路上，市中心区的车站间距不宜小于 1km，市区外围的车站间距宜为 2km。在超长线路上，应适当加大车站间距。

④ 当线路经过铁路客运车站时，应设站换乘。有条件的地方，可预留联运条件（跨座式单轨系统除外）。

9. 城市轨道交通线网规划的基本方法

① 经验分析法；②客流预测法；③公交增长法；④多模块网络层次分析。

10. 高峰时段列车发车密度

应保持一定的服务水平，维持乘客较好的舒适度和一定的列车满载率。

在全封闭线路上，城市中心区地段的列车发车密度：

① 初期：高峰时段不宜小于 12 对/h（5min 间隔），平峰时段宜为 6～10 对/h（10～6min 间隔）。

② 远期：高峰时段钢轮钢轨全封闭系统不应小于 30 对/h，单轨胶轮系统不应小于 24 对/h，平峰时段均不宜小于 10 对/h。

知识点 3 《城市轨道交通线网规划标准》 GB/T 50546—2018 【★★★★】

1. 概念

2.0.5 负荷强度：负荷强度分为线路负荷强度和线网负荷强度。线路负荷强度为线路全日客运量与线路长度之比，线网负荷强度为线网全日客运量与线网长度之比。**（2024 考点）**

2.0.6 客流密度：客流密度分为线路客流密度和线网客流密度。线路客流密度为线路全日客运周转量与线路长度之比，线网客流密度为线网全日客运周转量与线网长度之比。

2.0.9 城市轨道交通普线：旅行速度为 45km/h 以下的城市轨道交通线路，简称普线。

2.0.10 城市轨道交通快线：旅行速度为 45km/h 及以上的城市轨道交通线路，简称快线。

2. 服务水平与线网功能层次

5.1.2 城市轨道交通线网规划应保障城市轨道交通出行效率，城市主要功能区之间轨道交通系统内部出行时间应符合下列规定：

① 规划人口规模 500 万人及以上的城市，中心城区的市级中心与副中心之间不宜大于 30min；150 万人至 500 万人的城市，中心城区的市级中心与副中心之间不宜大于 20min；

② 中心城区市级中心与外围组团中心之间不宜大于 30min，当两者之间为非通勤客流特征时，其出行时间指标不宜大于 45min。

5.1.3 城市轨道交通线路与线路之间的换乘应方便、快捷，不同线路站台之间乘客换乘的平均步行时间不宜大于 3min，困难条件下不宜大于 5min。

5.1.4 城市轨道交通车厢舒适度由高到低可分为 A、B、C、D、E 五个等级，各等级车厢舒适度的技术特征指标宜符合表 5.1.4 的规定。普线平均车厢舒适度不宜低于 C 级，快线平均车厢舒适度不宜低于 B 级。当线路客流方向不均衡系数大于 2.5 时，平均车厢舒适度可适当降低。

城市轨道交通不同等级车厢舒适度技术特征指标（表 5.1.4）

舒适度等级	车厢站席密度（人/m²）
A 非常舒适	≤3
B 舒适	3~4（含）
C 一般	4~5（含）
D 拥挤	5~6（含）
E 非常拥挤	≥6

5.2.2 城市轨道交通普线按运量可划分为大运量和中运量两个层次。中运量系统可分为全封闭系统和部分封闭系统。

5.2.3 城市轨道交通快线按旅行速度可划分为快线 A 和快线 B 两个等级，不同速度等级的技术特征指标宜符合表 5.2.3 的规定。

城市轨道交通不同速度等级技术特征指标（表 5.2.3）

速度等级	旅行速度（km/h）	服务功能
快线 A	＞65	服务于区域、市域，商务、通勤、旅游等多种目的
快线 B	45～60	服务于市域城镇连绵地区或部分城市的城区，以通勤为主等多种目的

5.2.5 当一条客流走廊有多种速度标准需求时，不同层次的线路，宜采用由不同速度标准、不同系统制式组合而成的独立线路或混合线路组织模式；同一条线路，宜组织快慢车运行提供服务。

3. 线网组织与布局

6.2.2 换乘站布局应符合城市客流特征与城市轨道交通系统组织要求，并应与城市主要公共服务中心、主要客运枢纽结合布置，换乘站距离市级中心、副中心核心区域的距离不宜大于 300m。

6.2.3 中心城区单一层次的线网，线路与线路之间的换乘站应优先与城市公共服务中心结合设置；2 个及以上层次的线网，各层次线网之间的换乘站应优先与城市主要公共服务中心结合设置。

6.2.5 城市轨道交通车站应与铁路客运站结合设置，不能结合设置的，换乘距离不应大于 300m。

6.2.7 规划人口规模 500 万人及以上城市的轨道交通线网规划应研究主要铁路客运站和机场之间设置轨道交通线路的必要性和需求，确需轨道交通线路进行衔接的，两者之间轨道交通系统内部出行时间宜控制在 30min 内，且不应大于 45min。

6.3.2 中心城区线网布局应与中心城区空间结构形态、主要公共服务中心布局、主要客流走廊分布相吻合，并应符合下列规定：

① 线网应布设在主要客流走廊上，线路高峰小时单向最大断面客流量不应小于 1 万人次；

② 线网应衔接大型商业商务中心、行政中心、城市及对外客运枢纽、会展中心、体育中心、城市人口与就业密集区等公共服务设施和地区；

③ 线网应提高沿客流主导方向的直达客流联系，降低线网换乘客流量和换乘系数。

6.3.4 以商业商务服务或就业为主的市级中心，规划人口规模 500 万人及以上的城市应由 2 条及以上的轨道交通线路服务，规划人口规模 150 万人至 500 万人的城市宜由 2 条及以上的轨道交通线路服务。

6.3.6 市域的快线网规划布局应符合下列规定：

① 快线应串联沿线主要客流集散点，在外围可设支线增加其覆盖范围；

② 快线客流密度不宜小于 10 万人·km/(km·d)；

③ 快线在中心城区与普线宜采用多线多点换乘方式，不宜与普线采用端点衔接方式；

④ 当多条快线在中心城区布局时，应满足快线之间换乘需求的便捷性，并应结合交通需求分布特征研究互联互通的必要性。

4. 线路规划

7.2.1 线路起终点车站应符合城市用地规划的要求。线路的起终点车站、支线分叉点均不宜布设在客流大断面位置。

7.2.2 线路的路由宜沿承担主要客运功能的城市道路或客流走廊布设。线路路由穿越地块时，应具有可实施性，并应做好规划控制。

7.2.4 线路应避开地下文物埋藏区、不良地质区域和重大安全风险源，当穿越较宽河流、水域、山体等地质地形复杂地段时，应具有可实施性。

7.3.3 换乘站宜结合城市重要功能区和大型客流集散点布设。普线与普线相交、快线与快线相交处应设置换乘站，有条件的可采用平行换乘或同台换乘。快线与普线相交且有换乘客流需求时应设置换乘站。

7.4.1 城市轨道交通线路敷设可采用地面、地下、高架等方式。

7.4.3 在中心城区，大运量线路宜采用地下敷设为主，当条件许可时可采用高架线；中运量全封闭系统线路宜采用高架敷设为主，对于寒冷地区、飓风频繁地区经技术经济论证合理的条件下可采用地下线；中运量部分封闭系统线路宜采用高架、地面敷设为主。在中心城区以外，全封闭系统线路宜采用高架敷设为主，有条件的地段也可采用地面线。

7.5.2 车站的步行方式接驳应安全、便捷，并应符合下列规定：

① 集散广场、人行步道等设施应满足车站步行客流集散需求和通过能力要求；

② 车站出入口宜设置客流集散广场，面积不宜小于 $30m^2$，对于突发性客流敏感车站，集散广场的设置应控制与之相适应的规模；

③ 应减小城市轨道交通车站与公交车站、非机动车停车场等换乘设施间的换乘距离，提高换乘效率；

④ 有条件时车站出入口应与周边建筑结合，合理规划步行空间并满足城市轨道交通运营和安全疏散的要求。

7.5.3 车站的非机动车方式接驳，应结合用地条件在城市轨道交通车站出入口设置非机动车停车场，其规模应满足非机动车交通需求，并应符合下列规定：

① 非机动车停车场应结合城市轨道交通车站出入口分散布设，中心区宜采取分散与集中相结合的布设方式；

② 非机动车停车场应布设在车站出入口附近，接驳距离不宜大于 50m。

7.5.4 车站的地面公交方式接驳应符合下列规定：

① 公交车站与城市轨道交通车站出入口的接驳距离不宜大于 50m，并不应超过 150m；

② 在城市轨道交通线路的末端车站应设置接驳公交车站。

7.5.5 在车站出入口周边应结合用地条件配置出租车候客区，出租车候客区与车站出入口的接驳距离宜控制在 50m 以内，困难条件下不应大于 150m。

知识点 4   《城市对外交通规划规范》 GB 50925—2013 【★★★★】

1. 铁路用地

5.4.1 城镇建成区外高速铁路两侧隔离带规划控制宽度应从外侧轨道中心线向外不小于 50m；普速铁路干线两侧隔离带规划控制宽度应从外侧轨道中心线向外不小于 20m；其他线路两侧隔离带规划控制宽度应从外侧轨道中心线向外不小于 15m。

2. 公路

6.1.3 特大城市和大城市主要对外联系方向上应有 2 条二级以上等级的公路。

6.1.4 高速公路应与城市快速路或主干路衔接，一级、二级公路应与城市主干路或次干路衔接（2024 考点）。

6.2.1 高速公路城市出入口，应根据城市规模、布局、公路网规划和环境条件等因素确定，宜设置在建成区边缘；特大城市可在建成区内设置高速公路出入口，其平均间距宜为 5～10km，最小间距不应小于 4km。

3. 港口

7.2.3 港区应合理确定集疏运方式，集疏运通道应与高速公路、一级公路、二级公路、城市快速路或主干路衔接。

7.2.5 海港码头陆域规划用地和纵深应根据码头功能布局、装卸作业要求、货物种类、货物吞吐量、货物储存期和建设用地条件合理确定。海港码头陆域纵深应符合表 7.2.5 的规定。

类别	陆域纵深
集装箱码头	500～800
多用途码头	500～800
散装码头	400～700
件杂货码头	400～700

7.2.7 河港码头陆域规划用地和陆域纵深应根据码头功能布局、装卸作业要求、货物种类、货物吞吐量、货物储存期和建设用地条件合理确定。河港码头陆域纵深应符合表 7.2.7 的规定。

河港码头陆域纵深（m）（表 7.2.7）

类别	陆域纵深
集装箱码头	200～450
多用途码头	200～450
散装码头	180～350
件杂货码头	180～350

7.2.10 客运港宜布局在中心城区，应与城市交通紧密衔接。客运港用地规模应按高峰小时旅客聚集量确定。

4. 机场

8.1.2 机场应分为枢纽机场、干线机场和支线机场。

8.1.3 机场选址应符合工程地质、水文地质、地形、气象、环境和节约土地等民用机场建设条件，应便于城市和邻近地区使用。枢纽机场、干线机场距离市中心宜为 20～40km，支线机场距离市中心宜为 10～20km。

8.1.4 机场跑道轴线方向应避免穿越城区和城市发展主导方向，宜设置在城市一侧。跑道中心线延长线与城区边缘的垂直距离应大于 5km；跑道中心线延长线穿越城市时，跑道中心线延长线靠近城市的一端与城区边缘的距离应大于 15km，与居住区的距离应大于 30km。

运营范围：市域轨道交通、区域轨道交通

牵引方式：旋转电机牵引、直线电机牵引

支撑和导向方式：钢轮钢轨系统、胶轮导轨系统、磁悬系统

分类

功能层次

快线
- 快线A：>65km/h
- 快线B：45~60km/h

干线
- 干线A：30~40km/h
- 干线B：20~30km/h

敷设方式：地下线、地面线、高架线

路权：全封闭、不封闭、部分封闭

运输能力
- 高运量：4.5万~7万人次/h
- 大运量：2.5万~5万人次/h
- 中运量：1万~3万人次/h
- 低运量：<1万人次/h

轨道交通

线网规划
- 任务、原则、内容、流程、影响因素
- 编制方法：枢纽、走廊
- 布置方法：分离、联合

线网的基本形态
- 网格式
- 无环放射式
- 有环放射式

服务水平
- 内部出行时间
- 换乘时间
- 车厢舒适度

线网组织
- 客流大断面：主、客流方向
- 起终点车站、支线分叉点不宜客流大断面
- 市域快线网
  - 串联集散点，外围可支线
  - 宽限，普线共用走廊
  - 独立设置/同一线路快慢车
  - 敷设方式与区位的关系
- 敷设方式与区位的关系

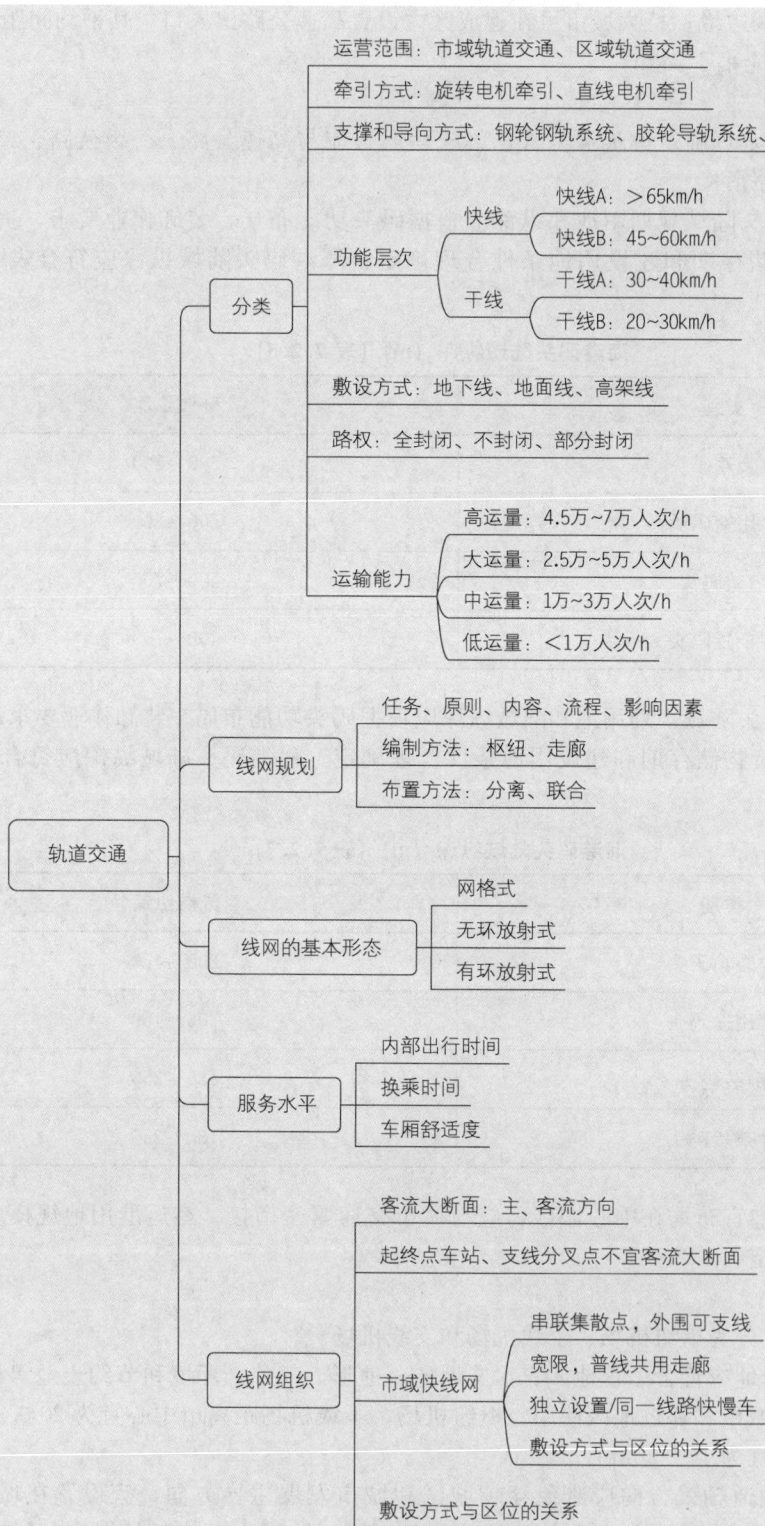

城市轨道交通规划基本知识

真题演练

2020-015 某城市轨道交通线，全长 **20km**，全日客流 **10 万人次**，高峰双向客流 **3 万人次/h**，旅客上下站平均运距 **8km**，平均时间 **10min**，则本轨道交通线的客流密度是（　　）。

    A. 40000 人·km/(km·d)
                 B. 12000 人·km/(km·h)

    C. 5000 人·km/(km·d)
                  D. 1500 人·km/(km·h)

【答案】A

【解析】《城市轨道交通线网规划标准》GB/T 50546—2018 规定，线路客流密度为线路全日客运周转量与线路长度之比。公式为：全日客流人次×单位旅客平均运输距离/全日运营线路长度，即 10 万次 1d×8km/20km＝40000 人·km/(km·d)。

2020-039 按城市轨道交通路权分类，下列说法不准确的是（　　）。

    A. 地铁属于全封闭系统

    B. 有轨电车属于开放式系统

    C. 轻轨系统属于部分封闭系统

    D. 有轨电车在交叉口一般不遵循交通信号，且施行优先信号通行

【答案】D

【解析】按交通路权划分，地铁属于全封闭系统，轻轨系统属于部分封闭系统，有轨电车属于开放式系统，有轨电车在交叉口遵循交通信号或享受一定的优先权。故 D 项不准确。

2020-019 对轨道交通线网的表述，不正确的是（　　）。

    A. 方格网式线路走向比较单一，对角线方向的出行绕行距离较大

    B. 无环放射式线网适用于明显的单中心城市，城市规模中等、郊区周边方向客流量不大的城市

    C. 有环放射式线网适用于具有强大城市中心区的特大城市

    D. 无环放射式线网有利于减少过境客流对城市中心的干扰和压力

【答案】D

【解析】无环放射式线网有利于过境客流对城市中心的穿越，会造成对城市中心的干扰和车流压力。因此 D 项不正确。

  2020-050 下列关于轨道交通走向及车站布局，错误的是（　　）。

    A. 线路起终点要设在市区内大客流断面位置

    B. 对设置支线的运行线路，支线长度不宜过长，宜选在客流断面较小的地段

    C. 车站应布设在主要客流集散点和各种交通枢纽点上，其位置应有利于乘客集散，并与其他交通换乘方便

    D. 轨道交通主变电站的选址尽可能在换乘站附近，以利于不同线路间资源共享

【答案】A

【解析】线路起终点不要设在市区内大客流断面位置，以免产生相互影响；对设置支线的运行线路，支线长度不宜过长，宜选在客流断面较小的地段。车站应服务于重要客流集散点，起终点车站应与其他交通枢纽相配合。主变电站是向城市轨道交通运营系统供电的集中电源，其设置应从线网全局考虑，主变电站的选址尽可能在换乘站附近，以利于不同线路间资源共享。因此 A 项错误。

  2021-014 轨道交通线网客流密度单位是（　　）。

    A. 万人/km
                    B. 万人·km/d

C. 万人·km/(km·d)　　　　　　　　D. 万人/(km·d)

【答案】C

【解析】根据《城市轨道交通工程基本术语标准》GB/T 50833—2012，客流密度：线路日客运周转量与线路长度之比，即单位线路长度所承担的日客运周转量。故 C 项正确。

2021-083 根据《城市轨道交通线网规划标准》，下列说法错误的是（　　　）。（多选）

A. 当与普线共走廊布置时，快线与普线应独立设置

B. 轨道交通快线线路控制宽度宜按普线的 1.1～1.2 倍

C. 快线应串联沿线主要客流集散点，但在外围不宜设置支线

D. 规划普线车厢舒适度不宜低于快线车厢舒适度

E. 快线在中心城区与普线宜采用多点换乘方式

【答案】BCD

【解析】《城市轨道交通线网规划标准》GB/T 50546—2018 条款 6.3.9 规定，当快线、普线共用走廊时，快线与普线应独立设置（故 A 项正确）。快线、普线的线路控制宽度与线路的速度、运能有关，满足各自的要求，并不存在快线控制宽度一定大于普线控制宽度（故 B 项错误）。条款 5.1.4 规定：普线平均车厢舒适度不宜低于 C 级（一般），快线平均车厢舒适度不宜低于 B 级（舒适）（故 D 项错误）。条款 6.3.6 规定：快线应串联沿线主要客流集散点，在外围可设支线增加其覆盖范围（故 C 项错误）；快线在中心城区与普线宜采用多点换乘方式，不宜与普线采用端点衔接方式（故 E 项正确）。

2022-016 下列关于城市轨道交通列车车厢服务水平的说法，错误的是（　　　）。

A. 规划的城市轨道交通快线，平均车厢舒适度应低于普线

B. 当规划线路客流方向不均衡系数小于 2 时，不应降低车厢的平均舒适度标准

C. 当运营线路某一断面的平均车厢舒适度低于标准规定的等级要求的总时间超过一天运营时间的 30%，应增加运能

D. 列车车厢舒适度按照车厢的站席密度划分为 5 个等级

【答案】A

【解析】《城市轨道交通线网规划标准》GB/T 50546—2018 条款 5.1.4 规定，城市轨道交通车厢舒适度由高到低可分为 A、B、C、D、E 五个等级（故 D 项正确）。普线平均车厢舒适度不宜低于 C 级，快线平均车厢舒适度不宜低于 B 级（故 A 项错误）。当线路客流方向不均衡系数大于 2.5 时，平均车厢舒适度可适当降低（故 B 项正确）。条款 6.4.2 规定，对既有运营线路，当列车正常运行且线路某一断面平均车厢舒适度低于本标准条款 5.1.4 规定的等级水平的时间之和大于一天总运营时间的 15% 时，应增加运能供给，改善车厢舒适度（故 C 项正确）。

2022-018 根据《城市对外交通规划规范》，在城镇建成区外，（　　　）两侧隔离带规划控制宽度，应从外侧轨道中心线向外不小于 50m。

A. 高速铁路　　　B. 普通铁路　　　C. 普通铁路　　　D. 市域铁路

【答案】A

【解析】《城市对外交通规划规范》GB 50925—2013 条款 5.4.1 规定：城镇建成区外高速铁路两侧隔离带规划控制宽度应从外侧轨道中心线向外不小于 50m；普速铁路干线两侧隔离带规划控制宽度应从外侧轨道中心线向外不小于 20m；其他线路两侧隔离带规划控制宽度应从外侧轨道中心线向外不小于 15m。故 A 项正确。

2023-014 城市轨道交通线路负荷强度是指（　　　）。

A. 线路全日客流量与线路长度之比

B. 线路全日客流周转量与线路长度之比

C. 车厢内高峰小时单位面积上平均站立的乘客数

D. 高峰小时轨道交通平均发车间隔

【答案】A

【解析】根据《城市轨道交通线网规划标准》GB/T 50546—2018，线路负荷强度为线路全日客运量与线路长度之比。

2023-040 根据《城市公共交通分类标准》，下列轨道交通车辆定员载荷人数最小的是(   )。

A. 轨道交通 A 型车辆   B. 轨道交通 B 型车辆

C. 跨座式单轨车辆   D. 悬挂式单轨车辆

【答案】D

【解析】根据《城市公共交通分类标准》CJJ/T 114—2007，悬挂式单轨车辆定员荷载标准为 4 人/m²，跨座式单轨车辆定员荷载标准为 5~6 人/m²，轨道交通 A 型、B 型车辆定员荷载标准为 6 人/m²。

板块 5　《城市综合交通体系规划标准》
GB／T 51328—2018

历年考频

板块	2020 年	2021 年	2022 年	2023 年	2024 年
《城市综合交通体系规划标准》	—	3	4	4	—

知识点 1　概念　【★★★】

2.0.2　绿色交通：客货运输中，按人均或单位货物计算，占用城市交通资源和消耗的能源较少，且污染物和温室气体排放水平较低的交通活动或交通方式。如采用步行、自行车、集约型公共交通等方式的出行。

2.0.3　城市公共交通：由获得许可的营运单位或个人为城区内公众或特定人群提供的具有确定费率的客运交通方式的总称。按照运输能力与效率可划分为集约型公共交通与辅助型公共交通。

2.0.4　集约型公共交通：为城区中的所有人提供的大众化公共交通服务，且运输能力与运输效率较高的城市公共交通方式，简称公交。可分为大运量、中运量和普通运量公交。大运量公交指单向客运能力大于 3 万人次/h 的公共交通方式；中运量公交指单向客运能力为 1 万~3 万人次/h 的公共交通方式；普通运量公交指单向客运能力小于 1 万人次/h 的公共交通方式。

2.0.5　辅助型公共交通：满足特定人群个性化出行需求的城市公共交通方式。如出租车、班车、校车、定制公交、分时租赁自行车，以及特定地区的轮渡、索道、缆车等。

2.0.6 快速公共汽车交通系统（BRT）：采用大容量、高性能公共汽电车，集成专用车道、车站和乘客服务，由优先通行信号系统、智能调度系统控制的集约型快速公共交通客运方式。简称快速公交。

2.0.10 当量小汽车：以4~5座的小客车为标准车，作为各种类型车辆换算道路交通量的当量车种，单位为pcu。

2.0.12 交通稳静化：是道路规划、设计中一系列工程和管理措施的总称，主要用在城市次干路、支路的规划设计中。通过在道路上设置物理设施，或通过立法、技术标准、通行管理等降低机动车车速、减少机动车流量，并控制过境交通进入，以改善道路沿线居民的生活环境，保障行人和非机动车的交通安全。也称"交通宁静化"。

2.0.14 内陆港：在内陆城市依照国内有关运输法规、条约和惯例设立的对外开放的国内商港，一般作为地区性货物集散中心，通常为海（河）对外港口功能在内陆城市的延伸。

知识点2　基本规定 【★★★★】

3.0.1 城市综合交通（简称城市交通）应包括出行的两端都在城区内的城市内部交通和出行至少有一端在城区外的城市对外交通（包括两端均在城区外，但通过城区组织的城市过境交通）。按照城市综合交通的服务对象可划分为城市客运与货运交通。

3.0.2 城市综合交通体系规划的范围与年限应与城市总体规划一致。

3.0.3 城市综合交通体系应优先发展绿色、集约的交通方式，引导城市空间合理布局和人与物的安全、有序流动，并应充分发挥市场在交通资源配置中的作用，保障城市交通的效率与公平，支撑城市经济社会活动正常运行。

3.0.4 规划的城市道路与交通设施用地面积应占城市规划建设用地面积的15%~25%，人均道路与交通设施面积不应小于12m²。城市综合交通体系规划与建设应集约、节约用地，并应优先保障步行、城市公共交通和自行车交通运行空间，合理配置城市道路与交通设施用地资源。

3.0.5 城市综合交通体系规划应符合下列规定：

① 城市内部客运交通中由步行与集约型公共交通、自行车交通承担的出行比例不应低于75%。

② 应为规划范围内所有出行者提供多样化的出行选择，并应保障其交通可达性，满足无障碍通行要求。

③ 城市内部出行中，95%通勤出行的单程时耗，规划人口规模100万及以上的城市应控制在60min以内（规划人口规模超过1000万的超大城市可适当提高），100万以下城市应控制在40min以内。

④ 应通过交通需求管理与交通设施建设保障城市道路运行的服务水平。城市干线道路交通高峰时段机动车平均行程车速不应低于表3.0.5的规定。

城市快速路、主干路交通高峰时段机动车平均行程车速低限（km/h）（表3.0.5）

道路等级	城市中心区	其他地区
快速路	30	40
主干路	20	30

知识点 3　综合交通与城市空间布局　【★★★★】

4.0.1　城区内生活出行，采用步行与自行车交通的出行比例不宜低于 80％。

4.0.3　应利用城市公共交通引导城市开发，依托城市公共交通走廊、城市客运交通枢纽布局城市的高强度开发。城市综合交通设施与服务应根据土地使用强度差异化提供，城市土地使用高强度地区应提高城市道路与公共交通设施的密度，加密步行与非机动车交通网络。

4.0.4　城市建成区的更新地区，交通系统规划与建设应符合以下规定：

① 应根据交通系统承载力确定城市更新的规模与用途；

② 应优先落实规划预留的各类交通设施及空间；

③ 应结合街区改造，提高城市次干路和支路的密度；

④ 应增加步行、城市公共交通与非机动车交通空间；

⑤ 应完善城市货物配送的交通设施及空间。

4.0.5　城市交通瓶颈地区，交通系统规划与建设应符合以下规定：

① 应控制穿越交通瓶颈的交通总量；

② 应充分考虑城市远景发展规划，做好设施间协调与预留控制；

③ 穿越交通瓶颈的通道应优先保障公共交通路权；

④ 应通过通道设施布局、交通方式的多样性，提高穿越交通瓶颈的交通系统可靠性。

知识点 4　城市客运交通　【★★★★】

5.2.1　不同规模城市的客运交通系统规划应符合以下规定，带形城市可按其上一档规划人口规模城市确定。

① 规划人口规模 500 万及以上的城市，应确立大运量城市轨道交通在城市公共交通系统中的主体地位，以中运量及多层次普通运量公交为基础，以个体机动化客运交通方式作为中长距离客运交通的补充。规划人口规模达到 1000 万及以上时，应构建快线、干线等多层次大运量城市轨道交通网络。

② 规划人口规模 300 万～500 万的城市，应确立大运量城市轨道交通在城市公共交通系统中的骨干地位，以中运量及多层次普通运量公交为主体，引导个体机动化交通方式的合理使用。

③ 规划人口规模 100 万～300 万的城市，宜以大、中运量公共交通为城市公共交通的骨干，多层次普通运量公交为主体，引导个体机动化客运交通方式的合理使用。

④ 规划人口规模 50 万～100 万的城市，客运交通体系宜以中运量公交为骨干，普通运量公交为基础，构建有竞争力的公共交通服务网络。

⑤ 规划人口规模 50 万以下的城市，客运交通体系应以步行和自行车交通为主体，普通运量公交为基础，鼓励城市公共交通承担中长距离出行。

5.2.2　城市内不同土地使用强度地区的客运交通系统应根据交通特征差异化规划，并应符合以下规定：

① 城市中心区应优先保障公共交通路权，加密城市公共交通网络和站点，并应优先保障城市公共交通枢纽用地；应构建独立、连续、高密度的步行网络，紧密衔接各类公共交通站点与周边建筑，以及在适合自行车骑行的地区构建安全、连续、高密度的非机动车网络；应

严格控制机动车出行停车位规模，降低个体机动化交通出行需求和使用强度。

② 城市其他地区的公共交通走廊应保障公共交通优先路权；构建安全、连续的步行和非机动车网络；控制机动车出行停车位规模，调控高峰时段个体机动化通勤交通需求。

5.2.3 高峰期城市公共交通全程出行时间宜控制在小客车出行时间的 1.5 倍以内。城市公共交通站点、客运枢纽应与步行、非机动车系统良好衔接。

5.2.4 在交通拥堵常发地区，应优先保障城市公共交通、步行与非机动车交通路权，对小客车、摩托车等个体机动化出行需求进行管控。

知识点 5　城市对外交通 【★★★★】

1. 一般规定

7.1.1 城市对外交通衔接应符合以下规定：

① 城市的各主要功能区对外交通组织均应高效、便捷；

② 各类对外客货运系统，应优先衔接可组织联运的对外交通设施，在布局上结合或邻近布置；

③ 规划人口规模 100 万及以上城市的重要功能区、主要交通集散点，以及规划人口规模 50 万～100 万的城市，应能 15min 到达高、快速路网，30min 到达邻近铁路、公路枢纽，并至少有一种交通方式可在 60min 内到达邻近机场。

7.1.2 对外交通设施规划应符合下列规定：

① 城市重大对外交通设施规划要充分考虑城市的远景发展要求；

② 市域内对外交通通道、综合客运枢纽和城乡客运设施的布局应符合市域城镇发展要求；

③ 承担城市通勤交通的对外交通设施，其规划与交通组织应符合城市交通相关标准及要求，并与城市内部交通体系统一规划；

④ 城市规划区内，同一对外交通走廊内相同走向的铁路、公路线路宜集中设置；

⑤ 城市道路上过境交通量大于等于 10000pcu/d，宜布局独立的过境交通通道。

7.1.4 承担国家或区域性综合交通枢纽职能的城市，城市主要综合客运枢纽间交通连接转换时间不宜超过 1h。

2. 机场

7.2.1 衔接机场的铁路与道路系统布局应与机场的客货运服务腹地范围一致。年旅客吞吐量 2000 万人次及以上的机场宜与城际铁路、高速铁路衔接，年旅客吞吐量 1000 万人次及以上的机场，应布局与主要服务城市之间的机场专用道路，并宜设置城市航站楼。

7.2.2 机场集疏运交通组织应鼓励采用集约型公共交通方式。

7.2.3 布局有多个机场的城市，机场之间应设置快捷的联系道路或轨道交通。

3. 铁路

7.3.1 铁路应综合考虑线路功能与等级、市域城镇布局、城市空间布局与沿线城市用地开发、环境保护要求等，合理布局线路，确定敷设方式和车站位置。

7.3.2 铁路场站之间宜相互连通，布局应符合下列规定：

① 规划人口规模 100 万及以上的城市，应根据城市空间布局和对外联系方向均衡布局铁路客运站；其他城市的铁路客运站宜根据城市空间布局和铁路线网合理设置。

② 高、快速铁路主要客站应布置在中心城区内，并宜与普通铁路客运站结合设置，中心城区外规划人口规模 50 万人及以上的城市地区，宜设置高、快速铁路客运站。

③ 城际铁路客运站应靠近中心城镇和城市主要中心设置；承担城市通勤的铁路，其车站布局应与城市用地结合，并应满足城市交通组织的要求。

④ 铁路货运场站应与城市产业布局相协调，宜与公路、港口等货运枢纽和货运节点结合设置，并应具有便捷的集疏运通道。

⑤ 铁路编组站、动车段（所）等设施宜布局在中心城区边缘或之外。编组站应布置于铁路干线汇合处，并与铁路干线顺畅连接，可与铁路货运站结合设置。

4. 公路

7.4.1 干线公路应与城市主干路及以上等级的道路衔接。规划人口规模 500 万及以上的城市，主要对外高速公路出入口宜根据城市空间布局，靠近城市承担区域服务职能的主要功能区设置。

5. 港口

7.5.1 大型货运港口应优先发展铁路、水路集疏运方式，并应规划独立的集疏运道路，集疏运道路应与国家和省级高速公路网络顺畅衔接。

7.5.2 城市客运港口宜与城市公共交通枢纽、公路客运站等交通枢纽结合设置。

知识点 6　客运枢纽 【★★★】

1. 城市综合客运枢纽

8.2.2 城市综合客运枢纽宜与城市公共交通枢纽结合设置。城市综合客运枢纽必须设置城市公共交通衔接设施，规划有城市轨道交通的城市，主要的城市综合客运枢纽应有城市轨道交通衔接。枢纽内主要换乘交通方式出入口之间旅客步行距离不宜超过 200m。

2. 城市公共交通枢纽

8.3.1 城市公共交通枢纽宜与城市大型公共建筑、公共汽电车首末站以及轨道交通车站等合并布置，并应符合城市客流特征与城市客运交通系统的组织要求。

8.3.3 城市公共交通枢纽衔接交通设施的配置，应符合表 8.3.3 规定 **（2024 考点）**。

城市公共交通枢纽衔接交通设施配置要求（表 8.3.3）

客运枢纽区位	交通设施配置要求
城市中心区	① 宜设置城市公共汽电车首末站； ② 应设置便利的步行交通系统； ③ 宜设置非机动车停车设施； ④ 宜设置出租车和社会车辆上、落客区
其他地区	① 应设置城市公共汽电车首末站； ② 应设置便利的步行交通系统； ③ 宜设置非机动车停车设施； ④ 应设置出租车上、落客区； ⑤ 宜设置社会车辆立体停车设施

知识点 7　城市公共交通 【★★★★】

9.1.2 中心城区集约型公共交通服务应符合下列规定：

① 集约型公共交通站点 500m 服务半径覆盖的常住人口和就业岗位，在规划人口规模 100

万以上的城市不应低于 90%；

② 采用集约型公共交通方式的通勤出行，单程出行时间宜符合表 9.1.2 的规定。

采用集约型城市公共交通的通勤出行单程出行时间控制要求（表 9.1.2）

规划人口规模（万人）	采用集约型公交 95% 的通勤出行时间最大值（min）
≥500	60
300～500	50
100～300	45
50～100	40
20～50	35
≤20	30

③ 城市公共交通不同方式、不同线路之间的换乘距离不宜大于 200m，换乘时间宜控制在 10min 以内。

9.1.3 城市公共交通走廊按照高峰小时单向客流量或客流强度可分为高、大、中与普通客流走廊四个层级 **（2024 考点）**。

① 各层级城市公共交通走廊客流特征应符合表 9.1.3 的规定；

城市公共交通走廊层级划分（表 9.1.3）

层级	客流规模	宜选择的运载方式
高客流走廊	高峰小时单向客流量≥6 万人次/h 或客运强度≥3 万人次/(km·d)	城市轨道交通系统
大客流走廊	高峰小时单向客流量 3 万～6 万人次/h 或客运强度 2 万～3 万人次/(km·d)	城市轨道交通系统
中客流走廊	高峰小时单向客流量 1 万～3 万人次/h 或客运强度 1 万～2 万人次/(km·d)	城市轨道交通或快速公共汽车（BRT）或有轨电车系统
普通客流走廊	高峰小时单向客流量 0.3 万～1 万人次/h	公共汽电车系统或有轨车系统

② 城市公共交通走廊应设置专用公共交通路权。

知识点 8　城市公共汽电车 【★★★★】

9.2.1 城市公共汽电车线路宜分为干线、普线和支线三个层级，城市可根据公交客流特征选择线路层级构成。

9.2.2 城市公共汽电车的车站服务区域，以 300m 半径计算，不应小于规划城市建设用地面积的 50%，以 500m 半径计算，不应小于 90%。

知识点 9　城市轨道交通 【★★★★】

9.3.1 高峰期 95% 乘客在轨道交通系统内部（轨道交通站间）单程出行时间不宜大于 45min。

9.3.2 城市轨道交通线路分为快线和干线，功能层次划分和运送速度宜符合表 9.3.2 的规定。

城市轨道交通线路功能层次划分和运送速度（表 9.3.2）

大类	小类	运送速度（km/h）
快线	A	≥65
	B	45～60
干线	A	30～40
	B	20～30（不含）

9.3.4 城市轨道交通系统布局应符合下列规定：

① 城市轨道交通线路走向应与客流走廊主方向一致。

② 城市轨道交通快线宜布局在中客流及以上等级客流走廊，客流密度不宜小于 10 万人·km/（km·d）。干线 A 宜布局在大客流及以上等级客流走廊，干线 B 宜布局在大、中客流走廊。

③ 城市轨道交通线路长度大于 50km 时，宜选用快线 A；30～50km 时，宜选用快线 B；干线宜布局在中心城区内。

④ 根据客流走廊的客流特征和运量等要求，可在同一客流走廊内布设多条轨道交通线路。

⑤ 城市轨道交通主要换乘站应与城市各级中心结合布局，并方便乘客的换乘需求和轨道交通的组织。城市土地使用高强度地区，应提高轨道交通站点的密度。

⑥ 城市轨道交通快线宜进入城市中心区，并应加强与城市轨道交通干线的换乘衔接。

9.3.6 城市轨道交通站点的衔接交通设施应结合站点所在区位和周边用地特征设置，并应符合下列规定：

① 城市轨道交通应优先与集约型公共交通及步行、自行车交通衔接。

② 城市轨道交通站点周边 800m 半径范围内应布设高可达、高服务水平的步行交通网络。

③ 城市轨道交通站点非机动车停车场选址宜在站点出入口 50m 内。

④ 城市轨道交通站点与公交首末站衔接时，站点出入口与首末站的换乘距离不宜大于100m；与公交停靠站衔接，换乘距离不宜大于 50m。

知识点 10　快速公共汽车交通系统与有轨电车 【★★★】

9.4.1 城市快速公共汽车交通系统与有轨电车宜布设在城市的中客流和普通客流走廊上，并与城市的公共汽电车系统、城市轨道交通系统良好衔接。

9.4.2 快速公共汽车交通系统的停车场宜设置在线路起、终点附近，应按需求和用地条件配置保养、维修、加油、加气、充换电等设施，并宜与其他公共汽电车场站合并设置。

9.4.3 城市有轨电车线路与车辆基地控制应符合下列规定：

① 城市有轨电车宜采用地面敷设方式，线路（车站除外）用地控制宽度不宜小于 8m；

② 城市有轨电车车辆基地占地面积宜按每千米正线 0.3～0.5hm² 控制。

知识点 11 步行与非机动车交通 【★★★★】

1. 一般规定

10.1.2 步行与非机动车交通系统应安全、连续、方便、舒适。

10.1.3 步行与非机动车交通通过城市主干路及以下等级道路交叉口与路段时，应优先选择平面过街形式。

10.1.4 城市宜根据用地布局，设置步行与非机动车专用道路，并提高步行与非机动车交通系统的通达性。河流和山体分隔的城市分区之间，应保障步行与非机动车交通的基本连接。

10.1.6 当机动车交通与步行交通或非机动车交通混行时，应通过交通稳静化措施，将机动车的行驶速度限制在行人或非机动车安全通行速度范围内。

2. 步行交通

10.2.1 步行交通是城市最基本的出行方式。除城市快速路主路外，城市快速路辅路及其他各级城市道路红线内均应优先布置步行交通空间。

10.2.3 人行道最小宽度不应小于2m，且应与车行道之间设置物理隔离。

10.2.4 大型公共建筑和大、中运量城市公共交通站点800m范围内，人行道最小通行宽度不应低于4m；城市土地使用强度较高地区，各类步行设施网络密度不宜低于14km/km²，其他地区各类步行设施网络密度不应低于8km/km²。

10.2.6 城市应结合各类绿地、广场和公共交通设施设置连续的步行空间；当不同地形标高的人行系统衔接困难时，应设置步行专用的人行梯道、扶梯、电梯等连接设施。

3. 非机动车交通

10.3.2 适宜自行车骑行的城市和城市片区，除城市快速路主路外，城市快速路辅路及其他各级城市道路均应设置连续的非机动车道。并宜根据道路条件、用地布局与非机动车交通特征设置非机动车专用路。

10.3.3 适宜自行车骑行的城市和城市片区，非机动车道的布局与宽度应符合下列规定：
① 最小宽度不应小于2.5m；
② 城市土地使用强度较高和中等地区各类非机动车道网络密度不应低于8km/km²；
③ 非机动车专用路、非机动车专用休闲与健身道、城市主次干路上的非机动车道，以及城市主要公共服务设施周边、客运走廊500m范围内城市道路上设置的非机动车道，单向通行宽度不宜小于3.5m，双向通行不宜小于4.5m，并应与机动车交通之间采取物理隔离。

知识点 12 城市货运交通 【★★★★】

1. 一般规定

11.1.1 城市货运交通系统包括城市对外货运枢纽及其集疏运交通、城市内部货运、过境货运和特殊货运交通。

2. 城市对外货运枢纽及其集疏运交通

11.2.1 城市对外货运枢纽包括各类对外运输方式的货运枢纽，及其延伸的地区性货运中心和内陆港。其布局应依托港口、铁路和机场货运枢纽或者仓储物流用地设置，并应符合下列规定：

① 地区性货运中心应邻近对外货运交通枢纽，或设置与其相连接的专用货运通道。

② 内陆港应贴近货源生成地或集散地，与铁路货运站、水运码头或高速公路衔接便捷。

③ 地区性货运中心和内陆港与居住区、医院、学校等的距离不应小于 1km。

11.2.2 单个地区性货运中心及内陆港的用地面积不宜超过 $1km^2$。

11.2.3 城市对外货运枢纽的集疏运系统规划应符合下列规定：

① 依托航空、铁路、公路运输的城市货运枢纽，应设置高速公路集疏运通道，或设置与高速公路相衔接的城市快速路、主干路集疏运通道。

② 油、气、液体货物集疏运宜采用管道交通方式，管道不得通过居住区和人流集中的区域。

③ 城市货运枢纽到达高速公路（或其他高等级公路）通道的时间不宜超过 20min。

11.2.4 过境货运交通禁止穿越城市中心区，且不宜通过中心城区。

3. 城市内部货运交通

11.3.3 生产性货运中心、生活性货物集散点不应设置在居住用地内。

11.3.4 生活性货物集散点应具备与城市对外货运枢纽便捷连接的设施条件，并宜邻近居住用地、商业服务中心，分散布局。

知识点 13　城市道路 【★★★★★】

1. 一般规定

12.1.4 中心城区内道路系统的密度不宜小于 $8km/km^2$。

12.2.3 城市道路的分类与统计应符合下列规定：

① 城市快速路统计应仅包含快速路主路，快速路辅路应根据承担的交通特征，计入Ⅲ级主干路或次干路 **（2024 考点）**；

② 公共交通专用路应按照Ⅲ级主干路，计入统计；

③ 承担城市景观展示、旅游交通组织等具有特殊功能的道路，应按其承担的交通功能分级并纳入统计；

④ Ⅱ级支路应包括可供公众使用的非市政权属的街坊内道路，根据路权情况计入步行与非机动车路网密度统计，但不计入城市道路面积统计；

⑤ 中心城区内的公路应按照其承担的城市交通功能分级，纳入城市道路统计。

2. 城市道路网布局

12.3.4 道路交叉口相交道路不宜超过 4 条。

12.3.5 城市中心区的道路网络规划应符合以下规定：

① 中心区的道路网络应主要承担中心区内的城市活动，并宜以Ⅲ级主干路、次干路和支路为主；

② 城市Ⅱ级主干路及以上等级干线道路不宜穿越城市中心区。

12.3.6 城市规划环路时，应符合下列规定：

① 规划人口规模 100 万及以上规模城市外围可布局外环路，宜以Ⅰ级快速路或高速公路为主，为城市过境交通提供绕行服务；

② 历史城区外围、规划人口规模 100 万及以上城市中心区外围，可根据城市形态布局环路，分流中心区的穿越交通；

③ 环路建设标准不应低于环路内最高等级道路的标准，并应与放射性道路衔接良好。

12.3.7 规划人口规模 100 万及以上的城市主要对外方向应有 2 条以上城市干线道路，其他对外方向宜有 2 条城市干线道路；分散布局的城市，各相邻片区、组团之间宜有 2 条以上城市干线道路。

12.3.8 带形城市应确保城市长轴方向的干线道路贯通，且不宜少于两条，道路等级不宜低于Ⅱ级主干路。

12.3.9 水网与山地城市道路网络规划应符合以下规定：

① 道路宜平行或垂直于河道布置；

② 滨水道路应保证沿线人行道、非机动车道的连续；

③ 跨越通航河道的桥梁，应满足桥下通航净空要求；

④ 跨河通道与穿山隧道布局应符合城市的空间布局和交通需求特征，集约使用，布局宜符合表 12.3.9-1 与表 12.3.9-2 的规定。

规划（预留）跨河通道的道路等级规定（表 12.3.9-1）

河道宽度 D（m）	应跨越的道路等级
$D{\leqslant}50$	次干路及以上
$50{<}D{\leqslant}150$	Ⅲ级主干路及以上
$150{<}D{\leqslant}300$	Ⅱ级主干路及以上
$300{<}D{\leqslant}500$	Ⅰ级主干路及以上
$D{>}500$	快速路

规划（预留）穿山隧道的道路等级规定（表 12.3.9-2）

隧道长度 L（m）	应穿越的道路等级
$L{\leqslant}100$	Ⅲ级主干路及以上
$100{<}L{\leqslant}500$	Ⅱ级主干路及以上
$500{<}L{\leqslant}1000$	Ⅰ级主干路及以上
$L{>}1000$	快速路

⑤ 人行道、机动车道可处于不同标高。

12.3.11 道路选线应避开泥石流、滑坡、崩塌、地面沉降、塌陷、地震断裂活动带等自然灾害易发区；当不能避开时，必须在科学论证的基础上提出工程和管理措施，保证道路的安全运行。

3. 城市道路红线宽度与断面空间分配

12.4.2 城市道路红线宽度（快速路包括辅路），规划人口规模 50 万及以上城市不应超过 70m，20 万～50 万的城市不应超过 55m，20 万以下城市不应超过 40m。

4. 干线道路系统

12.5.2 干线道路选择应满足下列规定：带形城市可参照上一档规划人口规模的城市选择。当中心城区长度超过 30km 时，宜规划Ⅰ级快速路；超过 20km 时，宜规划Ⅱ级快速路。

12.5.3 不同规划人口规模城市的干线道路网络密度可按表 12.5.3 规划。城市建设用地内部的城市干线道路的间距不宜超过 1.5km。

不同规模城市的干线道路网络密度（表 12.5.3）

规划人口规模（万人）	干线道路网络密度（km/km²）
≥200	1.5～1.9
100～200	1.4～1.9
50～100	1.3～1.8
20～50	1.3～1.7
≤20	1.5～2.2

12.5.4 干线道路上的步行、非机动车道应与机动车道隔离。

12.5.5 干线道路不得穿越历史文化街区与文物保护单位的保护范围，以及其他历史地段。

5. 集散道路与支线道路

12.6.2 次干路主要起交通的集散作用，其里程占城市总道路里程的比例宜为 5%～15%。

12.6.3 城市不同功能地区集散道路与支线道路密度，应结合用地布局和开发强度综合确定，街区尺度宜符合表 12.6.3 的规定。城市不同功能地区的建筑退线应与街区尺度相协调。

不同功能区的街区尺度推荐表（表 12.6.3）

类别	街区尺度（m）		路网密度（km/km²）
	长	宽	
居住区	≤300	≤300	≥8
商业区与就业集中的中心区	100～200	100～200	10～20
工业区、物流园区	≤600	≤600	≥4

注：工业区与物流园区的街区尺度根据产业特征确定，对于服务型园区，街区尺度应小于300m，路网密度应该大于8km/km²。

6. 道路衔接与交叉

12.7.1 城市主要对外公路应与城市干线道路顺畅衔接，规划人口规模 50 万以下的城市可与次干路衔接。

12.7.2 城市道路与公路交叉时，若有一方为封闭路权道路，应采用立体交叉。

12.7.3 支线道路不宜直接与干线道路形成交叉连通。

12.7.5 当道路与铁路交叉时，若采用平面交叉类型，道路的上、下行交通应分幅布置。

7. 城市道路绿化

12.8.2 城市道路路段的绿化覆盖率宜符合表 12.8.2 的规定。

城市道路路段绿化覆盖率要求（表 12.8.2）

城市道路红线宽度（m）	>45	30～45	15～30	<15
绿化覆盖率（%）	20	15	10	酌情设置

8. 其他功能道路

12.9.1 承担城市防灾救援通道的道路应符合下列规定：

① 次干路及以上等级道路两侧的高层建筑应根据救援要求确定道路的建筑退线；

② 立体交叉口宜采用下穿式；

③ 道路宜结合绿地与广场、空地布局；

④ 7度地震设防的城市每个疏散方向应有不少于2条对外放射的城市道路；

⑤ 承担城市防灾救援的通道应适当增加通道方向的道路数量。

12.9.2 城市滨水道路规划应符合下列规定：

① 结合岸线利用规划滨水道路，在道路与水岸之间宜保留一定宽度的自然岸线及绿带；

② 沿生活性岸线布置的城市滨水道路，道路等级不宜高于Ⅲ级主干路，并应降低机动车设计车速，优先布局城市公共交通、步行与非机动车空间 **（2024考点）**；

③ 通过生产性岸线和港口岸线的城市道路，应按照货运交通需要布局。

知识点 14 停车场与公共加油加气站 【★★★★★】

1. 一般规定

13.1.2 停车场按停放车辆类型可分为非机动车停车场和机动车停车场；按用地属性可分为建筑物配建停车场和公共停车场。停车位按停车需求可分为基本车位和出行车位。

13.1.4 机动车停车场应规划电动汽车充电设施。公共建筑配建停车场、公共停车场应设置不少于总停车位10%充电停车位 **（2024考点）**。

2. 非机动车停车场

13.2.2 公共交通站点及周边，非机动车停车位供给宜高于其他地区。

13.2.3 非机动车路内停车位应布设在路侧带内，但不应妨碍行人通行。

13.2.5 非机动车的单个停车位面积宜取1.5～1.8m²。

3. 机动车停车场

13.3.2 应分区域差异化配置机动车停车位，公共交通服务水平高的区域，机动车停车位供给指标应低于公共交通服务水平低的区域。

13.3.3 机动车停车位供给应以建筑物配建停车场为主、公共停车场为辅。

13.3.5 机动车公共停车场规划应符合以下规定：

① 规划用地总规模宜按人均0.5～1m²计算，规划人口规模100万及以上的城市宜取低值；

② 在符合公共停车场设置条件的城市绿地与广场、公共交通场站、城市道路等用地内可采用立体复合的方式设置公共停车场；

③ 规划人口规模100万及以上的城市公共停车场宜以立体停车楼（库）为主，并应充分利用地下空间；

④ 单个公共停车场规模不宜大于500个车位；

⑤ 应根据城市的货车停放需求设置货车停车场，或在公共停车场中设置货车停车位（停车区）。

13.3.7 地面机动车停车场用地面积，宜按每个停车位25～30m²计。停车楼（库）的建筑面积，宜按每个停车位30～40m²计。

4. 公共加油加气站及充换电站

13.4.1 公共加油加气站的服务半径宜为1～2km，公共充换电站的服务半径宜为2.5～4km。城市土地使用高强度地区、山地城市宜取低值。

13.4.2 公共加油站、加气站宜合建，公共加油加气站用地面积宜符合相关规定。城市中心区宜设置三级加油加气站。公共充电站用地面积宜控制在2500～5000m²；公共换电站用地面积宜控制在 2000~2500m² 。

13.4.4 公共加油加气站及充换电站宜沿城市主、次干路设置，其出入口距道路交叉口不宜小于 100m。

13.4.5 每 2000 辆电动汽车应配套一座公共充电站。

13.4.6 公共汽车加油加气站及充换电站应结合城市公共交通场站设置。

知识点 15　交通调查与需求分析 【★★★】

14.0.1 城市综合交通体系规划应以相关资料和交通调查为依据，并应符合下列规定：

① 基础资料宜包括城市和区域经济社会、历史文化保护、城市土地使用、交通工具和设施供给、交通政策、交通组织与管理、居民出行、对外客货运输、城市综合交通系统运行、交通投资、体制与机制、交通环境与安全等方面；

② 采用的基础资料应来源可靠、数据准确、内容完整；

③ 反映现状的统计数据宜采用规划基年前 1 年的资料，特殊情况下可采用前 2 年的资料；用于发展趋势分析的数据资料不应少于连续的 5 个年度，且最近的年份不宜早于规划基年前 2 年；现状分析和交通模型建立应采用 5 年内的交通调查资料；

④ 城市应根据规划的要求进行相关交通调查，交通调查的内容和精度应根据规划的分析要求确定；

⑤ 调查应涵盖城市综合交通所涉及的各种交通方式、各类交通设施；

⑥ 交通调查应包含不同调查项目之间相互校验的内容，以及与其他来源公开数据的一致性检查；

⑦ 规划范围外与规划范围内通勤出行较大的地区，居民出行调查取样原则宜与规划范围内一致。

A.0.1 当量小汽车换算系数宜符合表 A.0.1 的规定。

当量小汽车换算系数（表 A.0.1）

序号	车种	换算系数
1	自行车	0.2
2	两轮摩托	0.4
3	三轮摩托或微型汽车	0.6
4	小客车或小于 3t 的货车	1.0
5	旅行车	1.2
6	大客车或小于 9t 的货车	2.0
7	9~15t 货车	3.0
8	铰接客车或大平板拖挂货车	4.0

真题演练

2020-011 某城市人口 90 万，根据《城市综合交通体系规划标准》中，城市通勤耗时正确的是（　　）。

A. 95% 的出行在 60min 内　　　　B. 90% 的出行在 40min 内

C. 95% 的出行在 40min 内　　　　D. 90% 的出行在 60min 内

【答案】C

【解析】根据《城市综合交通体系规划标准》GB/T 51328—2018 条款 3.0.5 规定，城市内部出行中，95％的通勤出行的单程时耗，规划人口规模 100 万及以上的城市应控制在 60min 以内（规划人口规模超过 1000 万的超大城市可适当提高），100 万以下城市应控制在 40min 以内。故 C 项正确。

2020-013 下列对城市综合交通体系规划的说法，错误的是（   ）。

A. 城市内部客运交通中由步行与集约型公共交通、自行车交通承担的出行比例不应低于 75％

B. 城市交通不包括通过城区组织的城市过境交通

C. 人均道路与交通设施面积不应小于 12m²

D. 城市中心区、城市主干路交通高峰时段机动车平均行驶车速不应低于 20km/h

【答案】B

【解析】根据《城市综合交通体系规划标准》GB/T 51328—2018 条款 3.0.1 规定：城市综合交通（简称城市交通）应包括出行的两端都在城区内的城市内部交通，和出行至少有一端在城区外的城市对外交通（包括两端均在城区外，但通过城区组织的城市过境交通）。故 B 项错误。

2020-014 下列对城市交通的说法，错误的是（   ）。

A. 集约型公共交通可分为高运量、大运量、中运量和普通运量

B. 按照运输能力与效率可划分为集约型公共交通与辅助型公共交通

C. 出租车属于辅助型公共交通

D. BRT 属于集约型公共交通

【答案】A

【解析】根据《城市综合交通体系规划标准》GB/T 51328—2018 条款 2.0.4，集约型公共交通为城区中的所有人提供的大众化公共交通服务，且运输能力与运输效率较高的城市公共交通方式，简称公交。可分为大运量、中运量和普通运量。故 A 项错误。

2020-016 城市建设用地内部的城市干线道路的间距不宜超过（   ）m。

A. 1000   B. 1200   C. 1500   D. 1800

【答案】C

【解析】根据《城市综合交通体系规划标准》GB/T 51328—2018 条款 12.5.3，城市建设用地内部的城市干线道路的间距不宜超过 1.5km。

2021-013 根据《城市综合交通体系规划标准》，下列关于快速路辅路功能的说法，错误的是（   ）。

A. 作为快速路的一部分   B. 作为集散道路

C. 为两侧用地服务   D. 为快速路收集交通

【答案】A

【解析】根据《城市综合交通体系规划标准》GB/T 51328—2018 条款 12.2.3，城市快速路统计应仅包含快速路主路，快速路辅路应根据承担的交通特征，计入Ⅲ级主干路或次干路。Ⅲ级主干路承担为快速路收集交通和为两侧用地服务，次干道也叫集散道路，为两侧用地服务和承担交通转换。故 A 项错误。

2021-016 根据《城市综合交通体系规划标准》，某城市次干道长度规划合理的是（   ）。

A. 约为主干道的 2 倍   B. 约占道路总长度的 10％

C. 约等于主干道和快速路的总长   D. 约为支路的 1/2

【答案】B

【解析】根据《城市综合交通体系规划标准》GB/T 51328—2018 条款 12.6.2，次干路主要起交通的集散作用，其里程占城市总道路里程的比例宜为 5%～15%。故 B 项正确。

2021-017 下列关于当量小汽车折算的说法，正确的是(　　)。

A. 以 4～5 座的小客车作为折算当量车种

B. 以 7～10m 单节单层公共汽车作为折算当量车种

C. 按照车辆停放时占用空间体积进行折算

D. 货车不能进行当量小汽车折算

【答案】A

【解析】根据《城市综合交通体系规划标准》GB/T 51328—2018 条款 2.0.10，当量小汽车：以 4～5 座的小客车为标准车，作为各种类型车辆换算道路交通量的当量车种，单位为 pcu。车辆按不同车种规定进行换算系数取值。故 A 项正确。

2021-018 根据《城市综合交通体系规划标准》，下列说法错误的是（　　）。

A. 城市内部客运交通中，步行、自行车与集约型公共交通承担的出行比例不应低于 75%

B. 促进自行车向公共交通转移

C. 在交通瓶颈地区，应确保公共交通优先

D. 交通衔接应按交通优先次序布置

【答案】B

【解析】根据《城市综合交通体系规划标准》GB/T 51328—2018 条款 3.0.3：城市综合交通体系应优先发展绿色集约的交通方式，引导城市空间合理布局和人与物的安全、有序流动。很多地方都专门修建自行车专用道，提高自行车的出行比例。故 B 项错误。

2021-019 下列关于城市交通调查的说法，错误的是（　　）。

A. 交通调查日选在无重大事件和天气良好的工作日

B. 居民出行调查可采用等距抽样

C. 当流动人口和城市居民一起调查时，一般采用混合随机抽样

D. 查核线为调查一定时段内通过查核线的全方式、分车型车辆数和人数

【答案】C

【解析】当流动人口和城市居民一起调查时，一般采用分层抽样，因为相对于城市居民人口数，流动人口数是非常少的，采用混合随机抽样精确度低。故 C 项错误。

2022-011 根据《城市综合交通体系规划标准》，下列关于中小城市内部客运交通出行分担率的说法，正确的是(　　)。

A. 由集约型公交承担的出行比例不应低于 70%

B. 由步行、自行车交通承担的出行比例不应低于 70%

C. 由步行与集约型公交、自行车交通承担的出行比例不应低于 75%

D. 由集约型公交、新能源汽车承担的出行比例不应低于 90%

【答案】C

【解析】根据《城市综合交通体系规划标准》GB/T 51328—2018 条款 3.0.5，城市内部客运交通中由步行与集约型公共交通、自行车交通承担的出行比例不应低于 75%，故 C 项正确。

2022-012 根据《城市综合交通体系规划标准》，下列关于大城市中心城区公共交通覆盖率的说法错误的是(　　)。

A. 公共汽电车站点 300m 半径覆盖城市建设用地面积占比不低于 50%

B. 公共汽电车站点 500m 半径覆盖城市建设用地面积占比不低于 90%

C. 集约型公共交通站点 500m 服务半径覆盖的常住人口与就业岗位比例不低于 90%

D. 集约型公共交通站点 600m 服务半径覆盖的常住人口与就业岗位比例不低于 75%

【答案】D

【解析】根据《城市综合交通体系规划标准》GB/T 51328—2018 条款 9.2.2 规定，城市公共汽电车的车站服务区域，以 300m 半径计算，不应小于规划城市建设用地面积的 50%，以 500m 半径计算，不应小于 90%。条款 9.1.2 规定，中心城区集约型公共交通服务应符合下列规定：集约型公共交通站点 500m 服务半径覆盖的常住人口和就业岗位，在规划人口规模 100 万以上的城市不应低于 90%（故 D 项错误）。

2022-020 对于规划人口 300 万人以上的大城市，下列关于城市内部综合交通系统服务目标的说法，正确的是（　　）。

A. 城市中心区主干路平均行程车速不低于 30km/h

B. 城市中心区快速路平均行程车速不低于 40km/h

C. 95% 通勤出行车程时耗控制在 60min 以内

D. 85% 通勤出行车程时耗控制在 45min 以内

【答案】C

【解析】根据《城市综合交通体系规划标准》GB/T 51328—2018 条款 3.0.5，城市综合交通体系规划应符合下列规定：城市内部出行中，95% 的通勤出行的单程时耗，规划人口规模 100 万及以上的城市应控制在 60min 以内（规划人口规模超过 1000 万的超大城市可适当提高），100 万以下城市应控制在 40min 以内。应通过交通需求管理与交通设施建设保障城市道路运行的服务水平。城市干线道路交通高峰时段机动车平均行程车速不应低于表 3.0.5 的规定。故 C 项正确。

城市快速路、主干路交通高峰时段机动车平均行程车速低限（km/h）（表 3.0.5）

道路等级	城市中心区	其他地区
快速路	30	40
主干路	20	30

2023-011 根据《城市综合交通体系规划标准》，下列设施不属于公共交通首末站配套设施的是（　　）

A. 上落客设施
B. 加油（气）站
C. 车辆调度设施
D. 车辆停放设施

【答案】B

【解析】根据《城市综合交通体系规划标准》GB/T 51328—2018 条款 9.2.4，城市公共汽电车首末站设施配置要求：①应配备乘客候车、上落客等设施；②首站应设置城市公共汽电车运营组织调度设施；③根据用地条件宜配套设置司乘人员服务设施；④根据用地条件宜设置车辆停放设施。故 B 项不属于。

2023-015 某城市规划人口 200 万人，下列关于该城市公共汽（电）车车站覆盖的服务区域规划的说法，符合《城市综合交通体系规划标准》要求的是（　　）。

A. 以 300m 半径计算，覆盖的用地面积占城市规划建设用地面积的 55%

B. 以 500m 半径计算，覆盖的用地面积占城市规划建设用地面积的 75%

C. 以 800m 半径计算，覆盖人口与就业岗位之和占中心城区人口与就业岗位之和的 75%

D. 以 1000m 半径计算，覆盖人口与就业岗位之和占中心城区人口与就业岗位之和的 85%

【答案】A

【解析】根据《城市综合交通体系规划标准》GB/T 51328—2018 条款 9.2.2，城市公共汽电车的车站服务区域，以 300m 半径计算，不应小于规划城市建设用地面积的 50%；500m 半径计算，不应小于 90%。

板块 6 《城市综合交通调查技术标准》 GB/T 51334—2018

历年考频

板块	2020 年	2021 年	2022 年	2023 年	2024 年
《城市综合交通调查技术标准》	—	—	—	—	1

知识点 1 概念 【★★★】

2.0.2 一次出行：出行者为了一个活动目的，采用一种或多种交通方式从一个地点到另一个地点的过程。

2.0.12 核查线：结合交通分析和交通模型的需要在研究区域内设置的交通流量调查的分隔线，一般结合天然或人工障碍（铁路、河流等）设置。

知识点 2 居民出行调查 （2024 考点） 【★★★★】

4.0.3 居民出行调查内容应包括住户特征、个人特征、车辆特征和出行特征四大类并应符合下列规定：

① 住户特征应包括住户住址、总人口和住户交通工具拥有情况等，并宜包括住房建筑面积、住房性质和家庭收入等；

② 个人特征应包括性别、年龄、户籍和职业等，并宜包括与户主关系、文化程度和有无驾照等；

③ 车辆特征应包括车辆类型、车辆性质等，并宜包括车龄、车辆行驶总里程、工作日一天平均行驶里程等；

④ 出行特征应包括出发地点、出发时间、各出行段交通方式、主要交通方式、出行目的、到达地点、到达时间等，并宜包括同行人数、支付费用、停车类型等。

4.0.5 居民出行调查宜通过调查员入户访问的手段，以户为单位进行。可借助电子媒介来提高调查的精度。

4.0.6 居民出行调查应按等距抽样或分类抽样原则来确定调查的居民住户。

4.0.9 调查应包括一个完整的工作日，调查日记录出行的时段应为 24h。当所有调查户的调查日为同一天时，应选择连续 3 个工作日的中间 1 个工作日作为调查日。

真题演练

2024-018 城市综合交通体系规划编制中，居民出行调查内容不包括（   ）。

A. 住户特征 　　　　B. 职业特征 　　　　C. 车辆特征 　　　　D. 健康特征

【答案】D

【解析】根据《城市综合交通调查技术标准》GB/T 51334—2018 条款 4.0.3，居民出行调查内容应包括住户特征、个人特征、车辆特征和出行特征四大类，故 D 项不属于。

板块 7　政策文件、标准规范清单

《城镇化地区公路工程技术标准》JTG 2112—2021

《公路工程技术标准》JTG B01—2014

《建设项目交通影响评价技术标准》CJJ/T 141—2010

《城市步行和自行车交通系统规划标准》GB/T 51439—2021

《城市停车规划规范》GB/T 51149—2016

《城市轨道交通线网规划标准》GB/T 50546—2018

《城市对外交通规划规范》GB 50925—2013

《城市综合交通体系规划标准》GB/T 51328—2018

《城市综合交通调查技术标准》GB/T 51334—2018

城市市政公用设施

板块 1   城市供水工程规划

历年考频

板块	2020 年	2021 年	2022 年	2023 年	2024 年
城市供水工程规划	3	2	2	2	2

知识点 1   城市供水系统 【★★】

1. 城市供水方式

城市供水方式包括公共给水系统和自备水源。

城市供水方式

构成	特征
公共给水系统	城市自来水供水企业以公共供水管道及其附属设施向单位和居民的生活、生产和其他各项建设提供用水的系统
自备水源	城市的用水单位以其自选建设的供水管道及其附属设施主要向本单位的生活、生产和其他各项建设提供用水

2. 城市给水设施构成

城市供水系统分为三个部分：取水工程、净水工程和输配水工程。

城市给水设施构成

构成	特征
取水工程	① 从天然水源获取符合一定水量、水质的原水，分为地表水取水工程和地下水取水工程。 ② 地表水取水构筑物通常由集水井和泵站组成。 ③ 在城市供水系统中，取水泵站也称为一级泵房。常见的地下水取水构筑物有管井、大口井、渗渠等
净水工程	① 对原水进行净化处理，以满足用户对水质的要求。 ② 常规净水工程主要由沉淀池、过滤池、清水池、泵站组成。 ③ 在城市供水系统中，净水厂内的泵站也称二级泵房。 ④ 给水处理方法包括混凝沉淀、过滤、消毒及软化、除铁、除氟等。 ⑤ 一般生活用水处理主要为前三项，工业用水则要根据具体情况而定

构成	特征
输配水工程	① 输水工程的任务是通过管（渠）将原水从取水点输送到净水厂，或通过管道将经过净化的水厂出水输送到配水管网，如果输水距离较长，中间还可能设置加压泵站。 ② 配水工程的任务是通过管道、加压泵站、水塔、高位水池等配水设施将满足一定水压要求的水量分配到用户

知识点 2　城市用水量预测 【★★★】

1. 城市用水分类

根据用水目的不同以及用水对象对水质、水量和水压的不同要求，将城市用水分为四类：生活用水、生产用水、市政用水、消防用水。除以上用水外，还有水厂自身用水、管网漏失水量及其他未预见水量。

2. 城市用水量预测

城市规划中的用水分类，一般分为两部分：第一部分是公共供水系统提供的用水，第二部分为城市自备水源、河湖环境用水、航道用水、农业灌溉和养殖及畜牧业用水、农村居民和乡镇企业用水等。编制城市供水工程规划，进行用水量预测时主要考虑第一部分用水和第二部分用水中的自备水源，通常将其分为生活用水、工业用水和其他用水三大类。其中生活用水包括居民生活用水、公共设施用水，其他用水包括浇洒道路用水、绿地用水、管网漏损及水厂自用水等。

（1）预测方法

预测方法包括：人均综合用水指标法、单位用地指标法、年递增率法、分类加和法等。

用水量预测方法的适用性

适用阶段	预测方法
总体规划	人均综合用水指标法、单位用地指标法、年递增率法
总体规划、详细规划	分类加和法。分类用水量计算方法有所不同

（2）规划用水量指标

用水量指标应根据城市的地理位置、水资源状况、城市性质和规模、产业结构、国民经济发展和居民生活水平、工业用水重复利用率等因素，在一定时期的用水量和现状用水量调查基础上，结合节水要求，综合分析确定。

包括人均综合用水量、单位用地用水量、用水年递增率，以及在分类加和法预测中涉及的工业用水、生活用水、各类建筑单位面积用水等指标。

规划用水量指标

指标	内涵
城市综合用水量指标	平均单位用水人口所消耗的城市最高日用水量
综合生活用水量指标	平均单位用水人口所消耗的城市最高日生活用水量

（3）城市用水量

城市用水量有平均日用水量、最高日用水量、年用水量三种。

城市用水量类型

类型	特征
平均日用水量	一年内总的用水量除以天数，等于最高日用水量除以日变化系数
最高日用水量	在设计年限内，用水最多的一日的用水量。它决定水处理系统各构筑物的规模
年用水量	水资源供需平衡分析时，一般采用年用水量。等于平均日用水量乘以一年的天数

城市供水工程规划中，城市供水设施应该按最高日用水量配置。城市配水管网的设计流量应按照城市最高日最高时用水量确定。

知识点 3　水资源供需平衡分析　【★★★】

在城市水资源配置时，应综合分析城市各类用水对水量、水质的要求及供水保证程度，结合技术经济可行性，提出不同规划年限的配置方案。

在城市水资源的供需平衡分析时，应提出保持水资源平衡的对策及保护水资源的措施，合理确定城市规模及产业结构。常规水资源不足的城市应限制高耗水产业，提出利用非常规水资源的措施。城市水资源和城市用水量之间应保持平衡。在几个城市共享同一水源或水源在城市规划区以外时，应进行市域或区域、流域范围的水资源供需平衡分析。

1. 供水条件

一个地区的供水条件包括水资源总量、可利用量和可供水量、水质。

（1）水资源总量

水资源总量是指一年中通过降水和其他方式产生的地表径流量和地下径流量。不同年份，由于降水量差异，水资源总量也会产生相应变化。描述某一地区水资源量时，一般采用多年平均值。

在供水工程中，为了满足不同用户的可靠性要求，需要分析计算不同保证率情况下的水资源量。

水源保证率

水资源水平	保证率	备注
平水年	50%	
枯水年	75%	保证率越高，相应的水资源总量越小
特枯年	95%	

（2）水资源可利用量和可供水量

水资源量及保证率

项目	特征
水资源可利用量	考虑生态环境用水后人类可以从天然径流中开发利用的水量，包括地表水资源可利用量和浅层地下水可开采量
可供水量	在需水量预测和水利工程规划的基础上，将工程设计供水能力与来水、用水过程相结合，通过水量调节计算而确定的供水量
保证率	与水资源总量相同，水资源可利用量和可供水量也有保证率的含义，同样是保证率越高，相应的可利用量和可供水量越小

（3）水质

地表水水质：按照《地表水环境质量标准》GB 3838—2002，地表水分五类。

地表水域功能分类、污染防治控制区及污水综合排放标准分级关系表

地表水环境质量标准中水域功能分类		水污染防治控制区	河水综合排放标准分级
Ⅰ类	源头水、国家自然保护区	特殊控制区	禁止排放污水区
Ⅱ类	集中式生活饮用水水源地一级保护区、珍贵鱼类保护区、鱼虾产卵场等	特殊控制区	禁止排放污水区
Ⅲ类	集中式生活饮用水水源地二级保护区、一级鱼类保护区、游泳区	重点控制区	执行一级标准
Ⅳ类	工业用水区、人体非直接接触的娱乐用水区	一般控制区	执行一级或二级标准（排入城市生物处理水厂处理）
Ⅴ类	农业用水区、一般景观要求水域	一般控制区	—

地下水水质：按照《地下水水质标准》DZ/T 0290—2015，依据我国地下水水质状况和人体健康风险，参照生活饮用水和工业、农业等用水水质要求，依据各组分含量高低（pH），分为五类。

地下水分类、特征

分类	特征	适用范围
Ⅰ类	地下水化学组分含量低	适用于各种用途
Ⅱ类	地下水化学组分含量较低	适用于各种用途
Ⅲ类	地下水化学组分含量中等，以生活饮用水卫生标准为依据	主要适用于集中式生活饮用水水源及工农业用水
Ⅳ类	地下水化学组分含量较高，以农业和工业用水质量要求以及一定水平的人体健康风险为依据	适用于农业和部分工业用水，适当处理后可作生活饮用水
Ⅴ类	地下水化学组分含量高	不宜作生活饮用水，其他用水可根据使用目的选用

2. 水资源供需平衡分析

城市供水工程规划时需进行城市供水的供需平衡分析。如果可供水量小于城市用水量，要进一步分析缺水原因，提出对策措施。这项工作在水资源供需平衡中称为二次平衡，最终目的是要确保可供水量大于或等于用水量。

3. 解决水资源供需矛盾的措施

解决水资源供需矛盾的措施

缺水类型		解决措施
资源型缺水	即水资源可利用量小于用水需求，这种情况主要发生在北方地区和南方没有大江大河通过的沿海地区	**节水**：研究城市的用水构成、用水效率和节水潜力，通过调整产业结构，限制高耗水工业发展，推广使用先进的节水技术、工艺和节水器具，加强输配水管网建设和改造等措施，提高用水效率，减少用水量。 **非传统水资源利用**：非传统水资源是指江河水系和浅层地下含水层中的淡水资源之外的水资源，包括雨水、污水、微咸水、海水等。缺水城市应加强污水收集、处理，再生水利用率不应低于20%

缺水类型	解决措施
水质型缺水	即水资源可利用量大于用水需求，但水体受到污染，不符合城市用水的水质要求，这种情况主要发生在水资源丰富、人口稠密的南方地区，而在资源型缺水地区，水污染问题往往也比较严重	**水污染治理**：相对于某一水质标准，水体是可以容纳一定污染物的，这就是通常所说的水体的环境容量。水污染本质上是水体承担的污染物超出了自身的环境容量。防治水体污染，根本措施是将污染物控制在环境容量范围内。通过水污染治理、水环境保护可以解决水质型缺水问题。 **改进净水工艺**：水污染在成因上有所谓的点源污染、面源污染和内源污染，在空间上从上游到下游往往涉及多个行政区，治理难度非常大。对于经过治理后，在短时间内水环境仍难以恢复的地区，改进水厂净水工艺是一项具有现实意义的措施
工程性缺水	即供水工程的供水能力有限，不能满足城市的用水需求，这种情况在改革开放初期比较普遍，现在已大为缓解	

知识点4 城市供水工程规划 【★★★★】

1. 城市供水规划阶段及主要内容

城市供水工程规划分为总体规划、详细规划中的供水专业规划和城市供水专项规划三种类型。其中，总体规划和详细规划中的供水专业规划属于法定规划，其规划内容和深度有明确的要求。城市供水专项规划属于非法定规划，规划内容和深度没有明确要求，往往根据城市的需要而定。

城市必须建设与其社会经济发展需求相适应的给水工程，城市给水工程应具有连续不间断供水的能力，满足用户对水质、水量和水压的需求。

城市供水规划阶段及主要内容

阶段	主要内容
总体规划阶段	① 预测城市用水量； ② 进行水资源供需平衡分析； ③ 确定城市自来水厂布局和供水能力； ④ 布置输水管（渠）、配水干管和其他配水设施； ⑤ 划定城市水源保护区范围，提出水源保护措施
详细规划阶段	① 计算规划区用水量； ② 落实总体规划确定的供水设施位置和用地； ③ 布置配水管网，确定管径以及管道的平面和竖向位置； ④ 确定规划区其他配水设施位置、配水能力、用地面积或用地标准

2. 布局要点

城市给水系统应满足城市的水量、水质、水压及安全供水要求，并应根据城市地形、城乡统筹、规划布局、技术经济等因素，经综合评价后确定。城市给水工程规划应对给水系统中的水源地、取水位置、输水管走向、水厂、主要配水管网及加压泵站等进行统筹布局。

城市供水系统的布局

类型	要点
现状给水系统中存在 自备水源的城市	① 应分析自备水源的形成原因和变化趋势，合理确定规划期内自备水源的供水能力、供水范围和供水用户，并与公共给水系统协调。 ② 以生活用水为主的自备水源，应逐步改由公共给水系统供水
地形起伏大或供水范围广的城市	宜采用分区分压给水系统
根据用户对水质的不同要求	可采用分质给水系统
有多个水源可供利用的城市	应采用多水源给水系统
有地形可供利用的城市	宜采用重力输配水系统

（1）建设要求

城市给水工程主要设施的抗震设防类别应为重点设防类；主要构筑物的主体结构和输配水管道的结构设计工作年限不应小于 50 年。

取水工程的设计取水量应包括水厂最高日供水量、处理系统自用水量及原水输水管（渠）漏损水量。

江河、湖泊取水构筑物的防洪标准不应低于城市防洪标准。水库取水构筑物的防洪标准应与水库大坝等主要建筑物的防洪标准相同，并应采用设计和校核两级标准。

（2）水源

水源取水口、水厂出水口、居民用水点及管网末梢处必须根据水质代表性原则设置人工采样点或在线监测点。

城市给水水源应根据当地城市水资源条件和给水需求进行技术经济分析，按照优水优用的原则合理选择。

水源选择条件

项目	条件
水源选择	① 位于水体功能区划所规定的取水地段； ② 不易受污染，便于建立水源保护区； ③ 选择次序宜先当地水、后过境水，先自然河道、后需调节径流的河道； ④ 可取水量充沛、可靠； ⑤ 水质符合国家有关现行标准； ⑥ 与农业、水利综合利用；取水、输水、净水设施安全经济和维护方便； ⑦ 具备交通、运输和施工条件
水质选择	要符合现行《地表水环境质量标准》GB 3838 和《地下水质量标准》GB/T 14848、《地下水水质标准》DZ/T 0290 规定，尽量选用优于Ⅲ类地表水和地下水

在水量方面，应满足规划期内城市用水量需求，保证率应达到 90% 以上。单一水源供水的城市应建设应急水源或备用水源。

水源选择要点

水源选择	要点
当水源为地表水时	① 设计枯水流量年保证率和设计枯水位保证率不应低于90%，水源地必须位于水体功能区划规定的取水段。 ② 水源选择尽可能选择优于Ⅲ类的地表水和地下水，取水量应符合流域水资源开发利用规划的规定，供水保证率宜达到90%~97%
当水源为地下水时	取水量不应超过允许开采量
当非常规水资源为城市给水的补充水源时	应综合分析用途、需求量和可利用量，合理确定非常规水资源给水规模

缺水城市应加强污水收集、处理，再生水利用率不应低于20%。

（3）水量

城市用水特点：用水过程连续；用水量不断变化，通常用时变化系数、日变化系数来反映用水量的变化情况。

用水量变化系数

系数	内涵
时变化系数	在一年中，最高时用水量与平均时用水量的比值
日变化系数	在一年中，最高日用水量与平均日用水量的比值

水量的规定：城市给水规模是指城市给水工程统一供水的城市最高日用水量，而在城市水资源平衡中所用的水量一般指平均日用水量。当一年中25%天数的日供水量达到建设规模的95%以上时，应进行给水工程新建或扩建的必要性论证。城市给水系统的应急供水规模应满足供水范围居民基本生活用水水量的要求。

（4）水质

生活饮用水水质要求：①生活饮用水中不应含有病原微生物；②生活饮用水中化学物质不应危害人体健康；③生活饮用水中放射性物质不应危害人体健康；④生活饮用水的感官性状良好；⑤生活饮用水应经消毒处理。

末梢水：出厂水经输配水管网输送至用户水龙头的水。

（5）安全性

城市供水系统的安全性要求

项目	要点
总体要求	① 城市给水系统中的工程设施不应设置在易发生滑坡、泥石流、塌陷等不良地质地区，洪水淹没及低洼内涝地区。 ② 地表水取水构筑物应设置在河岸及河床稳定的地段。 ③ 工程设施的防洪及排涝等级不应低于所在城市设防的相应等级
输水形式	① 规划长距离输水管道时，输水管不宜少于2根。 ② 当城市为多水源给水或具备应急备用水源等条件时，也可采用单管输水
配水管网	配水管网应布置成环状

项目	要点
调蓄水量	城市给水系统中的调蓄水量宜为给水规模的 $10\%\sim20\%$
水质检测	城市给水系统中应设置水质定期检测或在线检测系统
供电等级	城市给水系统主要工程设施供电等级应为一级负荷
执行标准	城市给水系统的抗震要求应按现行国家标准《室外给水排水和燃气热力工程抗震设计规范》GB 50032 执行
防火要求	城市给水工程设施的防火要求应按现行国家标准《建筑设计防火规范》GB 50016 执行

3. 水厂规划

（1）新建水厂布局

新建水厂布局需要考虑的因素

因素	要求
水源条件	应有可靠的水源保障
建设条件	厂址应有良好的工程地质、交通和供电等条件
安全条件	必须远离化学危险品生产储存设施
配水条件	应该尽可能与现状水厂形成布局合理、便于配水的多水源供水系统
水厂废水处置	方便

给水厂选址应根据给水系统的布局，结合城市规划用地，经技术经济比较后确定。

水厂选址要点

类型	要点
地表水水厂	① 位置应根据给水系统的布局确定。 ② 应选择在不受洪水威胁、有良好的工程地质条件、供电安全可靠、交通便捷和水厂生产、废水处置方便的地方。 ③ 地表水水厂应根据水源水质和用户对水质的要求采取相应的处理工艺，同时应对水厂的生产废水进行处理和回收
地下水水厂	① 应根据水源地的地点和取水方式确定，选择在取水构筑物附近。 ② 地下水中铁、锰、氟等无机盐类超过规定标准时，应设置处理设施
非常规水源水厂	宜靠近非常规水资源或用户集中区域

（2）水厂设计规模

应满足供水范围设计年限内最高日用水量 **（2024 考点）**。包括综合生活用水量、工业企业用水量、浇洒道路和绿地用水量、管网漏损水量及未预见用水量的要求，当上述部分用水由非常规水资源供应时，给水厂的设计规模应扣除这部分水量。

水厂用地指标

给水规模 （万 m³/d）	地表水厂		地下水水厂 ［m²/(m³·d⁻¹)］
	常规处理工艺 ［m²/(m³·d⁻¹)］	预处理＋常规处理＋ 深度处理工艺 ［m²/(m³·d⁻¹)］	
5～10	0.4～0.5	0.6～0.7	0.3～0.4
10～30	0.3～0.4	0.45～0.6	0.2～0.3
30～50	0.2～0.3	0.3～0.45	0.12～0.2

（3）水厂建设

与水源类型、净水工艺和规模有关。水厂厂区周围应设置宽度不小于10m的绿化带。

4. 输配水管网规划

（1）一般规定

给水管网布置应以给水工程专项规划、控制性详细规划、修建性详细规划等为依据，以管线短、占地少、不破坏环境、施工维护方便、运行安全、降低能耗、满足用水需求为原则。

应对给水管网进行降低能耗和漏损的优化设计，并应优化调度管理。

给水管网应采取防止污染侵入的防护措施，严禁给水管网与非生活饮用水管道连通。严禁擅自将自建供水设施与给水管网连接。严禁穿过毒物污染区；通过腐蚀地段的管道应采取安全保护措施。

严禁在城市公共给水管道上直接接泵抽水。

采取分区计量管理的管网，在建设和运行过程中，应对分区边界的供水区域采取水质监测、管网冲洗、排气等措施，保障管网水质安全。

城市公共给水管网的漏损率不应大于10％。

（2）管网水量计算

设计流量：按城市最高日最高时用水量计算。城市最高日用水量等于平均日用水量乘以日变化系数，最高时用水量等于平均每小时用水量乘以时变化系数。

（3）输水管线

城市饮用水源至净水厂之间的输水管线应当采用管道或暗渠，当采用明渠时，应采取保护水质和防止水量流失的措施。净水厂远离城市配水区时，净水厂至配水区之间必须采用管道输水。

输水管网规划要点

项目	要点	备注
单水源供水系统	输水管线应设2条，每条输水管线的输水能力应达到整个输水工程设计流量的70％。输水线路较长或地形不利时，中途还可能需要设置泵站	当城市原水输水采用2条及以上管道时，应按事故用水量设置连通管； 当采用单管时，应具备多水源或设置调蓄设施，并应保证事故用水量
水源至净水厂的输水管线	输水量包括净水厂的供水量和水厂自用水量	地表水厂的自用水量一般占供水量的5％～10％

项目		要点	备注
设计流量	从水源至净水厂的原水输水管（渠）	应按最高日平均时供水量确定，并计入输水管（渠）的漏损水量和净水厂自用水量	输配水给水管道宜与热力管道分舱设置
	从净水厂至管网的清水输水管道	应按最高日最高时用水条件下，由净水厂负担的供水量计算确定	

（4）配水管网

配水管根据其承担的主要任务和管径大小，通常分为干管、支管和接户管三类。

配水管网规划要点

项目		要点
配水管分类	干管	主要承担水量转输作用，同时也为沿线用户供水，管径一般在200mm以上
	支管	作用是把干管输送来的水分配给接户管和消火栓，因此也称分配管。管径要满足消防用水需求，大城市一般为150～200mm，中小城市为100～150mm
	接户管	连接支管和用户的管道，管径视用户用水量大小而定
管网形式	枝状管网	**特点**：呈树状从水厂向供水区延伸，管径逐渐变小。 **优缺点**：管道总长度较短，可以节省投资，但当管线某处发生故障需要停水检修时，其后的管线均要断水，安全可靠性差，一般在城市建设初期采用这种形式
	环状管网	**特点**：相邻管道之间相互连接呈封闭环状，任一处管线发生故障，可通过闸阀将故障管段与其他管段分隔，不影响其余管线的供水。 **优缺点**：管道总长度较长，投资要高于枝状管网，但供水安全性大大提高，是大中城市配水管网的普遍形式
规划要求		① 配水管网应保障城市最高日最高时用水量和最不利点的供水压力需求。 ② 设计事故供水量不应小于设计水量的70%。 ③ 城市配水干管走向应沿现有或规划道路布置，并宜避开城市交通主干道。 ④ 城市配水干管应根据给水规模并结合城市规划布局确定，其走向应沿现有或规划道路布置，并宜避开城市交通主干道。 ⑤ 管道在城市道路中的管位应符合现行国家标准《城市工程管线综合规划规范》GB 50289 的规定

（5）加压泵站

对供水距离较长或地形起伏较大的城市，宜在配水管网中设置加压泵站。

加压泵站的位置应进行技术经济比较后确定，其位置宜为配水管网水压较低处，并靠近用水集中区域。

加压泵站用地应按给水规模确定，用地形状应满足功能布局要求。

泵站周围应设置宽度不小于10m的绿化带，并宜与城市绿化用地相结合。

（6）给水管道

敷设在城市综合管廊的给水管道应符合下列规定：

① 给水管道进出综合管廊处，应在综合管廊外部设置阀门。

② 应选择安全可靠、适应内压、耐久性强、便于运输和安装的管材。

③ 管线引出管廊沟壁处应采取适应不均匀沉降的措施。

④ 非整体连接型给水管道三通、弯头等部位，应与管廊主体设计结合，并应采取维持管道稳定的措施。

5. 应急供水

城市应根据可能出现的供水风险设置应急水源和备用水源，并按可能发生应急供水事件的影响范围、影响程度等因素进行综合分析，确定应急水源和备用水源规模。

应急水源地和备用水源地宜纳入城市总体规划范围，并设置相应措施保证供水水质安全。

应急水源和备用水源的水质宜符合国家现行有关标准的规定。对于水源水质不符合标准要求的，应根据应急供水量及水质要求，采取预处理或深度处理等有效措施，确保水厂出水水质达标。

应急供水量应首先满足城市居民基本生活用水要求。城市应急供水期间，居民生活用水指标不宜低于 80L/（人·d），并应根据城市性质及特点，确定工业用水及其他用水的压缩量。

知识点 5　水源保护 【★★★★】

1. 水源保护区

城市净水厂的净水工艺根据原水水质设计。在确定城市水源后，必须划定水源保护区，对城市水源进行严格保护，其中地表水源保护区包括水域和水域周边一定的陆域。城市水源保护区通常分为一级保护区和二级保护区。

2. 水源保护要求

不同水源保护要求

水源类型		要求
地表水源保护	地表水源一级保护区	① 禁止向水体排放污水； ② 禁止从事旅游、游泳和其他可能污染水体的活动； ③ 禁止新建、扩建与供水设施和保护水源无关的建设项目； ④ 保护区内现有排污口应限期拆除或限期治理； ⑤ 地表水源一级保护区或地表水取水构筑物上游 1000m 至下游 100m 范围内，必须进行巡视管理
	地表水源二级保护区	① 禁止新建、扩建向水体排放污染物的建设项目，改建项目必须削减污染物排放量； ② 禁止排放超过国家或地方规定污染物排放标准排放的污染物； ③ 禁止设立装卸垃圾、油类及其他有毒有害物品的码头
地下水源保护	—	① 禁止利用污水灌溉； ② 禁止利用含有毒污染物的污泥作肥料； ③ 禁止使用剧毒或高残留农药； ④ 禁止利用储水层孔隙、裂隙、溶洞及废弃矿坑储存石油、放射性物质、有毒化学品、农药等

3. 地下水

概念： 指地面以下赋存于土壤和岩石空隙中的水。

地下水污染的来源： 包括工业污染源、农业污染源和生活污染源、沿海地区海水入侵和倒灌、废水渠和废水池连续入渗等。

地下水污染的途径： 指污染物从污染源进入地下水中所经过的路径，主要包括入渗型、越流型、径流型和注入型。

知识点 6　《城市节水评价标准》 GB/T 51083—2015 【★★★★★】

1. 术语

2.0.2 城市蓝线：城市规划确定的江、河、湖、库、渠和湿地等城市地表水体保护和控制的地域界线。

2.0.5 节水"三同时"：节水设施与建设项目的主体工程同时设计、同时施工、同时投入使用。

2. 评价内容与指标计算标准

4.1.2 城市节水评价内容

① 综合节水：万元地区生产总值（GDP）用水量、综合生活用水量、城市非常规水资源利用率、城市污水集中处理率、城市供水管网漏损率、建成区雨污分流排水体制管道覆盖率等。

② 生活节水：城市居民生活日用水量、节水型生活用水器具普及率（公共建筑、居民家庭）、节水型居民小区覆盖率、节水型单位覆盖率、特种行业（洗浴、洗车等）用水计量收费率等。

③ 工业节水：万元工业增加值用水量、工业用水重复利用率、节水型工业企业覆盖率、工业企业单位产品用水量等。

④ 环境生态节水：水环境质量达标率、生态雨水利用工程项目。

知识点 7　政策文件、 标准规范

《水资源规划规范》GB/T 51051—2014

《城市给水工程项目规范》GB 55026—2022

《城市给水工程规划规范》GB 50282—2016

《地表水环境质量标准》GB 3838—2002

《国家节水型城市考核标准》（建城〔2012〕57 号）

《地下水质量标准》（GB/T 14848—2017）

《城市节水评价标准》（GB/T 51083—2015）

城市市政公用设施

供水工程
- 线网布局
  - 输水管：双管线，每条承担70%
  - 排水管
    - 枝状
    - 环状：用于干管
  - 设施
- 用水量预测
  - 用水分类
  - 预测方法
    - 人均综合用水指标
    - 单位用地指标
    - 年增长率
    - 分类加和法（总体规划、详细规划都可用）
  - 城市用水量
    - 平均日用水量
    - 最高日用水量：用于计算城市供水设施
    - 年用水量：水资源供需平衡分析
  - 水资源供需矛盾
    - 缺水类型
      - 资源型缺水：节水、调水、非传统水资源利用
      - 水质型缺水：水污染治理、改进净水工艺
      - 工程性缺水
    - 用水效率/节水
      - 六大类：基本条件、基础管理、综合节水、生活节水、工业节水、环境生态节水
      - 常用指标：万元地区生产总值用水量、城市污水集中处理率、城市供水管网漏损率、城市居民生活日用水量、节水型生活用水器具普及率、特种行业用水计量收费率、万元工业增加值用水量、工业用水重复利用率、工业企业单位产品用水量、节水型工业企业覆盖率
    - 优先供水：居民生活、金融服务、重点工业
  - 保证率：保证率越高，相应水资源总量越少
- 站场建设
  - 水厂：作为供水设施按最高日用水量预测规模
- 水源选择
  - 水源保护
    - 水域和水域周边一定陆域范围
    - 一级、二级
  - 水量保证率达到90%
  - 水质尽可能优于Ⅲ类地表水和地下水
  - 水压
- 规划阶段
  - 总体规划、详细规划、专项规划

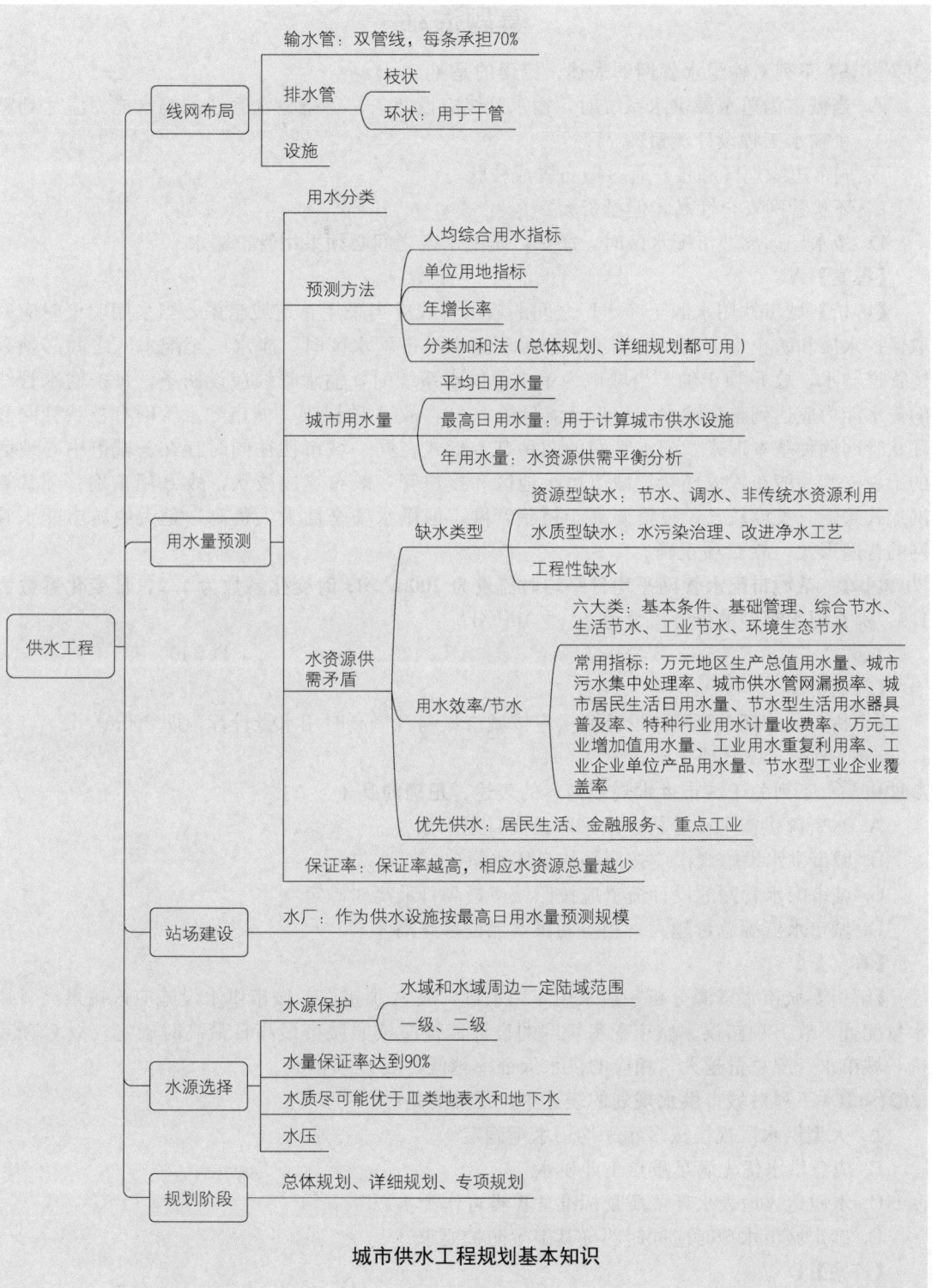

城市供水工程规划基本知识

2020-019 下列对输配水管网的表述，错误的是（　　）。

　　A. 当城市为单水源供水系统时，输水管线应设两条，每条输水管线的输水能力应达到整个输水工程设计流量的75%

　　B. 城市边缘地区和接户管一般布置成枝状

　　C. 环状管网安全性高，但投资大

　　D. 净水厂远离城市配水区时，净水厂至配水区之间必须采用管道输水

　　【答案】A

　　【解析】城市饮用水源至净水厂之间的输水管线应当采用管道或暗渠，当采用明渠时应采取保护水质和防止水量流失的措施。净水厂远离城市配水区时，净水厂至配水区之间必须采用管道输水，故D项正确。当城市为单水源供水系统时，输水管线应设两条，每条输水管线的输水能力应达到整个输水工程设计流量的70%，故A项错误。城市配水管网有枝状管网和环状管网两种基本形式，配水管网的两种基本形式在同一城市往往同时存在。城市中心地区的干、支管一般布置成环状，城市边缘地区和接户管一般布置成枝状，故B项正确。环状管网形式管道总长度较长，投资要高于枝状管网，但供水安全性大大提高，是大中城市配水管网的普遍形式，故C项正确。

2020-020 某城市配水管网平均日平均时流量为200m^3/d，时变化系数为1.2，日变化系数为1.5，那么配水管网的设计流量为（　　）m^3/d。

　　A. 300　　　　　　B. 360　　　　　　C. 420　　　　　　D. 540

　　【答案】B

　　【解析】城市配水管网的设计流量应按城市最高日最高时用水量计算，即200m^3/d×1.5×1.2＝360m^3/d，故B项正确。

2020-051 下列关于城市供水规划内容的表述，正确的是（　　）。

　　A. 水资源供需平衡分析一般采用最高日用水量

　　B. 城市供水设施规模应按照平均日用水量确定

　　C. 城市配水管网的设计流量应按照城市最高日最高时确定

　　D. 城市水资源总量越大，相应的供水保证率越高

　　【答案】C

　　【解析】城市水资源分析一般采用年用水量，故A项错误。城市供水设施应该按最高日用水量配置，故B项错误。城市配水管网的设计流量应按照城市最高日最高时确定，故C项正确。城市水资源总量越大，相应的供水保证率越低，故D项错误。

2021-021 下列对城市供水规划的表述中，正确的是（　　）。

　　A. 大型供水厂规模按多年平均用水量确定

　　B. 应急供水优先满足重点工业供水

　　C. 水质达《地表水环境质量标准》Ⅳ类可作为水源

　　D. 确定城市水源时应同时明确其卫生防护要求

　　【答案】D

　　【解析】水厂规模应满足规划期内用水需求，规划期内城市给水规模就是指城市给水工程统一供水的城市最高日用水量，而在城市水资源平衡中所用的水量一般指平均日用水量。日变化系数通常为1.1～1.5。规划时，特大城市日变化系数取1.1～1.2，大城市取1.15～1.3，

中小城市取 1.2～1.5。气温较高的城市可选用上限值。故 A 项错误。

根据《城市给水工程规划规范》GB 50282—2016 条款 9.0.4，应急供水量应首先满足城市居民基本生活用水要求，故 B 项错误。

根据《地表水环境质量标准》GB 3838—2002，水质达到Ⅲ类以上可作为饮用水源，水质达到Ⅳ类可作为工业用水区、人体非直接接触的娱乐用水区。故 C 项错误。

地下水源的卫生防护：饮用水地下水源一级保护区位于开采井的周围，其作用是保证集水有一定滞后时间，以防止一般病原菌的污染。直接影响开采井水质的补给区地段，必要时也可划为一级保护区。二级保护区位于一级保护区外，以保证集水有足够的滞后时间，以防止病原菌以外的其他污染。故 D 项正确。

2021-095 下列能够直接反映用水效率的是( )。（多选）

    A. 单位 GDP 用水量　　　　　　　　B. 工业用水重复率

    C. 污水处理率　　　　　　　　　　　D. 城镇供水管网漏损率

    E. 供水覆盖率

【答案】ABD

【解析】用水效率是指在特定的范围内，水资源有效投入和初始总的水资源投入量之比。单位 GDP 用水量、工业用水重复率、城镇供水管网漏损率可以直接反映用水效率。污水处理率反映污水处理情况，供水覆盖率体现管网的覆盖情况。

2022-021 关于城市供水规划，下列说法正确的是( )。

    A. 城市大型供水厂规模应按多年平均用水量确定

    B. 供水设施防洪排涝标准与所在城市的防洪排涝标准一致

    C. 水质达到《地表水环境质量标准》Ⅱ类标准可作饮用水体

    D. 应急供水应先满足城市重点工业用水需求

【答案】C

【解析】水厂供水规模应按城市给水工程统一供给的城市最高日用水量确定，故 A 项错误。城市给水系统中的工程设施不应设置在易发生滑坡、泥石流、塌陷等不良地质地区，洪水淹没及低洼内涝地区。地表水取水构筑物应设置在河岸及河床稳定的地段，工程设施的防洪及排涝等级不应低于所在城市设防的相应等级，故 B 项错误。《城市给水工程规划规范》GB 50282—2016 条款 9.0.4，应急供水量应首先满足城市居民基本生活用水要求，故 D 项错误。水源选择：保证率达到 90%，尽可能选择优于Ⅲ类的地表水和地下水，故 C 项正确。

2022-085 下列指标反映用水效率的有( )。（多选）

    A. 万元地区生产总值用水　　　　　　B. 工业用水重复利用率

    C. 城镇污水处理率　　　　　　　　　D. 供水管网覆盖率

    E. 节水器具普及率

【答案】ABCE

【解析】根据《城市节水评价标准》GB/T 51083—2015，反映用水效率的有万元地区生产总值用水、工业用水重复利用率、城镇污水处理率、节水型生活用水器具普及率。供水管网覆盖率无法反映用水效率。

2023-021 下列关于城市供水规划措施的说法，正确的是( )。

    A. 城市供水管网通常采用环状布局

    B. Ⅴ类标准的水体可用于城市饮用水源

    C. 地表水源一级保护区内可以建设低污染的产业项目

D. 城市大型供水厂规模按城市最高日最高时用水量确定

【答案】A

【解析】城镇供水安全性十分重要，一般情况下宜将配水管网布置成环状（故 A 项正确），当允许间断供水时，如城市新规划区处在建设初期，或限于投资，一时不能形成环状管网，可按树枝状管网设计，但应考虑将来连成环状管网的可能。

根据《地表水环境质量标准》GB 3838—2002，依据地表水水域环境功能和保护目标，按功能高低依次划分为五类：Ⅰ类主要适用于源头水、国家自然保护区；Ⅱ类主要适用于集中式生活饮用水地表水源地一级保护区、珍稀水生生物栖息地、鱼虾类产卵场、仔稚幼鱼的索饵场等；Ⅲ类主要适用于集中式生活饮用水地表水源地二级保护区、鱼虾类越冬场、洄游通道、水产养殖区等渔业水域及游泳区；Ⅳ类主要适用于一般工业用水区及人体非直接接触的娱乐用水区；Ⅴ类主要适用于农业用水区及一般景观要求水域（故 B 项错误）。

根据《中华人民共和国水污染防治法》第六十五条，禁止在饮用水水源一级保护区内新建、改建、扩建与供水设施和保护水源无关的建设项目（故 C 项错误）；已建成的与供水设施和保护水源无关的建设项目，由县级以上人民政府责令拆除或者关闭。禁止在饮用水水源一级保护区内从事网箱养殖、旅游、游泳、垂钓或者其他可能污染饮用水水体的活动。

根据《城市给水工程项目规范》GB 55026—2022 条款 4.0.4，取水工程的设计取水量应包括水厂最高日供水量、处理系统自用水量及原水输水管（渠）漏损水量。条款 5.1.2 规定，给水厂的设计规模（是指给水厂最高日供水能力）应满足供水范围设计年限内最高日的综合生活用水量（故 D 项错误）、工业企业用水量、浇洒道路和绿地用水量、管网漏损水量及未预见用水量的要求，当上述部分用水由非常规水资源供应时，给水厂的设计规模应扣除这部分水量。

2023-086 下列指标，可以用于衡量城镇用水效率的是(　　)。(多选)

A. 万元地区生产总值用水量　　　　B. 工业用水重复利用率

C. 水厂最大供水能力　　　　　　　D. 公共供水覆盖率

E. 供水管网漏损率

【答案】ABE

【解析】根据《城市节水评价标准》GB/T 51083—2015 条款 4.2 指标计算方法，衡量城镇用水效率的指标包括：万元地区生产总值（GDP）用水量（故 A 项正确）、综合生活用水量、城市非常规水资源利用率、城市污水集中处理率、城市供水管网漏损率（故 E 项正确）、建成区雨污分流排水体制管道覆盖率、城市居民生活日用水量、节水型生活用水器具普及率、节水型居民小区覆盖率、节水型单位覆盖率、工业用水重复利用率（故 B 项正确）、节水型工业企业覆盖率、工业企业单位产品用水量、水环境质量达标率等。

水厂最大供水能力反映了水厂每天为社会提供的可用水量，与用水效率无直接关系（故 C 项错误）。

城市公共供水覆盖率指城市建成区公共用水人口占建成区人口的百分比。公共用水人口指使用城市供水管网供水的用户。这是用来反映城市供水覆盖范围内的城市供水普及与便捷的平均水平指标（故 D 项错误）。

板块 2　城市排水工程规划

历年考频

板块	2020 年	2021 年	2022 年	2023 年	2024 年
城市排水系统	3	1	2	1	2

知识点 1　城市排水系统分类 【★】

排水工程包括雨水系统和污水系统。排水体制分为合流制和分流制两大类。

1. 合流制排水系统

合流制排水系统是指雨水和污水统一混合在一个管渠内排放的排水系统。根据污水最终的排放方式又分为直排式、截流式合流制。

合流制排水

类型	特点
直排式合流制	① 污水和雨水不经任何处理直接就近分散排放。 ② 没有污水处理设施，雨水和污水都就近排放，工程投资较少，但是如果排放的污染物超过水体的环境容量，将对城市水环境造成污染。 ③ 一般在城市建设初期采用，目前在大中城市已很少见
截流式合流制	① 在直排式合流制基础上，沿排放口附近新建一条污水管渠，将污水截留到污水处理厂处理或输送到下游排放，雨水通过附属的溢流井仍排入原来的水体。新建的污水管在合流制排水系统中称为截流管。 ② 在没有降雨的情况下，截流管内只有污水，这部分污水也称旱流污水。在有降雨的情况下，截流管内既有污水也有雨水，这种雨污混合水也称混合污水。同样，通过溢流井排出的也是混合污水，只是污水比例随降雨量增大而减小。 ③ 初期雨水也含有大量污染物，有时污染物含量甚至高于污水，截流管的设计排水能力除满足污水排放外，还要考虑截流一定的初期雨水。截流初期雨水量的大小用截流倍数体现。截流倍数等于截流的初期雨水量与旱流污水量之比。 ④ 是直排式合流制的改进形式，在无雨天可以将全部污水截流到污水处理厂处理或输送到下游排放，大大减轻城市水环境压力，且工程量相对较小

2. 分流制排水系统

分流制排水系统是指雨水和污水单独收集、处理和排放的排水系统。根据雨水系统的完整程度，分流制排水系统又分为完全分流制和不完全分流制。

分流制排水

类型	特点	适用性
完全分流制	① 雨水和污水形成相互独立、系统完整的排水系统。 ② 雨水和比较清洁的工业废水由雨水管渠收集,就近排放。 ③ 污水通过污水管道收集,输送到污水处理厂处理或下游排放	① 需要建设两套完整的排水管道,并且污水不能不加处理就近分散排放,对保护城市水环境比较有利,但排水管渠工程量大于截流式合流制。 ② 城市水环境要求较高,适合有一定经济实力的城市采用
不完全分流制	① 只有完整的污水设施而没有完整的雨水设施的排水系统。 ② 在工程投资、运行管理、环境影响方面有所不同	**早期的城市建设**:为了节省工程投资,往往先建污水管道,雨水通过路面或零星的道路边沟排放。随着城市规模的扩大、建设标准的提高,雨水和污水系统逐步完善。 **降水量很小的城市**:地面渗透能力很强,没有必要建设雨水系统。在这些地区,为了利用宝贵的雨水资源,绿化用地设计标高一般都低于道路标高,降雨时,路面雨水很快就汇入路边绿地。 **地形起伏变化较大的城市**:往往有比较多的天然水系,汇水面积不大的短距离的雨水可通过路面排入附近水系,但汇水面积大的雨水仍需通过排水管渠排放

3. 合流制和分流制排水体之对比

合流制排水与分流制排水对比

对比项	合流制排水对比分流制排水
工程投资	合流制泵站、合流制污水处理厂投资较分流制大,而合流制排水管渠投资较分流制小,截流式合流制工程投资少于分流制,主要原因是减少了管道工程量
施工建设	合流制施工较分流制简单。尤其在地基条件差的地区,增加一套管网将大大增加施工难度
运行管理	截流式合流制比分流制管理复杂,主要是因为晴天和雨天的污水量和污染物浓度成分变化较大,加大了污水处理厂运行管理的难度
环境影响	① 合流制雨水和污水共用一套管网,污水通过雨水口散发的气味,对大气环境有一定影响。 ② 截流式合流制能够将污染物浓度较高的初期雨水截入污水处理厂处理,是对保护水环境有利的一面,但降雨量超过截流管道截流能力后,多余部分将以混合污水的形式进入水环境,是对水环境保护不利的一面
规划要求	① 分流制排水系统应分别设置雨水管渠和污水管道,不得混接、误接。 ② 合流制排水系统应明确服务范围并设置合流污水管道,接纳服务范围内的雨水和污水

知识点 2 排水工程规划的主要内容及排水体制 【★★★★】

1. 规划阶段及主要内容

城市排水工程规划分为总体规划、详细规划中的专业规划和城市排水专项规划三种类型。城市排水专项规划属于非法定规划。

城市市政公用设施

城市排水工程规划阶段及主要内容

阶段	主要内容
总体规划阶段	① 确定排水体制； ② 提出雨、污水利用原则； ③ 划分排水分区； ④ 确定雨水系统设计标准； ⑤ 布置雨水干管的其他雨水设施； ⑥ 估算污水量，确定污水处理率和处理深度； ⑦ 确定污水处理厂布局，布置污水干管和其他污水设施
详细规划阶段	① 落实总体规划确定的排水干管位置和其他排水设施用地，并在管径、管底标高方面与周边排水管道相衔接； ② 布置规划区内雨水、污水支管和其他排水设施； ③ 确定规划区雨水、污水支管管径和控制点标高

2. 排水范围

城市排水工程规划范围：应与相应层次的规划范围一致。

城市雨水系统的服务范围：除规划范围外，还应包括其上游汇流区域。

城市污水系统的服务范围：除规划范围外，还应兼顾距离污水处理厂较近、地形地势允许的相邻地区，包括乡村或独立居民点。

3. 排水体制

城市排水体制应根据城市环境保护要求、当地自然条件（地理位置、地形及气候）、受纳水体条件和原有排水设施情况，经综合分析比较后确定。同一城市的不同地区可采用不同的排水体制。

除干旱地区外，城市新建地区和旧城改造地区的排水系统应采用分流制；不具备改造条件的合流制地区可采用截流式合流制排水体制。

4. 排水受纳水体

城市排水受纳水体应有足够的容量和排泄能力，其环境容量应能保证水体的环境保护要求。

城市排水受纳水体应根据城市的自然条件、环境保护要求、用地布局，统筹兼顾上、下游城市需求，经综合分析比较后确定。

5. 排水管渠

排水管渠要点

项目	要点
承压性	① 排水管渠应以重力流为主，宜顺坡敷设。 ② 当受条件限制无法采用重力流或重力流不经济时，排水管道可采用压力流
布置要求	① 城市污水收集、输送应采用管道或暗渠，严禁采用明渠。 ② 排水管渠应布置在便于雨、污水汇集的慢车道或人行道下，不宜穿越河道、铁路、高速公路等。 ③ 截流干管宜沿河流岸线走向布置。 ④ 道路红线宽度大于40m时，排水管渠宜沿道路双侧布置
与综合管廊关系	规划有综合管廊的路段，排水管渠宜结合综合管廊统一布置
断面尺寸	应按设计流量确定

项目	要点
出水口内顶高程	① 宜高于受纳水体的多年平均水位。 ② 有条件时宜高于设计防洪（潮）水位

6. 排水系统的安全性

排水系统安全性要点

项目		要点
排水工程中的厂站	布局	不应设置在不良地质地段和洪水淹没区。确需在不良地质地段和洪水淹没区设置时，应进行风险评估并采取必要的安全防护措施
	抗震和防洪设防标准	不应低于所在城市相应的设防标准
排水管渠出水口		应根据受纳水体顶托发生的概率、地区重要性和积水所造成的后果等因素，设置防止倒灌设施或排水泵站
雨水管道系统		雨水管道系统之间或合流管道系统之间可根据需要设置连通管，合流制管道不得直接接入雨水管道系统，雨水管道接入合流制管道时，应设置防止倒灌设施
排水管渠系统		在排水泵站和倒虹管前，应设置事故排出口

知识点3　雨水工程规划 【★★★★★】

雨水工程

系统	要点
城市雨水系统	收集、输送、调蓄、处置城市雨水的设施及行泄通道以一定方式组合成的总体，包括源头减排系统、雨水排放系统和防涝系统三部分
雨水排放系统	应对常见降雨径流的排水设施以一定方式组合成的总体，以地下管网系统为主，亦称"小排水系统"

1. 排水分区与系统布局

城市总体规划应充分考虑防涝系统蓄排能力的平衡关系，统筹规划。防涝系统应以河、湖、沟、渠、洼地、集雨型绿地和生态用地等地表空间为基础，结合城市规划用地布局和生态安全格局进行系统构建。详细规划、专项规划应落实具有防涝功能的防涝系统用地需求。

雨水的排水分区与系统布局要点

项目	要点
排水分区	① 应根据城市水脉格局、地势、用地布局，结合道路交通、竖向规划及城市雨水受纳水体位置，遵循高水高排、低水低排的原则确定，宜与河流、湖泊、沟塘、洼地等天然流域分区相一致。 ② 充分利用地形和水系，以最短距离靠重力流将雨水排入附近水系。 ③ 立体交叉下穿道路的低洼段的路堑式路段应设独立的雨水排水分区，严禁分区之外的雨水汇入，并应保证出水口安全可靠

项目	要点
设计雨水量	城市新建区排入已建雨水系统的设计雨水量，不应超出下游已建雨水系统的排水能力
源头减排系统	应遵循源头、分散的原则构建，措施宜按自然、近自然和模拟自然的优先序进行选择
雨水排放系统	应按照分散、就近排放的原则，结合地形地势、道路与场地竖向等进行布局

2. 雨水量计算

采用数学模型法计算雨水设计流量时，宜采用当地设计暴雨雨型。设计降雨历时应根据本地降雨特征、雨水系统的汇水面积、汇流时间等因素综合确定，其中雨水排放系统宜采用短历时降雨，防涝系统宜采用不同历时的降雨。

(1) 设计重现期

城镇雨水管渠的规模应根据雨水管渠设计重现期确定。雨水管渠设计重现期应根据城镇类型、城区类型、地形特点和气候特征等因素，经技术经济比较后，按规定取值，并应明确相应的设计降雨强度。

在雨水系统规划设计中，设计重现期高，发生积水的概率就低，但工程投资相应增加。

雨水管渠设计重现期（年）

城镇类型	城区类型			
	中心城区	非中心城区	中心城区的重要地区	中心城区地下通道和下沉式广场等
超大城市和特大城市	3～5	2～3	5～10	30～50
大城市	2～5	2～3	5～10	20～30
中等城市和小城市	2～3	2～3	3～5	10～20

不同地区重现期（年）

项目	重要干道、重要地区或短期积水能引起严重后果的地区	其他地区	特别重要地区和次要地区或排水条件好的地区
重现期	3～5	1～3	可酌情增减

雨水管渠设计重现期（年）

项目	人口密集、内涝易发且经济条件较好的城镇	同一雨水系统	非中心城区下穿立交道路的雨水管渠	高架道路雨水管渠
重现期	采用规定的设计重现期上限	可采用不同设计重现期	不应小于10年	不应小于5年

注：当地区改建时，改建后相同设计重现期的径流量不得超过原径流量。

(2) 径流系数

径流系数是指径流量与降雨量的比值，是影响雨水工程量的重要因素，其值随汇水区地面情况而变。

不同地面径流系数

地面类型	地面透水特征	径流系数
建筑物屋面、混凝土和沥青路面	不透水材料覆盖的地面，径流系数最大	0.9
公园绿地	透水面积较多的地面，径流系数最小	0.15
其他类型的地面		介于以上两者之间

城市开发建设应采用低影响开发建设模式，降低综合径流系数。

综合径流系数

区域情况	综合径流系数	
	雨水排放系统	防涝系统
城市建筑密集区	0.6～0.7	0.8～1
城市建筑较密集区	0.45～0.6	0.6～0.8
城市建筑稀疏区	0.2～0.45	0.4～0.6

（3）雨水管渠断面形式

雨水管渠包括管道、暗渠和明渠。这里所称的明渠，是指专门排除城市雨水的排水渠道，不包括城市内的天然水系。

雨水管渠断面形式

形式	特征	优缺点
管道	施工前预制。 在排水流量不大的路段多采用管道	**优点**：施工比较方便，进度也快，但在相同排水能力的情况下，工程投资高于暗渠，并且预制管径一般小于200mm。
明渠	现场建造或施工前预制，工程投资最低。 在排水流量不大的路段多采用管道	
暗渠	现场建造。 常用的建筑材料有砖、石、混凝土块、钢筋混凝土块和钢筋混凝土，常用的断面形式有矩形和拱形，工程投资低于相同排水能力的管道，并且断面面积可根据需要在较大范围内变化	**缺点**：施工不如管道方便，进度较慢。通常只有在当地管径最大的管道不能满足排水要求的情况下采用

（4）其他设计参数

在水量预测中，还需考虑雨水管渠的连接方式、流速、坡度、埋深等设计参数或计算条件。雨水管渠原则上应采用管顶平接方式。

雨水管渠埋深是指管渠内底至地面的深度，而管渠外顶至地面的深度称为覆土厚度。

（5）城市防涝空间

城市新建区域的防涝调蓄设施宜采用地面形式布置。建成区的防涝调蓄设施宜采用路面和地下相结合的形式布置。城市防涝空间应按路面允许水深限定值进行推算，道路路面横向最低点允许水深不超过30cm，且其中一条机动车道的路面水深不超过15cm。

3. 雨水排放方式

雨水排放方式

方式		特征
城市雨水排放方式	自排	雨水依靠重力从城市排水系统自流排入江河湖海，是城市雨水排放的主要方式
	强排	即雨水通过排水管渠自流收集，在排水出口附近依靠泵站抽排到江、河、湖、海，是解决城市低洼区排水的方式之一
低洼区排水方式		低洼区是指天然地面高程低于一定频率洪水位（或沿海地区潮水位，下同），在洪水期间雨水不能自流排出的区域

强排方式：强排、填方和调蓄。这三种措施可能单独采用一种，也可能同时采用多种。

4. 管渠、泵站布置
（1）雨水管渠布置
雨水管渠一般沿道路布置。

雨水管渠布置方式

方式		特征
地势	地势较高、地形坡度较大的排水分区	雨水应当以最短的距离分散排入附近水系
	在地势低平的排水分区	① 天然水系往往比较密集，当排水出口建设比较简单，雨水管渠也应按就近、分散排放雨水的原则布置； ② 当排水出口需要穿越城市干路、铁路、防洪堤等设施时，构造比较复杂，雨水宜适度集中排放
道路宽度	小于40m	雨水管渠一般采用单侧布置
	大于40m	雨水管渠可考虑双侧布置

（2）雨水泵站布置
雨水泵站投资大，利用率不高。在地势低平的排水分区，若采用强排方式，雨水泵站应综合考虑分区内雨水管渠、水系分布、控制设施等情况，优化布置，避免重复抽排。

当排水分区内部水系出口处建有控制闸时，可以利用内部水系作调蓄水体，雨水泵站集中布置在控制闸附近；当排水分区内部水系出口处无控制闸时，雨水泵站通常布置在雨水管渠出口附近，为了减少泵站数量，雨水管渠出口应尽量集中。立交桥下的雨水泵站一般布置在路面最低点附近。

当雨水无法通过重力流方式排除时，应独立设置雨水泵站，规模应按进水总管设计流量和泵站调蓄能力综合确定。

排水泵站宜为单独的建筑物。雨水泵站应采用自灌式泵站。污水泵站和合流污水泵站宜采用自灌式泵站。排水泵站供电应按二级负荷设计。特别重要地区的泵站应按一级负荷设计。

（3）其他雨水设施
雨水口、检查井、溢流井、排水出口。

5. 海绵城市
（1）海绵城市与低影响开发雨水系统（2024 考点）
海绵城市：新一代城市雨洪管理概念，是指城市能够像海绵一样，在适应环境变化和应对雨水带来的自然灾害等方面具有良好的弹性，下雨时吸水、蓄水、渗水、净水，需要时将蓄存的水"释放"并加以利用，也称为"水弹性城市"。

低影响开发（LID）：指在场地开发过程中采用源头、分散式措施维持场地开发前的水文特征，也称为低影响设计或低影响城市设计和开发。核心是维持场地开发前后水文特征不变，包括径流总量、峰值流量、峰现时间等。

海绵城市与低影响开发的关系与区别

项目	海绵城市	低影响开发
优先解决的问题	水生态＞水环境＞水安全＞水资源	水环境＞水资源＞水生态＞水安全
主要特征元素	以天然为主，"山水林田湖"一些人工建设工程为辅，可大可小	人工建设，包括透水铺装、植草沟、雨水花园等，表现为源头的、分散的设施
尺度	尺度较大，一般是整个城市	尺度较小，一般是小区、街道
范围	范围较大，涵盖低影响开发	范围较小，主要是开发建设和城市更新改造
目标	实现良好的城市生态，尤其是水生态	模仿自然，尽量使得开发后的水文状况和开发前类似
实施路径	原生态保护、生态恢复修复、生态型开发	建设源头的、分散的设施

（2）控制目标

控制目标：低影响开发雨水系统规划控制目标一般包括径流总量控制、径流峰值控制、径流污染控制、雨水资源化利用等。径流总量控制一般采用年径流总量控制率作为控制指标。控制途径包括：雨水的下渗减排和直接集蓄利用。

控制指标：低影响开发控制目标是年径流总量控制率及其对应的设计降雨量。综合指标是单位面积控制容积。单项指标是下沉式绿地率及其下沉深度、透水铺装率、绿色屋顶率。

广义的下沉式绿地泛指具有一定调蓄容积的可用于调蓄径流雨水的绿地，包括生物滞留设施、渗透塘、湿塘、雨水湿地等。狭义的下沉式绿地指低于周边铺砌地面或道路200mm以内的绿地。

（3）规划原则

保护性开发：城市建设过程中应保护河流、湖泊、湿地、坑塘、沟渠等水生态敏感区，并结合这些区域及周边条件（如坡地、洼地、水体、绿地等）进行低影响开发雨水系统规划设计。

水文干扰最小化，优先通过分散、生态的低影响开发设施实现径流总量控制、径流峰值控制、径流污染控制、雨水资源化利用等目标，防止城镇化区域的河道侵蚀、水土流失、水体污染等。

统筹协调低影响开发雨水系统建设内容应纳入城市总体规划、水系规划、绿地系统规划、排水防涝规划、道路交通规划等相关规划中，各规划中有关低影响开发的建设内容应相互协调与衔接。

（4）控制指标分解方法

各地应结合当地水文特点及建设水平，构建适宜并有效衔接的低影响开发控制指标体系。低影响开发雨水系统控制指标的选择应根据建筑密度、绿地率、水域面积率等既有规划控制指标及土地利用布局、当地水文和水环境等条件合理确定。可选择单项或组合控制指标，有条件的城市（新区）可通过编制基于低影响开发理念的雨水控制与利用专项规划，最终落实到用地条件或建设项目设计要点中，作为土地开发的约束条件。

低影响开发控制指标及分解方法

规划层级	控制目标与指标	赋值方法
城市总体规划、专项（专业）规划	**控制目标：** 年径流总量控制率及其对应的设计降雨量	年径流总量控制率目标选择，可通过统计分析计算得到年径流控制率及其对应的设计降雨量
详细规划	**综合指标：** 单位面积控制容积	根据总体规划阶段提出的年径流总量控制率目标，结合各地块绿地率等控制指标，计算各地块的综合指标单位面积控制容积
	单项指标： ① 下沉式绿地率及其下沉深度； ② 透水铺装率； ③ 绿色屋顶率； ④ 其他	根据各地块的具体条件，通过技术经济分析，合理选择单项或组合控制指标，并对指标进行合理分配。 **指标分解方法：** **方法 1：**根据控制目标和综合指标进行试算分解； **方法 2：**模型模拟

（5）技术

按主要功能分为渗透、储存、调节、转输、截污净化等。

知识点 4　污水工程规划 【★★★★】

1. 污水量估算

估算污水量的目的是根据污水量大小、受纳水体环境容量确定污水处理率和处理深度。不同的排水系统，污水量估算方法有所不同。

（1）污水量

地下水位较高的地区，污水量还应计入地下水渗入量。地下水渗入量宜根据实测资料确定，当资料缺乏时，可按不低于污水量的 10％计入。污水系统设计中应确定旱季设计流量和雨季设计流量。

城市污水量

项目	内容
包含种类	城市综合生活污水量、工业废水量
确定因素	根据城市用水量和城市污水排放系数确定
各类污水排放系数	应根据城市历年供水量和污水量资料确定
综合生活污水定额	应根据当地采用的用水定额，结合建筑内部给排水设施水平确定，可按当地相关用水定额的 90％采用

（2）分流制系统

分流制系统的污水量由用水量产生，这类污水称为旱流污水。在缺乏污水排放量统计资料的城市，可按下表的污水排放系数进行估算。分流制污水管道应按旱季设计流量设计，并在雨季设计流量下校核。

分流制污水排放系数

污水排放分类	生活污水排放系数	工业废水排放系数	城市污水量排放系数
排放系数	0.8～0.9	0.7～0.9	0.7～0.8

（3）截流式合流制系统

截流式合流制系统污水量除了旱流污水外，还有一定的初期雨水进入污水系统，污水量为旱流污水与初期雨水之和。旱流污水量的估算与分流制系统相同。初期雨水量根据截流倍数估算，即旱流污水量乘以截流倍数。

一个城市中，如果两种排水系统并存，可根据截流式合流制面积，按单位面积平均旱流污水量和截流倍数估算初期雨水量。

合流制污水的截流量应根据受纳水体的环境容量，由溢流污染控制目标确定。同一排水系统中可采用不同截流倍数。

2. 污水处理厂（2024 考点）

污水的最终出路大致有三种：直接排放；处理后排放；作为一种水资源经处理后成为再生水（中水）。

（1）规模

城市污水处理厂的规模应按规划远期污水量和需接纳的初期雨水量确定。污水处理厂的规模应按平均日流量确定。

（2）选址要求

城市污水处理厂、污泥处理厂选址要求

类型	要求
污水处理厂	① 便于污水再生利用，并符合供水水源防护要求； ② 城市夏季最小频率风向的上风侧； ③ 与城市居住及公共服务设施用地保持必要的卫生防护距离； ④ 工程地质及防洪排涝条件良好的地区； ⑤ 有扩建的可能
污水处理厂、污泥处理厂	① 便于污水收集和处理再生后回用和安全排放； ② 便于污泥集中处理和处置； ③ 在城镇夏季主导风向的下风侧； ④ 有良好的工程地质条件； ⑤ 少拆迁，少占地，根据环境影响评价要求，有一定的卫生防护距离； ⑥ 有扩建的可能； ⑦ 厂区地形不应受洪涝灾害影响，防洪标准不应低于城镇防洪标准，有良好的排水条件； ⑧ 有方便的交通、运输和水电条件； ⑨ 独立设置的污泥处理厂还应有满足生产需要的燃气、热力、污水处理及其排放系统等设施条件

（3）城市污水处理厂规划用地指标

根据建设规模、污水水质、处理深度等因素确定，可按下表的规定取值。设有污泥处理、初期雨水处理设施的污水处理厂，应另行增加相应的用地面积。

144

城市污水处理厂规划用地指标

建设规模	规划用地指标（m² · d/m³）	
（万 m³/d）	二级处理	深度处理
≥50	0.3～0.65	0.1～0.2
20～50	0.65～0.8	0.16～0.3
10～20	0.8～1	0.25～0.3
5～10	1～1.2	0.3～0.5
1～5	1.2～1.5	0.5～0.65

注：① 表中规划用地面积为污水处理厂内所有处理设施、附属设施、绿化、道路及配套设施的用地面积。
② 污水深度处理设施的占地面积是在二级污水处理厂规划用地面积基础上新增的面积指标。
③ 表中规划用地面积不含卫生防护距离面积。

（4）卫生防护距离

污水处理厂应设置卫生防护用地。新建污水处理厂卫生防护距离，在没有进行建设项目环境影响评价前，根据污水处理厂的规模控制。卫生防护距离内宜种植高大乔木，不得安排住宅、学校、医院等敏感性用途的建设用地。

城市污水处理厂卫生防护距离

污水处理厂规模（万 m³/d）	≤5	5～10	≥10
卫生防护距离（m）	150	200	300

注：卫生防护距离为污水处理厂厂界至防护区外缘的最小距离。

（5）污水再生利用

城市污水应进行再生利用，再生水应作为资源参与城市水资源平衡计算。

城市污水再生利用于城市杂用水、工业用水、环境用水和农、林、牧、渔业等用水时，应满足相应的水质标准。

再生水管网水力计算应按压力流管网的参数确定。

（6）布局和供电要求

当污水处理厂位于用地非常紧张、环境要求高的地区，可采用地下或半地下的建设方式。污水处理厂的供电系统应接二级负荷设计。重要的污水处理厂内的重要部位应接一级负荷设计。

3. 污水处理率及处理深度

污水处理深度分为一级处理、二级处理和深度处理。

污水处理深度

处理深度	工艺	去除率
一级处理	以沉淀工艺为主体，主要去除悬浮物	约40%～55%
二级处理	以生物处理为主体，主要污染物去除率进一步提高	约60%～90%
深度处理	对污水二级处理后的出水进一步处理，主要去除二级处理不能有效去除的污染物，其工艺根据需要进一步去除的污染物种类而定	—

4. 污水收集系统

规划阶段，污水收集系统主要进行室外污水管道和污水泵站布置。

污水收集系统

项目	要点
污水收集设施	包括收集管网、污水处理、深度和再生处理与污泥处理处置设施
污水收集系统	包括室内污水管道和设备、室外污水管道、检查井和污水泵站等
分流制系统污水管道布置	① 基本是沿道路布置，通常布置在污水量较多的道路一侧，即单侧布置； ② 当道路宽度大于40m时，可考虑双侧布置； ③ 污水管道走向要根据污水处理厂位置、服务分区和地形确定
合流制系统污水管道布置	① 由合流管和截流管组成； ② 合流管主要考虑的是便于雨水排放； ③ 合流制系统的污水管道重点是根据污水处理厂位置、服务分区和合流管道雨水出口位置布置截流管道； ④ 截流管道一般沿河流岸边道路或绿化带布置
污水泵站	规模应根据服务范围内远期最高日最高时污水量确定，应与周边居住区、公共建筑保持必要的卫生防护距离；规划用地面积应根据泵站的建设规模确定
污泥处理	① 应进行减量化、稳定化、无害化、资源化的处理和处置； ② 污泥处理处置设施宜采用集散结合的方式布置； ③ 应规划相对集中的污泥处理处置中心，也可与城市垃圾处理厂、焚烧厂等统筹建设

污水处理厂的污泥处理

项目	要点
污泥量预测	可结合当地已建成污水处理厂实际产泥率进行预测；无资料时可结合污水水质、泥龄、工艺等因素，按处理万立方米污水产含水率80%的污泥6～9t估算
污泥处理处置设施布局	宜采用集散结合的方式布置。应规划相对集中的污泥处理处置中心，也可与城市垃圾处理厂、焚烧厂等统筹建设
污泥处理处置方式	采用土地利用、填埋、焚烧、建筑材料综合利用等方式时，污泥的泥质应符合国家现行相关标准的规定，确保环境安全

5. 污水计算

目的是确定污水管道管径、坡度、埋深和污水泵站位置、设计流量。

（1）污水设计流量

用水量不断变化，污水量也相应不断变化。这种变化程度在污水系统中用变化系数表示，包括日变化系数、时变化系数和总变化系数。

各种变化系数的含义及其相互关系

项目	公式	相互关系
日变化系数	K_d＝最高日污水量/平均日污水量	① 污水管道水量计算中，污水设计流量是指最高日最高时流量。
时变化系数	K_h＝最高日最高时污水量/最高日平均时污水量	② 污水设计流量等于平均日平均时污水量与总变化系数的乘积。
总变化系数	$K＝K_d \cdot K_h$	③ 污水总变化系数随平均日污水流量增大而减小

污水量变化系数随污水流量的大小而不同。污水流量越大，其变化幅度越小，变化系数较小；反之则变化系数较大。

（2）设计充满度

与雨水管渠水量计算不同，污水管道水量计算按非满流考虑。非满流的状态用充满度表示，其值等于污水在管道中的水深与管径的比值。

不同管径的最大设计充满度

管径（mm）	最大设计充满度
200～300	0.6
350～450	0.7
500～900	0.75
≥1000	0.8

（3）设计流速

不同管道设计流速

管道	设计流速
污水管道	最小设计流速：0.6m/s
非金属管道	最大设计流速：5m/s
金属管道	最大设计流速：10m/s
排水管渠	最小设计流速： ① 污水管道在设计充满度下应为0.6m/s； ② 雨水管道和合流管道在满流时应为0.75m/s； ③ 明渠应为0.4m/s

（4）最小管径、覆土深度和布局

起始端的污水管道，由于设计流量较小，如果采用按照设计流量计算的管径，往往管径很小，容易发生淤积和堵塞，也不便于维护，因此最小管径不小于200mm，相应的最小设计坡度为0.0004。

管顶最小覆土深度

道路类型	深度
人行道下	0.6m
车行道下	0.7m
道路红线宽度超过40m的城镇干道	宜在道路两侧布置排水管道

147

知识点 5　政策文件、标准规范

《城乡排水工程项目规范》GB 55027—2022
《城市排水工程规划规范》GB 50318—2017
《城镇内涝防治技术规范》GB 51222—2017
《室外排水设计标准》GB 50014—2021

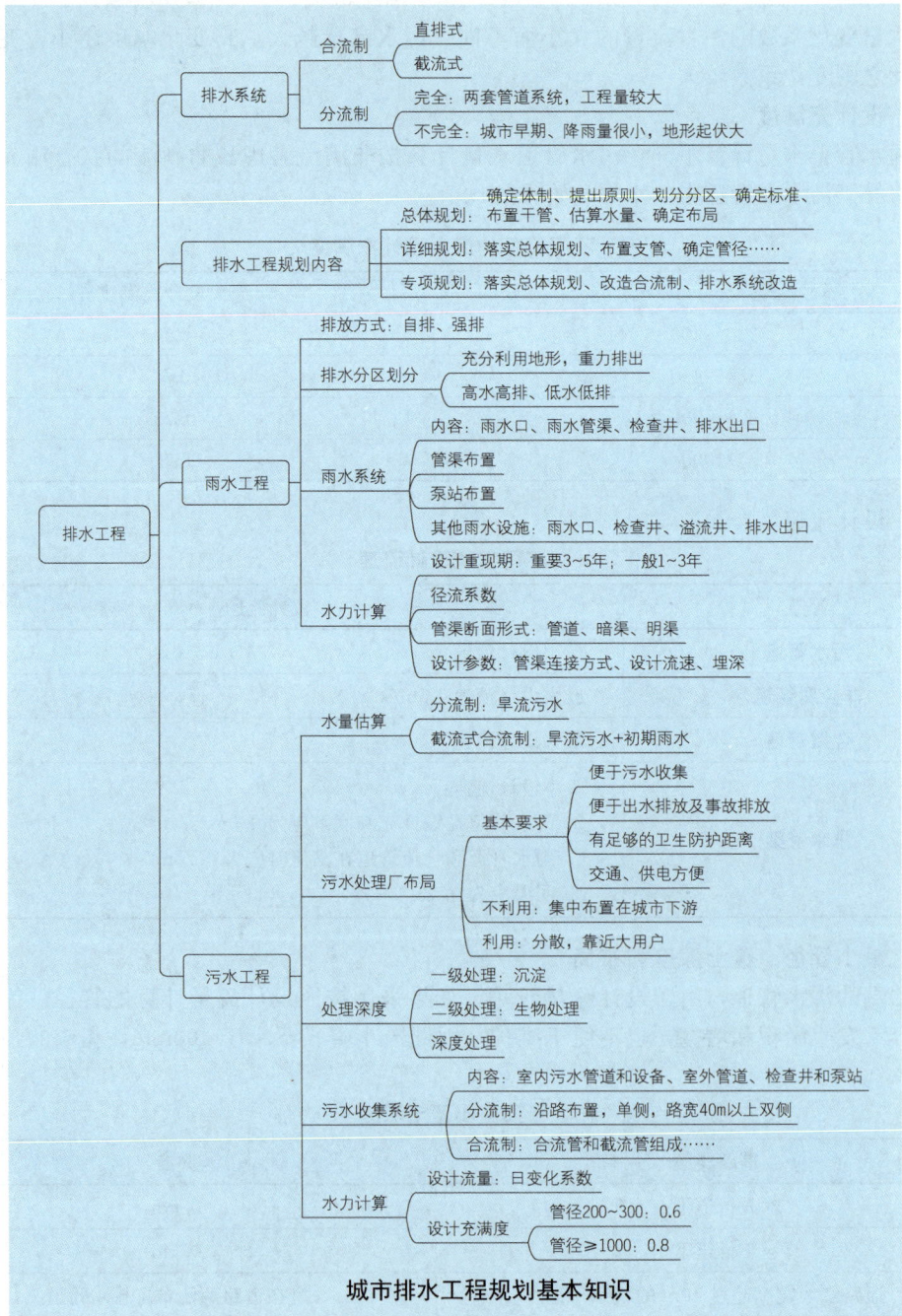

城市排水工程规划基本知识

排水工程				
	排水系统	合流制	直排式	
			截流式	
		分流制	完全：两套管道系统，工程量较大	
			不完全：城市早期、降雨量很小，地形起伏大	
	排水工程规划内容	总体规划：确定体制、提出原则、划分分区、确定标准、布置干管、估算水量、确定布局		
		详细规划：落实总体规划、布置支管、确定管径……		
		专项规划：落实总体规划、改造合流制、排水系统改造		
	雨水工程	排放方式：自排、强排		
		排水分区划分	充分利用地形，重力排出	
			高水高排、低水低排	
		雨水系统	内容：雨水口、雨水管渠、检查井、排水出口	
			管渠布置	
			泵站布置	
			其他雨水设施：雨水口、检查井、溢流井、排水出口	
		水力计算	设计重现期：重要3~5年；一般1~3年	
			径流系数	
			管渠断面形式：管道、暗渠、明渠	
			设计参数：管渠连接方式、设计流速、埋深	
	污水工程	水量估算	分流制：旱流污水	
			截流式合流制：旱流污水+初期雨水	
		污水处理厂布局	基本要求	便于污水收集
				便于出水排放及事故排放
				有足够的卫生防护距离
				交通、供电方便
			不利用：集中布置在城市下游	
			利用：分散，靠近大用户	
		处理深度	一级处理：沉淀	
			二级处理：生物处理	
			深度处理	
		污水收集系统	内容：室内污水管道和设备、室外管道、检查井和泵站	
			分流制：沿路布置，单侧，路宽40m以上双侧	
			合流制：合流管和截流管组成……	
		水力计算	设计流量：日变化系数	
			设计充满度	管径200~300：0.6
				管径≥1000：0.8

城市排水工程规划基本知识

真题演练

2020-021 下列关于污水处理厂的布局的说法，错误的是（　　）。

A. 如污水需要再利用，污水处理厂应适度分散，尽量布置在大的用户附近

B. 如污水不考虑再利用，污水处理厂可适度集中布置在城市下游

C. 污水处理厂选址应在城市主导风向下风侧

D. 与城市居住及公共服务设施用地保持必要的卫生防护距离

【答案】C

【解析】根据《城市排水工程规划规范》GB 50318—2017 条款 4.4.2，城市污水处理厂选址，宜根据下列因素综合确定：①便于污水再生利用，并符合供水水源防护要求；②城市夏季最小频率风向的上风侧（故 C 项错误）；③与城市居住及公共服务设施用地保持必要的卫生防护距离；④工程地质及防洪排涝条件良好的地区；⑤有扩建的可能。

2020-054 某污水处理厂处理规模为 8 万 m³/d，其卫生防护距离应为（　　）m。

A. 100　　　　　　　B. 50　　　　　　　C. 200　　　　　　　D. 300

【答案】C

【解析】根据《城市排水工程规划规范》GB 50318—2017 表 4.4.4 可知，C 项正确。

城市污水处理厂卫生防护距离（表 4.4.4）

污水处理厂规模（万 m³/d）	≤5	5～10	≥10
卫生防护距离（m）	150	200	300

2020-055 下列关于城市排水体制及排水设施的说法，错误的是（　　）。

A. 除干旱地区外，城市新建地区和旧城改造地区的排水系统应采用分流制

B. 城市污水收集、输送应采用管道或暗渠，严禁采用明渠

C. 规划有综合管廊的路段，排水管渠宜结合综合管廊统一布置

D. 截流干管宜沿河流岸线走向布置。道路红线宽度大于 50m 时，排水管渠宜沿道路双侧布置

【答案】D

【解析】根据《城市排水工程规划规范》GB 50318—2017 条款 3.5.3，截流干管宜沿河流岸线走向布置。道路红线宽度大于 40m 时，排水管渠宜沿道路双侧布置。故 D 项错误。

2021-022 下列关于城市防涝排水措施解释表述，错误的是（　　）。

A. 根据地形地势，高水高排、低水低排

B. 城市小区可采用绿化等措施减少雨水外排径流

C. 城市可利用公园绿地蓄滞雨水

D. 城市各组团内排水要求应一致

【答案】D

【解析】城市排水体制应根据城市环境保护要求、当地自然条件（地理位置、地形及气候）、受纳水体条件和原有排水设施情况，经综合分析比较后确定。同一城市的不同地区可采用不同的排水体制。故 D 项错误。

2022-022 下列关于城市内涝原因，错误的是（　　）。

A. 城市湖泊水系被填埋　　　　　　　B. 地面硬化面积增加

C. 雨水管道断接　　　　　　　　　　D. 道路红线宽度变窄

【答案】D

【解析】城市内涝的原因如下。①城市排水系统：一方面，现在国内一些城市排水管网欠账比较多，管道老化，排水标准比较低。有的地方排水设施不健全、不完善，排水系统建设滞后是造成内涝的重要原因。另一方面，城市大量的硬质铺装，如柏油路、水泥路面，降雨时水渗透性不好，不容易入渗，也容易形成这段路面的积水。②城市环境：由于城市中植被稀疏，水塘较少，无法贮存雨水，导致出现"汇水"的现象，形成积水。而且热岛效应的出现，导致暴雨出现的几率增加，降水集中。③交通：由于汽车尾气排放过多，导致空气中粉尘、颗粒物较多，容易产生凝结核，导致降水量增加。故 D 项错误。

2022-064 海绵城市径流总量控制指标是(   )。

A. 年径流总量控制率   B. 雨水下渗减排总量

C. 雨水储存总量   D. 雨水强总排量

【答案】A

【解析】构建低影响开发雨水系统规划控制目标一般包括径流总量控制、径流峰值控制、径流污染控制、雨水资源化利用等。径流总量控制一般采用年径流总量控制率作为控制指标。

2023-022 下列关于城市排水防涝规划措施的说法，正确的是(   )。

A. 采用透水铺装可以提高城市雨水综合径流系数

B. 上游雨水管道设计标准大于下游雨水管设计标准

C. 通过控制道路竖向高程规划构建防涝行洪通道

D. 城市雨水管渠设计标准高于城市内涝防洪设计标准

【答案】C

【解析】透水铺装可将更多的雨水通过下渗留在场地中降低地表径流量，因此可以降低雨水综合径流系数（故 A 项错误）。下游雨水管道的设计标准应大于上游雨水管道设计标准（故 B 项错误）。城市内涝防洪设计标准重现期一般为 20～100 年，城市雨水管渠设计标准重现期一般不超过 5 年（故 D 项错误）。

板块 3   城市供电工程规划

历年考频

板块	2020 年	2021 年	2022 年	2023 年	2024 年
城市供电工程规划	—	2	1	1	1

知识点 1   城市供电系统 【★】

1. 城市电源

分为城市发电厂和接受市域外电力系统电能的电源变电所（站）两类。

2. 送电网

（1）送电网分类

送电网是电力系统的组成部分，又是城市电网的电源，包括与城市电网有关的 220kV 送电线路和 220kV 变电所（站）。

（2）电源点

至少应有两个向城市电网直接供电的电源点，大城市应实现多电源供电方式。当送电网中任一条送电线路或一台主变压器，或地区发电厂内一台最大机组因计划检修或事故时，应能保持向所有用户正常供电。

220kV 变电所（站）一般有两回电源进线、两台主变压器。若只有一回路电源和一台主变压器，应在低压侧加强与外来电源的联络。

（3）电源点布局

城市电网电源点应尽量接近负荷中心。在地区负荷密集、用电容量很大、供电可靠性要求高的大城市中，应采用高压深入市区的供电方式。

3. 配电网

配电网构成

高压配电网	中、低压配电网
① 110kV、63kV、35kV 线路和变电所（站）。 ② 能接受电源点的全部容量，满足供应 110kV、63kV、35kV 的线路和变电所（站）的全部负荷	10kV 线路配电所、开闭所和 380/220V 线路

注：当 35～110kV 变电所（站）的 10kV 出线受走廊条件限制，或中压配电网运行操作有需要时，可以建设 10kV 开闭所。

知识点 2　供电工程规划　【★★★★】

1. 城市用电负荷

（1）用电负荷分类

用电负荷分类

分类方法	分类
按产业和生活用电性质分类	第一产业用电、第二产业用电、第三产业用电、城乡居民生活用电
按城市负荷分布特点分类	一般负荷和点负荷两类

（2）负荷预测方法的选择

城市电力负荷预测应确定一种主要的预测方法，并应用其他预测方法进行补充、校核。负荷同时率的高低，应根据各地区电网用电负荷特性确定。

用电负荷预测方法的选择

城市总体规划阶段	城市详细规划阶段
宜选用人均用电指标法、横向比较法、电力弹性系数法、回归分析法、增长率法、单位建设用地负荷密度法、单耗法等	一般负荷（均布负荷）宜选用单位建筑面积负荷指标法等；点负荷宜选用单耗法，或由有关专业部门、设计单位提供负荷、电量资料

（3）电量预测的常用方法

电量预测的常用方法

方法	要点	适用性
单耗法	根据产品（或产值）用电单耗和产品数量（或产值）来推算电量，是预测有单耗指标的工业和部分农业用电量的一种直接、有效的方法	较适合工业区，适用于近、中期规划
综合用电水平法	① 据单位消耗电量来推算各分类用户的用电量。 ② 城市生活用电可按每户或每人的平均用电量来推算，工业和非工业等分类用户的用电量可按每单位设备容量的平均用电量推算	适用于分区负荷中的一般负荷和点负荷预测，预测期以近、中期较为合适
外推法	运用历年的历史资料数据加以延伸，由此推测未来各年的用电量，包括回归分析法和平均增长率法等	—
弹性系数法	电力弹性系数是地区总用电量平均年增长率与工农业总产值平均年增长率的比值，城市电网的电力弹性系数应根据地区工业结构、用电性质，并对历史资料及各类用电量发展趋势加以分析后慎重确定	只用于校核中期或远期的规划预测值

（4）负荷预测的方法

负荷预测的方法

方法	要点
城市电网最大负荷的预测值	可用年供电量的预测值除以年综合大负荷利用小时数求得
年供电量的预测值	等于年用电量与地区线路损失电量预测值之和

注：负荷密度法适用于市区内分散的用电负荷预测，负荷密度按市区内分面积以每平方公里的平均负荷千瓦数表示。

（5）负荷预测指标

包括规划人均综合用电量指标、规划人均居民生活用电量指标、规划单位建设用地负荷指标和规划单位建筑面积负荷指标。

① 当采用人均用电指标法或横向比较法预测城市总用电量时，其规划人均综合用电量指标宜符合下表的规定。

规划人均综合用电量指标

城市用电水平分类	人均综合用电量 [kW·h/(人·a)]	
	现状	规划
用电水平较高城市	4501~6000	8000~10000
用电水平中上城市	3001~4500	5000~8000
用电水平中等城市	1501~3000	3000~5000
用电水平较低城市	701~1500	1500~3000

注：当城市人均综合用电量现状水平高于或低于表中规定的现状指标最高或最低限值的城市。其规划人均综合用电量指标的选取，应视其城市具体情况因地制宜确定。

② 当采用人均用电指标法或横向比较法预测居民生活用电量时，其规划人均居民生活用电量指标宜符合下表的规定。

规划人均居民综合用电量指标

城市用电水平分类	人均居民综合用电量 [kW·h/(人·a)]	
	现状	规划
用电水平较高城市	1501～2500	2000～3000
用电水平中上城市	801～1500	1000～2000
用电水平中等城市	401～800	600～1000
用电水平较低城市	201～400	400～800

注：当城市人均居民生活用电量现状水平高于或低于表中规定的现状指标最高或最低限值的城市，其规划人均居民生活用电量指标的选取，应视其城市的具体情况，因地制宜确定。

2. 城市供电电源

城市供电电源： 为城市提供电能来源的发电厂和接受市域外电力系统电能的电源变电站的总称。

供电电源种类： 城市供电电源可分为城市发电厂和接受市域外电力系统电能的电源变电站。

供电电源选择： 城市供电电源的选择，应综合研究所在地区的能源资源状况、环境条件和可开发利用条件，进行统筹规划，经济、合理地确定城市供电电源。

城市供电电源选择

城市类型	电源选择	
以系统受电或以水电供电为主的大城市	应规划建设适当容量的本地发电厂，以保证城市用电安全及调峰的需要	
有足够稳定的冷、热负荷的城市	电源规划宜与供热（冷）规划相结合，建设适当容量的冷、热、电联产电厂	① 以煤（燃气）为主的城市，宜根据热力负荷分布规划建设热电联产的燃煤（燃气）电厂，同时与城市热力网规划相协调。 ② 城市规划建设的集中建设区或功能区，宜结合功能区规划用地性质的冷热电负荷特点，规划中小型燃气冷、热、电三联供系统
在有足够可再生资源的城市	可规划建设可再生能源电厂	

(1) 城市发电厂规划布局

总体布局要求： 城市发电厂的规划布局，除应符合国家现行相关标准外，还应符合以下规定：

城市发电厂规划布局

类型	布局要求
燃煤（气）电厂	厂址宜选用城市非耕地，并应符合现行国家标准的有关要求
大、中型燃煤电厂	① 应安排足够容量的燃煤储存用地； ② 燃气电厂应有稳定的燃气资源，并应规划设计相应的输气管道

类型	布局要求
燃煤电厂	① 选址宜在城市最小风频上风向，并应符合国家环境保护的有关规定； ② 在规划厂址的同时应规划贮灰场和水灰管线等，贮灰场宜利用荒、滩地或山谷
供冷（热）电厂	宜靠近冷（热）负荷中心，并与城市热力网设计相匹配

注：城市发电厂应根据发电厂与城市电网的连接方式规划出线走廊。厂址标高应高于 100 年一遇的水位。厂址标高低于洪水位时，其防洪堤堤顶高应超过 100 年一遇的洪水位 0.5～1m。

（2）城市电源变电站布局

电源变电站的位置应根据城市总体规划布局、负荷分布及与外部电网的连接方式、交通运输条件、水文地质、环境影响和防洪、抗震要求等因素进行技术经济比较后合理确定。

规划新建的电源变电站，应避开国家重点保护的文化遗址或有重要开采价值的矿藏。

为保证可靠供电，应在城区外围建设高电压等级的变电站，以构成城市供电的主网架。

对用电量大、高负荷密度区，宜采用 220kV 及以上电源变电站深入负荷中心布置。

知识点 3　城市电网规划　【★★★★】

1. 规划原则

城市电网规划应分层、分区，各分层、分区应有明确的供电范围，并应避免重叠、交错。

城市电源应与城市电网同步规划，城市电网应根据地区发展规划和地区负荷密度，规划电源和走廊用地。

城市电网规划应满足结构合理、安全可靠、经济运行的要求，各级电网的接线宜标准化，并应保证电能质量，满足城市用电需求。

城市电网的规划建设应纳入城市规划，应按规划布局和管线综合的要求，统筹安排、合理预留城市电网中各级电压变电站、开关站、电力线路等供电设施的位置和用地。

2. 电压等级和层次

① 城市电网电压等级：城市电网确定的标准电压指电网受电端的额定电压，它是根据国家标准《标准电压》GB/T 156 确定的。

城市电网电压等级

类型	布局要求
交流	1000kV、750kV、500kV、330kV、220kV、110（66）kV、35kV、10（20）kV 和 220/380V
直流	±800kV、±500kV

其中，1000kV、750kV、500kV 属我国跨区域、跨省大电网采用的电压，1000kV 属于特高压电压等级。我国城市电网所采用的电压仍多为 220kV 及以下各级电压。

城市规模大，用电需求量就大，城市电网与区域电网连接的电压相应更高。一般大中城市的城市电网的最高一级电压多为 220kV，次一级电压为 110（66）、35kV。小城市或建制镇电网的最高一级电压多为 110（66）、35kV，次一级电压则为 10kV。此外，一些特大城市（如北京、上海、天津等）城市电网最高一级电压已为 500kV，次一级电压为 220kV。

大中城市的电网电压等级宜为 4～5 级，四个变压层次；小城市宜为 3～4 级，三个变压层次。

② 城市电网应简化变压层级，优化配置电压等级序列避免重复降压。城市电网的电压等级序列应根据本地区实际情况和远景发展确定。城市电网规划的目标电压等级序列以外的电

压等级，应限制发展、逐步改造。

城市电网结构主要包括：点（发电厂、变电站、开关站、配电站）、线（电力线路）布置和接线方式，它在很大程度上取决于地区的负荷水平和负荷密度。城市电网结构是一个整体，其中发、输、变、配用电之间应有计划按比例协调发展。为了适应用电负荷持续增长、减少建设投资和节能等需要，城市电网必须简化电压等级，减少变压层次，优化网络结构。

③ 城市电网中的最高一级电压，应考虑城市电网发展现状，根据城市电网远期的规划负荷量和城市电网与外部电网的连接方式确定。

3. 容载比

变电容载比是反映城市电网供电能力的重要技术经济指标之一，是宏观控制变电总容量的指标，也是规划设计时，确定城网中某一电压层网所配置的变电总容量是否适当的一个重要指标。

变电容载比是电网内同一电压等级的主变压器总容量（kV·A）与对应的供电总负荷（kW）的比值。计算时应将地区发电厂的主变压器容量及其所供负荷，用户专用变电所（站）的主变压器容量及其所供负荷分别扣除。

各地区电网规划设计中应根据现在的统计资料和电网结构形式确定合理的容载比。容载比过大将使电网建设投资增大，电能成本增加；容载比过小将使电网适应性差，调度不灵，甚至出现"卡脖子"现象。

4. 供电可靠性

采用年平均供电可用率作为城市电网供电可靠性的计算指标，高压配电网中市区电网的年平均供电可用率应争取达到99.9%以上，即每户年平均停电小时数在9h以下；10kV电压城市电网中市区的每平均供电可用率最低应争取到99.5%，即每户年平均停电小时不超过44h。大城市的主要市区10kV电压城市电网的年平均可用率应逐步达到99.9%以上。

知识点4　城市供电设施 【★★★★】

1. 城市变电站

（1）城市变电站等级

按其一次侧电压等级可分为500kV、330kV、220kV、110（66）kV、35kV 五类变电站。

城市变电站主变压器安装台（组）数宜为2~4台（组），单台（组）主变压器容量应标准化、系列化。

（2）城市变电站规划选址、规划新建城市变电站的结构形式选择

城市变电站选址及结构形式选择

项目	要点	备注
城市变电站选址（2024考点）	① 应与城市总体规划用地布局相协调； ② 应靠近负荷中心； ③ 应便于进出线； ④ 应方便交通运输； ⑤ 应减少对军事设施、通信设施、飞机场、领（导）航台、国家重点风景名胜区等设施的影响； ⑥ 应避开易燃、易爆危险源和大气严重污秽区及严重盐雾区； ⑦ 220~500kV 变电站的地面标高，宜高于100年一遇洪水位；35~110kV 变电站的地面标高，宜高于50年一遇洪水位； ⑧ 应选择良好地质条件的地段	城市变电站出口应有（2~3）个电缆进出通道，应按变电站终期规模考虑变电站及其周边路网的电缆管沟规划，以满足变电站进出线要求

项目	要点	备注
变电站的结构形式选择	① 在市区边缘或郊区，可采用布置紧凑、占地较少的全户外式或半户外式； ② 在市区内宜采用全户内式或半户外式； ③ 在市中心地区可在充分论证的前提下结合绿地或广场建设全地下式或半地下式； ④ 在大中城市的超高层公共建筑群区、中心商务区及繁华、金融商贸街区，宜采用小型户内式；可建设附建式或地下变电站	—

2. 开关站

城市电网中设有高、中压配电进出线及对功率进行再分配的供电设施。可用于解决变电站进出线间隔有限或进出线走廊受限问题，并在区域中起到电源支撑的作用。

高电压线路伸入市区，可根据电网需求，建设 110kV 及以上电压等级开关站。

当 66～220kV 变电站的二次侧 35kV 或 10（20）kV 出线走廊受到限制，或者 35kV 或 10（20）kV 配电装置间隔不足，且无扩建余地时，宜规划建设开关站。

10（20）kV 开关站应根据负荷的分布与特点布置。

10（20）kV 开关站宜与 10（20）kV 配电室联体建设，且宜考虑与公共建筑物混合建设。

3. 公用配电室

主要为低压用户配送电能，设有中压配电进出线（可有少量出线）、配电变压器和低压配电装置，带有低压负荷的户内配电场所。

规划新建公用配电室的位置，应接近负荷中心。

公用配电室宜按"小容量、多布点"原则规划设置，配电变压器安装台数宜为 2 台，单台配电变压器容量不宜超过 1000kV·A。

在负荷密度较高的市中心地区，住宅小区、高层楼群、旅游网点和对市容有特殊要求的街区及分散的大用电户，规划新建的配电室宜采用户内型结构。

在公共建筑楼内规划新建的配电室，应有良好的通风和消防措施。

当城市用地紧张、现有配电室无法扩容且选址困难时，可采用箱式变电站，且单台变压器容量不宜超过 630kV·A。

4. 城市电力线路

（1）种类

城市电力线路分为架空线路和地下电缆线路两类。

（2）城市架空电力线路的路径选择

① 应根据城市地形、地貌特点和城市道路网规划，沿道路、河渠、绿化带架设，路径应短捷、顺直，减少同道路、河流、铁路等的交叉，并应避免跨越建筑物；

② 35kV 及以上高压架空电力线路应规划专用通道，并应加以保护；

③ 规划新建的 35kV 及以上高压架空电力线路，不宜穿越市中心地区、重要风景名胜区或中心景观区；

④ 宜避开空气严重污秽区或有爆炸危险品的建筑物、堆场、仓库；

⑤ 应满足防洪、抗震要求。

（3）高压线走廊

高压线走廊： 35kV 及以上高压架空电力线路两边导线向外侧延伸一定安全距离所形成的

两条平行线之间的通道，也称高压架空线路走廊。

市区内单杆单回水平排列或单杆多回垂直排列的 35～1000kV 高压架空电力线路规划走廊宽度，宜根据所在城市的地理位置、地形、地貌、水文、地质、气象等条件及当地用地条件，按下表的规定合理确定。

市区 35～1000kV 高压架空电力线路规划走廊宽度

线路电压等级（kV）	高压线走廊宽度（m）
直流±80	80～90
直流±500	55～70
1000（750）	90～110
500	60～75
330	35～45
220	30～40
66、110	15～25
35	15～20

市区内高压架空电力线路宜采用占地较少的窄基杆塔和多回路同杆架设的紧凑型线路结构，多路杆塔宜安排在同一走廊。

（4）规划新建的 35kV 及以上电力线路

在下列情况下，宜采用地下电缆线路：

① 在市中心地区、高层建筑群区、市区主干路、人口密集区、繁华街道等地区；

② 重要风景名胜区的核心区和对架空导线有严重腐蚀性的地区；

③ 走廊狭窄、架空线路难以通过的地区；

④ 电网结构或运行安全的特殊需要线路；

⑤ 沿海地区易受热带风暴侵袭的主要城市的重要供电区域。

城区中、低压配电线路应纳入城市地下管线统筹规划，其空间位置和走向应满足配电网需求。

知识点 5　政策文件、标准规范

《配电网规划设计技术导则》DL/T 5729—2023

《城市电力规划规范》GB/T 50293—2014

《66kV 及以下架空电力线路设计标准》GB 50061—2010（2025 年版）

《110kV～750kV 架空输电线路设计规范》GB 50545—2010

《1000kV 架空输电线路设计规范》GB 50665—2011

《标准电压》GB/T 156—2017

供电工程
- 供电系统
  - 电源
    - 城市发电厂
    - 电源变电所
  - 送电网：两个城市电网电源点，接近负荷中心
  - 配电网
    - 环网布置，开环运行
    - 双回或多回布置
- 站场建设
  - 发电厂
    - 炼油厂附近
    - 贮灰场
  - 核电厂：人口密度低的区域
  - 区域变电所
    - 不设在空气污秽的地区
    - 采取防污措施
    - 在污染的上风向
  - 城市变电所
    - 市区边缘或郊区：全户外或半户外式
    - 市区内：户内式或半户外式
    - 市中心：户内式
    - 中央商务区(CBD)—小型户内式
    - 可与其他建筑物合建或地下建设
  - 选址：符合规划，地质良好，靠近负荷中心，经济合理，靠近水源，环保防灾，进出线方便，交通方便，邻近设施影响
- 规划内容
  - 总体规划
  - 详细规划
- 线网布局
  - 电网等级
    - 大中城市四个变压层次
    - 小城市三个变压层次
  - 容载比
    - 可靠性高，电能成本高
    - 过大：电网建设投资增大
    - 过小：电网适应性差
  - 架空线、地下电缆
- 能源种类
  - 可再生
    - 风力发电：不稳定
    - 地源热泵
  - 不可再生：核能
- 电力保护设施
  - 架空线
    - 35kV及以上规划专用通道
    - 66kV及以上不穿越中心区和风景区
    - 减少与道路交叉，不跨越建筑
  - 地下电缆
  - 核电厂
    - 隔离区：半径1km
    - 限制区：半径不小于5km
    - 应急计划区：半径10km

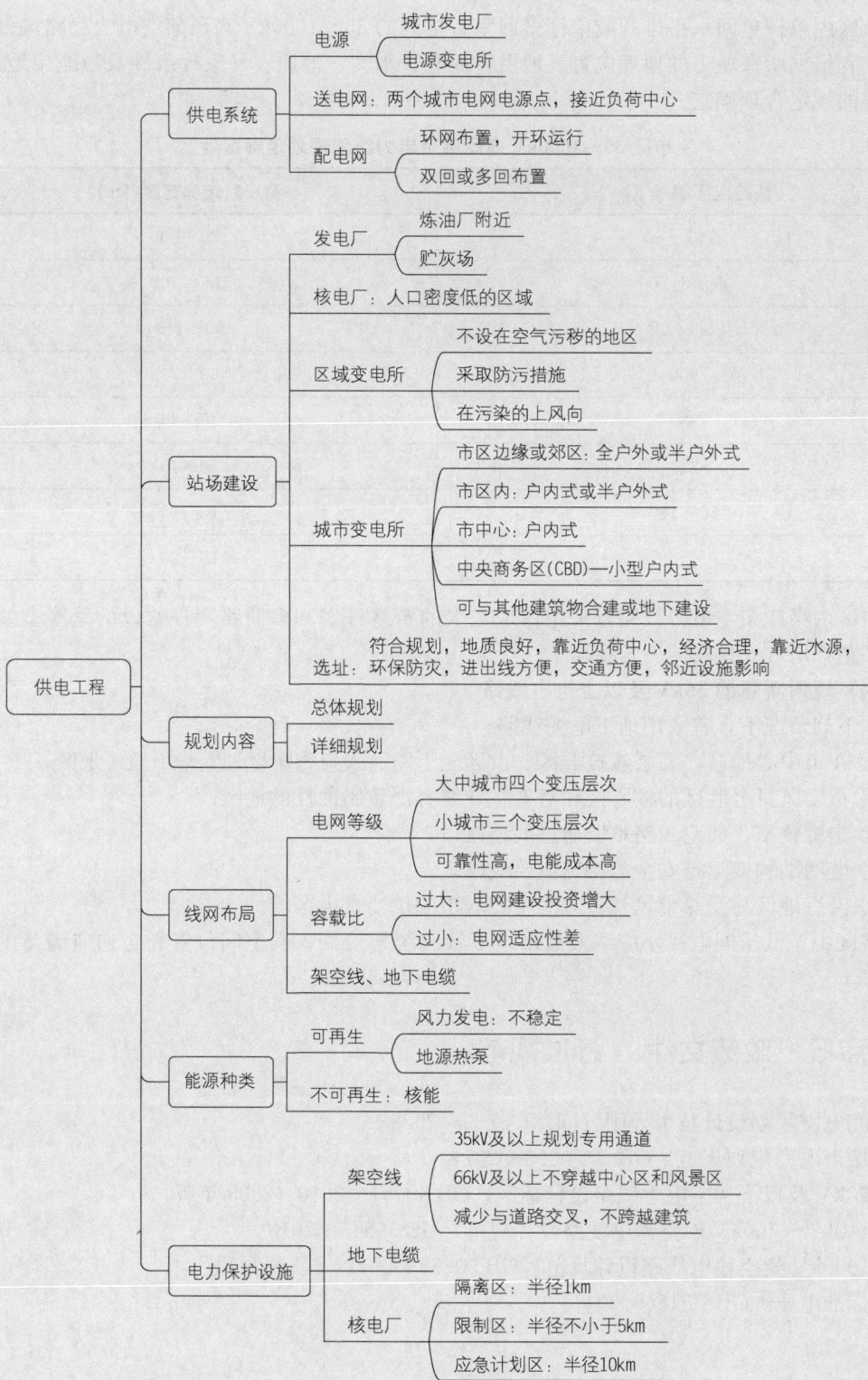

城市供电工程规划基本知识

真题演练

2021-023 下列关于城市供电规划的说法，错误的是(　　)。

A. 城市高密度建设区内宜安排 220kV 及以上变电站

B. 供电系统包括电源、输电网和配电网

C. 风力发电是一种稳定、可靠的清洁能源

D. 送电网是电力系统的组成部分，但不是城市电网的电源

【答案】D

【解析】送电网是电力系统的组成部分，也是城市电网的电源，故 D 项错误。

2021-070 关于能效电厂，下列说法错误的是(　　)。

A. 能效电厂是一种虚拟的电厂

B. 能效电厂在电力生产行业中位于发电效率前端

C. 通过实施一些节点计划和能效项目节约电力

D. 是电力需求侧管理的一种创新模式

【答案】B

【解析】能效电厂是一种虚拟电厂，把各种节能措施、节能项目打包，通过实施一揽子节能计划，形成规模化的节电能力，减少电力用户的电力消耗需求，从而达到与扩建电力供应系统的目的。能效电厂是电力需求侧管理的一种创新模式。它是虚拟的发电形式，本身并不产生电能，仍是利用其他现实发电设备发电，因此发电效率并没改变。故 B 项错误。

2022-024 关于城市供电规划，下列说法正确的是(　　)。

A.110kV 以上的城市电源变电站应尽量远离城市中心区

B. 核电为低碳清洁能源

C. 城市供电系统包括城市电源和配电网两部分

D. 热冷电三联供方式适合北方寒冷地区的住宅项目

【答案】B

【解析】110kV 以上的城市电源变电站应尽量接近城市中心区（故 A 项错误）。城市供电系统分为城市电源、送电网、配电网三部分（故 C 项错误）。有稳定冷、热需求的公共建筑区应建设燃气热电冷三联设施，以最大限度地利用能源，而非住宅（故 D 项错误）。清洁能源的准确定义应是：对能源清洁、高效、系统化应用的技术体系。含义有三点：①清洁能源不是对能源的简单分类，而是指能源利用的技术体系；②清洁能源不但强调清洁性，同时也强调经济性；③清洁能源的清洁性指的是符合一定的排放标准。核电是一种高质量、高密度、零排放的清洁能源。

2023-024 下列关于城市供电规划设施的说法，正确的是(　　)。

A.110kV 高压变电站应远离城市中心区

B. 风力发电的年发电小时数高于常规火力发电

C. 在高密度城市建成区建设变电站应采用户内式

D. 新型电力系统以最大化消纳煤电为主要任务

【答案】C

【解析】110kV 高压变电站应靠近用电负荷中心，距离小区不得少于 300m（故 A 项错误）。风力发电受气候影响较大，年发电小时数低于常规火力发电（故 B 项错误）。新型电力系统以最大化消纳新能源为主要任务（故 D 项错误）。

2022-086 下列关于能源的说法，正确的有（　　　）。（多选）

A. 地源热泵供热属于可再生能源

B. 市区变电站应采用户内式

C. 变电站可与其他建筑合建

D. 采取峰谷电价可以提高高峰负荷

E. 推广绿色建筑有助于实现碳达峰

【答案】ABCE

【解析】地源热泵是一种利用地下浅层地热资源，既能供热又能制冷的高效节能环保型空调系统。地源热泵通过输入少量的高品位能源（电能），即可实现能量从低温热源向高温热源的转移。在冬季，把土壤中的热量"取"出来，提高温度后供给室内用于供暖；在夏季，把室内的热量"取"出来释放到土壤中去，并且常年能保证地下温度的均衡。地源热泵技术属可再生能源利用技术（故 A 项正确），属经济、有效的节能技术。

市区变电站是城市电力供应系统重要的组成部分，具有高密度、占地面积小、负荷波动大、对供电可靠性要求高的特点。根据《城市电力规划规范》GB/T 50293—2014 条款 7.2.6，规划新建城市变电站的结构形式选择，宜符合下列规定：①在市区边缘或郊区，可采用布置紧凑、占地较少的全户外式或半户外式；②在市区内宜采用全户内式或半户外式；（故 B 项正确）；③在市中心地区可在充分论证的前提下结合绿地或广场建设全地下式或半地下式；④在大、中城市的超高层公共建筑群区、中心商务区及繁华、金融商贸街区，宜采用小型户内式；可建设附建式（故 C 项正确）或地下变电站。

峰谷电价也称"分时电价"。按高峰用电和低谷用电分别计算电费的一种电价制度。高峰用电一般指用电单位较集中、供电紧张时的用电，如白天收费标准较高；低谷用电一般指用电单位较少、供电较充足时的用电，如夜间收费标准较低。实行峰谷电价有利于促使用电单位错开用电时间（故 D 项错误），充分利用设备和能源。

"双碳"目标将促使各行各业提高节能减排要求，加快节能减排进度。过去 10 多年的发展，使得绿色建筑在标准体系、人才培养、产业联动方面具备了明显的技术和成本优势，迈入高质量发展阶段，实施绿色建筑减碳效果显著，绿色建筑将成为建筑业"双碳"目标达成的最优路径之一，将推动以人为核心的碳减排，助力整个社会的碳达峰和碳中和（故 E 项正确）。

板块 4　城市燃气工程规划

历年考频

板块	2020 年	2021 年	2022 年	2023 年	2024 年
城市燃气工程规划	—	1	1	1	1

知识点 1　城市燃气

1. 种类

燃气按来源可分为天然气、人工煤气、液化石油气和生物气四大类。一般在城市系统中，采用前三种类型燃气，生物气适宜在村镇等居民点选择。

2. 燃气系统

城市燃气系统包括气源、输配系统、用户系统。城市气源不同，城市输配系统也不同。

① 天然气供气系统通过长输管线将天然气输送至天然气门站，通过调压系统，进入城市输配系统。

② 人工煤气厂一般离城市较近，大部分直接进入城市输配系统。

③ 液化天然气均采用汽车或火车运输至小区气化站，直接减压输送至用户管道系统。

④ 液化石油气也采用瓶装送至用户。

部分城市采用由多种气源通过混气站混合后送入城市输配系统。

知识点 2　城市燃气工程规划 【★★★★】

1. 阶段及主要内容

城市燃气工程规划阶段及主要内容

阶段	主要内容
总体规划阶段	① 现状城市燃气系统和用气情况分析； ② 选择城市气源种类，确定气源结构和供气规模； ③ 确定城市气化率，预测城市燃气负荷； ④ 确定气源厂、储配站、调压站等主要工程设施的规模、数量、用地及位置； ⑤ 确定输配系统的供气方式、管线压力级制、调峰方式； ⑥ 布局输气干管和城市输配系统； ⑦ 确定区域调压站、储配站的规模、用地及位置； ⑧ 提出近期燃气设施建设项目安排
详细规划阶段	① 分析现状燃气系统和用气情况、上一层次规划要求及外围供气设施； ② 计算燃气用量； ③ 落实上一层次规划的燃气设施； ④ 规划布局燃气输配设施，确定其位置、容量和用地； ⑤ 规划布局燃气输配管网； ⑥ 计算燃气管网管径

2. 用气负荷

（1）负荷分类

城镇燃气用气负荷分类

分类方法	分类
按用户类型	可分为居民生活用气负荷、商业用气负荷、工业生产用气负荷、供暖通风及空调用气负荷、燃气汽车及船舶用气负荷、燃气冷热电联供系统用气负荷、燃气发电用气负荷、其他用气负荷及不可预见用气负荷等
按负荷分布特点	可分为集中负荷和分散负荷
按用户用气特点	可分为可中断用户和不可中断用户

（2）负荷预测

城镇燃气用气负荷选择要求：

① 应优先保证居民生活用气，同时兼顾其他用气；

② 应根据气源条件及调峰能力，合理确定高峰用气负荷，包括供暖用气、电厂用气等；

③ 应鼓励发展非高峰期用户，减小季节负荷差，优化年负荷曲线；

④ 宜选择一定数量的可中断用户，合理确定小时负荷系数、日负荷系数；

⑤ 不宜发展非节能建筑供暖用气。

负荷预测应结合气源状况、能源政策、环保政策、社会经济发展状况及城市或镇发展规划等确定。

燃气负荷预测内容、方法

内容	方法	备注
① 燃气气化率，包括居民气化率、供暖气化率、制冷气化率、汽车气化率等； ② 年用气量及用气结构； ③ 可中断用户用气量和非高峰期用户用气量； ④ 年、周、日负荷曲线； ⑤ 月平均日用气量、月高峰日用气量、高峰小时用气量； ⑥ 负荷年增长率、负荷密度； ⑦ 小时负荷系数、日负荷系数； ⑧ 最大负荷利用小时数、最大负荷利用日数； ⑨ 时调峰量、季（月、日）调峰量、应急储备量	① 人均用气指标法； ② 分类指标预测法； ③ 横向比较法； ④ 弹性系数法； ⑤ 回归分析法； ⑥ 增长率法	① 总负荷的年、周、日负荷曲线应根据各类用户的年、周、日负荷曲线分别进行叠加后确定； ② 各类负荷量、调峰量及负荷系数均应根据负荷曲线确定

（3）规划指标

城市、镇总体规划阶段，当采用人均用气指标法或横向比较法预测总用气量时，规划人均综合用气量指标和确定因素应符合下表的规定。

规划人均综合用气量指标和确定因素

指标分级	城镇用气水平	较高人均综合用气量[MJ/(人·a)]		确定因素
		现状	规划	
一	较高	≥10501	35001～52500	① 城镇性质、人口规模、地理位置、经济社会发展水平、国内生产总值； ② 产业结构、能源结构、资源条件、气源供应条件； ③ 居民生活习惯、现状用气水平； ④ 节能措施等
二	中上	7001～10500	21001～35000	
三	中等	3501～7000	10501～21000	
四	较低	≤3500	5250～10500	

城镇燃气规划用气指标应按节能减排要求，在调查各类用户用能水平、分析用气发展趋势的基础上综合确定。不可预见用气及其他用气量可按总用气量的3%～5%估算。

3. 燃气气源规划

（1）燃气气源

燃气气源应符合现行国家标准《城镇燃气分类和基本特性》GB/T 13611 的规定，主要包括天然气、液化石油气和人工煤气。

燃气气源选择及相关要点

项目	要点
选择原则	① 应遵循国家能源政策，坚持降低能耗、高效利用的原则； ② 应与本地区的能源、资源条件相适应，满足资源节约、环境友好、安全可靠的要求
气源选择	① 宜优先选择天然气、液化石油气和其他清洁燃料； ② 当选择人工煤气作为气源时，应综合考虑原料运输、水资源因素及环境保护、节能减排要求； ③ 气源选择时应考虑不同种类气源的互换性
气源供气压和高峰日供气量	应能满足燃气管网的输配要求
气源点	① 布局、规模、数量等应根据上游来气方向、交接点位置、交接压力、高峰日供气量、季节调峰措施等因素，经技术经济比较确定； ② 门站负荷率宜取 50%～80%； ③ 中心城区规划人口大于 100 万人的城镇输配管网，宜选择 2 个及以上的气源点

（2）气源设施用地

气源设施是指天然气门站、煤气制气厂、液化石油气站等设施。

气源设施用地选址及布局

类型		规定
天然气厂站	天然气门站	长输管线终点配气站，也是城市接收站，具有净化、调压、储存功能。总平面应分区布置，分为生产区（包括门站、储罐区、调压计量区、加压区等）和辅助区。 ① 站址应根据长输管道走向、负荷分布、城镇布局等因素确定，宜设在规划城市或镇建设用地边缘。规划有 2 个及以上门站时，宜均衡布置。 ② 当城镇有 2 个及以上门站时，储配站宜与门站合建；当城镇只有 1 个门站时，储配站宜根据输配系统具体情况与门站均衡布置。 ③ 门站与民用建筑之间的防火间距不应小于 25m，距重要的公共建筑不宜小于 50m，控制用地面积一般为 1000～5000m²
	储配站	① 储存必要的燃气量以调峰； ② 使多种燃气混合，达到适合的热值等燃气质量指标； ③ 将燃气加压，保证输配管网内适当的压力。 ④ 站址应根据负荷分布、管网布局、调峰需求等因素确定，宜设在城镇主干管网附近
	调压站（箱）	① 按供应方式与用户类型，调压站（箱）可分为区域调压站（箱）与专供调压站（箱），集中负荷应设专供调压站（箱）；调压站（箱）的负荷率宜控制在 50%～75%； ② 调压站供气半径以 0.5km 为宜，当用户分布较散或供气区域狭长时，可考虑适当加大供气半径。 ③ 调压站应尽量布置在负荷中心。 ④ 调压站应避开人流量大的地区，并尽量减少对景观环境的影响。 ⑤ 调压站布局时应保证必要的防护距离。 高中压调压站不宜设置在居住区和商业区内；居住区及商业区内的中低压调压设施宜采用调压箱
	液化天然气、压缩天然气厂站	① 站址选择应考虑交通便利及与规划城镇燃气管网衔接等因素。 ② 供应和储存规模应根据用户类别、用气负荷、调峰需求、运输方式、运输距离等因素，经技术经济比较确定。 ③ 液化天然气或压缩天然气作为临时或过渡气源时，厂站出线应与管网远期规划衔接

类型	规定
液化石油气厂站	① 应选择在全年最小频率风向的上风侧。 ② 应选择在地势平坦、开阔，不易积存液化石油气的地段。 ③ 液化石油气气化、混气、瓶装站的选址，应结合供应方式和供应半径确定，且宜靠近负荷中心。 ④ 液化石油气储配站属于甲类火灾危险性企业。站址应选择在城市边缘，与服务站之间的平均距离不宜超过 10km
汽车加气站	① 站址宜靠近气源或输气管线，方便进气、加气，且便于交通组织。 ② 建设宜符合下列规定：常规加气站宜建在中压燃气管道附近；加气母站宜建在高压燃气厂站或靠近高压燃气管道的地方。 ③ 压缩天然气常规加气站和加气子站、液化天然气加气站、液化石油气加气站可与加油站或其他燃气厂站合建，各类天然气加气站也可联合建站
人工煤气厂站	① 设计规模和工艺，应根据制气原料来源、原料种类、用气负荷、供气需求等，经技术经济比较确定。 ② 应布置在该地区全年最小频率风向的上风侧。 ③ 粉尘、废水、废气、灰渣、噪声等污染物排放浓度，应符合国家现行环保标准规定。 ④ 人工煤气储配站站址应根据负荷分布、管网布局、调峰需求等因素确定，宜设在城镇主干管网附近。人工煤气储配站宜与人工煤气厂对置布置

4. 输配系统规划

城镇燃气输配系统一般由门站、燃气管网、储气设施、调压设施、管理设施、监控系统等组成。

（1）城镇燃气管道设计压力分级（2024 考点）

城镇燃气管道设计压力（表压）分级

压力级制		设计压力 P（MPa）	压力级制选择规定
高压燃气管道	高压 A	2.5<P≤4	① 应简化压力级制，减少调压层级，优化网络结构； ② 输配系统的压力级制应通过技术经济比较确定； ③ 最高压力级制的设计压力，应充分利用门站前输气系统压能，并结合用户用气压力、负荷量和调峰量等综合确定；其他压力级制的设计压力应根据城市或镇规划布局、负荷分布、用户用气压力等因素确定
	高压 B	1.6<P≤2.5	
次高压燃气管道	次高压 A	0.8<P≤1.6	
	次高压 B	0.4<P≤0.8	
中压燃气管道	中压 A	0.2<P≤0.4	
	中压 B	0.01≤P≤0.2	
低压燃气管道		P<0.01	

（2）燃气管网布置

城镇燃气管（网）道敷设、布线要点

类型	要点
城镇燃气管网敷设	① 燃气主干管网应沿城镇规划道路敷设，避免穿跨越河流、铁路及其他不宜穿越的地区。 ② 应减少对城镇用地的分割和限制，同时方便管道的巡视、抢修和管理。 ③ 应避免与高压电缆、电气化铁路、城市轨道等设施平行敷设。 ④ 中心城区规划人口大于 100 万人的城市，燃气主干管应选择环状管网。长输管道应布置在规划城镇区域外围

城市市政公用设施

类型	要点
城镇高压燃气管道布线	① 高压燃气管道不应通过军事设施、易燃易爆仓库、历史文物保护区、机场、火车站、港口码头等地区。当受条件限制，确需在以上区域内通过时，应采取有效的安全防护措施。 ② 高压管道走廊应避开居民区和商业密集区。 ③ 多级高压燃气管网系统间应均衡布置连通管线，并设调压设施。 ④ 大型集中负荷应采用较高压力燃气管道直接供给。 ⑤ 高压燃气管道进入城镇四级地区时，应符合现行国家标准《城镇燃气设计规范》GB 50028 的有关规定
城镇中压燃气管道布线	① 宜沿道路布置，一般敷设在道路绿化带、非机动车道或人行步道下。 ② 宜靠近用气负荷，提高供气可靠性。 ③ 当为单一气源供气时，连接气源与城镇环网的主干管线宜采用双线布置
城镇低压燃气管道	不应在市政道路上敷设

注：长输管道和城镇高压燃气管道的走廊，应在城市、镇总体规划编制时进行预留，并与公路、城镇道路、铁路、河流、绿化带及其他管廊等的布局相结合。

（3）输气管线

天然气和人工燃气可通过长距离管线输送至城市或其他用气地区。天然气长输管线的压力可分为 3 级。长输管线一般采用钢管。

长输管线压力级制、线路选择原则

压力级制	一级	$P \leqslant 1.6$（MPa）
	二级	$1.6 < P < 4$（MPa）
	三级	$P \geqslant 4$（MPa）
线路选择原则	线路尽量通过开阔地带和地势平坦地区，立求取直，转折角不应小于 120°，线路避免穿越矿藏区、风景名胜区、历史保护区、需要灌溉的种植园。选择有利地形，避免不良工矿地质阶段	

输气管网分类

分类方式	分类
按布局方式分	分为环状管网和枝状管网系统。环状管网系统可靠性高
按不同的压力级制分类	分为一级管网系统、二级管网系统、三级管网系统和混合管网系统

5. 调峰及应急储备

（1）调峰

城镇燃气的储备分为三个层次：调峰储备、应急储备和战略储备。

城镇燃气输配系统应与上游统筹解决用气不均衡的问题。

城镇燃气的储备层次

层次	内容	备注
调峰储备	是在正常运行工况下，为平衡调节月、日和时用气不均匀的储气措施	城镇燃气规划中的调峰、应急储备方案内容应包括储备量和储备设施
应急储备	是应对事故工况时的储气措施	
战略储备	是从能源安全角度制定的储气措施	

城镇燃气调峰方式选择规定

规定	备注
① 城镇附近有建设地下储气库条件时，宜选择地下储气库调节季峰、日峰； ② 城镇天然气输气压力较高时，宜选用高压管道储气调节时峰； ③ 当具备液化天然气或压缩天然气气源时，宜利用液化天然气或压缩天然气调日峰、时峰	城镇燃气调峰方式选择应根据当地地质条件和资源状况，经技术经济分析等综合比较确定

（2）应急储备

城镇燃气应急气源应与主供气源具有互换性。

城镇燃气应急储备设施的储备量应按 3～10d 城镇不可中断用户的年均日用气量计算。

应急储备设施布局应结合城镇燃气负荷分布、输配管网结构，经技术经济比较确定。

知识点 3　政策文件、标准规范

《燃气工程项目规范》GB 55009—2021

《城镇燃气规划规范》GB/T 51098—2015

《城镇燃气设计规范》GB 50028—2006（2020 版）

《输气管道工程设计规范》GB 50251—2015

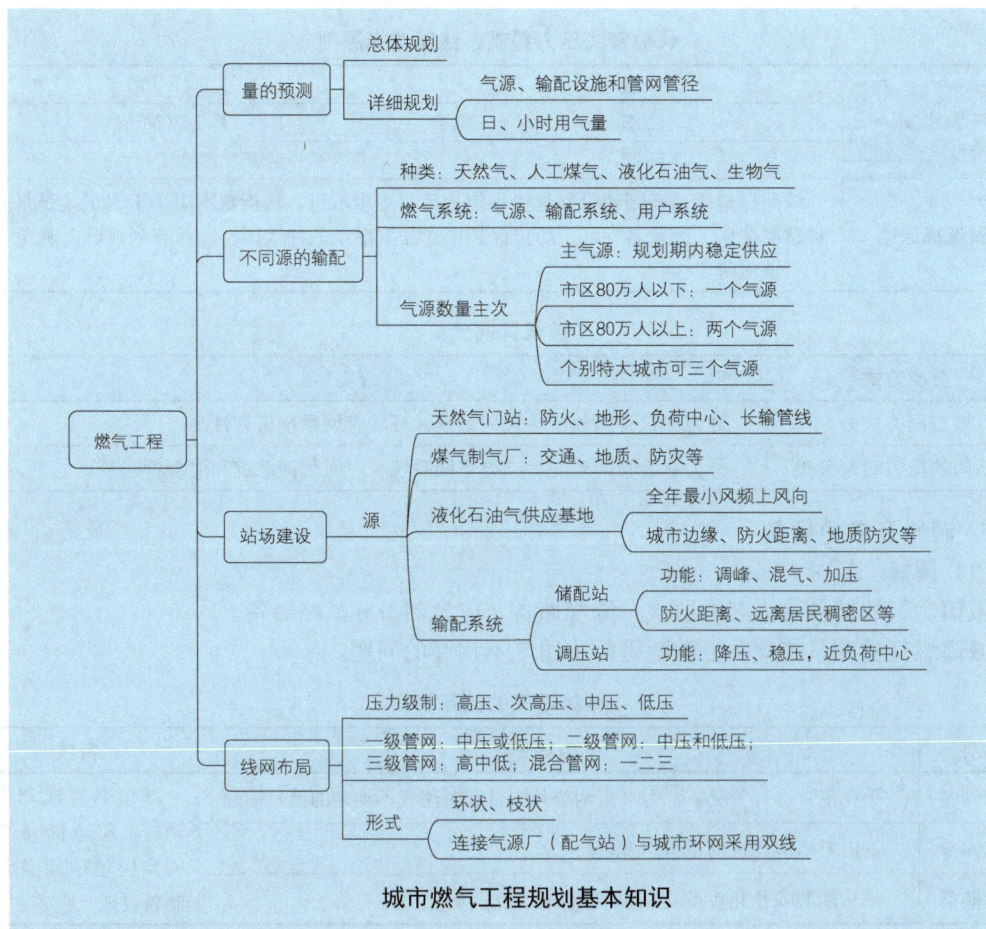

城市燃气工程规划基本知识

真题演练

2021-024 下列关于城市燃气工程规划内容的表述，错误的是(　　)。

A. 按负荷分布特点，可分为集中负荷和分散负荷

B. 高压燃气管道走廊可结合公路、铁路布局

C. 特大城市应配备应急气源和燃气储备站

D. 液化石油气站储备站应邻近用气量大的居住区

【答案】D

【解析】根据《城镇燃气规划规范》GB/T 51098—2015 条款 4.1.2，城镇燃气用气负荷按负荷分布特点，可分为集中负荷和分散负荷（故 A 项正确）。条款 6.2.4，长输管道和城镇高压燃气管道的走廊，应在城市、镇总体规划编制时进行预留，并与公路、城镇道路、铁路、河流、绿化带及其他管廊等的布局相结合（故 B 项正确）。条款 7.2.1，城镇燃气应急气源应与主供气源具有互换性。为平衡燃气负荷的日不均匀性和小时不均匀性，满足各类用户的用气需要，必须在城市燃气输配系统中设置储配站（故 C 项正确）。液化石油气站储备站应结合供应方式和供应半径确定，且宜靠近负荷中心。而负荷中心不一定是最大的用气居住区（故 D 项错误）。

2022-023 下列关于城市燃气规划的说法中错误的是(　　)。

A. 城市燃气输配系统规划设计采用小时用气量和日用气量

B. 城市燃气管道分高压和低压两级

C. 燃气气源尽可能采用多种气源

D. 燃气调压站尽量布置在负荷中心附近

【答案】B

【解析】依据现行《城镇燃气规划规范》GB/T 51098—2015 条款 5.0.3，燃气气源宜优先选择天然气、液化石油气和其他清洁燃料。当选择人工煤气作为气源时，应综合考虑原料运输、水资源因素及环境保护、节能减排要求。C 正确。

根据条款 6.1.1 条文说明，燃气管道的设计压力分级应符合下表规定。可知 B 项错误。

城镇燃气管道设计压力（表压）分级

压力级制		设计压力（表压）P（MPa）
高压燃气管道	高压 A	2.5<P≤4
	高压 B	1.6<P≤2.5
次高压燃气管道	次高压 A	0.8<P≤1.6
	次高压 B	0.4<P≤0.8
中压燃气管道	中压 A	0.2<P≤0.4
	中压 B	0.01≤P≤0.2
低压燃气管道		P<0.01

调压站布置原则：①调压站供气半径以 0.5km 为宜，当用户分布较散或供气区域狭长时，可考虑适当加大供气半径；②调压站应尽量布置在负荷中心；③调压站应避开人流量大的地区，并尽量减少对景观环境的影响；④调压站布局时应保证必要的防护距离。故 D 项正确。

2023-023 下列关于城市燃气规划措施的说法，正确的是（　　）。

A. 燃气调压站应尽量远离负荷中心

B. 燃气管道压力分级分为高压和低压两级

C. 城市燃气输配系统规划设计采用的燃气量是年用气量

D. 天然气长输管道应绕行城市集中建设区

【答案】D

【解析】调压站是燃气输配管网中稳压与调压设施，供气半径以 0.5km 为宜，尽量靠近负荷中心（故 A 项错误），并应保证必要的防护距离。

根据《城镇燃气规划规范》GB/T 51098—2015 条款 6.1.1，燃气管道压力分级分为高压、次高压、中压、低压四级，故 B 项错误。

根据燃气的年用气量的指标可以估算出城市燃气用量。燃气的日用气量与小时用气量是确定燃气气源、输配设施和管网管径的主要依据。因此，燃气用量的预测与计算的主要任务是预测计算燃气的日用量与小时用量。故 C 项错误。

依据《城镇燃气规划规范》GB/T 51098—2015 以下条款：

6.2.3　长输管道应布置在规划城镇区域外围（故 D 项正确）；当必须在城镇内布置时，应按现行国家标准《输气管道工程设计规范》GB 50251 和《城镇燃气设计规范》GB 50028 的规定执行。

长输管道安排在规划城镇区域外围布置，主要是考虑能够为远期城镇发展留有足够的燃气管网布局空间。

板块 5　城市供热工程规划

历年考频

板块	2020 年	2021 年	2022 年	2023 年	2024 年
城市供热工程规划	—	—	—	—	—

知识点 1　城市供热系统 【★】

1. 供热方式

（1）城市供热方式分类

城市供热能源可分为煤炭、燃气、电力、油品、地热、太阳能、核能、生物质能等。

城市供热方式分类

分类	内容
集中供热方式	可分为燃煤热电厂供热、燃气热电厂供热、燃煤集中锅炉房供热、燃气集中锅炉房供热、工业余热供热、低温核供热设施供热、垃圾焚烧供热等

分类	内容
分散供热方式	可分为分散燃煤锅炉房供热、分散燃气锅炉房供热、户内燃气供暖系统供热、热泵系统供热、分布式能源系统供热、地热和太阳能等可再生能源系统供热等

（2）城市供热方式选择

城市供热应充分利用资源，鼓励利用新技术、工业余热、新能源和可再生能源，发展新型供热方式。对大型天然气热电厂供热系统应进行总量控制。

城市供热方式选择

城市类型	供热方式
以煤炭为主要供热能源的城市	应采取集中供热方式，并应符合下列规定： ① 具备电厂建设条件且有电力需求时，应选择以燃煤热电厂系统为主的集中供热。 ② 不具备电厂建设条件时，选择以燃煤集中锅炉房为主集中供热。 ③ 有条件的地区，燃煤集中锅炉房供热应逐步向燃煤热电厂系统供热或清洁能源供热过渡
大气环境质量要求严格并且天然气供应有保证的地区和城市	宜采取分散供热方式
新规划建设区	不宜选择独立的天然气集中锅炉房供热
水电和风电资源丰富的地区和城市	可发展以电为能源的供热方式
能源供应紧张和环境保护要求严格的地区	可发展安全的低温核供热系统
太阳能条件较好地区	应选择太阳能热水器解决生活热水需求，并应增加太阳能供暖系统的规模
历史文化街区或历史地段	宜采用电、天然气、油品、液化石油气和太阳能等为能源的供热系统；设施建设应符合遗产保护和景观风貌的要求

（3）城市供热分区划分

依据城市不同热源的供应范围，划分多个供热分区。各供热分区应保证有两个以上的热源，即主热源和调峰热源，既有利于城市热源分期建设，也可以保证满足平时和高峰时段供热负荷。

不同规划阶段城市供热分区划分

阶段	要点
总体规划阶段	① 需要结合确定的供热方式和热负荷分布，即现状和规划的集中热源规模，城市组团和功能布局，河湖、铁路、公路等重要干线的分割，划分集中供热分区和分散供热分区。 ② 在集中供热分区和分散供热分区中又包括各类集中和分散热源的供热范围或供热分区，可在详细规划阶段，依据合理的热源规模进一步详细确定
详细规划阶段	应依据热源规模、供热方式，对供热分区进行细化，确定每种热源的供热范围

2. 城市供热系统

城市供热系统由热源、供热管网和热用户、热转换设施等部分组成。

（1）城市供热系统分类

城市供热系统分类

分类方式	分类
按热媒不同	分为热水供热系统和蒸汽供热系统
按热源不同	① 分为热电联产系统、锅炉供热系统，另外还有以地源热泵、水源热泵、工业余热、核能、太阳能等作为热源的供热系统。 ② 供热所用能源包括煤炭、燃油、天然气、电能、核能、地热、太阳能等，集中供热所用能源仍以煤炭为主
按供热管道的不同	可分为单管制、双管制和多管制的供热系统

（2）热源

将天然或人造的能源形态转化为符合供热要求的热能装置，称为热源，是城市供热系统的起始点。城市地区热源依据供热形式区分为集中供热系统热源和分散热源。

以蒸汽和热水作为热媒的热源在城市集中供热系统中较为常见。集中供热系统热源有热电厂、集中锅炉房、低温核能供热站、热泵、工业余热、地热、太阳能和垃圾焚化厂等；分散热源有专用锅炉、分户供暖炉等。

广泛应用的热源形式为热电厂和集中锅炉房。

（3）供热管网

供热管网是指由热源向热用户输送和分配供热介质的室外供热管线系统，是热源与热用户连接的纽带，由热力站、管道及其附件共同构成。

供热管网主要由热源至热力站（在三联供系统中是冷暖站）和热力站（制冷站）至用户之间的管道、管道附件（分段阀、补偿器、放气阀、排水阀等）和管道支座组成。

（4）热用户

热用户是指直接使用或消耗热能的室内供暖、通风空调、热水供应和生产工艺用热系统，包括供暖、生活热水和生产用热等多个热能需求系统。

（5）热转换设施

热转换设施是指负责将热源提供的能量转换为适用于供暖或制冷需求的设施，包括热力站和制冷站。

知识点 2　供热工程规划 【★】

1. 热负荷

城市热负荷：指城市供热系统的热用户在计算条件下，单位时间内所需的最大供热量。

热负荷种类：按照用热性质分类，城市热负荷宜分为建筑供暖（制冷）热负荷、生活热水热负荷和工业热负荷三类。

热负荷预测方法：城市热负荷预测内容宜包括规划区内的规划热负荷以及建筑供暖（或制冷）、生活热水、工业等分项的规划热负荷。

热负荷预测方法

分类	宜采用方法
建筑供暖热负荷预测	指标法
生活热水热负荷预测	指标法
工业热负荷预测	相关分析法和指标法

规划热指标：规划热指标包括建筑供暖综合热指标、建筑供暖热指标、生活热水热指标、工业热负荷指标、制冷用热负荷指标。

城市供热对象选择：城市供热对象选择应满足"先小后大""先集中后分散"的原则，即先满足居民家庭、中小型公共建筑和小型企业用热，先选择布局较集中的用户作为供热对象，以达到系统在经济方面的合理性。

2. 供热热源规划

不同规划阶段城市热源规划内容

阶段	内容
总体规划阶段	应结合供热方式、供热分区及热负荷分布，综合考虑能源供给、存储条件及供热系统安全性等因素，合理确定城市集中供热热源的规模、数量、布局及其供热范围，并应提出供热设施用地的控制要求
详细规划阶段	应依据总体规划落实热源位置、用地，或经过技术经济论证分析选择供热方式，确定供热热源的规模、数量、位置及其供热范围，并应提出设施用地的控制要求

热源布局除了考虑合理的供热半径、靠近负荷中心（以降低热网投资和运行费）外，还需要考虑规划建设用地的土地利用效率、城市景观等对供热设施的制约因素。

热电厂规划要点

热源	要点
燃煤热电厂与单台机组发电容量400MW及以上规模的燃气热电厂规划	① 燃煤热电厂应有良好的交通运输条件； ② 单台机组发电容量400MW及以上规模的燃气热电厂应具有接入高压天然气管道的条件； ③ 热电厂厂址应便于热网出线和电力上网； ④ 热电厂宜位于居住区和主要环境保护区的全年最小频率风向的上风侧； ⑤ 热电厂厂址应满足工程建设的工程地质条件和水文地质条件，应避开机场、断裂带、潮水或内涝区及环境敏感区，厂址标高应满足防洪要求； ⑥ 热电厂应有供水水源及污水排放条件

171

集中锅炉房规划要点

热源		要点
集中锅炉房	燃煤集中锅炉房	① 应有良好的道路交通条件，便于热网出线； ② 宜位于居住区和环境敏感区的供暖季最大频率风向的下风侧； ③ 应设置在地质条件良好、满足防洪要求的地区
	燃气集中锅炉房	① 应便于热网出线； ② 应便于天然气管道接入； ③ 应靠近负荷中心； ④ 地质条件良好，厂址标高应满足防洪要求，并有可靠的防洪排涝措施

其他热源规划要点

热源	要点
低温核供热厂	厂址的选择应符合国家相关规定，并应远离易燃易爆物品的生产与存储设施，及居住、学校、医院、疗养院、机场等人口稠密区。 核供热堆周围设置 250m 的非居住区和 2km 的规划限制区。 考虑两个方面的问题： ① 核设施的运行（包括事故）对周围环境的影响； ② 外部环境对核设施安全运行的影响
清洁能源分散供热设施	应结合用地规划、建筑布局、规划建设实施时序等因素确定位置，不宜设置在居住建筑的内部

3. 供热管网规划及其附属设施

（1）热网介质

热网介质适用性

分类	适用情况
热水作为供热介质	热源供热范围内只有民用建筑供暖热负荷时
蒸汽作为供热介质	热源供热范围内工业热负荷为主要负荷时
可采用蒸汽和热水作为供热介质	热源供热范围内既有民用建筑供暖热负荷，也存在工业热负荷时

（2）城市供热管网

供热管网分类

分类方式	分类
根据热源与管网之间关系	可分为区域式和统一式两类

续表

分类方式	分类
根据输送介质的不同	可分为蒸汽管网、热水管网和混合式管网三种
根据用户对介质的使用情况	可分为开式和闭式两种

热水管网宜采用双管制，长输管线宜采用多管制，蒸汽管网宜采用单管制。

(3) 管网布置

热网布局应结合城市近、远期建设的需要，综合热负荷分布、热源位置、道路条件等多种因素，经技术经济比较后确定。供热管网干线沿城市道路布置，并位于热负荷比较集中的区域，可以减少投资，便于运行和维护管理。

供热管网的布置形式包括枝状和环状两种方式。

供热管网布置形式

形式	适用情况
枝状管网	蒸汽管网
环状管网	供热面积大于 1000 万 m² 的热水供热系统采用多热源供热时，各热源供热管网干线应连通，在技术经济合理时，供热管网干线宜连接成环状管网

供热管网管道的相关规定要点

项目	规定
城镇供热管网管道的位置规定	① 热水管道可与给水管道、通信线路、压缩空气管道、压力排水管道同舱设置； ② 蒸汽管道应在独立舱室内设置； ③ 供热管道不应与电力电缆同舱设置
供热管道设置在综合管廊内的规定	① 城镇道路上的供热管道应平行于道路中心线，并宜布置在车行道以外，同一条管线应只沿街道的一侧布置； ② 通过非建筑区的供热管道宜沿道路布置； ③ 供热管道宜避开多年生经济作物和重要的农田基本设施； ④ 供热管道宜与铁路或公路的隧道及桥梁合建

(4) 管道敷设方式

为满足城市景观环境的要求，沿城镇道路和居住区内的供热管道宜采用地下敷设方式；当采用地上敷设时，应与环境协调。工业园区的蒸汽管网在环境景观、安全条件允许时可采用地上架空敷设方式。

管道敷设方式及要点

方式	要点
地上架空敷设	① 具有施工周期短、工程量小、工程造价相对地下敷设方式低的优点，但对环境景观影响较大，且安全性低，只在上述条件允许时，工业园区的蒸汽管网方可采用。 ② 地上敷设的供热管道可与其他管道敷设在同一管架上，但应便于检修，且不得敷设在腐蚀性介质管道的下方。

173

方式		要点
地上架空敷设		③ 地上敷设的供热管道穿越行人过往频繁区域时，管道保温结构或跨越设施的下表面距地面的净距不应小于 2.5m；在不影响交通的区域，应采用低支架，管道保温结构下表面距地面的净距不应小于 0.3m
地下敷设	地沟敷设	① 供热管道采用管沟敷设时，宜采用不通行管沟敷设。穿越不允许开挖检修的地段时，应采用通行管沟敷设；当采用通行管沟困难时，可采用半通行管沟敷设。 ② 地下敷设供热管道和管沟坡度不宜小于 0.002，进入建筑物的管道宜坡向干管。 ③地下敷设供热管线的覆土深度应符合下列规定：管沟盖板或检查室盖板覆土深度不应小于 0.2m；直埋敷设管道的最小覆土深度应符合现行行业标准的规定。 ④ 管沟敷设的供热管道进入建筑物或穿过构筑物时，穿墙处的管沟应采取封堵措施。 ⑤ 给水排水管道或电缆穿入供热管沟时，应加套管或采用厚度不小于 100mm 的混凝土防护层与管沟隔开，同时不得妨碍供热管道的检修和管沟的排水，套管伸出管沟外的单侧长度不应小于 1m。 ⑥ 燃气管道不得穿过供热管沟。当供热管沟与燃气管道交叉的垂直净距小于 300mm 时，应采取措施防止燃气泄漏进入管沟
	直埋敷设	直埋敷设因其具有技术成熟、占地小、施工进度快、保温性能好、使用年限长、工程造价低、节省人力的诸多优点，为城市热网敷设的首选方式

供热管道穿跨越水面、峡谷地段时应符合下列规定：①供热管道可在永久性的公路桥上架设；②供热管道跨越不通航河流时，管道保温结构下表面与 30 年一遇的最高水位的垂直净距不应小于 0.5m。

供热管道同河流、铁路、公路等交叉时宜垂直相交。管道与铁路或地下铁路交叉角度不得小于 60°；管道与河流或公路交叉角度不得小于 45°。

4. 其他城市供热设施

（1）热力站

热力站是供热管网和热用户的连接场所，热力站将热媒加以调节和转换，向不同用户分配热量。供热管网与用户采取间接连接方式时，宜设置热力站。

热力站是小区域的热源，热力站的合理供热规模应通过技术经济比较确定，供热面积不宜大于 30 万 m^2。因此，它的位置最好位于热负荷中心，而对工业热力站来说，则应尽量利用原有锅炉房的用地。热力站若同时供应生活热水，则建筑面积还要增加 50m^2 左右。

（2）制冷站

制冷站通过制冷设备将热能转化为低温水等介质供应用户。冷暖站的供热（冷）面积宜在 10m^2 以内。

知识点 3 政策文件、标准规范

《城市供热规划规范》GB/T 51074—2015
《城镇供热管网设计标准》CJJ/T 34—2022

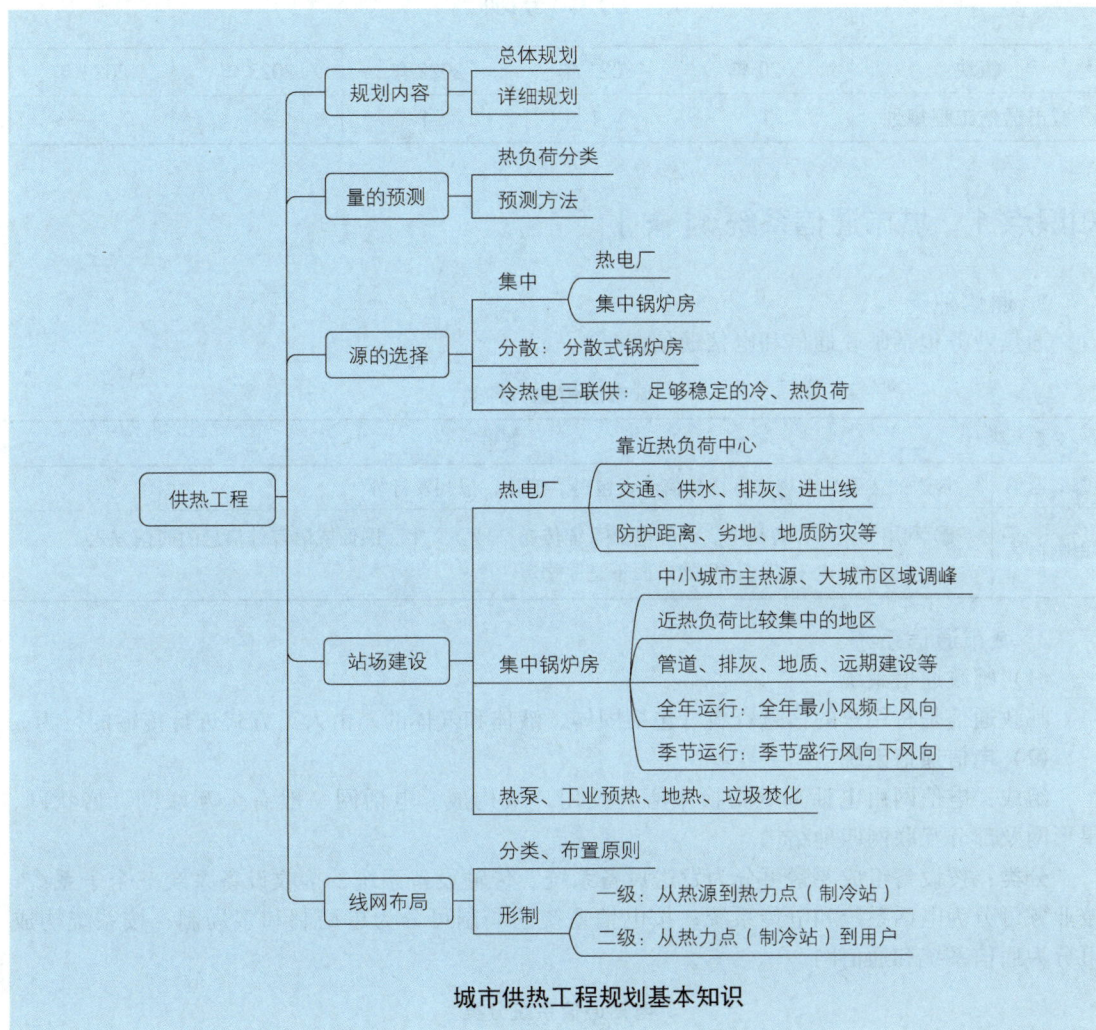

城市供热工程规划基本知识

板块 6 城市通信工程规划

历年考频

板块	2020 年	2021 年	2022 年	2023 年	2024 年
城市通信工程规划	1	1	1	1	—

知识点 1 城市通信系统 【★】

1. 通信种类

通信业务包括邮政通信和电信通信。

城市通信业务种类

分类	要点
邮政通信	传送的主要是实物信息，如信函、包裹、汇款、报刊发行等
电信通信	① 利用无线电、有线电、光等电磁系统传递符号、文字、图像或语言等信息的通信方式。 ② 电信是用电来传送信息的，而不是原物

2. 城市通信系统

（1）邮政通信系统

邮政通信是将用户的信息资料（包括固体、液体和气体的）由人工方式进行传输的行为。

（2）电信通信系统

组成： 电信网由电话局（交换中心）及用户线构成。电话网一般有全互联网、格状网、星形网及部分互联网四种结构。

分类： 按设备组成要素可分为发送设备系统、传输设备系统、接收设备系统三个子系统；按业务可分为电话系统和电传系统；按电信系统的局制可分为单局制和多局制；按系统构成可分为通信系统和通信网。

电信通信系统分类

分类方式		分类
按业务	电话系统	① 把用户的声音以电信号或数字电信号传输的行为称为电话。 ② 其中，按通信方式分为模拟电话通信方式和数字电话通信方式，按传输媒质可分为有线电话和无线电话
	电传系统	① 将用户的图文资料以电码信息或直接转换为电信号的传输称为电传。 ② 电报是用户文字资料以电码信息的方式以无线形式进行传输的。 ③ 电话传真是把用户医文资料利用普通电话网络以有线的形式进行传输的

分类方式		分类	
按局制	单局制	适用于业务量少用户少的小城镇	
	多局制	适用于服务量大、业务量大的城市或中继站	
按系统构成	通信系统	按信源	分为电报通信、电话通信、数据通信、图集通信、多媒体通信等类型
		按信道	分为有线通信系统和无线通信系统
		按传输信号类型	分为模拟通信系统和数字通信系统
	通信网	① 众多的通信系统按一定的拓扑结构和组织结构组成一个完整体系。② 由用户终端设备、交换设备、传输链路组成	

(3) 移动通信系统

移动电话网络的结构按覆盖范围可分为三区制，其分区技术指标如下表：

移动电话网络区制

分类	要点
大区制移动通信系统	① 服务区内只设一个基站，其本身承担的用户不太多，从几十户到几百户。 ② 覆盖半径达 30~60km，使用频率为 450MHz
中区制移动通信系统	① 把整个服务区划分为若干个中区，每个中区设一个基站，为中区内移动用户服务。 ② 覆盖半径达 15~30km，可服务用户 1000~10000 户
小区制移动通信系统	① 把每个中区划分为若干小区，每个小区设一个基站，为该小区内移动用户服务。 ② 覆盖半径为 1.5~15km，小区制的基站发射功率一般不大于 20W。 ③ 最大容量为 100 万户，使用频率为 900MHz。 ④ 每个基站都与无线中心控制局或交换局相连

(4) 广播电视系统

广播电视系统是广播系统和电视系统的合称。

广播分类

分类	要点
有线广播	企事业单位内部或某一建筑物（群）自成体系的独立有线广播
无线广播	国家、政府等机构对外传输信息的电台

广播电视线路应结合城市电信网络由规划考虑，广播电视线路敷设可与通信电缆敷设同管道，但不宜和通信电缆共管孔敷设，也可与架空通信电缆同杆架设敷设，可与电力、仪表管线同隧道敷设。

城市市政公用设施

知识点2 城市通信工程规划 【★★】

1. 邮政规划

（1）邮政规划内容

邮政通信网是指邮政支局所作为基本服务网点，与其他设施和各级邮件处理中心，通过邮路相互连接所组成的传递邮件的网络系统。

涉及城市总体规划用地布局的邮政设施主要是邮政处理中心、邮政局、邮件转运站。在城市详细规划阶段，应考虑详细规划范围内邮政支局所的分布位置、规模等，并落实涉及的总体规划中上述设置的位置与规模。

（2）邮政通信设施

邮政通信设施选址要求

类型	选址要求
邮件处理中心	① 便于交通运输方式组织，靠近邮件的主要交通运输中心； ② 有方便大吨位汽车进出接收、发运邮件的邮运通道
邮政局所	① 局址应设在闹市区、居民集聚区、文化游览区、公共活动场所、大型工矿企业、大专院校所在地，车站、机场、港口以及宾馆内应设邮电业务设施； ② 局址应交通便利，运输邮件车辆易于出入； ③ 局址应有较平坦地形，地质条件良好

2. 电信工程规划

（1）电信用户预测

城市电信用户预测应包括固定电话用户、移动电话用户和宽带用户预测等内容。

电信用户预测方法

阶段	方法
城市总体规划阶段	以宏观预测方法为主，可采用普及率法、分类用地综合指标法等多种方法预测
城市详细规划阶段	以微观分布预测为主，可按不同用户业务特点，采用单位建筑面积测算等不同方法预测

（2）电信局站

分类：电信局站可分一类局站和二类局站。

电信局站分类及选址

项目		要点
分类	一类局站	① 接入网较小规模的接入机房、移动通信基站，局站点多面广，没有独立建设用地考虑。 ② 城域网接入层的小型电信机房，包括小区电信接入机房以及移动通信基站等
	二类局站	① 处于城域网汇聚层及以上的具有汇聚功能、枢纽特征的主要局站，是数量较少、规模较大、功能综合，对选址、用地有一定要求的单独建筑；与城市布局有较大关系。 ② 城域网汇聚层及以上的大中型电信机房，包括电信枢纽楼、电信生产楼等。 ③ 城市电信用户密集区的二类局站覆盖半径不宜超过3km，非密集区二类局站覆盖半径不宜超过5km

项目	要点
选址原则	① 接近计算的线路网中心； ② 避开靠近 110kV 以上变电站和线路的地点，避免强电对弱电的干扰； ③ 便于进局电缆两路进线和电缆管道的敷设； ④ 兼营业服务点的局所和单局制局所一般宜在城市中心选址； ⑤ 单局制通常将电信局所设在区域中心或靠近中心处或用户交换中心处； ⑥ 多局制通常将电信局所设在各个中心位置

（3）通信管道

一般规定： 通信管道容量需满足各电信运营商的城域网、有线电视网、各类通信专网（党政军、公安、供水调度、交通监控、应急通信、视频监控等）的需求，多种城域网并存和城市管线综合决定各类通信线路须统一敷设在通信管道内，因此在进行通信管道规划时，应充分考虑各种不同信息业务的传输要求。管孔计算必须考虑电缆平均线对数不断增加的因素，特别是光纤的采用，应避免不必要的浪费。

城市通信主干管道分类： 城市通信主干管道功能是提供通信综合主干线路敷设的载体，电信网、广播电视网、互联网三网融合的本地通信综合网线路是城市主要综合通信线路。通信管道的体系应结合通信局站、城市道路、土地利用规划，同时兼顾管道的重要性和管道容量来综合确定。

城市通信主干管道分类

分类	要点
主干道路管道	① 连接城市重要通信局站或服务信息高密区的通信管道，管道内敷设城域网局间中继线路，或者作为备用通道敷设长途线路。 ② 一般布置于重要通信局站出局方向的道路和信息高密区的主、次干道上
次干道路管道	① 连接城市一类通信局站或服务信息密集区的通信管道，管道内敷设局间中继线路或接入线路。 ② 一般布置于一般通信局站出局方向的道路和其他主要道路上
支路道路管道	① 用于敷设一般通信线路的通信管道，泛指普通的无特殊需求的通信管道。 ② 一般布置于城市支路和部分次干道上

城市有线通信线路分类

分类方式		分类及要点
按使用功能		分为长话、市话、郊区电话、有线电视、有线广播、计算信息网络等
按通信线路材料		分为主要有电缆、光缆、金属线缆三种
按敷设方式	架空敷设	① 架空电话线路不应与电力线路、广播明线线路合杆架设。 ② 如果必须与 1～10kV 电力线合杆时，电力线与电信电缆之间的距离不应小于 2.5m。与 1kV 电力线合杆时，电力线与电信电缆之间的距离不应小于 1.5m

分类方式		分类及要点
按敷设方式	地面敷设 （地面埋入）	**电缆管道的设置：** ① 一般可在人行道或非机动车道下，不允许在机动车道下；②线路平行于道路中心线；③埋深为 0.8～1.2m，确因条件限制无法满足时，可适当减小；④应埋在冰冻层以下，且在地下水位以上
		管道敷设坡度： ① 一般为 3%～4%，不得小于 2.5%，以利于排水。 ② 电缆直埋设置：直埋电缆、光缆路由要求与管道线路路由相同，埋深应为 0.7～0.9m，并应加覆盖物保护，设置标志。 ③ 直埋电缆、光缆穿过电车轨道或铁路轨道时，应设置于水泥管或钢管等保护管内，其埋深不宜低于管道埋深的要求

知识点 3　无线通信与无线广播传输设施 【★★】

1. 一般规定

城市无线通信设施应包括无线广播电视设施在内的以发射信号为主的发射塔（台、站）、以接收信号为主的监测站（场、台）、发射或（和）接收信号的卫星地球站、以传输信号为主的微波站等。

2. 收信区与发信区

选址： 一般选择在大中城市两侧的远郊区，并使通信主向避开市区。新划分的无线电收、发信区距居民集中区边缘 10km 左右，距工业区边缘 11km 左右。

要求： 收信区和发信区的调整应符合城市总体规划和发展方向，设无线电台站的状况和发展规划，相关无线电台站的环境技术要求和相关地形、地质条件，人防通信建设规划，无线通信主向避开市区。

3. 微波空中通道

城市微波通道应符合下列要求：① 通道设置应结合城市发展需求；②应严格控制进入大城市、特大城市中心城区的微波通道数量；③公用网和专用网微波宜纳入公用通道，并应共用天线塔。

4. 无线广播设施

规划新建、改建或迁建无线广播电视设施应满足全国总体的广播电视覆盖规划的要求，并应符合国家相关标准的规定。接收卫星广播电视节目的无线设施，应满足卫星接收天线场地和电磁环境的要求。

知识点 4　5G 技术与 4G 技术 【★★★★】

5G 指第五代移动通信技术，是一种具有高速率、低时延和大连接特点的新一代宽带移动通信技术，5G 通信设施是实现人机物互联的网络基础设施。

国际电信联盟（ITU）定义了 5G 的三大类应用场景，即增强移动宽带（eMBB）、超高可靠低时延通信（uRLLC）和机器类通信（mMTC）。

5G 基站的高功耗是制约 5G 建网的首要原因。5G 基站可以与 4G 基站共同建设。

1. 主要性能指标

① 峰值速率需要达到 10~20Gbit/s，以满足高清视频、虚拟现实等大数据量传输。

② 空中接口时延低至 1ms，满足自动驾驶、远程医疗等实时应用。

③ 具备每平方公里百万连接的设备连接能力，满足物联网通信。

④ 频谱效率要比 LTE 提升 3 倍以上。

⑤ 连续广域覆盖和高移动性下，用户体验速率达到 100Mbit/s。

⑥ 流量密度达到 10Mbps/m^2 以上。

⑦ 移动性支持 500km/h 的高速移动。

2. 与 4G 对比

5G 与 4G 技术特点差异

类别	优点	缺点
5G	频率高、延时低、传输速度快，设备体积小、重量轻	服务半径小，耗能高
4G	服务半径比 5G 大，耗能比 5G 低	传输速度不如 5G，延时比 5G 高

知识点 5　政策文件、标准规范

《城市通信工程规划规范》GB/T 50853—2013

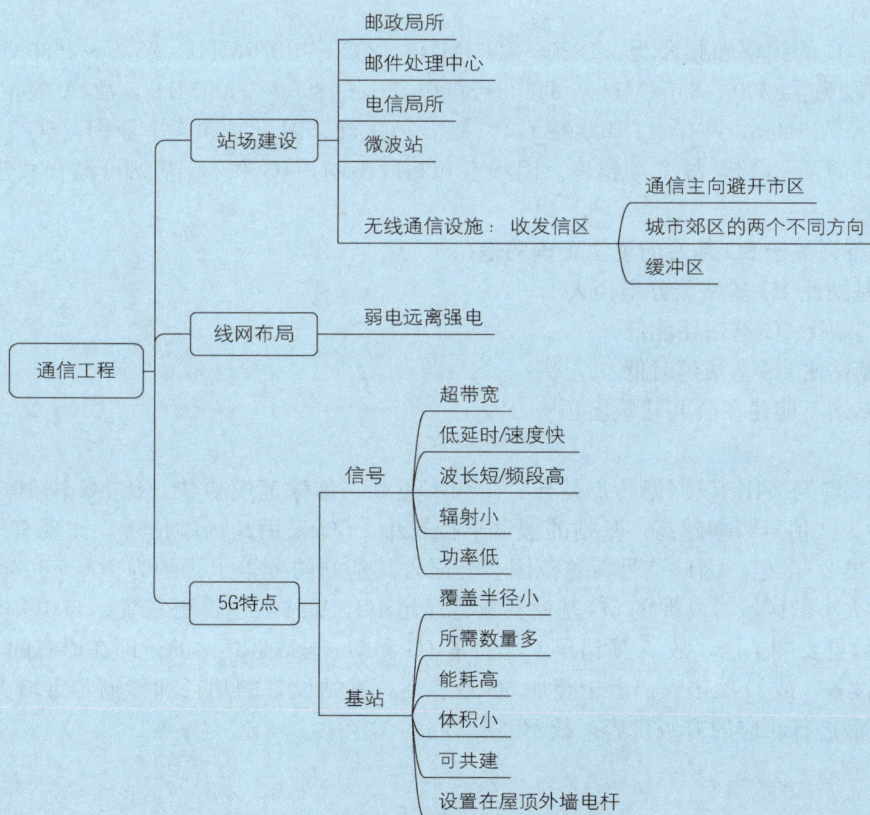

城市通信工程规划基本知识

真题演练

2020-035 以下关于 5G 的技术标准，正确的是(　　)。

　　A. 峰值数据速率达到 10Gbit/s

　　B. 空中接口延迟时间小于 5m/s

　　C. 连续广域覆盖和高移动性下，用户体验速率能达到 100Mbit/s

　　D. 频谱效率要比通常的 LTE 提升 10 倍以上

【答案】C

【解析】5G 主要性能指标包括：①峰值速率需要达到 10～20Gbit/s，以满足高清视频、虚拟现实等大数据量传输。②空中接口时延低至 1m/s，满足自动驾驶、远程医疗等实时应用。③具备每平方公里百万连接的设备连接能力，满足物联网通信。④频谱效率要比 LTE 提升 3 倍以上。⑤连续广域覆盖和高移动性下，用户体验速率达到 100Mbit/s。⑥流量密度达到 10Mbps/m² 以上。⑦移动性支持 500km/h 的高速移动。

2020-028 5G 与 4G 相比较，下列说法错误的是(　　)。

　　A. 5G 频率高

　　B. 5G 基站覆盖半径小

　　C. 5G 基站能耗小

　　D. 4G 与 5G 基站可结合共建

【答案】C

【解析】4G 的频率和频段为：1880～1900MHz、2320～2370MHz、2575～2635MHz。5G 的频率和频段为：3300～3400MHz、3400～3600MHz、4800～5000MHz，故 A 项正确。5G 基站覆盖半径约 500m，只有 4G 基站的 1/4，故 B 项正确。因天线和频率原因，5G 基站能耗约是 4G 基站的 2～3 倍，故 C 项错误。因频率和频段不同，4G 和 5G 基站可结合共建，故 D 项正确。

2022-028 下列关于 5G 基站的说法正确的是(　　)。

　　A. 5G 基站比 1G 基站服务半径大

　　B. 5G 基站比 4G 基站耗能低

　　C. 5G 基站比 4G 基站延时低

　　D. 5G 基站不能建在公共建筑屋顶

【答案】C

【解析】5G 网络比 4G 网络特点差异：①频率更高，传输速度更快，比 4G 快 10 倍以上，故 C 项正确。②信号频率越高，基站的覆盖半径越小。5G 采用超高频信号，比现有的 4G 信号频率约高出 2～3 倍，因此信号覆盖范围会受限，其基站的覆盖半径约为 100～300m。如果要覆盖同样大小的区域，需要的 5G 基站数量将远超 4G，基站须建得更密集。与 4G 相比，我国 5G 基站数量要翻 1 倍，故 A 项错误。③通常 4G 和 5G 基站是共站的，即在原有的 4G 站点上叠加 5G 设备，故 D 项错误。由于叠加 5G 设备后，基站设备的功耗和传输容量增大，站点配套设备还需进行相应的升级扩容，故 B 项错误。

板块 7　城市环境卫生设施规划

历年考频

板块	2020 年	2021 年	2022 年	2023 年	2024 年
城市环境卫生设施规划	3	1	1	1	1

知识点 1　城市环境卫生设施规划的内容 【★】

城市环境卫生设施规划应落实安全高效、以人为本、绿色低碳的理念，并坚持减量化、资源化、无害化的原则。

城市环境卫生设施规划内容

阶段	内容
城市总体规划阶段	① 确定环境卫生设施体系，预测生活垃圾产量，确定生活垃圾收集、转运、处理和处置方式，选择相应的环境卫生设施，提出其设置原则、类型、标准，明确主要环境卫生设施的数量、规模、布局和防护要求。 ② 除满足上述要求外，还应明确各类环境卫生设施的等级、数量和用地面积等，提出工艺、技术、建设等要求，同时应确定生活垃圾运输通道，并规划环境卫生应急系统。规划期限和范围应与城市总体规划相衔接
城市详细规划阶段	在落实总体规划和专项规划相关要求的基础上，确定各项环境卫生设施的数量、具体位置、规模、用地界线等，并划定防护绿带或明确具体防护要求

知识点 2　城市固体废弃物分类与产量预测 【★★】

城市固体废弃物分类

分类	特点
城市生活垃圾	指人们生活活动中所产生的固体废弃物，主要有居民生活垃圾、商业垃圾和清扫垃圾，另外还有粪便和污水厂处理污泥
城市建筑垃圾	指城市建设工地上拆建和新建过程中产生的固体废弃物，主要有砖瓦块、渣土、碎石、混凝土块、废管道等
一般工业固体废弃物	指工业生产过程中和加工过程中产生的废渣、粉尘、碎屑、污泥等，主要有尾矿、煤矸石、粉煤灰、炉渣、冶炼废油、化工废弃物、废品、工业废弃物
危险固体废弃物	指具有腐蚀性、急性毒性、浸出毒性及反应性、传染性、放射性等一种及一种以上危害特性的固体废弃物

183

城市固体废弃物量预测方法

分类		方法
城市生活垃圾	人均指标法	① 市政公用设施齐备的大城市的产生量低，而中小城市的产量高。南方地区的产生量比方地区的低。 ② 规划人均指标以 0.9～1.4kg 为宜。**由人均指标乘以规划的人口数可得到城市生活垃圾总量**
	增长率法	根据基准年数据和年增长率预测规划年的城市生活垃圾总量
	城市生活垃圾产生量预测一般有人均指标法和增长率法，规划时可以用两种方法结合历史数据进行校核	
工业固体废弃物	单位产品法	① 根据各行业的统计数据，得出每单位原料或产品的废弃物产生量。 ② 规划时明确了工业性质和计划产量，则可预测出产生的工业固体废弃物
	万元产值法	① 根据规划的工业产值乘以每万元的工业固体废弃物产生系数，则得废弃物产生量。 ② 规划指标选用 0.04～0.1t/万元
	工业固体废弃物的产生量与城市的产业性质与产生结构、生产管理水平等有关	

知识点3　环境卫生收集设施 【★★★】

环境卫生收集设施一般包括生活垃圾收集点、生活垃圾收集站、废物箱、水域保洁及垃圾收集设施。

环境卫生收集设施

分类	要点
生活垃圾收集点	① 服务半径不宜超过 70m，宜满足居民投放生活垃圾不穿越城市道路的要求；市场、交通客运枢纽及其他生活垃圾产量较大的场所附近应单独设置。 ② 宜采用密闭方式。可采用放置垃圾容器或建造垃圾容器间的方式，采用垃圾容器间时，建筑面积不宜小于 10m²
生活垃圾收集站	① 服务半径：采用人力收集，服务半径宜为 0.4km，最大不宜超过 1km；采用小型机动车收集，服务半径不宜超过 2km。 ② 大于 5000 人的居住小区（或组团）及规模较大的商业综合体可单独设置收集站。 收集站的建筑面积不宜小于 80m²
废物箱	① 道路两侧以及各类交通客运设施、公交站点、公园、公共设施、广场、社会停车场、公厕等人流密集场所的出入口附近应设置废物箱，宜采用分类收集的方式。 ②**设置在道路两侧的废物箱，其间距宜按道路功能划分：** 在人流密集的城市中心区、大型公共设施周边、主要交通枢纽、城市核心功能区、市民活动聚集区等地区的主干路，人流量较大的次干路，人流活动密集的支路，以及沿线土地使用强度较高的快速路辅路设置间距为 30～100m；

分类	要点
废物箱	在人流较为密集的中等规模公共设施周边、城市一般功能区等地区的次干路和支路设置间距为 100～200m； 在以交通性为主、沿线土地使用强度较低的快速路辅路、主干路，以及城市外围地区、工业区等人流活动较少的各类道路设置间距为 200～400m
水域保洁及垃圾收集设施	① 城市中的江河、湖泊、海洋可按需设置清除水生植物、漂浮垃圾和收集船舶垃圾的水域保洁管理站，以及相应的岸线和陆上用地。 ② 根据河流走向、水流变化规律，宜在水面垃圾易聚集处设置水面垃圾拦截设施。 ③ 水域保洁管理站应按河道分段设置，宜按每 12～16km 河道长度设置 1 座。水域保洁管理站使用岸线每处不宜小于 50m²，有条件的城市陆上用地面积不宜少于 800m²

知识点 4　环境卫生转运设施 【★★★★】

环境卫生转运设施一般包括生活垃圾转运站和垃圾转运码头、粪便码头。

环境卫生转运设施技术要点

类型	要点	布局要点
生活垃圾转运站	① 生活垃圾转运站按照设计日转运能力分为大、中、小型三大类和 Ⅰ、Ⅱ、Ⅲ、Ⅳ、Ⅴ 五小类。 ② 当生活垃圾运输距离超过经济运距且运输量较大时，宜设置垃圾转运站。服务范围内垃圾运输平均距离超过 10km 时，宜设置垃圾转运站；平均距离超过 20km 时，宜设置大、中型垃圾转运站	① 宜布局在服务区域内并靠近生活垃圾产量多且交通运输方便的场所，不宜设在公共设施集中区域和靠近人流、车流集中区段。（**2024 考点**） ② 应满足作业要求并与周边环境协调，便于垃圾分类收运、回收利用
垃圾转运码头、粪便码头	① 水运条件优于陆运条件的城市，可设置水上生活垃圾转运码头或粪便码头；垃圾转运码头、粪便码头需有保证正常运转所需的岸线。 ② 垃圾转运码头、粪便码头应设置在人流活动较少及距居住区、商业区和客运码头等人流密集区较远的地方，不应设置在城市上风方向、城市中心区域和用于旅游观光的主要水面岸线上，并重视环境保护，与周围环境相协调。 ③ 垃圾转运码头、粪便码头综合用地按每米岸线配备不少于 15m² 的陆上作业场地，垃圾转运码头周边应设置宽度不少于 5m 的绿化隔离带，粪便码头周边应设置宽度不少于 10m 的绿化隔离带	

生活垃圾的运输：垃圾清运实现机械化，运输工具有专用车辆、船只等，一般大、中型（2t 以上）环卫车辆数量可按 5000 人/辆估算。

知识点 5　环境卫生处理及处置 【★★★★】

城市固体废弃物处理和处置：常用方法有自然堆放、土地填埋、堆肥化、焚烧、热解。

目前我国常采用的方法为填埋（约占70%）、堆肥（约占20%）、焚烧（约占10%）。

城市环境卫生处理及处置：一般包括生活垃圾焚烧厂、生活垃圾卫生填埋场、生活垃圾堆肥处理设施、餐厨垃圾处理设施、建筑垃圾处理设施、粪便处理设施、其他固体废弃物处理厂（处置场）等设施。

城市环境卫生处理及处置设施

设施类型	布局要求
生活垃圾焚烧厂	① 新建生活垃圾焚烧厂不宜邻近城市生活区布局（2024考点）。 ② 用地边界距城乡居住用地及学校、医院等公共设施用地的距离一般不应小于300m。 ③ 生活垃圾焚烧厂单独设置时，用地内沿边界应设置宽度不小于10m的绿化隔离带
生活垃圾卫生填埋场	① 应设置在城市规划建成区外、地质情况较为稳定、符合防洪要求、取土条件方便、具备运输条件、人口密度低、土地及地下水利用价值低的地区，并不得设置在水源保护区、地下蕴矿区及影响城市安全的区域内，距农村居民点及人畜供水点不应小于0.5km。 ② 新建填埋场不应位于城市主导发展方向上，且用地边界距20万人口以上城市的规划建成区不宜小于5km，距20万人口以下城市的规划建成区不宜小于2km。 ③ 用地内沿边界应设置宽度不小于10m的绿化隔离带，外沿周边宜设置宽度不小于100m的防护绿带。 ④ 生活垃圾卫生填埋场使用年限不应小于10年
堆肥处理设施	① 宜位于规划建成区的边缘地带，用地边界距城乡居住用地不应小于0.5km。 ② 堆肥处理设施在单独设置时，用地内沿边界应设置宽度不小于10m的绿化隔离带
餐厨垃圾集中处理设施	① 餐厨垃圾应在源头进行单独分类、收集并密闭运输，餐厨垃圾集中处理设施宜与生活垃圾处理设施或污水处理设施集中布局。 ② 餐厨垃圾集中处理设施用地边界距城乡居住用地等区域不应小于0.5km。 ③ 综合用地指标不宜小于85m²/(t·d)，并不宜大于130m²/(t·d)。 ④ 单独设置时，用地内沿边界应设置宽度不小于10m的绿化隔离带
粪便处理设施	① 应优先选择在污水处理厂或污水主干管网、生活垃圾卫生填埋场的用地范围内或附近，规模不宜小于50t/d。 ② 粪便处理设施与住宅、公共设施等的间距不应小于50m，单独设置时用地内沿边界应设置宽度不小于10m的绿化隔离带
建筑垃圾处理及处置设施	① 宜在规划建成区外设置，应选择具有自然低洼地势的山坳、采石场废坑、地质情况较为稳定、符合防洪要求、具备运输条件、土地及地下水利用价值低的地区，并不得设置在水源保护区、地下蕴矿区及影响城市安全的区域内。 ② 距农村居民点及人畜供水点不应小于0.5km。 ③ 建筑垃圾产生量较大的城市宜设置建筑垃圾综合利用厂，对建筑垃圾进行回收利用。建筑垃圾综合利用厂宜结合建筑垃圾填埋场集中设置

知识点6　其他环境卫生设施 【★★★★】

1. 公共厕所

根据城市性质和人口密度，城市公共厕所平均设置密度应按建设用地 3～5 座/km² 选取；人均规划建设用地指标偏低、居住用地及公共设施用地指标偏高的城市、山地城市、旅游城市可适当提高。

公共厕所设置要求

项目	要求
位置	设置在人流较多的道路沿线、大型公共建筑及公共活动场所附近
形式	应以附属式公共厕所为主、独立式公共厕所为辅、移动式公共厕所为补充 **（2024 考点）**
出入口	附属式公共厕所不应影响主体建筑的功能，宜在地面层临道路设置，并单独设置出入口
设施合建	宜与其他环境卫生设施合建
环境要求	在满足环境及景观要求的条件下，城市公园绿地内可以设置公共厕所

沿道路设置的公共厕所间距宜符合下表的规定。

公共厕所设置间距指标

设置位置	设置间距（m）
商业区周边道路	＜400
生活区周边道路	400～600
其他区周边道路	600～1200

商业街区、重要公共设施、重要交通客运设施、公共绿地及其他环境要求高的区域的公共厕所建筑标准不应低于一类标准；主、次干道交通量较大的道路沿线的公共厕所不应低于二类标准；其他街道及区域的公共厕所不应低于三类标准。

2. 环境卫生清扫、保洁工人作息场所

环卫工人作息场所宜结合城市其他公共服务设施设置，可结合公共厕所、垃圾收集站、垃圾转运站、环境卫生车辆停车场等设施设置。

知识点7　政策文件、标准规范

《城市环境卫生设施规划标准》GB 50337—2018
《环境卫生设施设置标准》CJJ 27—2012

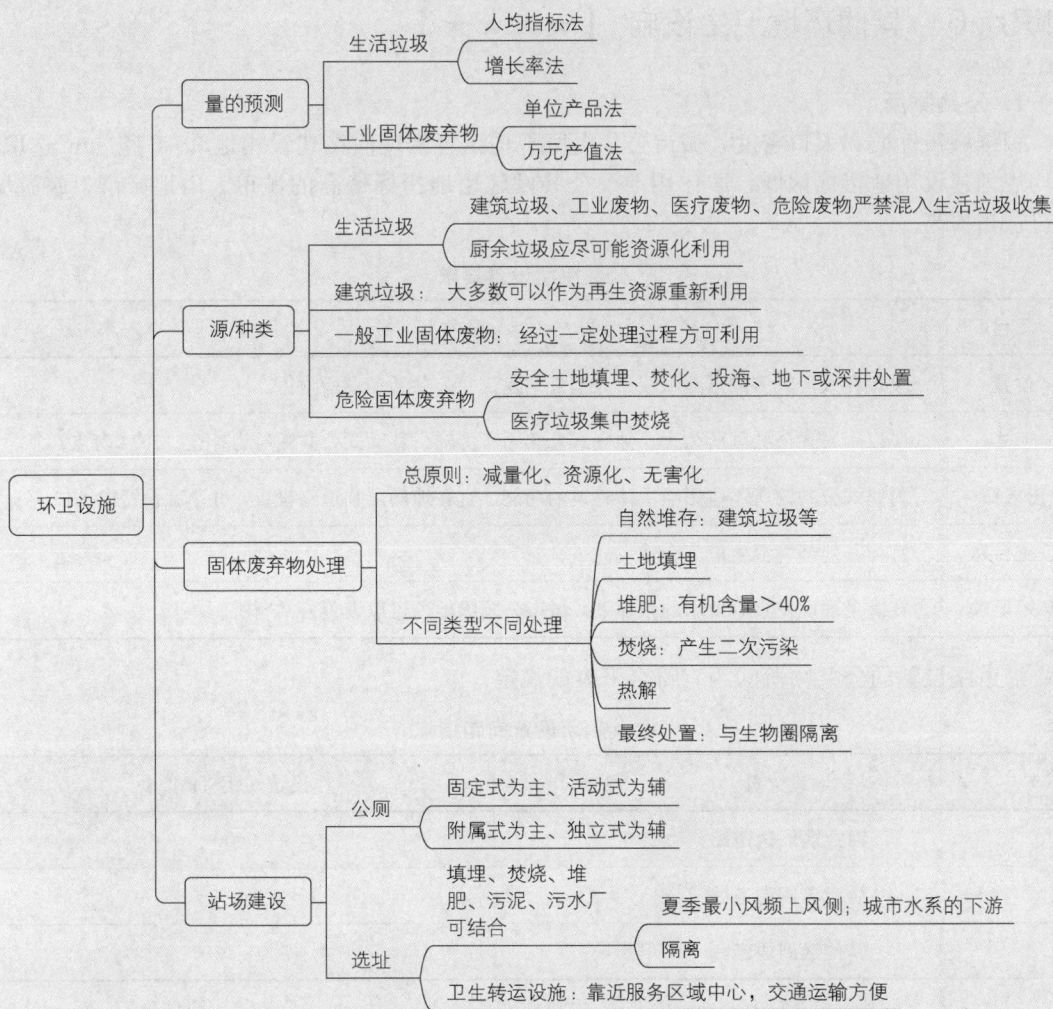

```
                              ┌─ 生活垃圾 ──┬─ 人均指标法
                   ┌─ 量的预测 ┤            └─ 增长率法
                   │          └─ 工业固体废弃物 ─┬─ 单位产品法
                   │                            └─ 万元产值法
                   │
                   │          ┌─ 生活垃圾 ──┬─ 建筑垃圾、工业废物、医疗废物、危险废物严禁混入生活垃圾收集
                   │          │            └─ 厨余垃圾应尽可能资源化利用
                   │          │
                   ├─ 源/种类 ┼─ 建筑垃圾：大多数可以作为再生资源重新利用
                   │          ├─ 一般工业固体废物：经过一定处理过程方可利用
                   │          │
                   │          └─ 危险固体废弃物 ─┬─ 安全土地填埋、焚化、投海、地下或深井处置
                   │                            └─ 医疗垃圾集中焚烧
          环卫设施 ┤
                   │          ┌─ 总原则：减量化、资源化、无害化
                   │          │
                   │          │                  ┌─ 自然堆存：建筑垃圾等
                   ├─ 固体废弃物处理 ┤            ├─ 土地填埋
                   │          │                  ├─ 堆肥：有机含量＞40%
                   │          └─ 不同类型不同处理 ┼─ 焚烧：产生二次污染
                   │                             ├─ 热解
                   │                             └─ 最终处置：与生物圈隔离
                   │
                   │          ┌─ 公厕 ──┬─ 固定式为主、活动式为辅
                   │          │        └─ 附属式为主、独立式为辅
                   └─ 站场建设 ┤
                              │        ┌─ 填埋、焚烧、堆肥、污泥、污水厂可结合
                              └─ 选址 ─┼─ 夏季最小风频上风侧；城市水系的下游
                                       ├─ 隔离
                                       └─ 卫生转运设施：靠近服务区域中心，交通运输方便
```

城市环卫设施规划基本知识

真题演练

2020-022 以下几种固定废物处理项比较，减容最大的是（　　）。

    A. 堆肥　　　　　　B. 焚烧　　　　　　C. 热解　　　　　　D. 自然堆存

【答案】B

【解析】根据城市固体废弃物处理和处置技术，焚烧可减少85%～95%的体积，堆肥可减少50%～70%，热解可减少60%～80%，自然堆存可减少20%～30%，故B项正确。

2020-023 下列关于城市垃圾综合整治的表述，错误的是（　　）。

    A. 主要目标是无害化、减量化和资源化

    B. 垃圾综合利用包括分选、回收、转化三个过程

    C. 卫生填埋需要解决垃圾渗滤液和产生沼气的问题

    D. 生活垃圾均可采用焚烧处理

【答案】D

【解析】生活垃圾热值大于5000kJ/kg时，才具备垃圾焚烧的条件，因此，并非生活垃圾均可采用焚烧处理。故D项错误。

2020-057 下列对环境卫生设施的表述，正确的是( )。

A. 生活垃圾收集点的服务半径不宜超过80m

B. 新建生活垃圾焚烧厂不宜邻近城市生活区布局，其用地边界距城乡居住用地及学校医院等公共设施用地的距离一般不应小于500m

C. 新建生活垃圾卫生填埋场不应位于城市主导发展方向上，且用地边界距20万人口以上城市的规划建成区不宜小于5km，距20万人口以下城市的规划建成区不宜小于2km

D. 堆肥处理设施宜位于城镇开发边界的边缘地带，用地边界距城乡居住用地不应小于300m

【答案】C

【解析】生活垃圾收集点的服务半径不宜超过70m，故A项错误；新建生活垃圾焚烧厂不宜邻近城市生活区布局，其用地边界距城乡居住用地及学校、医院等公共设施用地的距离一般不应小于300m，故B项错误；堆肥处理设施宜位于城镇开发边界的边缘地带，用地边界距城乡居住用地不应小于500m，故D项错误。新建生活垃圾卫生填埋场不应位于城市主导发展方向上，且用地边界距20万人口以上城市的规划建成区不宜小于5km，距20万人口以下城市的规划建成区不宜小于2km，故C项正确。

2021-025 下列关于城市环境卫生规划的说法，不正确的是( )。

A. 新建城镇的粪便处理应优先考虑纳入污水收集和处理系统

B. 公共厕所设置应以独立式公厕为主，附属式公厕为辅

C. 生活垃圾收集站应统筹考虑环卫工人休息功能

D. 建筑垃圾处理充分考虑资源化

【答案】B

【解析】公共厕所应以附属式公共厕所为主，独立式公共厕所为辅，移动式公共厕所为补充。故B项错误。

2022-025 关于环卫规划，下列说法错误的是( )。

A. 医疗垃圾应和生活垃圾的有害垃圾分别处理

B. 垃圾转运站应布置在城市建成区以外

C. 公厕应以附属为主，独立为辅

D. 建筑垃圾通常不与工业固体废物混合储运、堆放

【答案】B

【解析】根据《城市环境卫生设施规划标准》GB/T 50337—2018条款7.1.3，公共厕所应以附属式公共厕所为主，独立式公共厕所为辅，移动式公共厕所为补充，故C项正确。生活垃圾卫生填埋场应设置在规划建成区外，不是垃圾转运站，故B项错误。医疗垃圾属于危险废物，需要单独高温消毒处理，不得和生活垃圾等混合运输和处理，故A项正确。建筑垃圾通常不与工业固体废物混合储运、堆放，故D项正确。

2023-025 下列关于环卫设施布局的说法，错误的是 ( )。

A. 生活垃圾填埋场应布局在城市规划建成区外

B. 客运交通枢纽应单独设置生活垃圾收集点

C. 公厕宜统筹考虑环卫工人休息场所

D. 粪便处理设施不宜与污水处理设施结合设置

【答案】D

【解析】依据现行《城市环境卫生设施规划标准》GB/T 50337—2018 以下条款：

4.2.1　生活垃圾收集点的服务半径不宜超过 70m，宜满足居民投放生活垃圾不穿越城市道路的要求；市场、交通客运枢纽及其他生活垃圾产量较大的场所附近应单独设置生活垃圾收集点（故 B 项正确）。

6.3.1　生活垃圾卫生填埋场应设置在城市规划建成区外、地质情况较为稳定、符合防洪要求、取土条件方便、具备运输条件、人口密度低、土地及地下水利用价值低的地区，并不得设置在水源保护区、地下蕴矿区及影响城市安全的区域内，距农村居民点及人畜供水点不应小于 0.5km（故 A 项正确）。

6.6.1　粪便应逐步纳入城市污水管网统一处理。在城市污水管网未覆盖的地区及化粪池使用较为普遍的地区，未纳入城市污水管网统一处理的粪便与化粪池粪渣污泥应单独设置粪便处理设施进行处理（故 D 项错误）。

7.4.1　环卫工人作息场所宜结合城市其他公共服务设施设置，可结合公共厕所、垃圾收集站、垃圾转运站、环境卫生车辆停车场等设施设置（故 C 项正确）。

板块 8　城市防灾规划

历年考频

板块	2020 年	2021 年	2022 年	2023 年	2024 年
城市防灾规划	1	3	4	2	4

知识点 1　城市灾害的种类与防灾减灾系统的构成　【★★】

1. 城市灾害的种类

根据灾害发生的原因，城市灾害可分为自然灾害与人为灾害两类；根据灾害发生的时序，可分为主灾和次生灾害。

（1）自然灾害与人为灾害

自然灾害：主要有气象灾害、海洋灾害、洪水灾害、地质与地震灾害，这四类自然灾害对城市有较大影响。还有生物原因引起的生物灾害、天文原因引起的天文灾害等。

人为灾害：有战争、火灾、化学灾害、交通事故、传染病等。

（2）主灾与次生灾害

城市灾害往往多灾种持续发生，各灾种间有一定因果关系。

主灾：发生在前、造成较大损害的灾害。主灾的规模一般较大，常为地震、洪水、战争等大灾。

次生灾害：发生在后，由主灾引起的一系列灾害。次生灾害在开始形成时一般规模较小，但灾种多、发生频次高、作用机制复杂、发展速度快，有些次生灾害的最终破坏规模甚至远超过主灾。

2. 城市灾害的特点

高频度与群发性；高度扩张性；高损失；区域性。

3. 城市防灾减灾系统构成

(1) 城市防灾措施

分为政策性措施和工程性措施两种，二者是相互依赖、相辅相成的。政策性措施又可称为"软措施"；工程性措施可称为"硬措施"。要"软硬兼施，双管齐下"。

(2) 城市综合防灾

城市综合防灾应包含对各种城市灾害的监测、预报、防护、抗御、救援和灾后的恢复重建等内容，注重各灾种防抗系统的彼此协调、统一指挥、共同作用，强调城市防灾的整体性和防灾设施的综合利用。

知识点 2 城市消防规划 【★★★★★】

城市消防规划的主要内容包括：城市消防安全布局、城市消防站及消防装备、消防通信、消防供水、消防车通道等。

城市消防规划应执行预防为主、防消结合的消防工作方针，遵循科学合理、经济适用、适度超前的规划原则。

1. 消防安全布局

城市消防安全布局规定

项目	规定
易燃易爆危险品场所、危险化学品设施布局	① 控制城市规划建设用地范围内各类危险化学物品的总量和密度；宜设置在城市的边缘或相对独立的安全地带。 ② 大、中型易燃易爆危险品场所或设施不得设置在城市常年主导风向的上风向、主要水源的上游或其他危及公共安全的地区。 ③ 对周边地区有重大安全影响的易燃易爆危险品场所或设施，应设置防灾缓冲地带和可靠的安全设施；与相邻用地保持必要的安全距离。 ④ 在城市规划建设用地范围内不得设置一级加油站和大型天然气加气站，液化石油气加气站和加油加气混合站，不得设置流动站。 ⑤ 高压输气管道和输油管道不得穿越城市中心区、公共建筑密集区和其他人口密集区；不得穿越军事设施、国家重点文物保护单位、其他易燃易爆危险品场所或设施用地、机场（机场专用输油管除外）、非危品车站和港口码头。 ⑥ 合理安排易燃易爆危险品运输线路及通行时段
历史城区及历史文化街区的消防安全	**历史城区：** ① 应建立消防安全体系，因地制宜地配置消防设施、装备和器材。 ② 不得设置生产、储存易燃易爆危险品的工厂和仓库，不得保留或新建输气、输油管线和储气、储油设施，不宜设置配气站，低压燃气调压设施宜采用小型调压装置。 ③ 道路系统在保持或延续原有道路格局和原有空间尺度的同时，应充分考虑必要的消防通道
	历史文化街区： ① 应配置小型、适用的消防设施、装备和器材；不符合消防车通道和消防给水要求的街巷，应设置水池、水缸、沙池、灭火器等消防设施和器材。 ② 外围宜设置环形消防车通道。 ③ 不得设置汽车加油站、加气站

项目	规定
建筑物耐火等级	城市建设用地内，应建造一、二级耐火等级的建筑，控制三级耐火等级的建筑，严格限制四级耐火等级的建筑
城市地下空间	应严格控制规模，避免大面积相互贯通连接，并应配置相应的消防和应急救援设施
城市防灾避难场	① 防火隔离带可利用道路、广场、水域等进行设置。 ② 城市防灾避难场地可结合道路、广场、运动场、绿地、公园、居住区公共场地等开敞空间进行设置。建议紧急避难场地人均面积 2m² 以上，服务半径宜为 500～1000m
其他	城市与森林、草原相邻的区域，应根据火灾风险和消防安全要求，划定并控制城市建设用地边缘与森林、草原边缘的安全距离

2. 消防站

分类：城市消防站应分为陆上消防站、水上消防站和航空消防站。陆上消防站分为普通消防站、特勤消防站和战勤保障消防站。普通消防站分为一级普通消防站和二级普通消防站（**2024 考点**）。

（1）陆上消防站

陆上消防站规划要求

项目	规定
设置	① 城市规划建成区内应设置一级普通消防站。 ② 城市规划建成区内设置一级普通消防站确有困难区域，经论证可设二级普通消防站。 ③ 地级及以上城市、经济较发达的县级城市应设置特勤消防站和战勤保障消防站，经济发达且有特勤任务需要的城镇可设置特勤消防站。 ④ 消防站应独立设置。特殊情况下，设在综合性建筑物中的消防站应有独立的功能分区，并应与其他使用功能完全隔离，其交通组织应便于消防车应急出入
布局	① 城市建设用地范围内，普通消防站布局应以消防队接到出动指令后 5min 内可到达其辖区边缘为原则确定。 ② 普通消防站辖区面积不宜大于 7km²；设在城市建设用地边缘地区、新区且道路系统较为畅通的普通消防站，应以消防队接到出动指令后 5min 内可到达其辖区边缘为原则确定其辖区面积，其面积不应大于 15km²。 ③ 特勤消防站应根据其特勤任务服务的主要对象，设在靠近其辖区中心且交通便捷的位置。 ④ 消防站辖区划定应结合城市地域特点、地形条件和火灾风险等，并应兼顾现状消防站辖区，不宜跨越高速公路、城市快速路、铁路干线和较大的河流
建设用地面积	① 一级普通消防站 3900～5600m²； ② 二级普通消防站 2300～3800m²； ③ 特勤消防站 5600～7200m²； ④ 战勤保障消防站 6200～7900m²。 上述指标未包含站内消防车道、绿化用地的面积，在确定消防站建设用地总面积时，可按 0.5～0.6 的容积率进行测算

项目	规定
选址	① 城市消防站应设在辖区内适中位置和便于车辆迅速出动的主、次干道的临街地段； ② 城市消防站应位于易燃易爆危险品场所或设施全年最小频率风向的下风侧，其用地边界距离加油站、加气站、加油加气合建站不应小于 50m，距离甲、乙类厂房和易燃易爆危险品储存场所不应小于 200m。 ③ 城市消防站执勤车辆的主出入口，距离人员密集的大型公共建筑的主要疏散出口不应小于 50m。 ④ 辖区内有生产、贮存危险化学品单位的，消防站应设置在常年主导风向的上风或侧风处，其边界距上述危险部位一般不宜小于 300m。 ⑤消防站车库门应朝向城市道路，后退红线不宜小于 15m，合建的小型站除外

（2）水上消防站

水上消防站规划要求

项目	规定
设置和布局	① 应设置供消防艇靠泊的岸线，岸线长度不应小于消防艇靠泊所需长度，河流、湖泊的消防艇靠泊岸线长度不应小于 100m。 ② 应设置陆上基地，陆上基地用地面积应与陆上二级普通消防站的用地面积相同。 ③ 布局应以消防队接到出动指令后 30min 内可到达其辖区边缘为原则确定，消防队至其辖区边缘的距离不大于 30km
选址	① 应靠近港区、码头，避开港区、码头的作业区，避开水电站、大坝和水流不稳定水域。内河水上消防站宜设置在主要港区、码头的上游位置。 ② 当辖区内有危险品码头或沿岸有危险品场所或设施时，水上消防站及其陆上基地边界距危险品部位不应小于 200m。 ③ 趸船与陆上基地之间的距离不应大于 500m，且不得跨越高速公路、城市快速路、铁路干线

（3）航空消防站

航空消防站一般结合民用机场布局和建设，其陆上基地宜独立建设，若陆上基地设置在机场建筑内，且应有独立的功能分区。

3. 消防通信

城市应设置消防通信指挥中心。城市消防通信指挥系统应覆盖全市，连通城市消防通信指挥中心和各消防站，并应具有受理火灾及其他灾害事故报警、灭火救援指挥调度、情报信息支持等主要功能。

4. 消防供水

构成：城市消防用水可由城市给水系统、消防水池及符合要求的其他人工水体、天然水体、再生水等供给，也可以使用再生水作为消防用水。

设置城市消防水池的条件

项目	条件
下列情况之一	① 无市政消火栓或消防水鹤的城市区域； ② 无消防车通道的城市区域； ③ 消防供水不足的城市区域或建筑群

城市消防用水量：① 城市给水系统为分片区供水且管网系统未可靠联网时，城市消防用水量应分片区核定。②利用城市给水系统作为消防水源，必须保障城市供水高峰时段消防用水的水量和水压要求。

接有市政消火栓或消防水鹤的消防给水管道，其布置、管网管径和供水压力应符合现行《消防给水及消火栓系统技术规范》GB 50974 的有关规定。

市政消火栓、消防水鹤设置规定

项目	规定
市政消火栓	应统一型号规格； 宜采用地上式，采用地下式消火栓应有明显标志； 寒冷地区设置的市政消火栓应采取防冻措施
消防水鹤	寒冷地区可设置，其服务半径不宜大于 1000m

注：火灾风险较高的区域可适当增加市政消火栓或消防水鹤的设置密度，加大供水量和水压

5. 消火栓

消火栓技术规定

项目	规定
间距	① 应沿道路设置，间距不大于 120m； ② 当道路宽度大于 60m 时，消火栓宜双侧布置
服务半径	服务半径不大于 150m
距离	距路缘不大于 2m，距建（构）筑物外墙不小于 5m
管径、水压	配置有消火栓或消防水鹤的供水管网，管径不应小于 150mm，管网水压不应低于 0.15MPa
防冻	在寒冷地区，消火栓应有防冻措施

6. 消防车通道

消防车通道包括城市各级道路、居住区和企事业单位内部道路、消防车取水通道、建筑物消防车通道等，应符合消防车辆安全、快捷通行的要求。城市各级道路、居住区和企事业单位内部道路宜设置成环状，减少尽端路。

消防车通道设置规定

项目	规定
设置	① 消防车通道之间的中心线间距不宜大于 160m； ② 环形消防车通道至少应有两处与其他车道连通，尽端式消防车通道应设置回车道或回车场地； ③ 消防车通道的净宽度和净空高度均不应小于 4m，与建筑外墙的距离宜大于 5m； ④ 消防车通道的坡度不宜大于 8%，转弯半径应符合消防车的通行要求。举高消防车停靠和作业场地坡度不宜大于 3%
水源	供消防车取水的天然水源、消防水池及其他人工水体应设置消防车通道，消防车通道边缘距离取水点不宜大于 2m，消防车距吸水水面高度不应超过 6m

知识点 3 城市防洪治涝规划 【★★★★★】

1. 城市防洪排涝标准

（1）防洪标准

防护对象的防洪标准是指防护对象防御洪水能力相应的洪水标准。应以防御的洪水或潮水的重现期表示，如 50 年一遇、100 年一遇等。

对于特别重要的防护对象，可采用可能最大洪水表示。防洪标准可根据不同防护对象的需要，采用设计一级或设计、校核两级。

（2）相关规定

① 同一防洪保护区受不同河流、湖泊或海洋洪水威胁时，宜根据不同河流、湖泊或海洋洪水灾害的轻重程度分别确定相应的防洪标准。

② 防洪保护区内的防护对象，当要求的防洪标准高于防洪保护区的防洪标准，且能进行单独防护时，该防护对象的防洪标准应单独确定，并应采取单独的防护措施。

③ 当防洪保护区内有两种以上的防护对象，且不能分别进行防护时，该防洪保护区的防洪标准应按防洪保护区和主要防护对象中要求较高者确定。

④ 对于影响公共防洪安全的防护对象，应按自身和公共防洪安全两者要求的防洪标准中较高者确定。

⑤ 防洪工程规划确定的兼有防洪作用的路基、围墙等建（构）筑物，其防洪标准应按防洪保护区和该建（构）筑物的防洪标准中较高者确定。

⑥ 下列防护对象的防洪标准，经论证可提高或降低：遭受洪灾或失事后损失巨大、影响十分严重的防护对象，可提高防洪标准；遭受洪灾或失事后损失和影响均较小、使用期限较短及临时性的防护对象，可降低防洪标准。

2. 防洪保护区

在确定防洪标准时，应分析受洪水威胁地区的洪水特征、地形条件，以及河流、堤防、道路或其他地物的分隔作用，可以分为几个部分单独进行防护时，应划分为独立的防洪保护区，各个防洪保护区的防洪标准应分别确定。

划分防洪保护区防护等级的人口、耕地、经济指标的统计范围，应采用相应标准洪水的淹没范围。

（1）城市防护区

城市防护区应根据政治、经济地位的重要性，常住人口或当量经济规模指标分为四个防护等级，其防护等级和防洪标准应按下表确定。

城市防护区的防护等级和防洪标准

防护等级	重要性	常住人口（万人）	当量经济规模（万人）	防洪标准[重现期（年）]
Ⅰ	特别重要	≥150	≥300	≥200
Ⅱ	重要	<150，≥50	<300，≥100	200～100
Ⅲ	比较重要	<50，≥20	<100，≥40	100～50
Ⅳ	一般	<20	<40	50～20

注：当量经济规模为城市防护区人均 GDP 指数与人口的乘积，人均 GDP 指数为城市防护区人均 GDP 与同期全国人均 GDP 的比值。

（2）乡村防护区

乡村防护区应根据人口或耕地面积分为四个防护等级，其防护等级和防洪标准应按下表确定。

乡村防护区的防护等级和防洪标准

防护等级	人口（万人）	耕地面积（万亩）	防洪标准［重现期（年）］
Ⅰ	≥150	≥300	100～50
Ⅱ	<150，≥50	<300，≥100	50～30
Ⅲ	<50，≥20	<100，≥30	30～20
Ⅳ	<20	<30	20～10

人口密集、乡镇企业较发达或农作物高产的乡村防护区，其防洪标准可提高。地广人稀或淹没损失较小的乡村防护区，其防洪标准可降低。

（3）文物古迹

不耐淹的文物古迹，应根据文物保护的级别分为三个防护等级，其防护等级和防洪标准应按下表确定。对于特别重要的文物古迹，其防洪标准经充分论证和主管部门批准后可提高。

文物古迹的防护等级和防洪标准表

防护等级	文物保护的级别	防洪标准［重现期（年）］
Ⅰ	世界级、国家级	≥100
Ⅱ	省（自治区、直辖市）级	100～50
Ⅲ	市、县级	50～20

注：世界级文物指列入《世界遗产名录》的世界文化遗产以及世界文化和自然双遗产中的文化遗产部分。

（4）堤防工程

堤防工程的防洪标准，应根据其保护对象或防洪保护区的防洪标准，以及流域规划的要求分析确定。蓄、滞洪区堤防工程的防洪标准应根据流域规划的要求分析确定。

堤防工程上的闸、涵、泵站等建筑物及其他构筑物的设计防洪标准，不应低于堤防工程的防洪标准，并应留有安全精度。

3. 城市防洪体系

城市防洪体系应包括工程措施和非工程措施。

城市防洪体系

类型	内容
工程措施	包括挡洪工程、泄洪工程、蓄滞洪工程及泥石流防治工程等
非工程措施	包括水库调洪、蓄滞洪区管理、暴雨与洪水预警预报、超设计标准暴雨和超设计标准洪水应急措施、防洪工程设施安全保障及行洪通道保护等

城市防洪工程总体布局应根据城市自然条件、洪水类型、洪水特征、用地布局、技术经济条件及流域防洪体系合理确定。

不同类型地区的城市防洪工程的构建

城市类型	内容
山地丘陵地区城市	应主要由护岸工程、河道整治工程、堤防等组成

城市类型	内容
平原地区河流沿岸城市	应采取以堤防为主体，河道整治工程、蓄滞洪区相配套的防洪工程措施
河网地区城市	应根据河流分割形态，分片建立独立防洪保护区，其防洪工程措施由堤防、防洪（潮）闸等组成
滨海城市	应形成以海堤、挡潮闸为主，消浪措施为辅的防洪工程措施

4. 城市防洪工程措施

城市防洪工程措施布置规定

类型	规定
城市堤防	① 堤防布置应利用地形形成封闭式的防洪保护区，并应为城市空间发展留有余地。 ② 堤线应平顺，避免急弯和局部突出，应利用现有堤防工程，少占耕地。 ③ 中心城区堤型应结合现有堤防设施，根据设计洪水主流线、地形与地质、沿河公用设施布置情况以及城市景观效果合理确定
城市河道整治	① 河道整治应保持河道的自然形态，在稳定河势、维持或扩大河道泄流能力的基础上，兼顾城市航线选择、港口码头布局及相关公用设施建设要求。确需裁弯取直及疏浚（挖槽）时，应与上、下游河道平顺连接。 ② 新河河道选择应根据地质、新河平面形态及其与原河上、下游河段的衔接统筹考虑，宜形成新河导流、下游河弯迎流的河势
城市排洪渠	① 排洪渠渠线选择应在保障雨洪安全排除前提下，结合城市用地布局综合考虑，做到渠线平顺、地质稳定、拆迁量少。 ② 排洪渠出口受洪水或潮水顶托时，应在排洪渠出口处设置挡洪（潮）闸；必要时应配置泵站，在关闸时采取泵站提排排洪渠内洪水
泥石流防治	① 拦挡坝坝址应选择在沟谷宽敞段的下游卡口处，拦挡坝可单级或多级设置。 ② 排导沟应布置在长度短、沟道顺直、坡降大和出口处具有堆积场地的地带。 ③ 停淤场宜布置在坡度小、场地开阔的沟口扇形地带

注：① 城市防洪工程设施应避免设置在不良地质区域，当不能避开时，必须进行地基处理，满足防洪工程设施建设要求；其用地规模应按规划期末控制，并应为远景发展留有余地。

② 城市防洪工程布局应与所在流域防洪工程布局相结合，并应与公用设施、农田水利设施及城市河湖水系、园林绿地、景观系统等规划相协调。

5. 城市防洪非工程措施

城市防洪非工程措施包括水库调洪、蓄滞洪区管理、暴雨与洪水预警预报、超设计标准暴雨和超设计标准洪水应急措施、防洪工程设施安全保障及行洪通道保护等。

6. 城市治涝工程措施

城市治涝工程主要有排涝河道、排涝水闸、排涝泵站等城市雨水管网系统之外的排除城市涝水的水利工程。

（1）工程布局

城市防洪与治涝密切结合，治涝分片与防洪工程总体布局密切相关。治涝工程总体布局，应根据涝区的自然条件、地形高程分布、水系特点、承泄条件以及行政区划等情况，结合防洪工程布局和现有治涝工程体系，合理确定治涝分片。

不同类型城市排涝方式

城市类型	内涝成因	排涝方式
沿河城市	一般由于河道洪水使水位抬高，城区降雨产生的涝水无法排入河道或来不及排除而引起，或者两者兼有。 承泄区为行洪河道，水位变化较快	① 一般在涝区内设置排涝沟渠、河道，沿河防洪堤上设置排涝涵洞或支河口门自排，低洼地区可设置排涝泵站抽排； ② 有河道洪水倒灌情况的城市，一般应在排涝河道口或排涝涵洞口设置挡洪闸，并可设置排涝泵站抽排
滨海城市	一般由于地势低洼，受高潮位顶托，城区降雨产生的涝水无法排除或来不及排除而引起，或者两者兼有。 承泄区为海域或感潮河道，承泄区的水位呈周期性变化	① 高潮位时有自排条件的地区，可在海塘（或防汛墙）上设置排涝涵洞或支河口门自排； ② 高潮位时不能自排或有潮水倒灌情况的地区，一般应适当多设排水出口和蓄涝容积，以利于低潮时自流抢排，排水出口宜设置挡潮闸，并可根据需要设置排涝泵站抽排； ③ 地势低洼又有较大河流穿越的城市，在河道入海口有建闸条件的，可与防潮工程布局结合，经技术经济比较后，在河口建挡潮闸或泵闸
丘陵城市	丘陵地区地形起伏明显，道路纵坡变化大，导致排水管道需频繁调整坡度，增加施工难度和排水阻力，部分区域地势低洼或位于滞洪区，造成排水不畅形成积水。 承洪区为地市低洼区域及行洪河道。承泄区的水位呈季节性周期性变化	有条件的宜设置水库、塘坝等滞蓄水体，沿山丘周围开辟撇洪沟、渠，直接将山丘区雨水高水高排出涝区

（2）排涝河道设计

排涝河道设计水位、过水断面、纵坡等设计参数应根据涝区特点和排涝要求，由排涝工程水利计算、水面线推求等分析确定。

最大限度地保持河道的自然风貌，有利于涵养水源、保土保埔、美化景观、减少涝灾。河岸发挥生态功能的有效宽度，一般一侧应不小于 30m，在城市用地紧张的条件下可以适当减小。

（3）排涝泵站

排涝泵站站址选择应考虑的因素：① 服从城市排涝的总体规划；②考虑工程建成后综合利用要求，尽量发挥综合利用效益；③考虑水源、水流、泥沙等条件；④考虑占地、拆迁因素，尽量减少占地，减少拆迁成本；⑤考虑工程扩建的可能性。

6. 山洪防治

山洪：指山区通过城市的小河和周期性流水的山洪沟发生的洪水。

① 基本特点：洪水暴涨暴落，历时短暂，水流速度快，冲刷力强，破坏力大。

② 防治目的：削减洪峰和拦截泥沙，避免洪灾损失，保卫城市安全。

③ 防洪对策：采用各种工程措施和生物措施，实行综合治理。

截流沟：是为拦截排水地区上游高地的地表径流而修建的排水沟道，可以保护某一地区或某项工程免受外来地表水所造成的渍涝、冲刷、淤积等危害。

排洪渠道：作用是将山洪安全排至城市下游河道，渠线布置应与城市规划密切配合。要确保安全，比较经济，容易施工，便于管理。为了充分利用现有排洪设施和减少工程量，渠线布置宜尽量利用原有沟渠；必须改线时，除了要注意渠线平顺外，还要尽量避免或减少拆迁和新建建筑物，以降低工程造价。

7. 泥石流防治

泥石流防治工程主要可分为预防工程、拦截工程和排导工程。

预防工程又可分为：治水，即减少上游水源；治泥，即采用平整坡地、沟头防护、防止沟壁等滑坍及沟底下切；水土隔离，即将水流从泥沙补给区引开，使水流与泥沙不相接触，避免泥石流发生。

在泥石流发生后，则采用拦挡或停淤的方法减少泥沙进入城市，在市区则需要修建排导沟引导泥石流通过。

知识点 4   城市抗震防灾规划 【★★★★】

1. 基本概念

抗震设防烈度：指按国家规定的权限批准作为一个地区抗震设防依据的地震烈度。一般情况下，取 50 年内超越概率 10% 的地震烈度（**2024 考点**）。

抗震设防标准：衡量抗震设防要求高低的尺度，由抗震设防烈度或设计地震动参数及建筑抗震设防类别确定（**2024 考点**）。

地震烈度：指地震时某一地区的地面和各类建筑物遭受到一次地震影响的强弱程度。地震烈度越高，破坏力越大。同一次地震，主震震级只有一个，而地震烈度在空间上呈明显差异。地震烈度分为 12 个等级，以 6 度作为城市设防的分界。

震级：震源放出的能量大小。5 度以上会造成破坏。

2. 城市抗震防灾规划目标

城市抗震防灾规划目标

项目	要点
方针	应贯彻"预防为主，防、抗、避、救相结合"的方针，根据城市的抗震防灾需要，以人为本，平灾结合、因地制宜、突出重点、统筹规划
防御目标	① 当遭受多遇地震影响时，城市功能正常，建设工程一般不发生破坏； ② 当遭受相当于本地区地震基本烈度的地震影响时，城市生命线系统和重要设施基本正常，一般建设工程可能遭受破坏但基本不影响城市整体功能，重要工矿企业能很快恢复生产或运营； ③ 当遭受罕遇地震影响时，城市功能基本不瘫痪，要害系统、生命线系统和重要工程设施不遭受严重破坏，无重大人员伤亡，不发生严重的次生灾害

3. 城市抗震设施规划措施

城市抗震设施主要指避震和震时疏散通道及避震疏散场地。

城市避震和震时疏散可分为就地疏散、中程疏散和远程疏散。城市内抗震疏散通道的宽度不应小于15m。

紧急避难场所应当具有较大的容纳空间，配置或者易于连接水、电、通信等基本生活设施，疏散半径可在1km以上。紧急避难场所不能发生次生灾害。

城市设防烈度6、7、8、9度的地区，对应的人均避震疏散面积为$1m^2$、$1.5m^2$、$2m^2$、$2.5m^2$。

（1）避震疏散场所

避震疏散场所分类

分类	功能
紧急避震疏散场所	① 供避震疏散人员临时或就近避震疏散的场所，也是避震疏散人员集合并转移到固定避震疏散场所的过渡性场所。 ② 通常可选择城市内的小公园、小花园、小广场、专业绿地、高层建筑中的避难层（间）等
固定避震疏散场所	① 供避震疏散人员较长时间避震和进行集中性救援的场所。 ② 通常可选择面积较大、人员容置较多的公园、广场、体育场地/馆，大型人防工程、停车场、空地、绿化隔离带以及抗震能力强的公共设施、防灾据点等
中心避震疏散场所	① 规模较大、功能较全、起避难中心作用的固定避震疏散场所。 ② 场所内一般设抢险救灾部队营地、医疗抢救中心和重伤员转运中心等

（2）避震疏散场所规模

避震疏散场所规模

分类	用地规模	服务半径	步行时间
紧急避震疏散场所	不宜小于$0.1hm^2$	500m	大约10min
固定避震疏散场所	不宜小于$1hm^2$	2～3km	大约1h
中心避震疏散场所	不宜小于$50hm^2$	不应超过$50km^2$，服务能力不应超过50万人	

固定避震疏散场所能容纳避难人员的规模不应低于其责任区范围内规划人口的15%。

不同避难期的人均有效避难面积不应低于下表的规定。

避震疏散场所的人均最低有效避难面积

避难期	紧急	临时	短期	中期	长期
人均有效避难面积（m^2/人）	0.5	1	2	3	4.5

（3）安全距离

避难场所与周围一般地震次生火灾源之间的距离不应小于30m；距易燃易爆工厂仓库、燃气厂站等重大次生火灾或爆炸危险源的距离应能够保障避难场所安全。

避难建筑应避开地震断裂带且避让距离不应小于500m。

（4）避震疏散通道

避震疏散通道技术规定

分类	避震疏散通道有效宽度		出入口
紧急避震疏散场所	不宜小于 4m	避震疏散主通道两侧的建筑应能保障疏散通道的安全畅通	人员进出口与车辆进出口宜分开设置，并应有多个不同方向的进出口
固定避震疏散场所	不宜小于 7m		至少有 2 个进口与 2 个出口
中心避震疏散场所	救灾主干道不宜小于 15m		—
人防工程	—		应按照有关规定设置进出口，防灾据点至少应有 1 个进口与 1 个出口

知识点 5　人防规划　【★★】

1. 建设标准

总面积：按战时留市人口约占城市总人口的 30%～40%，人均 1.5m² 的防空工程面积标准。

居住区中：在成片居住区内按总建筑面积的 2% 设置防空工程，或按地面建筑总投资的 6% 左右进行安排。居住区防空地下室战时用途应以居民掩蔽为主。在规模较大的居住区，防空地下室应尽量配套齐全。

2. 设施布局

防空工程设施布局要求

分类	布局要求
防空工程设施	① 避开易遭到袭击的军事目标，如军事基地、机场、码头等； ② 避开易燃易爆品生产储存设施，控制距离应大于 50m； ③ 避开有害液体和有毒重气体储罐，距离应大于 100m； ④ 人员掩蔽所距人员工作生活地点不宜大于 200m
指挥通信设施	① 尽可能避开火车站、机场、码头、电厂、广播电台等重要目标； ② 充分利用地形、地物、地质条件，提高工程防护能力； ③ 城市指挥通信设施宜靠近政府所在地建设，便于战时转入地下指挥，街道指挥所宜结合小区建设
医疗救护设施	包括急救医院和救护站，应按人防分区配置

知识点 6　地质灾害防治　【★★★★★】

1. 地质灾害种类

地质灾害种类

分类标准	分类
按自然因素、人为活动	山体崩塌、滑坡、泥石流、地面塌陷、地裂缝、地面沉降等与地质作用有关的灾害 **（2024 考点）**
按照人员伤亡、经济损失的大小	分为四个等级：特大型、大型、中型、小型

地质灾害定义

分类	定义
崩塌	陡坡或悬崖的岩土体在重力作用下，突然向下崩落并顺山坡猛烈地翻滚、跳跃、撞击、破碎，最后堆于坡脚的现象
滑坡	斜坡上的岩层或土体受自然因素或人为因素影响，在重力作用下失去稳定，沿贯通的破坏面（带）整体或分散向下滑动的现象
泥石流	在山区或其他沟谷深壑、地形险峻的地区，因暴雨暴雪或其他自然灾害引发的山体滑坡并携带有大量泥沙以及石块的特殊洪流
地面塌陷	地表岩、土体受自然因素作用或人类工程活动影响向下陷落，并在地面形成塌陷坑（洞）的一种地质现象，引起地面塌陷的动力因素主要有地震、降雨、地下采矿及大量抽排地下水等
地裂缝	地面裂缝的简称，是地表岩层、土体在自然因素或人为因素作用下，产生开裂，并在地面形成一定长度和宽度的裂缝的一种宏观地表破坏现象
地面沉降	在自然因素或人为因素影响下发生幅度大、范围广的地表高程垂直下降的现象。地面沉降分构造沉降、抽水沉降和采空沉降三种类型

2. 地质灾害防治规划

地质灾害防治规划内容

规划、方案	内容
地质灾害防治规划	① 地质灾害现状和发展趋势预测； ② 地质灾害的防治原则和目标； ③ 地质灾害易发区、重点防治区； ④ 地质灾害防治项目、防治措施等
年度地质灾害防治方案	① 主要灾害点的分布； ② 地质灾害的威胁对象、范围； ③ 重点防范期； ④ 地质灾害防治措施； ⑤ 地质灾害的监测、预防责任人

3. 地质灾害预防

国家实行地质灾害预报制度。预报内容主要包括地质灾害可能发生的时间、地点、成灾范围和影响程度等。

地质灾害预报由县级以上人民政府国土资源主管部门会同气象主管机构发布。任何单位和个人不得擅自向社会发布地质灾害预报。

4. 地质灾害应急

突发性地质灾害应急预案包括下列内容：① 应急机构和有关部门的职责分工；②抢险救援人员的组织和应急、救助装备、资金、物资的准备；③地质灾害的等级与影响分析准备；④地质灾害调查、报告和处理程序；⑤发生地质灾害时的预警信号、紧急通信保障；⑥人员财产撤离、转移路线及医疗救治、疾病控制等应急行动方案。

202

5. 地质灾害评价

地质灾害评价与建设用地评价

地质灾害评价	城市建设用地评价
地质灾害高易发区	不适宜建设用地
地质灾害中易发区	基本适宜建设用地
地质灾害低易发区	适宜建设用地

6. 海洋地质灾害

海洋地质灾害是指在海洋中发生的地质灾害。由于地质作用使自然环境恶化，造成人类生命财产毁损及人类赖以生存的资源、环境严重破坏的事件。

知识点 7 政策文件、标准规范

《城市消防站设计规范》GB 51054—2014

《城市消防规划规范》GB 51080—2015

《城市消防站建设标准》建标 152—2017

《城镇消防站布局与技术装备配备标准》GNJ 1—82

《城市防洪规划规范》GB 51079—2016

《防洪标准》GB 50201—2014

《城市防洪工程设计规范》GB/T 50805—2012

《城市抗震防灾规划标准》GB 50413—2007

《建筑工程抗震设防分类标准》GB 50223—2008

《建筑抗震设计规范》GB 50011—2010（2016 年版）

《特殊设施工程项目规范》GB 55028—2022

《地质灾害防治条例》

《城市综合防灾规划标准》GB/T 51327—2018

真题演练

2020-053 下列不属于城市防洪体系工程措施的是（　　）。

A. 行洪通道工程管理　　　　　　　　B. 挡洪工程

C. 泄洪工程　　　　　　　　　　　　D. 蓄滞洪工程

【答案】A

【解析】城市防洪体系应包括工程措施和非工程措施。工程措施包括挡洪工程、泄洪工程、蓄滞洪工程及泥石流防治工程等，非工程措施包括行洪通道工程管理、水库调洪、蓄滞洪区管理、暴雨与洪水预警预报、超设计标准暴雨和超设计标准洪水应急措施、防洪工程设施安全保障及行洪通道保护等。故 A 项不属于。

2021-029 下列关于城市防洪标准的说法，错误的是（　　）。

A. 特别重要国际机场按 100 年一遇洪水设防

B. 一级公路路基按 50 年一遇洪水设防

C. 高速铁路路基按 100 年一遇洪水设防

D. 110kV 变电站按 50 年一遇洪水设防

```
                           ┌─ 总体规划
         ┌─ 规划阶段 ──────┼─ 详细规划
         │                 └─ 专项规划
         │
         │                                    ┌─ 建成区内不得设置
         │                  ┌─ 危险化学品 ────┼─ 不穿越管道
         │                  │                 └─ 限定运输路线和时间
         │                  │                         ┌─ 一级和二级为主
         │       ┌─ 安全布局 ┼─ 建筑物耐火等级 ────────┼─ 控制三级
         │       │          │                         └─ 严格限制四级
         │       │          └─ 避难场地: 无次生灾害的开敞空间
         │       │
         │       │          ┌─ 水上消防站: 至辖区边缘不超过30min，边缘不大于30km
         │       │          │                         ┌─ 普通消防站: 一级、二级、小型
         │       │          │           ┌─ 陆上消防站 ┤              ┌─ 一般火灾
         │       │  ┌─ 分类 ┼─          │             └─ 特勤消防站 ┼─ 高层建筑火灾
         │ ┌─ 消防 ┤        │                                        └─ 危险化学品处置
         │ │      │         └─ 航空消防站: 特大城市、大城市宜设置
         │ │      ┤
         │ │      ┤─ 消防站   所有城市都应设置一级普通消防站
         │ │      │          ┌─ 特勤: 地级市及以上城市、经济较发达的县级市
         │ │      │  ┌─ 设置 ┤     人口规模100万人以上和确有航空消防任务
         │ │      │  │ 条件  └─ 选址: 宜独立设置，在综合性建筑物中设置时要有独立分区和独立出入口
         │ │      │  │        要求
         │ │      └─ 消防基础设施: 通信、供水、消防车道（历史文化街区外围应环形布置）
         │ │
防灾规划 ─┤ │                  ┌─ 防洪   洪水发生频率和重现期是互为倒数关系
         │ │       ┌─ 标准 ───┤        各防护分区的重要程度和人口规模
         │ │       │          └─ 排涝: 降雨历时、重现期和雨水排除时间
         │ │       │           城市中心区、居住区、重要的工业仓储区及重要设施布置在安全性
         │ │       │           较高的用地
         │ ├─ 防洪排涝 ┼─ 防洪安全布局 ─ 易涝洼地可作为生态湿地、公园绿地、广场、运动场
         │ │       │           自然水系保护恢复，调蓄/行洪
         │ │       │          ┌─ 工程性措施: 挡洪、泄洪、蓄滞洪、排涝
         │ │       └─ 措施 ───┼─ 非工程性措施: 管理措施（纳入城市蓝线、黄线管理）
         │ │                  └─ 防洪排涝设施: 防洪堤、截洪沟、排涝泵站
         │ │
         │ │       ┌─ 震级、烈度
         │ │       │           ┌─ 地震基本烈度6度及以上的地区
         │ │       ├─ 设防标准 ┤
         │ ├─ 抗震 ┤           └─ 重大/可能发生严重此生灾害的地区要进行地震安全性评价
         │ │       ├─ 抗震防灾规划目标
         │ │       │                  ┌─ 城市用地布局
         │ │       │                  ├─ 建筑物抗震设防
         │ │       └─ 抗震防灾措施 ──┼─ 抗震防灾基础设施建设
         │ │                          └─ 防止次生灾害
         │ │
         │ │       ┌─ 种类: 滑坡、崩塌、泥石流、地面沉降、地面塌陷等
         │ │       │        ┌─ 高、中、低易发区
         │ │       ├─ 分区 ─┤
         └─ 地质灾害 ┤       └─ 适宜、基本适宜、不适宜建设用地
                   ├─ 预警主管部门: 县级以上人民政府国土资源主管部门会同气象主管机构
                   └─ 警示限制活动: 爆破、削坡、进行工程建设及从事其他可能引发地质灾害的活动
```

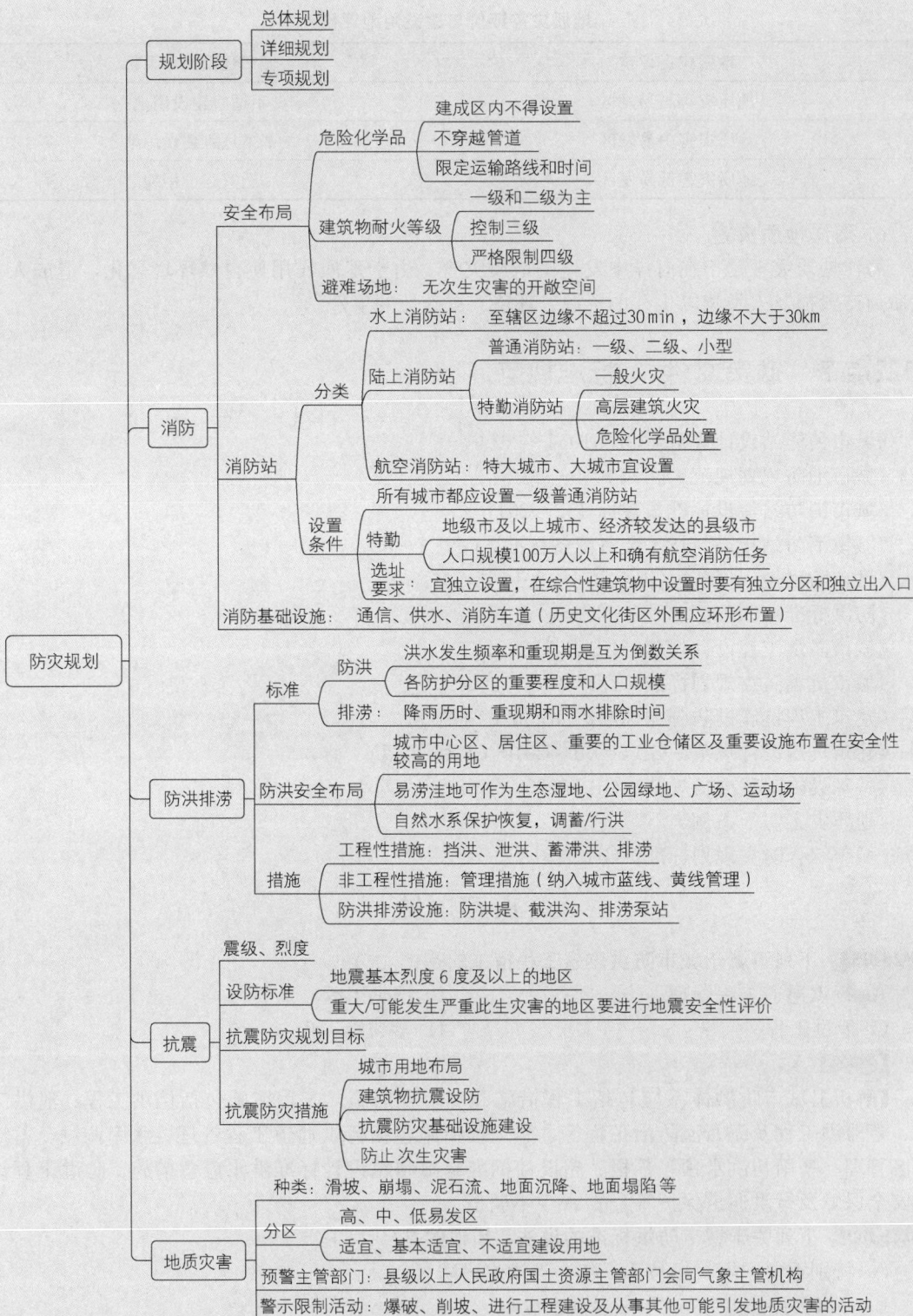

城市防灾规划基本知识

【答案】B

【解析】根据现行《防洪标准》GB 50201—2014 相关规定：35～220kV 变电站的防洪标准为 50 年重现期（故 D 项正确）；一级公路的路基防洪标准为 100 年重现期（故 B 项错误）；高速铁路的路基防洪标准为 100 年重现期（故 C 项正确）；特别重要的国际机场防洪标准为大于或等于 100 年重现期（故 A 项正确）。

2021-030 消防站属于应急设施，下列关于消防站的说法正确的是(   )。

A. 消防站分为一级、二级、三级和特级消防站

B. 陆上消防站辖区应在接到火警后，按正常行车速度 10min 内可以到达辖区边缘

C. 消防站距道路红线不小于 7.5m

D. 历史文化街区外围设置环形消防通道

【答案】D

【解析】消防站分为陆上消防站、水上消防站和航空消防站。陆上消防站按照扑救火灾的类型分为普通消防站和特勤消防站，普通消防站按照规模大小分为一级普通消防站和二级普通消防站，故 A 项错误。消防辖区划分的基本原则是：陆上消防站在接到火警后按正常行车速度 5min 内可以到达辖区边缘，故 B 项错误。消防站距道路红线不小于 15m，故 C 项错误。根据《历史文化名城保护规划标准》GB/T 50357—2018 条款 4.6.2，在历史文化街区外围宜设置环通的消防通道，故 D 项正确。

2021-074 下列不属于地质灾害现象的是(   )。

A. 崩塌   B. 滑坡

C. 泥石流   D. 沙尘暴

【答案】D

【解析】城市规划中常见的地质灾害主要有滑坡、崩塌、地面沉降、地面塌陷，有时也把泥石流归为地质灾害。故 D 项不属于。

2022-029 下列关于地质灾害的表述错误的是(   )。

A. 海水入侵为地质灾害

B. 地质灾害由应急管理部门发布

C. 评价塌陷等级的主要因素是影响范围

D. 要在地质灾害区域边界设置警示标志

【答案】B

【解析】海水入侵为地质灾害，形成海水入侵的基本条件有两个：水动力条件（地下淡水位低于海水水位）、水文地质条件（断裂破碎带或岩溶溶隙、溶洞等通道），故 A 项正确。地质灾害由自然资源部发布，故 B 项错误。塌陷程度的主要标志是一次塌陷所形成的塌陷坑洞数量和影响范围，故 C 项正确。应在地质灾害区域边界设置警示标志，故 D 项正确。

2022-030 下列有关消防规划布局的表述，不正确的是(   )。

A. 在城区范围建设建筑要达到一级和二级的防火等级

B. 消防站按照 5min 出警进行划分片区

C. 特勤消防站分为一级和二级

D. 可结合其他综合性建筑建设消防站

【答案】C

【解析】根据《城市消防规划规范》GB 51080—2015 条款 3.0.3，城市建设用地内，应建造一、二级耐火等级的建筑，控制三级耐火等级的建筑，严格限制四级耐火等级的建筑，故

A 项正确。陆上消防站消防辖区划分原则是，按正常行车速度 5min 内可以达到辖区边缘，故 B 项正确。消防站分为普通消防站、特勤消防站和战勤保障消防站三类。普通消防站分为一级消防站、二级消防站和小型普通消防站，故 C 项错误。消防站不宜设在综合性建筑物中，特殊情况下，设在综合性建筑物中的消防站应自成一区，并专用出入口，故 D 项正确。

2022-078 下列关于地质灾害的说法，正确的是（　　）。

    A. 寒潮是一种地质灾害

    B. 我国西南地区容易形成滑坡、泥石流灾害链

    C. 沉降发生在基岩山

    D. 易发生泥石流地区工程施工要弃土

【答案】B

【解析】寒潮不是地质灾害，是气象灾害，故 A 项错误。我国是泥石流多发国家，其分布受到地形、地质和降水条件的影响，在地形上表现得尤为明显。泥石流在我国集中分布在两个带上：一是青藏高原与次一级的高原与盆地之间的接触带；另一个是上述的高原、盆地与东部的低山丘陵或平原的过渡带。我国泥石流的发生具有季节性规律和周期性规律，西南地区的泥石流多发生在 6—9 月，西北地区的泥石流多发在 7—8 月，故 B 项正确。基岩山非常稳定，不易发生沉降，故 C 项错误。丰富的松散固体物源是泥石流形成的条件之一，故 D 项错误。

2022-099 以下属于地质灾害的是（　　）。（多选）

    A. 滑坡   B. 地裂缝

    C. 崩塌   D. 风暴潮

    E. 山洪

【答案】ABC

【解析】根据国标《自然灾害分类与代码》GB/T 28921—2012，山洪、风暴潮属于气象灾害。

2023-029 下列关于地震与抗震设防分类的说法，错误的是（　　）。

    A. 地震震级里克特级数分为 1～10 级

    B. 抗震设防类别分为重点和标准两类

    C. 抗震设防烈度分为 6 度、7 度、8 度、9 度

    D. 地震波分为纵波、横波和面波三种类型

【答案】B

【解析】抗震设防类别分为特殊设防类（甲类）、重点设防类（乙类）、标准设防类（丙类）、适度设防类（丁类）。

2023-030 下列关于城市消防规划设施的说法，正确的是（　　）。

    A. 应推广三级和四级耐火等级建筑

    B. 消防站布局应以接警后 10min 消防车可到达的范围划分

    C. 陆上消防站分为一级消防站、二级消防站、三级消防站

    D. 历史文化街区外围宜设置环形消防车道

【答案】D

【解析】依据现行《城市消防规划规范》GB 51080—2015 以下条款：

3.0.3　城市建设用地内，应建造一、二级耐火等级的建筑，控制三级耐火等级的建筑，严格限制四级耐火等级的建筑（故 A 项错误）。

3.0.4 历史城区及历史文化街区的消防安全应符合下列规定：历史文化街区外围宜设置环形消防车通道（故 D 项正确）。

4.1.1 城市消防站应分为陆上消防站、水上消防站和航空消防站。陆上消防站分为普通消防站、特勤消防站和战勤保障消防站（故 C 项错误）。普通消防站分为一级普通消防站和二级普通消防站。

4.1.3 陆上消防站布局应符合下列规定：普通消防站辖区面积不宜大于 $7km^2$；设在城市建设用地边缘地区、新区且道路系统较为畅通的普通消防站，应以消防队接到出动指令后 5min（故 B 项错误）内可到达其辖区边缘为原则确定其辖区面积，其面积不应大于 $15km^2$；也可通过城市或区域火灾风险评估确定消防站辖区面积。

板块 9　城市用地竖向规划

历年考频

板块	2020 年	2021 年	2022 年	2023 年	2024 年
城市用地竖向规划	1	1	2	1	1

知识点 1　用地竖向规划的技术要求 【★★★★★】

1. 术语

城市用地竖向工程规划术语

术语	内涵
高程	以大地水准面作为基准面，并作零点（水准原点）起算地面各测量点的垂直高度
护坡	防止用地岩土体边坡变迁而设置的斜坡式防护工程，如土质或砌筑型等护坡工程
挡土墙	防止用地岩土体边坡坍塌而砌筑的墙体
坡比值	坡面（或梯道）的上缘与下缘之间垂直高差与其水平距离的比值

2. 基本规定

用地竖向工程规划规定

项目	要点
规划规定	① 低影响开发的要求； ② 城乡道路、交通运输的技术要求和利用道路路面纵坡排除超标雨水的要求； ③ 各项工程建设场地及工程管敷设的高程要求； ④ 建筑布置及景观塑造的要求，城市排水防涝、防洪以及安全保护、水土保持的要求； ⑤ 历史文化保护的要求，周边地区的竖向衔接要求； ⑥ 同一城市的用地竖向规划应采用统一的坐标和高程系统 **（2024 考点）**

项目	要点
用地布局、建筑布置要求	① 城镇中心区用地应选择地质、排水防涝及防洪条件较好且相对平坦和完整的用地，其自然坡度宜小于 20%，规划坡度宜小于 15%； ② 居住用地宜选择向阳、通风条件好的用地，其自然坡度宜小于 25%，规划坡度宜小于 25%； ③ 工业、物流用地自然坡度宜小于 15%，规划坡度宜小于 10%； ④ 超过 8m 的高填方区宜优先用作绿地、广场、运动场等开敞空间； ⑤ 应结合低影响开发的要求进行绿地、低洼地、滨河水系周边空间的生态保护、修复和竖向利用； ⑥ 乡村建设用地在场地安全的前提下，可选择自然坡度大于 25% 的用地

用地选择及用地竖向要求

用地	用地竖向要求
中心区用地	应选择地质、排水防涝及防洪条件较好且相对平坦和完整的用地，其自然坡度宜小于 20%，规划坡度宜小于 15%
居住用地	宜选择向阳、通风条件好的用地，其自然坡度宜小于 25%，规划坡度宜小于 25%
工业、物流用地	自然坡度宜小于 15%，规划坡度宜小于 10%
绿地、广场、运动场等开敞空间	超过 8m 的高填方区

注：① 应结合低影响开发的要求进行绿地、低洼地、滨河水系周边空间的生态保护、修复和竖向利用；
② 乡村建设用地在场地安全的前提下，可选择自然坡度大于 25% 的用地。

3. 规划地面形式（2024 考点）

规划地面形式

地面形式	坡度要求	布置要求
平坡式	自然坡度小于 5%	—
台阶式	用地自然坡度大于 8%	台地的长边宜平行于等高线布置
混合式	用地自然坡度为 5%~8%	

高度大于 2m 的挡土墙和护坡，其上缘与建筑物的水平净距不应小于 3m，下缘与建筑物的水平净距不应小于 2m。高度大于 3m 的挡土墙与建筑物的水平净距还应满足日照标准要求。

挡土墙高度大于 3m 且邻近建筑时，宜与建筑物同时设计、同时施工，确保场地安全。

4. 竖向与道路、广场

道路广场竖向技术要点

类型	技术要点
道路纵坡和横坡	① 积雪或冰冻地区快速路最大纵坡不应超过 3.5%，其他等级道路最大纵坡不应大于 6.0%； ② 非机动车车行道规划纵坡宜小于 2.5%；机动车与非机动车混行道路，纵坡应按非机动车车行道的纵坡取值； ③ 道路的横坡宜为 1%～2%
广场坡度	宜为 0.3%～3%；地形困难时，可建成阶梯式广场
步行系统中设置人行梯道	① 人行梯道按其功能和规模可分为三级，一级梯道为交通枢纽地段的梯道和城镇景观性梯道，二级梯道为连接小区间步行交通的梯道，三级梯道为连接组团间步行交通或入户的梯道； ② 梯道宜设休息平台，每个梯段踏步不应超过 18 级，踏步最大步高宜为 0.15m； ③ 二、三级梯道连续升高超过 5m 时，除设置休息平台外，还宜设置转向平台，且转向平台的深度不应小于梯道宽度

5. 竖向与排水

地面自然排水坡度不宜小于 0.3%，小于 0.3% 时应采用多坡向或特殊措施排水。除用于雨水调蓄的下凹式绿地和滞水区等之外，建设用地的规划高程宜比周边道路的最低路段的地面高程或地面雨水收集点高出 0.2m 以上，小于 0.2m 时应有排水安全保障措施或雨水滞蓄利用方案。

6. 土石方与防护工程

道路广场竖向技术要点

类型	技术要点
台阶式用地的台地之间	宜采用护坡或挡土墙连接
相邻台地间高差大于 0.7m	宜在挡土墙墙顶护坡比值大于 0.5 的护坡顶设置安全防护设施
相邻台地间的高差为 1.5～3m	台地间宜采取护坡连接，土质护坡的坡比值不应大于 0.67，砌筑型护坡的坡比值宜为 0.67～1
相邻台地间的高差大于或等于 3m	宜采取挡土墙结合放坡方式处理，挡土墙高度不宜大于 6m
人口密度大、工程地质条件差、降雨量多的地区	不宜采用土质护坡
地形复杂地区	避免大挖高填； 岩质建筑边坡宜低于 30m，土质建筑边坡宜低于 15m； 超过 15m 的土质边坡应分级放坡，不同级之间边坡平台宽度不应小于 2m
挡土墙高于 1.5m	宜作景观处理或绿化遮蔽

知识点 2 城市用地竖向工程规划方法 【★★】

城市用地竖向工程规划方法

方法	特点
高程箭头法	① 根据竖向工程规划原则，确定规划区内各种建筑物（构）筑物的地面标高，道路交叉点、变坡点的标高，以及区内地形控制点的标高，将这些点的标高标注在竖向工程规划图上，并以箭头表示各类用地的排水方向。 ② 工作量较小，图纸制作快，易于变动与修改。 ③ 为竖向规划常用方法
纵横断面法	① 在规划区平面图上根据需要的精度绘出方格网，然后在方格网的每一交点上注明原地面标高和设计地面标高。 ② 沿方格网长轴方向者称为纵断面，沿短轴方向者称为横断面。 ③ 多用于地形比较复杂地区的规划
设计等高线法	① 能较完整地将任何一块规划用地或一条道路与原来的自然地貌作比较，并反映填方挖方情况，易于调整。 ② 多用于地形变化不太复杂的丘陵地区的规划

知识点 3 政策文件、标准规范

《城乡建设用地竖向规划规范》CJJ 83—2016

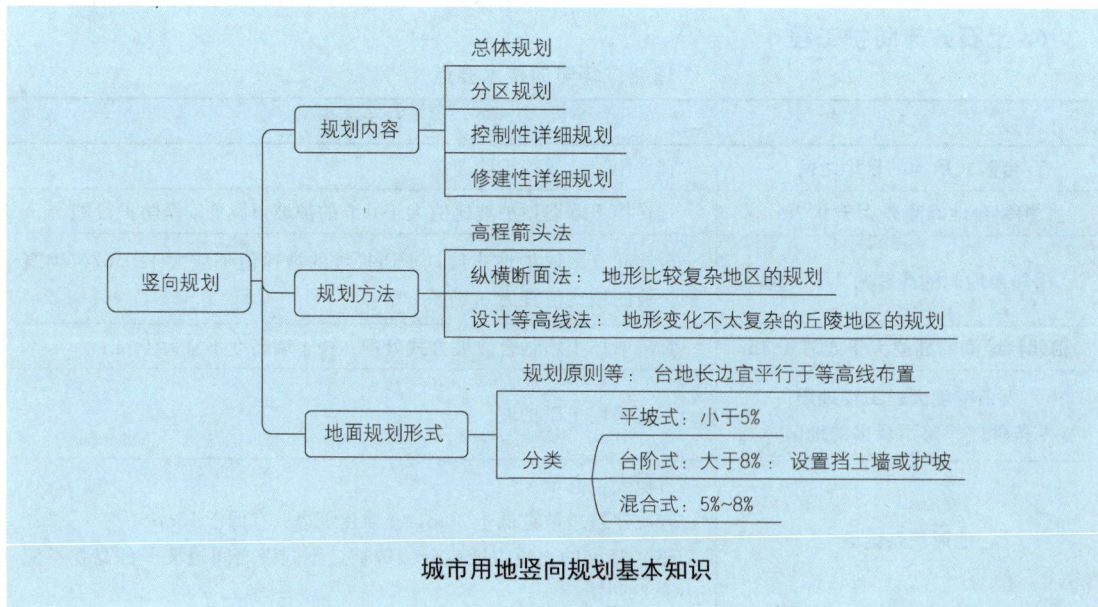

城市用地竖向规划基本知识

真题演练

2020-058 下列对竖向与用地布局的说法，错误的是（   ）。

A. 用地自然坡度小于 5% 时，宜规划为平坡式；用地自然坡度大于 8% 时，宜规划为台阶式

B. 台地的长边宜平行于等高线布置

C. 高度大于 6m 的挡土墙和护坡，其上缘与建筑物的水平净距不应小于 3m，下缘与建筑物的水平净距不应小于 2m

D. 高度大于 3m 的挡土墙与建筑物的水平净距应满足日照标准要求

【答案】C

【解析】根据《城乡建设用地竖向规划规范》CJJ 83—2016，条款 4.0.3，用地自然坡度小于 5% 时，宜规划为平坡式；用地自然坡度大于 8% 时，宜规划为台阶式；用地自然坡度为 5%～8% 时，宜规划为混合式，故 A 项正确。条款 4.0.4，台阶式和混合式中的台地规划应符合下列规定：台地的长边宜平行于等高线布置，故 B 项正确。条款 4.0.7，高度大于 2m 的挡土墙和护坡，其上缘与建筑物的水平净距不应小于 3m，下缘与建筑物的水平净距不应小于 2m，故 C 项错误；高度大于 3m 的挡土墙与建筑物的水平净距还应满足日照标准要求，故 D 项正确。

2021-098 根据《城乡建设用地竖向规划规范》，下列说法正确的是（   ）。（多选）

A. 城乡建设用地竖向规划在满足各项用地功能要求的条件下，宜高填、深挖，减少土石方，充分改造平整地形

B. 建设用地的规划高程宜低于周边道路的地面高程

C. 规划地面形式可分为平坡式、台阶式和混合式

D. 乡村建设用地竖向规划应有利于风貌特色保护

E. 同一城市的用地竖向规划应采用统一的坐标和高程系统

【答案】CDE

【解析】根据《城乡建设用地竖向规划规范》CJJ 83—2016，条款 3.0.4，城乡建设用地竖向规划在满足各项用地功能要求的条件下，宜避免高填、深挖，减少土石方、建（构）筑物基础、防护工程等的工程量，故 A 项错误。条款 6.0.2，建设用地的规划高程宜比周边道路的最低路段的地面高程或地面雨水收集点高出 0.2m 以上，故 B 项错误。条款 4.0.2，规划地面形式可分为平坡式、台阶式和混合式，故 C 项正确。条款 3.0.3，乡村建设用地竖向规划应有利于风貌特色保护，故 D 项正确。条款 3.0.7，同一城市的用地竖向规划应采用统一的坐标和高程系统，故 E 项正确。

2022-004 根据《城市建设用地竖向规划规范》，高度为 2.4m 的挡土墙，其上缘与建筑间的最小水平间距是（   ）。

A. 0.5m   B. 3m   C. 5m   D. 10m

【答案】B

【解析】根据现行《城乡建设用地竖向规划规范》CJJ 83—2016 条款 4.0.7，高度大于 2m 的挡土墙和护坡，其上缘与建筑物的水平净距不应小于 3m，下缘与建筑物的水平净距不应小于 2m。故 B 项正确。

2022-026 下列关于城市用地竖向规划的表述，不正确的是（   ）。

A. 应采用统一的平面坐标系

B. 规划地面形式可分为平坡式、台阶式和混合式三种类型

C. 道路竖向规划应与道路两侧用地的控制高程、地形地物等相结合

D. 规划地块高程低于场地外道路设计标高

【答案】D

【解析】根据《城乡建设用地竖向规划规范》CJJ 83—2016 条款 6.0.2，除用于雨水调蓄的下凹式绿地和滞水区等之外，建设用地的规划高程宜比周边道路的最低路段的地面高程或地面雨水收集点高出 0.2m 以上，小于 0.2m 时应有排水安全保障措施或雨水滞蓄利用方案，故 D 项错误。

2023-027 下列关于城市用地竖向规划措施的说法，错误的是(　　　)。

A. 应划分排水分区

B. 各组团应采用统一的坐标高程系统

C. 用地自然坡度小于 5％时，规划地面形式宜为平坡形式

D. 台地的短边应平行于等高线布置

【答案】D

【解析】依据现行《城乡建设用地竖向规划规范》CJJ 83—2016，条款 1.0.4，城乡建设用地竖向规划应包括下列主要内容：结合原始地形地貌和自然水系，合理规划排水分区（故 A 项正确），组织城乡建设用地的排水、土石方工程和防护工程。条款 3.0.7，同一城市的用地竖向规划应采用统一的坐标和高程系统（故 B 项正确）。条款 4.0.3，用地自然坡度小于 5％时，宜规划为平坡式（故 C 项正确）；用地自然坡度大于 8％时，宜规划为台阶式；用地自然坡度为 5％～8％时，宜规划为混合式。条款 4.0.4，台阶式和混合式中的台地规划应符合下列规定：台地的长边宜平行于等高线布置，故 D 项错误。

板块 10　城市工程管线综合规划

历年考频

板块	2020 年	2021 年	2022 年	2023 年	2024 年
城市工程管线综合规划	1	2	1	1	1

知识点 1　城市工程管线分类与特征 【★】

分类：给水管道；排水沟管；电力线路；通信线路；热力管道；可燃或助燃气体管道；空气管道；灰渣管道；城市垃圾输送管；液体燃料管道包括石油、酒精等管道；工业生产专用管道；铁路；道路；地下人防线路等。

城市工程管线分类与特征

分类标准	分类	特征
输送方式	压力管线	管道内流体介质由外部施加力使其流动的工程管线，通过一定的加压设备将流体介质由管道系统输送给终端用户，如给水、煤气、灰渣管道系统
	重力自流管线	管道内流动的介质由重力作用沿其设置的方向流动的工程管线，如污水、雨水管道系统
敷设方式	架空线	通过地面支撑设施在空中布线的工程管线，如架空电力线、架空电话线
	地铺管线	在地面铺设明沟或盖板明沟的工程管线，如雨水沟渠、地面各种轨道
	地埋管线	① 在地面以下有一定覆土深度的工程管线，根据覆土深度不同，地下管线可分为深埋和浅埋两类。 ② 确定深埋和浅埋主要决定于有水的管道和含有水分的管道在寒冷的情况下是否怕冰冻及土壤冰冻的深度。 ③ 深埋是指管道的覆土深度大于 1.5m 者，如给水、排水、湿煤气等管道。 ④ 热力管道、通信管道、电力管道等不受冰冻的影响，可埋设较浅，属于浅埋一类
弯曲程度	可弯曲管线	通过某些加工措施易将其弯曲的工程管线，如通信管道、电力管道、自来水管道等
	不易弯曲管线	通过加工措施不易将其弯曲的工程管线或强行弯曲会损坏的工程管线，如电力管道、通信管道、污水管道等

知识点 2　城市工程管线综合的技术要求　【★★★★★】

1. 综合管廊

（1）综合管廊

综合管廊：地下城市管道综合走廊。在城市地下建造的市政公用隧道空间，将电力、通信、供水等市政公用管线，根据规划的要求集中敷设在一个构筑物内，实施统一规划、设计、施工和管理。

城市综合管廊适宜建设区：综合管廊规划应从现状用地情况、区域功能结构、用地功能布局、建筑密度分区、地下空间利用规划、城市更新规划、管线需求密集区域等几个因素进行考虑。因此综合管廊普遍适用于高强度开发区域的城市核心区和中央商务区、地下空间高强度成片开发区、城市新建区和更新区、城市近期建设重点地区、管线需求密集区域等。

（2）分类

干线综合管廊：用于容纳城市主干工程管线，采用独立分舱方式建设的综合管廊。

支线综合管廊：用于容纳城市配给工程管线，采用单舱或双舱方式建设的综合管廊。

缆线管廊：采用浅埋沟道方式建设，设有可开启盖板但其内部空间不能满足人员正常通行要求，用于容纳电力电缆和通信线缆的管廊。

2. 工程管线综合布置原则

① 压力管让重力自流管；

② 管径小的管线让管径大的管线；

③ 易弯曲的管线让不易弯曲的管线；

④ 临时性的管线让永久性的管线；

⑤ 工程量小的管线让工程量大的管线；

⑥ 新建的管线让现有的管线；

⑦ 检修次数少、方便的管线让检修次数多、不方便的管线。

工程管线交叉点的高程应根据排水等重力流管线的高程确定 **（2024 考点）**。

工程管线从道路红线向道路中心线方向平行布置的次序宜为：电力、通信、给水（配水）、燃气（配气）、热力、燃气（输气）、给水（输水）、再生水、污水、雨水。

工程管线在庭院内由建筑线向外方向平行布置的顺序，应根据工程管线的性质和埋设深度确定，其布置次序宜为：电力、通信、污水、雨水、给水、燃气、热力、再生水。

当工程管线交叉敷设时，管线自地表面向下的排列顺序宜为：通信、电力、燃气、热力、给水、再生水、雨水、污水。给水、再生水和排水管线应按自上而下的顺序敷设。

沿城市道路规划的工程管线应与道路中心线平行，其主干线应靠近分支管线多的一侧。工程管线不宜从道路一侧转到另一侧。

道路红线宽度超过 40m 的城市干道宜两侧布置配水、配气、通信、电力和排水管线。

3. 管线共沟敷设原则

① 热力管不应与电力、通信电缆和压力管道共沟；

② 排水管道应布置在沟底，当沟内有腐蚀性介质管道时，排水管应位于其上面；

③ 腐蚀介质管道的标高应低于沟内其他管线；

④ 火灾危害性属于甲、乙、丙类的液体、液化石油气、可燃气体、毒性气体和液体以及腐蚀性介质管道，不应共沟敷设；

⑤ 可能产生相互影响的管线，不应共沟敷设。

知识点 3 政策文件、标准规范

《城市工程管线综合规划规范》GB 50289—2016

《城市综合管廊工程技术规范》GB 50838—2015

《城市地下综合管廊管线工程技术规范》T/CECS 532—2018

真题演练

2022-085 下列情况宜采用综合管廊敷设的是(   )。（多选）

A. 交通流量大的城市道路以及配合地铁、地下道路、城市地下综合体等工程建设地段

B. 高强度集中开发区域、重要的公共空间

C. 难以架空敷设多种管线的路段

D. 道路较宽且满足直埋的路段

E. 宜开挖路面的地段

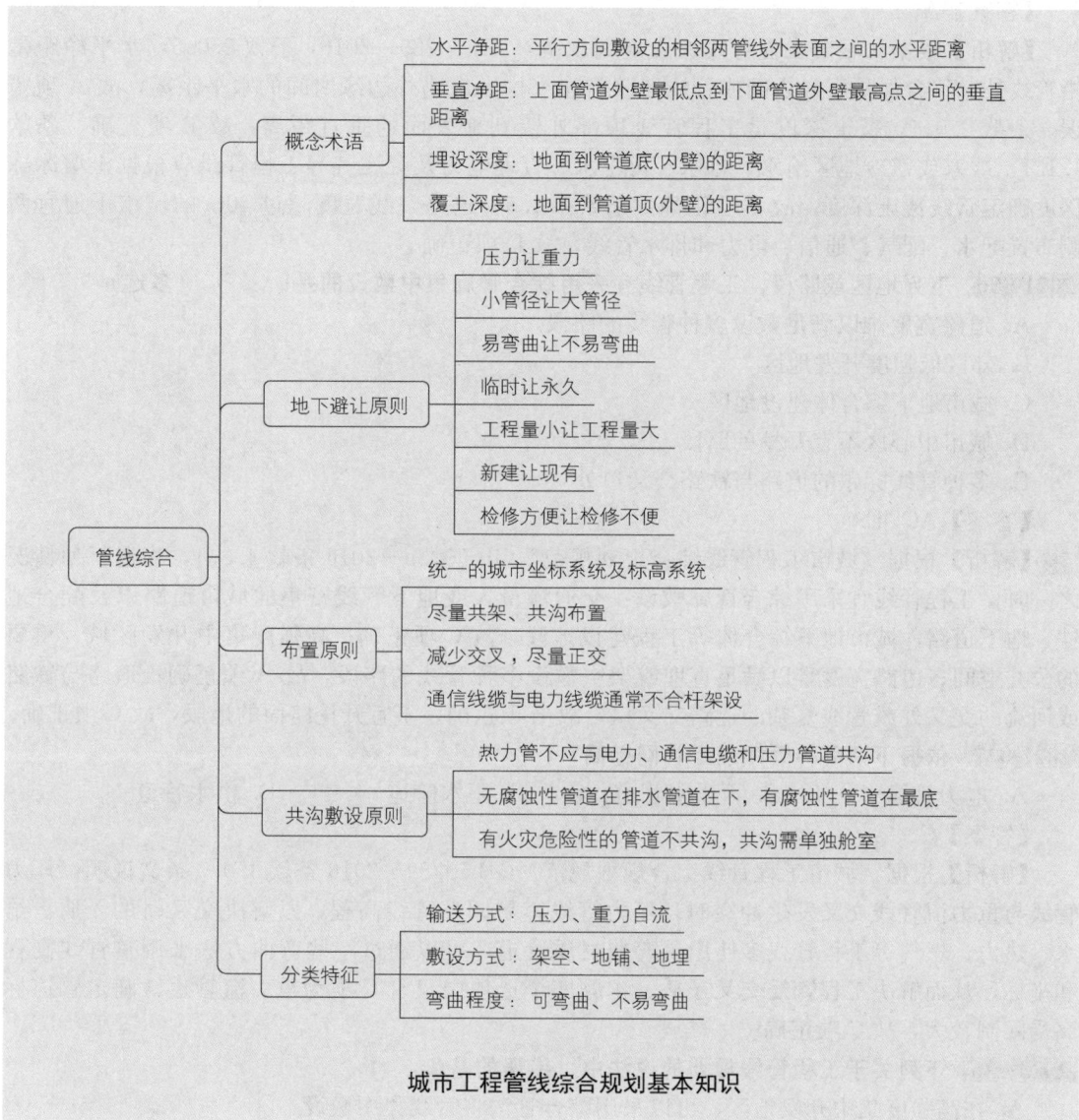

管线综合

- 概念术语
  - 水平净距：平行方向敷设的相邻两管线外表面之间的水平距离
  - 垂直净距：上面管道外壁最低点到下面管道外壁最高点之间的垂直距离
  - 埋设深度：地面到管道底(内壁)的距离
  - 覆土深度：地面到管道顶(外壁)的距离

- 地下避让原则
  - 压力让重力
  - 小管径让大管径
  - 易弯曲让不易弯曲
  - 临时让永久
  - 工程量小让工程量大
  - 新建让现有
  - 检修方便让检修不便

- 布置原则
  - 统一的城市坐标系统及标高系统
  - 尽量共架、共沟布置
  - 减少交叉，尽量正交
  - 通信线缆与电力线缆通常不合杆架设

- 共沟敷设原则
  - 热力管不应与电力、通信电缆和压力管道共沟
  - 无腐蚀性管道在排水管道在下，有腐蚀性管道在最底
  - 有火灾危险性的管道不共沟，共沟需单独舱室

- 分类特征
  - 输送方式：压力、重力自流
  - 敷设方式：架空、地铺、地埋
  - 弯曲程度：可弯曲、不易弯曲

城市工程管线综合规划基本知识

【答案】ABC

【解析】根据《城市工程管线综合规划规范》GB 50289—2016 条款 4.2.1，当遇下列情况之一时，工程管线宜采用综合管廊敷设：交通流量大或地下管线密集的城市道路以及配合地铁、地下道路、城市地下综合体等工程建设地段，故 A 项正确；高强度集中开发区域、重要的公共空间，故 B 项正确；道路宽度难以满足直埋或架空敷设多种管线的路段，故 C 项正确；道路与铁路或河流的交叉处或管线复杂的道路交叉口；不宜开挖路面的地段。

2021-026 下列关于工程管线的说法，错误的是( )。

A. 管线水平净距是管线中心线之间的水平距离

B. 管线覆土深度是工程管线顶部外壁到地表面的垂直距离

C. 严寒地区给水管线应根据土壤冰冻深度确定管线覆土深度

D. 道路红线宽度超过 40m，配水管宜两侧布置

【答案】A

【解析】根据《城市工程管线综合规划规范》GB 50289—2016，条款 2.0.5，水平净距是指管线外壁（含保护层）之间或管线外壁与建（构）筑物外边缘之间的水平距离，故 A 项错误。条款 2.0.4，覆土深度是工程管线顶部外壁到地表面的垂直距离，故 B 项正确。条款 4.1.1，严寒或寒冷地区给水、排水、再生水、直埋电力及湿燃气等工程管线应根据土壤冰冻深度确定管线覆土深度，故 C 项正确。条款 4.1.5，道路红线宽度超过 40m 的城市干道宜两侧布置配水、配气、通信、电力和排水管线，故 D 项正确。

2021-086 下列地区或路段，工程管线宜采用综合管廊集中敷设的是(　　　　)。（多选）

A. 道路宽度难以满足敷设多种管线的路段

B. 郊区低强度开发地区

C. 城市地下综合体建设地区

D. 城市中心区不宜开挖的路段

E. 多种管线穿越的道路与铁路交叉口处

【答案】ACDE

【解析】根据《城市工程管线综合规划规范》GB 50289—2016 条款 4.2.1，当遇下列情况之一时，工程管线宜采用综合管廊敷设：交通流量大或地下管线密集的城市道路以及配合地铁、地下道路、城市地下综合体等工程建设地段，故 C 项正确；高强度集中开发区域、重要的公共空间；道路宽度难以满足直埋或架空敷设多种管线的路段，故 A 项正确；道路与铁路或河流的交叉处或管线复杂的道路交叉口，故 E 项正确；不宜开挖路面的地段，故 C 项正确。

2022-027 依据下列哪种管线确定管网标高？(　　　　)

A. 电力管线　　　　B. 再生水管道　　　　C. 雨水管道　　　　D. 供水管道

【答案】C

【解析】根据《城市工程管线综合规划规范》GB 50289—2016 条款 3.0.7 条文说明，压力管线与重力流管线交叉发生冲突时，压力管线容易调整管线高程，以解决交叉时的矛盾。给水、热力、燃气等工程管线多使用易弯曲材质管道，可以通过一些弯曲方法来调整管线高程和坐标，从而解决工程管线交叉矛盾。本题四个选项中只有 C 项为重力流管道，确定管道标高受限制较大，故 C 项正确。

2023-026 下列关于工程管线规划的说法中，错误的是(　　　　)。

A. 在高强度集中开发地区，可以采用综合管沟将管线集中敷设

B. 在历史文化街区，采用相应安全措施，可以适当减少管线之间的水平净距

C. 工程管线水平净距是指相邻管线外表面之间的水平距离

D. 工程管线覆土深度是指地面道管道底内壁的距离

【答案】D

【解析】根据《城市工程管线综合规划规范》GB 50289—2016 条款 2.0.4，覆土深度：工程管线顶部外壁到地表面的垂直距离，故 D 项错误。条款 2.0.5，水平净距：工程管线外壁（含保护层）之间或管线外壁与建（构）筑物外边缘之间的水平距离，故 C 项正确。条款 4.2.1，当遇下列情况之一时，工程管线宜采用综合管廊敷设：高强度集中开发区域、重要的公共空间，故 A 项正确。

根据《历史文化名城保护规划标准》GB/T 50357—2018 条款 4.5.4，当街巷狭窄，管线敷设受到空间限制时，可采取提高管线强度和承载能力、加强管线保护等适宜性工程措施，并应合理调整管线净距，满足工程管线的安全、检修等要求。故 B 项正确。

信息技术在城乡规划中的应用

板块 1 信息技术的基本知识

历年考频

板块	2020 年	2021 年	2022 年	2023 年	2024 年
信息技术的基本知识	1	—	1	2	—

知识点 1 信息技术的主要构成 【★】

1. 信息技术

信息技术（Information Technology，IT），是主要用于管理和处理信息所采用的各种技术的总称。它主要是应用计算机科学和通信技术来设计、开发、安装和实施信息系统及应用软件，也常被称为信息和通信技术。主要包括传感技术、计算机技术与智能技术、通信技术和控制技术。

以计算机、数字通信、遥感为代表的现代信息技术在国内城乡规划行业的应用十分广泛。

2. 信息技术的构成要素

信息技术的构成要素

构成要素	特征
计算机硬件技术	分为两个大类：输入设备和输出设备。 包含运算器、控制器、主存贮器、输入设施、输出设施、辅存贮器、总线、电源等
计算机软件技术	软件分为两类：系统软件和应用软件。 系统软件是计算机的基本软件，负责管理计算机的硬件和应用程序，以及提供常见的系统功能；应用软件是专门设计用于执行特定任务或提供特定服务的软件
计算机网络技术	网络技术是信息技术中用于建立连接的一系列技术，可以帮助用户通过计算机网络进行数据传输、信息共享和远程控制，实现信息互通和网络资源共享
数据库技术	数据库是一种以数据为中心的概念模型，可以提供给用户便捷的信息存储和检索服务，支持对大量数据的存储、管理和应用。包含数据集合、硬件、软件和用户
通信技术	通信技术的发展促进了信息技术的发展，使我们可以通过无线电、电路、卫星等传输手段在国内外交流信息
信息安全技术	信息安全技术是信息技术中防止机密信息发生泄漏、篡改等恶意行为的一系列技术，可以保护个人信息和公司数据远离非法获取者

3. 信息技术的特征

信息技术的特征

特征	具体表现
一般特征：技术性	具体表现为：方法的科学性，工具设备的先进性，技能的熟练性，经验的丰富性，作用过程的快捷性，功能的高效性等
区别于其他技术的特征：信息性	具体表现为：信息技术的服务主体是信息，核心功能是提高信息处理与利用的效率、效益。由信息的秉性决定信息技术还具有普遍性、客观性、相对性、动态性、共享性、可变换性等特性

知识点 2　信息系统　【★★★】

信息系统包括计算机硬件、软件、数据和用户四大要素。

按数据加工方式划分，常见的信息系统主要有以下 4 种。

信息系统类型

类型	特征	备注
事务处理系统（TPS）	用以支持操作人员的日常活动，负责处理日常事务。典型的是商场的 POS 机系统	MIS 能提供信息，帮助制定决策；DSS 能帮助改善决策的质量；只有 ES 能应用智能推理作出决策并解释决策理由
管理信息系统（MIS）	需要包含组织中的事务处理系统，并提供内部综合形式的数据，以及外部组织的一般范围和大范围的数据。典型的是单位的人事管理系统	
决策支持系统（DSS）	能从管理信息系统中获得信息，帮助管理者制定好的决策。它基于计算机的交互式的信息系统，由分析决策模型、管理信息系统中的信息、决策者的推测三者组合达到好的决策效果	
人工智能（AI）和专家系统（ES）	专家系统是能模仿人工决策处理过程的基于计算机的信息系统	

知识点 3　数据库管理系统　【★★★】

数据库管理系统是一种操纵和管理数据库的大型软件，用于建立、使用和维护数据库，DBMS。它对数据库进行统一的管理和控制，以保证数据库的安全性和完整性。

数据库管理系统的功能

功能	内容
数据定义	提供相应数据定义语言（DDL）来定义数据库结构，它们是刻画数据库框架，并被保存在数据字典中
数据存取	提供数据操纵语言（DML），供用户实现对数据库数据的基本存取操作，包括检索、插入、修改和删除等
数据库运行管理	提供数据控制功能，通过数据的安全性、完整性和并发控制等对数据库运行进行有效地控制和管理，以确保数据正确、有效
数据库的建立和维护	包括数据库的初始数据装入、转换、转储、恢复、重组和重构，性能监控、分析等功能
数据库的传输	提供处理数据的传输，实现用户程序与 DBMS 之间的通信，通常与操作系统协调完成

按功能划分，数据库管理系统大致可分为以下 6 个部分。

数据库管理系统的组成

组成部分	内容
模式翻译	提供数据定义语言。用它书写的数据库模式被翻译为内部表示。数据库的逻辑结构、完整性约束和物理储存结构保存在内部的数据字典中。数据库的各种数据操作（如查找、修改、插入和删除等）和数据库的维护管理都是以数据库模式为依据的
应用程序的编译	把包含访问数据库语句的应用程序，编译成在 DBMS 支持下可运行的目标程序
交互式查询	提供易使用的交互式查询语言，如结构化查询语言（SQL）。DBMS 负责执行查询命令，并将查询结果显示在屏幕上
数据的组织与存取	提供数据在外围储存设备上的物理组织与存取方法
事务运行管理	提供事务运行管理及运行日志、事务运行的安全性监控和数据完整性检查、事务的并发控制及系统恢复等功能
数据库的维护	为数据库管理员提供软件支持，包括数据安全控制、完整性保障、数据库备份、数据库重组以及性能监控等维护工具

1. 关系模数据库

关系模型的数据库：最典型、最常用的储存、管理属性数据的技术是采用关系模型的数据库。数据库可存储大量数据，包括对数据进行有效管理的软件。

关系模型：可以简单理解为二维表格模型，而一个关系型数据库就是由二维表及其之间的关系组成的一个数据组织。

关系型数据库：指采用关系模型来组织数据的数据库，其以行和列的形式存储数据，以便于用户理解。关系型数据库中一系列的行和列称为表，一组表构成了数据库。

数据存储规范：用户通过查询来检索数据库中的数据，而查询是一个用于限定数据库中某些区域的执行代码。

2. 关系型数据库管理系统

（1）关系数据库管理系统（RDBMS）

指包括相互联系的逻辑组织和存取这些数据的一套程序（数据库管理系统软件）。关系数据库管理系统就是管理关系数据库，并将数据逻辑组织的系统。

常用的关系数据库管理系统产品是 Oracle、IBM 的 DB2 和微软的 SQL Server。

（2）功能

关系型数据库管理软件对表有建立、删除、修改等功能，还可以增加、减少列，添加、删除行等。

对关系表最简单的查询功能有：①通用的集合操作，如并、交、差运算等；②去除关系表的某些部分的操作，包括选择和投影，前者去除某些元组，后者则用于除去某些属性；③两个关系表的合并，包括各种方式的连接运算。

对于单个数据表最常用的是选择和投影操作。选择是指按需要选择列，也就是对一个复杂代表可以暂时排除不需要的字段。投影则是按照某种条件对表，也就是对一个很长的表可以暂时排除不符合需要的纪录。

知识点 4　元数据 【★★★★】

1. 定义及特征

定义：元数据是指关于数据的数据，即数据的标识、覆盖范围、质量、时间和空间模式、空间参考系和分发等信息。

组成：基础地理实体数据元数据应包含数据的标识信息、空间参考信息、生产信息、时序信息、精度信息、粒度信息、质量信息、分发信息。

特征：元数据是关于数据的描述性数据信息，它的特征在于应尽可能多地反映数据集自身的特征规律，以便于用户对数据集的准确、高效与充分的开发与利用。不同领域的数据库，其元数据的内容会有很大差异。通过元数据可以检索、访问数据库，有效利用计算机的系统资源，对数据进行加工处理和二次开发等。在地理空间数据中，元数据是说明数据内容、质量、状况和其他有关特征的背录信息。

2. 元数据的主要作用

在地理信息系统应用中，元数据的主要作用可以归纳为如下几个方面：

① 帮助数据生产单位有效地管理和维护空间数据、建立数据文档，并保证即使其主要工作人员离退时，也不会失去对数据情况的了解。

② 提供有关数据生产单位数据存储、数据分类、数据内容、数据质量、数据交换网络及数据销售等方面的信息，便于用户查询、检索地理空间数据。

③ 帮助用户了解数据，以便就数据是否能满足其需求作出正确的判断。

④ 提供有关信息，以便用户处理和转换有用的数据。可见，元数据是使数据充分发挥作用的重要条件之一，它可以用于许多方面，包括数据文档建立、数据发布、数据浏览、数据转换等。元数据对于促进数据的管理、使用和共享均有重要的作用。

⑤ 对数据库的更新、集成等的说明。

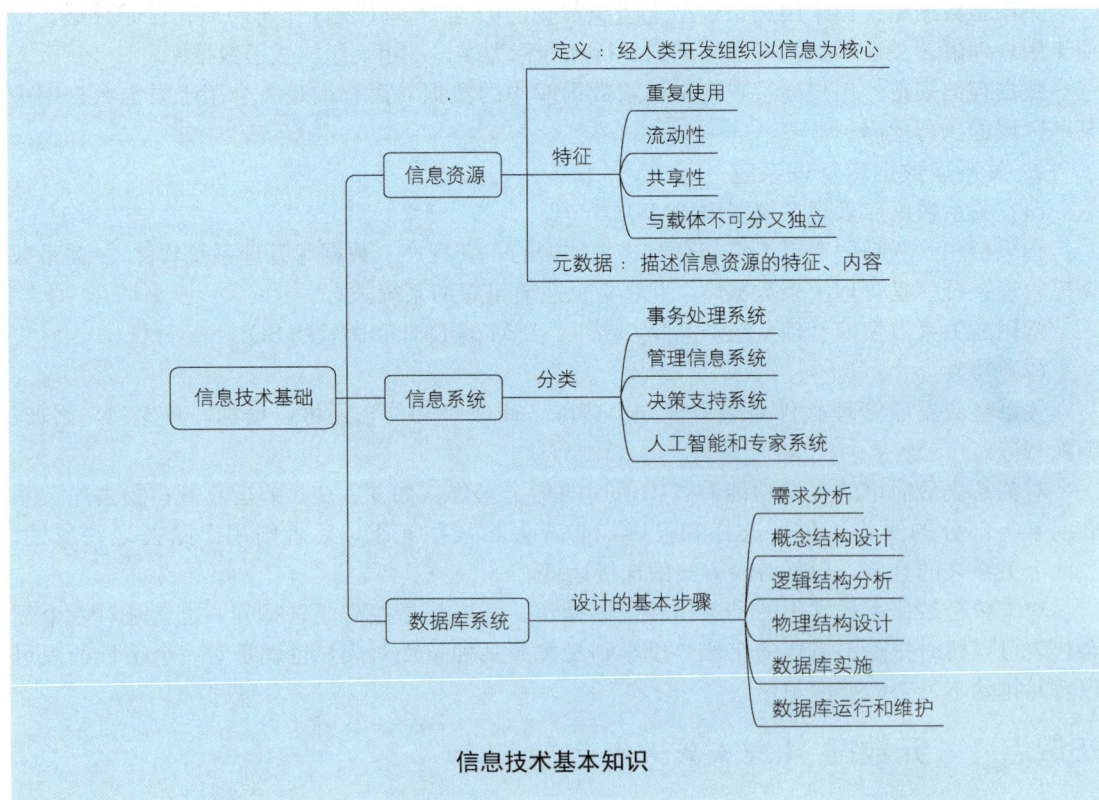

信息技术基本知识

真题演练

2020-024 某公司利用 BOST 系统推荐换岗人员属于(　　)。

A. 事务处理系统　　　　　　　　B. 管理信息系统

C. 决策支持系统　　　　　　　　D. 人工智能和专家系统

【答案】C

【解析】决策支持系统（DSS）：能从管理信息系统中获得信息，帮助管理者制定好的决策。它是基于计算机的交互式的信息系统，由分析决策模型、管理信息系统中的信息决策者的推测三者相组合达到好的决策效果，故 C 项正确。

2022-032 下列关于信息系统元数据的表述不正确的是(　　)。

A. 有利于空间数据的管理共享

B. 可以提高开发的效率和质量，促进数据集的高效利用

C. 便于用于查询检索地理空间数据

D. 元数据可以代替信息资源数据本体进行分析

【答案】D

【解析】元数据的主要作用可以归纳为如下几方面：① 帮助数据生产单位有效地管理和维护空间数据，建立数据文档，即使其主要工作人员退休或调离时，也不会失去对数据情况的了解，故 A 项正确。②提供有关数据生产单位、数据存储、数据分类、数据内容、数据质量、数据交换网络以及数据销售等方面的信息，便于用户查询检索地理空间数据，故 C 项正确。③提供通过网络对数据进行查询检索的方法或途径以及与数据交换和传输有关的辅助信息。④帮助用户了解数据，以便就数据是否能够满足其要求作出正确的判断，故 B 项正确。⑤提供有关信息，以便用户处理和转换有用的数据。元数据无法代替数据本体，故选 D 项。

2023-031 下列关于分布式数据库特点的说法，错误的是(　　)。

A. 数据库分布在计算机网络的不同计算机上

B. 每个网络节点都具有独立处理的能力

C. 每个网络节点都能通过网络通信系统执行全局应用

D. 系统在实现高度的数据一致性和网络分区容错性的同时，不影响系统可用性

【答案】D

【解析】分布式数据库系统通常使用较小的计算机系统，每台计算机可单独放在一个地方，每台计算机中都可能有 DBMS 的一份完整拷贝副本，或者部分拷贝副本，并具有自己局部的数据库（故 B 项正确），位于不同地点的许多计算机（故 A 项正确）通过网络互相连接，共同组成一个完整的、全局的逻辑上集中、物理上分布的大型数据库（故 C 项正确）。

分布式系统在遇到某节点或网络分区故障的时候，仍然能够对外提供满足一致性和可用性的服务（故 D 项错误）。

2023-032 下列与计算机操作策略有关的做法中，不属于计算机系统常用安全机制的做法是(　　)。

A. 远程访问　　B. 数字签名　　C. 路由控制　　D. 安全恢复

【答案】D

【解析】计算机常用的安全机制包括加密机制、数字签名机制、访问控制机制、数据完整性机制、鉴别交换机制、通信业务流填充机制、路由控制和公证机制。这些机制共同协作，可以保护计算机系统和数据的安全，防止未经授权的访问和攻击。远程访问：可以通过网络

进行远程操作和管理计算机，方便用户随时随地访问自己的计算机资源（故 A 项正确）。数字签名：是一种用于验证信息来源和完整性的技术，可以确保信息在传输过程中没有被篡改或伪造（故 B 项正确）。路由控制：是一种网络安全机制，可以通过控制网络数据的传输路径来确保数据的安全性和可靠性（故 C 项正确）。

板块 2　地理信息系统及其应用

历年考频

板块	2020 年	2021 年	2022 年	2023 年	2024 年
地理信息系统及其应用	1	—	5	3	3

知识点 1　地理信息系统 【★】

1. 地理信息

地理信息是指与空间地理分布有关的信息，表示地表物体和环境固有的数据、质量、分布特征、联系和有规律的数字、文字、图形、图像等总称。地理信息属于空间信息。

2. 地理信息的特征

地理信息处理具备信息的一般特性（可识别性、可存储性、可扩充性、可压缩性、可传递性、可转换性、特定范围有效性）外，还具备以下的独特特性：

地理信息的独特特征

特征	内容
区域性	地理信息属于空间信息，是通过数据进行标识的，这是地理信息系统区别于其他类型信息最显著的标志，是地理信息的定位特征。 区域性即指按照特定的经纬网或公里网建立的地理坐标来实现空间位置的识别，并可以按照指定的区域进行信息的并或分
多维性	在二维空间的基础上，实现多个专题的三维结构。即指在一个坐标位置上具有多个专题和属性信息
动态性	主要是指地理信息的动态变化特征，即时序特征。 可以按照时间尺度将地球信息划分为超短期的（如台风、地震）、短期的（如江河洪水、秋季低温）、中期的（如土地利用、作物估产）、长期的（如城镇化、水土流失）、超长期的（如地壳变动、气候变化）信息等

3. 地理信息系统

地理信息系统（Geographic Information System，GIS）是一种以计算机为基础、处理地理空间信息的综合技术，它的应用已深入与地理空间有关的各个领域。

地理信息系统也可称为空间信息系统，因为在这里"地理"的概念并非仅指地理学，而被广义地理解为地理空间坐标参照系统。与其他类型的管理信息系统，如事务处理系统、管理信息系统等的不同点在于，它的管理与处理对象是空间实体。

地理信息系统的特性

特征	内容
组成	信息获取与数据输入、数据储存与管理、数据查询与分析、成果表达与输出四个部分
基本功能	将分散收集到的各种空间、属性信息输入计算机中，建立起相互联系的数据库，提供空间查询、空间分析及表达的功能，为规划、管理、决策服务
分类	按研究范围：全球性、区域性、局部性
	按研究内容：综合性、专题性
应用	①信息组织与管理；②规划与设计；③统计与量算；④预测与预报；⑤对策与决策；⑥分析与评价

知识点 2　空间实体的空间关系 【★★★】

1. 地理空间实体

（1）地理空间

地理学的空间是指地球表面及近地表空间，是地球上大气圈、水圈、生物圈、岩石圈和土壤圈交互作用的区域。地理空间是物质、能量、信息的数量及行为在地理范畴中的广延性存在形式。

（2）地理空间实体

地理空间实体是指地球表面和其周边环境中的各种自然和人为存在的物体、地方感区域。

地理信息系统研究与处理的对象是具有地理空间分布特征的事物与现象，如土地利用类型、岩层分布、水系分布、农作物类型、道路分布、规划用地、城镇结构等。这些事物与现象都可以在地理空间中确定其位置、分布形态（点状、线状、面状）及边界（边界可能是明确的或模糊的、渐变的），且相互之间构成一定的空间关系，如河流穿越几个省级行政区等。

这些具有空间分布特征的事物与现象抽象称为地理空间实体，简称地理实体或空间实体，描述这些空间实体特征的数据称为空间数据。

（3）地理空间实体三要素

地理空间实体的三要素：位置、特征和功能

2. 空间实体的空间关系

地理空间中的实体大多不是孤立存在的。国道和省道相接，河流可能穿过城市，学校可能和工厂相邻。这些地理实体在地理空间中的分布关系简称为空间关系。

空间关系的基本类型：拓扑关系、方向关系和度量关系。

空间实体的空间关系

类型	空间关系特征
拓扑关系	指在拓扑变换（旋转、平移、缩放等）下保持不变的空间关系，即拓扑不变量，如对象之间的相离和相交关系、包含、关联关系等空间关系
方向关系	又称为方位关系、延伸关系，它定义了地物对象之间的方位，如前后、东西等
度量关系	是用某种度量空间的度量来描述的对象之间的关系，如对象之间的距离，可以用欧几里得距离、曼哈顿距离、时间距离等来描述

知识点 3　地理信息系统的数据 【★★★★】

1. 数据的分类

地理信息系统将所处理的数据分为两大类：空间数据和属性数据。

在地理信息系统中，为了表达和管理现实世界，需要对其进行抽象。该抽象过程通常包括两个步骤，首先根据描述对象对现实世界进行分层，每层描述一个专题；然后对于每层而言，根据其特征，抽象为离散的地理空间实体（如道路）或连续的地理现象（如土地利用情况）。

地理信息系统的数据

项目	空间数据	属性数据
不同点	关于事物空间位置的数据	和空间位置有关的，反映事物某些特性的数据
	一般用图形、图像表示，与坐标相关，称为空间数据，也称为地图数据、图形数据、图像数据	一般用数值、文字表示，也可用其他媒体表示（如示意性的图形或图像、声音、动画等），称为属性数据，也称为文字数据、非空间数据
	如河流深度、水流速度、水面宽度、土壤类型	如河流名字、城市人口等
	数据量一般很大，多用 GIS 管理	数据量一般较小，多用 RDBMS 管理
联系	① 空间数据和属性数据都是对客观数据的数据表达方式，通过地理信息系统进行关联和分析。如可以通过空间数据和属性数据来分析某个区域的人口密度、土地利用情况等。 ② 空间数据和属性数据也可以互相补充，属性数据可以补充描述和说明空间数据的内容。如在地图上显示某个地区的交通状况时，除了显示道路的位置和形状（空间数据），还可以显示道路的名称、长度、速度限制等（属性数据）	

2. 空间数据

（1）概念

空间数据又称为几何数据，是用来描述和表示空间实体的形状、大小、位置和分布特征的数据，是对现实世界中存在的具有定位意义的事物和现象的定量描述。

空间数据是地理信息系统和遥感技术的基础，并在许多领域有广泛的应用，如城市规划、环境保护、农业管理等。

（2）表示方法

空间数据对地理空间实体最基本的表示方法是点、线、面和三维体。

空间数据的表示方法

方法	内容	空间实体的特征
点	点是抽象的点	事物有确切的位置，但大小、长度可忽略不计，如客户分布、环保监测站、交通分析用的道路交叉口
线	线用来描述线状实体，通常在网络分析中使用较多，用来度量实体距离	事物的面积可以忽略不计，但长度、走向很重要，如街道、地下管线、河流、海岸线、铁路、行政边界等

方法	内容	空间实体的特征
面	面通常用来表示自然或人工的封闭多边形	事物具有封闭的边界、确定的面积。一般分为连续面和不连续面，如行政区域、房屋基底、规划地块、湖泊等；连续变化曲面，如地形起伏；不连续变化曲面，如土壤、森林、草原、土地利用等。属性变化发生在边界上，面的内部是同质的
三维体	三维体通常用来表示人工或自然的三维目标，如建筑、矿体等三维目标	在通常的地理信息系统实践中，将点、线、面等实体以文件的方式储存在计算机中，通常称为空间数据

（3）基本属性

空间数据的三个基本属性：空间属性、专题属性和时间属性。

空间数据用于描述空间要素的位置。空间要素可以是离散或连续的。

空间要素特征

要素	特征
离散要素	指观测值是不连续的，形成分离的要素，并可单个识别，包括点要素（如井）、线要素（如道路）和面要素（如土地利用类型）等
连续要素	指观测值是连续的要素（如降水量和等高线分布等）

（4）空间数据类型（2024 考点）

空间数据来源和类型较多，主要可以分为地图数据、影像数据、地形数据、属性数据和元数据。

空间数据类型

特征	内容
地图数据	这类数据主要来源于各种类型的普通地图和专题地图，内容非常丰富
影像数据	这类数据主要来源于卫星、航空遥感，包括多平台、多层面、多种传感器、多时相、多光谱、多角度和多种分辨率的遥感影像数据，构成多元海量数据，是空间数据库最有用、最廉价、利用率最低的数据源之一
地形数据	这类数据来源于地形等高线图的数字化，已建立的数据高程模型（DEM）和其他实测的地形数据
属性数据	这类数据主要来源于各类调查统计报告、实测数据、文献资料等

3. 属性数据

属性数据：即非空间数据，是与地理实体相联系的地理变量或地理意义，如地名、人口统计数据、土地用途等。属性数据分为定性和定量两种。

属性数据分类

类型	定性数据	定量数据
内容	包括名称、类型、特性等	包括数量和等级
实例	如土地利用现状、岩石类型、行政区划、某些土壤性状等	如面积、长度、土地等级等

典型的属性数据包括环保监测站的各种监测资料，道路交叉口的交通流量，道路路段的通行能力、路面质量，地下管线的用途、管径、埋深，行政区的常住人口、人均收入，房屋的产权人、质量、层数等。它们通常存放于关系数据库管理系统中，并基于一个唯一标识码与相应几何体进行连接。

4. 数据的表达方式

对于地理空间数据而言，GIS有两大基本存储模型，一种是矢量数据模型，一种是栅格数据模型。矢量数据模型与栅格数据模型是地理信息系统中空间数据组织的两种最基本的方式。

数据的表达可以采用矢量（矢量数据模型）和格栅（栅格数据模型）两种形式。

数据的表达方式

矢量数据模型	栅格数据模型
在矢量数据模型中，是清晰的点、线、面的实体，用来表达河流、湖泊、地块这样的信息	在栅格数据模型中，是一个个的格子，相同的像元值在地图上展示出相同的颜色，从而也呈现出河流、湖泊、地块的形态
矢量数据结构是利用点、线、面的形式来表达现实世界，具有定性明显、属性隐含的特点	栅格数据是以二维矩阵（行和列或格网）的形式来表示空间地物或现象分布的数据组织方式，每个矩阵单位称为一个栅格单元，每个像元都包含一个信息值（如温度）。栅格的每个数据表示地物或现象的属性数据，因此栅格数据有属性明显、定位隐含的特点

知识点4　矢量数据和栅格数据 【★★】

1. 概念

矢量数据和栅格数据的概念

矢量数据	栅格数据
① 在直角坐标系中，用 X、Y 坐标表示地图图形或地理实体的位置和形状的数据。 ② 矢量数据一般通过记录坐标的方式来尽可能地将地理实体的空间位置表现得准确无误。 ③ 是 GIS 的重要数据模型之一，基于栅格数据的空间分析方法是空间分析算法的重要内容之一	① 按格网单元的行和列排列的、具有不同灰度值或颜色的阵列数据。 ② 栅格数据的每个元素可用行和列唯一标识，而行和列的数目则取决于栅格的分辨率（或大小）和实体的特性

2. 优点和缺点

矢量数据和栅格数据比较

	矢量数据	栅格数据
优点	① 表示地理数据的精度较高； ② 严密的数据结构，数据量小； ③ 用网络连接法能完整地描述拓扑关系； ④ 图形输出精确、美观； ⑤ 图形数据和属性数据的恢复、更新、综合都能实现	① 数据结构简单； ② 空间数据的叠置和组合十分容易、方便，各类空间分析都很易于进行；数字模拟方便； ③ 技术开发费用低

	矢量数据	栅格数据
缺点	① 数据结构复杂； ② 矢量多边形地图或多边形网很难用叠置方法与栅格图进行组合； ③ 显示和绘图费用高，特别是高质量绘图、彩色绘图和晕线图等； ④ 数字模拟比较困难； ⑤ 技术复杂，多边形内的空间分析不容易实现	① 图形数据量大； ② 用大像元减少数据量时，可识别的现象结构将损失大量信息； ③ 地图输出不精美； ④ 难以建立网络连接关系； ⑤ 投影变换耗费时间多
区别	① 最常见的矢量数据包括点数据、线数据、面数据。 ② 表示连续的地理实体	① 栅格数据可以是数字航空像片、卫星影像、数字高程模型、数字正射影像或扫描的地图。 ② 既能表示离散的地理实体，也能表示连续的地理实体
应用	大范围、小比例尺的自然资源、环境、农林业等区域问题的研究	城市分布、土地管理、公用事业管理等方面
表达	用点、线、面来精确地描绘各种地物	用像元来表达所覆盖区域的现象

3. 栅格数据

(1) 栅格数据模型管理

栅格：在 GIS 中也称为格网或图像。栅格数据用单个像元作为点，用一系列相邻像元作为线，用连续像元的集合代表面。

栅格数据模型：是地理信息系统（GIS）中用于表示和管理地理空间数据的一种重要方法。它通过将地球表面划分为规则的栅格单元来管理地理信息，每个栅格单元可以包含属性数据，用于描述该位置的现象或特征。

栅格数据模型可以管理三类现实世界现象，包括专题数据（也称为离散数据）、连续数据、图片。

栅格数据模型管理的内容

项目	内容
专题数据	**离散数据**：如人口分布、建筑物位置等，虽然这些现象在地理空间上是离散的，但也可以通过栅格数据模型进行管理。通过给每个栅格单元分配一个属性值，可以表示某个区域内离散元素的分布或密度
	专题数据：通常指的是通过特定测量或调查得到的数据，如土壤类型、土地利用类型等。栅格数据模型适合管理这类数据，因为它可以方便地表示每个地理位置上的专题特征
连续数据	表示温度、降雨量、高程或光谱数据（如卫星影像或航空像片）等现象。这些现象在地理空间上连续分布，可以通过栅格数据模型中的每个栅格单元的属性值来表示其强度或量级
图片	包括扫描的地图或绘图，以及建筑物照片

(2) 像元值

像元值：栅格的单元值可以是类别或数字；像元值应赋在像元的中心。

像元大小：即栅格的单元大小（栅格空间分辨率），指栅格影像中每个像元所覆盖的实际地面面积大小，像元大小决定了栅格数据的空间分辨率。一般而言，图像大小一定的情况下，像元尺寸越大，分辨率越低，清晰度越低。

（3）栅格数据的表达

在栅格数据模型中，用像元来表达所覆盖区域的现象，而矢量数据模型是用点、线、面来精确地描绘各种地物。

在栅格数据集中，每个像元都有一个值，用来表达所描绘的现象，如类别、高度、量级或光谱等。

像元表达

现象	内容
类别	可以是草地、森林或道路等土地利用类型
高度（距离）	可表示平均海平面以上的表面高程等，可以用来派生出坡度、坡向和流域属性
量级	可以表示重力、噪声污染或降雨百分比等
光谱	可在卫星影像和航空摄影中表示光反射系数和颜色

栅格数据模型通过其规则的栅格结构和属性赋值方式，有效地支持了对地理空间数据的捕获、存储、处理和分析。这种模型在遥感影像分析、地形分析、环境监测等领域有着广泛的应用。

知识点 5　DTM、DEM、DOM 数据 【★★★★】

地理信息系统（GIS）中常用的数据模型有 DTM、DEM、DOM、DSM、TDOM 等，它们分别代表不同的地理信息类型。

1. 数字地形模型（DTM）

DTM 数据模型特征

类型	数字地形模型（Digital Terrain Model，DTM）
原理	是一种用于表示地球表面地形起伏的数字模型。 它通过离散的点、线或面来表示地面的高程信息，可以用来分析地形特征、计算坡度、坡向等地形参数
适用性	可用于各种线路选线（铁路、公路、输电线）的设计以及各种工程的面积、体积、坡度计算，任意两点间的通视判断及任意断面图绘制。 在测绘中被用于绘制等高线、坡度坡向图、立体透视图，制作正射影像图以及地图的修测

2. 数字高程模型（DEM）

DEM 数据模型特征

类型	数字高程模型（Digital Elevation Model，DEM）
原理	① DTM 的一个分支，是一种用于表示地球表面高程信息的数字化模型。它通过将地表划分为规则的网格单元，每个单元内存储一个高程值，从而形成一个连续的高程曲面。 ② DEM 是一定范围内规则格网点的平面坐标（X，Y）及其高程（Z）的数据集。它主要描述区域地貌形态的空间分布，是通过等高线或相似立体模型进行数据采集（包括采样和量测），然后进行数据内插而形成的

类型	数字高程模型（Digital Elevation Model，DEM）
数据来源	① 直接从地面测量，通过测距仪、GPS 接收仪、普通测量设备（如经纬仪）等进行测量。用于小范围内各种大比例尺、高精度的地形建模，这种数据获取方法的工作量很大，效率不高，费用高昂。 ② 从现有地形图上采集，如格网读点法、手扶跟踪数字化仪及扫描仪半自动采集然后通过内插生成 DEM 等方法。 ③ 根据航空或航天影像，航空影像测量方法可直接得到 DEM。航空摄影测量一直是地形图测绘和更新最有效也是最主要的手段，其获取的影像是高精度大范围 DEM 制作最有价值的数据源
适用性	国家地理信息的基础数据； 土木工程、景观建筑与矿山工程的规划与设计； 为军事目的（军事模拟等）而进行的地表三维显示； 景观设计与城市规划； 流水线分析、可视性分析； 交通路线的规划与大坝的选址； 不同地表的统计分析与比较； 生成坡度图、坡向图、剖面图，辅助地貌分析，估计侵蚀和径流等； 作为背景叠加各种专题信息如土壤、土地利用及植被覆盖数据等，已进行显示与分析； 为遥感、环境规划中的处理工作提供数据； 进行水文分析，如汇水区分析、水系网络分析、降雨分析、蓄洪计算、淹没分析等； 在无通信领域，可用于蜂窝电话的基站分析

3. 数字正射影像（DOM）

DOM 数据模型特征

类型	数字正射影像图（Digital Orthophoto Map，DOM）
原理	是一种通过航拍或遥感技术获取的地面真实影像，进行数字微分纠正和镶嵌，按一定图幅范围裁剪生成的数字正射影像集。 DOM 是同时具有地图几何精度和影像特征的图像
特点	DOM 具有高分辨率、信息丰富、直观逼真、获取快捷等特点
应用	① 可以用于地图制作、土地利用分析、环境监测等领域，可作为地图分析背景控制信息，也可从中提取自然资源和社会经济发展的历史信息或最新信息，为防治灾害和公共设施建设规划等应用提供可靠依据。 ② DOM 可作为独立的背景层与地名注名，图廓线公里格、公里格网及其他要素层复合，制作各种专题图

4. 数字表面模型（DSM）

数字表面模型（Digital Surface Model，DSM）是一种用于表示地球表面三维形态的数字模型。它不仅包含了地形的高程信息，还包含了建筑物、植被等地表物体的信息。DSM 可以用于城市规划、景观设计、环境模拟等领域。

5. 真正射影像（TDOM）

真正射影像（Thematic Digital Orthophoto Map，TDOM）是在 DOM 的基础上，根据特定

的主题需求，对影像进行分类、提取和标注，形成具有特定主题信息的地图。TDOM 可以用于城市规划、土地利用分析、资源调查等领域。

知识点 6　数据来源与输入　【★★★★】

1. 信息来源与数据输入方法

信息获取途径：地理信息系统原始信息的获取途径主要有五种：野外实地测量、摄影测量和遥感、现场考察和实地踏勘、社会调查与统计、利用已有资料。

原始信息获取方法

方法	特点
野外实地测量	利用电子测量仪器将距离、角度等数据传入计算机，野外工作量大，适合局部、零星、小范围、高精度的测量和城市规划中的竣工测量。 用人造卫星的全球定位系统（GPS），测绘控制网的坐标定位，用在一般地物的定位测量，对野外、移动的物体特别有效
摄影测量和遥感	利用地面对电磁波的反射、吸收、辐射来判断地表物体的位置和属性
现场考察和实地踏勘	城市规划工作必不可少的信息获取途径
社会调查与统计	在人文、社会领域使用不便
利用已有资料	GIS 应用项目所需的信息利用已有的或外单位提供的数据

数据输入：将系统外部的原始数据（多种来源、多种形式的信息）传输给系统内部，并将这些数据从外部格式转换为便于系统处理的内部格式的过程。如将各种已存在的地图、遥感图像数字化，或者通过通信或读磁盘、磁带的方式录入遥感数据和其他系统已存在的数据，还包括以适当的方式录入各种统计数据、野外调查数据和仪器记录的数据。

数据输入方法

方法	特点
手扶跟踪数字化仪	矢量跟踪数字化
扫描数字化仪的光栅扫描数字化	主要输入有关图像的网格数据
键盘输入	主要输入有关图像、图形的属性数据（即代码、符号），在属性数据输入之前，须对其进行编码

2. 城市三维空间数据获取

三维城市：指基于虚拟现实技术，把客观现实世界中的城市在电脑上模拟出来。三维城市就是具有三维地理空间信息，反映客观现实世界或者未来规划，具有空间浏览、属性查询和应用分析的综合信息系统。

数据获取方法：城市三维空间数据获取的方法主要有卫星影像（全球导航卫星系统）、航空影像、近距激光扫描数据、机载激光扫描数据、雷达测量（干涉雷达、激光雷达）、人工测量数据（摄影测量）。

三维空间数据获取方法

方法	特点
全球导航卫星系统	能在地球表面或近地空间的任何地点为用户提供全天候的三维坐标和速度，以及时间信息的空间无线电导航定位系统
干涉雷达	全天时、全天候、近实时地获得大面积地球表面三维地形信息，空间分辨率高，对大气和季节的影响不敏感
激光雷达	一种在从红外到紫外光谱段工作的雷达系统，原理和构造与激光测距仪极为相似
摄影测量	利用光学摄影机或数码摄影机获取的像片，经过处理以获取被摄物体的形状、大小、位置、特性及其相互关系的一种测量方法

3. 数据质量

数据的质量问题

内容	说明
位置精度	测量工作存在误差是必然的，在很多情况下，不可能为了提高精度而增加很多工作量、投入很多设备
属性精度	属性数据在调查、登记、分类、编码过程中往往因疏忽而产生误差
逻辑一致性	从调查至输入计算机的过程中往往存在数据分类不严密、数据定义模棱两可、多种解释或多重定义的问题，会给应用带来麻烦
数据完整性	如基础资料在地理空间上不能全覆盖，不同的历史资料在时间上无法同步，调查的内容有缺项等，也是常见的数据质量问题
人为因素	为了某些利益或保密原则，需要人为制造缺陷，增加误差

4. 数据库

数据库（Database，DB）是长期储存在计算机内、有组织的、可共享的大量数据的集合。

数据库设计是指对于一个给定的应用环境，构造（设计）优化的数据库逻辑模式和物理结构，并据此建立数据库及其应用系统，使之能够有效地存储和管理数据，满足各种用户的应用需求，包括信息管理要求和数据操作要求。

数据库系统

项目	内容
系统构成	数据库、数据库管理系统及其应用开发工具、应用程序、数据库管理员
数据库设计的 6 个阶段	需求分析、概念结构设计、逻辑结构设计、物理结构设计、数据库实施、数据库运行与维护（2024 考点）

知识点 7　地理信息的查询、分析与表达 【★★★★★】

1. 空间要素分类

根据属性对空间要素分类是 GIS 最基本的分析功能，据此可产生人口密度图、土地使用图、建筑类型图、环境质量评价图、交通流量图等，而且可以灵活地调整分类方法。

231

2. 地理信息的查询

地理信息的查询方法

方法	内容
空间查询	① 在所显示的地图上用鼠标选择要素后立刻显示要素的属性信息、某些多媒体的信息。如文本、图像、动画、声音等也可作为要素的属性查询。 ② 在属性表中进行查询、选择后，立刻显示和属性相对应的图形要素。当用户选择或查询到某些要素后，可以进一步查出在空间上与它们相交的其他要素是什么、这些要素的属性如何。如可查出某地块中包括哪些建筑物，某条规划道路穿过哪些现状地块及其属性
属性查询	① GIS 的属性数据是按表状存储的，关系型数据库的查询功能也对 GIS 的属性有效。 ② GIS 软件有属性查询功能，在查询属性的同时，将对应的空间要素以某种形式表达出来
几何量算	GIS 软件可以自动计算不规则曲线的长度，不规则多边形的周长、面积，不规则地形的设计填挖方等

3. 地理信息的分析

地理信息的分析方法

方法	内容		
叠合	**栅格和栅格的叠合**：最简单的叠合，在叠合的同时还可加入栅格之间的算术运算，这种方法常用于社会、经济指标的分析，资源、环境指标的评价。 如可根据过去十年中每年土地价格在空间上的变化分析其规律、趋势、分布		
	矢量和矢量的叠合：在不同的矢量数据"层"之间进行的几何合并、交错计算	**点和面叠合**：可用于公共服务设施和服务区域之间的关系分析，如分析居住区内中小学的情况	
		线和面叠合：可计算道路网的密度，分析管线穿越地块的问题	
		面和面叠合：可分析和规划地块有关的动迁人口、拆除的建筑物，评价土地使用的适宜性等	
邻近分析	① 产生离开某些要素一定距离的邻近区是 GIS 的常用分析功能（缓冲区）。如产生点状设施的服务半径包络区、道路中心线两侧等距边线包络区、历史保护建筑的等距影响范围等。 ② 在此基础上，利用多边形和多边形的叠合功能，将影响范围或服务范围多边形与人口统计多边形相叠合，可以获得不同服务半径或影响范围内大致的居住人口		
网络分析	① 估计交通的时间、成本，选择运输的路径，计算网络状公共设施的供需负荷，寻找最近的服务设施，产生在一定交通条件下的服务范围，沿着交通线路、市政管线分配点状供应设施的资源等，是 GIS 典型的网络分析功能。 ② 可用于紧急情况下人口的疏散		
栅格分析	① 比较常用的栅格功能有：坡度、坡向、日照强度的分析，地形的任意断面图生成，可视性检验，工程填挖方计算，根据点状样本产生距离图、密度图等。 ② 比较复杂的栅格分析有：模拟资源在一定空间范围内的扩散等。 ③ 前述的栅格和栅格的叠合分析也是栅格分析的一种。 ④ 基于一些专业模型计算得到相应专题信息，如大气污染的空间扩散，也通常采用栅格的途径实现		

信息技术在城乡规划中的应用

4. 地理信息的表达

专题地图是将专门的信息以地图的形式表达出来，是 GIS 表达空间、属性信息最主要的方式，也是用户获得查询、分析结果的主要途径。城市规划中除工程设计图外，常用的现状图、规划图尤其是分析图大多可算作专题地图。

知识点 8　地理信息系统的应用分析功能 【★★★★】

GIS 应用分析功能包括应用分析模型与应用分析程序两部分。

1. 地理信息系统的应用分析模型

地理信息系统的应用分析模型

模型	内容
GIS 的应用模型	根据具体的应用目标和问题，借助 GIS 自身的技术优势，具体化为信息世界中可操作的机理和过程
土地定级估价模型	根据城镇土地的经济和自然属性及其在社会经济活动的地位和作用，对其使用价值进行综合分析，揭示土地质量的地域差异，评定城镇土地级别，并以土地级别为基础，选择适宜的样点资料和估价方法，分别测算商业、住宅和工业用地基准地价，为合理利用城镇土地提供依据
适宜性分析模型	指土地针对某种特定开发活动的分析，包括农业应用、城市选址、作物类型布局、道路选址、选择重新造林的最适宜土地等
发展预测模型	① 利用已有的存储数据与系统提供的手段，对事物进行科学的数量分析，探索某一事物在今后可能的发展趋势，并作出评价和估计，以调节、控制计划或行动，如人口预测、资源预测、社会经济发展预测等（2024 考点）。 ② 预测方法：定性、定量、定时和概率预测。 一般采用定量预测，具体的数学方法有：移动平均数法、指数平滑法、趋势分析法、时间序列分析法、回归分析法、灰色理论预测法等，可以进行城市人口和劳动力预测
区位选择模型	① 按照规定的标准，通过空间分析的方法，确定厂址、电站、管线，或者交通路线等的最佳位置或路径。 ② 区位选择考虑的标准一般包括环境、工程和经济三个方面
交通规划模型	① 包括城市交通发生量预测、出行分布预测和交通量最优分配三个部分。 ② 普遍采用的是出行端点（OD）调查的方式了解城市交通的发生、分布和规划分析
地球科学模拟模型	应用计算机、数值模拟技术及综合分析方法来模拟地理过程或现象。 如气候变迁及沙漠化过程、土地退化（侵蚀）过程、湖泊沼泽化、河道冲淤、沙嘴发育等千年才能完成的地理过程

2. GIS 应用分析功能

支持 GIS 应用分析的功能模块包括以下内容。

功能模块	内容
空间分析	包括空间叠和分析、缓冲区分析、连通性分析、最短距离分析、空间关系分析、空间信息测量等
综合分析	包括趋势面分析、相关分析、模糊分析、回归分析、判别分析、统计分析等，其中动态分析包括变化检测、过程模拟、发展预测等
DTM 分析	包括高程分析、坡度分析、坡向分析、表面形态、通视范围、地形分析、三维可视等
专业应用分析	根据应用目标和建立的应用模型，在 GIS 软件平台的基础上设计开发专门的应用分析程序或功能模块

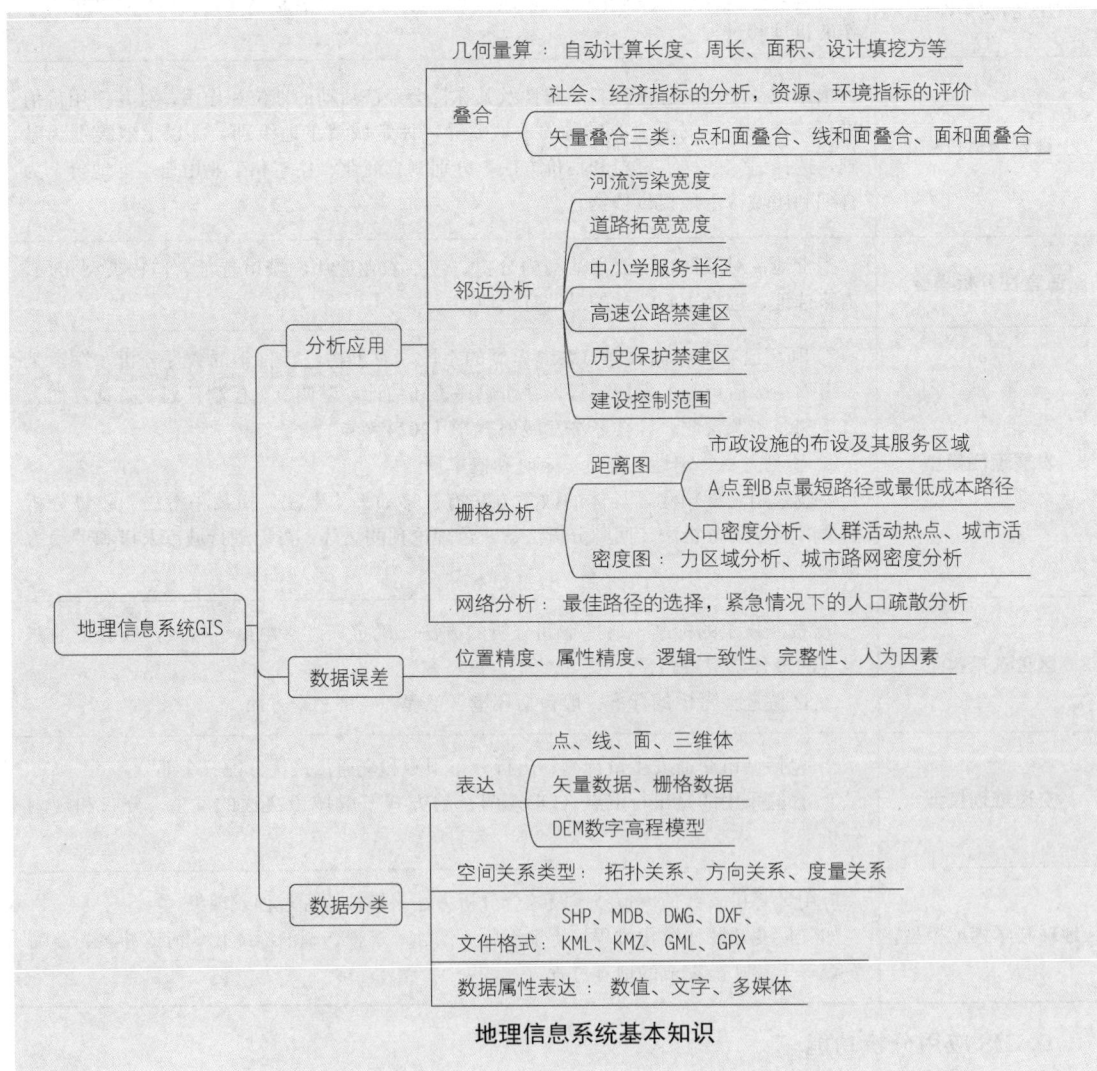

信息技术在城乡规划中的应用

地理信息系统GIS
- 分析应用
  - 几何量算：自动计算长度、周长、面积、设计填挖方等
  - 叠合
    - 社会、经济指标的分析，资源、环境指标的评价
    - 矢量叠合三类：点和面叠合、线和面叠合、面和面叠合
  - 邻近分析
    - 河流污染宽度
    - 道路拓宽宽度
    - 中小学服务半径
    - 高速公路禁建区
    - 历史保护禁建区
    - 建设控制范围
  - 栅格分析
    - 距离图
      - 市政设施的布设及其服务区域
      - A点到B点最短路径或最低成本路径
    - 密度图：人口密度分析、人群活动热点、城市活力区域分析、城市路网密度分析
  - 网络分析：最佳路径的选择，紧急情况下的人口疏散分析
- 数据误差：位置精度、属性精度、逻辑一致性、完整性、人为因素
- 数据分类
  - 表达
    - 点、线、面、三维体
    - 矢量数据、栅格数据
    - DEM数字高程模型
  - 空间关系类型：拓扑关系、方向关系、度量关系
  - 文件格式：SHP、MDB、DWG、DXF、KML、KMZ、GML、GPX
  - 数据属性表达：数值、文字、多媒体

地理信息系统基本知识

2020-025 下列不属于网络分析应用的是(　　)。

　　A. 选择运输路径　　　　　　　　　　B. 寻找最近的金拱门

　　C. 文物保护单位的等距影响范围　　　　D. 地震情况下人口疏散的路径模型分析

【答案】C

【解析】GIS 系统的网络分析类似最佳的路径分析，找到空间中最合适的点、区域或路径。文物保护单位的等距分析属于邻近分析。故 C 项不属于。

2022-033 下列不属于数据库设计步骤的是(　　)。

　　A. 概念设计　　　　　　　　　　　　B. 逻辑设计

　　C. 应用设计　　　　　　　　　　　　D. 物理设计

【答案】C

【解析】《基础地理信息数据库建设规范》GB/T 33453—2016 条款 4.6 规定：数据库的总体设计和详细设计，包括概念设计、功能设计、逻辑设计、物理设计和安全设计等。

2022-034 下列不属于地理实体空间关系的是(　　)。

　　A. 拓扑关系　　　　B. 距离关系　　　　C. 比例关系　　　　D. 方向关系

【答案】C

【解析】空间关系的基本类型有拓扑关系、方向关系和度量关系由下表可知，C 项不属于。

空间关系的基本类型

类型	空间关系特征
拓扑关系	指在拓扑变换（旋转、平移、缩放等）下保持不变的空间关系，即拓扑不变量，如对象之间的相离和相交关系、包含、关联关系等空间关系
方向关系	又称为方位关系、延伸关系，它定义了地物对象之间的方位，如前后、东西等
度量关系	是用某种度量空间的度量来描述的对象之间的关系，如对象之间的距离，可以用欧几里得距离、曼哈顿距离、时间距离等来描述

2022-035 下列应用分析技术不适合采用适宜性分析模型的是(　　)。

　　A. 城市选址　　　　　　　　　　　　B. 道路拓宽规划

　　C. 人口预测　　　　　　　　　　　　D. 农作物种植规划

【答案】C

【解析】适宜性分析是指土地针对某种特定开发活动的分析，这些开发活动包括农业应用、城市选址、作物类型布局、道路选线、选择重新造林的最适宜的土地等。故 C 项不适合。

2022-036 不能通过数字高程模型（DEM）计算获得的是(　　)。

　　A. 集水区　　　　　　　　　　　　　B. 湿地分布

　　C. 视线通廊　　　　　　　　　　　　D. 地形坡向

【答案】B

【解析】考查 DEM 基本知识。DEM 是 Digital Elevation Model 的简称，翻译成中文为数字高程模型。它通常用地表规则网格单元构成的高程矩阵表示。DEM 的作用：①储存大范围的数字化地形数据用于制作基本地图，作为国家地理信息的基础数据；②各种建设工程的填挖方计算；③军事上的武器自动引导，作战训练模拟，地表三维显示；④风景景观分析、通视

信息技术在城乡规划中的应用

分析；⑤道路规划及纵断面坡度分析，水库坝址选择（库容量估计和淹没范围估计）；⑥通过统计对不同的地形、地貌进行比较分析，供科学研究用；⑦计算坡度、坡向，研究日照、汇水区分析、水系网络分析、降雨分析、蓄洪计算、淹没分析、土壤侵蚀等问题；⑧将地形和其他信息综合起来，叠加各种专题信息，进行土地评价；⑨用三维图形图像方法对地形的起伏变化进行模拟；⑩把"高程"（即第三维）换成其他数据，成为其他非地形性质的三维表面模型；⑪在无线通信领域，可用于蜂窝电话的基站分析。湿地分布可以通过国土调查获得，故选择 B 项。

2022-087 下列技术可以用于城市三维数据采集的是（　　）。（多选）

  A. 干涉雷达   B. 激光雷达

  C. 全球导航卫星系统   D. 摄影测量

  E. 虚拟现实

  【答案】ABCD

  【解析】实景三维中国数据中地理场景包括数字高程模型（DEM）、数字表面模型（DSM）、数字正射影像（DOM）、真正射影像（TDOM）、倾斜摄影三维模型、激光点云等。其中 DEM 数据可以使用立体相机，也可以使用雷达卫星（包括合成孔径雷达卫星，既合成孔径干涉雷达测量，InSAR）影像导出，激光雷达（LiDAR）是实现地表信息提取和三维场景重建的重要对地观测技术。摄影测量是一种将二维照片合成三维模型的技术，它通过拍摄同一物体不同角度的照片，再通过算法识别照片相同特征点，来解算出一个三维模型。全球导航卫星系统是城市三维数据坐标数据的重要来源。故 ABCD 项正确。E 项为城市三维模型的应用方向。**独家扩展《城市遥感信息应用技术标准》CJJ/T 151—2020：**

制作城市建筑信息成果的遥感数据要求（表 5.4.2）（节选）

专题信息类型		波段范围	成图比例尺	空间分辨率
建筑信息	建筑高度	全色可见光和近红外	1：10000	≤1m
		LiDAR 数据	1：10000	≤1m（点云点间距）
	建筑三维模型	全色可见光和近红外	1：10000	≤1m
		可量测实景影像	1：5000	≤0.5m
		LiDAR 数据	1：10000	≤1m（点云点间距）

获取地面沉降信息的 InSAR 技术适用性及要求（表 5.7.2）（节选）

方法	D-InSAR	PS-InSAR	JS-InSAR
地表覆盖物	连续覆盖	监测区域有较多的天然散射体	监测区域有较少的天然散射体

获取城市热环境信息的遥感数据要求（表 5.8.2）

专题信息类型	数据源	空间分辨率
城市热环境信息	高分五号（GF-5）、Landsat 热红外波段等	≤1000m

2023-034 下列 GIS 分析模型中，属于 GIS 二次开发模型的是（　　）。

  A. 空间量算模型   B. 设施选址模型

  C. 叠加分析模型   D. 通视分析模型

  【答案】B

【解析】GIS空间模型分为以下几种类型：①空间分布分析模型用于研究地理对象的空间分布特征。②空间关系分析模型用于研究基于地理对象的位置和属性特征的空间物体之间的关系。③空间相关分析模型用于研究物体位置和属性集成下的关系，尤其是物体群（类）之间的关系。④预测、评价与决策模型用于研究地理对象的动态发展。

空间量测与计算是指对GIS数据库中各种空间目标的基本参数进行量算与分析，如空间目标的位置、距离、周长、面积、体积、曲率、空间形态以及空间分布等。空间量测与计算是GIS中获取地理空间信息的基本手段，所获得的基本空间参数是进行复杂空间分析、模拟与决策制定的基础，故A项错误。

设施选址模型是用于求解最优选址问题的运筹学模型，是基于空间量测与计算、叠加分析、分区分析模型、统计分析模型、网络分析等模型二次开发的，故B项正确。

叠加分析是GIS一项非常重要的空间分析功能，是指在同一空间参考系统下，通过对两个数据进行的一系列集合运算，产生新数据的过程，故C项错误。

通视分析是指以某一点为观察点，研究某一区域通视情况的地形分析。利用DEM判断地形上任意两点之间是否互相可见的技术方法，分为视线通视分析和视域通视分析。前者判断任意两点之间能否通视；后者判断从任一点出发，该区域内所有其他点的通视情况，故D项错误。

2023-035 下列GIS空间分析，不属于空间网络分析的是（　　）。

A. 路径分析　　　　B. 资源分配　　　　C. 动态分段　　　　D. 缓冲区分析

【答案】C

【解析】空间网络分析是一种利用地理信息和网络理论来研究和优化地理网络系统的过程。包括以下关键点。①网络分析：这是空间网络分析的基础，网络分析建立在图论之上，研究的是网络中元素间的连接关系以及这些元素如何在网络中流动和分配资源以达到优化目的。②路径分析：包括寻找网络中两点之间的最短路径，以及在网络中有多个起始点和终点的情况下找到所有可能的路径。这种分析广泛应用于交通规划、灾害响应等领域，故A项正确。③资源定位与配置：确定网络中线路和节点的最优布局，以便有效地组织和分配资源，故B项正确。

GIS中实现空间分析的基本功能，包括空间查询与量算及缓冲区分析、叠加分析、路径分析、空间插值、统计分类分析等。空间分析的基本方法有：空间信息量算、空间信息分类、缓冲区分析、叠加分析、网络分析、空间统计分析。其中最常用的就是缓冲区分析、空间查询、路径分析，故D项正确。

2023-039 下列数据采集方式，不适用于数字高程（DEM）模型数据采集的是（　　）。

A. 地形图上采集　　　　　　　　B. 野外实地测量

C. 单景卫星影像上采集　　　　　D. 航空摄影测量

【答案】C

【解析】数字高程模型（DEM）是用一组有序数值阵列形式表示地面高程起伏形态的一种实体地面模型。DEM数据在测绘、气象、地质、军事、土地资源规划、应急管理等领域都有深度应用。

从数据源及采集方式上主要分为三种：①直接从地面测量，例如用GPS、全站仪、野外测量（故B项正确）等；②根据航空或航天影像（故D项正确），通过摄影测量途径获取，如立体坐标仪观测及空三加密法、解析测图、数字摄影测量等；③从现有地形图上采集（故A项正确），如格网读点法、数字化仪手扶跟踪及扫描仪半自动采集然后通过内插生成DEM。

板块 3　遥感技术及其应用

历年考频

板块	2020 年	2021 年	2022 年	2023 年	2024 年
遥感技术及其应用	2	3	2	2	1

知识点 1　遥感技术的要点　【★★★】

1. 概念

遥感（Remote Sensing，简称 RS）通常是指通过某种传感器装置，在不与研究对象直接接触的情况下，获得其特征信息，并对这些信息进行提取、加工、表达和应用的一门科学技术。

遥感的电磁辐射源主要是太阳的可见光和红外线，有时也利用微波雷达或地物自身的红外线。

2. 遥感的类别

遥感的类别

分类依据	类别
遥感平台的高度和类型	航天遥感、航空遥感与地面遥感
传感器工作波长	可见光遥感、红外遥感、微波遥感、紫外遥感和多光谱遥感
电磁波辐射源	被动遥感和主动遥感
遥感的应用领域不同	气象遥感、海洋遥感、水文遥感、农业遥感、林业遥感、城市遥感、地质遥感

3. 遥感信息

遥感技术是建立在物体电磁波辐射理论基础上的。遥感是利用遥感器从空中来探测地面物体性质的，它根据不同物体对波谱产生不同响应的原理，识别地面上各类地物，具有遥远感知事物的能力。也就是利用地面上空的飞机、飞船、卫星等飞行物上的遥感器收集地面数据资料，并从中获取信息，经记录、传送、分析和判读来识别地物。通常把整个接收、记录、传输、处理和分析判释的全过程统称遥感技术，包括遥感的技术手段和应用。

4. 遥感平台与传感器

传感器指探测、接收、记录地面物体电磁辐射的仪器，而搭载这些遥感器的移动体叫作遥感平台，包括飞机、人造卫星等，甚至地面观测车也属于遥感平台。通常使用机载平台的称为航空遥感，而使用星载平台的称为航天遥感。航空遥感的灵活性大、针对性强、信息的几何分辨率高。航天遥感的通用性强，卫星可以长期在太空飞行，在较短周期内对相同地物反复观察（一日数次或隔数十日一次）。

航空遥感和航天遥感构成遥感技术系统的空中部分。遥感平台的高度与传感器性能决定了获得影像的解像力。

5. 系统的组成

遥感信息系统的组成

项目	内容
信息源	信息源是遥感需要对其进行探测的目标物。任何目标物都具有反射、吸收、透射及辐射电磁波的特性，当目标物与电磁波发生相互作用时会形成目标物的电磁波特性，这就为遥感探测提供了获取信息的依据
信息获取	信息获取是指运用遥感技术装备接收、记录目标物电磁波特性的探测过程。信息获取所采用的遥感技术装备主要包括遥感平台和传感器。其中遥感平台是用来搭载传感器的运载工具，常用的有气球、飞机和人造卫星等；传感器是用来探测目标物电磁波特性的仪器设备，常用的有照相机、扫描仪和成像雷达等
信息处理	信息处理是指运用光学仪器和计算机设备对所获取的遥感信息进行校正、分析和解译处理的技术过程
信息应用	军事、地质矿产勘探、自然资源调查、地图测绘、环境监测以及城市建设和管理等

6. 遥感技术的特点

探测范围广，采集数据快；能动态反映地面事物的变化；获取的数据具有综合性。

7. 遥感影像

经传感器获取的信息一般是图像信息，也称遥感影像。

影像获取的方式主要有摄影和扫描。

遥感影像获取方式

方式	要点
摄影成像	传感器是特殊的照相机，像片几何分辨率较高
扫描成像	传感器是专用的扫描仪器，扫描成像的光谱分辨率较高，获得的结果是栅格状的数据，可以直接由计算机处理

如果要用计算机来处理像片，则要对像片做扫描；如果要靠人工来判读数字图像，则要将图像数据显示在屏幕上或打印在纸上。

由于大气对电磁波具有吸收、散射、反射的作用，影响传感器对地物观察的透明度，因此应根据应用的要求，选择合适的电磁波波长范围，减少大气的干扰，这种经选择的波长范围称为"大气窗口"。

8. 技术指标

遥感影像的主要技术指标

方式	要点
光谱范围	可接收、记录的电磁波波长的最大范围
分辨率	影像图上能区别开的最小波长范围
图像覆盖范围	图像覆盖的地表空间范围
几何分辨率	图像的几何分辨率是指影像上能分辨出的最小地物尺寸
时相	遥感信息成像的具体时间

知识点 2　常用遥感图像 【★★★】

1. 航空遥感图像

航空遥感以摄影图像为主，主要图像类型有：普通黑白摄影、彩红外航空像片、微波雷达图像。

2. 航天遥感图像

主要有多光谱扫描仪（MSS）和专题制图仪（TM）图像、SPOT-5卫星数据、气象卫星图像、高空间分辨率卫星影像、高光谱遥感卫星影像、LiDAR（激光雷达数据）数据、中巴地球资源卫星和北京一号小卫星图像、北斗卫星导航系统（BDS）等。

常用遥感图像

类别	要点
彩红外航空像片	是城市遥感最常用的信息，这种像片比一般可见光（真彩色或黑白）航空像片的色彩饱和度高、对比度强、清晰度好，尤其对植被、水体的分辨能力高
微波雷达图像	微波可穿透云层，能分辨地物的含水量、植物长势、洪水淹没范围等情况
MSS和TM图像	MSS和TM图像由美国的陆地卫星（Landsat）提供
SPOT-5卫星图像	卫星搭载有两个高分辨率几何装置，特点在于出色的卫星存储能力使得数据的存储、记录、回放等都得到了优化处理
气象卫星图像	目前较常用的有中国发射的气象卫星和美国气象卫星（NOAA）的图像。气象卫星可一日数次对同一地点扫描，可用于观察城市热岛的变化情况
高空间分辨率卫星影像	随着遥感技术的发展，高空间分辨率卫星影像逐渐得到了广泛应用，以较低的成本提供了更为详尽的城市监测信息
高光谱遥感卫星影像	高光谱遥感是高光谱分辨率遥感的简称，是在电磁波谱的可见光、近红外、中红外和热红外波段范围内，获取许多非常窄的光谱连续影像数据的技术
LiDAR数据	激光雷达（LiDAR）是一种通过位置、距离、角度等观测数据直接获取对象表面点三维坐标，实现地表信息提取和三维场景重建的对地观测技术。LiDAR数据由于具有高的空间分辨率和垂直分辨率，在城市变化监测中发挥了重要作用（**2024考点**）
中巴地球资源卫星和北京一号小卫星图像	中巴地球资源卫星指中国与巴西合作的CBERS-1和CBERS-2卫星。北京一号小卫星是一颗具有中高分辨率双遥感器的对地观测小卫星。中巴地球资源卫星02B星，除继续保留原有19.5m的中分辨率多光谱CCD相机外，还首次搭载了一台自主研制的高分辨率HR相机，地面分辨率高达2.36m
北斗卫星导航系统（BDS）	中国自行研发的全球卫星导航系统，是继美国全球定位系统（GPS）、俄罗斯格洛纳斯卫星导航系统（GLONASS）之后的第三个成熟的卫星导航系统。 2020年建成的北斗三号系统是为全球用户提供全天候、全天时、高精度的定位、导航和授时服务的国家重要时空基础设施。 北斗卫星导航系统由空间段、地面段和用户段三部分组成

3. 遥感图像的影响因素

遥感图像的影响因素主要包括遥感系统因素与环境因素。与地物本身的复杂性、传感器特性、目视能力、大气条件、地球曲率、光照变化、传感器不稳定性、地面控制点、噪点、传感器分辨率、数据质量、地物复杂性、人为主观因素等有关。

知识点 3　城市遥感图像解译基础【★★★★★】

1. 解译的依据

获得遥感图像后可以进一步辨认地物的空间分布、有关属性，即判读、解译。

解译遥感图像就是判读图像的波谱特征、物理特征、几何特征。一般说来，经过解译的、数字化的遥感信息才可能作为 GIS 的数据源。

遥感图像解译依据

依据特征	要点
波谱特征	① 建筑物、道路、水体、植被、裸地在影像图上的表现往往有明显的差异。例如，同是建筑，沥青砂屋顶和一般水泥的瓦片明显不同；同是道路，沥青路面和水泥路面、土路面也明显不同。 ② 污水排放口的水体和附近的无污染水往往可分辨出来。 ③ 在彩红外像片上，植被的颜色是红的，极易和周围物体相区别
物理特征	不同的地表物质、地物表面的粗糙程度、含水量、遥感成像时的光照条件、大气环境、地形起伏等，都会造成影像图的色调差异，为图像解译提供依据
几何特征	① 地物的形状、大小、阴影、纹理以及相互之间的位置关系是图像解译的重要依据。 ② 建筑群的范围、建成区和非建成区的界线、郊区农田和市内绿地等，均可在影像图上依据几何特征判读出来。 ③ 利用建筑物立面的成像可判断建筑的层数；利用阳光的阴影，可估计建筑物的大致高度

2. 遥感图像的解译

遥感图像解译是指通过遥感图像所提供的各种识别目标的特征信息进行分析、推理与判断，最终达到识别目标或现象的目的。但是，图像上所提供的信息并非直接呈现，而是通过图像上复杂的色调、结构及其变化表现出来。

（1）解译要素和解译标志

遥感图像解译要素和解译标志

项目	要点
解译要素	8 个基本要素：色调或颜色、阴影、大小、形状、纹理、图案、位置、组合
解译标志	指在遥感图像上能具体反映和判别地物或现象的影像特征。 根据上述 8 个解译要素，结合摄影时间、季节、图像种类、比例尺、地理区域和研究对象等，整理出不同目标在该图像上所特有的表现形式

（2）遥感信息的提取途径

① 目视判读法

即人工解译，用人工的方法判读遥感影像，对遥感影像上目标地物的范围进行手工勾绘，达到信息提取的目的。

② 计算机分类法

依据的是地物的光谱特征，确定判别函数和相应的判别准则，将图像所有的像元按性质分为若干类别。

监督分类与非监督分类作为计算机视觉分类模式，与卫星遥感数据结合应用后，成为对海量遥感图像进行信息提取、地物分类、定量分析的基础、成熟、高效的手段。

监督分类：依据样本的分类特征来识别样本像元的归属类别的方法，是遥感 AI 最为常见训练模式。常用的分类算法有最大似然法、平行算法、平行六面体法、最小距离法、马氏距离法、二值编码分类法、支持向量机、随机森林决策树、波谱角等。其中，支持向量机算法是将实例的特征向量映射为空间中的一些点。

非监督分类：非监督分类也称聚类分析，是指人们事先对分类过程不施加任何的先验知识，而仅凭数据（遥感影像地物的光谱特征分布规律），即运用自然聚类的特性让机器进行自学习并进行分类。它以集群为理论基础，通过计算机对图像进行集聚统计分析。

（3）遥感信息提取

遥感信息提取内容

内容	要点
图像识别	根据遥感图像的光谱特征、空间特征、时相特征，按照解译者的认识程度，或自信程度和准确度，逐步进行目标的探测、识别和鉴定的过程
图像量测	指在已知图像比例尺的基础上，运用图像的几何关系，借助简单工具、设备（如立体镜、测图仪等）或软件，测量和计算目标物的大小、长度、相对高度等，以获得精确的距离、高度、面积、体积、形状、位置等信息
图像分析及专题特征提取	① 图像分析是指图像识别、图像量测的基础上，通过综合、分析、归纳，从目标物的相互联系中解译图像或提取专题特征信息，即定性、定量地提取和分析各种信息。 ② 图像分析及专题特征提取包括特定地物及状态的提取、指标提取、物理量的提取、变化检测等

3. 图像校正

遥感图像校正方法

方法	要点
几何校正	飞行器姿态的变化、观测角度的限制、成像过程的种种干扰以及传感器自身投影方式的局限，造成遥感图像的几何坐标往往和实际应用有很大差异，需要进行几何坐标的校正
辐射校正	大气环境、传感器性能、投影方式、成像过程等因素的影响，会造成同一景图像上电磁辐射水平的不均匀或局部失真，同一时相的相邻图像之间会有辐射水平的差异，同一观察范围但不同时相的图像之间也会有辐射水平的差异，需要进行校正

方法	要点
图像增强	为了某种应用的需要，用光学或数学的方法，使某类地物在图像上的信息得到增强，另外一些信息则被减弱
对比分析	同一图像中不同波段的信息、相同地物范围内不同时相的图像都可以进行对比分析
统计分析	对图像单元的亮度、色彩及其分布进行统计分析
图像分类	借助计算机或目测的方法对图像单元或图像中的地物进行分类

4. 解译图像

典型解译图像

类型	图像信息
植被	在近红外波段，阔叶林（柳树、泡桐、合欢等）反射率高于针叶林（杉、松等），在彩红外像片上，阔叶林呈红色，而针叶林呈红褐色
水体	水体的反射率不仅受水体本身的影响，更多的是受水中悬浮物质的类型和数量的影响，如被有机物（主要是叶绿素）污染的绿色水体在绿波段会呈现相对高的反射率。水中的含沙量对反射率的影响也比较明显，一般含沙量高，反射率也相应增高。水体的反射率是水色、水中悬浮粒子及水底地形等反射、散射的函数
道路	城市道路因所用材料不同，可分为水泥路、沥青路、土路等，其曲线形状大体相似，0.14～0.16um 缓慢上升，0.16um 之后转向平缓变化。水泥路呈灰白色，反射率最高，依次为土路、沥青路
建筑物	灰白色的石棉瓦反射率最高；沥青砂石房顶由于表面铺着土黄色砂石，其反射率高于灰色的水泥平顶；塑料顶棚呈绿色，因而在波谱曲线的绿波段有一反射峰；铁皮屋顶表面呈灰黑色，反射率低且平坦

知识点 4　遥感影像变化检测 【★★★】

1. 概念

遥感影像变化检测指利用多时相获取的覆盖同一地表区域的遥感影像及其他辅助数据来确定和分析地表变化。它利用计算机图像处理系统，对不同时段目标或现象状态的变化进行识别、分析；能确定一定时间间隔内地物或现象的变化，并提供地物的空间分布及其变化的定性与定量信息。

2. 引起遥感数据几何误差的因素

① 传感器性能误差，如镜头焦距的变动、镜头光学畸变、扫描速度的非线性、采样和记录速度不均匀等；

② 卫星位置信息的不准确会引起遥感数据的位置误差；

③ 卫星姿态变化会引起图像平移、旋转、扭曲和缩放；

④ 地球自转和地球曲率对图像的影响；

⑤ 地形和地物高度变化会引起像点位移和比例尺改变；

⑥ 大气折射的影响。

3. 检测方法

遥感影像变化检测方法

方法	内容
图像差值法	① 将两个时相的遥感图像按波段逐像元相减，从而生成一幅新的代表两个时相间光谱变化的差值图像。 ② 这种方法应用最广泛、简单、直接，便于解释结果，不足在于只能提供变化和未变化的信息，不能提供具体的地物变化信息
图像比值法	① 计算多时相图像对应像素灰度值的比值。 ② 这种方法在一定程度上能减少影像间因太阳高度角、阴影和地形等而造成的影响
变化矢量分析	① 是一种研究输入数据辐射变化的方法；对不同传感器的数据有很好的应用效果。 ② 基本思路是将两个时相的多光谱遥感影像中的某对成像元光谱值视为多维光谱空间中的一对点，用这对点所构成的向量来描述该像元在两时相间发生的变化，称这个向量为光谱变化向量
图像的分类比较	① 用于对多时相图像的每种图像单独进行分类，然后对分类结果图像进行比较。 ② 如果对应像素类别标签相同，则该像素没有发生变化，否则反之。 ③ 分类的方法可以是监督分类方法，也可以是非监督分类方法。 ④ 不同时期的遥感图像所发生的变化受各种因素影响，如时间分辨率、空间分辨率、光谱分辨率、辐射分辨率、大气状况、土壤湿度状况、物候特征等
植被指数差值法	① 用两个时相的植被指数代替原始图像灰度，该方法主要用于检测植被覆盖的变化。 ② 通过比较影像的植被指数值来确定变化的一种检测方法。 ③ 根据实际需要，在进行变化检测时可采用不同的植被指数，如比值植被指数、归一化植被指数、转换植被指数等。 ④ 特点在于增强了植被在不同波段的波谱相应的差异，抑制了传感器、大气、地形、光照和物候等因素引起的"伪变化"的干扰
图像回归法	表明了不同时期像素的均值与方差不同，可减少由于大气状况和太阳高度角的不同带来的不利影响
主成分分析法	① 是一种去除多光谱图像波段间的相关性，同时又不丢失信息的一种正交变换。 ② 对多时相数据用一般主成分分析研究或标准主成分分析的方法进行线性变换，得到反映各种变化的分量，这些变化分量互不相关，而且按其强度及影响范围顺序排列。 ③ 通过对主成分变换后的变化分量进行分析，可以总结变化规律，揭示变化原因

知识点 5　遥感技术在城乡规划中的应用 【★★★★】

卫星遥感信息覆盖的范围大，虽然其分辨率有限，但对于宏观定性分析有重要的作用与价值。从 20 世纪 70 年代中期开始，我国就利用陆地卫星像片开展区域地质调查以及土地资源调查。

现在应用遥感技术可以开展很多专题的调查研究：①城市土地利用现状调查；②城市历史变迁动态研究；③城市水系调查；④城市道路网络调查；⑤城市污染源分布调查；⑥城市垃圾调查；⑦城市热岛效应调查；⑧城市绿化现状调查；⑨城市在建工地调查；⑩城市旧区改造调查；⑪城市防汛设施分布调查；⑫城市违章建筑现状调查等。

遥感技术的应用

应用	内容
地形测绘	用航空摄影图像测绘地形比计算机的应用历史更长。目前，1∶2000 至 1∶50000 的地形测绘广泛利用航空影像实现，更小比例的地形测绘可利用卫星影像。因高层建筑的遮挡，1∶500 或 1∶1000 的地形测绘若用航空摄影方法，在大城市的建成区有较大局限
城市用地调查与更新	利用 0.61m 分辨率的卫星遥感影像，可以分辨出绝大多数类型的城市建设用地。 在规划的执行过程中，利用卫星遥感影像可及时发现变化，掌握各类用地的变化是否符合城市规划
绿化、植被调查	城市绿化覆盖率、绿地率、植物的生长状态通过影像判读往往比实地调查更有效
环境调查	调查大气污染、水体污染的分布或扩散状况，调查城市"热岛"、固体废弃物的分布
交通调查	统计某一瞬间的车辆、行人的分布，进而估计交通流量将两个间隔时间很短、同一地景的图像进行对比，可以测出车辆、行人的运动速度和停车状况。 用于城市交通密度调查、交通车速调查、交通流量调查
景观调查	从不同角度产生的、同一地物范围的影像，用光学立体镜直接、立体地观察地面景观。采用计算机图像处理技术，可以将上述影像图转换成三维立体的数字高程模型，用于大范围的城市景观调查
人口估算	在大比例航空像片上可以观察到住宅的立面，从而累计住宅单元数，再利用人口和住房的有关统计资料，估算出入口在空间上的大致分布
城市规划动态监测	根据不同时相的遥感影像进行对比，发现变化，将变化与规划对比，判断其是否符合城市规划

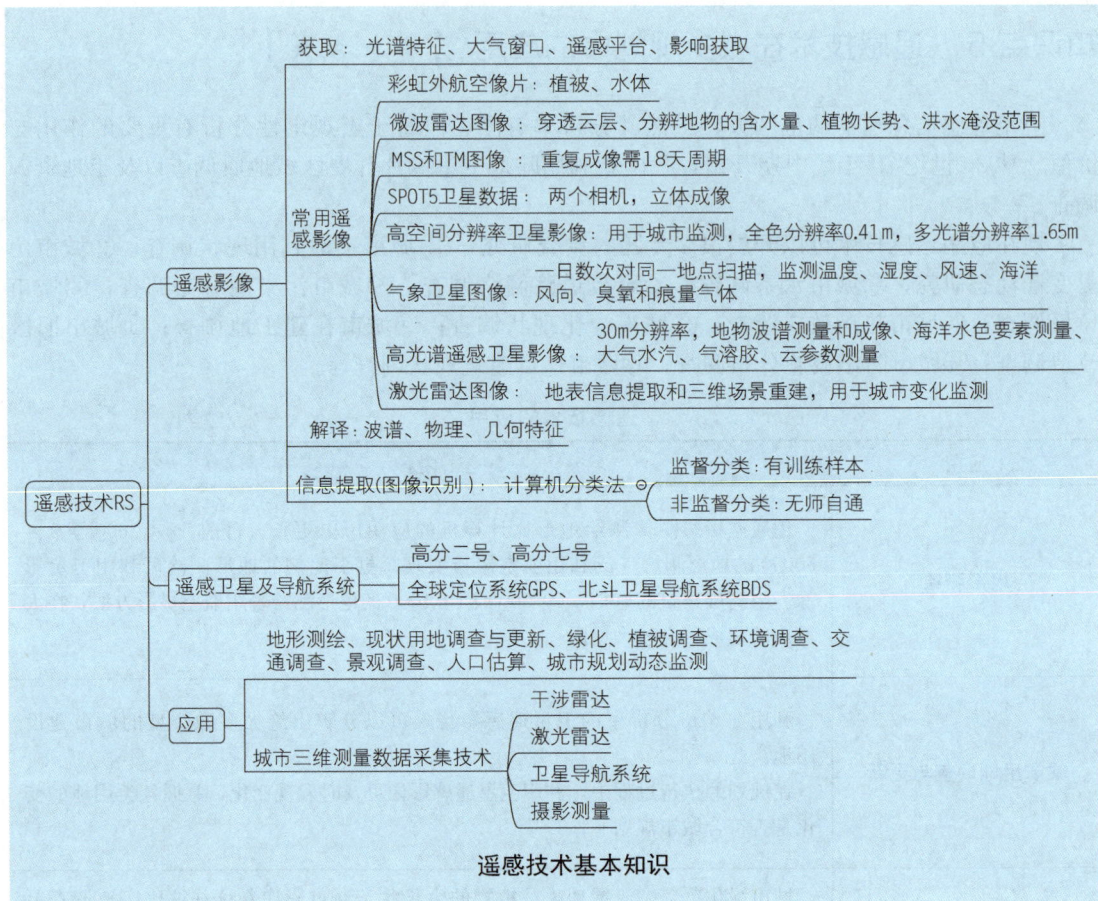

获取：光谱特征、大气窗口、遥感平台、影响获取

彩虹外航空像片：植被、水体

微波雷达图像：穿透云层、分辨地物的含水量、植物长势、洪水淹没范围

MSS和TM图像：重复成像需18天周期

SPOT5卫星数据：两个相机，立体成像

高空间分辨率卫星影像：用于城市监测，全色分辨率0.41m，多光谱分辨率1.65m

气象卫星图像：一日数次对同一地点扫描，监测温度、湿度、风速、海洋风向、臭氧和痕量气体

高光谱遥感卫星影像：30m分辨率，地物波谱测量和成像、海洋水色要素测量、大气水汽、气溶胶、云参数测量

激光雷达图像：地表信息提取和三维场景重建，用于城市变化监测

解译：波谱、物理、几何特征

信息提取（图像识别）：计算机分类法 —— 监督分类：有训练样本 / 非监督分类：无师自通

遥感卫星及导航系统：高分二号、高分七号 / 全球定位系统GPS、北斗卫星导航系统BDS

应用：地形测绘、现状用地调查与更新、绿化、植被调查、环境调查、交通调查、景观调查、人口估算、城市规划动态监测

城市三维测量数据采集技术：干涉雷达、激光雷达、卫星导航系统、摄影测量

遥感技术基本知识

真题演练

2020-087 下列关于北斗卫星的表述，正确的是( )。（多选）

A. 北斗导航是全天时导航系统

B. 北斗导航系统在 2020 年建成"北斗三号"系统，向全球提供服务

C. 北斗系统由空间段、地面段和用户段三部分组成

D. 北斗系统空间段采用三种轨道卫星组成的混合星座，与其他卫星导航系统相比高轨卫星更多，抗遮挡能力强，尤其低纬度地区性能优势更为明显

E. 北斗系统提供单一频点的导航信号，能够通过单一信号组合使用等方式提高服务精度

【答案】ABCD

【解析】北斗系统能提供多个频点的导航信号，能够通过多频信号组合使用等方式提高服务精度，故 E 项错误。

2020-089 关于高分 2 号卫星有效荷载技术指标，错误的有( )。（多选）

A 全色波段空间分辨率 1m   B. 幅宽 40km（两台相机结合）

C. 侧摆动±35°   D. 重访 7d

E. 回归周期 69d

【答案】BD

【解析】幅宽是 45km，故 B 项错误。重访时间为 5d，故 D 项错误。

2021-031 美国 GeoEye-1 卫星的多光谱数据中的 780～920nm 波段对应可见光中的（ ）波段。

A. 黄色波段

B. 蓝色波段

C. 红色波段

D. 近红外波段

【答案】D

【解析】电磁波波长是指沿着波的传播方向，两个相邻的同相位质点间的距离。可见光的波长范围在 0.77～0.39μm。波长不同的电磁波，引起人眼的颜色感觉不同，770～622nm 为红色，622～597nm 为橙色，597～577nm 为黄色，577～492nm 为绿色，492～455nm 为蓝色，455～350nm 为紫色紫外线波长短于紫色光（<0.4nm），红外线、无线电波波长长于红光（>0.76nm）。

近红外光（Near Infrared，NIR）是介于可见光（VIS）和中红外光（MIR）之间的电磁波，按美国试验和材料检测协会（ASTM）定义是指波长在 780～2526nm 范围内的电磁波，故 D 项正确。习惯上又将近红外区划分为近红外短波（780～1100nm）和近红外长波（1100～2526nm）。近红外区域是人们最早发现的非可见光区域。

2021-032 下列关于高分七号卫星的表述，错误的是（ ）。

A. 是我国首颗民用亚米级高分辨率卫星

B. 可用于 1：5000 比例尺立体测绘

C. 幅宽大于等于 20km

D. 配置一台双线阵相机和一台激光测高仪

【答案】B

【解析】高分七号卫星是一种高分辨率对地观测卫星。在高分辨率立体测绘图像数据获取、高分辨率立体测图、城乡建设高精度卫星遥感和遥感统计调查等领域取得突破。高分七号卫星分辨率不仅能够达到亚米级，而且定位精度是目前国内最高的，能够在太空轻松拍出 3D 影像。可将我国乃至全球的地形地貌绘制出误差在 1m 以内的立体地图。

高分七号卫星于 2019 年 11 月 3 日成功发射，实现了我国民用 1：10000 比例尺卫星立体测图，大幅提升了我国卫星对地观测与立体测绘的水平，故 B 项错误。

2021-047 遥感测绘中，传感器自身投影方式局限造成图像误差采取的处理方式为（ ）。

A. 几何校正

B. 辐射校正

C. 对比分析

D. 图像判读

【答案】A

【解析】因飞行器姿态的变化、观测角度的限制、成像过程的种种干扰以及传感器自身投影方式的局限，造成的图像误差应通过几何校正的方法处理，故 A 项正确。

2022-031 下列适合用于遥感影像自动识别监督分类的方法是（ ）。

A. 因子分析

B. 特征向量分析

C. 聚类分析

D. 回归分析

【答案】C

【解析】非监督分类（聚类分析）：事先对分类过程不施加任何的先验知识，仅凭遥感影像的光谱特征的分布规律进行"盲目"分类。其分类的结果只是对不同类别达到了区分，但并不能确定类别的属性；其类别的属性是通过分类结束后目视判读或实地调查确定的。故 C 项正确。

2022-088 下列选项中，属于遥感影像"伪变化"造成的原因有（　　）。（多选）

　　A. 太阳光照条件　　　　　　　　B. 大气吸收和散射

　　C. 传感器响应　　　　　　　　　D. 生态修复

　　E. 植被物候变化

【答案】ABCE

【解析】遥感影像获取受传感器本身、光照、大气、地形等因素的影响，导致不同影像上相同地物的光谱特征存在很大差异。故在利用多源或多时相遥感影像进行变化检测或地物信息提取之前，需要对影像进行辐射归一化处理，控制和减少由于光照条件、大气效应、传感器响应等差异造成的地表景观的"伪变化"，保留真实的地表变化信息。此外在利用多时相数据进行作物变化监测中，通常选取同一天或相近日期的遥感数据来减小植物季相变化所导致的辐射差异所带来的"伪变化"。故 ABCE 项正确。生态修复是地表附着物发生了真实变化，如裸露矿区修复为耕地，故 D 项错误。

2023-037 根据下列地形图中的地形要素特征，可判断地貌无断层的是（　　）。

　　A. 山脊线两侧等高线疏密特征相似

　　B. 沿山麓有带状排列的三角形剖面

　　C. 平行排列的谷脊彼此错开

　　D. 串珠状断续呈带状延伸的湖泊

【答案】A

【解析】山脊两侧的等高线疏密特征相同，可判断山脊两侧地貌对称无断层，故 A 项正确。

　　断层崖被冲沟或溪谷切割而成的三角形陡崖，是一种典型的断层三角面地貌景观。如秦岭北坡沿山前断裂，与渭河平原交接处沿山麓分布出现的断层三角面，形成了一道特殊的风景线，故 C 项错误。

　　平行排列的谷脊彼此错开，即破裂面两侧岩块发生明显位移的破裂构造，称为断层，故 B 项错误。

　　冰川谷纵向起伏不平，冰坎与冰盆相间，冰盆往往积水成湖，或有多遭终碛堤阻水成湖，形似串珠，可判断地貌有断续状的断层，故 D 项错误。

2023-038 下列关于卫星影像空间分辨率的说法，错误的是（　　）。

　　A. 卫星影像浮宽与遥感平台高度的比值

　　B. 表征影像，分辨地面目标细节的能力

　　C. 像素所代表的地面范围的大小

　　D. 卫星扫描仪瞬时视场的大小

【答案】A

【解析】空间量测与计算是指对 GIS 数据库中各种空间目标的基本参数进行量算与分析，如空间目标的位置、距离、周长、面积、体积、曲率、空间形态以及空间分布等。空间量测与计算是 GIS 中获取地理空间信息的基本手段，所获得的基本空间参数是进行复杂空间分析、模拟与决策制定的基础（故 A 项错误）。卫星影像的空间分辨率是指影像上能够详细区分的最小单元的尺寸，用来表征影像分辨地面目标细节（故 B 项正确）的指标。具体来说，它是通过每个像元（像素）所代表的地表区域的大小（故 C 项正确）来衡量的。对扫描图像而言，像素即是扫描仪瞬时视场的大小（故 D 项正确）。

板块 4　网络技术以及信息技术的综合应用

历年考频

板块	2020 年	2021 年	2022 年	2023 年	2024 年
网络技术以及信息技术的综合应用	—	—	—	—	2

知识点 1　网络技术 【★★★】

1. 网络的概念和组成部分

网络概念和组成部分

项目	内容
概念	计算机网络是由多台计算机（或其他计算机网络设备）通过传输介质和软件物理（或逻辑）连接在一起组成的
组成部分	计算机、网络操作系统、传输介质（可以是有形的，也可以是无形的，如无线网络的传输介质就是电波）以及相应的应用软件四部分

2. 网络类型

依据地理范围，可以把网络类型划分为局域网、城域网、广域网和互联网四种。

网络类型

类型	内容
局域网（LAN）	通常限定在较小的区域内，如一座楼房或一个单位内部，覆盖范围一般在 10km 以内。局域网通常采用有线方式连接，传输速率较高，可达到 10MB/s、100MB/s，甚至 1000MB/s。局域网适合于一个单位、一座大楼或相应楼群之间，特别适合建立内部网
城域网（MAN）	规模局限在一座城市的范围内，覆盖区域为 10～100km。城域网一般会加入广域网，是局域网和广域网之间的网络类型
广域网（WAN）	指单个大规模网络，通过结点交换机连接不同地区的局域网（LAN）或城域网（MAN），覆盖范围从几十公里到几千公里，例如跨国企业的内部专网

3. 网络特点

互联网是"连接网络的网络"，可以是任何分离的集合，这些网络以一组通用的协议相连，形成逻辑上的单一网络。而因特网是世界上最大的计算机互联网，是成千上万条信息资源的总称。

互联网与因特网不完全等同，因特网（Internet）是一个全球性的、基于 TCP/IP 协议的网络，由各种不同类型的网络（如局域网、广域网、城域网等）相互连接而成。互联网则是一个更广泛的概念，它指的是多个网络相互连接形成的庞大网络体系。因特网是互联网的一种特殊形式。一般以互联网（internet）首字母为小写"i"，因特网（Internet）首字母为大写"I"进行区分。

在因特网中，通过 IP 地址标识一台计算机，通常 IP 地址的形式如 162.105.19.100。由于数字型标识对使用网络的人来说有不便记忆的缺点，因而提出字符型的域名标识，域名形式如 pku.edu.cn。域名采用树状结构组织，最右侧的段为顶级域名，通常表示国家，如 cn 表示中国。

4. 因特网提供的服务

因特网能为用户提供的服务项目很多，主要包括电子邮件、远程登录、文件传输（FTP）以及信息查询服务，例如用户查询服务、文档查询服务、专题讨论、查询服务、广域信息服务和万维网（WWW）。其中，万维网是因特网最主要的服务。

万维网将全球信息资源通过关键字方式建立链接，使信息不仅可按线性方式搜索，而且可按交叉方式访问。在一个文档中选中某关键字，即可进入与该关键字链接的另一个文档，它可能与前一个文档在同一台计算机上，也可能在因特网的其他主机上。

在万维网中，采用超文本标注语言（HTML）来书写支持跳转的文档，用于操纵 HTML 和其他 WWW 文档的协议称为超文本传输协议（HTTP）。而基于 HTTP 访问 WWW 资源的软件称为浏览器，目前主要用的浏览器有 Internet Explorer、Firefox 等。

5. 常见城域名代表的含义

用于工商、金融企业的为 com；用于教育机构的为 edu；用于政府部门的为 gov；用于非营利组织的为 org。

目前网络技术在城市规划中的作用主要有：信息发布、数据共享、设备资源共享、分散而协调的工作。

6. 网络技术的综合应用

网络通信技术和计算机相结合，在城市规划中的典型作用有以下几方面。

网络技术的应用

应用	内容
信息发布和公众讨论	规划机构可以对内或对外发布信息，同时提供查询的功能和界面。规划管理机构还可将建设申请项目为何批准、为何不批准在网上展示，接受公众监督
数据共享	不同的部门、机构以及公众之间可以共享信息，如规划部门可以将土地管理部门的地籍图和自己的规划设计图进行对比。土地管理部门对地籍数据的更新可以立即被规划部门使用，简化了信息管理，提高了工作效率
处理功能共享	计算机的程序也可通过网络实时传递，连接在网络上的计算机往往只需安装简单的软件，就可通过网络实时下载（或上传）程序，实现某种特定的处理
设备资源共享	依靠网络，大量的计算机用户可以只配置普通的计算机，而将复杂的处理交由功能强、性能高的网络服务器完成
分散而协同工作	在网络的基础上，规划工作将越来越多地以数字为媒体，许多面对面的工作方式可由文件传递、信息发布、数据共享、视频会议等途径代替

7. 计算机的 bit（比特）和 Byte（字节）

（1）定义

bit（比特）：是计算机对数据存储和移动的最小单元，只有 2 个值，即 0 和 1。它的简写

250

为"b"。比特是信息技术的最基本存储单元，人们在生活中可能接触不到。

Byte（字节）：简写为"B"。它与字符有关系，英文字符通常是一个字节，也就是 1B。中文字符因为字符集的问题通常会超过 2 个字节。字节是计算机信息中用于描述存储容量和传输容量的一种计量单位，是计算机的基本存储单位，也是计算机技术中最小的可操作存储单位。

（2）转换

8 bit 等于 1 Byte（1B＝8b），一个字节等于 8 位（bit）**（2024 考点）**。

位（bit）用在数据通信上，存储上用的是 Byte。

简单来说，和通信有关的都是位，和存储有关的都是字节。

知识点 2　移动互联网技术 【★★★】

1. 移动互联网

移动互联网将移动通信和互联网二者结合起来，成为一体。

移动互联网技术包括终端设备、通信网络和移动互联网应用。终端设备包括智能手机、平板电脑等；通信网络包括各大运营商、Wi-Fi、6G、5G 网络等；移动互联网应用包括网页、地图 App、即时通信等。

2. 6G、5G 和 4G 技术

6G、5G 和 4G 技术代表了移动通信技术的不同发展阶段。

6G，即第六代移动通信标准，也被称为第六代移动通信技术，可促进产业互联网、物联网的发展。旨在满足人类更深层次的智能通信需求，实现从真实世界到虚拟世界的延拓。

6G 的数据传输速率可能达到 5G 的 50 倍，时延缩短到 5G 的十分之一，在峰值速率、时延、流量密度、连接数密度、移动性、频谱效率、定位能力等方面远优于 5G。

6G 网络融入 AI 和机器学习技术主要通过以下几个方面实现：网络原生 AI 技术的利用；智能网络架构体系的构建；智能机器学习的应用挑战；AI 即服务（AIaaS）；万物互联与互联智能。

6G、5G 和 4G 技术比较

技术	6G	5G	4G
速度	极高速率（预计可达 Tbps 级别）	Gbps 级别	百 Mbps 级别
延迟	极低延迟	毫秒级延迟	秒级延迟
应用场景	物联网、虚拟现实、增强现实、远程手术等	增强移动宽带、物联网、工业自动化等	大量设备连接，支持高清视频流和云计算服务
设备连接能力	海量设备连接，支持超高清视频和大数据传输	移动宽带、高清视频流等	较多设备连接，支持社交媒体和在线游戏等应用
基站能耗	目前没有直接比较 6G 基站能耗与 5G 基站能耗的具体数据	5G 基站主要耗能集中在基站、传输、电源和机房空调四部分，其中基站占整体网络能耗的 80%	5G 基站能耗是 4G 的 2～3 倍

技术	6G	5G	4G
基站覆盖半径	100～200m	300～500m	3km
频段	使用太赫兹（THz）频段	5G使用的是高频段，不但能缓解低频资源紧张，由于没有拥窄现象，使得"通道"更加宽广，提高带宽的速率	4G使用的都是低频段，优点在于性能好，覆盖面广，能够有效减少运营商在基站上的投入，节省资金。缺点是用的人多，数据传输的"通道"就会出现拥窄现象

3. 虚拟现实技术（2024考点）

（1）定义

虚拟现实（Virtual Reality，VR）技术，其名词最早是由美国 VPL Research 公司的创建人拉尼尔（Jaron Lanier）于 1989 年提出的。1990 年，钱学森将虚拟现实翻译为"灵境"，又称灵境技术或虚拟实境，是 20 世纪发展起来的一项全新的实用技术。

所谓虚拟现实，顾名思义就是虚拟和现实相互结合（采用特定技术生成一个虚拟的情境，但给人以现实的感觉）。从理论上来讲，虚拟现实技术是一种可以创建和体验虚拟世界的计算机仿真系统，它利用计算机生成一种模拟环境，使用户沉浸到该环境中。虚拟现实技术利用现实生活中的数据，通过计算机技术产生的电子信号，将其与各种输出设备结合使其转化为能够让人们感受到的现象。这些现象可以是现实中的物体，也可以是人们肉眼所看不到的物质，通过三维模型表现出来。这些现象不是人们直接所能看到的，而是通过计算机技术模拟出来的现实中的世界。

（2）特点

① 模拟环境的真实性与现实世界难辨真假，让人有种身临其境的感觉。

② 具有一切人类所拥有的感知功能，比如听觉、视觉、触觉、味觉、嗅觉等感知系统。

③ 具有超强的仿真系统，真正实现了人机交互，使人在操作过程中，可以随意操作并且得到环境最真实的反馈。

知识点 3　信息技术的综合应用 【★★★★】

在规划编制的过程中，规划设计人员往往会运用 GIS 软件分析所在地区的实际情况，然后再利用 CAD 软件进行规划设计；规划管理人员往往利用经过二次开发的 GIS 软件进行行政审批等管理工作；规划监测人员则会利用 GIS 软件分析不同时相的遥感影像，及时发现违法用地与违法建设。

信息技术应用综合应用的方式

方式	内容
CAD 和 GIS 结合	① CAD 适合设计过程的计算机处理，而 GIS 适合对客观事物的查询、分析。但二者在图形、图像处理上有许多相似、共通之处，因此有一些 CAD 软件也具备空间查询、分析的功能，有些 GIS 软件则提供编辑设计图的功能。 ② CAD 和 GIS 之间的取长补短可以减少不同软件产品之间的数据转换，有利于减轻用户在购买软件、培训以及技术维护上的负担

信息技术在城乡规划中的应用

方式	内容
遥感和 GIS 结合	GIS 的栅格空间数据主要来自遥感，遥感图像在完成了基本的处理和解译之后，成为 GIS 的基础数据，用于更深层次的查询、分析和表达
互联网和 CAD、GIS、遥感的结合	① 互联网和 CAD 相结合，将使远程协同设计得到发展。 ② 互联网和 GIS 相结合，使空间信息的查询以及简单的分析远程化、社会化、大众化，将大大促进空间信息的共享和利用。 ③ 互联网和遥感相结合，使遥感图像的共享程度提高，应用更加广泛。

真题演练

2019-035 CAD 设置绘图界限（Limits）的作用是( )。

A. 删除界限外的图形
B. 使界线外的图形不能显示
C. 使界线外的图形不能打印
D. 使界线外不能绘制

【答案】D

【解析】图形界限（Limits）的作用是在绘图区域中设置不可见的矩形边界，该边界可以限制栅格显示并限制单击或输入点位置。即限定画图区域的界限，超过该界限的位置无法绘图，故 D 项正确。

板块 5　大数据

历年考频

板块	2020 年	2021 年	2022 年	2023 年	2024 年
大数据	—	6	1	4	1

知识点 1　大数据概述 【★★】

1. 术语

大数据指具有体量巨大、来源多样、生成极快且多变等特征，并且难以用传统数据体系结构有效处理的包含大量数据集的数据。

2. 大数据预处理

大数据的来源多种多样，从现实世界中采集的数据大多是不完整、不一致的"脏数据"，无法直接进行数据挖掘和分析，或分析挖掘的结果差强人意。为了提高数据分析挖掘的质量，需要对数据进行预处理。数据预处理的主要内容包括数据清洗、数据集成、数据变换和数据规约。

大数据预处理

内容	要点
数据清洗	数据清洗主要是删除原始数据集中的无关数据、重复数据、平滑噪声数据，筛选掉与挖掘主题无关的数据，处理缺失值、异常值等
数据集成	数据挖掘需要的数据往往分布在不同的数据源中，数据集成就是将多个数据源合并存放在一个一致的数据存储（如数据仓库）中的过程
数据变换	主要是对数据进行规范化处理，将数据转换成适当的形式，以适应挖掘任务以及算法的需要
数据规约	数据集成与清洗无法改变数据集的规模，依然需通过技术手段降低数据规模，这就是数据规约，具体方式有维度规约与数量规约

知识点2　大数据 GIS【★★★★】

1. 定义

大数据 GIS：指把大数据技术与地理信息系统（GIS）技术进行深度融合，把 GIS 的核心能力嵌入大数据基础框架内，并打造出完整的大数据 GIS 技术体系。

空间大数据：大数据中带有（或者隐含）的空间位置的数据。在传统数据中，一般认为 80％的数据和空间位置有关。例如手机信令数据、公交刷卡数据等。

2. 内容

大数据 GIS 的核心技术包括分布式技术、流数据的实时处理技术和空间大数据可视化技术。

大数据内容

内容		要点
分布式技术	空间数据的分布式存储	在原有分布式存储系统之中，嵌入分布式空间索引、空间数据的分片处理和管理等技术，通过空间数据的横向扩展，实现单表过亿乃至数十亿空间数据的存储与管理
	分布式空间计算	以开源分布式运算框架（Spark）为基础，将原有地理空间分析算法进行分布式改造，实现在数小时内完成原有 GIS 无法完成的上亿条空间面对象之间的空间分析计算
	分布式地图渲染	通过矢量金字塔、分布式渲染、自动缓存和前端渐进加载等技术，实现超大规模空间数据的"免切片"渲染效果
流数据的实时处理技术		基于对实时数据流进行处理与控制的基础能力，扩展实现流式数据的实时接入、过滤、转换、计算、可视化与输出等相关能力
空间大数据可视化技术		可视化是指利用计算机图形学和图像处理技术，将数据转换成图形在屏幕上显示出来，并进行交互处理的理论、方法和技术（**2024 考点**）。 空间大数据的可视化强调的是，在对大量的数据进行分析计算之后，表达其空间分布情况、聚合程度及连接关系等

3. 大数据 GIS 解决的问题

大数据 GIS 解决的问题

类型	要点
新数据	大数据 GIS 扩展了 GIS 所管理空间数据的边界，除了经典的如矢量、栅格等基础空间数据，大数据 GIS 还能管理实时发生的流数据，以及存档下来的空间大数据，这也为空间大数据的挖掘和应用提供了有效的工具
新技术	大数据 GIS 扩展了传统 GIS 的技术边界，通过与大数据信息技术的融合，提升了 GIS 对超大规模空间数据的存储容量、计算性能和渲染能力

4. 大数据 GIS 的应用

大数据 GIS 的应用

类型	要点
自然资源领域	① 通过分布式存储技术可以轻松管理单表上亿乃至数十亿的空间对象，并且可以短时间完成数亿对象全量的叠加分析，如千万量级植被覆盖图层快速可视化； ② 改善传统规划行业所依赖的数据资料的时效性差、粒度粗等问题，可以通过全视角和量化依据，全面分析城市的真实实时运行情况
公共交通管理	① 借助大数据的空间可视化技术，提供各类有效的业务专题数据，以大数据辅助规划编制； ② 通过展示公交车刷卡的线路、站点的刷卡情况，结合人口分布等其他信息，能够分析公交线路规划是否合理、哪里需要增加站点，为城市规划提供决策支持
公安行业	① 使用流数据处理技术能实现对实时监控数据的传输、地理围栏构建及轨迹重建； ② 对于套牌车的判断主要是依靠比对抓拍的车牌和车型是否一致
城市管理服务	① 使用通信基站分布数据，能够对城市空间边界进行划定； ② 使用导航地图、大众点评等数据，能够进行行城市公共空间的定义和识别； ③ 使用企业登记数据能够模拟企业迁徙流向

知识点 3　国土空间规划城市时空大数据应用 【★★★★★】

1. 时空大数据

时空大数据包括基础时空数据、公共专题数据、物联网实时感知数据、互联网在线抓取数据，以及其驱动的数据引擎和多节点分布式大数据管理系统。

时空大数据

类型	要点
基础时空数据	包括矢量数据、影像数据、高程模型数据、地理实体数据、地名地址数据、三维模型数据、新型测绘产品数据及其元数据
公共专题数据	包括法人数据、人口数据、宏观经济数据、民生兴趣点数据、地理国情普查与监测数据及其元数据
物联网实时感知数据	通过物联网智能感知的具有时间标识的实时数据，其内容至少包括采用空、天、地一体化对地观测传感网实时获取的基础时空数据和依托专业传感器感知的可共享的行业专题实时数据，以及其元数据
互联网在线抓取数据	是根据不同任务需要，采用网络爬虫等技术，通过互联网在线抓取完成任务所缺失的数据

2. 国土空间规划应用与总体框架

（1）应用

构建城市时空大数据应用技术流程。通过国土空间规划中典型场景和具体指标的应用，以及各类时空大数据有机融合与相关模型方法实践，指导城市时空大数据在国土空间规划领域的应用。

（2）总体框架

国土空间规划城市时空大数据应用总体框架可以分为数据资源层，数据采集、处理与质量控制层，典型应用场景层，业务服务层四个层次。

城市时空大数据应用框架

类型	要点
数据资源层	应包括自然资源数据集、城市运行基础数据集和城市运行流数据集
数据采集、处理与质量控制层	应包括数据采集、数据处理与质量控制要求和数据融合
典型应用场景层	包括城市安全底线、人口结构、职住平衡、十五分钟生活圈、城市区域联系五大应用场景，鼓励城市在此基础上增加探索新的应用场景
业务服务层	提供对国土空间规划编制、审批、修改、实施监督全周期管理等服务支持

（3）数据要求

城市时空大数据要求

要求	要点
基本要求	空间参考应采用 2000 国家大地坐标系、1985 国家高程基准
数据内容	应包括基础地理数据、自然资源调查监测数据、遥感数据、经济社会调查与统计数据、位置服务数据、手机信令数据、互联网地图数据、物联网传感数据及其他包含时间、空间和属性信息的数据资源
具体内容	① 手机信令数据由通信基站与手机之间的信令链接所产生，通过手机与基站的相对关系就能计算出手机的位置； ② 在社交媒体数据中，用户分享的文字、图片、视频等通常标注有从用户终端获取的位置信息；公交刷卡数据能够从车辆定位系统中获取位置信息； ③ 电商交易数据能从 IP 地址中获得其大致的位置信息

（4）场景应用与数据来源

典型应用指标与推荐数据

典型场景	典型指标	推荐数据
城市安全底线	城市内涝积水点数量	基础地理数据、自然资源调查监测数据、经济社会与统计数据等
人口结构	实际服务管理人口数量	位置服务数据、手机信令等
职住平衡	工作日平均通勤时间	位置服务数据、手机信令、物联网传感（公交地铁刷卡）等
十五分钟生活圈	十五分钟社区生活圈覆盖率	互联网地图经济社会调查监测数据、互联网基础地理数据、自然资源调查监测数据、地图经济社会调查与统计数据等
区域联系	城市对外日均人流联系量	位置服务数据、手机信令等

CAD、网络技术及时空大数据

- CAD
  - 功能
    - 交互式图形输入、编辑与生成
    - CAD数据储存与管理
    - 图形计算与分析
    - 可视化表现与景观仿真
  - 规划设计中的应用
    - 提高修改、编辑设计成果的效率
    - 使规划成果更精确、详细
    - 减少差错和疏漏
    - 成果表达更加直观、丰富
    - 便于资料保存、查询、积累
    - 突破传统设计的某些局限

- 网络技术及信息技术
  - 网络技术作用
    - 信息发布和公众讨论
    - 数据共享
    - 处理功能共享
    - 设备资源共享
    - 分散而协同的工作
  - 信息技术应用
    - CAD和GIS结合
    - 遥感和GIS结合
    - 互联网和CAD、GIS、遥感的结合

- 城市时空大数据
  - 概念：大数据、空间大数据、时空大数据
  - 数据内容：基础地理数据、自然资源调查监测数据、遥感数据、经济社会调查与统计数据、位置服务数据、互联网地图数据、自然资源管理数据、其他数据
  - 数据获取
    - 空间全覆盖
    - 时间范围
      - 最大时间覆盖，满足规划要求
      - 连续2周或以上
    - 空间粒度：以不大于250m×250m为基准浮动
    - 时间粒度：按需，涉及出行、道路拥堵等场景精确至分钟
    - 属性内容
  - 数据处理
    - 预处理：数据清洗、数据集成、数据规约等
    - 数据质量控制
      - 规划对象全覆盖
      - 各类数据占其总量比例要求
    - 数据校核、融合
  - 应用场景：各典型场景指标对应的推荐数据

- 手机信令数据
  - 概念：手机信令、基站、原样数量、扩样数量
  - 数据获取：数据源选择、信令数据内容、地理空间人群覆盖、数据质量校验
  - 数据处理：剔除非人号卡、一人多卡去重、乒乓效应处理、基站漂移处理、坐标系统、数据安全
  - 指标体系：停留和移动、居住和就业、人口规模
  - 应用场景

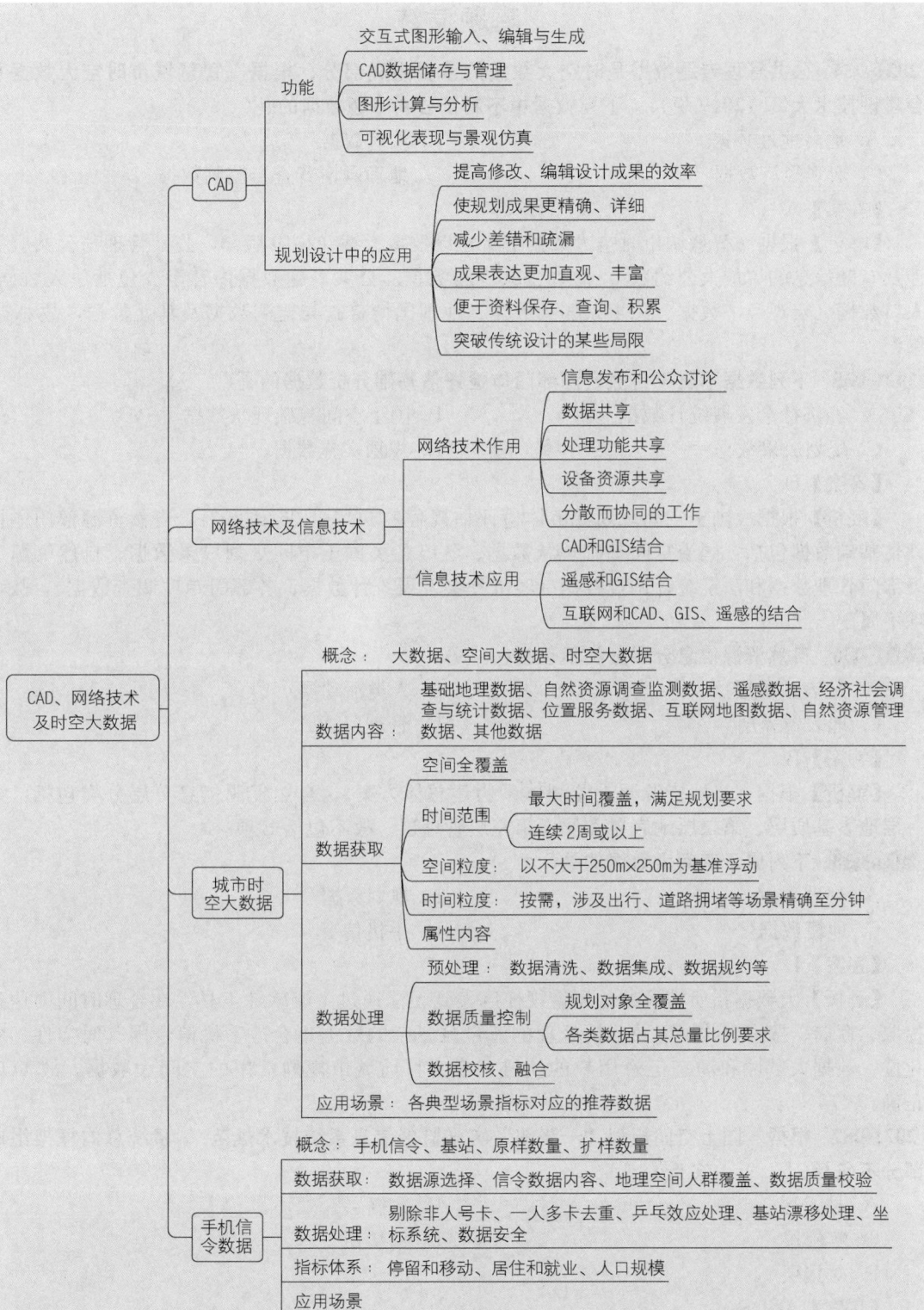

大数据基本知识

257

真题演练

2021-034 公共管理专题数据是时空大数据的重要组成部分，根据《智慧城市时空大数据平台建设技术大纲（2019版）》，下列数据中不属于公共专题数据的是（　　）。

A. 地名地址数据　　　　　　　　　　B. 人口数据

C. 宏观经济数据　　　　　　　　　　D. 地理国情普查与监测数据

【答案】A

【解析】根据《智慧城市时空大数据平台建设技术大纲（2019版）》，公共管理与公共服务涉及专题信息的"最大公约数"，简称公共专题数据。公共专题数据内容至少包括法人数据、人口数据、宏观经济数据、民生兴趣点数据、地理国情普查与监测数据及其元数据，故A项错误。

2021-035 下列数据不属于自然资源部门体检评估基础分析数据的是（　　）。

A. 经济社会发展统计数据　　　　　　B. 国土空间基础现状数据

C. 规划成果数据　　　　　　　　　　D. 规划实施数据

【答案】D

【解析】根据《国土空间规划城市体检评估规程》TD/T 1063—2021，自然资源部门体检评估基础数据包括：国土空间基础现状数据、各级各类国土空间规划成果数据、自然资源主管部门管理数据和法定统计调查数据（经济社会发展统计数据、各部门专项调查数据），故D项不属于。

2021-036 自然资源信息分层分类不包括（　　）。

A. 地表基质层　　　　　　　　　　　B. 人类活动层

C. 地表覆盖层　　　　　　　　　　　D. 管理层

【答案】B

【解析】根据《自然资源调查监测体系构建总体方案》，自然资源信息分层分类包括：第一层地表基质层、第二层地表覆盖层、第三层管理层，故不包括B项。

2021-038 下列属于空间大数据的是（　　）。

A. 遥感数据　　　　　　　　　　　　B. 规划数据

C. 地籍数据　　　　　　　　　　　　D. 手机信令

【答案】D

【解析】大数据指所涉及的数据量规模巨大到无法通过主流软件工具，在合理时间内达到提取、存储、搜索、共享以及分析处理的海量且复杂的数据集合。手机信令因其时空性、变化性、数据大量性和动态记录用户的轨迹，成为目前城市规划常用的空间大数据，故D项正确。

2021-087 根据《国土空间规划"一张图"实施监督信息系统技术规范》，系统总体框架组成部分不包括（　　）。（多选）

A. 技术层　　　　　　　　　　　　　B. 数据层

C. 实施层　　　　　　　　　　　　　D. 衔接层

E. 对接层

【答案】ACDE

【解析】根据《国土空间规划"一张图"实施监督信息系统技术规范》GB/T 39972—2021条款4.2，总体框架组成分别是：设施层、数据层、支撑层、应用层、标准规划体系、安全运维体系，故 ACDE 项不包括。

2021-090 在国土空间规划中，GIS 与大数据的结合促进了规划的科学性，下列说法中不正确的是(   )。(多选)

    A. 空间数据的分布式存储   B. 数据的实时计算

    C. 快速的地图渲染   D. 拓展空间数据类型

    E. 对数据的全部展示

【答案】DE

【解析】GIS 属于空间数据的分布式存储，能对数据进行实时计算和快速渲染，GIS 与空间大数据的结合促进了行业的发展。GIS 并不能拓展空间数据类型和对数据内容进行全部展示，GIS 可按层级显示数据相应精度，对属性数据需结合属性表展示，故 DE 项不正确。

2022-037 下列数据处理方法，不属于时空数据预处理的是(   )。

    A. 数据清洗   B. 数据集成

    C. 数据归约   D. 数据备份

【答案】D

【解析】大数据预处理的方法：① 数据清理，通过填写缺失的值、光滑噪声数据、识别或删除离群点并解决不一致性来"清理"数据，主要达到格式标准化、异常数据清除、错误纠正、重复数据的清除的目的，故 A 项正确。②数据集成，将多个数据源中的数据结合起来并统一存储，建立数据仓库的过程实际上就是数据集成，故 B 项正确。③数据变换，通过平滑聚集、数据概化、规范化等方式将数据转换成适用于数据挖掘的形式。④数据归约，数据挖掘时往往数据量非常大，在少量数据上进行挖掘分析需要很长的时间，数据归约技术可以用来得到数据集的归约表示，它小得多，但仍然接近于原数据的完整性，结果与归约前结果相同或几乎相同，故 C 项正确。

2023-033 下列影响大数据的因素中，影响大数据真实性的是 (   )。

    A. 快变复杂   B. 异构多样

    C. 数据噪声   D. 数据规模

【答案】C

【解析】影响大数据真实性的因素包括，数据噪声（故 C 项正确）、数据真实性、数据代表性数据完整性、数据时效性、数据解释性、数据预测性、数据误导性、数据合法性、数据价值性。数据噪声：大数据数据体量巨大，在这海量的数据中并非所有的数据都是有用的，大多数时候有用的数据甚至只是其中的很小一部分。随着数据量的不断增加，无意义的冗余、垃圾数据也会越来越多，而且其增长的速度比数据信息更快。这样一来，我们寻求的重要数据信息或客观真理往往会被庞大数据所带来的噪声所淹没，甚至被引入歧途和陷阱，得出错误的结论。

2023-036 下列空间信息要素，不属于国土空间总体规划中的地理底图要素的是(   )。

    A. 行政边界   B. 等高线

    C. 水系   D. 生态保护红线

【答案】D

【解析】根据《市级国土空间总体规划制图规范（试行）》条款 2.7.1，图纸要素包括底图要素、主要表达内容必选要素和主要表达内容可选要素（以下简称必选要素和可选要素）。条款 2.7.2，底图要素一般包括制图区域的行政边界要素（故 A 项正确）、自然地理要素（应包括山体、水系，故 C 项正确）、交通要素、用地（故 B 项正确）和分区要素。

生态保护红线是国土空间控制线，不是地理底图要素，故 D 项错误。

2023-087 下列分析评价中，气候图数据参与分析的有(　　)。(多选)

　　A. 工业生产和布局分析评价　　　　　B. 农业生产和布局分析评价

　　C. 居民生活条件分析评价　　　　　　D. 地下矿产资源储量评价

　　E. 自然灾害风险评价

　　【答案】ABCE

　　【解析】地下矿产受气候影响小，气候图数据不适用于其储量评价，故 D 项不参与。

2023-088 下列研究分析中，人口数据参与分析的有(　　)。(多选)

　　A. 路网规划研究　　　　　　　　　　B. 土壤类型调查研究

　　C. 气候区划研究　　　　　　　　　　D. 生产力布局研究

　　E. 大气环境容量分析研究

　　【答案】ADE

　　【解析】应着重对人口对其有直接影响的专类进行人口数据分析，土壤类型及气候区划与人口多少无关，故 BC 项不参与。

板块 6　政策文件、标准规范

《城市信息模型基础平台技术标准》CJJ/T 315—2022

《智慧城市时空大数据平台建设技术大纲（2019 版）》

《城市信息模型（CIM）基础平台技术导则》（修订版）

《实景三维中国建设技术大纲（2021 版）》

《地理信息公共服务平台管理办法》

《国土空间规划城市时空大数据应用基本规定》TD/T 1073—2023

城市经济学

板块 1　城市经济学的相关知识

历年考频

板块	2020 年	2021 年	2022 年	2023 年	2024 年
城市经济学的相关知识	—	1	2	1	—

知识点 1　城市经济学的主要研究内容与特征 【★★】

1. 城市经济学的研究内容

城市经济学的研究涉及三种经济关系，需要加以明确，即市场经济关系、公共经济关系和外部效应关系。

（1）市场经济关系

指众多的消费者和企业在市场交易中建立起来的经济关系。

（2）公共经济关系

指政府与社会成员之间的经济关系。政府提供公共产品与服务需要资金投入，政府资金是通过税收从居民和企业获得的。

内部公共经济关系是指城市政府与城市居民和企业之间的经济关系；外部公共经济关系是指城市政府与其上级政府之间的关系。建立良好的公共经济关系、提高公共资源的利用效率是城市经济学的关注点。

（3）外部效应关系

指由于外部效应的存在使得经济活动主体之间发生的经济关系。当一种经济活动对其他人或经济单位产生了影响，而这种影响又不能在市场中加以消除时，就发生了外部效应。外部效应有正负之分。

当外部性经济问题引起市场配置资源低效率或失效时，政府可以对某些行为直接进行管制或运用市场规律将外部性经济内部化，即微观经济单位因其产生的外部经济而向得益者收取相应费用，或者因其产生的外部不经济而向受害者支付相应补偿，从而使经济意义上的外部性不存在。政府可以通过对那些有负外部性的活动征税、收费来补贴那些有正外部性的活动，使外部性经济内部化。

2. 城市经济学的分类

城市经济学是经济学的一门分支学科，它运用经济学基础理论揭示出的经济运行原理来分析城市经济问题和城市政策，其理论基础主要包括了微观经济学、宏观经济学和公共经济学。由于经济学研究的核心问题是市场中的资源配置问题，所以城市经济学也是从城市中最稀缺的资源土地资源的分配问题开始着手，论证经济活动在空间上如何配置以使土地资源得到最高效率的利用。并以此为基础，扩展到对劳动及资本利用效率的研究。

城市经济学分为理论城市经济学与应用城市经济学。

理论城市经济学：从理论上研究城市的经济活动，了解问题现象与本质，不涉及解决问题的方法及政策方面的研究，主要内容有城镇化理论、城市发展理论、土地利用及地租理论、城市空间结构理论、城市规模等。它有助于了解城市经济现象和问题，是规划前必需的基本研究。

应用城市经济学：注重研究改善和解决城市问题、增进居民福利的对策及具体办法，研究内容为城市问题与城市发展政策，如住宅拥挤且质量低劣、交通堵塞、失业、种族歧视、贫民窟等。

知识点 2　经济学基本知识　【★★★】

1. 经济学研究的基本问题

经济学研究的基本问题是人类社会生存和发展面对的一个根本性的矛盾，即需求的无限性和资源的有限性之间的矛盾。

两个层次的分配问题：一是有限的资源如何在不同产品的生产中间进行分配；二是生产出来的有限产品如何在消费者中间进行分配。

两种分配方式：市场的分配方式、计划的分配方式。

微观经济学研究的是市场的分配方式，宏观经济学和公共经济学说明了为什么只有市场是不够的，还需要政府。

2. 效用最大化与利润最大化

效用最大化：消费决策和生产决策遵循的原则是经济利益的最大化。即经济学的一个假设——"经济人"假设，所谓经济人就是追求经济利益最大化的人。效用最大化是消费者追求的目标，或消费者的决策原则。

利润最大化：商品对消费者的效用就决定了这个消费者对这件商品愿意支付的价格。利润最大化是市场上的追求目标。利润是产品的销售收入减去生产成本之后的余额。

3. 边际概念的意义与运用

边际效用：在商品市场上，消费者每多购买一单位的商品，都会给他带来新的效用，这新增加的一单位商品带来的效用就称为"边际效用"。边际效用会随着购买量的增加而减少，称为"边际效用递减律"。

边际产出：生产者每增加一单位的某种要素投入，就会带来产出的增加，这个产出的增加量就称为"边际产出"。若保持其他要素的投入量不变而只增加一种要素的投入量，则随着投入量的增加边际产出就会下降，称为"边际产出递减律"。当生产者面对给定的总成本时，只有使产出最大化才能使利润最大化，而最大化的产出发生在各种投入要素边际产出相等的时候，所以，可使利润最大化的总成本分配是由各种要素边际产出相等的点决定的。

成本：指生产活动中投入的生产要素的价格，通常包括变动成本和固定成本。

平均成本：指单位产品的成本，它等于一定产量水平上的平均固定成本和平均变动成本的总和。边际成本是指增加一单位产量所增加的成本。

边际成本：在经济学和金融学中，边际成本指的是每一单位新增生产的产品（或者购买的产品）带来的总成本的增量。这个概念表明每一单位的产品的成本与总产品量有关。随着产量的增加，边际成本会先减少后增加。

边际成本和单位平均成本不一样，单位平均成本考虑了全部的产品，而边际成本忽略了最后一个产品之前的成本。

4. 供求曲线与市场均衡

市场：是买者和卖者相互作用并共同决定商品和劳务的价格和交易数量的机制。市场的根本是供给和需求的相互作用，而外在的表现形式则是价格。市场是价格在协调生产者和消费者的决策。

均衡价格：只有当供求相等时，价格才会稳定下来，而这个稳定的价格被称为市场的均衡价格。

供给：指在特定的时间内，在每一个价格下，生产者愿意而且能够提供给市场的某种商品的数量。

需求：指在特定的时间内，在每一个价格下，消费者对某种商品愿意而且能够购买的数量。

在完善的市场条件下，当产品市场和要素市场都实现了均衡时，生产者就实现了利润最大化，消费者也实现了效用最大化，社会的资源利用效率就达到最高。

5. 净现值与内部收益率

（1）基本概念

折现率（贴现率）：是特定条件下的收益率，指把将未来有限期预期收益折算成现值的比率。

净现值（NPV）：指未来收到的所有现金流折现到现在的总额，减去支出的所有现金流折现到现在的总额。

内部收益率：指资金流入现值总额与资金流出现值总额相等、净现值等于零时的折现率。简单来说就是使得净现值等于 0 的年化收益率。

净现值和内部收益率是一对概念，通常使用的时候是固定其中一个值，计算出另一个。如使用无风险收益率作为折现率，计算出净现值，净现值越高的项目越赚钱。又如使得净现值为 0，计算出的折现率就是内部收益率，内部收益率越高的项目越赚钱。前提是知道所有现金流的时间和金额，才可计算。

纯讲收益率的时候可以没有时间限制，投资期限不一定。内部收益率默认是年化，为复利。

（2）效益成本率

指某项目的效益现值总额与成本现值总额之比，效益成本率＝效益现值总额/成本现值总额，用以评价投资项目效益的多少。大于 1，说明项目投资效益大于预计的贴现率，是可行的；等于 1，即净现值为 0，是项目挣不挣钱的界限；小于 1，则项目投资效益低于预计贴现率，项目不可行。

（3）风险补偿率

指资本提供者因承担风险而获得的超过纯利率的回报。其中，纯利率是指没有风险和通货膨胀下的均衡点利率，又称真实利率，指的是资金的时间价值。风险越大，投资者要求越高的风险补偿率。

预期收益率＝无风险收益率＋风险补偿率。例如，假设一项投资的预期收益率为 10%，同期的无风险收益率为 3%，那么风险补偿率就为 7%。

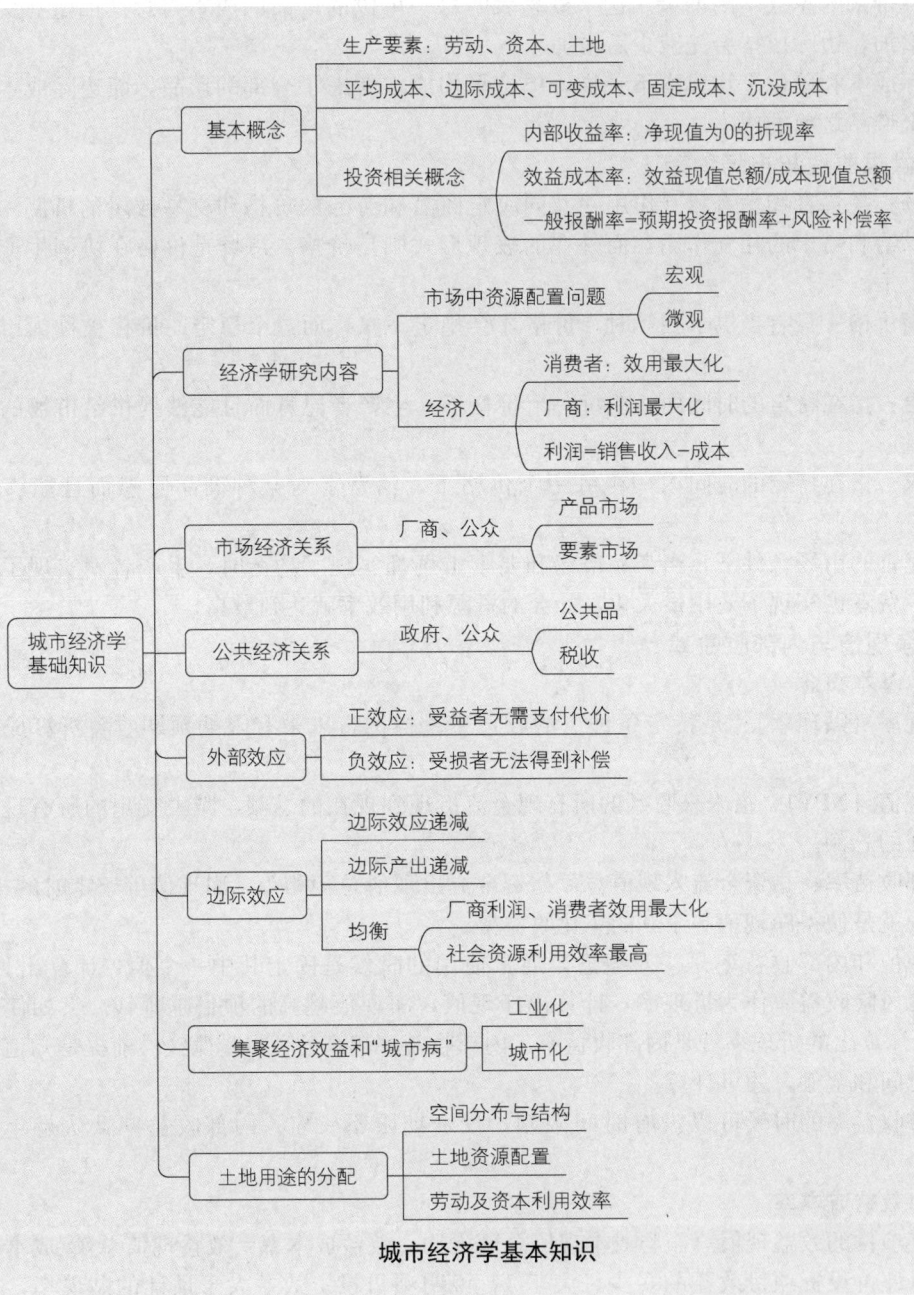

生产要素：劳动、资本、土地

平均成本、边际成本、可变成本、固定成本、沉没成本

基本概念

投资相关概念 —— 内部收益率：净现值为0的折现率

效益成本率：效益现值总额/成本现值总额

一般报酬率=预期投资报酬率+风险补偿率

市场中资源配置问题 —— 宏观 / 微观

经济学研究内容

经济人 —— 消费者：效用最大化 / 厂商：利润最大化 / 利润=销售收入-成本

市场经济关系 —— 厂商、公众 —— 产品市场 / 要素市场

城市经济学基础知识

公共经济关系 —— 政府、公众 —— 公共品 / 税收

外部效应 —— 正效应：受益者无需支付代价 / 负效应：受损者无法得到补偿

边际效应 —— 边际效应递减 / 边际产出递减 / 均衡 —— 厂商利润、消费者效用最大化 / 社会资源利用效率最高

集聚经济效益和"城市病" —— 工业化 / 城市化

土地用途的分配 —— 空间分布与结构 / 土地资源配置 / 劳动及资本利用效率

城市经济学基本知识

真题演练

2021-088 下列与产品产量无关的成本是（ ）。（多选）

A. 可变成本　　　　　　　　　　B. 固定成本

C. 平均成本　　　　　　　　　　D. 沉没成本

E. 边际成本

【答案】BD

【解析】可变成本指支付给各种变动生产要素的费用，如购买原材料及电力消耗费用和工人工资等，这种成本随产量的变化而变化，故 A 项不符合题意。固定成本（又称固定费用）相对于可变成本，是指成本总额不受业务量增减变动影响而能保持不变的成本，故 B 项符合题意。平均成本分为行业平均成本和企业平均成本，企业平均成本是企业的总成本除以企业的总产量所得的商，故 C 项不符合题意。沉没成本是指以往发生的但与当前决策无关的费用，不考虑以往发生的费用，故 D 项符合题意。在经济学和金融学中，边际成本指的是每一单位新增生产的产品（或者购买的产品）带来的总成本的增量，故 E 项不符合题意。

2022-038 一个房地产项目预测投资收益率为 9%，投资风险补偿率为 5%，一般的收益率为（　　）。

A. 14%　　　　　　　　　　B. 9%

C. 5%　　　　　　　　　　D. 4%

【答案】D

【解析】预期收益率（9%）＝无风险收益率（4%）＋风险补偿率（5%）。无风险收益率是指把资金投资于一个没有任何风险的投资对象所能得到的收益率，一般会把这一收益率作为基本收益，因此可将其看作一般收益率。

2022-042 当内部收益率等于贴现率时，则下列说法正确的是（　　）。

A. 效益成本率＞1，净现值＞0　　B. 效益成本率＞1，净现值＜0

C. 效益成本率＝1，净现值＝0　　D. 效益成本率＜1，净现值＜0

【答案】C

【解析】内部收益率是资金流入现值总额与资金流出现值总额相等、净现值等于 0 时的折现率。

2023-040 下列政府投资建设项目，对城市居民正外部效应最大的是（　　）。

A. 城市公园　　　　　　　　B. 儿童医院

C. 高速公路　　　　　　　　D. 农贸市场

【答案】A

【解析】外部效应有正负之分，正的外部效应是指某项经济活动使其他人受益，而受益者无须支付任何代价，例如投资改善周围环境，故 A 项正确。

板块 2　城市规模与城市经济增长

历年考频

板块	2020 年	2021 年	2022 年	2023 年	2024 年
城市规模与城市经济增长	—	1	3	4	5

知识点 1　城市规模与最佳规模　【★★★★】

1. 基本概念

城市经济学中最常见的城市规模衡量指标有就业规模（代表其经济规模）、人口规模和用地规模。

就业规模和人口规模之间的差距，由"带眷系数"所决定，即每个就业人口抚养的非就业人口数。经济分析中一般把"带眷系数"简单地看作一个不变的常量，这样就业规模就可以等同于人口规模。

城市规模决定了城市的用地及布局形态。人口规模和用地规模两者是相关的，根据人口规模及人均用地指标就能确定城市的用地规模。

人口规模分为现状人口规模与规划人口规模，人口规模应按常住人口进行统计。常住人口指户籍人口数量与暂住半年以上的人口数量之和，计量单位应为万人，应精确至小数点后两位。

2. 城市人口规模与经济学原理

经济学中有三个基本的原理可用来解释城市的形成，即生产要素组合原理、规模经济原理和集聚经济原理。

生产要素组合原理：用不同的经济活动中使用的不同生产要素组合来说明其空间特征。基本的生产要素是土地、劳动和资本，不同产业的生产活动使用不同的要素组合结构。

规模经济原理：某些生产活动（主要指工业生产活动）具有规模越大、成本越低的特点。这里的规模是指单个企业的规模。

集聚经济原理：指经济活动在空间上相互靠近可以提高效益，是推动城市形成发展的直接动力。又分为以下两种情况：

① 地方化经济：指同一行业的企业在空间上集聚可以带来技术和信息交流的便利，可以共享同一个劳动市场，可以吸引与之配套或为之服务的相关产业围绕其发展，从而降低成本，提高效益。

② 城市化经济：指不同行业的企业或经济单位在空间上集中，可以共同分担基础设施的投资，共享文化教育设施，从多样化的劳动市场中获得所需的不同技能的劳动力，从而提高效益。

3. 城市规模与最佳规模

经济活动在空间上集聚而形成了城市，就是城市的"集聚力"，促使城市经济活动分散的力量就是"分散力"。当集聚力和分散力达到平衡时，城市规模就稳定下来，这个规模就是"均衡规模"

最佳规模：指经济效率最高时，即边际成本等于边际效益的规模。

均衡规模：平均成本与平均收益相等的点对应的城市规模。

城市的规模不会在最佳规模稳定下来，城市达到最佳规模后，平均收益仍高于平均成本，就还会有企业或个人愿意迁入，直到达到均衡规模。而达到均衡规模后，再进来的企业或个人负担的平均成本高于其得到的平均收益，经济上不合算，就不会再有人进来了，城市规模就稳定了。

但是由于外部性的存在，造成边际成本大于平均成本，就会出现城市均衡规模大于最佳规模。城市规模过大主要指均衡规模大于最佳规模这种不合理的情况，需要政府通过政策来干预。

由于外部性是造成均衡规模与最佳规模不相等的重要原因，也造成资源利用效率的低下，政府可以通过对负外部性征税（如污染税、拥挤税），对正外部性给予补贴（如节能补贴、减排补贴），从而使平均成本向边际成本靠近，也就会使城市的均衡规模向最佳规模靠近 **（2024 考点）**。

知识点 2　城市经济增长及调控 【★★★★】

1. 经济增长

经济增长： 通常指在一个较长的时间跨度上，一个国家人均产出（或人均收入）水平的持续增加。在较早的文献中是指一个国家或地区在一定时期内的总产出与前期相比实现的增长。总产出通常用国内生产总值（GDP）来衡量。对一国经济增长速度的度量，通常用经济增长率来表示。

经济增长率： 经济增长率的高低体现了一个国家或地区在一定时期内经济总量的增长速度，也是衡量一个国家或地区总体经济实力增长速度的标志。

（1）外延式和内涵式经济增长

经济的增长，即产出规模的扩大，可以通过以下两种途径来实现：

外延式增长： 增加各种生产要素的投入量，从而扩大生产规模，带来相应的产出规模的扩大。

内涵式增长： 通过提高生产要素的利用效率，在不增加要素投入量的情况下增加产出。

（2）生产要素

生产要素： 生产中需要投入的生产要素一般概括为资本、劳动和土地三大要素。在这三项生产要素中，资本和劳动是可再生的，只有土地是不可再生的，因而提高土地利用效率是实现可持续增长的根本出路。

资本的两种形式： 即金融资本和实物资本。金融资本表现为货币和其他金融工具，如储蓄、票据、证券等，具有很好的流动性。实物资本是指经过生产过程创造出来又投入到生产过程中去的物质实体，如机器厂房和各种原材料。

资本密度： 城市经济学中用"资本密度"来代替容积率，定义为单位土地面积上的资本投入量。资本密度越高表现为建筑的高度越高 **（2024 考点）**。

（3）影响经济增长的主要因素

① 劳动力的数量和劳动者素质；②科学技术及应用；③生产管理和劳动组织；④生产资料的规模和效能；⑤自然条件；⑥产业结构和比例关系；⑦经济制度和经济体制。

（4）决定经济增长的直接因素

① 投资量。一般情况下，投资量与经济增长成正比。

② 劳动量。在劳动者同生产资料数量、结构相适应的条件下，劳动者数量与经济增长成正比。

③ 生产率。生产率是指资源（包括人力、物力、财力）利用的效率。提高生产率为经济增长直接作出贡献。

（5）经济增长与经济发展的联系和区别

经济增长是指一个国家或地区，在一定时期内的产品（或产值）和劳务量的产出增长，它反映的是国民经济的量的变化。经济发展除包含经济增长的内容外，还包括经济结构方面的变化，如产业结构、就业结构、收入结构、消费结构、人口结构的变化等，还包括生态平衡的保持、环境质量的提高、文教卫生事业的发展、生活状况的改善，以及贫困落后现象的减少和消除等一系列社会经济生活方面的质的变化。

2. 城市经济增长模型

（1）需求指向的城市经济增长模型

需求指向模型：是研究来自城市域外的市场需求作为城市经济增长动力的模型。它根据来自城市域外的市场需求，分析城市经济发生增长现象和过程的内在机制，主要包括城市基础部门模型和凯恩斯城市经济增长模型。

城市基础部门模型：用于分析城市经济增长的经济模型。以出口（对区外服务）为基础的产业集合构成城市基础部门，为当地居民提供日常服务的部门构成非基础部门，而城市经济增长取决于基础部门和非基础部门的比例，这一比例越高，则城市经济增长率就越高。

凯恩斯城市经济增长模型：实行国家对经济生活的干预和调节；政府应当担负起调节社会总需求的责任，运用财政政策和货币政策刺激消费，增加投资以保证社会有足够的有效需求，实现充分就业。哈罗德-多马模型基于凯恩斯理论，但不是经济增长的经典理论，其模型结论是"经济增长是不稳定的"。

（2）供给基础的城市经济增长模型

供给基础模型：认为城市经济增长取决于城市内部的供给情况。城市区位资源和生产能力条件好，就能获得城市经济增长的动力。供给基础决定的城市经济增长模型，是根据城市资源和要素的生产能力，分析城市经济发生增长现象和过程的内在机制，主要包括新古典城市经济增长模型、累积因果效应经济增长模型。

新古典经济增长模型：是从供给角度，即生产要素对经济增长的贡献角度来分析经济增长机制的经典模型。

累积因果效应城市经济增长模型：在城市经济中，供给基础包括城市产业的物质与技术基础、专业化协作程度和投资环境。这三方面相互影响，会使城市在不增加要素投入的情况下获得经济增长。

知识点 3　城市产业发展及产业结构　【★★★★★】

1. 城市经济活动的基本与非基本部门

对于城市经济来说，基本的市场需求可分为内部的需求与外部的需求（**2024 考点**）。

内部的需求是指城市内部的人口消费需求和生产过程中对中间产品和服务的需求。这种需求的规模与城市的人口规模和产业规模是正相关的，即城市规模越大，内部的市场需求规模越大。

在进行城市经济增长分析时，通常把城市的产业划分为两个大的部门。一个是基本部门，其产品是输出到外部市场上去的；一个是非基本部门（也称服务部门），其产品是销往城市内部市场中的。非基本部门既为城市居民的生活提供所需的商品与服务，也为基本部门提供所需的中间产品与服务。

2. 区位熵

具体到一个城市之中，基本部门和非基本部门如何划分？为了分析的方便，学者们找了一个简单但又不失合理性的方法，称为"区位熵"的方法。通过区位熵可以判断出某个城市某产业在该城市乃至全国行业中的集聚程度及专业化水平；如果区位熵大于1，则说明该城市该行业就业人数与城市总就业人数的比值大于全国平均水平，那么这个行业即是该城市主要的对外输出产品或服务的行业，则是该城市的基本部门。如果区位熵小于1，则说明该城市的该行业发展水平低于全国平均水平，则主要是以满足该城市居民为主，则该产业属于城市自给性产业，属于非基本部门。

某行业区位熵 ＝（该行业就业人数/城市总就业人数）/（全国该行业就业人数/全国总就业人数）

区位熵可以用来分析区域产业集聚度和比较优势产业（2024 考点）。区位熵大于 1，可以认为该产业是区域的专业化部门，区位熵越大，专业化水平越高。如果区位熵小于或等于 1，则认为该产业是自给性部门。

3. 支柱产业

支柱产业是指在国民经济体系中占有重要的战略地位，其产业规模在国民经济中占有较大份额，并起着支撑作用的产业或产业群（2024 考点）。

支柱产业与主导产业的不同点在于，它首先侧重的是产值和利润水平，是国家和地方财政最重要的收入来源。

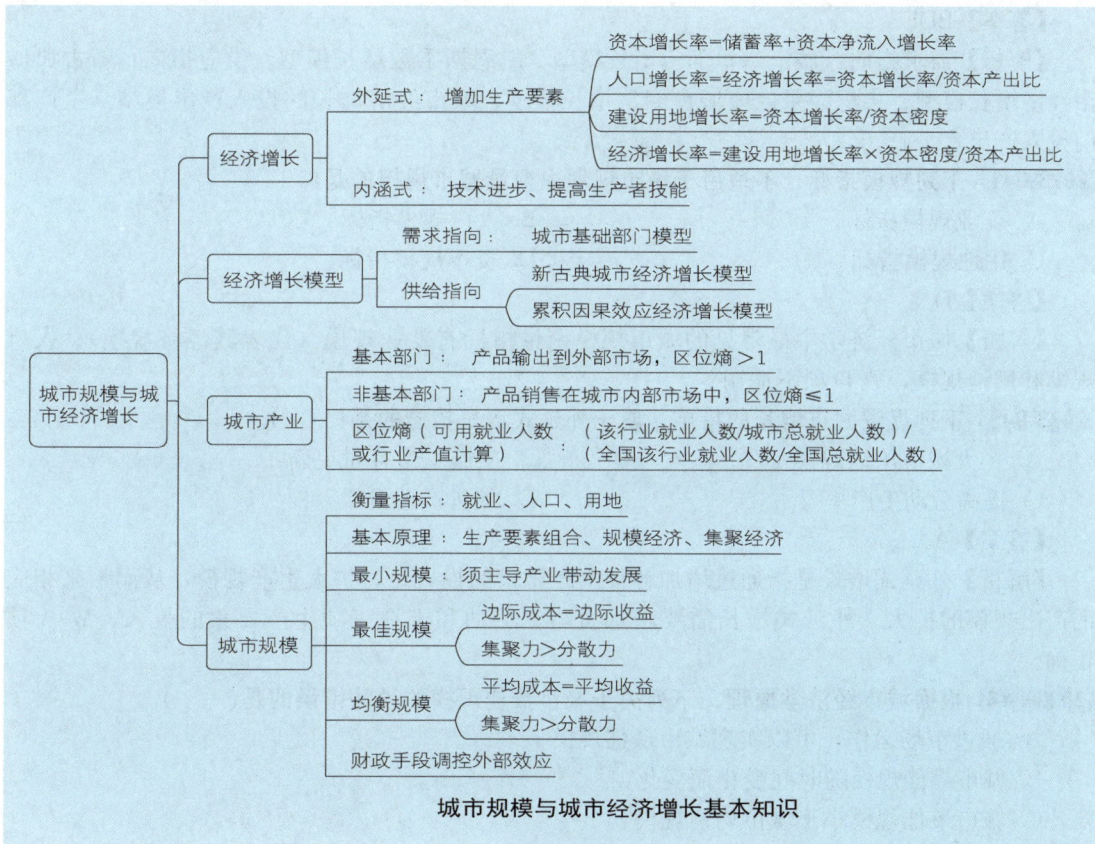

城市规模与城市经济增长基本知识

真题演练

2021-040 农业生产要素主要是指(   )。

A. 土地、劳动力、资本
B. 土地、种子、农民
C. 农民、化肥、土地
D. 化肥、农药、农民

【答案】A

【解析】农业生产要素是指以土地和水为代表的资源、劳动力、资本和科学技术。农业生产实际中农业生产要素主要指土地、劳动力和资本，故 A 项正确。

2022-043 按照城市经济学原理，推动城市形成发展的直接动力是(   )。

A. 比较利润　　　　　　　　　　B. 范围经济
C. 规模经济　　　　　　　　　　D. 集聚经济

【答案】D

【解析】推动城市形成发展的直接动力是集聚经济。集聚经济是因企业间或者各种生产活动的选址彼此靠近而使成本降低所生产的正的外部效应。无论是生产中的规模经济还是交换中的比较利益原则，其直接的结果就是导致要素的集聚，使城市得以发展，故 D 项正确。

2022-089 下列经济增长模型中，属于供应指向模型的有(　　　)。(多选)

A. 城市基础部门增长模型　　　　B. 新古典城市经济增长模型
C. 凯恩斯乘数增长模型　　　　　D. 累积因果效应城市经济增长模型
E. 城市外生经济增长模型

【答案】BDE

【解析】需求指向：城市基本部门增长模型、凯恩斯乘数增长模型。供应指向：新古典城市经济增长模型、累积因果效应城市经济增长模型、城市经济增长的投入产出模型（生产部门投入产出）。

2023-041 下列规模指标，不适用于城市规划中衡量城市规模的是(　　　)。

A. 就业规模指标　　　　　　　　B. 人口规模指标
C. 用地规模指标　　　　　　　　D. 资本规模指标

【答案】D

【解析】城市经济学中最常见的城市规模衡量指标有就业规模（代表其经济规模）、人口规模和用地规模，故 D 项不适用。

2023-043 下列促进城市增长的措施，属于外延式增长措施的是(　　　)。

A. 扩大城市用地规模　　　　　　B. 实施城市存量更新
C. 提高劳动生产率　　　　　　　D. 促进产业升级

【答案】A

【解析】外延式增长是指通过增加各种生产要素的投入量，扩大生产规模，从而带来相应的产出规模的扩大。外延式增长需要增加资本、劳动和土地三项生产要素的投入，故 A 项正确。

2023-044 根据城市经济学原理，下列关于城市最佳规模的说法错误的是(　　　)。

A. 通过市场运作，可以实现城市最佳规模
B. 城市最佳规模随时间变化而变化
C. 城市最佳规模小于城市均衡规模
D. 城市最佳规模是城市经济效率最高时的规模

【答案】A

【解析】最佳规模是指经济效率最高时的规模，即边际成本与边际收益相等时的点对应的城市规模（故 D 项正确）；均衡规模是指平均成本等于平均收益时的规模。不存在一个普遍适用的最佳规模，最佳规模和均衡规模都是随着时间而变化的（故 B 项正确）。城市的规模不会在最佳规模上稳定下来，平均收益仍然高于平均成本，就还会有企业或个人愿意迁入进来，当再进来的企业或个人负担的平均成本高于其得到的平均收益，经济上是不合算的，就不会有人愿意进来了，城市规模也就稳定下来了。由此城市的最佳规模是小于均衡规模的（故 C 项正确）。规模过大时可以通过消除外部性的政策来使城市的均衡规模向最佳规模靠近。

2023-090 下列关于基本经济部门布局和特征的说法正确的是(　　　)。(多选)

A. 区位熵大于 1

B. 基本经济部门是促进城市经济发展的主要因素

C. 是以城市外部动力为主

D. 基于城市人口分布进行布局

E. 基于非基本部门分布进行布局

【答案】ABC

【解析】基本经济部门的产品是输出到外部市场上去的，有巨大的外部市场可以开发，其扩大生产规模潜力很大，是城市经济增长的主导部门，城市经济增长的快与慢就看基本增长的快与慢，区位熵大于 1 的行业组成了城市的基本经济部门。故 ABC 项正确。由于基本部门是城市的对外出口部门，代表着该城市在国家或世界经济中承担的主要功能。城市规划要保证城市主要功能的正常发挥，就要在空间布局中对基本部门的选址要求给予充分的考虑。因而基本部门的布局和特征与其行业特点有关。故 DE 项错误。

板块 3　城市土地市场与空间结构

历年考频

板块	2020 年	2021 年	2022 年	2023 年	2024 年
城市土地市场与空间结构	1	4	4	2	2

知识点 1　土地与城市经济学 【★★】

1. 土地特性

土地的自然特性：土地面积的有限性、土地位置的固定性、土地质量的差异性（多样性）、土地永续利用的相对性（土地功能的永久性）等。土地的自然特性，客观上决定了它的经济特性。

土地的经济特性：土地经济供给的稀缺性、土地用途的多样性、土地用途变更的困难性、土地增值性、土地报酬递减的可能性。

土地是城市中所有经济活动的承载物。由于它的不可流动性，土地又是城市中最稀缺的一种资源。围绕着这种最稀缺资源的分配问题，城市经济学建立起了它的核心理论，即城市土地市场的空间价格与空间均衡理论，成为城市空间问题分析的基础。

2. 城市经济学

（1）杜能的农业区位理论

城市经济学的理论渊源可以追溯到将近二百年前德国农业经济学家冯·杜能的农业区位理论。

杜能的农业区位论说明了围绕着一个中心城市，农业生产的分布呈现同心圆的形态，由内向外生产的集约度递减，表现为不同的农作物和不同的生产方式由内向外呈有规律的空间分布。农业生产的集约度是指单位土地面积上投入的资本和劳动的数量。集约度由中心向外递减的原因是存在两种替代关系：一是交通成本与地租的替代关系，距离中心城市越远，交通运输的成本越高，导致生产者能够支付的地租越低；二是随着地租的下降，生产者又会用土地来替代资本和劳动，从而导致生产集约度的下降。

（2）城市经济学的概念

城市经济学是基于微观经济学对完全竞争市场的分析框架，从利润最大化和效用最大化出发，通过严密的逻辑演绎建立起了城市土地市场和住房市场的均衡模型。

城市经济学从两个重要的方面发展了杜能的理论：

① 在研究生产用地的同时着重研究了居住用地的空间选择和区位决定，因为城市中居住用地是面积最大的用地类型。

② 在居住用地的分析中又讨论了住户的居住面积在空间中的变化。

知识点 2　土地价值与价格　【★★】

1. 土地价格

土地价格是土地经济价值的反映，是为购买获取土地预期收益的权利而支付的代价，即地租的资本化。

土地价格分类：

按土地产权性质划分可分为：土地所有权价格、土地使用权价格、租赁权价格、抵押权价格和其他权利价格。

按形成方式可分为：交易价格、理论价格和评估价格。

按管理手段可分为：申报价格和公告价格。

按存在形态可分为：生地价格、熟地价格、毛地价格和净地价格。

按交易方式可分为：拍卖价格、招标价格、协议价格和挂牌价格。

按使用目的可分为：买卖价格、租赁价格、抵押价格、课税价格和征地价格。

2. 土地价值的双源性

一方面，土地是一种自然物，具有自然资源属性；另一方面，土地又是社会产物，在土地上人类劳动的凝结又增加了土地价值，具有社会资源属性。

房地产价值的双源性是由于土地价值的双源性造成的，而土地价值的双源性又源于土地本身的上述双重属性。

知识点 3　竞标租金及价格空间变化　【★★★】

1. 地租

地租是土地所有权的实现形式，一切形式的地租，都是土地所有权在经济上实现自己、增值自己的形式。

（1）地租的概念和内涵

广义地租： 使用生产要素所得的超额利润。

狭义地租： 土地经济学一般所称的地租大多指狭义地租，是土地作为自然资源，将其使用权让渡给人使用所获取的报酬，其实质只是凭借土地所有者对土地所有权的垄断向土地使用者索取报偿。

（2）地租的形式

契约地租（商业地租）：主要租赁双方通过契约形式，规定承租、承包人为占用物主的土地、不动产支付的租赁、承包金额及期限。

地租：指利用土地资源应支付的经济报酬。

经济地租：利用土地或其他生产资源所得报酬扣除所费成本的余额，超过成本的纯收入。

（3）地租分类

分类：级差地租、绝对地租和垄断地租。前两类地租是资本主义地租的普遍形式，后一类地租（垄断地租）仅是个别条件下产生的资本主义地租的特殊形式。

级差地租：是一个相对于绝对地租的概念，指租佃较好土地的农业资本家向该土地所有者缴纳的超额利润。这个超额利润是由优等地和中等地农产品的个别生产价格低于按劣等地个别生产价格决定的社会生产价格的差额决定的。

级差地租按形成条件不同划分为两种：

① 级差地租Ⅰ：因土地肥力和位置不同，用等量资本投在不同等量土地上产生的超额利润转化而成的级差地租。

② 级差地租Ⅱ：在同一块土地上连续追加投资，每次投资的劳动生产率必然会有差异，只要高于劣等地的生产率水平，就会产生超额利润。这种由于在同一块土地上各个连续投资劳动生产率的差异而产生的超额利润转化为地租，即为级差地租Ⅱ。

绝对地租：指土地所有者凭借土地所有权垄断所取得的地租。绝对地租既不是农业产品的社会生产价格与其个别生产价格之差，也不是各级土地与劣等土地之间社会生产价格之差，而是个别农业部门产品价值与生产价格之差。

垄断地租：指由产品的垄断价格带来的超额利润而转化成的地租。垄断地租不是来自农业雇佣工人创造的剩余价值，而是来自社会其他部门工人创造的价值。

2. 竞标租金与价格空间变化

不论是在土地市场还是在住房市场中，"价高者得"都是一个基本的分配原则。也就是说，土地的所有者会把土地给出价最高的厂商来使用，房屋的建造者也是把房屋卖（或租）给出价最高的居民来使用。所以价格是一个决定性的因素。在理论分析中，"价格"是指租用价格，即通常所说的"租金"，包括地租和房租。土地市场上，土地的出租决定于商家的出价，这个出价称为"竞标租金"，是商家对单位面积土地的投标价格，与土地的区位相关。市场租金梯度线即地价曲线，从城市中心向外呈下降的趋势。

由最高竞标租金曲线构成的市场均衡地租曲线也就是各种用地的集约边际曲线，既反映了城市土地利用的空间结构，又反映和决定了城市土地利用的总集约程度。因此，竞标地租理论揭示了农用地向城市土地转变的客观经济规律。

在土地市场上，地租随距离增加的下降是由于运输成本随距离增加的上升造成的；而在住房市场上，房租随距离增加的下降是由于通勤的交通成本随距离增加的上升造成的。

知识点 4　替代效应与土地利用强度　【★★★】

资本密度从中心区向外围下降。对于建筑的生产者来说，土地和资本是最重要的两项投入，单位土地上投入的资本量称为资本密度，类似于规划中常用的容积率概念，即资本密度越高，建筑的高度就越高。在给定总成本的情况下，追求利润最大化的厂商要根据资本和土地的货币边际产出来决定二者的投入量。距中心区越远，土地的价格越低，单位货币能够购买的数量越多，其边际产出也就越高。生产者会增加土地的投入，同时减少资本的投入。这就是土地与资本之间的替代，这种替代导致了资本密度的下降，从景观上看就是建筑的高度越来越低。

在大都市中，我们可以看到摩天大楼大多位于城市的中心区；而花园别墅则多在郊区。也就是说，从城市中心区向外，人口密度、建筑高度是下降的，而家庭住房面积是增加的，资本与人口两种密度的下降又意味着土地利用强度的下降，也就是土地利用强度从中心区向外递减。

城市中心区是地价最高的地区，也应是土地利用强度最高的地区。交通条件决定了土地价格，进而是土地利用强度，所以交通是引导城市土地利用的最有效手段。

知识点 5　城市空间规模与城市蔓延 【★★★★★】

1. 城市空间结构形成的基本原理

城市中每一种经济活动都需要土地，每一种经济活动能支付的地价是不同的，这样就有了土地在各种不同的使用用途之间分配的问题。分配原则仍然是"价高者得"。在单中心模式下，各种土地用途的竞标租金曲线的位置及其相互关系决定了每一用途在城市中的位置及其相互的空间关系。

（1）城市建设用地和农业用地之间分配土地资源

农业用地单位面积上的收益远远低于城市用地，所以它能支付的地租也远远低于城市用地，这使得农业用地的竞标租金曲线相当平缓。城市地租高于农业用地，土地就被开发为城市建设用地，农业用地地租高于城市用地地租，土地就保持为农业使用。城市用地地租曲线与农业用地地租曲线的交点就是城市的空间边界，边界以内就是城市的空间规模。

假设城市中有三种土地使用用途，商务用地、居住用地和工业用地，每一种用地由自身的经济活动特点决定了一条竞标租金曲线。商务活动需要大量进行面对面交易，对区位的可达性要求很高，愿意支付最高的租金以获得最大的便捷度，所以它的竞标租金曲线最陡峭（**2024 考点**）。

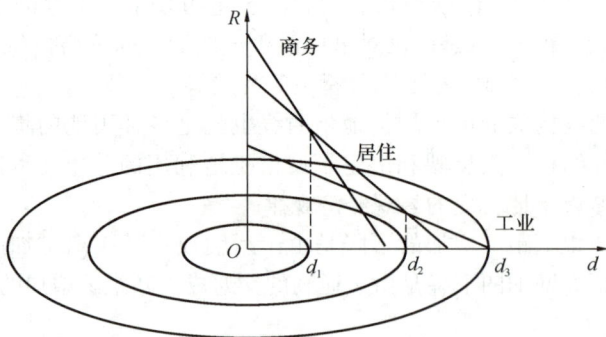

城市空间结构

注：图中 O 代表城市中心，d 代表距城市中心的距离，R 代表租金水平，在靠近中心的土地 O—d_1，商务活动的出价最高就分配给商务活动来使用；d_1—d_2 的土地，居住出价最高，就被开发成居住用地；d_2—d_3 的土地，工业的出价高于前两者，就被工业占用了。

（2）阿朗索地租竞价理论

美国哈佛大学教授威廉·阿朗索于1964年提出了单中心城市地价的竞租模型。他认为对区位较敏感、支付地租能力较强的竞争者（如商业服务业）将获得城市中心区的土地使用权，其他活动的土地利用依次外推随着地租从市中心向郊外逐渐下降，市中心至郊外的用地功能依次为商业区、工业区、住宅区、城市边缘和农业区。

2. 城市空间规模的扩展

城市人口增长和经济的发展带来城市空间规模的扩展——城市地租曲线平向上移。

交通的改善带来的交通成本下降，城市居民收入的上升（**2024考点**）。

地租曲线斜率变化导致的城市空间扩展，就是郊区化的现象，也称为城市蔓延。

知识点6　城市土地制度与空间规划【★★★★★】

市场的形成和运转需要具备三个条件：明晰的产权、完善的规则、监督机制。以上这三个市场存在的条件，都是通过制度来实现的。土地制度为土地市场的形成和运转提供了基本条件。

我国土地制度的总体架构是由《中华人民共和国土地管理法》（简称《土地管理法》）规定的具有中国特色的两种制度：土地产权制度和土地用途管制制度。在我国的土地管理制度中，权属管理是基础，用途管理是核心。

1. 城市土地的产权关系

所有权其实是一个多项权利的集合体，其中重要的权利包括占有权、使用权、收益权和处置权。

用益物权：对他人所有的不动产或者动产，依法享有占有、使用和收益的权利。用益物权包括土地承包经营权、建设用地使用权、宅基地使用权、居住权、地役权。

集体土地使用权：是农村集体经济组织及其成员以及符合法律规定的其他组织和个人在法律规定的范围内对集体所有的土地享有的用益物权。

自物权：指对自己的物享有的权利，即所有权，是物权中最完整、最充分的权利，包括占有、使用、收益、处分四项权能。我国集体建设用地为农民集体所有，其使用权为所有权中分离出来的，不具备完整的所有权权能，因此集体建设用地不能完整对应自物权。

地役权：指在他人的不动产之上按照合同约定，设立他人的不动产，以提高自己的不动产效益的用益物权。

一个国家土地制度的首要内容就是对土地产权的规定。一般的土地产权包括公共所有权和私人所有权，这两者的比例在各国是不同的。按照《中华人民共和国宪法》的规定，我国的土地所有权有两种：城市土地归国家所有，农村土地由农民集体所有。

在改革开放时期，为了建立土地市场，我国采用把所有权分解的方式，将使用权分离出来，加上部分收益权和处置权，就可以进入市场交易了。这就是城市土地市场中土地使用权的出让和转让。

2. 土地市场

土地市场：指土地及其地上建筑物和其他附着物作为商品进行交换的总和。土地市场也称地产市场。我国土地市场中交易的是国有土地使用权而非土地所有权。土地市场中交易的土地使用权具有期限性。

土地一级市场（完全垄断市场）：又称房地产一级市场，卖方是城市政府，城市政府代表国家把土地使用权有偿出让给企业或开发公司。

土地二级市场：土地使用者之间的使用权交易市场。

房地产二级市场：开发商和使用者之间的交易市场。

房地产三级市场：使用者和使用者之间的市场，买卖的是旧房，即二手房市场。

3. 土地管理制度

（1）土地管理制度

我国进行土地用途管制的重要手段是国土空间规划，政府通过国土空间总体规划对土地使用用途进行规定，并通过用地审批制度保障其落实。规划的核心是对各项农业用地和建设用地做出安排，而根本的目的是保护耕地与生态。

通过规划，政府要达到三个目的：① 保护社会的整体利益和长远利益；② 安排社会基础设施和公用设施的用地；③ 减小市场的外部效应。

（2）农村土地制度的变化

2019 年修正的《土地管理法》对农村土地制度实现了重大突破，修改重点主要集中在如下三个方面：

① 缩小征地范围，不得随意侵占农民权益

新修正的《土地管理法》首次对土地征收的公共利益范围进行明确界定。只有因军事和外交、政府组织实施的基础设施、公共事业、扶贫搬迁和保障性安居工程建设需要以及成片开发建设六种情形，确需征收的，可以依法实施征收，这实际上就是缩小了土地征收范围。

此外，新修正的《土地管理法》在征地补偿上，改变了以前以土地年产值为标准进行补偿的方式，而是实行按照区片综合地价进行补偿，除了考虑土地产值，还要考虑区位、当地经济社会发展状况等因素综合制定地价。

② 充分保障村民实现户有所居

新修正的《土地管理法》完善了农村宅基地制度，在原来一户一宅的基础上，增加宅基地户有所居的规定，明确规定人均土地少、不能保障一户拥有一处宅基地的地区，在充分尊重农民意愿的基础上可以采取措施保障农村村民实现户有所居，这也是对一户一宅制度的重大补充和完善。同时规定国家允许进城落户的农村村民自愿有偿退出宅基地，这意味着地方政府不得违背农民意愿强迫农民退出宅基地。在现实中，有一部分农民进城落户后不再回到农村，宅基地成为这些人的"死资产"。新修正的《土地管理法》允许这类"宅基地"有偿退出，可令交易双方各取所得。

③ 集体经营性建设用地全面入市

集体经营性建设用地是指具有生产经营性质的农村建设用地，包括宅基地、公益性公共设施用地和经营性用地。

新修正的《土地管理法》破除了集体经营性建设用地进入市场的法律障碍，允许集体经营性建设用地在符合规划、依法登记，并经本集体经济组织三分之二以上成员或者村民代表同意的条件下，通过出让、出租等方式交由集体经济组织以外的单位或者个人直接使用。

集体经营性建设用地可以直接进入市场流转，是对现行土地管理制度一个重大的突破，这也意味着集体经营性建设用地可以直接对接市场，实现流转。新的模式既能提高土地使用效率，也能为农民带来更多实惠，可加速城乡一体化转型。

知识点 7　城市住房市场与住房政策　【★★★★】

1. 住房的价格差异

（1）房价的影响因素

除了住房本身性质和功能，外在影响房价的主要条件包括：区位、环境质量、社区特性。

① 围绕中心房价向外递减，如就业中心、轨道交通站点、重点学校、大型购物中心；

② 围绕具有正的外部效应的地点（如公园绿地），房价向外递减。

③ 具有负的外部性的地点周围，如垃圾处理厂附近、高速公路沿线等，房价向外递增。使各项设施的通达性和正外部性达到最大而负外部性小，是规划中应注意的问题。

（2）买房与租房

住房是生活必需品，是有耐久性的商品。

存量市场：房地产市场。

流量市场：房屋的租赁市场。

可负担租金水平：国际上通常将房租占家庭月收入比例的 30% 设为可负担租金水平的上限。超过此上限时，生活质量会受到严重影响。

2. 我国的住房体制与政策

（1）城市住房的供给

住房的供给多种多样，分类也多种多样。按产权情况，可分为公有、私有；按使用情况，可分为自用、租用等；按坐落区位，可分为郊区、市中心区等；按建筑类型，可分为独立式、联立式、公寓式等；亦可按面积及居室多少、建成时间的早晚等分类。

我国城市两大住房供给主渠道：① 市场中的商品房；② 政府提供的社会保障性住房——经济适用住房、廉租房、公租房、定向安置房。

（2）城市住房的需求方面

影响住房消费需求的因素主要有家庭收入情况、家庭人口构成、传统的居住文化等。

住房需求与一般商品的不同点还在于它的投资价值。

真题演练

2020-078 根据新修订的《土地管理法》，征收农用地的土地补偿费、安置补助费，应以省、自治区、直辖市制定的(　　)确定。

　　A. 城乡基准地价　　　　　　　　　B. 统一年产量

　　C. 区片综合地价　　　　　　　　　D. 区域基础地价

【答案】C

【解析】根据《土地管理法》第四十八条，征收土地应当依法及时足额支付土地补偿费、安置补助费以及农村村民住宅、其他地上附着物和青苗等的补偿费用，并安排被征地农民的社会保障费用。征收农用地的土地补偿费、安置补助费标准由省、自治区、直辖市通过制定公布区片综合地价确定。制定区片综合地价应当综合考虑土地原用途、土地资源条件、土地产值、土地区位、土地供求关系、人口以及经济社会发展水平等因素，并至少每三年调整或者重新公布一次。

2021-039 集体建设用地使用权属于(　　)。

　　A. 经营权　　　　　　　　　　　　B. 自物权

土地市场与空间结构
├─ 城市空间与城市蔓延
│   ├─ 城市建设用地、农业用地
│   └─ 地租曲线
│   ├─ 上移
│   │   ├─ 人口增长
│   │   └─ 经济发展
│   └─ 斜率变化（平缓）郊区化/城市蔓延
│   ├─ 交通改善
│   └─ 收入增长
│
├─ 土地制度与空间规划
│   ├─ 概念：所有权、使用权、自物权、用益物权、经营权、地役权
│   ├─ 一级土地市场：土地出让
│   ├─ 二级土地市场：土地转让/新房交易
│   └─ 三级土地市场：二手房交易
│
├─ 住房市场与政策
│   ├─ 分类
│   │   ├─ 商品房
│   │   └─ 社会保障住房
│   │   ├─ 经济适用房
│   │   ├─ 廉租房
│   │   ├─ 公租房
│   │   └─ 定向安置房
│   └─ 房租占家庭月收入比：可负担上限30%
│
├─ 竞标租金与价格空间变化
│   ├─ 单中心模型：集约度由中心向外递减
│   ├─ 土地价格
│   │   ├─ 地租的资本化
│   │   ├─ 价值的双源性
│   │   │   ├─ 自然资源属性
│   │   │   └─ 社会资源属性
│   │   └─ 地租
│   │   ├─ 级差地租Ⅰ：不同土地位置等因素不同利润不同
│   │   └─ 级差地租Ⅱ：同一块土地每次投资不同利润不同
│   └─ 地价曲线
│   ├─ 地租、房租随距中心 距离增加而下降
│   └─ 多中心可叠加
│
└─ 替代效应与土地利用强度
    ├─ 交通与地租
    │   ├─ 交通费：距离越远，费用越高
    │   └─ 住房费用：距离越远，房租越低
    ├─ 住房和其他生活品：中心向外住房面积增加
    └─ 土地与资本
        ├─ 中心向外资本密度、人口密度、土地利用强度下降
        └─ 应用
            ├─ 交通引导城市土地利用
            └─ 中心区限制容积率造成土地利用效率损失

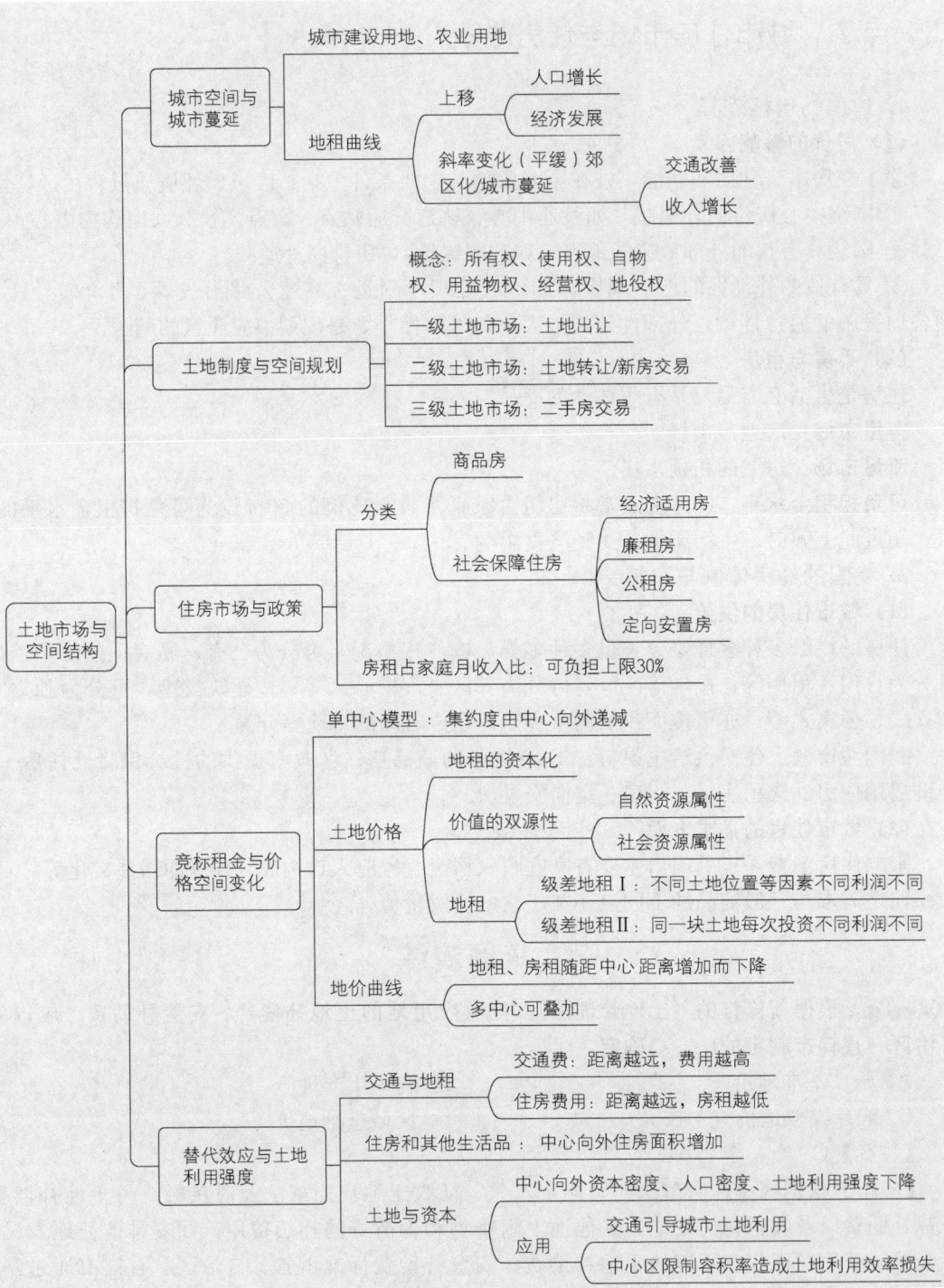

土地市场与空间结构基本知识

C. 用益物权   D. 地役权

【答案】C

【解析】集体建设用地使用权是指农村集体经济组织及其成员，以及符合法律规定的其他组织和个人在法律规定的范围内对集体所有的建设用地享有的用益物权，故 C 项正确。

2021-042 甲、乙两块土地生产同一产品，单位面积所耗资本为 100 元，单位面积利润甲为 6 担，乙为 4 担。每担价格均为 20 元，则甲相对于乙，甲的级差地租（级差地租Ⅰ）为（　　）元。

    A. 120   B. 80

C. 40   D. 20

【答案】C

【解析】级差地租Ⅰ是投入不同地块上的等量资本，由于土地的肥沃程度不同或土地的位置不同而产生的有差额的超额利润，甲相对乙的级差地租Ⅰ为（6－2）×20＝40 元。

2021-043 国际上通常将房租占家庭月收入比例的(　　)设为可负担租金水平的上限。

    A. 10%   B. 20%

C. 30%   D. 40%

【答案】C

【解析】根据国际上通行的标准理论是租金开支占家庭月收入的 30% 为租金上线，如果超过了这个比例，家庭的生活质量就会受到影响。故 C 项正确。

2021-044 下列产业门类对土地价格影响最小的是(　　)。

    A. 农业   B. 制造业

C. 金融业   D. 服务业

【答案】A

【解析】因为农业用地单位面积土地收益远远低于城市用地，所以它能支付的地租也远远低于城市用地，这使得农业用地的竞标租金曲线相当平缓，所以理论分析中常常把它划成两条水平的线，其对土地价格的影响最小。故 A 项正确。

2022-040 城市土地因位置的差异而取得差额利润的是(　　)。

    A. 绝对地租   B. 相对地租

C. 级差地租Ⅰ   D. 级差地租Ⅱ

【答案】C

【解析】① 级差地租Ⅰ强调位置（肥沃、位置不同）；②级差地租Ⅱ强调投入（同一块土地上连续追加投资）；③绝对地租强调私有（土地私有必须交钱）；④相对地租是指土地所有者从农业生产中获取的收益占总产量的比例，它强调地租的相对性，即地租与总产量之间的关系，以及地租在不同条件下的动态变化。故 C 项正确。

2022-041 土地使用权出让市场属于房地产的是(　　)。

    A. 一级市场   B. 二级市场

C. 三级市场   D. 四级市场

【答案】A

【解析】房地产一级市场又称土地一级市场，是土地使用权出让的市场。国家通过其指定的政府部门将城镇国有土地或将农村集体土地征用为国有土地后出让给使用者（通常是房地产开发商）的市场。房地产一级市场由国家垄断，国家是最重要的市场主体。故 A 项正确。

2022-045 房地产价值的双源性来源于(　　)。

城市经济学

A. 住房价值   B. 生产资料和生活资料

C. 土地价值   D. 建筑周边设施

【答案】C

【解析】房地产价值的双源性，主要是指房地产商品价值中，土地价值的形成既源自土地所有权的收益，又源自在土地上的人类劳动的凝结。从根本上说，房地产价值的双源性是由土地价值的双源性造成的。而土地价值的双源性又源于土地本身的双重属性。一方面，土地是一种自然物，具有自然资源属性；另一方面，土地又是社会产物，追加在土地上的人类劳动凝结又增加了土地价值，具有社会经济资源属性。这种双重属性就必然带来土地价值形成的双源性，故 C 项正确。

2022-046 在城市经济学原理中，土地所有权在经济学上的实现是(   )。

A. 地租   B. 地价

C. 利润   D. 税收

【答案】A

【解析】在城市经济学原理中，土地所有权在经济学上的实现是地租，故 A 项正确。

2023-045 根据城市经济学原理，下列关于城市不同要素特征随区位变化的说法，错误的是(   )。

A. 距城市中心越远，人口密度越低

B. 距城市中心越远，土地价格越低

C. 距城市中心越远，家庭住房面积越大

D. 距城市中心越远，土地利用强度越高

【答案】D

【解析】土地利用强度随着与城市中心之间的距离的增大而逐渐降低，故 D 项错误。

2023-046 下列关于我国土地和房地产市场的说法，错误的是(   )。

A. 国有土地使用权出让属于土地一级市场

B. 土地二级市场是不同土地所有权之间的交易市场

C. 房地产二级市场是开发商和房屋使用者之间的交易市场

D. 房地产三级市场是二手房市场

【答案】B

【解析】土地二级市场，是土地使用者经过开发建设，将新建成的房地产进行出售和出租的市场。即一般指商品房首次进入流通领域进行交易而形成的市场，故 B 项错误。

板块 4　城市交通经济与政策

历年考频

板块	2020 年	2021 年	2022 年	2023 年	2024 年
城市交通经济与政策	—	1	—	1	1

知识点 1　城市交通供求的时间不均衡及其调控　【★★★】

城市交通是一个比较特殊的领域，特殊在它生产的产品是"位移"，即人或物空间位置的移动。

城市交通供给由两方面构成：① 通道系统，包括道路、轨道、通航河道等组成，是一个地上、地下、陆地、水面相互连接的网络系统；②运输工具，包括各种车辆和船舶，用于装载人或物在通道中运行。

1. 城市交通的供求的时间特征

交通拥堵从供求关系来说，是一种需求大于供给，即供不应求的状况。客运交通是城市交通拥堵的主要矛盾。

早高峰和晚高峰：大城市中的交通拥堵有一个明显的特征，就是存在两个拥堵的高峰时段，即早高峰和晚高峰，发生在早晨的上班时间和晚上的下班时间。这是由于城市交通需求的波动性和供给的固定性之间的矛盾造成的。

城市交通供求的时间不均衡会带来经济效率的损失是需要解决的问题，但仅依靠增加供给并不能合理地解决问题。要缓解由于交通供求的时间不均衡带来的问题，基本思路是要想办法减少需求的时间波动性。而需求的时间波动性是由于人们的出行在时间上过于集中带来的，所以要想办法减少出行的时间集中度。

2. 调节方法

用价格来调节：当高峰小时的出行成本上升时，有条件的人们就会尽量避开高峰时段出行。但由于大部分人的上班时间具有刚性，所以需求曲线的弹性较小，靠价格调整到供求完全平衡是困难的。

调整上班时间：如果采用弹性或错峰上班，交通的需求曲线就会更平缓，交通拥堵的情况也就会在更大的程度上得到缓解。

知识点 2　城市交通供求的空间不均衡及其调控　【★★★】

1. 城市交通的供求的空间特征

即使是在高峰时段，城市中也不是所有的道路都拥堵，有些道路拥堵得比较厉害，处于供不应求的状况，有些道路还达不到设计流量，处于供过于求的状况，所以城市交通在空间上也具有供求的不均衡性。这种空间的供求不均衡往往是集中的需求和分散的供给之间的矛盾造成的。

道路在城市中是网状分布的，相对均匀；但高峰时段的人流和车流在空间上的分布是不均匀的，会集中于某些路段和某些方向上，因而造成了交通在空间上供不应求和供过于求的同时存在。需求在空间上的集中与城市土地利用格局有密切的关系。交通拥堵的高发地段，往往在城市就业中心周边，大量的人流在上班时间流入，而在下班时间流出。所以，居住和就业的空间结构对交通的空间供求格局有很大的影响。

2. 调节方法

增加供给：在主要的就业中心和主要的居住中心之间建设大运量的公共交通，如地铁或快速公交系统（BRT）；对就业中心周边的道路实行方向的调控，上班时间多数车道分配给流入车流，下班时间多数车道分配给流出车流。

调控需求：可以采用价格杠杆，对进入拥堵区的车辆收费，这样可以分流一部分需求。

但由于经济活动空间分布的不均匀，城市交通供求的空间不均衡也是会长期存在的，这是大城市为了取得集聚效益必须要承担的成本之一。

知识点 3　城市交通个人成本与社会成本的错位及其调控　【★★★★】

1. 城市交通拥堵的平均成本与边际成本

城市交通拥堵的另外一个原因是个人成本和社会成本的错位，对于开私家车上下班的人来说，除了要付出货币的成本（汽油和车辆损耗等），还要付出时间成本。当遇到交通拥堵时，时间成本是上升的。但因为城市的道路是大家共同使用的，所以个人所承担的只是平均成本；而边际成本，即道路上每增加一辆车带来的总的时间成本的增加，却是由道路上所有的车辆共同承担的。

2. 调控方法

拥堵路段收费：如对进入城市中心区的车辆收费，从而把驾车者的成本由平均成本提高到边际成本。

征收汽油税：提高所有驾车者的出行成本，以减少自驾车出行。此方法属于普遍征税，对于特定拥堵地段的调控效果不明显（**2024 考点**）。

知识点 4　城市交通时间成本特征及效率提高途径　【★★】

1. 特征

人们在城市中出行时要支付两种成本：货币成本和时间成本。货币和时间都可以带来效用，所以人们在作出行的支付决策时就会追求效用最大化，通过货币和时间的相互替代来实现。

2. 提高途径

交通系统可以提供众多的选择，使每个人都能实现最优选择，即实现效用最大化，那么整个交通系统的效率就可达到最高。

共同消费降低了实现最优化的可能性，只能通过尽可能地提供多种交通方式、多种道路系统来加以改善，如大型公共汽车、小型公共汽车、出租车和私家车并用，收费的高速路与不收费的辅路并行。

知识点 5　公共交通的合理性　【★★★】

城市越大，公共交通的优越性会愈加显示出来——随着乘客的增加，平均成本是降低的。

公共交通的亏损原因：交通需求时间的波动性。

与其他交通方式相比，可以从经营城市的角度看公共交通成本最低，因为存在正外部效应收益，如提高了道路利用率，使大家的时间成本都下降了；节省了能源，减少了空气污染；节省停车场占地，提高了城市土地利用效率。

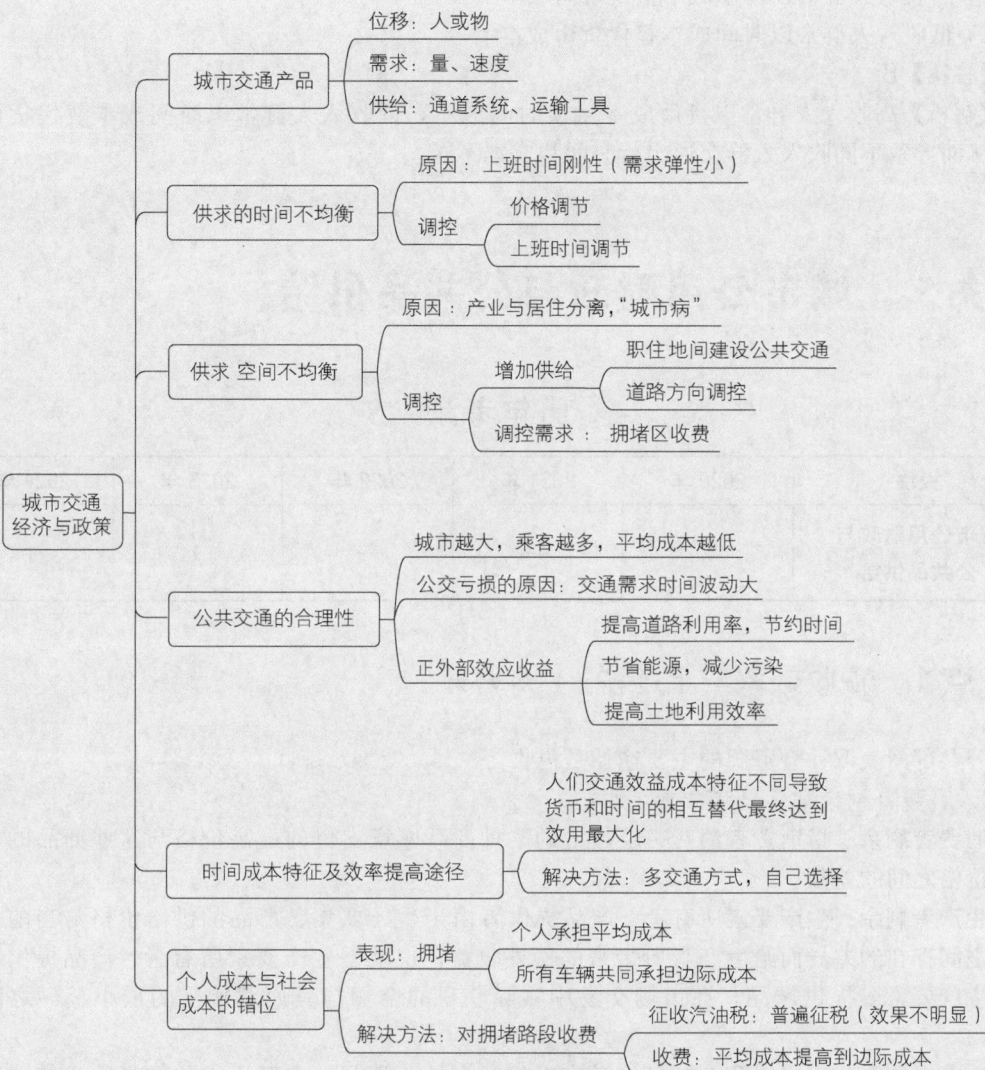

城市交通经济与政策基本知识

真题演练

2021-045 下列不属于交通运输项目融资方式的是（　　）。

A. 转让经营权
B. 施工方垫资
C. 贷款
D. 发放债券

【答案】B

【解析】交通运输项目融资模式一般有：金融机构贷款、债权融资、项目融资 BOT（特许权融资，授予一定时期特许经营权）、股票融资。故 B 项正确。

2023-042 根据城市经济学原理，下列关于城市交通时间成本的说法错误的是（　　）。

A. 权衡时间成本与货币成本，可达到交通出行效用最大化
B. 不同收入人群交通出行时间相同，时间成本也相同

C. 高收入人群常以货币成本量换时间成本

D. 低收入人群常以时间成本替代货币成本

【答案】B

【解析】高收入人群常以货币成本量换时间成本，低收入人群常以时间成本替代货币成本，从而导致不同收入人群交通出行时间和成本不同。

板块 5　城市公用财政与公共品供给

历年考频

板块	2020 年	2021 年	2022 年	2023 年	2024 年
城市公用财政与公共品供给	2	—	—	1	1

知识点 1　税收效率与土地税　【★★★】

公共部门获取社会资源的主要途径是税收。

1. 消费者剩余和生产者剩余

消费者剩余： 指消费者消费一定数量的某种商品愿意支付的最高价格与这些商品的实际市场价格之间的差额。

生产者剩余： 生产要素所有者、产品提供者由于生产要素、产品的供给价格与当前市场价格之间存在的差异而给生产者所带来的额外收益，也就是生产要素所有者、产品提供者因拥有生产要素或提供产品，在市场交易中实际获得的金额与其愿意接受的最小金额之间的差额。

消费者剩余和生产者剩余被经济学家看作社会的总福利，市场运作的结果就是使这两种剩余最大化，即社会福利最大化。

2. 无谓损失

无谓损失： 又称为社会净损失，是指由于市场未处于最优运行状态而引起的社会成本，也就是当偏离竞争均衡时，所损失的消费者剩余和生产者剩余。

通常政府颁布税收法来提高财政收入，而这些收入必定从别人处获得。利用"消费者剩余"和"生产者剩余"的原理，可以发现某些使税收买卖双方增加的成本，超过了政府相应增加的财政收入。这种因税收（或其他政策）减少总盈余的扭曲市场的结果，在经济学中被称为"无谓损失"。所以在选择税种时要尽量选择那些"无谓损失"小的税，以减少社会福利的损失。

3. 税收效率

国家征税必须有利于资源的有效配置和经济机制的有效运行，必须有利于提高税务行政效率。其原则包括税收经济效率原则和税收行政效率原则。前者是指国家征税应有助于提高经济效率，保证经济的良性、有序运行，实现资源的有效配置。该原则侧重于考察税收对经济的影响。税收行政效率原则是指国家征税应以最低的税收成本获取最多的税收收入，以使税收的名义收入与实际收入的差额最小。该原则侧重于对税务行政管理方面的效率的考察。

4. 土地税

土地税：简称地税，以土地为课税对象，按照土地面积、等级、价格、收益或增值等计征的货币或实物，包括对农村土地和城市土地的课税。对土地征税可以避免"无谓损失"。因为土地是一种自然生成物，不能通过人类的劳动生产出来，所以其总量是给定不变的，称为"供给无弹性"。

征收土地税可以在政府获得财政收入的同时不影响市场的效率，是一种可以兼顾公平与效率的税种。

5. 财产税

财产税：是所得税的补充税，是在所得税对收入调节的基础上，对纳税人占有的财产作进一步的调节，不包含所得税。目前我国开征的财产税有房产税、车船税、契税等，除上述三大类税之外，还可再分出资源税类（包括资源税、土地使用税等）和行为税类（包括印花税、城市维护建设税）。

知识点 2　公共品概念与公共品供给 【★★★★】

城市财政支出的一个主要领域就是为城市提供公共物品与服务（简称公共品）。

1. 社会消费物品的分类 （2024考点）

（1）竞争性与非竞争性

竞争性：是看一个物品在消费时各个消费者之间在消费量上是不是相互影响。比如一个面包两个人吃，甲多吃一口，乙就要少吃一口，这就是具有竞争性的物品。又如一段城市道路，每一个通过的人对道路的消费量都是相同的，不会因为某个人的使用而使其他人的消费量减少，这就是不具有竞争性的物品。

（2）排他性与非排他性

排他性：是看一个物品在消费的过程中是不是可以很容易地把某些人排除在外。比如花了钱买面包的人就可以消费面包，没有花钱买的人就被排除在面包的消费之外，这就是具有排他性。而城市道路的使用就很难把某些人排除在外，因为没有简单的办法来限制某些人的使用，这就是不具有排他性。

物品的竞争性与排他性

	竞争性	非竞争性
排他性	私人物品（如面包）	自然垄断物品（如供水管网）
非排他性	共有资源（如水资源）	公共物品（如不拥挤的城市道路）

2. 公共物品的概念及特性

公共物品：指公共使用或消费的物品。

公共物品具有非竞争性和非排他性。所谓非竞争性，是指某人对公共物品的消费并不会影响别人同时消费该产品及其从中获得的效用，即在给定的生产水平下，为另一个消费者提供这一物品所带来的边际成本为零。所谓非排他性，是指某人在消费一种公共物品时，不能排除其他人消费这一物品（不论他们是否付费），或者排除的成本很高。

城市公共物品：既包括可见的、实物形态的道路、公园、医院、图书馆、信息设施等，也包括所有城市居民都可以享受或必须遵循的政策、法规、福利等非实物的产品。

3. 污染者负担原则

生态环境系统是典型的公共品，在利用上具有非排他性和非竞争性。国家出资治理的方式是把污染者的治理责任转移到了全体纳税人，因此应采取措施对外部效应加以纠正，通过排污收费的方式使治理环境的费用由引起污染的生产者或者消费者来承担，即将生态问题的外部性内部化。

知识点 3　城市政府规模与运作效率　【★★★★】

1. 公共财政的概念及职能、特点

（1）概念

公共财政：指在市场经济条件下，主要为满足社会公共需要而进行的政府收支活动模式或财政运行机制模式，是国家以社会和经济管理者的身份参与社会分配，并将收入用于政府的公共活动支出，为社会提供公共产品和公共服务，以充分保证国家机器正常运转，保障国家安全，维护社会秩序，实现经济社会的协调发展。

（2）公共财政的职能

市场经济的公共财政具有三大职能，即资源配置、收入分配、调控经济。

资源配置职能：将一部分社会资源（即国内生产总值）集中起来，形成财政收入；然后通过财政支出分配活动，由政府提供公共物品或服务，引导社会资金的流向，弥补市场的缺陷，最终实现全社会资源配置效率的最优状态。

收入分配职能：指政府财政收支活动对各个社会成员收入在社会财富中所占份额施加影响，以实现收入分配公平的目标。具体包括：①划清市场分配和财政分配的范围和界限；②规范工资制度；③加强税收调节；④转移支付。

调控经济职能：指通过实施特定的财政政策，促进较高的就业水平、物价稳定和经济增长等目标的实现。具体包括：① 在经济发展的不同时期，分别采取不同的财政政策，实现社会总供给和总需求的基本平衡；②通过发挥累进的个人所得税等制度的"内在稳定器"作用，帮助社会来稳定经济活动；③通过财政投资和补贴等，加快农业、能源、交通运输、邮电通信等公共设施和基础产业的发展，为经济发展提供良好的基础和环境；④逐步增加治理污染、生态保护以及文教、卫生等方面的支出，促进经济和社会的可持续发展。

（3）公共财政的特点

公共财政是一种弥补市场缺陷的财政体制、服务财政、民主财政、法制财政。

（4）人头税

人头税：是国家对人身课征的一种税，是向每一个人课相同、定额的税种。

2. "用手投票"与"用脚投票"

"用手投票"：指通过公司股东代表大会、董事会，参与公司的重要决策，对经营者提出的投资、融资、人事、分配等议案进行表决或否决。"用手投票"不能实现经济效率的最大化。

"用脚投票"：指资本、人才、技术流向能够提供更加优越的公共服务的行政区域。在市场经济条件下，随着政策壁垒的消失，"用脚投票"选择的往往是那些能够满足自身需求的环境，这会影响政府的绩效，尤其是经济绩效。"用脚投票"可以实现比"用手投票"更高的经济效率。

3. 公共财政对城市空间结构的调控作用

地方公共财政支出作为城市经济体系的一部分，产生于城市空间演化的过程，具有空间

特性；同时也必然作用于城市空间的发展，对城市空间的变化产生直接的影响。

（1）公共财政支出的空间特点

① 公共财政支出有空间限制；

② 公共财政支出提供的地方公共物品具有空间性；

③ 公共财政支出直接对城市空间形态产生重大影响；

④ 城市空间结构的变化也影响着地方公共财政的方向。

（2）公共财政对城市空间发展的影响

① 公共财政提供了城市发展所需要的公共物品和准公共物品。这间接或直接地决定价格了城市空间形态。

② 公共财政根据经济发展需要，提供一些福利性补贴政策或其他优惠政策，降低了企业生产成本或居民生活成本，可以有目的地引导直至形成特定地域上的企业或人口聚集。

③ 对"三农"的支出同样会引起城市空间形态的变化。减轻农民负担，发展农业科技，帮助农民增加创收渠道，可以从实质上推动城镇化进程。另外，农业的发展以及城乡差距的缩小，可以对城市人口控制、城市基础设施的拥挤成本控制都产生积极影响。

④ 科研、环保、土地规划等方面的支出，不仅可以保证城市空间的优化、美观，而且可以保证城市的可持续发展。

⑤ 社会保障机制的建立和完善、环境保护等方面的支出以及其他非排他性较强的公共物品的提供，既可以提高居民生活质量、保证社会公平、保证城市生活稳定，也可以在整体上提高城市生产效率，加快城市空间优化发展的进程。

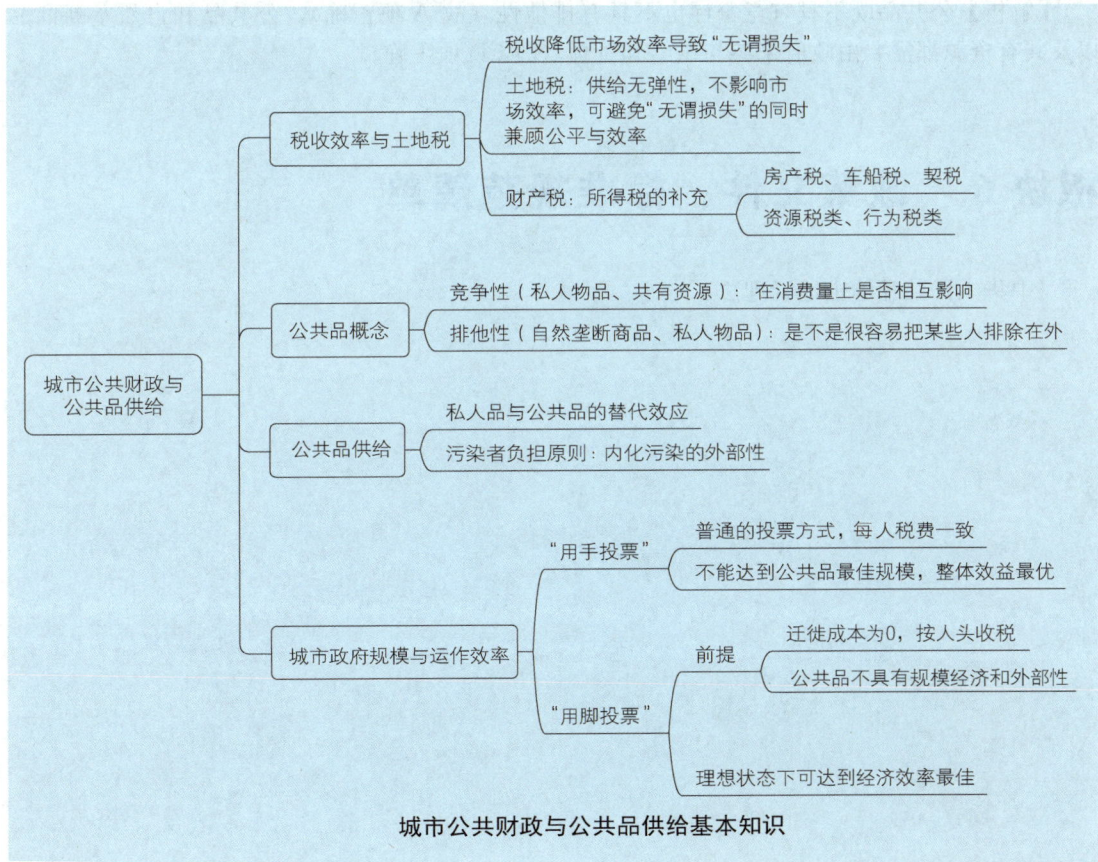

城市公共财政与公共品供给基本知识

2020-067 若采用"用脚投票"的方式来选择社会公共产品,可能形成以下哪种情况?(   )

A. 收入相同社区　　　　　　　　　B. 年龄相同社区

C. 爱好相同社区　　　　　　　　　D. 教育水平相同社区

【答案】C

【解析】"用脚投票"是指个人按照自己的喜好直接选择适合自己的方式,挑选那些能够满足自身需求的环境,因此通过"用脚投票"最容易形成爱好相同的社区。故C项正确。

2020-068 郊野中心公园属于(   )。

A. 私人物品　　　　　　　　　　　B. 共有资源

C. 自然垄断物品　　　　　　　　　D. 公共物品

【答案】D

【解析】郊野公园不具有竞争性也不具有排他性,属于公共物品,故D项正确。

2023-089 下列关于公共品的特征的说法,正确的是(   )。(多选)

A. 不排他性　　　　　　　　　　　B. 竞争性

C. 政府参与投资　　　　　　　　　D. 政府参与管理

E. 最终成本由政府公共部门负担

【答案】ACD

【解析】公共品既不具有竞争性也不具有排他性(故A项正确),公共品和自然垄断商品以及共有资源都需要由政府来参与供给和管理(故CD项正确)。

板块6　政策文件、标准规范清单

《中华人民共和国土地管理法》

城 市 地 理 学

板块 1   城市地理学的基本知识

历年考频

板块	2020 年	2021 年	2022 年	2023 年	2024 年
城市地理学的基本知识	—	1	—	—	—

知识点 1   城市地理学的学科概况 【★】

1. 研究对象和主要任务

（1）城市的概念及特征

城市是一个有多种属性的地域实体，是多种人文要素和自然要素的综合体。城市地理学是以城市为研究对象的学科之一，侧重于城镇区域的地理学研究。

城市是有一定人口规模，并以非农产业活动为主的人口集聚地，是一种特殊的聚落类型。城市是人类发展到一定历史阶段的产物，城市的兴起、形成和发展受自然、经济、社会和人口等多方面因素的影响。

城市是一种特殊的地理区域，其人口和经济要素高度密集。作为人类活动的中心，城市同周围广大区域保持着密切的联系，具有控制、调整和服务等功能。

（2）城市地理学的研究对象

城市地理学是研究在不同地理环境下，城市形成发展、分布组合和空间结构变化规律的科学，是众多研究城市的学科群的重要组成部分。

（3）主要任务

城市地理学的主要任务是研究基于地理因素的城市发展现象，从地理空间的角度揭示世界各国、各地区城市发展变化的空间组织规律性和预测区域城镇发展的未来趋势。

我国城市地理学的迫切任务，就是从我国国情出发，从城市发展的布局和空间协调方面研究发现经济社会建设中不断出现的矛盾和问题，并探讨发展对策，为国家和部门决策提供依据，以充分、合理地发挥城市的区域中心作用和有效推进城乡协调发展。

2. 主要研究内容

从研究视角和研究问题的空间层面上来看，城市地理学有两个突出的重点研究方向：①从区域的视角研究区域城市系统的空间组织演化；②针对城市个体本身，研究城市内部组成部分的空间组织演化。

以上述两个重点研究方向为核心，城市地理学的研究内容可以概括为以下 4 个基本研究领域：

城市形成和发展条件研究：研究与评价地理位置、自然条件、社会经济与历史条件对城市形成、发展和布局的影响。

区域的城市空间组织研究：①城镇化研究；②区域城镇体系研究；③城市分类研究。

城市内部空间组织研究：在城市内部分化为商业、仓储、工业、交通、住宅等功能区域和城乡边缘区域的情况下，研究这些区域的特点、兴衰和更新，以及它们之间的相互关系。研究各种区域的社会土地使用，进而研究整个城市结构的理论模型。城市内部空间组织研究还包括以商业网点为核心的市场空间，由邻里、社区和社会区构成的社会空间，以及从人的行为考虑的感应空间的研究。

城市问题研究：研究城市环境问题、交通问题、住宅问题和内城问题（如内城贫困）的具体表现形式、形成原因、对社会经济发展的影响，以及解决问题的对策。

知识点 2　城市地理学与城市规划的关系 【★】

1. 城市地理学的学科性质

城市地理学的学科性质与传统地理学有较大的差异。城市地理学划归为社会科学，研究的对象是城市，而城市是人和人类社会经济活动的集聚地。

2. 城市地理学与城市规划的关系

城市地理学与城市规划是相互独立的学科，两门学科在学科性质和研究方向上存在着根本的区别。城市地理学是研究城市地域状态和分布规律的一门地理科学；而城市规划是以促进城乡经济社会全面协调可持续发展为根本任务，以促进土地科学使用为基础，以促进人居环境根本改善为目的，涵盖城乡居民点的空间布局规划。两者都以城市为研究对象，但是侧重点和研究方向有根本不同。

城市地理学和城市规划关系密切。城市地理学为城市规划提供理论指导，应用于城市规划的实践。城市规划为城市地理学提供研究课题、研究素材和实践验证，促进城市地理学理论不断充实和完善。

城市地理学理论的主要应用领域是城市规划、区域规划以及各种形式的城市和区域发展对策研究。

真题演练

2021-053 下列对自然地理格局的说法，错误的是(　　)。

A. 地貌是地理格局的要素

B. 地理格局是人文格局的基础

C. 地理格局是资源分布的决定性因素

D. 地理格局分析应全尺度分析

【答案】D

【解析】地理格局分析与尺度有直接关系，不同地理格局研究要采用不同的尺度，只有合适的尺度分析才能更好地分析自然地理格局。针对研究范围小、研究精度高的对象应采用小尺度叠加分析；针对研究范围大、研究精度不高的对象应采取全尺度分析，甚至超范围分析。故 D 项错误。

板块 2　城市形成和发展的地理条件

历年考频

板块	2020 年	2021 年	2022 年	2023 年	2024 年
城市形成和发展的地理条件	—	—	1	2	1

知识点 1　城市空间分布的地理特征　【★★】

1. 城市空间分布概况

总体上从世界或大洲以及多数国家的情况来看，城市的空间分布具有典型的不均匀性，即城市在地域空间上的分布不属于均衡分布，也不属于随机分布，呈典型的集聚分布的特征。世界上的城市尤其是大城市的主要分布明显集中在中纬度地带，我国的城市分布具有明显的东密西疏的整体性空间特征。

2. 城市空间分布的地理特征

世界大城市分布向中纬度地带集中，实际上是城市趋向分布在气温适中地区的表现。有些低纬度地区分布的城市也体现了城市分布对地理条件的要求，虽然所在地纬度低，但是城市要么坐落在海拔较高的气候凉爽的高原或山间盆地，要么坐落在低纬度地带能够接受海洋调节的滨海低地。

大多数城市的分布，既要求气温适中，又要求有适度的降水。因此，从大的区域范围来看，干旱半干旱地区的城市密度一般会明显小于湿润半湿润地区。

地形条件也是一个与城市分布有密切关系的地理影响因素。世界大城市有 80% 以上分布在海拔不足 400m 的滨海、滨湖或沿河的平原地带，其中又以位于海拔 100m 以下地区的居多。中国的城市分布也明显具有向沿海低海拔地区集中的特征。

知识点 2　地理条件的影响作用　【★★★】

1. 影响城市形成和发展的根本要素与基本要素

（1）影响城市形成和发展的根本要素

社会生产力发展水平和社会生产方式。

（2）影响和制约城市发展的基本要素

① 城市发展自身的具体条件：包括城市的地理位置（自然的和经济的）；城市发展的历史基础（一旦形成了城市，其本身也就构成了一个条件）；城市的建设条件（用地、水源、交通等）；城市自身（邻近的周围）的资源条件等。

② 城市发展的区域经济基础：任何城市，除其自身所具有的条件外，还拥有其所借以存在和发展的一定的区域经济基础。从城市的主要职能——经济职能上看，城市是拥有不同地

291

域范围、不同规模大小的经济中心。城市作为空间上的经济中心，自然有其相应的一定的地域经济范围。

2. 地理条件的影响作用

（1）城市与区域的关系

城市与区域，既是地域空间的概念，又是客观存在的实体。

城市与区域之间属于典型的相互联系、相互制约的辩证关系。城市是区域的核心，而区域是城市的基础；城市在区域的发展中起带动、引导作用，而区域对城市发展的前途又有决定性影响。

城市与区域经济地理条件的关系主要表现为城市是区域的中心，对区域具有辐射带动作用；而区域是城市发展的腹地和支撑区域，是城市生产的原料供应地和产品市场，城市是一定地域范围的中心。

（2）城市性质及发展方向

城市的性质和主要发展方向取决于城市在全国或区域内劳动地域分工中的地位和作用，以及城市内部合理的经济结构。区域的发展条件、资源状况、发展基础、经济结构和经济联系、区域内部城镇之间的职能分工格局等各种因素，对城市的职能具有十分重要的影响作用。而区域城镇化和人口集聚的发展趋势、区域产业空间布局形式、周边不同人口规模的城市的引力作用等，则对城市规模的发展具有重要的影响作用。

3. 城市的地理位置与城市发展

从不同的角度来看，城市的地理位置有不同的类型，不同类型的地理位置对城市的形成和发展都具有影响作用。

（1）从空间尺度看

从不同的空间尺度来看，城市具有大、中、小位置特点。大位置是城市对较大范围的事物的相对关系，而小位置是城市对其所在城址及附近事物的相对关系。有时还可从大、小位置之间分出一种中位置。

以上海为例，大位置的特点是位于我国大陆海岸线的中点以及长江的入海处。对内它是广阔、富饶的长江流域以至更大地域的门户，对外它是我国大陆向东最接近太平洋世界贸易要道的城市。中位置的特点是其位于长江三角洲的东南端和太湖流域的下游，整个长江三角洲平原特别是太湖流域作为上海的直接腹地，为上海城市的形成和繁荣奠定了区域基础。黄浦江和吴淞江交汇的特点则是上海形成与发展的小位置因素。

（2）从城市及其腹地的相对位置关系看

从城市及其腹地的相对位置关系有中心、重心位置和临接、门户位置之分（**2024 考点**）。

中心位置： 如果城市位于某一区域的中央，则城市与各个方向的联系距离都比较近。这种有利的中心位置既便于四面八方的交通线向中心会聚，也有利于从中心向外开辟新的交通线，促进城市的发展。

重心位置： 当一个地理区内人口分布和开发条件差异较大时，如果按不均匀性进行加权，中心位置就会发生变形，就会有一个偏向于优势区域的重心位置。

临接位置： 与中心位置相对的是临接位置，即城市区位追求临接于决定其发展的区域，不必要或不可能在本区域的中央。如渔港城市要求邻近渔场，矿业城市要求邻近矿区，耗能工业要求接近廉价电源地等。

门户位置： 有一种特殊的临接位置称为门户位置或出入口位置。当一个地理区的对外联系集中在某一方向时，这个区域的中心城市常常不在本区域的中央，而明显偏于主要联系方向一端。河口港是最典型的门户位置。

中心位置利于区域内部的联系和管理，门户位置则利于区域与外部的联系，各有优势。

知识点 3　自然资源与自然遗产　【★★★★】

1. 自然资源

（1）定义及分类

自然资源：指天然存在的自然物（不包括人类加工制造的原材料）并有利用价值的自然物，如土地、矿藏、水利、生物、气候、海洋等资源，是生产的原料来源和布局场所。

① 可分为有形自然资源（如土地、水体、动植物、矿产等）和无形的自然资源（如光资源、热资源等）。

② 可分为可再生与不可再生资源：

可再生资源：包括太阳能、风能、生物质能、水能、地热能、氢能、海洋能（潮汐能、温差能）等。

不可再生资源：包括化石能源、核能、页岩气、可燃冰、土壤资源等。

（2）自然资源的特征

① 数量的有限性：指资源的数量，与人类社会不断增长的需求相矛盾，故必须强调资源的合理开发利用与保护。

② 分布的不平衡性：指存在数量或质量上的显著地域差异。某些可再生资源的分布具有明显的地域分异规律；不可再生的矿产资源分布具有地质规律。

③ 资源间的联系性：每个地区的自然资源要素彼此有生态上的联系，形成一个整体，故必须强调综合研究与综合开发利用。

④ 利用的发展性：指人类对自然资源的利用范围和利用途径将进一步拓展或对自然资源的利用率不断提高。

（3）自然遗产

自然遗产指代表地球演化历史中重要阶段的突出例证；代表进行中的重要地质过程、生物演化过程以及人类与自然环境相互关系的突出例证；独特、稀有或绝妙的自然现象、地貌或具有罕见自然美地域。

根据《保护世界文化和自然遗产公约》，自然遗产包括以下内容：

① 从科学或保护角度看，具有突出的普遍价值的地质和自然地理结构以及明确划为濒危的动植物生存区。

② 从美学或科学角度看，具有突出的普遍价值的由地质和生物结构或这类结构群组成的自然面貌。

③ 从科学、保护或自然美角度看，具有突出的普遍价值的天然名胜或明确划分的自然区域。

2. 人文资源

人文资源：人类社会有史以来所创造的物质的、精神的文明成果的总和。如语言文字、文化传统、历史遗存、思想观念、科学技术，现实世界中的资产、资本、权力、关系都可称为人文资源。

历史文化资源：人类文明的产物和反映，记录了人类社会的发展和变迁，具有独特的文化价值和思想意义。

历史文化资源特征：①时代性；②唯一性（稀缺性），无可替代；③客观性，不以人的意志为转移；④复合型，是物质实体和精神内涵的复合体，相互依存，具有整体性；⑤地域性，历史遗迹等物质实体和人文事象相互作用的综合结果形成地域性，随着场所不同与时间不同而变化。

真题演练

2022-053 自然资源与历史文化资源的本质区别在于其(　　)。

　A. 天然性　　　　B. 稀缺性　　　　C. 整体性　　　　D. 地域性

【答案】A

【解析】自然资源是指天然存在的自然物（不包括人类加工制造的原材料）并有利用价值的自然物。历史文化资源是指以文化形态存在的社会资源、人类社会进步的记录，是人类创造的物质财富和精神财富的积淀，是社会文明的结晶。故 A 项正确。

2023-053 关于自然资源，下列说法错误的是(　　)。

　A. 自然资源是自然过程产生的天然生成物

　B. 自然资源是基于人类所需的全部自然界

　C. 水体和土地是有形的自然资源

　D. 地热是不可再生的自然资源

【答案】D

【解析】可再生能源是指在自然界中可以不断再生、永续利用的能源，具有取之不尽、用之不竭的特点，主要包括太阳能、风能、水能、生物质能、地热能和海洋能等，故 D 项错误。

2023-054 下列关于自然遗产的说法，错误的是(　　)。

　A. 代表地球演化历史过程中重要阶段的突出例证

　B. 代表进行中地质过程的突出例证

　C. 基于人工的巧夺天工的突出例证

　D. 具有罕见自然美的地域

【答案】C

【解析】自然遗产代表地球演化历史中重要阶段的突出例证；代表进行中的重要地质过程、生物演化过程以及人类与自然环境相互关系的突出例证；独特、稀有或绝妙的自然现象、地貌或具有罕见自然美地域。故 C 项错误。

板块 3　城镇化的基本原理

历年考频

板块	2020 年	2021 年	2022 年	2023 年	2024 年
城镇化的基本原理	—	—	—	—	—

知识点 1　城镇化的基本理论　【★★★】

1. 城镇化的概念

城镇化：指城市对农村影响的传播过程、全社会人口接受城市文化的过程、人口集中的过程（包括集中点的增加和每个集中点的扩大），也是城镇人口占全社会人口比例提高的过程。城镇化的程度一般用"城镇化水平"或"城镇化率"来表示。

概括地讲，城镇化的概念应包括两方面的含义：①有形的城镇化，即物质上和形态上的城镇化；②无形的城镇化，即精神上的、意识上的城镇化，生活方式的城镇化。城镇化过程中最核心的是经济和人口结构的变化。

2. 城镇化现象的空间类型

(1) 向心型城镇化与离心型城镇化

城市中的商业服务设施以及政府部门、企事业部门的总部、银行、报社等脑力劳动机构，都有不断向城市中心集聚的特性，这就是向心型城镇化，也称集中型城镇化。有些城市设施和部门则自城市中心向外缘移动扩散，这被称为离心型城镇化，也称扩散型城镇化。

向心型城镇化促使城市中心土地利用密度升高，向立体发展，形成中心商务区。离心型城镇化导致城市外围农村地域变质、城市平面扩大。在大城市发展到一定阶段，会出现一些离心方向的扩散现象。郊区化和逆城镇化都属于离心性的城镇化现象。

(2) 外延型城镇化与飞地型城镇化

外延型城镇化是最为常见的一种城镇化类型，城市扩展一直保持与建成区接壤，连续、渐次向外推进，在大、中、小城市的边缘地带都可以看到这种外延现象。飞地型城镇化一般在大城市的环境下才会出现，空间上与建成区分开，但职能保持联系。

(3) 景观型城镇化与职能型城镇化

景观型城镇化是传统的城镇化表现形式，指城市性用地逐渐覆盖地域空间的过程。职能型城镇化是当代出现的一种新的城镇化表现形式，指现代城市功能在地域系列中发挥效用的过程。

(4) 积极型城镇化与消极型城镇化

积极型城镇化（健康的城镇化）是与经济发展同步的城镇化。

先于经济发展水平的城镇化称为虚假城镇化或过度城镇化。这种城镇化往往导致人口过多地进入城市、城市基础设施不堪重负、城市就业不充分等一系列问题。滞后于经济发展水平需要的城镇化则为低度城镇化，往往会导致城市产业发展不协调、城市服务能力不足、乡村劳动力得不到充分转移等一系列问题。过度城镇化和低度城镇化都属于消极型城镇化。

(5) 自上而下型城镇化和自下而上型城镇化

自上而下型城镇化是指国家投资于城市经济部门，随着经济发展产生的劳动力需求而引起的城镇化，具体表现有原有城市的发展和新兴工矿业城市的产生。自下而上型城镇化是指农村地区通过自筹资金发展以乡镇企业为主体的非农业生产活动，首先实现农村人口职业转化，进而通过发展小城市、（集）镇，实现人口居住地的空间转化。

3. 城镇化曲线

诺瑟姆（R. M. Northam）把一个国家或地区的城镇人口占总人口比重的变化过程概括为一条稍微被拉平的 S 形曲线，并把整个城镇化过程分成以下三个阶段。

① 城镇化水平较低、发展缓慢的初期阶段（斜率变大）：人口从乡村向城镇的转移可以用城镇的拉力和乡村的推力作为动因来解释。

② 人口向城镇迅速集聚、城镇化水平快速提高的中期加速阶段：分为两个阶段，即工业化中期，城镇化率为 30％～70％，斜率变大；工业化后期，城镇化率为 70％～80％，城镇化率继续增长，但斜率变小。

③ 进入高度城镇化以后城镇人口比重提高速度趋缓甚至停滞的后期阶段：城镇化率为 80％～85％，斜率进一步变小。

4. 城镇化与经济发展的相关关系

一个国家的城镇化水平受到很多因素的影响，例如国土面积、人口、资源条件、历史基础、经济结构、城乡划分标准等。在这些因素中，城镇化水平与经济发展水平之间的关系最为密切。

区域城镇化水平与经济发展水平的相关关系： 城镇化水平与经济发展水平之间呈正相关关系，进一步可发现二者之间并不是简单的线性正相关关系，而是呈对数相关关系。

区域发展政策与城镇化格局的空间差异： 区域城镇化水平的提高除了受整体经济发展水平等因素影响外，一定时期内区域之间城镇化水平相对关系的变化还会受到区域经济社会发展政策和生产力布局的直接影响。

我国目前总体城镇化水平的空间格局表现为"南高北低、东高西低"。

知识点 2　世界城镇化概况　【★★★】

1. 当代世界的城镇化发展趋势

① 城镇化进程大幅加速，发展中国家逐渐成为城镇化的主体。

② 大城市快速发展趋势明显，大都市带得以形成和快速发展。

③ 郊区化、逆城镇化现象出现。

④ 发展中国家的城镇化仍以人口从乡村向城市迁移为主。

⑤ 经济全球化与世界城市体系。

2. 我国城镇化发展趋势

我国的城镇化以人口从农村向城镇迁移为主，进城人口的城镇化依旧是城镇化的主要组成部分。贫富差距拉大、职业分化都加大了城市空间分异。一般而言，常住人口城镇化率高于户籍人口城镇化率，户籍人口与外来人口也应享受不同的城市公共服务。

板块 4　城镇地域空间的演化规律

历年考频

板块	2020 年	2021 年	2022 年	2023 年	2024 年
城镇地域空间的演化规律	—	2	3	2	1

知识点 1　城市地域空间类型　【★★★★】

1. 城市与乡村的区别

城镇区别于乡村居民点的基本特点是比较明确的：

① 城镇是以非农业人口为主的居民点，在职业构成上不同于乡村；

② 城镇一般聚居有较多的人口，在规模上区别于乡村；

③ 城镇有比乡村更高的人口密度和建筑密度；

④ 城镇具有更为完善的基础设施和公共设施，在物质构成上不同于乡村；

⑤ 城镇一般是工业、商业、交通、文教的集中地，是一定地域的政治、经济、文化的中心，在职能上区别于乡村。

2. 城市地域空间类型

实体地域：城市建成区反映了城市作为人口和各种非农产业活动高度密集的地域而区别于乡村，是实际景观上的城市。城市实体地域的边界是明确的，但这一概念的城市地域处在相对频繁的变动过程之中，随着城市的发展，城市实体地域的边界不断向外拓展。

行政地域：城市的行政地域是指按照行政区划，城市行使行政管辖权的区域范围。这是一个界线清晰并且相对稳定的地域范围。

功能地域：城市功能地域的范围考虑了核心区和与核心区具有密切经济社会联系的周边地区，在空间上包括了中心城市以及外部与中心城市保持密切联系、非农业活动比重较高的地区（一般以县为基本单元）。城市功能地域一般比实体地域要大，包括了连续的建成区外缘以外的一些城镇和城郊，也可能包括一部分乡村地域。

知识点 2　城市密集地区的空间结构与演化特征 【★★★】

1. 都市区

都市区不是行政建制单元，而是城市功能上的一种统计单元，属于城市功能地域的概念。从空间上看，都市区是一个大的人口核心以及与这个核心具有高度的经济社会一体化的临接社区的组合，一般由县作为构造单元。

都市区在空间形态上包括作为其核心的城市建成区以及与城市保持密切联系的城乡一体化程度较高的外围乡村地区两部分。

2. 大都市带

20 世纪 50 年代以来，随着世界城镇化的推进，在某些城市密集地区，由于中心城市集聚与扩散作用的加强，城市辐射影响范围不断向四周蔓延，都市区范围扩大，城乡一体化程度提高，出现了都市区连成一片的趋势，从而形成许多都市区连成一体，经济、社会、文化等各方面活动存在密切交互作用的巨大的城市地域，称为大都市带。

3. 我国的城镇密集地区

我国幅员辽阔，由于地理条件、区位特点、历史基础等多方面的差异性，我国城市的分布具有明显的不均衡特征。我国的城市密集区主要分布在珠江三角洲、长江三角洲、福建沿海、山东半岛、京津唐地区和辽中南半岛等地区。近几年还出现了中原地区、长江中游地区、川渝地区、关中地区等几大城镇密集区。

知识点 3　城市群与都市圈 【★★★★】

1. 城市群

城市群：依托发达的交通通信等基础设施网络所形成的空间组织紧凑、经济联系紧密的城市群体。

城市群是城市发展到成熟阶段的最高空间组织形式，一般指在特定地域范围内，以一个以上特大城市为核心，三个以上大城市为构成单元，最终实现高度同城化和高度一体化的城市群体。

世界五大城市群：美国东北部大西洋沿岸城市群、北美五大湖城市群、日本太平洋沿岸城市群、英国东南部城市群、欧洲西北部城市群。

我国七大城市群：京津冀城市群、长三角城市群、粤港澳大湾区、成渝城市群、长江中游城市群、中原城市群、关中平原城市群。

2. 都市圈

以中心城市为核心，与周边城镇在日常通勤和功能组织上存在密切联系的一体化地区。一般为 1 小时通勤圈，是区域产业、生态和设施等空间布局一体化发展的重要空间单元。

3. 城镇圈

以多个重点城镇为核心，空间功能和经济活动紧密关联、分工合作可形成小城镇整体竞争力的区域。一般为半小时通勤圈，是空间组织和资源配置的基本单元，体现城乡融合和跨区域公共服务均等化。

知识点 4　《中华人民共和国国民经济和社会发展第十四个五年规划和2035 年远景目标纲要》（节选）【★★★★】

第三篇　加快发展现代产业体系 巩固壮大实体经济根基

第十一章　建设现代化基础设施体系

统筹推进传统基础设施和新型基础设施建设，打造系统完备、高效实用、智能绿色、安全可靠的现代化基础设施体系。

第二节　加快建设交通强国

建设现代化综合交通运输体系，推进各种运输方式一体化融合发展，提高网络效应和运营效率。完善综合运输大通道，加强出疆入藏、中西部地区、沿江沿海沿边战略骨干通道建设，有序推进能力紧张通道升级扩容，加强与周边国家互联互通。构建快速网，基本贯通"八纵八横"高速铁路，提升国家高速公路网络质量，加快建设世界级港口群和机场群。完善干线网，加快普速铁路建设和既有铁路电气化改造，优化铁路客货布局，推进普通国省道瓶颈路段贯通升级，推动内河高等级航道扩能升级，稳步建设支线机场、通用机场和货运机场，积极发展通用航空。加强邮政设施建设，实施快递"进村进厂出海"工程。推进城市群都市圈交通一体化，加快城际铁路、市域（郊）铁路建设，构建高速公路环线系统，有序推进城市轨道交通发展。提高交通通达深度，推动区域性铁路建设，加快沿边抵边公路建设，继续推进"四好农村路"建设，完善道路安全设施。构建多层级、一体化综合交通枢纽体系，优化枢纽场站布局、促进集约综合开发，完善集疏运系统，发展旅客联程运输和货物多式联运，推广全程"一站式""一单制"服务。推进中欧班列集结中心建设。深入推进铁路企业改革，全面深化空管体制改革，推动公路收费制度和养护体制改革。

第七篇　坚持农业农村优先发展 全面推进乡村振兴

第二十四章　实施乡村建设行动

把乡村建设摆在社会主义现代化建设的重要位置，优化生产生活生态空间，持续改善村容村貌和人居环境，建设美丽宜居乡村。

第一节　强化乡村建设的规划引领

统筹县域城镇和村庄规划建设，通盘考虑土地利用、产业发展、居民点建设、人居环境整治、生态保护、防灾减灾和历史文化传承。科学编制县域村庄布局规划，因地制宜、分类推进村庄建设，规范开展全域土地综合整治，保护传统村落、民族村寨和乡村风貌，严禁随意撤并村庄搞大社区、违背农民意愿大拆大建。优化布局乡村生活空间，严格保护农业生产空间和乡村生态空间，科学划定养殖业适养、限养、禁养区域。鼓励有条件地区编制实用性村庄规划。

第二节 提升乡村基础设施和公共服务水平

以县域为基本单元推进城乡融合发展，强化县城综合服务能力和乡镇服务农民功能。健全城乡基础设施统一规划、统一建设、统一管护机制，推动市政公用设施向郊区乡村和规模较大中心镇延伸，完善乡村水、电、路、气、邮政通信、广播电视、物流等基础设施，提升农房建设质量。推进城乡基本公共服务标准统一、制度并轨，增加农村教育、医疗、养老、文化等服务供给，推进县域内教师医生交流轮岗，鼓励社会力量兴办农村公益事业。提高农民科技文化素质，推动乡村人才振兴。

第三节 改善农村人居环境

开展农村人居环境整治提升行动，稳步解决"垃圾围村"和乡村黑臭水体等突出环境问题。推进农村生活垃圾就地分类和资源化利用，以乡镇政府驻地和中心村为重点梯次推进农村生活污水治理。支持因地制宜推进农村厕所革命。推进农村水系综合整治。深入开展村庄清洁和绿化行动，实现村庄公共空间及庭院房屋、村庄周边干净整洁。

第二十五章 健全城乡融合发展体制机制

建立健全城乡要素平等交换、双向流动政策体系，促进要素更多向乡村流动，增强农业农村发展活力。

第一节 深化农业农村改革

巩固完善农村基本经营制度，落实第二轮土地承包到期后再延长 30 年政策，完善农村承包地所有权、承包权、经营权分置制度，进一步放活经营权。发展多种形式适度规模经营，加快培育家庭农场、农民合作社等新型农业经营主体，健全农业专业化社会化服务体系，实现小农户和现代农业有机衔接。深化农村宅基地制度改革试点，加快房地一体的宅基地确权颁证，探索宅基地所有权、资格权、使用权分置实现形式。积极探索实施农村集体经营性建设用地入市制度。允许农村集体在农民自愿前提下，依法把有偿收回的闲置宅基地、废弃的集体公益性建设用地转变为集体经营性建设用地入市。建立土地征收公共利益认定机制，缩小土地征收范围。深化农村集体产权制度改革，完善产权权能，将经营性资产量化到集体经济组织成员，发展壮大新型农村集体经济。切实减轻村级组织负担。发挥国家城乡融合发展试验区、农村改革试验区示范带动作用。

第八篇 完善新型城镇化战略 提升城镇化发展质量

坚持走中国特色新型城镇化道路，深入推进以人为核心的新型城镇化战略，以城市群、都市圈为依托促进大中小城市和小城镇协调联动、特色化发展，使更多人民群众享有更高品质的城市生活。

第二十七章 加快农业转移人口市民化

坚持存量优先、带动增量，统筹推进户籍制度改革和城镇基本公共服务常住人口全覆盖，健全农业转移人口市民化配套政策体系，加快推动农业转移人口全面融入城市。

第一节 深化户籍制度改革

放开放宽除个别超大城市外的落户限制，试行以经常居住地登记户口制度。全面取消城

城市地理学

区常住人口 300 万以下的城市落户限制，确保外地与本地农业转移人口进城落户标准一视同仁。全面放宽城区常住人口 300 万至 500 万的 I 型大城市落户条件。完善城区常住人口 500 万以上的超大特大城市积分落户政策，精简积分项目，确保社会保险缴纳年限和居住年限分数占主要比例，鼓励取消年度落户名额限制。健全以居住证为载体、与居住年限等条件相挂钩的基本公共服务提供机制，鼓励地方政府提供更多基本公共服务和办事便利，提高居住证持有人城镇义务教育、住房保障等服务的实际享有水平。

第二节　健全农业转移人口市民化机制

完善财政转移支付与农业转移人口市民化挂钩相关政策，提高均衡性转移支付分配中常住人口折算比例，中央财政市民化奖励资金分配主要依据跨省落户人口数量确定。建立财政性建设资金对吸纳落户较多城市的基础设施投资补助机制，加大中央预算内投资支持力度。调整城镇建设用地年度指标分配依据，建立同吸纳农业转移人口落户数量和提供保障性住房规模挂钩机制。根据人口流动实际调整人口流入流出地区教师、医生等编制定额和基本公共服务设施布局。依法保障进城落户农民农村土地承包权、宅基地使用权、集体收益分配权，建立农村产权流转市场体系，健全农户"三权"市场化退出机制和配套政策。

第二十八章　完善城镇化空间布局

发展壮大城市群和都市圈，分类引导大中小城市发展方向和建设重点，形成疏密有致、分工协作、功能完善的城镇化空间格局。

第一节　推动城市群一体化发展

以促进城市群发展为抓手，全面形成"两横三纵"城镇化战略格局。优化提升京津冀、长三角、珠三角、成渝、长江中游等城市群，发展壮大山东半岛、粤闽浙沿海、中原、关中平原、北部湾等城市群，培育发展哈长、辽中南、山西中部、黔中、滇中、呼包鄂榆、兰州—西宁、宁夏沿黄、天山北坡等城市群。建立健全城市群一体化协调发展机制和成本共担、利益共享机制，统筹推进基础设施协调布局、产业分工协作、公共服务共享、生态共建环境共治。优化城市群内部空间结构，构筑生态和安全屏障，形成多中心、多层级、多节点的网络型城市群。

第二节　建设现代化都市圈

依托辐射带动能力较强的中心城市，提高 1 小时通勤圈协同发展水平，培育发展一批同城化程度高的现代化都市圈。以城际铁路和市域（郊）铁路等轨道交通为骨干，打通各类"断头路""瓶颈路"，推动市内市外交通有效衔接和轨道交通"四网融合"，提高都市圈基础设施连接性贯通性。鼓励都市圈社保和落户积分互认、教育和医疗资源共享，推动科技创新券通兑通用、产业园区和科研平台合作共建。鼓励有条件的都市圈建立统一的规划委员会，实现规划统一编制、统一实施，探索推进土地、人口等统一管理。

第五节　推进以县城为重要载体的城镇化建设

加快县城补短板强弱项，推进公共服务、环境卫生、市政公用、产业配套等设施提级扩能，增强综合承载能力和治理能力。支持东部地区基础较好的县城建设，重点支持中西部和东北城镇化地区县城建设，合理支持农产品主产区、重点生态功能区县城建设。健全县城建设投融资机制，更好发挥财政性资金作用，引导金融资本和社会资本加大投入力度。稳步有序推动符合条件的县和镇区常住人口 20 万以上的特大镇设市。按照区位条件、资源禀赋和发展基础，因地制宜发展小城镇，促进特色小镇规范健康发展。

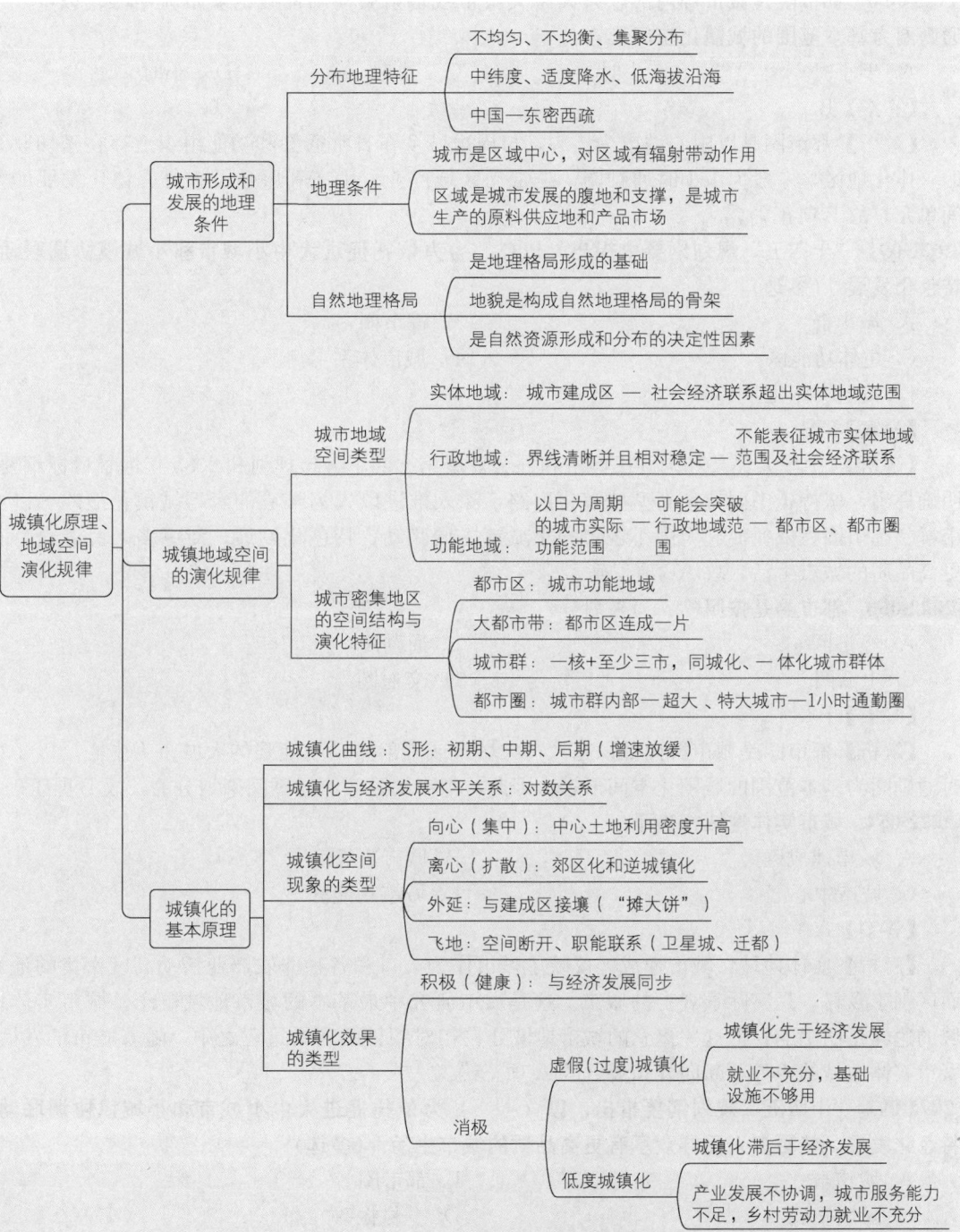

城镇化原理、地域空间演化规律基本知识

2021-050 都市圈是城市群内部以超大特大城市或辐射带动功能强的城市为中心，以（　　）通勤圈为基本范围的城镇化空间形态。

　　A. 半小时　　　　　B. 1 小时　　　　　C. 2 小时　　　　　D. 3 小时

【答案】B

【解析】都市圈是以中心城市为核心，与周边城乡在日常通勤和功能组织上存在密切联系的一体化地区，一般为 1 小时通勤圈，是带动区域产业、生态和服务设施等一体化发展的空间单元。故 B 项正确。

2021-091 "十四五"规划纲要中提出，以（　　）为依托促进大中小城市和小城镇协调联动、特色化发展。（多选）

　　A. 城市群　　　　　　　　　　　B. 都市圈

　　C. 主体功能区　　　　　　　　　D. 城市体系

　　E. 城乡一体化

【答案】AB

【解析】《中华人民共和国国民经济和社会发展第十四个五年规划和 2035 年远景目标纲要》明确提出，坚持走中国特色新型城镇化道路，深入推进以人为核心的新型城镇化战略，以城市群、都市圈为依托促进大中小城市和小城镇协调联动、特色化发展，使更多人民群众享有更高品质的城市生活。故 AB 项正确。

2022-050 都市圈是按照（　　）来划分。

　　A. 经济圈　　　　　　　　　　　B. 通勤圈

　　C. 生活圈　　　　　　　　　　　D. 交通圈

【答案】B

【解析】都市圈是城市群内部以超大特大城市或辐射带动功能强的大城市为中心、以 1 小时通勤圈为基本范围的城镇化空间形态。因此，都市圈是按照通勤圈来划分的，故 B 项正确。

2022-054 城市实体地域相当于（　　）。

　　A. 城市建成区　　　　　　　　　B. 城市边缘区

　　C. 城市中心区　　　　　　　　　D. 城市功能区

【答案】A

【解析】实体地域：城市建成区反映了城市作为人口和各种非农产业活动高度密集的地域而区别于乡村，是实际景观上的城市。这是城市研究中最基本的城市地域概念。城市实体地域的边界是明确的，但这一概念的城市地域处在相对频繁的变动过程之中，随着城市的发展，城市实体地域的边界不断向外拓展。故 A 项正确。

2022-092 "十四五"规划纲要指出，以（　　）为依托促进大中小城市和小城镇协调联动、特色化发展，使更多人民群众享有更高品质的城市生活。（多选）

　　A. 城市群　　　　　　　　　　　B. 都市圈

　　C. 区域发展　　　　　　　　　　D. 乡村振兴

　　E. 产城融合

【答案】AB

【解析】"十四五"规划纲要提出，以城市群和都市圈为依托促进大中小城市和小城镇协调联动、特色化发展，使更多人民群众享有更高品质的城市生活。故 AB 项正确。

2023-050 根据城市地理学知识，以下属于城市功能地域的是(　　)。

    A. 中央商务区　　　　　　　　　　B. 城市风貌区

    C. 建成区　　　　　　　　　　　　D. 都市区

【答案】D

【解析】城市功能地域一般比实体地域要大，包括连续的建成区外缘以外的一些城镇和城郊，也可能包括一部分乡村地域。故 D 项正确。

2023-052 以下关于地域分异规律的说法中错误的是(　　)。

    A. 地域分异规律是进行自然区划的基础

    B. 中国古代九州的划分体现了地域分异

    C. 自然地理环境主要是地带性因素作用的结果

    D. 太阳辐射能是自然地带形成的能量基础

【答案】C

【解析】影响地域分异的基本因素有两个：一是地球表面太阳辐射的纬度分带性，即地带性因素；二是地球内能，即非地带性因素。自然地理环境是在两种基本地域分异因素的共同作用下所产生的，故 C 项错误。

板块 5　　区域城镇体系的基本理论

历年考频

板块	2020 年	2021 年	2022 年	2023 年	2024 年
区域城镇体系的基本理论	2	4	4	3	4

知识点 1　　城镇体系的概念　【★】

1. 基本概念

城镇体系也称为城市体系或城市系统，指的是在一个相对完整的区域或国家中，不同职能分工、不同等级规模，联系密切、互相依存的城镇的集合。它以一个区域内的城镇群体为研究对象，而不是把一座城市当作一个区域系统来研究。

2. 特征

城镇体系具有所有"系统"的共同特征：

整体性：城镇体系是由城镇、联系通道和联系流、联系区域等多个要素按一定规律组合而成的有机整体。其中某一个组成要素的变化都可能通过交互作用和反馈，影响城镇体系。

等级性或层次性：系统由逐级子系统组成。城镇体系的各组成要素按其作用大小可以分成许多等级。

动态性：城镇体系不仅作为状态而存在，也随着时间而发生阶段性变动。

知识点 2 城镇体系的组织结构 【★★★★★】

1. 职能分工与协作

（1）城市的基本—非基本理论

城市的基本—非基本理论是考察城市职能和进行职能分类的理论基础。该理论认为，一个城市的全部经济活动，按其服务对象可分成两部分：①为本城市的需要服务的经济活动；②为本城市以外的需要服务的经济活动。

为本城市以外服务的部分，是从城市以外为城市创造收入的部分，它是城市得以存在和发展的经济基础。这一部分经济活动称为城市的基本活动，它是使城市发展的主要动力。基本活动部分的服务对象都在城市以外，细分又有两种类型：一种是离心型的基本活动，另一种是向心型的基本活动。

满足城市内部需求的经济活动，随着基本部分的发展而发展，称为非基本活动部分。它也可细分为两种：一种是为了满足本市基本部分的生产所派生的需要，另一种是为了满足本市居民正常生活所派生的需要。

城市经济活动的基本部分与非基本部分的比例关系叫作基本/非基本比率（B/N）。

影响 B/N 比率的因素：①城市的人口规模；②城市的专业化程度；③与大城市之间的距离；④城市发展历史长短。

随着城市人口规模的增大，非基本部分的比例有相对增加的趋势。城市越大，城市内部各种经济活动之间的依存关系越密切，城市内的交换量越多；城市居民对各种消费和服务的要求也越高；城市也越有可能建立较为齐全的为生产和生活服务的各种行业和设施。而小城市一般只有很小一部分的生产和服务是维持本身需要的，基本活动部分比重较高。

在规模相似的城市，B/N 也会有差异。专业化程度高的城市 B/N 大，而地方性的中心一般 B/N 小。差不多规模的城市，如果一个是位于大城市附近的中小城镇或卫星城，另一个是远离大城市的独立城市，则前者因依附于母城，可以从母城取得本身需要的大量服务，非基本部分就可能较小；而后者必须建立自己较完整的服务系统，非基本部分就较大。

老城市在长期的发展历史中，已经完善和健全了城市生产和生活的体系，B/N 可能较小；而新城市则可能尚未能完善内部的服务系统，因此 B/N 可能较大。

（2）城市职能分类

城市职能指某城市在一定地域内的经济社会发展中所发挥的作用和承担的分工。城市职能概念的着眼点就是城市的基本活动部分，因而城市职能分类是针对城市基本部分而言的。

（3）城市职能与城市性质

城市性质和城市职能既有联系又有区别。联系在于城市性质是城市主要职能的概括，指城市在一定地区、国家以至更大范围内的政治、经济与社会发展中所处的地位和所担负的主要职能。确定城市性质一定要进行城市职能分析。

城市性质并不等同于城市职能。城市职能可能有好几项，职能强度和影响的范围各不相同，而城市性质关注的是最主要、最本质的职能。

2. 区域城镇体系空间结构理论

（1）中心地理论

中心地理论（Central Place Theory）是由德国城市地理学家克里斯塔勒（W. Christaller）和德国经济学家廖什（A. Losch）分别于 1933 年和 1940 年提出的。

① 克里斯塔勒的中心地理论

克氏中心地理论的假设条件的基本特征是每一点均有接受一个中心地的同等机会，一点与其他任一点的相对通达性只与距离成正比，而不管方向如何，均有一个统一的交通面。

克里斯塔勒认为，有三个条件或原则支配中心地体系的形成，即市场原则、交通原则和行政原则（2024 考点）。在不同的原则支配下，中心地网络呈现不同的结构，而且中心地和市场区大小的等级顺序有着严格的规定，即按照所谓 K 值排列成有规则的、严密的系列。$K=3$（市场最优），$K=4$（交通最优），$K=7$（行政最优）为三种常见的中心地空间形态。现实中的城市并非建立在理想的假定条件上，因此表现在空间分布上都多少发生了某些变形，如集聚变形、时滞变形和资源空间分布不均带来的变形。

克里斯塔勒认为，在开放、便于通行的地区，市场经济的原则可能是主要的；在山间盆地地区，客观上与外界隔绝，行政管理更为重要；新开发的地区，交通线对移民来讲是"先锋性"的工作，交通原则占优势。

② 廖什的中心地理论

与克里斯塔勒的工作相比，廖什更多地从企业区位的理论出发，通过逻辑推理方法，提出了生产区位经济景观理论，通常被称为廖什景观。

克里斯塔勒和廖什两人的学说均建立在假设的理想平原之上（后者假设的因素更多一些），因而都得出市场区的最佳形式是六边形，但是最后形成的中心地模式不同。其原因在于：克里斯塔勒遵循"利润最大化"原则，从最高级货物的最大销售距离的顺序开始，由上至下地建立起中心地体系；而廖什则遵循"超额利润最低化"原则，从最低级货物的最小必需销售距离的顺序开始，由下至上地建立起中心地体系。一般认为，克里斯塔勒的模式用来解释第三产业的区位比较合适，因为职能的聚集是服务业的重要特征，这能使人们购物或获得服务比较方便。而廖什的模式用来解释第二产业的区位比较恰当，因为第二产业的各企业彼此相对独立，其区位易受市场、交通、原材料、燃料等区位因素的影响。

（2）核心与边缘理论

① 均衡增长与不均衡增长

均衡增长理论以纳克斯（R. Nurkse）为代表，认为落后国家和地区容易产生一种恶性循环，影响资本积累。为了打破这种贫困的恶性循环，纳克斯主张均衡发展的策略，认为落后国家和地区维持各部门均衡发展，可以避免供给方面的困难，避免恶性循环的发生。他认为平衡增长是提高增长速度的工具。

不均衡增长理论以赫希曼（A. O. Hirschman）为代表。他不同意仅靠增加资本就可打破恶性循环的说法，认为管理人才的培养和开发策略的制定与资本同等重要，应该集中有限的资金，投入重点地区和主导部门，通过横向水平关联效应，吸引相同产业的发展和集中；通过前向关联效应，利用主导部门的产品发展再加工的企业；通过后向关联效应诱发原材料生产，扩大经济效果。

② 增长极理论

增长极理论首先由法国经济学家佩鲁（F. Perroux）于 1950 年提出，后经赫希曼、布德维尔（J. Boudeville）、汉森（M. Hansen）等学者进一步发展。该理论认为，经济发展并非均衡地发生在地理空间上，而是以不同的强度在空间上呈点状分布，并按各种传播途径，对整个区域经济发展产生不同的影响，这些点就是具有成长以及空间聚集意义的增长极。根据佩鲁的观点，增长极是否存在决定于有无发动型工业。所谓发动型工业就是能带动城市和区域经济发展的工业部门（2024 考点）。

赫希曼首先将空间度量引入增长极的概念中。他指出经济发展不会同时出现在每一地区，但是一旦经济在某一地区得到发展，产生了主导工业或发动型工业，则该地区就必然产生一种强大的力量使经济发展进一步集中在该地区。该地区必然成为一种核心区域，而每一核心区均有一影响区。约翰·弗里德曼（J. Friedmann）称这种影响区为边缘区。许多学者认为核心与边缘的关系是一种控制和依赖的关系。

③ 核心—边缘模式

以核心和边缘作为基本的结构要素，核心区是社会地域组织的一个次系统，能产生和吸引大量的革新；边缘区是另一个次系统，与核心区相互依存，其发展方向主要取决于核心区。核心区与边缘区共同组成一个完整的空间系统。

核心和边缘间的控制依赖关系是模式的基础，是内部（空间的）发展变化的根源。由于在边缘区可出现城市型聚落，在核心区也会有农村型聚落，因此，边缘区也可能变成城镇化地区，不过并没有改变其对核心区的依赖地位。

（3）城市空间相互作用与空间扩散理论

① 空间相互作用

根据相互作用的表现形式，海格特（P. Haggett）于 1972 年提出一种分类方式。他借用物理学中热传递的三种方式，把空间相互作用的形式分为对流、传导和辐射三种类型。对流以物质和人的移动为特征；传导是指各种各样的交易过程，其特点是不通过具体的物质流动来实现，而只是通过簿记程序来完成，表现为货币流；辐射是指信息的流动和创新（新思维、新技术）的扩散等。

② 空间扩散

空间扩散有三种基本类型：传染扩散、等级扩散和重新区位扩散。

3. 城市规模的等级体系

区域内城市的规模分布是有规律的，呈现为城镇的等级层次性和等级体系。

（1）城市金字塔

把一个国家或区域中许多大小不等的城市，按规模大小分成等级，就有一种普遍存在的规律性现象，即城市规模越大的等级，城市的数量越少，而规模越小的城市等级，城市数量越多。把这种城市数量随着规模等级而变动的关系用图表示出来，就形成城市等级规模金字塔。金字塔的基础是大量的小城市，顶端是一个或少数几个大城市。

（2）城市（人口）首位度

城市首位度： 首位城市的概念已经被普遍使用，城市首位度指城镇体系中最大城市与第二位城市人口的比值。已成为衡量城市规模分布状况的一种常用指标**（2024 考点）**。

首位分布： 首位度大的城市规模分布。

首位度在一定程度上代表了城镇体系中人口在最大城市的集中程度，但仅用这个指标来衡量城镇体系中城市规模的分布状况难免以偏概全。

一般认为，城市首位度小于等于 2，表明城镇体系结构正常、集中适当；大于 2，则存在结构失衡、过度集中的趋势。

2020 年人口首位度较高的首府城市分别是：西宁、银川、长春、西安、哈尔滨、海口、成都、拉萨、武汉、沈阳。

（3）位序—规模法则

指一个城市的规模和该城市在国家所有城市按人口规模排序中的位序的规律。位序—规模法则从城市的规模和城市规模位序的关系来考察一个城镇体系的规模分布。

知识点 3　城市经济区 【★★★★★】

1. 城市经济影响区与城市经济区的概念

（1）城市经济影响区

城市经济影响区就是城市的经济活动所能够影响到的区域。城市作为区域的中心，对外部提供产品和服务是城市的职能，也是城市发展的动力和保障。因此，城市从各种意义上而言都是区域的中心，只是城市影响区域的大小不一样。大城市有大规模和高强度的服务职能以及广阔的影响范围，广域腹地的各种资源、技术、人力要素和市场需求也为城市提供了发展动力，而小城市的职能强度和职能规模相对较小，经济影响范围也比较小。

在城市经济影响区里，城市的影响作用强度不是均质的，一般符合随距离衰减的规律。此外，不同的城市职能所能够影响到的范围也不一致，一般所说的城市经济影响区是指城市的综合影响范围。同时，区域中的某一点可能不只受到一个城市的影响，而是同时受到多个城市的辐射和影响。

（2）城市经济区

城市经济区是以中心城市或城市密集区为依托，在城市与其腹地之间经济联系的基础上形成的，具有对内、对外经济联系同向性特征的枢纽区。城市经济区既是客观存在的地域单元，又是国民经济空间结构的基本组成部分，是以城市为核心的空间经济的组织形式。

城市经济区由中心城市、腹地、经济联系、空间通道四个要素构成。

① 中心城市

中心城市是指在政治经济、文教科技、商业服务、交通运输、金融信息等方面都具有吸引力和辐射力的，具有一定规模的综合性城市。它们都是在长期的历史过程中逐渐形成的，一般都有优越的交通地理位置。

中心城市是城市经济区的核心，也是城市经济区形成的第一要素。城市规模和职能是决定中心城市在区域中支配地位的主要因素。

② 腹地

腹地是一个城市的吸引力和辐射力对城市周围地区的社会经济联系起主导作用的地域。城市腹地的形成，是区域内同级城市空间相互作用力量平衡的结果。

作为城市经济区要素之一的腹地是中心城市各项职能综合作用的影响范围，是一种复合型腹地。腹地一方面接受城市的吸引和辐射，另一方面又为中心城市提供农产品和劳动力等发展所必需的物资。发达的中心城市可以带动腹地的发展，腹地又对中心城市的发展起到促进作用。

③ 经济联系

城市与腹地之间的经济联系是城市经济区形成的主要动力，也是城市经济区构成的主要内容，中心城市、腹地和空间通道都是经济联系的表现形式。经济联系方向和程度的变化，又影响到城市经济区的发展变动。

④ 空间通道

空间通道是城市经济区形成的支撑系统，中心城市与腹地之间各种形式的经济联系，必须依托一定的空间通道网才能得以实现。空间通道网与经济联系之间存在着相互制约、相互促进的关系。

2. 城市经济区组织的原则（2024 考点）

（1）中心城市原则

中心城市之所以成为中心城市，就是因为城市在一定的区域范围内具有重要的影响作用。这种影响作用直接作用于城市影响范围内的发展方向和发展特征，表明了中心城市在城市经济区形成中的决定作用。

因此，处于支配地位的中心城市是城市经济区组织的首要原则。中心城市依托一个特定的区域而存在；而在不同尺度的区域单元中，中心城市的地域单元尺度也是不同的。

（2）联系方向原则

联系方向原则是在中心城市与腹地间建立联系的主要依据。这一原则不仅体现在国家内部区域之间的经济联系中，也体现在对外经济联系中。

（3）腹地原则

腹地原则强调了经济区范围与中心城市吸引范围的一致性，也是用实证的方法进行城市经济区组织的主要依据。城市经济区的范围不会与中心城市腹地范围完全一致。

（4）可达性原则

可达性是区域之间进行人口、物资、信息流动的可能性，是空间相互作用发生的基本条件之一。可达性原则指区域之间的相互作用与可达性呈正相关关系，可达性越好，相互作用越强，反之，则空间相互作用越弱。随着市场化区域关系的建立，交通和通信条件成为影响空间可达性的主导因素。

（5）过渡带原则

因为城市吸引范围理论上的断裂点在现实世界中并不存在，所以很难用一条明确的界线来表示城市影响范围的边界。

组织型的经济区划将直接为宏观经济决策服务，应该有明确的界限；而认识型经济区其研究目的是最大限度地反映客观经济联系的实际，以进行合理的空间组织，经济区界线不妨是一条是过渡带。

（6）兼顾行政区单元完整性原则

对城市影响区的分析和界定是城市经济区组织的依据，通过合理组织城市经济区以发挥中心城市作用、更好地带动区域发展和促进城乡协调则是城市经济区组织的目的。由于不同历史发展阶段多种要素的影响，城市经济影响区和城市所在区域的行政区的界线可能并不一致，这是城市与区域经济联系在特定阶段的客观情况。

在组织城市经济区时，除了要充分考虑城市经济影响区的范围界线外，还要从统筹城乡和区域发展和便于组织实施的角度，兼顾一定级别的行政划单元的完整性。

真题演练

2020-060 《国家新型城镇化规划（2014—2020 年）》中提出"以城市群为主体形态，推动大中小城市和小城镇协调发展"，主要目的是（　　）。

A. 扩大城市范围　　　　　　　　B. 提升城市职能

C. 完善城市结构　　　　　　　　D. 优化城镇体系

【答案】D

【解析】《国家新型城镇化规划（2014—2020 年）》在指导思想部分提出"以城市群为主体形态，推动大中小城市和小城镇协调发展"，并提出发展目标为城镇化水平和质量稳步提升、城镇化格局更加优化、城市发展模式科学合理、城市生活和谐宜人、城镇化体制机制不断完

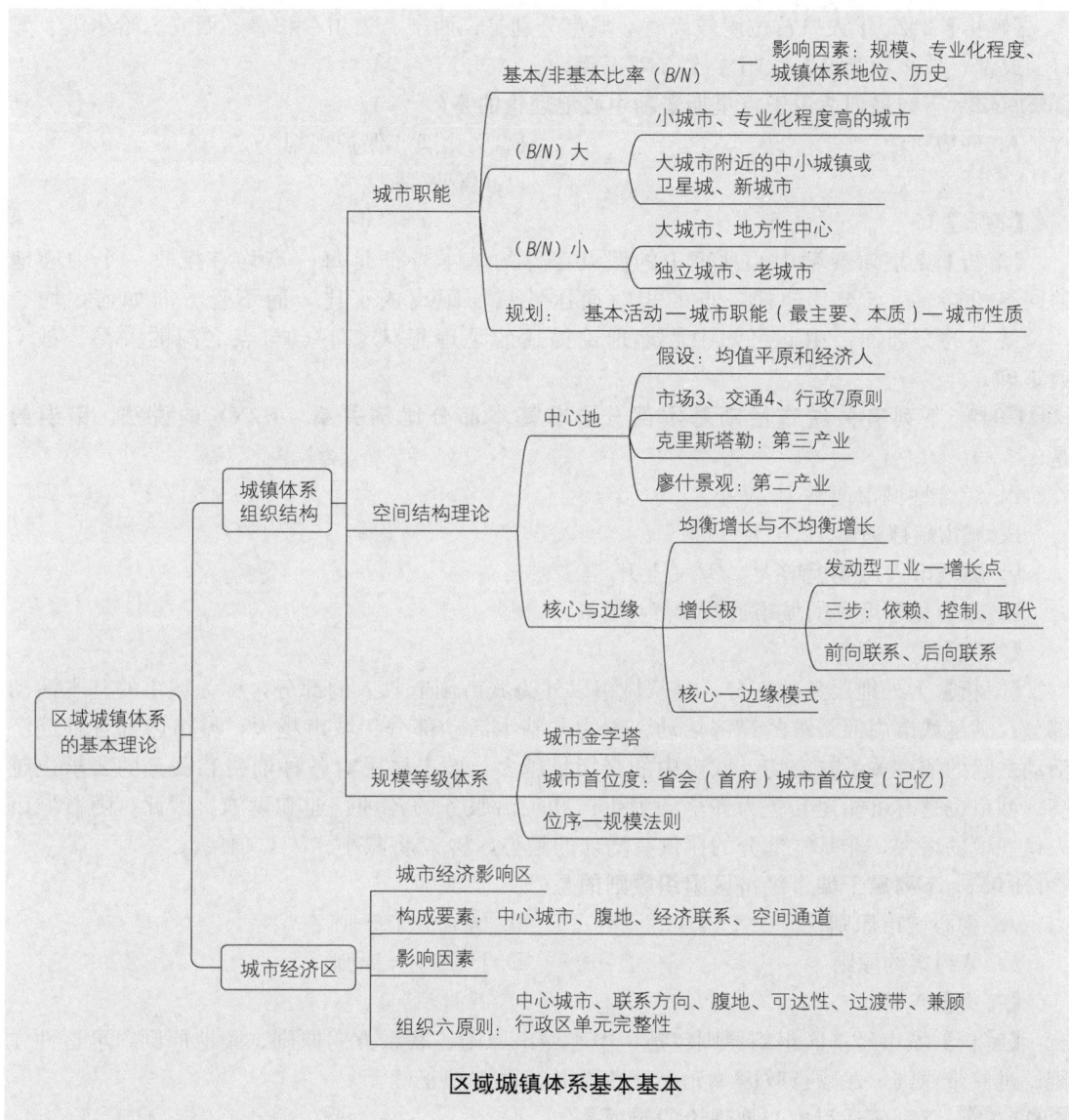

区域城镇体系的基本理论

```
                                              ┌─ 影响因素：规模、专业化程度、
                       基本/非基本比率（B/N）─┤   城镇体系地位、历史
                                         ┌─ 小城市、专业化程度高的城市
                  ┌─ 城市职能 ─ （B/N）大 ─┤
                  │                      └─ 大城市附近的中小城镇或
                  │                         卫星城、新城市
                  │              （B/N）小 ─┬─ 大城市、地方性中心
                  │                      └─ 独立城市、老城市
                  │         规划： 基本活动—城市职能（最主要、本质）—城市性质
                  │                      ┌─ 假设：均值平原和经济人
                  │              ┌─ 中心地 ─┤─ 市场3、交通4、行政7原则
                  │              │        ├─ 克里斯塔勒：第三产业
  城镇体系          │              │        └─ 廖什景观：第二产业
  组织结构 ─────────┤─ 空间结构理论 ┤     ┌─ 均衡增长与不均衡增长
                  │              │     │                ┌─ 发动型工业—增长点
                  │              │     ├─ 增长极 ─┬─ 三步：依赖、控制、取代
                  │              └─ 核心与边缘 ┤        └─ 前向联系、后向联系
                  │                    └─ 核心—边缘模式
                  │              ┌─ 城市金字塔
                  └─ 规模等级体系 ─┤─ 城市首位度：省会（首府）城市首位度（记忆）
                                 └─ 位序—规模法则
            ┌─ 城市经济影响区
            ├─ 构成要素：中心城市、腹地、经济联系、空间通道
  城市经济区 ─┤─ 影响因素
            │  中心城市、联系方向、腹地、可达性、过渡带、兼顾
            └─ 组织六原则：行政区单元完整性
```

区域城镇体系基本基本

善。故 D 项正确。

2020-093 下列不属于支配克里斯塔勒中心地体系形成的原则是(　　)。**(多选)**

   A. 市场原则　　　　　　　　　　B. 社会原则

   C. 行政原则　　　　　　　　　　D. 交通原则

   E. 安全原则

   【答案】BE

   【解析】克里斯塔勒认为，有三个条件或原则支配中心地体系的形成，即市场原则、交通原则和行政原则。故 BE 项不属于。

2021-046 下列省份中，省会城市首位度最高的是(　　)。

   A. 陕西　　　　　　B. 福建　　　　　　C. 广东　　　　　　D. 江西

【答案】A

【解析】2020年人口首位度较高省会城市分别是：西宁、银川、长春、西安、哈尔滨、海口、成都、拉萨、武汉、沈阳。故A项正确。

2021-048 下列规划适用于克里斯泰勒中心地理论的是(　　)。

A. 环境整治
B. 文化遗产保护规划
C. 村庄布点
D. "双评估"

【答案】C

【解析】克里斯泰勒中心地理论的假设条件的基本特征是每一点均有接收一个中心地的同等机会，一点与其他任一点的相对通达性只与距离成正比，而不管方向如何，均有一个统一的交通面。由此可知中心地理论描述的是理想状态下点与点之间的关系。故C项正确。

2021-049 下列有关城市活动基本部分与非基本部分比例关系（B/N）的说法，错误的是(　　)。

A. 综合性城市通常 B/N 小
B. 城市新区通常 B/N 大
C. 随城市人口规模增大，B/N 上升
D. 专业化程度高的城市通常 B/N 大

【答案】C

【解析】为外地服务的部分，是从城市以外为城市创造收入的部分，称为城市的基本活动部分；满足城市内部需求的经济活动，称为非基本活动部分。城市越大，城市内部各种经济活动之间的依存关系越密切，城市内的交换量越多；城市居民对各种消费和服务的要求也越高；城市也越有可能建立较为齐全的为生产和生活服务的各种行业和设施。因此，随着城市人口规模的增大，非基本部分的比例有增加的趋势，B/N 将减小。故C项错误。

2021-052 下列属于城市经济区组织原则的是(　　)。

A. 中心城市原则
B. 区域分工原则
C. 节约集约原则
D. 区域差异原则

【答案】A

【解析】城市经济区组织原则包括：中心城市原则、联系方向原则、腹地原则、可达性原则、过渡带原则，兼顾行政区单元完整性原则。故A项正确。

2022-046 下列不适用中心地理论的选项是(　　)。

A. 流域环境整治
B. 城市建设
C. 城镇体系规划
D. 村庄布点规划

【答案】A

【解析】中心地概念：是指相对于一个区域而言的中心点，其基本功能是向区域内各点提供具有中心功能的商品和服务，因而也往往表现为区域内的中心城市或聚落。流域环境整治散点带状分布，不具备中心地特征。

2022-048 下列省级行政区中首位度最低的是(　　)。

A. 江苏
B. 宁夏
C. 陕西
D. 吉林

【答案】A

【解析】首位度在一定程度上代表了城镇体系中的城市发展要素在最大城市的集中程度。

2020年人口首位度较高省会城市分别是：西宁、银川、长春、西安、哈尔滨、海口、成都、拉萨、武汉、沈阳。同时，江苏省城镇体系发展相对均衡。因此江苏在四个省级行政区中首位度最低。

2022-049 下列关于 B/N 比值大小的表述错误的是(　　)。
　　A. 综合性城市小　　　　　　　　　B. 地方性中心城市大
　　C. 专业化程度高的城市大　　　　　D. 开发区大
【答案】B
【解析】小城市一般只有很小一部分的生产和服务是维持本身需要的，基本活动部分比重较高。专业化程度高的城市 B/N 大，而地方性的中心一般 B/N 小。老城市在长期的发展历史中，已经完善和健全了城市生产和生活的体系，B/N 可能较小。影响城市经济活动的基本部分与非基本部分比率（B/N）的主要因素是城市专业化程度。

2022-052 下列属于城市经济区组织原则的是(　　)。
　　A. 效益原则　　　　　　　　　　　B. 联系方向原则
　　C. 市场原则　　　　　　　　　　　D. 交通原则
【答案】B
【解析】城市经济区组织原则包括：中心城市原则、联系方向原则、腹地原则、可达性原则、过渡带原则、兼顾行政区单元完整性原则，故 B 项正确。

2023-047 下列省级行政区中城市首位度最低的是(　　)。
　　A. 河北　　　　　　　　　　　　　B. 西藏
　　C. 湖北　　　　　　　　　　　　　D. 陕西
【答案】A
【解析】城市首位度由高到低排序为陕西、西藏、湖北、河北。

2023-049 关于城市基础经济部类与非基础经济部类，正确的是(　　)。
　　A. 专业度强的城市 B/N 小　　　　B. 省会城市 B/N 大
　　C. 外向性强的城市 B/N 大　　　　D. 历史文化名城 B/N 大
【答案】C
【解析】城市经济活动的基本部分与非基本部分的比例关系叫作基本/非基本比率（B/N）。基本部门有巨大的外部市场可以开发，其扩大生产规模潜力就较大，是城市经济增长的主导部门。外向性强的城市基本部门的地位更加突出，相应的 B/N 也就越大，专业度强的城市其 B/N 一般较大，一个城市的 B/N 与其是否是省会城市或历史文化名城无直接关系。故 C 项正确。

2023-051 可以运用中心地理论的是(　　)。
　　A. 中心城区用地布局规划　　　　　B. 社区生活圈规划
　　C. 重要流域生态环境保护规划　　　D. 国家历史文化公园建设保护规划
【答案】B
【解析】中心地理论主要应用于区域规划、城市建设、商业及生活圈等能提供物品或服务性质的专项规划。故 B 项正确。

板块 6 城市地理学的研究方法

历年考频

板块	2020 年	2021 年	2022 年	2023 年	2024 年
城市地理学的研究方法	1	2	2	3	1

知识点 1 城市发展条件综合评价 【★★】

1. 城市发展条件评价的原则

城镇发展条件评价实际上是对影响城镇发展的各种因素的状况进行综合评价，是指导城镇发展与空间布局的基础，对于城镇准确、全面地认识自身位置有重要参考价值。城镇发展条件评价应遵循以下主要原则：

① 选取有比较意义的指标，在比较的背景下赋值，以得到具有比较意义的结论，指导区域城市发展和布局。

② 指标体系应在重点反映城市所在经济区或行政区域整体特征的同时，兼顾城市建设的发展条件。

③ 指标体系应涵盖包括区域经济、社会、人口、交通等影响城市发展的各因素，对其进行综合评价。

④ 发展条件评价应有动态的眼光，指标赋值时不仅应考察城乡现状特征，也应将规划中可能对城市发展起重大作用的变动纳入评价。

2. 常用评价方法

（1）定性方法

定性方法一般适用于研究对象较少、城市之间发展条件影响因素相对简单的城市，或者定量指标数据难以获得的地区的城市。

定性分析一般通过综合描述和归纳城市的发展基础、发展条件、主要影响因素及其变动和区域发展背景等方面的特点，通过对比的方法，将所研究城市的综合发展条件加以排序和描述，从而为城镇体系规划提供依据。

（2）定量方法

当对象城市较多时，必须结合定量分析进行评价。定量分析评价的指标选择要从城市及其腹地的要素禀赋、经济发展水平和社会发展水平三个方面来考虑，并结合三个方面对当地城市发展影响程度的不同给予不同的权重。权重的确定可以通过专家打分法来实现。

在计算得到城市发展条件得分之后，要结合城市和区域特点对得分状况进行综合分析，从定性分析确定要素指标到定量计算，再结合定量计算结果进行定性研究，对定量结果进行校核和修正，在充分分析的基础上得到城市发展条件的最终评价结果。

知识点 2　人口发展与城镇化水平预测　【★★★★★】

1. 人口分析与预测

(1) 人口分析和预测是城市规划工作的基础

城市规划的核心任务就是以人的社会经济活动为基础，合理配置空间资源，有序安排城市的各项建设，协调城市不同利益主体之间的关系，制定公共政策，维护公众利益。

(2) 流动人口已成为我国城镇人口增长的主体

目前我国处于人口低出生率和低死亡率的发展阶段，机械增长取代自然增长成为城镇人口增长的主要动力。广义的机械增长包括户籍人口的迁移和流动人口的增加。随着城镇化进程的加速，城市中的机械增长主要是流动人口，即暂住人口的增加，改变了城镇人口的结构，对城市规划提出了新的要求。

(3) 主要的人口规模预测方法

① 适用于大中城市规模预测的数学模型：回归模型、增长率法、分项预测法。

回归模型：通过选用某种适当的函数，通过城市历史人口数据建立回归模型，并假设未来人口发展仍延续模型中所构建的关系，用以预测未来城市人口的规模。

增长率法：当人口自然增长率和机械增长率为稳定值时，城镇人口年均增长率恒定，即可依据基期人口规模预测规划期的人口规模。

分项预测法：该方法将城市人口划分为自然增长人口、机械增长人口、暂住人口，然后采用增长率法对三部分人口分别进行预测，最后综合出规划期末人口数。其中暂住人口预测常采用户籍人口比重法或区域分配法加以确定。

② 适用于小城镇规模预测的定性分析模型：区域人口分配法、类比法、区位法。

区域人口分配法：从区域角度出发，综合考虑城镇在区域中的地位、性质、职能，根据上一层次规划中确定的城镇人口规模，对下一层次城市人口规模进行分配和平衡。

类比法：通过选择发展条件、现状规模和性质相似的城市进行对比分析，从已知的城市人口规模来推算其他城市的人口规模。

区位法：根据首位度、中心地理论、断裂点等理论模型，确定未来城市人口规模。该方法适用于城镇体系发育比较完善、等级系列比较完整的地域中的城市。

环境容量法（门槛约束法）：根据城市基础设施的支持能力和自然资源的供给能力计算城市的极限人口。

2. 区域城镇化水平预测方法

综合增长法：利用历年城市人口的年均增长量数据，通过复利公式，计算预测规划期限可能达到的发展水平。并通过相同方法预测区域人口，计算出城镇化水平。

时间趋势外推法：又称时间相关回归法，采用历年城市人口（或城镇化水平）和时间数据进行回归分析，建立回归公式，并将预测期限的年份数值代入，从而预测发展水平。

相关分析和回归分析法：采用该区域的历史数据进行回归建立模型，参照该区域未来经济发展态势相应预测出城镇化水平，也可以用横向数据的回归结果作为参照。这一方法只能预测未来城镇化水平的大致趋势。

联合国法：联合国用来预测世界各国的城镇化水平时常用的一种方法。根据已知的两个代表年份的城镇人口和乡村人口，求取两个年份之间的城乡人口增长率差，假设城乡人口增长率差在预测期保持不变，则外推可求得预测期末的城镇人口占总人口比重。联合国法的优点是它符合正常城镇化过程的 S 形曲线原理。

3. 城市吸引范围分析

（1）经验的方法

通过线上的调查，即调查交通线上各点的车流资料，找到两个城市之间车流量最小的地方即为两城市吸引范围的分界点；通过面上调查的方法，即通过访问消费者，了解居民购物或出行行为的指向来确定城市的吸引范围；通过点上的调查，即调查城市的商业、服务业等各种企业顾客来源来确定吸引范围。在调查的基础上找出城市间吸引范围的分界点，把各点用平滑曲线连接起来即可得到城市的吸引范围。

这类方法的关键：①合理确定同级别的中心城市；②要建立合理的调查指标体系。

（2）理论的方法

① 断裂点公式（重力模型）**（2024 考点）**

赖利（W. J. Reilly）根据牛顿力学中万有引力的理论，提出了"零售引力规律"。根据这个规律，一个城市对周围地区的吸引力与它的规模成正比，与离它的距离成反比。

康弗斯（P. D. Converse）发展了赖利的理论，于 1949 年提出"断裂点"概念。城市断裂点理论作为城市地理学的一个重要理论，被广泛用来确定城市吸引范围和城市经济区的划分。但断裂点公式在实际运用中有着相当大的局限性，因为城市人口规模不完全反映城市的实际吸引力。根据本地区的具体情况，选择出若干有代表性的指标来确定城市吸引区的边界将更符合这个城市的实际情况。

② 潜力模型

如果对城市系统内每一个城市分别计算出其潜力，根据计算结果可以画出潜力等值线，从而绘出等人口潜力面。总的趋势是，它与人口密度的分布大致相同。但人口潜力分布是在经济空间中反映了人的相互作用，因而对经济活动的区位决策更为重要。

潜力模型中的质量，可以用其他变量代替。如哈里斯就曾用零售额求得等市场潜力面，用制造业的就业人数求得制造业的潜力面。借助于这些分析，可以更有效地指导以消费为指向的企业布局和制造工业布局。

4. 城市集聚效应

城市的集聚效应是指社会经济活动因空间集聚所产生的各种影响或经济效果。从本质上看，外部经济是城市经济系统的集聚效应的一种典型表现形式或实现方式。但是，我们看到城市集聚所产生的集聚效应是一种全方位的外部经济效应，是现代城市释放出的巨大能量，又是现代城市发展和城市化发展的重要动力。

（1）近邻效应

城市集聚的最直接而明显的外部效应是近邻效应。它是在城市经济活动中，企业之间、部门之间的空间关系对其发展所产生的影响，是经济活动集中于城市时所带来的经济性。可以分为三个方面：

① 共享经济利益：指集聚在一定区位上的企业，由于共同利用公共产品和公共服务获得的外部经济利益。

② 劳动力市场经济利益：城市集聚提高了劳动力市场的效率，企业在区位上相互靠近，可以形成共同劳动力市场。

③ 信息经济利益：集聚的另一个益处是这种集聚为系统中各企业的发展提供更加有利的外部经济条件的同时，也促进信息交流及技术的推广和扩散。人口集结可以使企业和人员更

314

富有进取精神和竞争心理，提高工作效率。企业在地理位置上的集中，有利于企业的创新和发展。

（2）分工效应

城市集聚过程中的分工效应是指几乎任何区位单位集聚在一起都能够享受专业化分工的好处，如服务上的社会化、生产分工上的协作等，这就是分工效应。经济发展被看作生产方式变革的结果，而分工和专业化的发展是这种变革的主要特征。

自亚当·斯密（Adam Smith）以来，经济学家对于分工和专业化的好处或它们的经济性做了不少论述，归结起来，大致可以表述为：

专业化程度的提高较之采用专业化生产方式以前能够带来生产效率的提高或生产资源的节约。同时，生产的专业化与工业集中有关。在生产过程中，对专业化利益的追求，往往就是对规模经济性的追求。就全社会范围来说，分工和专业化水平的提高，还意味着劳动力和其他生产要素从分工程度较低的产业向分工程度较高的产业转移。分工与专业化发展的一个副产品，是地区专业化。因此城市产业的专业化，也意味着地区专业化的发展。总之，专业化与空间集聚是相通的。

（3）结构效应

结构效应是指集聚要素的集聚方式及要素间的聚合程度对城市集聚的作用。具体可以分为三个方面：

① 结构关联效应：指城市产业联系方式及产业部门间相互联系的状况对城市集聚质量的影响。

② 结构成长效应：指资源流向生产效率更高部门的再配置效应。

③ 结构开放效应：指城市时刻处于与外界进行物质、能量、信息的交换和流动之中。

（4）规模效应

规模经济是城市集聚经济的一个主要源泉。它既包括生产力方面的利益即生产规模经济（企业或城市各产业部门随着产出规模扩大所带来的长期平均成本下降的收益），也包括消费方面的利益即消费规模经济（消费者单位消费品的平均支出随着城市集聚规模的扩大而下降）。

（5）洼地效应

洼地效应就是利用比较优势，创造理想的经济和社会人文环境，使之对各类生产要素具有更强的吸引力，从而形成独特竞争优势，吸引外来资源向本地区汇聚、流动，弥补本地资源结构上的缺陷，促进本地区经济和社会的快速发展。

真题演练

2020-094 下列方法中，适用城镇人口规模预测的有（　　　）。（多选）

A. 聚类分析法　　　　　　　　　　B. 类比法

C. 环境容量法　　　　　　　　　　D. 主成分析法

E. 增长率法弱

【答案】BCE

【解析】适用于大中城市人口规模预测的方法有：回归模型、增长率法、分项预测法；适用于小城镇规模预测的方法有：区域人口分配法、类比法、区位法、环境容量法。

2021-089 下列属于人口规模预测方法的是（　　　）。（多选）

A. 主成分分析法　　　　　　　　　B. 回归模型

城市地理学的研究方法

- 人口预测方法
  - 大中城市
    - 回归模型
    - 增长率法
    - 分析预测法
  - 小城镇
    - 区域人口分配法
    - 类比法
    - 区位法
    - 环境容量法
- 区域城镇化水平预测方法
  - 综合增长法
  - 时间趋势外推法
  - 相关分析和回归分析法
  - 联合国法
- 城市吸引力范围分析
  - 经验
  - 理论
    - 断裂点公式
    - 潜力模型
- 城市集聚效应
  - 近邻效应
    - 共享经济利益
    - 劳动力市场经济利益
    - 信息经济利益
  - 分工效应
    - 生产效率的提高
    - 生产资源的节约
  - 结构效应
    - 结构关联效应
    - 结构成长效应
    - 结构开放效应
  - 规模效应
    - 生产规模经济
    - 消费规模经济
  - 洼地效应
    - 作用力随距离衰减
    - 源于城市的市场功能

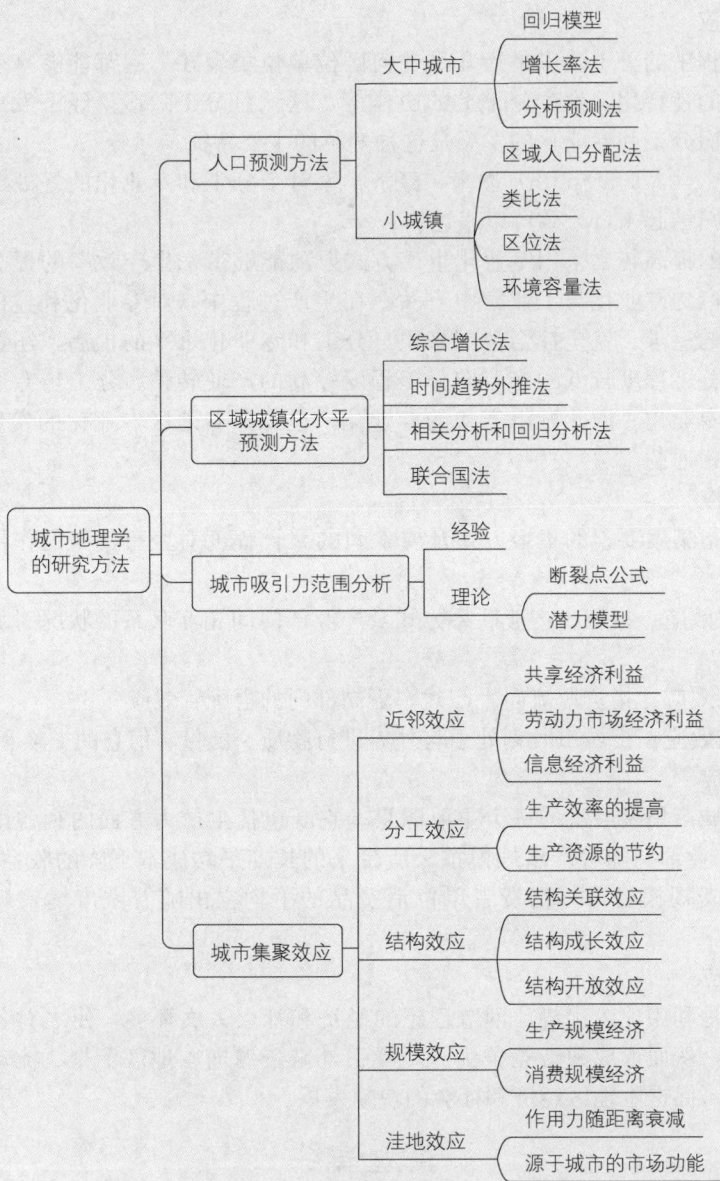

城市地理学研究方法知识梳理

C. "双评价"   D. 环境容量法

E. 类比法

【答案】BDE

【解析】"双评价"是资源环境承载能力评价和国土空间适宜性评价；主成分分析法是对事物内部主要成分的分析方法。故 AC 项不属于。

2022-051 下列可以用来分析城市吸引范围的方法是（　　）。

A. 聚类分析法
B. 区位平衡法
C. 回归分析模型
D. 潜力模型

【答案】D

【解析】城市吸引范围分析有经验的方法和理论的方法。其中理论的方法包括断裂点公式和潜力模型两种。故 D 项正确

2022-091 不适用于城市人口规模预测的是（　　）。（多选）

A. 元胞自动机模型
B. 城市体检评估
C. 主成分分析法
D. 增长率法
E. 类比法

【答案】ABC

【解析】适用于大中城市人口规模预测的数学模型：回归模型、增长率法、分项预测法。适用于小城镇规模预测的定性分析模型：区域人口分配法、类比法、区位法、环境容量法。区域城镇化水平预测方法：综合增长法、时间趋势外推法、相关分析和回归分析法、联合国法。城市总体规划采用的城市人口规模预测方法主要有综合平衡法、时间序列法相关分析法（间接推算法）、区位法和职工带系数法。故 ABC 项不用于城市人口规模预测。

2023-048 下列规划工作，适合运用断裂点理论的是（　　）。

A. 生态控制线划定
B. 城市经济区划分
C. 镇域土地整理规划
D. 村庄环境整治规划

【答案】B

【解析】断裂点理论是关于城市与区域相互作用的一种理论。由康弗斯对赖利的"零售引力规律"加以发展而得，认为一个城市对周围地区的吸引力与它的规模成正比，与距它的距离成反比。城市断裂点理论作为城市地理学的一个重要理论，被广泛用来确定城市吸引范围和城市经济区的划分，故 B 项正确。

2023-091 下列不适用于城市吸引力模型分析的方法包括（　　）。（多选）

A. 重力模型
B. "双评价"
C. 城市体检
D. 增长率法
E. 经验法

【答案】BCD

【解析】城市吸引范围的分析方法包括经验的方法和理论的方法，其中理论的方法又包括断裂点公式（重力模型）、潜力模型法。故 BCD 项不适用。

2023-092 适用于城市用地规模分析的方法有（　　）。（多选）

A. 空间句法
B. 网络分析法
C. 趋势外推法
D. 增长率法
E. 人均指标法

【答案】CDE

【解析】规划中的城市用地规模一般是通过人口数量与人均用地面积乘积而得出的，因为人均用地面积是相对固定值，因而本题可以转换为人口规模预测的方法。空间句法是一种描述现代城市空间模式的计算机语言；网络分析法是一种适应非独立的递阶层次结构的决策方法，它是在层次分析法的基础上发展而造成的一种新的实用决策方法。以上两种方法不适用于城市用地规模分析。

城 市 社 会 学

板块 1　基本概念与主要理论

历年考频

板块	2020 年	2021 年	2022 年	2023 年	2024 年
基本概念与主要理论	2	1	1	0	1

知识点 1　社会学与城市社会学　【★★】

1. 社会学

社会学研究社会结构和人类行为，重视对社会结构、社会过程和社会调控的研究。社会学的研究对象是整体的现实社会的结构和运行过程，强调构成社会的各种要素、各个部分的结构关系以及这种结构关系的运动变化过程。

功能：描述功能（社会是怎样的）、解释功能（社会为什么会这样）、预测功能（社会将会怎样）和规范功能（社会应该怎样）。

特点：综合性、整体性、现实性、实证性。

2. 城市社会学

城市社会学的系统研究起源于美国，芝加哥大学是城市社会学的发源地，以帕克为首的芝加哥学派创立了城市社会学。后来城市社会学又出现了人类生态学派、社区学派、结构功能学派、政治经济学派、马克思主义学派、新韦伯主义学派等，不断获得发展。

知识点 2　城市社会学的研究对象与研究内容　【★★★】

1. 城市社会学的研究对象

① 城市生态系统：强调城市内部各要素之间的联系及与周围环境的关系；

② 城市社会问题：如人口膨胀、交通拥挤等问题产生的原因、表现及方法；

③ 城镇化：研究城镇化的时空进程、表现形式、内容和动力机制；

④ 城市生活方式：研究其特点、起源与变迁以及传播和扩散；

⑤ 城市社会关系：人与人之间的关系，包括经济、政治、文化中形成的人与人之间的关系。

2. 城市社会学的研究内容

① 对城市社会的起源和发展、城市区位的生态分布、城市社区的结构与功能、城市居民

城市社会学

的生活方式和心理状态、城镇化以及城市社会的组织、管理和规划等城市社会的不同层面进行理论研究和经验研究。

② 城市生态、城市社区、城市社会问题、城市政策、城市规划和城镇化等都是城市社会学的传统研究领域。

知识点 3　城市社会学与城市规划的关系 【★★★】

城市规划与城市社会学关系密切，主要表现在以下几个方面：
① 研究对象和研究载体有共同性，都是城市。
② 城市社会学能够发现新的问题，规划师需要关注，规划师有必要了解一些城市社会学的基本原理和分析方法，并在规划中加以运用。
③ 规划师适当地了解和掌握一些城市社会学的理论和基本知识，会丰富其规划思路。

知识点 4　城市社会学的主要理论 【★★★★★】

1. 芝加哥学派与古典城市生态学理论

芝加哥学派是指以帕克为代表的芝加哥大学社会学研究群体。芝加哥学派的突出特点是把城市作为研究重点，他们的贡献在于对新兴的芝加哥城市的社会问题展开实证研究，开创了美国社会学经验研究的传统。

帕克：创立人类生态学理论，认为城市分析是一个生物的过程，核心是对资源的竞争；城市分析是一个空间改变和重组的过程，是一个文化的过程；城市在从中心向外扩张的过程中，分化成不同的自然区域，这个过程包括人口的集中与扩散，功能的中心化与去中心化，分异、侵入和接替等。

伯吉斯：主要贡献是对社会发展与现代城市空间扩张的内在关系作了开创性的分析，提出著名的同心圆模型，核心思想是城市的持续发展源于人口压力；城市发展依据竞争进行分配，竞争的结果导致空间与功能的区分，城市最终成为以高度集中的中央商务区为中心，并为其他四个功能不同的区域如居住、通勤等同心环带所环绕的同心圆结构。

沃斯：把城市特有的生活方式叫作"城市性"，认为人口规模、人口密度和人口异质性三个因素及其相互关系导致城市性的发展。

2. 马克思主义学派和城市空间的政治经济学理论

二战以后，城市研究中开始引入社会变量，如针对阶级、种族、性别等进行分析，并运用全球化的视角进行观察。这些新思想源自马克思的传统，实际上是把城市政治经济学引入城市社会学。

城市空间政治经济学理论反映了二战后西方城市社会变化的现实，强调要将城市空间置于资本主义生产方式下来考察，强调城市空间在资本积累和资本循环以及资本主义生存中的功能和作用，注意分析世界政治经济因素对城市社会变迁的影响，以及将城市空间过程与社会过程结合起来分析，对于城市社会学理论的发展作出了重要贡献。

列斐伏尔：城市空间政治经济学理论分析的创始人。他将已有的城市理论和城市实践批判为意识形态，认为已有的城市理论忽视了塑造城市空间的社会关系、经济结构和不同团体间的政治对抗；城市空间是政治的，是资本主义的产物，应该考虑一种在资本主义社会里空间被生产以及在生产过程中矛盾是如何产生的理论。

哈维：认为城市是资本积聚和循环的空间结点，基于资本主义生产本质，资本积聚、资本流通、资本循环和资本增值也是城市过程的动力学原则（资本塑造城市）；伴随资本城镇化的是社会关系的城镇化，以及围绕城市而展开的各种阶级斗争。

3. 韦伯学派和新韦伯主义城市理论

韦伯学派关注城市资源分配不平等、社会冲突与权力分配等问题，其重要的概念包括：

① 强调社会结构中的个人行为，认为个人行为在社会结构中是相对自主的。

② 社会行为理论，认为人的社会行为可以分为感性行为、传统行为和理性行为。

③ 阶级理论，认为社会分层包括三类，即阶级、社会地位和权力，提出"财产阶级"（Property Class）和"后致阶级"（Acquisition Class）的概念，将对社会不公平的讨论从传统的着眼于工作岗位或劳动力市场所衍生出的不平等，扩展到住房和城市资源分配问题。

新韦伯主义城市理论主要包括两方面：

① 雷克斯和墨尔的住房阶级理论：将住房研究与主流社会学关注的资源分配不平等和阶级斗争的传统紧密结合在一起，试图说明城市的空间结构和社会组织如何通过住房分配体系联系在一起。

② 帕尔的城市经理人理论：城市资源的不平等分配模式并不是由空间或区位决定的，而是那些在社会系统中占据重要位置的个体的行为后果。

4. 全球化与信息化城市理论

全球化（Globalization）即经济全球化，最早由美国经济学家拉维特于 1985 年在《市场全球化》一文中提出，主要观点如下：

① 世界的城市正在被塑造成一个可以共同分享的社会空间。

② 在全球经济转型以及空间重组的条件下，新的国际劳动地域分工正在形成，不同城市在占据不同位置的同时，其发展也渐趋全球化。

③ 以互联网技术为代表的信息技术革命正在拉开信息时代的序幕，信息化城市的兴起成为必然。在流动空间中，新的产业和新的服务型经济根据信息部门带来的动力运行，然后通过信息交流系统来重新整合，新的专业管理阶层控制了城市、乡村和世界之间相互联系的专用空间，生产和消费、劳动和资本、管理和信息之间发生着新的联系，创造出新的全球化经济。

5. 社会分层理论（2024 考点）

社会分层是结构化、制度化的社会不平等，按照一定的标准将人们区分为高低不同的等级序列。卡尔·马克思和马克斯·韦伯提供了有关社会分层的最基本的理论模式和分析框架，前者是阶级理论，后者是多元社会分层理论。韦伯提出划分社会层次结构的三重标准，即财富（经济标准）、威望（社会标准）和权力（政治标准）。社会身份群体是指那些有着相同或相似的生活方式，并能从他人那里得到等量的身份尊敬的所组成的群体。不同社会阶层在经济能力、社会地位和文化资本等方面存在差异，这些差异直接影响他们的居住选择和居住环境。

真题演练

2021-055 下列不属于路易斯·沃斯的城市性的是（　　）。

A. 人口数量多　　　　　　　　　　B. 人口密度高

C. 人口分布广　　　　　　　　　　D. 人口异质性强

【答案】C

【解析】沃斯的城市性认为人口规模、人口密度和人口异质性特征使城市区别于乡村。故C项不属于。

2023-061 与乡村社区相比，下列关于城市社区主要特点说法，错误的是( )。

A. 人口密度大 　　　　　　　B. 社会同质性强

C. 社会流动性强 　　　　　　D. 经济功能复杂

【答案】B

【解析】城市社区的主要特点：人口密度远远高于乡村社区；社区成员之间异质性突出；社会分层结构复杂，社会流动性强；经济门类多样，以工业、商业、和服务业为主，社会分工精细，专业性强。

2014-067 下列关于城市社会学各学派的描述，哪项是错误的？( )

A. 芝加哥学派创建了古典城市生态学理论

B. 哈维是马克思主义学派的代表人物

C. 全球化是信息化城市发展的重要动力

D. 政治经济学无法应用于城市空间研究

【答案】D

【解析】城市空间政治经济学理论反映了二战后西方城市社会变化的现实，对于城市社会学理论的发展作出了重要贡献。列斐伏尔认为城市空间是政治的，是资本主义的产物，应该考虑一种在资本主义社会里空间被生产以及生产过程中矛盾是如何产生的理论，故D项错误。

2024-055 下列社会学理论，强调社会阶层对居住空间选择有重要影响的是( )。

A. 冲突理论 　　　　　　　　B. 功能主义理论

C. 社会互动理论 　　　　　　D. 社会分层理论

【答案】D

【解析】城市社会分层：社会分层是结构化、制度化的社会不平等，是按照一定的标准将人们区分为高低不同的等级序列。卡尔·马克思和马克斯·韦伯提供了有关社会分层的最基本的理论模式和分析框架，前者是阶级理论，后者是多元社会分层理论，故D项正确。

板块 2 　城市社会学的调查与研究方法

历年考频

板块	2020 年	2021 年	2022 年	2023 年	2024 年
城市社会学的调查与研究方法	1	—	2	2	1

知识点 1 　城市社会调查研究方法 【★】

城市社会研究是以城市作为研究对象，按照社会科学的逻辑通过一定的方式、方法和途径，获取有关城市相关专题的基本信息、基础资料和数据，进而把握城市现象的内在规律，揭示城市问题，并获得合理的解释。城市社会的调查和研究方法就是在开展社会研究中获取资料数据和开展调查的方式和途径。

知识点 2　资料、数据的种类、收集与处理 【★★★】

1. 资料、数据采集的重要性

应该对城市规划和城市社会问题分析中的数据采集和使用给予足够重视。近年来国际城市研究的重点已不在于寻求普适性的理论，在这种背景下，对城市实证研究的深度要求比过去有所提高，普遍要求使用大量的第一手数据。

2. 采集资料、数据的种类

城市规划中社会调查所用到的相关数据、资料的种类大体上包括统计数据、相关材料、问卷调查数据和访谈资料等。

① 统计数据。统计数据是城市规划和城市社会分析中用处最多的基础数据种类。中国地方统计部门每年都会编制反映前一年度本地各种社会经济发展状况的统计年鉴。在实地调查中，要尽量收集上述具有历史连续性的、完整的统计数据，以备在研究分析中使用。

② 普查资料。其中最常用的是人口普查资料，除此之外还有农业、工业、商业普查，基本单位普查和经济普查。研究城市内部空间结构，或反映各种社会要素在城市内部的空间分布时，还需要获取街区（街道、乡、镇）一级行政地域单元的数据。

③ 公安系统。公安系统（地方公安局）也是获取统计数据的一个重要部门，需要重点调查。主要是获取有关户籍人口统计、非农业人口和暂住人口统计方面的信息。重点调查两个表，一个是"户籍人口统计报表"（人口及其变动情况），另一个是"暂住人口统计报表"。

④ 地方志。包括地方志及人口志、交通志、环境志等各种专业志。

⑤ 被调查城市的政府工作报告、政府的相关文件、相关会议的论文集、社会经济发展五年规划、新版和旧版的城市总体规划等都是需要搜集的资料。

知识点 3　第七次人口普查 【★★★★★】

1. 人口普查

国务院 2010 年颁布的《全国人口普查条例》规定，人口普查每 10 年进行一次，位数逢 0 的年份为普查年度，在两次人口普查之间开展一次较大规模的人口调查，也就是 1% 人口抽样调查，又称为"小普查"。

人口普查主要调查人口和住户的基本情况，内容包括姓名、性别、年龄、民族、国籍、受教育程度、行业、职业、迁移流动、社会保障、婚姻、生育、死亡、住房情况等，采用全面调查的方法以户为单位进行登记，采用国家统计分类标准。

2. 第七次全国人口普查公报

包括全国人口情况、地区人口情况、人口性别构成情况、人口年龄构成情况、人口受教育情况、城乡人口和流动人口情况、港澳台居民和外籍人员情况。

常住人口：指实际经常居住在某地区一定时间（指半年以上）的人口。按人口普查和抽样调查规定，常住人口包括：①居住在本乡、镇、街道且户口在本乡、镇、街道或户口待定的人（人在户在）；②居住在本乡、镇、街道且离开户口登记地所在的乡、镇、街道半年以上的人（人在户不在且居住超过半年）；③户口在本乡、镇、街道且外出不满半年或在境外工作学习的人（户在人不在且外出不满半年）。

流动人口：指人户分离人口中扣除市辖区内人户分离的人口 **（2024 考点）**。

人户分离人口：指居住地与户口登记地所在的乡、镇、街道不一致且离开户口登记地半年以上的人口。

市辖区内人户分离人口：指一个直辖市或地级市所辖的区内和区与区之间，居住地和户口登记地不在同一乡镇街道的人口。

老龄化情况：2020 年，全国 60 岁及以上人口占比达 18.7%（2010 年为 13.3%），其中 65 岁及以上人口比重达到 13.5%（2010 年为 8.9%），意味着我国已经十分接近中度老龄化社会。

知识点 4　问卷调查方法 【★★★★】（2024 考点）

1. 调查问卷的设计

问卷调查就是把要研究的内容变成一系列的问题，通过发放和回收一定数量的调查问卷，收集被调查者对相关问题的看法，进而对被调查者的回答进行统计并总结出一般特征或进行定量分析，从而获得研究问题的答案。

调查问卷的主要内容可包括两大部分：①关于被调查者基本属性特征的调查；②针对研究问题内容的调查。

被调查者的基本属性：一般包括被调查者的年龄、性别、籍贯、学历、从事职业、收入情况等，必要时还可调查其居住地或就业地等方面的信息。

针对研究问题内容的调查：是问卷设计内容的核心。应注意：①问卷一经确定最好不要改变，确需改变时应使用改变后的问卷重新调查；②篇幅不宜太长，宜在 3 页以内，调查时间不超过半小时，宜为 20min 以内或更短；③把最重要的研究问题设在问卷的靠前位置，保证被调查者在兴趣最浓时填写；④个人属性，尤其是收入、职业等，由于涉及个人隐私，被调查者往往在心理上有一定的畏难情绪，因此，在设计问卷时应尽量把个人属性方面的内容放到问卷的最后，以免一开始就把被调查者吓倒；⑤在问卷的开始，应有一段文字介绍调查的目的，并强调是为研究使用，问卷不必署名也不存在泄密的问题，让被调查者在心理上彻底放松。

2. 问卷的发放与回收

问卷的发放有当面发放、邮寄发放、电话调查等方式，由于后两种回收率和成功率较低，一般应采取当面发放调查的方式。

（1）抽样

即按照随机的原则从研究总体中抽取一部分单位进行研究，以便依据所获得的数据对研究总体的数量特征作出科学的统计推断，从而达到认识全部研究对象的目的的一种统计方法。

抽样可以是随机抽样，也可以是非随机抽样。非随机抽样包括三种类型：①随意抽样；②判断抽样；③分层配比抽样（也称定额抽样，最科学、最常用）。

（2）常见抽样方法介绍

随机抽样：即抽取样本没有标准和原则，完全是随意的。

系统抽样：又称为等距抽样或机械抽样，是依据一定的抽样距离，从总体中抽取样本。

分层配比抽样：也称定额抽样，即根据总体的结构特征将总体所有单位按某种标志（如性别、年龄、职业等）分成若干层次，按照各层次单位数占总体单位数的比例在各层中抽取样本。

多段抽样：指将从调查总体中抽取样本的过程，分成两个或两个以上阶段进行，每个阶段使用的抽样方法往往不同，即将各种抽样方法结合使用。

街头拦访：绝大部分是配额抽样，不属于随机抽样，因为其违背了"排除任何主观因素影响"的要求——街头拦人有可能受调查者主观意识影响，也有可能受被调查者主观意识影响。街头拦访的主要目的不一定是要推断总体。主要的抽样方法是非概率的抽样。

抽签：属于简单随机抽样。

滚雪球抽样：又称裙带抽样、推荐抽样，是一种在稀疏总体中寻找受访者的抽样方法。滚雪球抽样以若干个具有所需特征的人为最初的调查对象，然后依靠他们提供认识的合格的调查对象，再由这些人提供下一批调查对象，依次类推，样本如同滚雪球般由少变多。滚雪球抽样多用于总体单位信息不足或观察性研究的情况。这种抽样中有些分子最后仍无法找到，有些分子被提供者漏而不提，两者都可能造成误差。第一批被访者是采用概率抽样得来的，之后的被访者都属于非概率抽样，此类被访者彼此之间特征较为相似。

3. 问卷的处理及数据库建设

步骤：对问卷进行编号—对回收的问卷进行通读和检阅—计算问卷回收率和有效率—建立数据库。

回收率：回收来的问卷数量占总发放问卷数量的比重。

有效率：有效问卷数量占所有回收问卷数量的比重。

4. 问卷的数据使用

简单百分比分析：Excel 筛选。

复杂分析：SPSS 等软件辅助分析。

交叉分析：分析被调查者的基本属性与某项问题的关系。

知识点5　访谈、深度访谈与质性研究方法　【★★★★】

1. 部门访谈

部门访谈的调查方式，一般要由牵头部门陪同或开具介绍信。

主要程序：包括介绍本研究的背景及此行重点要了解的问题；受访单位负责人或相关业务人员介绍大体情况并回答重要问题；课题组其他成员提问或讨论；尽可能地收集文字材料及相关的资料；双方交换联系方式。

部门访谈的意义：①在短期内增加对相关情况的了解和掌握，尤其是宏观的把握，十分必要；②为资料、数据的获取作必要的铺垫；③访谈双方是一种互动关系，通过征求对方看法达到集思广益效果；④深入的部门访谈可以激发研究者的灵感和思路。

2. 质性研究与深度访谈

（1）质性研究

质性研究，也称为"质的研究"，是以研究者本人作为研究工具，在自然情境下采用多种资料收集方法对社会现象进行整体性探究，使用归纳法分析资料和形成理论，通过与研究对象互动对其行为和意义建构获得解释性理解的一种活动。

质性研究中，研究不仅是一种意义的表现，而且是一种意义的创造；研究不再只是对一个固定不变的"客观事实"的了解，而是一个研究双方彼此互动、相互构成、共同理解的过程。

质性研究的程序：①准备工作，包括研究课题的设计、研究对象的抽样、研究者个人因素对研究的影响、研究者与被研究者之间的关系对研究的作用以及研究者进入现场的方式；②资料收集，最常用的是深度访谈、观察和实物分析，解决的问题包括了解被研究者的所思所想、所作所为，并解释研究者所看到的物品的意义；③分析，分析过程要强调研究者从资料中发掘意义并理解被研究者，通过研究者文化客位的解释来获得被研究者主位的意义，实现理论构建；④检测和评价，对质量、效度、信度、推论和伦理道德等都有其独到的检测手段和评价标准。

（2）深度访谈

深度访谈法是质性研究中最重要的一种方法。

深度访谈的调查对象多数是被调查的个人。在开展深度访谈之前，要求调查者对该项研究已有充分的准备和把握，已形成比较成熟和详细的研究提纲和调查计划。访谈的内容尽量根据详细的研究提纲确定，要为研究提纲服务，以解决提纲中的所有问题为目标。在访谈的过程中，可能还会有新的、有趣的发现，这些新的发现应该被及时地给予重视，并吸收到研究计划中来，研究者应根据实际情况增加新的访谈内容，并对原有研究计划作出调整。

深度访谈的关键是要在与被调查者的"谈话"和互动中，构建和形成研究者的理论。这些理论以最初的被调查者为原型，经过研究人员有针对性地扩展性调查而逐渐成熟、定型。

知识点 6   研究逻辑与分析程序 【★★★】

选题"小题大做"—收集与阅读文献—确定研究框架和提纲—确定调查、研究方法与技术路线—开展系统调查—形成成果。

真题演练

2019-059 我国每五年进行一次的1%全国人口调查属于(   )。

A. 普查   B. 抽样调查   C. 典型调查   D. 个案调查

【答案】B

【解析】基本上在两次人口普查中间的年份会开展一次人口抽样调查，如1995年和2005年各地都开展了人口1%抽样调查。故B项正确。

2022-059 下列社会调查所取得的资料适用于定量分析的是(   )。

A. 开放式问卷   B. 封闭式问卷   C. 座谈会   D. 个别访谈

【答案】B

【解析】封闭式问卷可用于统计分析，属于定量分析。故B项正确。

2023-057 第七次人口普查属于以下哪种调查？(   )

A. 全面调查   B. 典型调查   C. 抽样调查   D. 个例调查

【答案】A

【解析】普查人口是按照居住所在地进行统计的，反映的是城市的居住人口状况。人口普查属于全面调查，每5年进行一次1%的全国人口调查属于抽样调查。故A项正确。

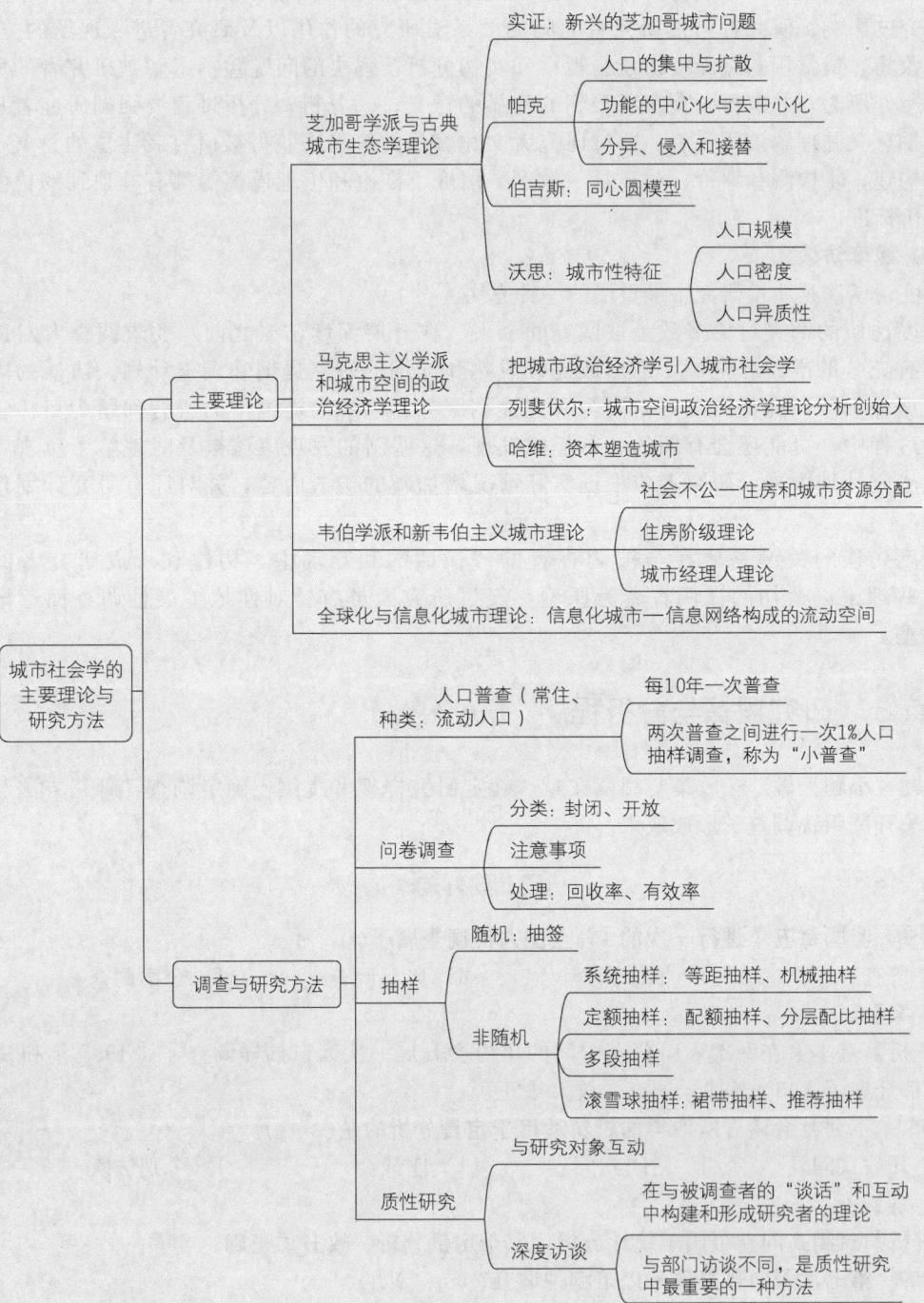

城市社会学的主要理论与研究方法

- 主要理论
  - 芝加哥学派与古典城市生态学理论
    - 实证：新兴的芝加哥城市问题
    - 帕克
      - 人口的集中与扩散
      - 功能的中心化与去中心化
      - 分异、侵入和接替
    - 伯吉斯：同心圆模型
    - 沃思：城市性特征
      - 人口规模
      - 人口密度
      - 人口异质性
  - 马克思主义学派和城市空间的政治经济学理论
    - 把城市政治经济学引入城市社会学
    - 列斐伏尔：城市空间政治经济学理论分析创始人
    - 哈维：资本塑造城市
  - 韦伯学派和新韦伯主义城市理论
    - 社会不公—住房和城市资源分配
    - 住房阶级理论
    - 城市经理人理论
  - 全球化与信息化城市理论：信息化城市—信息网络构成的流动空间
- 调查与研究方法
  - 人口普查（常住、种类、流动人口）
    - 每10年一次普查
    - 两次普查之间进行一次1%人口抽样调查，称为"小普查"
  - 问卷调查
    - 分类：封闭、开放
    - 注意事项
    - 处理：回收率、有效率
  - 抽样
    - 随机：抽签
    - 非随机
      - 系统抽样：等距抽样、机械抽样
      - 定额抽样：配额抽样、分层配比抽样
      - 多段抽样
      - 滚雪球抽样：裙带抽样、推荐抽样
  - 质性研究
    - 与研究对象互动
    - 深度访谈
      - 在与被调查者的"谈话"和互动中构建和形成研究者的理论
      - 与部门访谈不同，是质性研究中最重要的一种方法

城市社会学主要理论与研究方法

2024-057 根据《第七次全国人口普查公报》，下列关于我国流动人口概念的说法，错误的是（　　）。

    A. 指人户分离人口中扣除市辖区内人户分离的人口

    B. 指离开户口登记地半年以内的人口

    C. 包含跨省流动的人口

    D. 包含省内流动的人口

【答案】B

【解析】流动人口是指人户分离人口中扣除市辖区内人户分离的人口。其中，人户分离人口是指居住地与户口登记地所在的乡镇街道不一致且离开户口登记地半年以上的人口；市辖区内人户分离人口是指一个直辖市或地级市所辖的区内和区与区之间，居住地和户口登记地不在同一乡镇街道的人口。故 B 项错误。

2024-058 下列调查方法中，符合问卷调查特点的是（　　）。

    A. 通过小组座谈的形式，开放、互动地了解群体想法

    B. 通过统一设计、标准化的问卷获取受访者信息，便于进行量化分析

    C. 研究者积极参与到被观察的社会群体中，与其进行深入交流

    D. 研究者深入了解个体经历和态度

【答案】B

【解析】问卷调查就是把要研究的内容变成一系列的问题，通过发放和回收一定数量的问卷，对被调查者的回答进行统计总结或定量分析。故 B 项正确。

板块 3　城市人口结构与人口问题

历年考频

板块	2020 年	2021 年	2022 年	2023 年	2024 年
城市人口结构与人口问题	1	3	—	2	1

知识点 1　城市人口结构 【★★★★★】（2024 考点）

1. 人口结构的概念

人口结构，又称人口构成，是指一个国家、区域或城市内部各类人口之间的数量关系，最典型的人口结构包括人口的性别结构、年龄结构、素质结构等。

2. 人口性别比结构

（1）概念

城市人口的性别结构，即城市内男性和女性人口的组成状况，一般用人口性别比表示。

（2）指标

人口性别比一般以女性人口为 100 时相应的男性人口数来定义，其计算公式如下：

$SR = POPM/POPF \times 100$。式中，$SR$ 代表性别比，$POPM$ 代表男性人口数量，$POPF$ 代

表女性人口数量。

人口性别比大于 100，则说明男性人口多于女性人口；性别比越大，人口中男性的比重越大。正常情况下，人口性别比在 92～106 之间，婴儿出生性别比在 105 左右。

(3) 人口性别结构的问题

不合理的人口性别比会引发一系列的社会问题，也能够反映出该城市或地区发展的一些问题。

①"婚姻挤压"现象：较高的总人口性别比会导致适婚年龄段的男性婚姻困难，会形成男性初婚年龄推迟、女性初婚年龄提前、夫妻年龄差扩大的现象，造成年龄挤压和地域挤压，影响社会稳定和经济发展。"婚姻挤压"现象是不合理的性别结构引发的典型社会问题。

②反映出重男轻女的陋习。

③人口迁移或流动会导致人口性别比变化，人口迁移或流动多以青壮年男性为主。

3. 人口年龄结构

(1) 人口年龄结构的概念

即在某一时间，某一个地区或城市中各不同年龄段人口数量的比例关系，常用各年龄组人口在总人口中所占比重表示。

(2) 人口年龄分组

一岁年龄组：从 0 岁开始，统计每一岁上的人口数量及其比重。

常见年龄组：按 5 岁或 10 岁为组距对人口进行分组，如 0～4 岁、5～9 岁、10～14 岁组。

主要年龄组：0～14 岁为少年儿童组，15～64 岁为劳动年龄组，65 岁以上为老年组（国际通用标准，国内亦有按 60 岁以上人口为老年组的标准）。

特殊年龄组：根据特殊需要对人口年龄进行分组，如 0 岁为婴儿组，1～6 岁为学龄前儿童组，男 18～60 岁、女 18～55 岁为劳动年龄组，女 15～49 岁为育龄妇女人口。

(3) 人口年龄结构金字塔

按照一定要求所绘制的人口结构图，其形状类似金字塔形。绘制要求包括：纵坐标按五岁年龄组或一岁年龄组区分人口；横坐标表示各年龄组人口的数量或比例，坐标向左、右两个方向伸展，一个方向代表男性人口，另一个方向代表女性人口。从形状上来判断，人口年龄结构金字塔大致分为三种类型，即山形（扩张型/年轻型）、钟形（静止型/成年型）、坛形（收缩型/老年型）。

不同金字塔类型的特点

项目	山形（扩张型/年轻型）	钟形（静止型/成年型）	坛形（收缩型/老年型）
形状	上窄下宽，呈金字塔形	近似钟形，上下基本同宽	底部收缩，上部变宽
特点	少年儿童人口比重大，老年人口比重小	各年龄组人口比重大致均衡，人口再生产趋势稳定	少年儿童人口比重小，老年人口比重大
人口增长趋势	人口迅速增长	人口缓慢增长	人口缩减，呈负增长
主要原因	政治独立，经济发展，医疗卫生事业进步	医疗技术发达，社会福利制度完善	医疗技术进一步发展，社会福利制度进一步完善

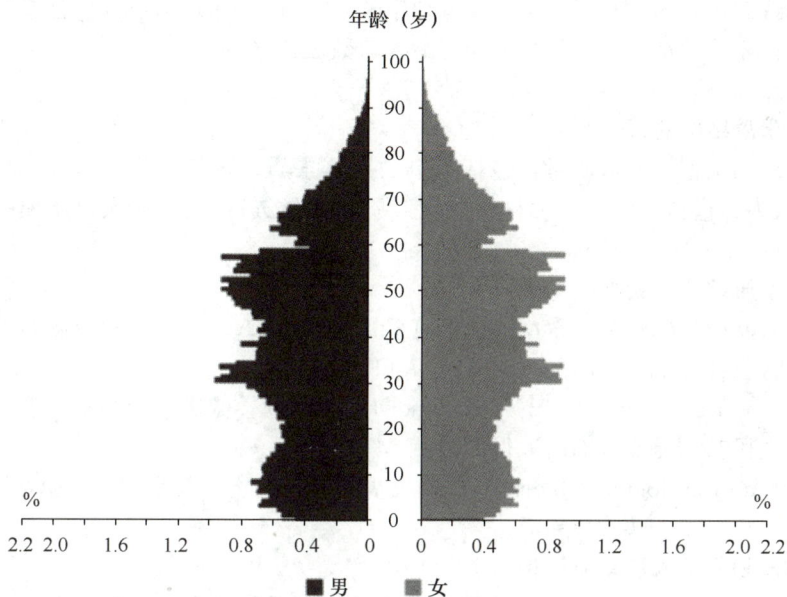

年龄（岁）

2020 年中国人口金字塔

数据来源：2020 年第七次全国人口普查

（4）人口老龄化的指标

人口年龄结构最突出的问题是人口的老龄化趋势。

衡量人口老龄化程度或人口老化程度有很多指标，较常用的包括：老龄人口比重、高龄人口比重、老少比、少年儿童比重、年龄中位数、少年儿童抚养比和老年人口抚养比。

人口老龄化的指标

类别	少年儿童	劳动年龄	老年（龄）人口	高龄人口
年龄	0～14 岁	15～64 岁	65 岁以上	80 岁以上
判断依据	少年儿童比重＜30%	60 岁以上超过 10%	老龄人口比重，65 岁以上，超过 7%	高龄人口比重

以上几种指标符合其一就算老龄化。人口老龄化指标中常考两项为 60 岁以上人口超过 10%或 65 岁以上人口超过 7%。

国际老龄化程度划分标准

类别	轻度老龄化	中度老龄化	重度老龄化
60 岁以上人口比例	10%～20%	20%～30%	＞30%
65 岁以上人口比例	7%～14%	14%～21%	＞21%

（5）相关指标定义

老龄人口比重：指 65 岁以上人口数量占本地人口数量的比重；

少年儿童抚养比：也称少年儿童抚养系数，即少年儿童人口（0～14 岁）与劳动年龄人口（15～64 岁）之比。老年人口抚养比：也称老年人口抚养系数，即老年人口（65 岁以上）与劳动年龄人口（15～64 岁）之比。少年/老年抚养比用来度量劳动力对少年儿童/老年人口的

城市社会学

329

负担程度，用百分比表示，表明每 100 名劳动年龄人口所负担的少年儿童/老年人口的数目。

总抚养比：非劳动年龄人口数与劳动年龄人口数之比（少老相加）。

4. 人口素质结构

（1）人口素质结构的概念

人口素质结构又称为人口质量，包括人口的身体素质、科学文化素质和思想素质（三分法），也有人认为只包括身体素质和科学文化素质（两分法），狭义的人口素质指居民的科学文化素质。

（2）人口素质结构的指标

衡量人口素质的指标较多，常用的包括有 POLI、ASHA、HDI 三种指数形式。

PQLI（Physical Quality of Life Index）：人口素质指数。

ASHA（American Social Health Association）：美国社会健康学会指标，反映社会经济发展水平在满足人民基本需要方面所取得的成就。

HDI（Human Development Index）：人类发展指数，测定发展中国家摆脱贫困状态程度的一个综合指标，也可以反映人口素质。

（3）城市规划中的人口素质结构

在城市规划中，人口素质一般指的是狭义的人口素质概念，即居民的科学文化素质，一般用居民的文化教育水平来衡量。

文盲、半文盲人口和大学以上学历人口实际上反映了一个城市或地区人口素质结构的两个极端，前者与失业人口密切相关，后者与本城市或地区高新技术产业的发展息息相关。中等教育学历水平的人口则反映了一般意义上的义务教育的普及水平，与职业技术教育关系较大。

非正规就业：未签订劳动合同，但已形成事实劳动关系的就业行为。

知识点 2　城市人口的社会问题 【★★★★★】

1. 人口老龄化问题

中国老龄化的四个显著特点：少子老龄化、重度老龄化（老龄化＞15％）、长寿老龄化、快速老龄化。

老龄化对经济社会的影响：①加大了老年抚养比，加重劳动人口的负担；②用于老年社会保障的费用大量增加，增加地方政府负担；③对地区经济增长和劳动生产率提高产生消极影响，对储蓄、投资、消费、产业结构、劳动力市场调整产生影响；④产业结构面临调整。

2. 流动人口问题

流动人口对流入城市产生了巨大的影响。

积极影响：为流入城市的建设提供了大量的劳动力，推动产业发展，促进消费市场扩张与经济增长；流动人口加快了信息和文化的交流，促进城市文化多样性发展，加速知识传播和技术扩散，提升城市整体劳动生产率；大量农村人口向城市迁移直接推动了城市规模扩张和基础设施完善，加快了城市化进程，方便了城市居民的生活。

消极影响：公共资源与治理挑战，短期内可能加剧交通拥堵、教育资源紧张等问题；社会融合与冲突并存，文化差异可能导致价值观冲突；流动人口在子女教育、医疗服务、住房保障等方面面临一些困难；加剧了人口流出地的城市收缩与衰落。

3. 人口失业问题

由于人口规模结构、经济基础、产业结构等方面的不同，各地失业问题的程度、特征和趋势具有一定的差异性。城镇登记失业率反映的是城镇登记失业人员与城镇单位就业人员（扣除使用的农村劳动力、聘用的离退休人员、港澳台及外方人员）、城镇单位中的不在岗职工、城镇私营业主、个体户主、城镇私营企业和个体就业人员、城镇登记失业人员之和的比。值得指出的是，各地区城镇登记失业人员只能反映城镇失业人口的一部分，而且是一小部分。据有关研究估计，城镇登记失业人口数占总失业人口的比例只有20%~30%，还有大量的失业人口没有被纳入统计范围，如下岗人员、已经以各种方式进入城镇但没有就业岗位的农民等。

人口失业的原因：①结构性失业，即由于产业结构调整，部分产业出现下滑与衰退现象，造成原从业人员大量失业。代表地区：东北地区、上海（20世纪90年代）。②摩擦性失业：即频繁地更换工作所造成的间歇性失业，是市场经济模式下人力资源配置过程中必然存在的现象。代表地区：上海等经济发达地区。③贫困性失业：即由于地区经济发展活力不足，创造的就业岗位有限，无法满足就业需求，导致一部分人因找不着工作而失业。代表地区：西部欠发达地区。

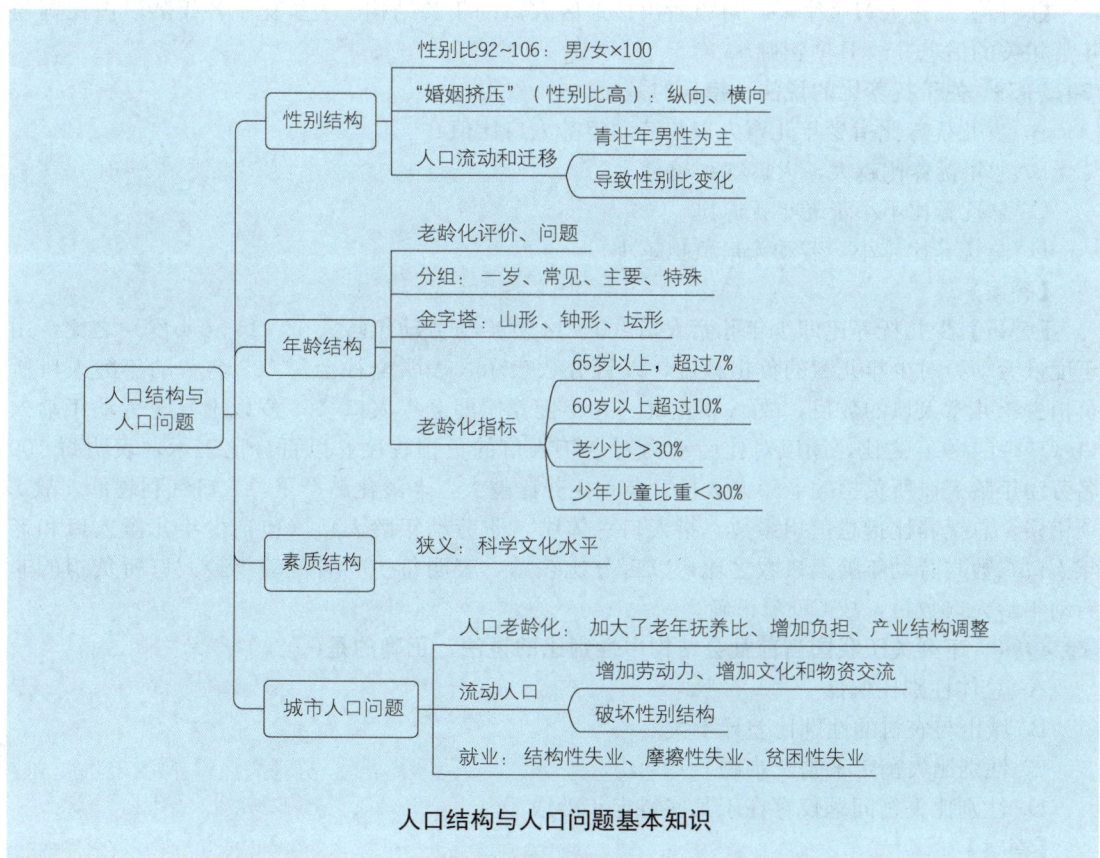

人口结构与人口问题基本知识

真题演练

2020-069 就上海等经济发达的地区而言，失业主要为（　　）。

A. 结构性失业　　　　B. 摩擦性失业　　　　C. 贫困性失业　　　　D. 福利性失业

【答案】B

【解析】上海等经济发达地区人口失业主要为摩擦性失业，也兼有部分结构性失业。故B

项正确。

2021-059 下列关于我国当代社会结构特征的表述错误的是( )。

A. 家庭结构趋于小型化

B. 老年抚养比不断增长

C. 出生人口性别比持续偏低

D. 中产阶层增加

【答案】C

【解析】我国自 20 世纪 80 年代开始出生人口性别比例持续偏高，自 2010 年后比例有缓慢下降趋势，从第七次全国人口普查数据看，性别比正在逐渐回归正常。故 C 项错误。

2023-057 在社会学中，通过人口金字塔可判断这个地区人口的( )。

A. 职业结构   B. 年龄结构

C. 素质结构   D. 收入结构

【答案】B

【解析】通过人口金字塔，可以看出该地区人口的年龄结构、老少比、各年龄段占比等与年龄相关的信息。故 B 项正确。

2023-059 关于抚养比的说法，错误的是( )。

A. 少儿抚养比指少年儿童人口与劳动年龄人口比值

B. 老年抚养比越大，人口红利越高

C. 总抚养比不小于老年抚养比

D. 总抚养比越小，劳动人口负担越小

【答案】B

【解析】少儿抚养比即少年儿童人口（0～14 岁）与劳动年龄人口（15～64 岁）之比，用于度量劳动力对少年儿童的负担程度，以百分数表示，表明全社会每 100 名劳动年龄人口所负担少年儿童人口的数目，故 A 项正确。老年抚养比即老年人口（65 岁以上）与劳动年龄人口（15～64 岁）之比，用以对比劳动力对老年人口的负担程度，以百分比表示，表明每 100 名劳动年龄人口所负担的老年人数目。老年抚养比越大，老龄化越严重，人口红利越低，故 B 项错误。总抚养比指总负担系数，指人口总体中，非劳动年龄人口（包括少年儿童人口和老年人口）数与劳动年龄人口数之比，以百分比表示，表明每 100 名劳动年龄人口所负担的非劳动年龄人口数目，故 CD 项正确。

2024-060 下列关于我国当前社会结构中性别比的说法，正确的是( )。

A. 总体性别比偏低

B. 城市与农村的性别比差异不大

C. 性别比失衡带来婚配难题

D. 性别比失衡问题仅存在于某些特定年龄段

【答案】C

【解析】我国当前性别比约为 103.47，偏高，男性人口多于女性人口，故 A 项错误。我国城市与农村的性别比差异较大，城市人口性别比普遍大于农村，部分城市人口性别比低于100，故 B 项错误。性别比失衡是一个广泛存在的问题，可能在某个年龄段更明显，但并不是仅限定于特定年龄，故 D 项错误。

板块 4　城市社会阶层与社会空间结构

历年考频

板块	2020 年	2021 年	2022 年	2023 年	2024 年
城市社会阶层与社会空间结构	—	1	2	—	1

知识点 1　城市社会阶层 【★★★★★】（2024 考点）

1. 城市社会分层

社会分层是指建立在法律或规则和结构基础上的、已经制度化的比较持久稳定的社会不平等体系，即当社会不平等已经形成为结构或制度化以后，才会出现社会分层，当制度化以后，社会不平等就会在社会活动中不断地被生产出来。社会分层是结构化、制度化了的社会不平等。

社会分层就是按照一定的标准将人们区分为高低不同的等级序列。

社会分层的最基本的理论模式和分析框架包括以下两种：

卡尔·马克思阶级理论：揭示了私有制下社会不平等的根源。其核心内容包括：①阶级的产生，即阶级是私有制的产物。②划分阶级的标准，即对生产资料的占有关系以及在生产方式中所起的作用与领取社会财富的方式、数量。③阶级的内部关系，即阶级内部利益的一致性和共同的阶级意识。④阶级与阶层，阶级内部的各个阶层在利益、价值观和政治倾向上有所不同；私有制社会中各阶级之间的关系，存在经济剥削与政治压迫，存在阶级冲突和阶级斗争。⑤阶级的消灭，随着生产力的发展、公有制的建立，阶级最终走向消亡。新马克思主义最重要的代表人物埃里克·赖特认为，阶级不能简易地定义为某种职业分类，而是一种控制投资、决策制定、他人的工作和自己工作的社会关系，应该将马克思的阶级结构概念发展为一种令人满意的操作化形式，并利用这种操作化定义对当前西方国家社会阶级结构的特征进行描述。

马克斯·韦伯多元社会分层理论：韦伯提出划分社会层次结构的三重标准，即财富（经济标准）、威望（社会标准）和权力（政治标准）。以上三条标准既互相联系，又可以独立作为划分社会层次的标准。

2. 城市社会阶层分异的动力

收入差异与贫富分化：收入差距是导致贫富分化和社会分层最直接的原因，由经济状况上的贫富差距而导致生活方式的变化和社会生活状况的差异。

职业的分化：职业的功能导致职业地位和职业声望的差异，进而导致社会阶层的差异。

分割的劳动力市场：工作竞争、二元劳动力市场都是分割劳动力市场理论的重要组成部分。二元劳动力市场指劳动力市场可以被分为两个部门，即初级市场和次级市场，它们之间很少发生人员流动。初级市场提供的工作具有的特征包括：高工资、良好的工作环境和提升机会、就业的稳定性，工作规则的处理是公平的、有适当程序的。次级市场的工作收入低，工作环境差，几乎没有提升机会，就业不稳定，工人和监督者之间的关系过分人格化，具有严酷、专断的工作纪律。如此，工作的特点直接导致了社会的分层。

权利的作用和精英的产生："市场转型精英再生论"认为市场经济转型导致了以再分配经济为基础的精英地位的衰落，产生了新的分层机制和新的精英阶层，而这一阶层的成员并非是来自旧体制下的精英。"权力持续精英循环论"认为再分配经济体制下形成的分层机制具有延续性，昔日的精英在市场转型中将继续处于优势阶层地位。

3. 中国城市社会结构

（1）中国城市社会结构的特征

中国社会阶层的基本结构由五个社会经济等级和十个社会阶层组成。

（2）中国城市社会结构问题

社会分层发展导致贫富差距与社会稳定的问题。

市场经济发展的一个产物就是城市新富裕阶层的出现和中产阶层的成长。中产阶层是指收入水平在社会收入层次分布中处于中间位置、社会地位在社会权力分布的层次中也处于中间位置、受教育水平较高的非体力劳动者。从社会结构形态上来看，两极社会是哑铃形的社会结构，而以中产阶级为主的社会是菱形的社会结构。两极社会更多地意味着社会冲突和社会对抗的发生。中产阶层的壮大会逐渐消除两极社会的不良影响。

知识点 2　城市社会空间结构 【★★★★】

1. 城市社会空间结构的概念

城市社会空间结构，简单地说就是城市社会结构在空间上的投影。城市社会空间结构也可定义为，在一定的经济、社会背景和基本发展动力下，综合了人口变化、经济职能的分布变化以及社会空间类型等要素而形成的复合型城市地域形式。

关注城市空间是很多学科共同的特点，如建筑学、地理学、经济学和社会学，但它们的侧重点有所不同。建筑学主要强调实体空间；经济学实际上偏重于解释城市空间格局形成的经济机制；地理学和社会学主要强调土地利用结构，以及人的行为、经济和社会活动在空间上的表现。相对而言，地理学和社会学关注的城市空间更接近城市社会空间结构的概念。

2. 城市社会空间：隔离、分异与空间极化

城市社会隔离：表现在城市生活中最明显的是居住隔离。即对于一个特定的团体或社会群体而言，其居住分布区是由两个或两个以上有一定空间距离的地区组成，在中间地区没有该团体居住。

城市社会空间分异：城市社会要素在空间上明显的不均衡分布的现象。

空间极化：城市的贫困阶层和富裕阶层在空间上的分化就是城市社会的空间极化现象。

3. 城市社会空间结构模式

最早在城市地理学中使用的模型，是由芝加哥学派在 20 世纪 20 年代引入的。

① 伯吉斯——同心圆模型：1925 年，伯吉斯根据芝加哥的土地利用结构提炼了著名的同心圆模型。环带Ⅰ代表中央商务区（CBD），是城市商业、社会和文化生活的焦点。这里土地价格最高，仅那些利润足以支付所需土地租金的活动分布在此。环带Ⅱ是离 CBD 最近的过渡地带。环带Ⅲ是独立的工人居住地带。环带Ⅳ是较好的住宅区分布地带，分布有私人住宅和公寓群，是中产阶级的家园，辅助性的商业中心得以发展。环带Ⅴ是通勤地带，与 CBD 之间

的通勤时间为 30～60min，这里是郊区单身家庭宿舍的集中分布地带。除上述五个地带以外，还有周围的农业地带以及城市的宽广腹地。

② 侵入—演替理论：在伯吉斯的同心圆模型中，大量的外来移民最初进城时居住在求职及生活便利的 CBD；随着人口压力的增大，房租上升，居住环境恶化，市中心区的人口便纷纷向外迁移；低收入住户向较高级的住宅地带入侵而较高级的住户则向外迁移并入侵更高级的住宅地带，迁居就像波浪一样向外传开，这就是著名的人口迁居的侵入—演替理论。

③ 霍伊特——扇形模型：人口迁移的过滤理论来自霍伊特的扇形模型。此模型的前提是，围绕着城市中心，混合性的土地利用得到发展，而且随着城市的扩展，每类用地以扇形的方式向外扩展。高租金的居住区沿着交通线发展，或向能躲避洪水的高地发展，或向空旷地区发展，或沿着无工业的湖滨、河岸发展。低租金的居住区则被限制在荒废的、最令人不满的居住环境中发展。中等状况的居住区位于高租金居住区的两边。扇形模型的缺点在于过分强调地带的经济特征而忽视其他的诸如种族类型等重要的因素，但它因增加了方向的概念而被认为是同心圆模型的延伸和发展。

④ 哈里斯和乌尔曼——多核心模型：多核心模型与现实更为接近。1945 年，哈里斯和乌尔曼观察到多数大城市的生长并非围绕单一的 CBD，而是综合了多个中心的作用，因此提出城市土地利用结构的多核心模型。多核心模型的价值在于其对城市生长多核心本质的清晰认识。

⑤ 费孝通——差序格局与团体格局：由我国学者费孝通最早提出。

差序格局：中国乡土社会以宗法群体为本位，人与人之间的关系是以亲属关系为主轴的网络关系，是一种差序格局。在差序格局下，每个人都以自己为中心结成网络。这就像把一块石头扔到湖水里，以这个石头（个人）为中心点，在四周形成一圈一圈的波纹，波纹的远近可以标示社会关系的亲疏。

团体格局：西方社会以个人为本位，人与人之间的关系，好像是一捆柴，几根成一把，几把成一扎，几扎成一捆，条理清楚成团体状态。每一根柴也可以找到同把、同扎、同捆的柴，分扎清晰。

4. 相关概念

恩格尔系数：即食品支出总额占个人消费支出总额的比重。家庭收入越少，家庭收入中（或总支出中）用来购买食物的支出所占的比例就越大；家庭收入的增加，家庭收入中（或总支出中）用来购买食物的支出比例则会下降，一个家庭或国家的恩格尔系数越小，就说明这个家庭或国家经济越富裕。

基尼系数：是国际上通用的、用以衡量一个国家或地区居民收入差距的常用指标之一。即在全部居民收入中，用于进行不平均分配的那部分收入占总收入的百分比。社会中每个人的收入都一样、收入分配绝对平均时，基尼系数是 0；全社会的收入都集中于一个人、收入分配绝对不平均时，基尼系数是 1。现实生活中，两种情况都不可能发生，基尼系数的实际数值只能介于 0～1 之间。基尼系数越接近 0，表明收入分配越是趋向平等。基尼系数小于 0.2 时，居民收入过于平均，0.2～0.3 较为平均，0.3～0.4 比较合理，0.4～0.5 差距过大，大于 0.5 时差距悬殊。

5. 中国城市社会空间结构

(1) 中国城市社会空间结构模式

计划经济时期，中国城市社会空间结构模式的最大特点是相似性大于差异性。从中心向外依次是中心商业区或中央商务区、城市中心区、近郊区内沿、近郊区外缘、都市区内沿、都市区外缘。20世纪80年代（计划经济后期），居民不断外迁致使中心区人口呈现负增长，出现了居住郊区化的现象，这一阶段的郊区化多是因为旧城改造居民被迫搬迁，多数是被动式。

市场转型时期（20世纪90年代），中国城市内部空间结构模式更为复杂，差异性大于相似性，带有多中心结构的特点，整体上表现出明显的异质性特征。城市最中心仍然是中心商业区或中央商务区，有更多的居民外迁，人口负增长速度更快，但中心区仍然是人口密集、居住拥挤的居住区；近郊区及都市区的交通便利之处出现了别墅区；郊区兴建大量经济适用房、大型超市以及区域性购物中心。

（2）中国城市社会空间结构动力

改革开放以后，中国城市社会空间结构的形成和发展，既有来自经济层面的动力，也有来自社会、政府和居民个体层面的动力。

经济层面上，地方和外来资金投入提供了城市社会空间结构发展的经济保证，推动"退二进三"式的功能置换。

政策及政府行为的层面上，城市规划本身就是针对城市空间发展的一项政府调控，直接参与城市空间塑造。

市场经济体制的确立与完善，推动了城市住房制度改革，居民收入增长和收入差距加大，以及职业类型的多样化发展。转型期社会空间结构的形成与发展还体现出流动人口集聚特征。

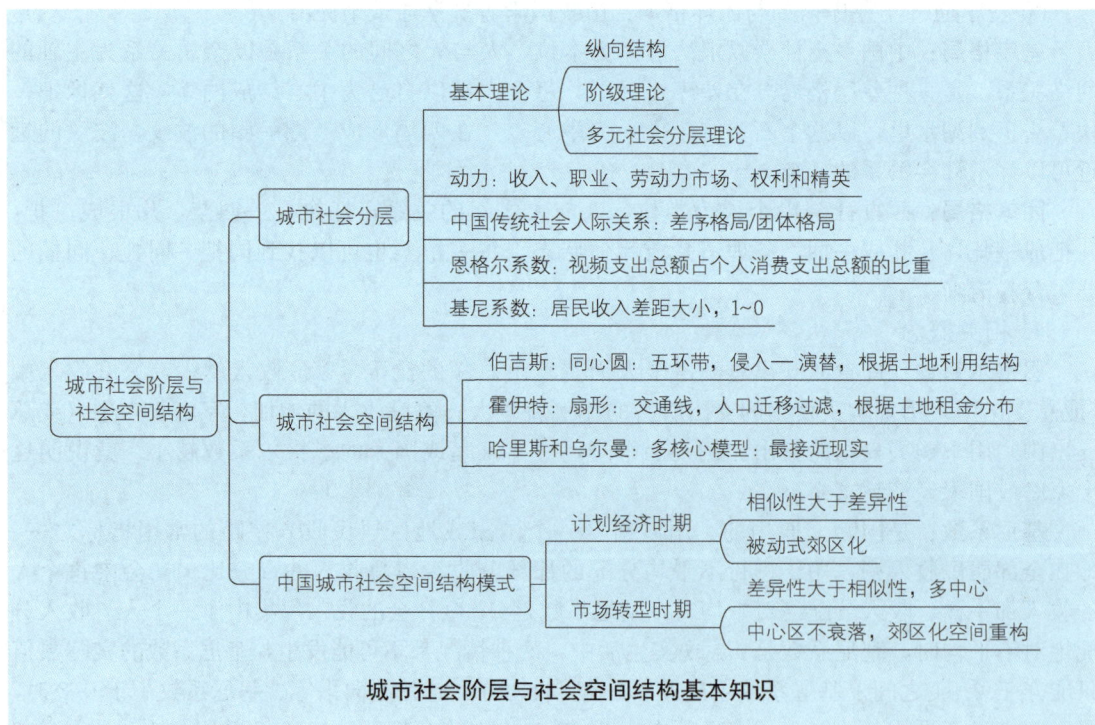

城市社会阶层与社会空间结构基本知识

真题演练

2019-044 下列人物与其代表性学说的关联，正确的是（　　）。

A. 乌尔曼——城市边缘区

B. 哈里斯——都市扩展区

C. 伯吉斯——同心圆模型

D. 乌温——扇形模型

【答案】C

【解析】哈里斯和乌尔马提出了多核心模型；霍伊特提出了扇形模型；伯吉斯提出了同心圆模型。故 C 项正确。

2021-056 恩格尔系数越小，反映出该地区的(　　)。

A. 生活水平越高
B. 生活水平越低
C. 收入差距越大
D. 收入差距越小

【答案】A

【解析】恩格尔系数是国际上常用的一种测定贫困线的方法，指居民家庭中食物支出占消费总支出的比重，它随家庭收入的增加而下降，即恩格尔系数越小就越富裕，生活水平就越高。故 A 项正确。

2022-055 最早提出"差序格局"用以描述中国传统社会人际关系的学者是(　　)。

A. 晏阳初
B. 梁漱溟
C. 费孝通
D. 李景汉

【答案】C

【解析】"差序格局"由我国学者费孝通提出，指中国乡土社会以宗法群体为本位，人与人之间的关系是以亲属关系为主轴的网络关系，是一种差序格局。每个人都以自己为中心结成网络，波纹的远近可以标示社会关系的亲疏。故 C 项正确。

2024-059 下列城市建设活动，不会带来城市社会空间结构性变化的是(　　)。

A. 建设城市新区
B. 加密城市路网
C. 产业"退二进三"
D. 老城更新改造

【答案】B

【解析】城市社会空间结构是指在一定的经济、社会背景和基本发展动力下，综合了人口变化、经济职能的分布变化以及社会空间类型等要素而形成的复合型城市地域形式。ACD 项均可造成改变人口、经济分布，进而使城市社会空间结构的基础条件发生变化，从而影响城市社会空间结构发生变化。

板块 5　城市社区

历年考频

板块	2020 年	2021 年	2022 年	2023 年	2024 年
城市社区	1	1	—	1	1

知识点 1　社区与邻里的概念　【★★】

1. 邻里的概念与类型

邻里（Neighborhood）：是一种在地缘关系的基础上，结合了友好交往和亲缘关系而形成的共同生活的典型的初级社会群体。

邻里的类型：①独裁邻里，有明确名称但没有准确边界的一般地域体。②物理邻里，有清晰边界的更加明确的环境。③均质邻里，在环境特征和自然特征上十分明确并具有内部均质性。④功能邻里，由于特殊的活动类型（如学习或工作）而联合的地区。⑤社区邻里，包含参与主要社会互动的近亲团体邻里。

2. 社区的概念与特征

社区：存在于以相互依赖为基础的具有一定程度社会内聚力的地区，指代与社会组织特定方面有关的内部相关条件的集合。

社区的特征：①"地区"代表了社区的"物质尺度"，它是一个有明确边界的地理区域；②"社会互动"代表了社区的"社会尺度"，即在该区域内生活的居民在一定程度上进行的沟通和互动，这也是社区不同于邻里的地方；③"共同纽带"代表了社区的"心理尺度"，也就是居民对社区心理上的依赖，即心理的认同和归属感。

知识点2　社区的归属感　【★★★】

1. 社区归属感的概念
城市社区的归属感是城市居民对本社区的认同、喜爱、依恋的心理感觉。

2. 社区归属感的影响因素
一般而言，影响居民社区归属感的原因可能会涉及以下五个方面的因素：①居民对社区生活条件的满意程度，在很大程度上决定社区成员的心理归属感，而对社区生活条件的评估将导致不同程度的社会满足感；②居民的社区认同程度，居民越喜爱和依恋某社区则越愿把自己看成该社区的成员；③居民在社区内的社会关系，在社区内的同事、朋友、亲戚越多，社区归属感越强；④在社区内的居住年限，年限越长，居民的社区归属感越强；⑤居民对社区活动的参与，无论正式活动还是非正式活动，参与都有助于增强归属感。

调查和研究结果发现：城市居民的综合社区满意度与其社区归属感之间高度正相关，城市居民的综合社区满意度指标可以在很大程度上反映其社区归属感的整体状况。总之，城市居民的社区归属感直接来自于他们从社区日常生活中所感受到的满足感，这对其社区归属感的形成着决定性的作用。

3. 现代社会中的社区归属感
现代社会中，社区归属感的强弱取决于年龄、受教育程度、居住年限等。随着信息时代尤其是互联网时代的到来，对居民来说城市社区的空间区位变得相对次要，而心理的归属感愈发重要。除了社区所建设的网络社区以外，虚拟社区在现代社会中得到了广泛的应用。网络社区主要是基于互联网平台构建的社区，侧重于人们通过网络技术手段，如论坛、社交网络平台（例如微博、微信朋友圈等）、在线游戏社区等聚集在一起，互动方式主要是基于文字、图片和简单的视频。虚拟社区更强调"虚拟"的概念，指在数字空间中构建的高度模拟现实社区的场景。它不仅局限于文字交流，还可以包括虚拟形象、虚拟场景等元素。网络社区和虚拟社区的优势有助于促进社区居民的公众参与，也有助于培养归属感。

4. 社区的组织管理
（1）城市社区组织管理体系的特点
①组织管理机构健全，权限职责清晰；②非政府组织非营利组织在社区发展中具有重要作用；③社区志愿者组织的作用举足轻重。

（2）社区组织管理与民主和服务的关系

西方学者有一种代表性的观点认为，社区组织是公民社会的民主基础，特别是参与式民主的主要动力和有力的组织形式，它可以弥补西方国家代表制民主的许多不足。社区服务是一个社区为满足其成员物质和精神生活需要而进行的社会性福利服务活动，也是社区组织管理的一个重要方面。

5. 中国城市社区的发展

（1）中国城市社区组织的演变历程

① 20 世纪 50 年代，社区和单位并重；②20 世纪 60－70 年代，社区单位化、单位社区化；③20 世纪的 80 年代及以后，城市中的单位社会逐渐萎缩，社区组织回归主导地位，"非单位化"社区发展。

（2）中国城市社区组织管理的创新

社区自治的特征：①主体是居民；②核心是居民权利表达与实现的法治化、民主化、程序化；③对象包括与居民权利有关的所有活动和所有事务。

社区居民自治的意义：①有利于扩大公民的政治参与，加强基层民主建设；②是一种管理成本较低的体制创新；③是社区建设的要求。

知识点 3 相关文件补充 【★★★★★】

1. 《中共中央 国务院关于加强和完善城乡社区治理的意见》

城乡社区：社会治理的基本单元。

社区治理：以基层党组织建设为关键、政府治理为主导、居民需求为导向、改革创新为动力，完善城乡社区治理体制。

健全完善城乡社区治理体系：①充分发挥基层党组织领导核心作用；②有效发挥基层政府主导作用；③注重发挥基层群众性自治组织基础作用；④统筹发挥社会力量协同作用。

不断提升城乡社区治理水平：①增强社区居民参与能力；②提高社区服务供给能力；③强化社区文化引领能力；④增强社区依法办事能力；⑤提升社区矛盾预防化解能力；⑥增强社区信息化应用能力。

着力补齐城乡社区治理短板：①改善社区人居环境；②加快社区综合服务设施建设；③优化社区资源配置；④推进社区减负（基层群众性自治组织）增效；⑤改进社区物业服务管理。

2. 《中华人民共和国城市居民委员会组织法》

居民委员会是居民自我管理、自我教育、自我服务的基层群众性自治组织。不设区的市、市辖区的人民政府或者它的派出机关对居民委员会的工作给予指导、支持和帮助，居民委员会协助不设区的市、市辖区的人民政府或者它的派出机关开展工作。

3. 《中共中央 国务院关于加强基层治理体系和治理能力现代化建设的意见》

健全基层群众自治制度包括加强村（居）民委员会规范化建设、健全村（居）民自治机制、增强村（社区）组织动员能力、优化村（社区）服务格局。

4. 《国家基本公共服务标准（2021 年版）》

国家基本公共服务具体保障范围和质量要求包括幼有所育、学有所教、劳有所得、病有所医、老有所养、住有所居、弱有所扶、优军服务保障、文体服务保障 9 个方面。

5.《扎实推动共同富裕》(《求是》2021 年第 20 期)

我们说的共同富裕是全体人民共同富裕,是人民群众物质生活和精神生活都富裕,不是少数人的富裕,也不是整齐划一的平均主义。

要深入研究不同阶段的目标,分阶段促进共同富裕。到"十四五"末,全体人民共同富裕迈出坚实步伐,居民收入和实际消费水平差距逐步缩小。到 2035 年,全体人民共同富裕取得更为明显的实质性进展,基本公共服务实现均等化。到 21 世纪中叶,全体人民共同富裕基本实现,居民收入和实际消费水平差距缩小到合理区间。

6.《中共中央 国务院关于做好 2022 年全面推进乡村振兴重点工作的意见》

加强农村基层组织建设。健全党组织领导的自治、法治、德治相结合的乡村治理体系,推行网格化管理、数字化赋能、精细化服务。

7.《中共中央 国务院关于加强基层治理体系和治理能力现代化建设的意见》

加强基层政权治理能力建设:①增强乡镇(街道)行政执行能力;②增强乡镇(街道)为民服务能力;③增强乡镇(街道)议事协商能力;④增强乡镇(街道)应急管理能力;⑤增强乡镇(街道)平安建设能力。

健全基层群众自治制度:①加强村(居)民委员会规范化建设;②健全村(居)民自治机制;③增强村(社区)组织动员能力;④优化村(社区)服务格局。

8.《自然资源部关于加强规划和用地保障支持养老服务发展的指导意见》

保障养老服务设施规划用地规模。各地要强化国土空间规划统筹协调作用,落实"多规合一",在编制市、县国土空间总体规划时,应当根据本地区人口结构、老龄化发展趋势,因地制宜提出养老服务设施用地的规模、标准和布局原则。对现状老龄人口占比较高和老龄化趋势较快的地区,应适当提高养老服务设施用地比例。

统筹落实养老服务设施规划用地。编制详细规划时,应落实国土空间总体规划相关要求,充分考虑养老服务设施数量、结构和布局需求,对独立占地的养老服务设施要明确位置、指标等。

明确用地规划和开发利用条件。敬老院、老年养护院养老院等机构养老服务设施用地一般应单独成宗供应,用地规模原则上控制在 $3hm^2$ 以内。鼓励养老服务设施用地兼容建设医卫设施,用地规模原则上控制在 $5hm^2$ 以内。

9.《"十四五"新型城镇化实施方案》

强化随迁子女基本公共教育保障。保障随迁子女在流入地受教育权利,以公办学校为主将随迁子女纳入流入地义务教育保障范围。

完善农业转移人口市民化配套政策。推动中央预算内投资安排向吸纳农业转移人口落户多的城市倾斜,中央财政在安排城市基础设施建设、保障性住房等资金时,对吸纳农业转移人口多的地区给予适当支持,省级政府制定实施相应配套政策。在人口集中流入地区优先保障义务教育校舍建设和保障性住房建设用地需求。

完善城市住房体系。坚持房子是用来住的、不是用来炒的定位,建立多主体供给、多渠道保障、租购并举的住房制度,实城市政府主体责任,稳地价、稳房价、稳预期。以人口流入多的大城市为重点,扩大保障性租赁住房供给,着力解决符合条件的新市民、青年人等群体住房困难问题。

真题演练

2021-063 下列关于社区规划的表述中,错误的是(　　)。

A. 公众参与是社区规划的基础

B. 社区规划是改善社区环境,提高社区生活质量的过程

C. 社区规划需要有效整合和挖掘社会资源

D. 解决居住隔离不属于社区规划考虑范畴

【答案】D

【解析】合理配置城乡居民点从某种程度上可以解决居住隔离问题,故 D 项错误。

2021-060 《中共中央 国务院关于加强基层治理体系和治理能力现代化建设的意见》中提出,要健全(　　)自治机制。

A. 村(居)民

B. 村民小组

C. 村(居)民委员会

D. 业主大会

【答案】A

【解析】根据《中共中央 国务院关于加强基层治理体系和治理能力现代化建设的意见》健全基层群众自治制度,健全村(居)民自治机制。故 A 项正确。

2021-090 党的十九届六中全会提出加速"共同富裕",下列对共同富裕说法正确的是(　　)。(多选)

A. 是全体人民的富裕

B. 是物质生活和精神生活都富裕

C. 是分阶段促进同等富裕

D. 是分阶段促进均等富裕

E. 是分阶段促进共同富裕

【答案】ABE

【解析】我们说的共同富裕是全体人民共同富裕,是人民群众物质生活和精神生活都富裕,不是少数人的富裕,也不是整齐划一的平均主义。故 CD 项错误。

2022-061 根据《中共中央 国务院关于做好 2022 年全面推进乡村振兴重点工作的意见》,健全党组织领导的(　　)相结合的乡村治理体系。

A. 自治、法治、德治

B. 政治、自治、法治

C. 自治、德治、智治

D. 德治、法治、智治

【答案】A

【解析】根据《中共中央 国务院关于做好 2022 年全面推进乡村振兴重点工作的意见》,健全党组织领导的自治、法治、德治相结合的乡村治理体系,推行网格化管理、数字化赋能、精细化服务。故 A 项正确。

2024-062 下列要素中,不属于社区规划必须考虑的是(　　)。

A. 道路交通

B. 环境保护

C. 生态修复

D. 公共设施

【答案】C

【解析】社区规划通过公众参与从而有效地利用(整合和挖掘)社区资源,合理配置生产力和城乡居民点,改善社区环境,提高社区的生活质量。生态修复不是社区层面要处理的问题,故 C 项不属于。

板块 6　城市规划的公众参与

历年考频

板块	2020 年	2021 年	2022 年	2023 年	2024 年
城市社区	—	1	1	1	—

知识点 1　城市规划公众参与的作用 【★★】

1. 公众参与使城市规划有效应对利益主体的多元化

在城市规划和建设中，处理日趋复杂的社会关系，需要引入公众参与制度，采用社会化的公共管理方式，以鼓励利益各方参与规划，通过相互磋商妥善解决问题。公众广泛参与涉及切身利益城市规划，能够促使政府与其他社会主体相互协调、不同利益团体相互平衡，规范市场秩序，维护社会稳定，从而使规划成为政府实施城市建设的有效手段。当前城市规划必须面对经济全球化、信息一体化的宏观背景，以及"以人为本"的规划理念，需要引入公众参与机制来实现城市规划的"人文关怀"。

2. 公众参与能够有效体现城市规划的民主化和法治化

① 基于城市规划民主化的公众参与是民主政治的需要和核心问题。市民参与城市规划工作既是对自身合法权益的保护，又是个人民主权利的最佳体现，因而政府在城市规划工作中吸收公众参与是最直接和最易于实施的民主政治形式。

② 公众参与可以保障公民的基本权利，是实现民主决策的保障。在城市规划中，重视公众参与，可以保障公民行使其基本权利。

③ 民主的成熟度会影响城市规划公众参与的效果，公众参与的热情取决于民主的成熟度。一方面，经济的发展特别是财产权保障能使民众具有独立于行政组织之外的独立人格，使其意见表达不受某个政体或利益集团的影响；另一方面，上层建筑的发展特别是法制的健全能营造出开放的、尊重民意的环境，赋予公众以知情权、参与权和管理权。

④ 重视城市规划的公众参与也能进一步体现城市规划的法治化。

3. 公众参与将导致城市规划的社会化

4. 公众参与可以保障城市空间实现利益的最大化

知识点 2　城市规划公众参与的主要理论 【★★】

西方城市规划公众参与经历了物质形态建设规划、数理模型规划和社会发展规划几个阶段。规划工作的视角逐渐由宏观转向微观，由鸟瞰的专家角度转向市民的角度，由理论性、专业性和集中的权力转向自然、具体、由下至上的探索。

在物质形态建设规划阶段，公众参与仅限于了解和聆听，规划部门根据公众提出的意见对规划加以修改，经采纳后付诸实施。

在数理模型阶段，由于公众很难理解复杂而抽象的数学模型，公众参与仅限于学术机构和研究机构的"精英层次"。

在社会发展规划阶段。1962年，戴维多夫（Davidoff）和瑞纳（Reiner）发表了《规划的选择理论》（*A Choice Theory of Planning*）一文，从多元主义出发来建构城市规划中公众参与的理论基础。他们认为，规划的整个过程都充满着选择，而任何选择都是以一定的价值判断为基础的，规划师不应以自己的判断来决定社会的选择，因为这是规划师的价值观，而不是社会大众的判断。规划师并不能担当这样的职责，而且这样做也不具有合法性。因此，规划的终极目标应当是扩展选择和选择的机会。

以此理论为基础，戴维多夫又提出"倡导性规划"（Advocacy Planning）。他认为，从社会政治学角度来看，规划师应该正视社会价值的分歧，并选择与社会底层人士相同的价值观。规划师一方面要成为他们的政治倡导者，另一方面又为他们提供规划的技术知识。城市规划应将城市社会各方面的要求、价值判断和愿望结合在一起，在不同群体之间进行充分的协商，为今后各自的活动进行预先协调，最后通过一定的法律程序形成规范其活动的"契约"。

1969年，安斯汀（Arnstein）发表了《市民参与的梯子》（*A Ladder of Citizen Participation*）一文，被视为公众参与的最佳指导文章。在该文中，她把参与的梯子分为八级，归纳为三类。梯子最下的一段叫"不是参与的参与"（Nonparticipation），有两级。最底的是"操纵（Manipulation）"，其上一级是"治疗"（Therapy）。梯子中段是"象征性参与"，共三级。先是"通知"（Inforation），再上是咨询（Consultation），更上是"安抚"（Placation）。梯子最上是"实权的参与"，共三级，先是"伙伴关系"（Partnership），再高是"代理权"（Delegated-power），最高是"市民控制"（Citizencontrol）。

受西方后现代主义社会思潮的影响，文化的多元性和多元论也影响到城市规划公众参与理论的发展。

知识点3　西方国家城市规划公众参与的实践　【★★】

美国：公众参与是政府决策的重要步骤，并贯穿于城市规划的全过程。

德国：城市规划首先要有编制决定，通过各种形式，如报纸、宣传册、居民大会等，将规划的目标、必要性等公布于公众。然后编制者和与规划相关的公众代表共同编制规划草案。

英国：《城乡规划法案》规定了公众参与的法定程序。

加拿大：在城市规划中鼓励少数民族和青年人参与到规划当中，并组织志愿人员参与城市规划过程。

知识点4　城市规划公众参与的要点　【★★】

1. 重视城市管治和协调思路的运用

城市管治可视为一种比城市管理更高级的管理措施，在某种程度上也它实际上也是一种理念，这种理念在西方城市规划和管理中得到广泛运用。公众参与是城市管治最为重要的内容之一。从这个角度来讲，要真正使公众有效地参与城市规划，重视城市管治的思想和理念是一个基础。

城市管治是一种地域空间管治概念，城市规划及管理以空间资源管治为核心。

城市管治的本质：①用机构学派的理论建立地域空间管理的框架，提高政府的运行效益；

②有效地发挥非政府组织参与城市和区域管理的作用，以提高空间规划的基础性和可操作性。

城市管治的研究内容：①探究在全球经济背景下，各级政府应扮演的角色，以争取发展策略的主动权；②研究如何适应经济、社会发展的新特征，使非政府组织在公共服务中担任更为重要的角色；③重新界定当地有关正式、非正式部门的权力和职能，以及相应产生的新权力中心的运作。

城市管治的含义（狭义）：①依法进行城市管理，对各种违反城市规划和管理的现象加强执法力度，这是现代社会的一个基本要求；②处理城市内外、城市内部各个利益集团之间的权利与责任的调整，处理它们之间超越于市场经济领域之外的关系，对现行合法不合理的社会经济关系进行调整，建立城市体系运行的新框架，这是更高层次的城市管治。

城市管治的核心思想之一是运用"协调"的思路来解决问题。通过讨论、协商或谈判的方式，以谋求多方利益最大化为目标，民主而实际地解决问题。

2. 强调市民社会的作用

"市民社会"领域包括人际关系及家庭、种族、性别、地方的关系。市民社会参与城市规划和管理使城市自身活力得到重新体现，大大提高了城市竞争力。

3. 发挥各种非政府组织的作用并重视保障其利益

听证会是一种应用广泛也最为有效的参与形式。在需要作决策时，把各利益相关者和专家召集起来，让各方阐明做或不做的理由，最后通过表决作出决定。这样，在决策过程可以广泛吸收各方面意见，协调各方面利益，提高决策的科学水平和减少失误，也提高了决策的透明度，有利于社会监督。

知识点 5　公众参与城市规划的原则、内容与形式 【★★】

1. 公众参与城市规划的原则

我国公众参与城市规划应遵循以下原则：

① 公正原则：要求行政机关在实施行政执法行为过程中平等地对待各方当事人，排除各种可能造成不平等或者偏见的因素。

② 公开原则：公开原则是实现公民对行政执法行为行使"知"的权利。

③ 参与原则：是让公众实现"为"的权利。要在相关组织机构的安排下，通过决策管理权力的下放和立法来加以保障，发挥听证制度的作用，提高参与人员的主动性和参与的广度。

④ 效率原则：在保证公民权益的前提下，应尽量简单、快速、低成本地作出行政执法行为，以提高效率。可以根据规划的不同性质和阶段，采取正常的或简易的程序。

2. 公众参与城市规划的内容

公众参与城市规划的内容包括以下几个方面：

① 公众参与的目标控制：事前确定参与方案达到的目的和效果以及表现方式的选择，如针对市民采用看得懂的模型方案等；确定参与的专家代表和利益代表，使参与具有较强的针对性。

② 公众参与的过程控制：主要是对参与活动进行合理而有效的组织，包括事前动员、媒体宣传、活动的组织和引导、资料和表格的发放、参与方案的讲解、意见的收集方案设计者的跟踪参与等。

③ 公众参与的结果控制：主要指对反馈信息进行分析、消化、吸收、利用，对不合理意见进行反馈和解释，对收集到的意见进行回馈，在活动结束后进行总结，对参与者意见给予

充分的尊重。

　　3. 公众参与城市规划的形式

　　主要包括城市规划展览系统，规划方案听证会、研讨会，规划过程中的民意调查，规划成果网上咨询等几个方面。

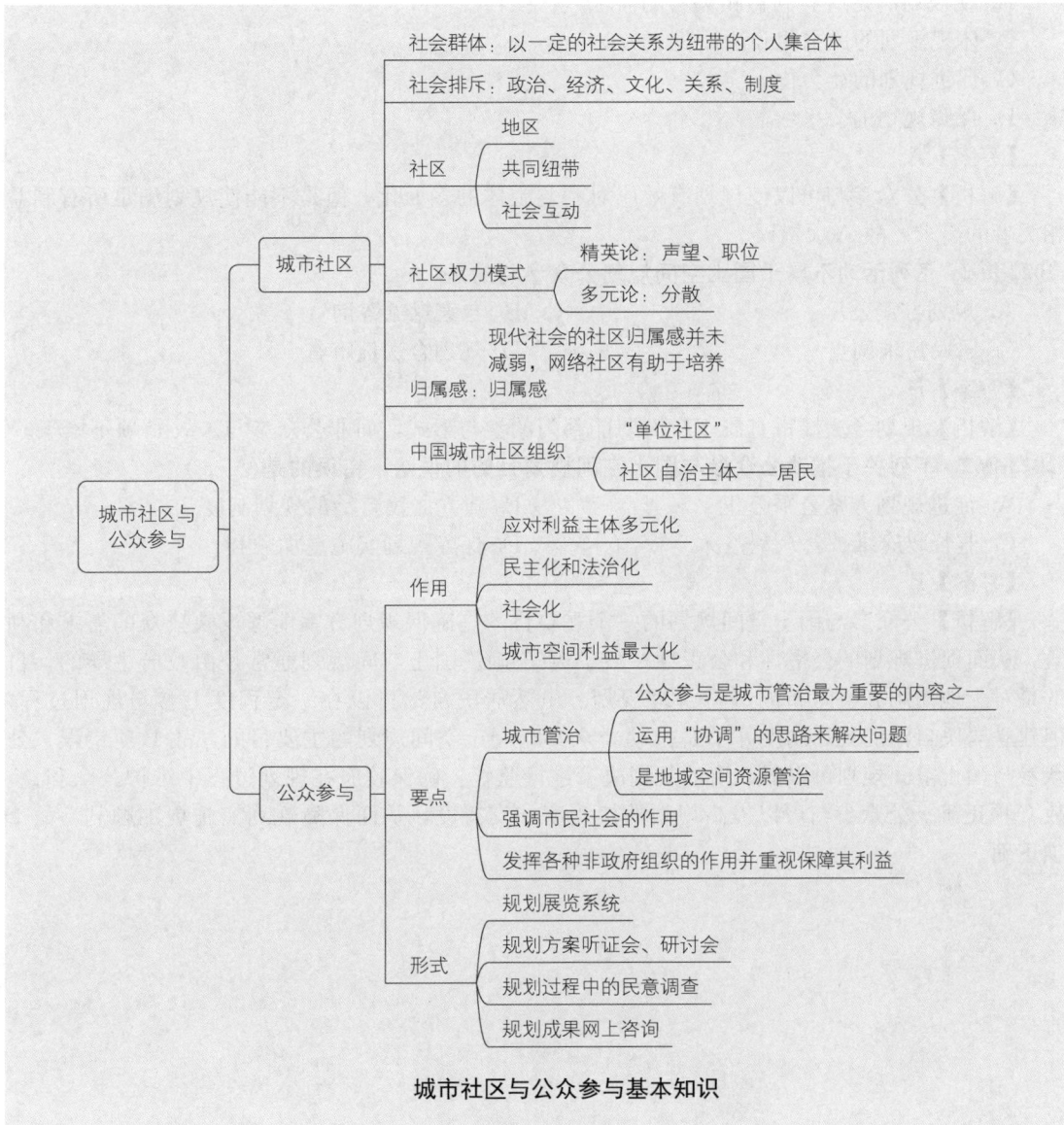

城市社区与公众参与基本知识

思维导图内容：

城市社区与公众参与
- 城市社区
  - 社会群体：以一定的社会关系为纽带的个人集合体
  - 社会排斥：政治、经济、文化、关系、制度
  - 社区
    - 地区
    - 共同纽带
    - 社会互动
  - 社区权力模式
    - 精英论：声望、职位
    - 多元论：分散
  - 归属感：归属感——现代社会的社区归属感并未减弱，网络社区有助于培养
  - 中国城市社区组织
    - "单位社区"
    - 社区自治主体——居民
- 公众参与
  - 作用
    - 应对利益主体多元化
    - 民主化和法治化
    - 社会化
    - 城市空间利益最大化
  - 要点
    - 城市管治
      - 公众参与是城市管治最为重要的内容之一
      - 运用"协调"的思路来解决问题
      - 是地域空间资源管治
    - 强调市民社会的作用
    - 发挥各种非政府组织的作用并重视保障其利益
  - 形式
    - 规划展览系统
    - 规划方案听证会、研讨会
    - 规划过程中的民意调查
    - 规划成果网上咨询

真题演练

2019-064 下列关于城市规划中公众参与的表述，错误的是(　　)。

A. 现代城市规划具有咨询和协商的特征

B. 公众参与是指规划公示阶段听取公众意见

C. 规划师应直接参与社会互动过程

D. 公众参与有助于增强规划行为的公平、公正与公开

【答案】B

【解析】公众参与贯穿于整个规划阶段，并不仅指规划公示阶段的听取公众意见。故 B 项错误。

2021-063 关于公众参与城市规划的作用，下列说法错误的是(   )。

A. 使规划满足所有利益相关者的需求

B. 体现规划的民主化和法治化

C. 促进规划的社会化

D. 保障规划的公平

【答案】A

【解析】公众参与可以使规划有效应对利益主体的多元化，但是不能使规划满足所有利益相关者的需求。故 A 项错误。

2022-062 下列活动不属于国土空间规划公众参与的是(   )。

A. 规划方案公示   B. 专家意见咨询

C. 居民需求调查   D. 规划合法性审查

【答案】D

【解析】规划合法性审查属于政府职能部门的参与形式，而非公众参与。故 D 项不属于。

2023-062 下列关于推动公众参与国土空间规划目的的说法，错误的是(   )。

A. 促进规划方案公平公正   B. 建立居民自治的规划制度

C. 监督政府维护公众利益   D. 保障规划实施更加顺利

【答案】B

【解析】公众参与国土空间规划的一个重要目的是确保规划方案能够反映公众的需求和利益，从而促进规划的公平性和公正性，故 A 项正确。国土空间规划通常是由政府主导的，目的是对土地使用和空间布局进行合理规划。虽然居民自治可以在一定程度上参与规划过程，但建立居民自治的规划制度并不是推动公众参与国土空间规划的主要目的，故 B 项错误。公众参与国土空间规划可以对政府的规划决策进行监督，确保政府在规划过程中维护公众利益，故 C 项正确。公众参与可以提高规划的接受度和支持度，从而保障规划实施更加顺利，故 D 项正确。

城市生态与城市环境

板块 1　生态学及城市生态学的基本知识

历年考频

板块	2020 年	2021 年	2022 年	2023 年	2024 年
生态学及城市生态学的基本知识	2	2	2	1	—

知识点 1　生态学的基本概念与生态系统的基本功能　【★★★】

1. 生态学的基本概念

生态学（Ecology）由德国生物学家赫克尔（E. H. Haeckel）于 1869 年首次提出。生态学研究的基本对象是两个方面的关系：其一为生物之间的关系，其二为生物与环境之间的关系。据此，生态学可以简洁地表述为研究生物之间、生物与环境之间的相互关系的科学。

2. 主要生态因子及其功能

（1）生境与生态因子

生境：指在一定时间内对生命有机体生活、生长发育、繁殖以及对有机体存活数量有影响的空间条件的总和。

生态因子：组成生境的因素。生态因子影响了动物、植物、微生物的生长、发育和分布，影响了群落的特征。生态因子主要由生物因子和非生物因子两方面因素所组成。

生物量：指某一时刻单位面积内实存生活的有机物质（干重）（包括生物体内所存食物的重量）总量。广义的生物量是生物在某一特定时刻单位空间的个体数、重量或其所含能量，可用于指某种群、某类群生物（如浮游动物）或整个生物群落的生物量。狭义的生物量仅指以重量表示的总量，可以是鲜重或干重。

（2）生物多样性

生物多样性是指在一定时间和一定地区所有生物（动物、植物、微生物）物种及其遗传变异和生态系统的复杂性总称。

生物多样性是生物（动物、植物、微生物）与环境形成的生态复合体以及与此相关的各种生态过程的总和，包括生态系统、物种和基因三个层次。

（3）物种多样性

群落中物种数目的多少（丰富度）和各物种个体数目的多少（均匀度）两个参数的结合称为群落的物种多样性。即组成群落的物种愈丰富多样性愈大，各个物种的个体在物种间分配越均匀多样性越大。物种多样性是影响群落稳定性的一个重要因素。

① 从热带到两极，物种多样性降低。

② 低纬度高山区，随海拔高度的增加，物种多样性降低。

③ 在海洋或淡水中，随深度的增加，物种多样性降低。

3. 生物与生物间的相互关系

（1）种群

种群的概念：指在一定时空中同种个体的总和，也就是在特定的时间和一定的空间中生活和繁殖的同种个体所组成的群体。种群是物种存在的基本单位，是生物群落的基本组成单位和生态系统研究的基础。

种群的特征：种群虽然是由同种个体组成的，但并不等于个体的简单相加。个体与种群各自具有既相互联系又互为区别的特征。生物个体的特性是每一个体皆具备的，而种群的特性则是个体水平及层次上不具有、只在组成种群以后才出现的新的特征。种群具有完整性和统一性，反映了生物作为一个整体所具有的特征。

种群的自然调节：在环境无明显变化的条件下，种群数量有保持稳定的趋势。一个种群所栖环境的空间和资源是有限的，只能承载一定数量的生物。承载量接近饱和时，如果种群数量（密度）再增加，增长率则会下降乃至出现负值，使种群数量减少；而当种群数量（密度）减少到一定限度时，增长率会再度上升，最终使种群数量达到该环境允许的稳定水平。

（2）群落

生物群落：简称群落，指一定时间内居住在一定空间范围内的生物种群的集合。包括植物、动物和微生物等各个物种的种群，共同组成生态系统中有生命的部分。

群落的类型：可简单地分为植物群落、动物群落和微生物群落三大类，也可分为陆生生物群落与水域生物群落两种。

群落的特征：①群落内的各种生物不是偶然散布的、孤立的，而是相互之间存在物质循环和能量转移的复杂联系，群落具有一定的组成和营养结构。②在随时间变化的过程中，生物群落经常改变其外貌，并具有一定的顺序状态，即具有发展和演变的动态特征。③群落的特征不是其组成物种的特征的简单总和。④群落是生态学研究对象中的一个高级层次。它是一个新的整体，是一个新的复合体，具有个体和种群层次所不具有的特征和规律。⑤在一个群落中，物种是多样的，生物个体的数量是大量的。

（3）物种间的相互依赖与相互制约

一个生物群落中的任何物种都与其他物种都存在着相互依赖和相互制约的关系。

食物链：在食物链中，居于相邻环节的两个物种的数量比例有保持相对稳定的趋势。

竞争：物种间常因利用同一资源而发生竞争。如植物间争光、争空间、争水、争土壤养分；动物间争食物、争栖居地等。在长期进化中，竞争促进了物种的生态特性的分化，结果使竞争关系得到缓和，并使生物群落形成一定的结构。

互利共生：物种间的相互依赖的关系。如地衣中菌、藻相依为生，大型草食动物依赖胃肠道中寄生的微生物帮助消化，以及蚁和蚜虫的共生关系等。

4. 生态系统及其基本功能

（1）生态系统

生态系统的概念：指包括特定地段中的全部生物和物理环境的统一体。具体来说，生态系统是一定空间内生物和非生物成分通过物质的循环、能量的流动和信息的交换而相互作用、相互依存所构成的一个生态学功能单位。

生态系统的边界：有的比较明确，有的则是模糊的、人为的，其大小和空间范围通常根据人们的研究对象、研究内容、研究目的或地理条件等因素确定。

（2）生态系统的基本功能

生态系统的基本功能是由生态系统的生命物质——生物群落来实现的。

① 生物生产

生态系统中的生物生产包括初级生产和次级生产两个过程。

生态系统的初级生产：指生产者（主要是绿色植物）把太阳能转为化学能的过程，其能量主要来自太阳辐射能，生产结果是太阳能转变成化学能，简单无机物（主要是水和二氧化碳）转变为复杂有机物。初级生产实质上是一个能量的转化和物质的积累过程，是绿色植物的光合作用过程。

生态系统的次级生产：指消费者（主要是动物）和分解者（微生物）利用初级生产物质进行同化作用建造自身和繁衍后代的过程。

② 能量流动

能量：指物质做功的能力。生态系统的能量流动是指能量通过食物链和食物网在系统内的传递和耗散过程。

生态系统能量流动特点：能量只能朝单一方向流动，是不可逆的。其流动方向为：太阳能—绿色植物—食草动物—食肉动物—微生物。流动中能量逐渐减少，每经过一个营养级都有能量以热的形式散失掉。生产者（绿色植物）对太阳能的利用率很低，只有0.14％；各级消费者之间能量的利用率不高，平均约10％（十分之一定律）。

③ 物质循环

生态系统中的物质主要指生物维持生命活动正常进行所必需的各种营养元素，主要是碳、氢、氧、氮和磷五种。

物质通过食物链各营养级传递和转化，完成生态系统的物质流动。

物质循环：生态系统中各种营养物质经过分解者分解成可被生产者利用的形式归还环境中被重复利用，从而周而复始地循环的过程。

生态系统物质循环的三个层次：①生物个体层次的物质循环；②生态系统层次（生态系统内）的物质循环；③生物圈层次的物质循环（生物地球化学循环），又分为气象循环、液相循环和固相循环。

隐藏流：通常与物质流同时出现，指在生产过程中无用的，但又必定伴随的无效材料流动。如矿石加工与冶金工业，在资源开采过程中所必须开挖的，但又没有进入市场和产品制造过程的开挖量。

人为物质流：主要指的是人类活动导致的地壳表面物质的移动和转化过程。这种过程可以分为三个层次。①一次人为物质流：是人类直接对地壳物质，如岩石、土壤、化石燃料（煤、石油、天然气）、地下水等的开采和搬运活动。②二次人为物质流：是在一次人为物质流基础上的生产和消费所导致的物质流动，例如建筑垃圾、固体垃圾等。③三次人为物质流：是一次或二次中产生的无定型物质流，如化石燃料排放二氧化碳。

④ 传递信息

信息流与物质流、能量流相比有其自身的特点：物质流是循环的；能量流是单向的、不可逆的；而信息流却是有来有往的、双向运行的，既有从输入到输出的信息传递，又有从输出到输入的信息反馈。

5. 生态系统服务

生态系统服务指人类从生态系统获得的所有惠益，具体包括四个方面：

① 供给服务：指由生态系统生产的或提供的服务，如提供食物、纤维、淡水、遗传资源和生物化学物品。

② 调节服务：指由生态系统过程的调节功能所得到的益惠，包括调节大气质量、调节气候、减轻侵蚀、净化水、调节疾病、调节病虫害、授粉作用和调节自然灾害等。

③ 文化服务：指由生态系统获取的非物质益惠，如精神和宗教价值、知识系统、教育价值、灵感、审美价值、社会联系、地方归属感、休闲和生态旅游。

④ 支持服务：生态系统为提供其他服务（供给服务、调节服务和文化服务）而必需的一种服务功能，例如生产生物量、生产氧气、形成和保持土壤、养分循环、水循环以及提供栖息地。

6. 生态系统的特征

① 以生物为主体，具有完整性特征；② 复杂、有序的级秩系统；③ 开放的、远离平衡态的热力学系统；④ 具有明确功能和公益服务性能；⑤ 受环境的深刻影响；⑥ 环境的演变与生物进化相联系；⑦ 具有自维持、自调控功能；⑧ 具有一定的承载力；⑨ 具有动态的、生命的特征；⑩ 具有健康、可持续发展特性。

知识点 2　城市生态系统的构成要素与基本功能 【★★★】

1. 城市生态系统的基本结构及其相互关系

(1) 城市生态系统的基本结构

一般将城市生态系统分为社会、经济、自然三个一级子系统（亚系统）。

自然生态亚系统是基础，经济生态亚系统是命脉，社会生态亚系统是主导。它们之间相互作用，导致了城市复合体的矛盾运动。

(2) 城市生态系统的构成

城市生态系统是由城市人类及其生存环境两大部分组成的统一体。

城市中人类是由不同的人口结构、劳动力结构和智力结构的城市居民所组成的；城市人类生存环境是由自然环境（大气、水、土壤等）、生物环境（除人类外的动物、植物、微生物）和经济、社会文化环境以及技术物质环境（建筑物、道路、公共设施等）组成的。

2. 城市生态系统功能

(1) 城市生态系统的基本功能

城市生态系统的功能指城市生态系统在满足城市居民的生产、生活、游憩、交通活动中所发挥的作用。

城市生态系统具有生产功能、能量流动功能、物质循环功能和信息传递等功能。由于城市生产包括经济生产和生物生产，经济生产囊括了城市的主要社会过程，因此城市生态系统的基本功能要比自然生态系统复杂得多。

一般将城市生态系统的基本功能概括为生产、生活（消费）和还原三个方面。

① 生产功能

生产功能： 指城市为社会提供物资和信息产品。城市的生命力来源于城市的大规模生产，有目的、有组织的生产是城市生态系统有别于自然生态系统的显著标志之一。

城市生产活动的特点： 空间利用率高，能流和物流高度密集，系统输入及输出量大，主要消耗不可再生性能源，系统的总生产量与自我消耗量之比大于1，食物链呈线状而不呈网状。系统对外界的依赖性很强。

初级生产：包括农、林、畜、水产、矿产等直接从自然界生产或开采农副产品及工业原料的生产过程。

次级生产：包括制造、加工、建筑业等。将初级产品加工成半成品、成品及机器、设备、厂房等扩大再生产的基本设施和为居民生活服务的食品、衣物、用品、住宅、交通工具等。

② 生活功能

生活（消费）功能：指城市具有利用域内外环境所提供的自然资源及其他资源，生产引出各类"产品"（包括各类物质性及精神性产品），为市民提供方便的生活条件和舒适的憩息环境的能力。

③ 还原功能

还原（调节）功能：指城市具备的消除和缓冲自身发展带来的不良影响的能力以及在自然界发生不良变化时能尽快恢复原状，即保证城市自然资源的永续利用和社会、经济、环境的协调发展的能力。

具体包括自然净化功能及城市还原功能的人工调节、区域主导功能等。

自然净化功能（有限）：水体自净化功能、大气自净化功能、土地的自净能力和绿色植物自净化功能。

还原功能：人工调节功能包括综合治理城市水体、大气和土壤环境污染、建设城乡一体化的城市绿地与开放空间系统、改善城市周围区域的环境质量、保护乡土植被和乡土生物多样性等。城市生态系统对区域环境具有主导作用。

（2）城市生态系统基本功能的实现途径

城市生态系统的基本功能通过能量流和物质循环来实现。

① 城市生态系统的能量流动：城市生态系统中原生能源一般皆需从城市外调入。原生能源可以直接成为有用能源，也可以通过次生能源转化过程成为有用能源，完成其在城市中的最终用途。次生能源也可以直接被城市利用。进入城市生态系统的能量最终都以热的形式散失。

② 城市生态系统的物质循环：指各项资源、产品、货物、人口、资金等在城市各个区域、各个系统、各个部分之间以及城市与外部之间的反复作用过程。

③ 城市"节能降耗"的生态学机理：理解城市生态系统的能量流动和物质循环特点，以及能量流动和物质循环的耦合关系，通过多级利用能量、循环利用物质，配合节能适用技术，能够有效降低城市生产和生活活动的能量和物质消耗。

3. 城市生态系统的基本特征

① 城市是以人为主体的生态系统；② 城市是具有人工化环境的生态系统；③ 城市是流量大、容量大、密度高、运转快的开放系统；④ 城市是依赖性很强，独创性很差的生态系统；⑤ 对城市生态系统的研究须与人文社会科学相结合。

知识点 3　城市生态学研究内容与基本原理 【★★★】

1. 定义及研究对象

城市生态学：以城市空间范围内生命系统和环境系统之间的联系为研究对象的学科。由于人是城市中生命成分的主体，因此也可以说城市生态学是研究城市居民与城市环境之间相互关系的科学。

研究对象：城市生态系统，即人类活动密集的城市。

2. 城市生态学基本原理

(1) 城市生态位原理

生态位：群落中每一个生物种所占据的小生境（住所、空间）和它的功能（作用）的结合。

① 在大自然中，各种生物都有自己的生态位，即在生物群落或生态系统中，每一个物种都拥有自己的角色和地位。

② 亲缘关系接近的、具有同样生活习性的物种，不会在同一地方竞争同一生存空间。竞争在塑造生物群落的物种构成中发挥主导作用，使得各类种群找到各自的生态位并存活下来，进而达到一个稳定的平衡水平。

③ 在生物群落中，两个利用相似资源的物种之间容易形成生态位重叠，占据相同生态位的两个物种竞争，会导致一种被消灭或通过生态位分化而得以共存。

城市生态位：反映一个城市的现状对于人类各种经济活动和生活活动的适宜程度，反映一个城市的性质、功能、地位、作用及其人口、资源、环境的优劣势，从而决定了城市对不同类型的经济以及不同职业、不同年龄人群的吸引力和离心力。

(2) 生态幅

生态幅：生物在其生存过程中，对每一种生态因子都有其耐受的上限和下限，上、下限之间就是生物对这种生态因子的耐受范围，或称作生态幅。其中包括最适生存范围，在此范围内生物生产发育得最好。

各种生物对生态因子的耐受范围不同，根据耐受范围的宽广或狭小，把生物分为广生态幅生物和狭生态幅生物。

(3) 生物指示现象

生物指示现象：根据生物种或其群体，或生物的某些特征来确定地理环境中其他成分的现象。

① 由于地理环境的全部成分或要素处于紧密的相互依赖和相互联系中，生物能够指示环境或环境的某些组成成分。

② 在各种自然要素中，生物特别是植物及其群体对于其他要素所施加的影响反应最灵敏，并且具有最大的表现能力。

③ 一般认为，狭生态幅生物比广生态幅生物的指示意义大，生物群落的指示性要比一个种或其个体指示性更为可靠。

(4) 生物多样性指示物种

多样性的生物指示方法是指在一定区域内，筛选出一种或一类容易分类识别、对环境敏感、易观察及采集的生物，通过其生物学特征、种群或群落变化来反映出环境状态的过程。

① 区域生物多样性指示物种一般具有较大的生物量、具有较强的分类识别特征、对环境变化敏感等特点。

② 生物多样性监测物种水平，主要选择濒危物种、经济物种和指示物种等。

3. 城市生态学研究内容与研究目的

研究内容：① 研究城市生态系统；② 研究城市居民生存的环境质量；③ 将生态学的知识应用于城市研究、城市规划建设与管理。

研究目的：为城市持续发展和居民生活质量的改善提出对策，努力促进城乡人与自然关系的和谐发展。

生态学、生境、生态因子、种群、群落、生物多样性、指示物种、生态位

```
生态学与城市
生态学
├─ 生态学基本概念
│   ├─ 生态系统
│   │   ├─ 非生物
│   │   └─ 生物环境
│   │       ├─ 生产者
│   │       ├─ 消费者
│   │       └─ 分解者
│   ├─ 生物多样性：生态系统、物种和基因
│   └─ 生态幅：物种指示现象
│
├─ 生态系统基本功能
│   ├─ 生物生产
│   │   ├─ 初级生产
│   │   └─ 次级生产
│   ├─ 能量流动
│   │   ├─ 单一方向
│   │   ├─ 热散失
│   │   └─ 十分之一定律
│   ├─ 物质循环
│   │   ├─ 生物个体
│   │   ├─ 生态系统
│   │   └─ 生物圈
│   └─ 信息传递
│
├─ 生态系统服务
│   ├─ 内容
│   │   ├─ 供给服务
│   │   ├─ 调节服务
│   │   ├─ 文化服务
│   │   └─ 支持服务
│   └─ 原则
│       ├─ 生态系统服务性能是客观的存在
│       ├─ 系统服务性能与生态过程密不可分
│       ├─ 自然是生产服务性功能的源泉
│       └─ 自然生态系统是多种性能的转换
│
└─ 城市生态系统
   基本功能
   及特征
   ├─ 基本特征
   │   ├─ 以人为主体
   │   ├─ 人工化环境
   │   ├─ 开放系统
   │   ├─ 依赖性很强，独创性很差
   │   └─ 与人文社会科学相结合
   ├─ 还原功能
   │   ├─ 自然净化（有限）
   │   └─ 人工调节
   │       ├─ 综合治理土壤环境污染
   │       ├─ 城市绿地与开放空间
   │       ├─ 周围区域的环境质量
   │       └─ 乡土植被和生物多样性
   ├─ 能量流动特征
   │   ├─ 大量的非生物能源
   │   ├─ 流动方式比自然生态系统多
   │   ├─ 能量流动以人工为主
   │   ├─ 城市环境遭受污染
   │   ├─ 能量利用多为一次性
   │   └─ 除热外，能量由各类物质携带
   └─ 物质循环特征
       ├─ 依赖性
       ├─ 既有输入又有输出
       ├─ 生产性物质大于生活性
       ├─ 物质流缺乏循环
       ├─ 人为干预
       └─ 产生大量废物
```

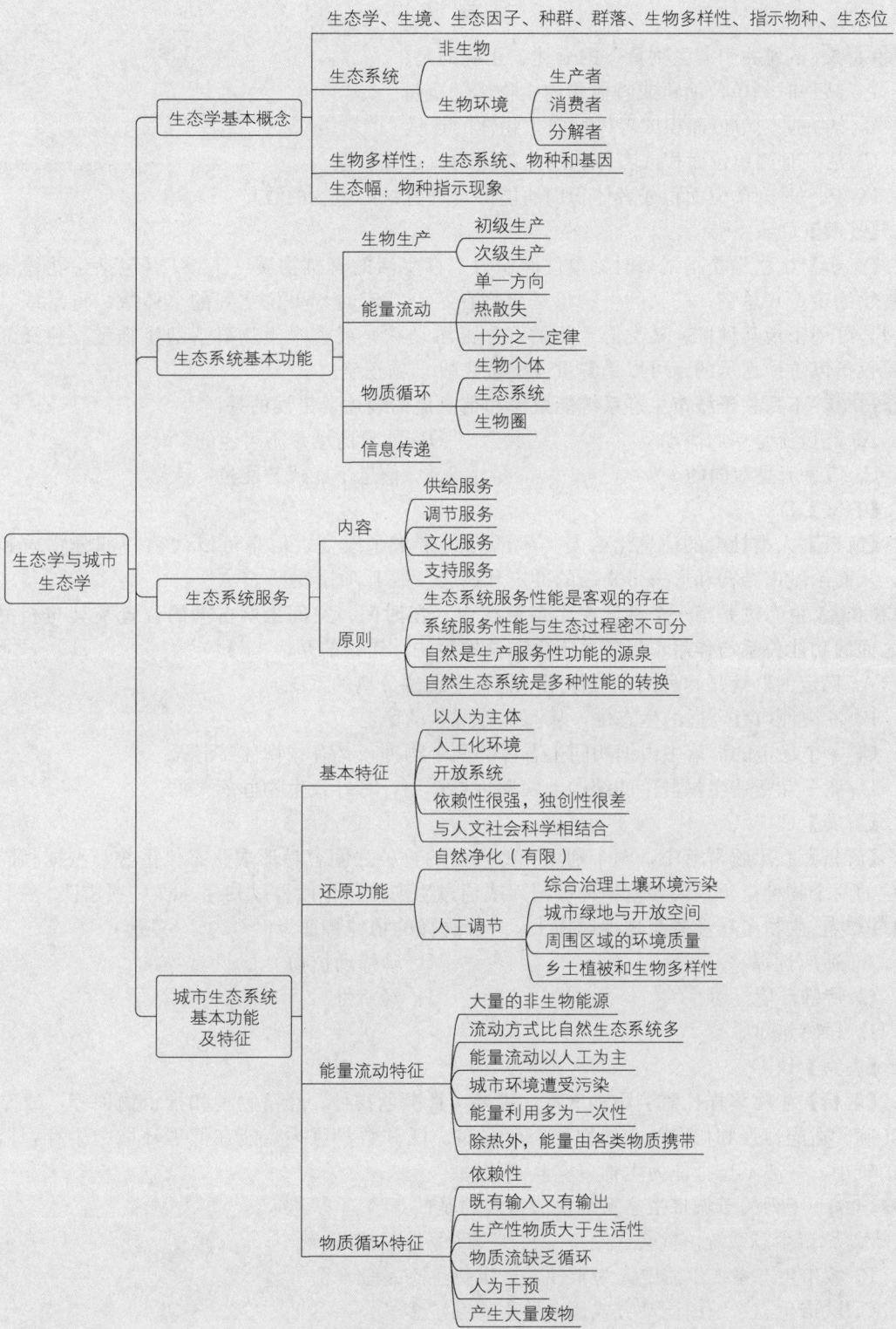

生态学与城市生态学基本知识

真题演练

2020-065 下列关于"生物量"的表述，正确的是(　　)。

A. 某一时刻单位面积或者体积内生物体的重量

B. 某一时刻单位面积或者体积内生物体的数量

C. 某一时刻单位面积或者体积内生物体的数量或重量

D. 某一时刻单位面积或者体积内所能够合理容纳的生物的数量

【答案】C

【解析】生物量是指某一时刻单位面积内实存生活的有机物质（干重）（包括生物体内所存食物的重量）总量；广义的生物量是生物在某一特定时刻单位空间的个体数、重量或其含能量，可用于指某种群、某类群生物的（如浮游动物）或整个生物群落的生物量。狭义的生物量仅指以重量表示的，可以是鲜重或干重。故 C 项正确。

2020-070 下列关于城市生态系统能量流和信息流的表述，错误的是(　　)。

A. 能量流是单向流动

B. 能量流动是不可逆的

C. 信息流是双向的

D. 信息不能代替能量

【答案】D

【解析】人类社会的信息化给人类生活方式带来了改变，信息可以代替一部分物质和能量，从而给城市结构和形态带来新的冲击和机会。故 D 项错误。

2021-054 生态位是指一个种群在生态系统中，在时间、空间上所占据的位置及其与相关种群之间的功能关系与作用，以下关于生态位的说法，错误的是(　　)。

A. 稳定的群落是物种间相互作用，物种生态位分离的系统

B. 各物种均有合适的生态位，从而保障群落的稳定

C. 一个稳定的群落中占据相同生态位的两个物种，必有一物种要消灭

D. 竞争在塑造生物群落的结构上发挥主导作用，可导致生物群落灭亡

【答案】C

【解析】在生物群落中，两个利用相似资源的物种之间容易形成生态位重叠，占据相同生态位的两个物种竞争，会导致物种被消灭或通过生态位分化而得以共存。故 C 项错误。

2021-094 生物多样性监测物种选择上，一般选择的物种特征为(　　)。（多选）

A. 适应性强

B. 珍稀动植物

C. 特殊环境标示

D. 经济性

E. 村民熟知

【答案】BCD

【解析】生物多样性监测物种水平，主要选择濒危物种、经济物种和指示物种等，故 BCD 项正确。适应性强和村民熟知的物种一般分布广泛和数量巨大，能在低劣环境中生存，监测价值较小，一般不选择作为生物多样监测物种。

2022-063 下列关于城市生态系统说法错误的是(　　)。

A. 城市生态系统由社会、经济、自然三个系统组成

B. 城市生态系统不需要人为干预，可维持生态系统平衡

C. 城市生态系统的流动方式比自然生态系统多

D. 公园和居住区都属于生态系统

【答案】B

【解析】城市是依赖性很强、独创性很差的生态系统，生态系统所具有的自然调节而保持平衡的功能在城市生态系统中较弱。因此城市需要不断的人为干预来维持系统的平衡。故 B 项错误。

2022-095 下列对于生态系统基本功能描述正确的是(　　)。(多选)

A. 绿色植物光合作用的分解　　　　B. 微生物对于复杂有机物的分解

C. 生物食物链的能量流动　　　　　D. 群落随着时间的演替

E. 生态系统自我调节保持生物多样性

【答案】ABC

【解析】生态系统的基本功能由生态系统的生命物质和生物群落来实现的，包括生物生产、能量流动、物质循环、信息传递。A 项属于生物生产功能，B 项属于物质循环功能，C 项属于能量流动功能。D 项属于生态系统动态的、生命的特征，E 项属于生态系统自维持、自调控功能的基本特征。故 ABC 项正确。

2023-065 相对自然生态系统，下列关于城市生态系统基本特征的说法，错误的是(　　)。

A. 以人为主体　　　　　　　　　　B. 生产性物质高

C. 外部依赖性强　　　　　　　　　D. 封闭性强

【答案】D

【解析】城市是流量大、容量大、密度高、运转快的开放系统，故 D 项错误。

板块 2　城市环境问题

历年考频

板块	2020 年	2021 年	2022 年	2023 年	2024 年
城市环境问题	4	6	4	3	8

知识点 1　环境的概念与环境构成要素　【★】

1. 环境的概念与构成要素

（1）概念

城市生态学和环境科学研究的环境是以人为中心的。其含义是地球生命支持系统，是地球人类生存条件或要素的总和。

（2）构成要素

根据影响人群生活生产活动的因素，环境的构成包括自然环境和社会环境两部分。

自然环境的构成要素：①物质；②能量；③自然现象。

社会环境的构成要素：①物理社会环境；②生物社会环境；③心理社会环境。

2. 城市环境的概念与构成要素

（1）概念

城市环境是指影响城市人类活动的各种自然的或人工的外部条件。狭义的城市环境主要指物理环境，广义的城市环境除了物理环境外还包括社会环境、美学环境。

（2）构成要素

① 城市自然环境是构成城市环境的基础。

② 城市人工环境是实现城市各种功能所必需的物质基础设施。

③ 城市社会环境满足人类在城市中各类活动方面所提供的条件。

④ 城市经济环境反映了城市经济发展的条件和潜力。

⑤ 城市景观环境（美学环境）是城市形象、气质和韵味的外在表现和反映。

知识点 2　环境问题的概念、类型与环境问题发展历史
【★★★★★】

1. 环境问题的概念

狭义的环境问题是指环境污染，广义的环境问题既包括环境污染问题，又包括各种自然资源的破坏、枯竭、短缺，以及人类定居和城市发展所引起的种种环境问题。

2. 环境问题的类型

环境问题大致可分为两类：原生环境问题和次生环境问题。

① 原生环境问题（第一环境问题）：由自然力引起，如火山喷发、地震、洪涝、干旱、滑坡等。

② 次生环境问题（第二环境问题）：由于人类的生产和生活活动引起生态系统破坏和环境污染，反过来又危及人类自身的生存和发展的现象，如生态破坏、环境污染和资源浪费等。

生态破坏：指人类活动直接作用于自然生态系统，造成生态系统的生产能力显著减少和结构显著改变，从而引起的环境问题，如过度放牧引起草原退化，滥采滥捕使珍稀物种灭绝和生态系统生产力下降，植被破坏引起水土流失等。

环境污染：指人类活动的副产品和废弃物进入物理环境后，对生态系统产生的一系列干扰和侵害，由此引起环境质量恶化，并反过来影响人类自身的生存环境质量。

3. 环境问题发展历史

工业革命之前：以局部地域性破坏为主。

工业革命到 20 世纪 80 年代：土地退化和环境污染是主要表现形式，环境问题及影响是跨区域的。

20 世纪 80 年代以后：在全球范围内出现了不利人类生存和发展的征兆，生物圈这一生命支持系统对人类社会的支撑已接近极限。

4. 影响全球可持续发展的环境问题

（1）全球气候变暖

温室气体是地球生命存在的基础。由于人类活动，生物体和矿物燃料的燃烧直接增加大气中二氧化碳的浓度，砍伐森林和垦荒活动破坏了原始植被，从而间接增加二氧化碳在空气中的浓度，导致大气中的二氧化碳浓度上升，进而引起全球气候变暖。

全球气候变暖将导致海平面上升，加剧洪涝、干旱和其他气候灾害，导致生态系统和人类身体健康等问题**（2024 考点）**。

（2）臭氧层破坏和损耗

臭氧层是大气层的平流层中相对集中、臭氧浓度高的层次，它阻挡了太阳紫外辐射中对生物有害的射线。

20 世纪 80 年代以来，科学家发现并证实，臭氧层遭到破坏的状况日益严重。其危害包括威胁包括人类在内的地球生命安全、破坏生态系统等。

（3）生物多样性降低

生物多样性降低的主要原因包括：

① 大面积森林遭到砍伐、火烧、农垦，草地过度放牧和垦殖，导致生态环境遭到破坏，保留下来的生态环境也支离破碎，对野生物种生存造成巨大影响。

② 捕猎和采集等过度利用活动使野生物种难以正常繁殖。

③ 外来物种的大量引进和侵入，大大改变了原有的生态系统，使原有物种受到威胁。

④ 无控制的旅游、科考、登山、攀岩活动使一些尚未受到人类影响的自然生态系统受到破坏。

⑤ 全球变暖导致气候在比较短的时间内发生较大的变化，自然生态系统将无法适应，而使一些物种灭绝。

（4）淡水资源危机和海洋环境破坏

水与阳光、空气并列为生命的三大要素。由于世界人口的剧增和人类社会的过度消耗，人类正面临着严重的水危机，包括水资源缺乏、水污染、湿地和水生态系统破坏、水生生物多样性破坏等。

（5）土地荒漠化

土地荒漠化是指在干旱、半干旱和某些湿润、半湿润地区，气候变化和人类活动等因素所造成的土地退化，它使土地生物和经济生产潜力减少，甚至基本消失。

土地荒漠化是自然因素和人为活动综合作用的结果。自然因素主要指异常的气候条件，特别是严重的干旱气候造成植被退化、风蚀加快，引起荒漠化；人为活动主要指适度放牧、滥砍滥伐、过度开垦等，植被破坏，使地表裸露、加快风蚀和雨蚀。人类活动是造成近代土地沙化的主要原因。

土壤（土地）侵蚀：土壤及其母质在水力、风力、冻融或重力等外应力作用下被破坏、剥蚀、搬运和沉积的过程。土壤侵蚀分为风蚀、水蚀、冻融侵蚀三种类型。

（6）森林破坏

森林是陆地生态的主体，在维持全球生态平衡、调节气候、保持水土、减少洪涝、维系人类可持续生存发展中的作用巨大。森林减少的原因有砍伐树木、开垦林地、采集薪材等。

森林减少的危害包括：绿洲沦为荒漠，水土大量流失，干旱缺水严重，洪涝灾害频发，温室效应加剧，物种纷纷灭绝。

（7）酸雨污染

国际上将酸性强于正常雨水的降水称为酸雨。酸雨中的主要成分是硫酸和硝酸，主要来源是化石燃料燃烧后释放的二氧化硫和氮氧化物。

酸雨的危害包括：损害生物和自然生态系统，腐蚀建筑材料和金属结构，影响人体健康，间接加剧温室效应。

5. 环境问题的成因

①掠夺式开发及片面追求经济增长；②人口过快增长，导致资源需求超出环境承载能力；③地球生物化学循环过程变化效应；④人类影响的自然过程不可逆改变或者恢复缓慢。

知识点 3　城市环境问题与环境保护 【★★★★★】

1. 城市环境容量

（1）定义

城市环境容量是指环境对于城市规模及人的活动提出的限度。具体地说，即城市所在地域的环境，在一定的时间、空间范围内，在一定的经济水平和安全卫生要求下，在满足城市生产、生活等各种活动正常进行的前提下，通过城市的自然条件、现状条件、经济条件、社会文化历史条件等的共同作用，对城市建设发展规模以及人们在城市中各项活动的强度提出的容许限度。

城市环境容量包括城市人口容量、自然环境容量、城市用地容量以及城市工业容量、交通容量、建筑容量等。

（2）城市人口容量

特定时期内城市所能相对持续地容纳的具有一定生态环境质量和社会环境质量水平及具有一定活动强度的城市人口数量。

（3）城市自然环境容量

城市自然环境容量包括大气环境容量、水环境容量、土壤环境容量等，尤以前两者更为重要**（2024 考点）**。

① 大气环境容量取决于大气环境的自净能力以及自净介质的总量。

② 水环境容量与水体的自净能力和水质标准有密切关系，在城市中表现为满足城市规模所需的用水量。

③ 土壤环境容量取决于污染物的性质和土壤净化能力的大小。

2. 城市环境影响因素

城市环境由城市物理环境（自然、人工环境）、社会环境、经济环境以及美学环境组成。从根本意义上说，地形、地质、土壤、水文、气候等自然地理因素对城市环境的影响具有更为基础的作用。

（1）影响大气环境的因素

1）地理因素

① 地形的影响

污染物质从污染源排出后，因其所处地理环境不同，危害程度也就有所差异。在一定的地域内，山脉、河流、沟谷的走向对主导风向具有较大的影响，气流沿着山脉、河谷流动。地形、山脉的阻滞作用对风速也有很大影响，尤其是封闭的山谷盆地，因四周群山的屏障影响，往往静风、小风频率占很大比重。

② 局地气流的影响

地形和地貌的差异造成地表热力性质的不均匀性，往往形成局部气流，其水平范围一般为几公里至几十公里。常见的局地气流包括海陆风（水陆风）、山谷风、逆温、热岛效应、建筑涡流等。

逆温：低层大气中，通常气温随高度的增加而降低。当气温随高度的增加而升高时，这种特殊的现象称为逆温，发生逆温现象的大气层称为"逆温层"。

大气污染越严重，逆温层厚度越大，逆温现象越严重。

当逆温现象发生时，逆温层稳定地笼罩在近地层上空，近地层空气中的水汽、烟尘、汽车尾气以及各种有害气体不易扩散，反而往往会飘浮在逆温层下面的空气层中，形成云雾。

多山谷、多丘陵地区，夜间冷空气停滞在山谷中，不随上层热气流通过，局部满足逆温形成条件，会更易导致逆温的出现。临海地区则由于海面冷空气吹入内陆，随后在沿岸地面产生逆温。

山谷风：白天山坡升温快，空气膨胀上升，山谷空气补充，形成谷风；夜晚山坡降温快，空气冷却下沉，形成山风。

海陆风：白天陆地升温快、气温高，形成低压，海洋升温慢、气温低，形成高压，风从海洋吹向陆地，形成海风；夜晚陆地降温快、气温低，形成高压，海洋降温慢、气温高，形成低压，风从陆地吹向海洋，形成陆风。

该热力环流也产生于内陆大型水体，有时会导致低层排放的污染物在传递一定距离后被带回原地。

建筑涡流：建筑附近的涡流主要是风压作用引起的，即风作用在建筑物上，产生压力差。一般规律是建筑物背风区风速下降，在局部地区产生涡流，不利于气体扩散。

当风吹到建筑物上时，在迎风面上由于空气流动受阻，速度降低，风的部分动能变为静压，建筑物迎风面上的压力大于大气压，在迎风面上形成正压区；在建筑物的背风面、屋顶和两侧，由于在气流曲绕过程中形成空气稀薄现象，因此该处压力将小于大气压，形成负压区，进而形成涡流。

涡流区的大小与建筑物高度、长度、深度有关。建筑的高度越高，长度越长，深度越小，屋后涡流区就越大；建筑边界圆润光滑，能削弱强风，降低风荷载，建筑背风向形成的压力较稳定。

高层建筑、体形大的建筑物和构筑物，都能造成气流在小范围内产生涡流，阻碍污染物迅速排走扩散，进而停滞在某一地段内，加剧污染。

热岛效应：产生原因包括大量的生产、生活燃烧放热；硬质材料铺装；空气中经常存在的大量污染物对地面长波辐射吸收和反射能力较强。

城市热岛效应对大气污染物的影响，主要表现为引起城乡间的局地环流，使四周的空气向中心辐合，尤其在夜间易导致污染物浓度的增大。

2）气象因素

是影响大气污染的主要因素之一，主要包括风和湍流、温度层结、逆温、不同温度层结下的烟型等气象因素。

3）其他因素

包括污染物的性质和成分、污染源的几何形态和排放方式、污染源的强度和高度等。

（2）影响水体环境的因素

① 水体自净作用：指污染物进入水体后，经物理、化学和生物学作用使污染浓度逐渐下降，水体理化性质及生物特征恢复至污染物进入前的状态的过程。人们利用水体自净能力进行污水净化处理。

② 水体稀释作用：水体发挥自净作用的重要因素，水体稀释作用与废水和水体的流量以及两者混合的程度有密切关系。影响因素包括：河流流量与污水流量的比值、排水分布、水文条件等。

③ 水体中氧的消耗与溶解：污水进入水体后，污水中的有机物在微生物的作用下进行氧化分解，需消耗一定的氧。沉积在水底的淤泥分解时，也要从水中吸取氧。晚上光合作用停止，水生植物的呼吸也需要溶解氧。水体的自净作用与水体中氧的含量密切相关。

④ 水中的微生物：在水中微生物摄取污水中的有机物作为养料，一部分有机物变成废物排出。水体环境受存在于水中的微生物的数量和种类的影响。如果水中存在对微生物有害的有毒物质，则微生物的活动受到阻碍，水体自净能力降低。

（3）影响土壤环境的因素

① 土壤环境背景值：指在自然状况或相对不受直接污染的情况下，土壤中化学元素的正常含量。土壤环境背景值在一定程度上反映了土壤环境的质量。一般在某一地区，如土壤环境背景值比较稳定，则可在相当程度上表明这一地区的环境质量较为稳定，反之亦然。

② 土壤自净作用：指土壤受到污染后，在物理、化学、生物的作用下，逐步消除污染物，达到自然净化的过程。

土壤自净作用可分为三种类型：①物理净化；②化学净化；③生物净化。土壤的胶体特性及吸附性是土壤对污染物有一定自净作用和环境容量的根本原因。

③ 土壤酸碱性：与土壤的固相组成和吸收性能有密切的关系，是土壤的一个重要化学性质，其对植物生长和土壤生产力以及土壤污染与净化都有较大的影响。

pH 值 6.5～7.5 为中性土壤，pH 值 6.5 以下为酸性，pH 值 7.5 以上为碱性。

3. 城市环境污染

（1）城市环境污染的类型及特点

城市环境污染是指由人类的活动所引起的环境质量下降而有害于人类及其他生物的正常生存和发展的现象。

1）废气污染 **（2024 考点）**

① 废气：指在矿物燃料燃烧、工业生产、垃圾和工业废物燃烧以及汽车行驶过程中排出的气体。燃料燃烧排出的废气中含有二氧化硫、氮氧化物、碳氧化物、碳氢化合物和烟尘等。

废气污染

废气种类	说明
二氧化硫	无色、有刺激性的气体，对环境起酸化作用，刺激人眼角膜和呼吸道黏膜，引起咳嗽、声哑、胸痛、哮喘甚至死亡
氮氧化物	主要指一氧化氮和二氧化氮两种成分的混合物，可引发慢性支气管炎、神经衰弱等
碳氧化物	一氧化碳与人体血红蛋白结合，导致缺氧、窒息甚至死亡；二氧化碳无色、无臭、有酸味
飘尘、降尘	飘尘：粒径小于 $10\mu m$ 的悬浮颗粒物；降尘：直径大于 $10\mu m$ 的固体颗粒物
光化学烟雾	指一次污染物和二次污染物的混合物所形成的空气污染现象。由大量汽车尾气和少量工业废气中的氮氧化物和碳氢化合物形成。易在大气相对湿度较低、微风、日照强、气温为 24～32℃ 的夏季晴天，并有近地逆温的天气下发生。一般在白天生成，傍晚消失

环境污染指示植物或监测植物：对大气污染反应敏感的植物，表现出高度敏感的比色响应。

常见的气体污染及指示植物

废气种类	指示植物（监测植物）
二氧化硫	矮牵牛、天竺葵、紫苜蓿、地衣（苔藓）、花烟草、梅花、波斯菊、向日葵
臭氧	矮牵牛、牡丹

废气种类	指示植物（监测植物）
氟气	小苍兰、萱草
氟化氢	梅花、芍药、凤仙花、唐菖蒲
光化学烟雾	木槿
氯气	碧桃、郁金香、波斯菊、向日葵、美人蕉
二氧化硫、氟化氢、氯气	花叶芋

② 机动车尾气污染：由汽车排放废气造成的环境污染。汽车尾气中含有上百种化合物，主要污染物为碳氢化合物、氮氧化物、一氧化碳、二氧化硫、含铅化合物、苯并芘及固体颗粒物等。

《京都议定书》规定的六种温室气体包括：二氧化碳（CO_2）、甲烷（CH_4）、氧化亚氮（N_2O）、氢氯碳化物（HFCS）、全氟碳化物（PFCS）、六氟化硫（SF_6）。

③ 雾霾：分为一次颗粒物和二次颗粒物两类。

一次颗粒物：指从排放源直接排放到大气环境中的液态或固态颗粒物，而且在排放之后颗粒物未发生变化，保持其排放时的原有物理和化学性状。其中自然界及人为活动都有很多一次颗粒物的排放源，如火山喷发、沙尘暴、森林火灾、海洋飞沫等自然排放源产生的烟尘或液态颗粒物，以及燃煤、机动车、工业生产、日常生活等人为排放源产生的烟尘、粉尘、扬尘等都是一次颗粒物 **（2024 考点）**。

二次颗粒物：指由大气中某些气态污染物在大气中经过一系列化学转化或物理过程而生成的固态或液态颗粒物，是 $PM_{2.5}$ 的主要来源。

雾霾治理的主要措施有控制污染排放、节约集约使用资源、植树造林、通风、人工降尘等 **（2024 考点）**。

2）废水污染

废水：指人类在生产活动和生活活动过程中排出的使用过的水，包括从住宅、商业建筑物、公共设施和工矿企业排出的液体以及用水输送的废物与可能出现的地下水、地表水和雨水的混合物。

废水分类：主要包括生活污水及工业废水。生活污水是居民日常生活所产生的污水，是浑浊、具恶臭的水，呈微碱性，一般不含毒物。工业废水指工矿企业（包括乡镇企业）生产过程排出的废水，是生产污水和生产废水的总称。生产污水专指工矿企业生产中所排出的污染较严重、须经处理后方可排放的工业废水。其成分复杂，多半具有较大的危害性。生产废水又称"清净废水"，指工矿企业排出的比较清洁的不经处理即可排放的工业废水。典型的生产废水是冷却水。

污染物质：分为有机物污染、无机物污染，包括有毒物质、富营养化（水体中氮、磷、钾、碳等增多，使藻类大量繁殖，耗去水中溶解氧，影响鱼类生存）、油类、热污染、含色与臭味的废水、病原微生物污染。

3）土壤污染

《中华人民共和国土壤污染防治法》规定，土壤污染是指因人为因素导致某种物质进入陆地表层土壤，引起土壤化学、物理、生物等方面特性的改变，影响土壤功能和有效利用，危害公众健康或者破坏生态环境的现象。

进入土壤中的有害物质过多，超过土壤的自净能力，就是会造成土壤污染。土壤污染物主要来自固体废物向土壤表面堆放和倾倒，废水向土壤中渗透，大气中的污染物通过降尘或随雨水降落到土壤中。土壤污染物种类多，大致可分为无机污染物和有机污染物两大类。

土壤双向水环境效应：土壤既能过滤、吸纳降雨和径流中的污染物，又因其累积的污染物对水体构成污染威胁。

4）固体废物污染

固体废物：指在人类生产和消费过程中被丢弃的固体和泥状物质，包括从废水、废气中分离出来的固体颗粒。

固体废物污染包括工业有害固体废物、城市垃圾、污泥等（2024考点）。

5）噪声污染

城市噪声主要有交通噪声、工业噪声、建筑施工噪声、社会生活噪声等。

环境振动污染指振动源所产生的振动超过相关的标准限值，影响周围环境，干扰人们正常生活、工作和学习的现象。通常以垂直振动强度、频率和暴露时间来表示污染强度。

6）电磁辐射污染

电磁辐射与某些疾病之间存在联系，电磁辐射已经成为我国城市一种新的污染源，并逐渐从大城市向中小城市及农村扩展。

7）光污染

分为可见光污染和不可见光污染。

可见光污染：白色的粉刷墙面、镜面玻璃的反射系数比绿色的草地、森林，深色或毛面砖石装修的建筑物的反射系数大10倍左右，会伤害人的眼睛，引起视力下降，增加白内障的发病率，影响人的心理，改变城市植物和动物生活节律，误导飞行的鸟类。

不可见光污染：强红外光即红外线是一种热辐射，对人体可造成高温伤害；光污染也会干扰天文观测中的天体摄影及光谱分析。

眩光：指视野中由于不适宜亮度分布，或在空间或时间上存在极端的亮度对比，引起视觉不舒适和降低物体可见度的视觉条件。眩光的光源分为直接的（如太阳光、太强的灯光等）和间接的（如来自光滑物体表面，即明亮的阳光海滩、积雪的山顶、高速公路路面等）的反光。

8）放射性污染

随着放射性物质和射线装置广泛应用于民用用途，放射性泄漏事故近几年时有发生，依法加强对放射性物质生产、销售、使用、贮存、处置和射线装置的场所管理已经成为城市规划和环境保护不能忽视的重要工作。

9）地下水污染

地下水污染：指人类活动引起地下水化学成分、物理性质和生物学特性发生改变而使其质量下降的现象。

污染原因：过度开采地下水，沿海地区海水入侵和倒灌导致淡水变咸而无法饮用，工业污染，农业污染，生活污染。

我国地下水污染四个类型：地下淡水的过量开采导致沿海地区的海（咸）水入侵，地表污（废）水排放和农耕污染造成的硝酸盐污染，石油和石油化工产品的污染，垃圾填埋场渗漏污染。

10）农村面源污染

农村面源污染：指农村生活和农业生产活动中，溶解的或固体的污染物，如农田中的氮素、磷素、农药重金属物、农村禽畜粪便与生活垃圾等有机或无机物质，从非特定的地域，在降水和径流冲刷作用下，通过农田地表径流、农田排水和地下渗漏，使大量污染物进入受纳水体（河流、湖泊、水库、海湾）所引起的污染。

点源污染：指有固定排放点的污染源，如工业废水及城市生活污水，由排放口集中汇入江河、湖泊。

面源污染：指无固定污染排放点，如没有排污管网的生活污水排放。

4. 城市环境保护

城市环境保护的基本内容包括城市生态环境保护和城市环境综合整治。

（1）城市生态环境保护

城市生态环境保护包括对城市中及城乡接合部的自然生态系统，如河流、湖泊、湿地、山体和森林，以及生物多样性的保护等。实际上是保护城市以及城郊生态系统，使其更好地为人类服务。

（2）城市环境综合整治（2024 考点）

城市环境污染具有多源、复杂、综合的特征，因此对其治理也必须采取多种手段及综合的措施。城市环境综合整治一般包括城市环境宏观分析、影响城市环境质量因素分析及制定城市环境综合整治措施三个方面。

1）城市大气污染综合整治

大气污染综合整治是综合运用各种防治方法控制区域大气污染的措施。大气污染物不可能集中起来进行统一处理，因此只靠单项措施解决不了区域性的大气污染问题。

技术措施：①减少或防止污染物的排放，优化能源结构，采用无污染和低污染能源，对燃料进行预处理以减少燃烧时产生的污染物，改进燃烧装置和燃烧技术以提高燃烧效率和降低有害气体排放量，节约能源和开展资源综合利用，加强企业管理，减少事故性排放，及时清理、处置废渣，减少地面粉尘；②治理排放的主要污染物；③发展植物净化；④利用大气环境的自净能力。

宏观分析：①对影响城市大气质量的因素进行分析；②确定大气污染综合整治的方向和重点；③制定城市大气污染综合整治措施。

措施制定：①合理利用大气环境容量。科学利用大气自净规律，根据大气自净规律，定量、定点、定时地向大气中排放污染物，在保证大气中污染物浓度不超过要求值的前提下，合理地利用大气环境资源。工业布局不合理是造成大气环境容量使用不合理的直接因素，因此在合理开发大气环境容量时，应该从调整工业布局入手。②以集中控制为主，减少污染物排放量。集中控制是防治大气污染，改善城市大气环境质量的最有效的措施。所谓集中控制，就是从城市的整体着眼，采取宏观调控和综合防治措施；对局部污染物，则要因地制宜采取分散防治措施。

2）**城市水污染综合防治**（2024 考点）

城市水污染综合整治是综合运用各种方法防治水体污染的措施。

技术措施：①减少废水和污染物排放量，包括节约用水、规定用水定额、废水处理后再利用、发展不用水或少用水的工艺等措施。②发展区域性水污染防治系统，包括制定区域性水质管理规划、合理利用自然净化能力、实行排放污染物的总量控制、污水经处理后用于灌溉农田和回用于工业、建立污水库、污水有控制稀释排放等措施。③综合考虑水资源规划、水体用途、经济投资和自然净化能力，运用系统工程，对水污染控制进行系统优化。

宏观分析：在制定水污染综合整治对策时，对城市取水、用水、排水及水的再利用等各个环节进行系统的综合分析，根据城市的性质、特征和水文地质条件，从宏观上确定城市水污染综合整治的方向和重点，从而为具体制定水污染综合整治措施提供依据。具体包括：

①对水污染综合整治主要相关因素进行分析；②确定水污染综合整治的方向和重点；③提出城市水污染综合整治措施。

措施制定：

① 合理利用水环境容量。水体遭受污染的原因有两点：一是水体纳污负荷分配不合理；二是负荷超过水体的自净能力（环境容量）。在城市水环境综合整治中应该针对这两方面分别采取对策。首先要结合调整工业布局和排水管网建设调整污染负荷的分布；其次要科学利用水环境容量，在保证水体、目标功能的前提下，利用水环境容量消除水污染。

② 节约用水、计划用水，大力提倡和加强废水回用。综合防治水污染的最有效、最合理的方法是节约用水和计划用水，全面节流、适当开源、合理调度。对工业废水，首先要采取节流措施，各种设备的冷却用水都应循环使用。此外，发展中水，将处理后符合相应水质标准的处理水作为低质给水，这也是解决城市供水紧张的重要途径之一。

③ 强化水污染治理，包括改革生产工艺，加强把控；废水分离处理等。

④ 排水系统的合理规划。结合城市综合条件，建设城市排水管网系统或对已有系统进行更新、扩建等。

⑤ 建设流域污染综合防治工程。修建相应的污水防治工程及设施，如区域性联合污水处理厂、调节水库或污水库、修建曝气设施等。

⑥ 去除饮用水污染。更新城市给水处理工艺，采用更加有效的处理方法，以保证市民的健康。

⑦ 加强雨洪水利用与管理。雨洪水利用的具体措施包括城市自然排水系统、雨水花园、生物净化池、绿色街道、可渗透铺装、雨水收集、屋顶花园、乡土植物、雨洪水再利用和管理等。

⑧ 综合整治，整体优化。按功能对水域实行总量控制，优化排污口分布，合理分配污染负荷，实施排污许可证制度，定期考核。如不能一步到位，可以制定规划、分步实施。

3）城市固体废物综合整治

城市固体废物可分为一般工业固体废物、有毒有害固体废物、城市垃圾及农业固体废物。

一般工业固体废物综合整治措施：①经过一定的工艺处理，工业废物可成为工业原料或能源，较废水、废气更易于实现再生资源化。②通过合理的工业生产链，可以促进工业废渣的资源化，提高资源的利用率和转化率，实现在生产过程中消除污染，这是防治污染的积极办法。③综合利用，延展企业间的横向联系，促进固体废物重新进入生产循环系统。

有毒有害固体废物的处理与处置：①焚化法，效果好，占地少，对环境影响小；但设备操作较为复杂，费用高，还必须处理剩余的有害灰粉。②化学处理法，应用最普遍的是酸碱中和法、氧化还原处理法、沉淀化学处理法、化学固定法。③生物处理法，包括活性污泥法、滴沥池法、气化池法、氧化塘法和土地处理法等。④掩埋法，掩埋有害废物，必须做到安全填埋；要预先进行地质和水文调查，选定合适的场地，保证不发生滤沥、渗漏等现象，并对被处理的有害废物的数量、种类、存放位置等详细记录；避免引起各种成分间的化学反应；对淋出液要进行监测；安全填埋的场地最好选在干旱或半干旱地区。

城市垃圾的综合整治：主要目标是无害化、减量化和资源化，一般包括如下步骤。

① 制定城市垃圾的收集和输送计划，包括垃圾的清扫、收集、运输。

② 制定城市垃圾的处理计划。垃圾分类处理是垃圾生态化的必经之路。对分类收集的垃圾分别选择综合利用、堆肥、填埋和焚烧等处理方法。应优先选择综合利用方法，以回收再生或循环使用垃圾中的有用资源。

城市垃圾综合利用包括分选、回收、转化三个过程。①分选：对混在一起的城市垃圾进行分离，是综合利用所必需的预处理工序。②回收：将城市垃圾中的废纸、废玻璃、废金属回收，从废物中分离出来的有机物经过物理加工成为再利用的制品。③转化：通过生物化学方法，可将废物转化为有用物质，这是一种正在发展的新的回收利用途径。

垃圾卫生填埋。填埋处理垃圾是较广泛采用的一种方法。可利用废矿坑、黏土废坑、洼地、狭谷等。卫生填埋的基本操作是在经过选址论证的填埋场所，首先对地表进行必要的防渗处理，然后铺上一层城市垃圾并压实后，铺上一层土，然后逐次填铺城市垃圾和土，如此形成夹层结构。夹层结构可以克服露天填地造成的恶臭和鼠蝇孳生问题，改善周围环境。同时可有计划地将废矿坑、黏土坑等通过卫生填地，改造成公园、绿地、牧场、农田或作为建筑用地。

③ 垃圾灰化（焚烧）。灰化是将城市垃圾在高温下燃烧，使可燃废物转变为二氧化碳和水，灰化后的残灰仅为废物原体积的 5% 以下，从而大大减少了固体废物量。

4）城市噪声污染综合整治

噪声污染综合防治是采用综合方法控制噪声污染，以取得人们所要求的声环境的措施。

区域环境噪声控制措施：制定噪声控制小区建设计划，逐步提高噪声控制小区覆盖率。人口密度低、工业生产点与住宅房犬牙交错的现象严重、厂群矛盾激烈、治理难度大的街道地区，暂时不宜选作噪声控制小区。人口密度高、主要以居住为主的区域，应优先考虑建设噪声控制小区。

规定工厂和建筑工地与其他区域的边界噪声值，超标的要限期治理。对严重扰民的噪声源必须治理。可分别采用隔声、吸声、减振、消声等技术，无法治理的要转产或搬迁。

交通噪声综合整治措施：包括技术改造、管理对策、法律条令对策、经济对策。其中技术改造包括汽车改造、道路改造、路旁改造；管理对策主要包括限速、减少部分行车路线、运输系统合理化设置、取缔不良车辆等；法律条令对策主要是加强对噪声的法律效力管理；经济对策是对违反相关噪声规定的行为制定收费及罚款标准。

真题演练

2020-066 大气中二氧化硫污染的指示植物是（　　）。

　　A. 莲花　　　　　　　　　　　B. 茉莉花

　　C. 玫瑰花　　　　　　　　　　D. 牵牛花

【答案】D

【解析】矮牵牛花对二氧化硫非常敏感，当二氧化硫含量增加后，它的叶子就发生病变。可以根据它的叶子的病变情况来判断二氧化硫的污染情况。故 D 项正确

2020-071 下列不是热岛效应形成的主要原因的是（　　）。

　　A. 生产、生活燃烧　　　　　　B. 城市硬质材料覆盖广

　　C. 城市空气中存在大量污染物　　D. 逆温

【答案】D

【解析】热岛的形成原因主要有三方面：①大量的生产、生活燃烧放热；②城市建成区大部分建筑物和道路等被硬质材料所覆盖，植物覆盖率低，从而吸热多而蒸发散热少；③空气中经常存在大量的污染物，它们对地面长波辐射吸收和反射能力较强。逆温会加剧城市热岛效应，但不是城市热岛效应形成的主要原因，故 D 项不是。

2020-086 土壤自净的说法，正确的是（　　）。（多选）

　　A. 土壤自净分为物理、化学、生物净化

　　B. 土壤中汞的挥发属于物理净化

```
                                          温室气体：二氧化碳浓度上升
                              全球气候变暖
                                          结果：海平面上升、洪涝加剧、干旱、其他气候灾害

                              臭氧层破坏和损耗
                              生物多样性减少
                              淡水资源危机和海洋环境破坏
                     类型                        土地沙化
                              土地荒漠化        土壤（土地）侵蚀
                                                土地退化
                              森林破坏
                                                        城市降雨多于农村
                              酸雨污染：城市降雨的特点
                                                        上风向降雨少于下风向

                              城市人口容量：动态需求
                                              大气环境容量：自净能力及自净介质总量
                     成因及影响因素
                              自然环境容量    水环境容量：自净能力和水质标准、水资源储备
                                              土壤环境容量：污染物的性质、土壤净化能力的大小

                              城市环境污染整治：大气、水、固体废物、噪声
   生态环境问题    环境保护      环保节能技术：经贸产业、能效电厂
                              污染防治

                                                热岛效应、逆温、建筑涡流
                                      局地气流
                                                海陆风、山谷风
                              废气污染
                                      污染物：二氧化硫、氮氧化物、雾霾、
                                      碳氧化物、飘尘和降尘、光化学烟雾

                                                  水体中氮、磷、钾增多，藻类大量繁殖，消耗
                                      富营养化：氧气影响鱼类生存，造成水体发臭等
                                                              水体自净作用
                              废水污染                        水体稀释作用
                                      影响水环境的因素        水体中氧气的消耗
                                                              水中微生物

                                              土壤环境背景值
     污染类型特点                            土壤自净作用
                              土壤污染      土壤酸碱性（化学性质）
                                              农村面源污染

                              固体废物污染
                                              垂直振动强度
                              噪声污染：环境振动污染
                                              频率和暴露时间
                              电磁辐射污染
                                      可见光：眩光
                              光污染
                                      不可见光
                              放射性污染
```

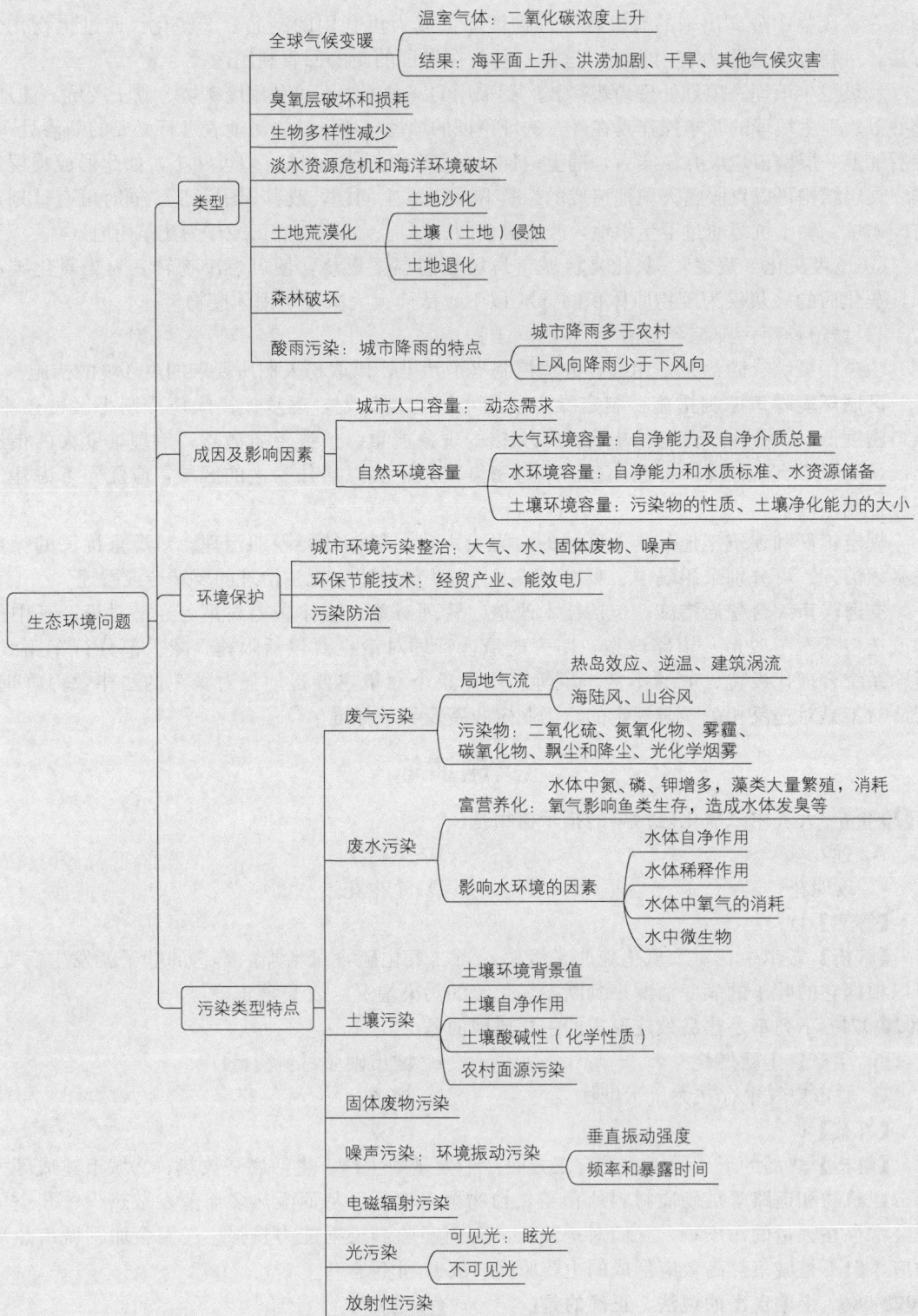

生态环境问题基本知识

C. 有机物的吸附属于化学净化

D. 微生物对有机物的分解属于生物净化

E. 土壤净化速度与土壤本身有关，与环境无关

【答案】ABCD

【解析】土壤的净化速度与环境有很大关系，环境中微生物和易结合发生化学反应的成分越多，越容易净化。故 D 项错误。

2020-098 下列关于海陆风的说法，正确的是(   )。（多选）

A. 由于下垫面温度变化，海洋和陆地性质差异，引起热力对流而形成的带有日变化的局部环流

B. 海陆风的环流形态取决于海陆分布和由此产生的地面气温梯度

C. 由于海陆风的变换，有的低层排放的污染物被传递到一定距离后，又会重新被高层气流带回到原地，使原地污染物浓度增大

D. 夏季陆风始于上午，午后最强，傍晚后转为海风

E. 类似海陆风的环流不可能产生于内陆大型水体

【答案】ABC

【解析】海风每天从上午开始直到傍晚，风力以下午为最强，陆风则从晚上开始。除传统意义上的海陆风，大型内陆水体，例如湖、水库和沼泽也会带来类似的海陆风环流，在观测中被称为"内陆海陆风"。

2021-064 下列关于地下水污染主要原因的说法，错误的是(   )。

A. 过度开采地下水导致地下水位下降，沿海地区出现海水倒灌引起污染

B. 农业生产中不合理使用化肥，农药渗入地下造成污染

C. 废水渠、水沟连续渗漏造成污染

D. 自然因素引起的地下水矿化或异常，造成水质下降

【答案】D

【解析】地下水污染主要指人类活动引起地下水化学成分、物理性质和生物学特性发生改变而使质量下降的现象。由于矿体、矿化地层及其他自然因素引起地下水某些组分富集或贫化的现象，称为"矿化"或"异常"，不应视为污染。故 D 项错误。

2021-066 关于光污染的说法，不正确的是(   )。

A. 对天文观测产生干扰

B. 光污染是多光炫目组合而成的综合现象

C. 光污染包括不可见光

D. 强红外光可对人体造成高温灼伤

【答案】B

【解析】光污染包括可见光污染和不可见光污染，诸如红外光、紫外光等看不见的光也会造成光污染。国际上一般将光污染分为白亮污染、人工白昼和彩光污染。多光眩目是光污染的一种表现，而并非光污染。故 B 项不正确。

2021-068 下列不属于《京都议定书》规定的温室气体的是(   )。

A. 一氧化碳

B. 甲烷

C. 氢氟碳化物

D. 全氟碳化

【答案】A

【解析】根据《京都议定书》规定，温室气体有二氧化碳、甲烷、氧化亚氮、氢氟碳化物、全氟碳化、六氟化硫。故 A 项不属于。

2021-069 下列不属于土壤化学性质的是(   )。

A. pH 值
B. 水分
C. 养分
D. 有机质

【答案】B

【解析】土壤水分属于土壤的物理性质，pH 值、养分元素和有机质属于土壤化学性质。故 B 项不属于。

2021-075 土地沙化的诱因很多，下列不属于土地沙化诱因的是(   )。

A. 过度放牧
B. 地面沉降
C. 气候变暖
D. 地下水超采

【答案】B

【解析】土地沙化的诱因一般有气候变化（气候变暖、变干）、开荒、过度放牧、滥挖滥伐、水资源利用不合理（地下水超采、地下水位下降）。故 B 项不属于。

2021-077 "可燃冰"所含主要气体成分是(   )。

A. 甲烷
B. 乙炔
C. 氢气
D. 硫化氢

【答案】A

【解析】"可燃冰"一般指天然气水合物，其主要成分是甲烷，属于有机化合物。故 A 项正确。

2022-065 雾霾中的一次污染物和二次污染物，两者分别占雾霾的比例(   )。

A. 相同
B. 前者大于后者
C. 前者小于后者
D. 不确定

【答案】C

【解析】雾霾是雾和霾的混合物，当空气中的湿度较高时，霾中的颗粒物会吸附水分，形成雾霾。其特点是能见度低，空气质量差，对人体健康和交通都有不利影响。雾霾中的 $PM_{2.5}$ 来源可分为一次源（直接排放）和二次源（二次生成）。一次源包括自然排放源和人为排放源，如风扬尘土、火山灰、森林火灾、海浪飞沫、生物来源等自然排放源，以及工业粉尘、机动车尾气颗粒物、道路扬尘、建筑施工扬尘、厨房烟气等人为排放源。二次源是指排放到大气中的气态污染物通过多种化学物理过程产生的二次细颗粒物，例如二氧化硫（SO_2）、氮氧化物（NO_x）、氨气（NH_3）、挥发性有机污染物（VOC_s）等，成霾时往往二次颗粒物所占比例更高一些。

2022-069 下列不属于打好污染防治攻坚战主要目标的是(   )。

A. 大气污染防治
B. 水环境治理
C. 区域噪声污染防治
D. 土壤污染防治

【答案】C

【解析】《中共中央 国务院关于深入打好污染防治攻坚战的意见》提出，以更高标准打好蓝天、碧水、净土保卫战，主要目标包括：单位国内生产总值二氧化碳排放比 2020 年下降 18%，地级及以上城市细颗粒物（$PM_{2.5}$）浓度下降 10%，空气质量优良天数比率达到 87.5%，地表水Ⅰ～Ⅲ类水体比例达到 85%，近岸海域水质优良（一、二类）比例达到 79% 左右，重污染天气、城市黑臭水体基本消除，土壤污染风险得到有效管控，固体废物和新污染物治理能力明显增强。未涉及噪声污染防治，故 C 项不属于。**独家扩展：**党的二十大报告提出，深入推进环境污染防治，持续深入打好蓝天、碧水、净土保卫战。围绕土壤污染、大气污染、水污染防治出题会是 2022 年后出题的重要趋势。

2022-070 下列关于农业污染说法错误的是(　　)。

　　A. 过量使用农药是面源污染

　　B. 大量使用化肥是面源污染

　　C. 集中的水产养殖场是面源污染

　　D. 大型集约化养鸡场是点源污染

【答案】C

【解析】农村面源污染是指农村地区在农业生产过程中产生的、未经合理处置的污染物对水体、土壤和空气及农产品造成的污染，主要包括化肥污染、农药污染和畜禽粪便污染等。面源污染没有固定污染排放点。点源污染是指有固定排放点的污染源，指工业废水及城市生活污水，由排放口集中汇入江河湖库。集中的水产养殖场与大型集约化养鸡场污染排放位置较为固定，可视其为点源污染。故 C 项错误。

2022-096 以下属于造成土壤污染原因的是(　　)。（多选）

　　A. 工业生产产生的废水废气废渣　　　　B. 农业污水的排放

　　C. 城市生活生产污水的排放　　　　　　D. 水土流失

　　E. 土地沙化

【答案】ABC

【解析】土壤污染物主要通过固体废物向土壤表面堆放和倾倒，废水向土壤中渗透，大气中的污染物通过降尘或随雨水降落到土壤中等途径进入土壤。故 ABC 项正确。

2023-063 下列污染源不属于城市雾霾主要来源的是(　　)。

　　A. 货车尾气　　　　　　　　　　　　　B. 散煤燃烧

　　C. 厨房油烟　　　　　　　　　　　　　D. 工厂废气

【答案】C

【解析】雾霾的主要来源：汽车尾气、工业排放的废气、煤炭燃烧。故 C 项不属于。

2023-064 下列选项不属于交通源污染物的是(　　)。

　　A. 甲烷（CH_4）　　　　　　　　　　B. 氮氧化物（NO_x）

　　C. 粉尘　　　　　　　　　　　　　　　D. 一氧化碳（CO）

【答案】A

【解析】交通污染源以能源燃烧的尾气、运输过程中有害物质的泄漏以及运行噪声为主。主要包含碳氢化物、一氧化碳、氮氧化物、含铅污染物等。故 A 项不属于。

2023-068 下列措施中不属于城市大气污染综合整治措施的是(　　)。

　　A. 供暖煤改电　　　　　　　　　　　　B. 清洁工艺

　　C. 污染收费　　　　　　　　　　　　　D. 优先发展公交

【答案】C

【解析】大气污染综合整治主要措施：①减少或防治污染物的排放，优化能源结构，采用无污染和低污染能源，对燃料进行预处理以减少燃烧时产生的污染物，改进燃烧装置和燃烧技术以提高燃烧效率和降低有害气体排放量，节约能源和开展资源综合利用，加强企业管理，减少事故性排放，及时清理、处置废渣，减少地面粉尘。ABD 项属于此类。②治理排放的主要污染物。③发展植物净化。④利用大气环境的自净能力。故 C 项不属于。

板块 3 环境影响评价

历年考频

板块	2020 年	2021 年	2022 年	2023 年	2024 年
环境影响评价	—	—	—	1	—

知识点 1 建设项目环境影响评价的目的与内容 【★★★】

1. 建设项目环境影响评价的概念及目的

概念：环境影响评价简称环评，是指对规划和建设项目实施后可能造成的环境影响进行分析、预测和评估，提出预防或者减轻不良环境影响的对策和措施，进行跟踪监测的方法与制度。通俗说就是分析项目建成投产后可能对环境产生的影响，并提出污染防治对策和措施。

目的：为全面规划、合理布局、防治污染和其他公害提供科学依据。

原则：目的性原则、整体性原则、相关性原则、主导性原则、动态性原则、随机性原则。

2. 建设项目环境影响评价的内容

（1）内容分类

按评价要素：可分为大气环境影响评价、水环境影响评价、土壤环境影响评价、生态环境影响评价、人群健康影响评价等。

按开发建设活动：可分为单个建设项目环境影响评价、区域开发建设环境影响评价、发展规划环境影响评价（战略环境影响评价）。

按建设项目对环境的影响程度：①可能造成重大影响的，应当编制环境影响报告书，对建设项目产生的污染和环境的影响进行全面、详细的评价。②可能造成轻度影响的，应当编制环境影响报告表，对建设项目产生的污染和环境的影响进行分析或专项评价。③影响很小、不需进行环评的，应当填报环境影响登记表。

环境影响报告表和环境影响登记表的内容和格式，由国务院生态环境主管部门制定。

（2）评价内容

① 建设项目的基本情况；② 建设项目周围地区的环境现状；③ 建设项目对周围地区的环境可能造成影响的分析和预测；④ 环境保护措施及其经济、技术论证；⑤ 环境影响经济损益分析；⑥ 对建设项目实施环境监测的建议；⑦ 结论。

3. 建设项目环境影响特征与环境影响评价注意事项

（1）建设项目对环境影响的特征

在对建设项目的性质、规模和所在地区的自然环境、社会环境进行一般性调查分析的基础上，找出其主要环境影响因素，对这些主要影响因素进行比较深入的分析研究，以作出评价结论。建设项目对环境的影响一般有如下几种情况：

① 对环境有不利影响，但可以采取措施补救。

② 对环境有不利影响，虽可采取人工控制措施，但投资大，或需长期努力才可见效果。

③ 对环境的影响目前尚不完全清楚或不能下结论。

（2）建设项目环境影响评价注意事项

① 加强建设项目多方案论证。系统工程学认为，只有多方案论证才能找到最优。

② 重视建设项目的技术问题。建设项目采用不同的技术路线和工艺，可控制建设项目对环境的影响程度。

③ 重视环境预测评价。建设项目的预测评价是环境影响评价的核心，重视建设项目对环境的累积和长远影响。

④ 避免环境影响评价的滞后性。强调将建设项目的技术、财政、环境影响评价同步进行。

⑤ 加强建设项目环境保护措施的科学性和可行性。

4. 建设项目环境影响舒缓措施

建设项目环境保护措施须从建设项目所处地域的环境特点及其保护要求和开发建设工程项目的特点两个方面考虑。

（1）基于环境特点及保护要求的舒缓措施

① 保护：贯彻"预防为主"的思想和政策，预防性保护是应优先考虑的保护措施，贯穿于建设活动前、活动中。

② 恢复：通过事后的努力，使生态系统的结构或者是环境功能得到修复。

③ 补偿：这是一种重建生态系统以补偿因开发建设活动损失的环境功能的措施。补偿有就地补偿和异地补偿两种形式。就地补偿类似于恢复，但建立的新生态系统与原生态系统没有一致性。异地补偿则是在开发建设项目发生地无法补偿损失的生态环境功能时，在项目发生地之外实施补偿措施，如在区域内或流域内的适宜地点或其他规划的生态建设工程中进行补偿。补偿中最重要的是植被补偿，因为它是整个生态环境功能所依赖的基础。

④ 建设：要采取改善区域生态环境、建设具有更高环境功能的生态系统的措施。

（2）基于工程建设特点的舒缓措施

① 替代方案：开发建设项目的替代方案主要有场址或线路走向的替代、施工方式的替代、工艺技术替代、环境保护措施的替代等。替代方案的确定是一个不断进行科学论证、优化选择的过程，最终目的是使选择的方案具有环境损失最小、费用最少、生态功能最大的特性。

② 生产技术改革：采用清洁和高效的生产技术是从工程本身来减少污染和减少环境影响或破坏的根本性措施。

③ 环境保护工程措施：对环境保护而言，工程措施可分为一般工程性措施和生态工程措施两类。前者主要是防治污染和解决污染导致的生态效应问题；后者则是专为防止和解决生态环境问题或进行生态环境建设而采取的措施，包括生物性的和工程性的措施。

④ 管理措施：建设项目的环境管理主要包括建设期和生产运营期两个阶段，有时还包括项目死亡期，如矿山闭矿、工厂报废、废物堆场复垦等。

（3）体现环境特点的措施和体现工程特点的措施的组合关系

可根据工程特点将前述舒缓措施的两个方面进行组合，得出 16 个措施方向，经过科学比选与技术经济论证，得出最适用、可行的环境保护措施。

5. 建设项目环境影响评价的程序与基本方法

（1）环境影响评价的工作流程与方法

① 准备阶段：研究有关文件，进行初步的工程分析和环境现状调查，筛选重点评价项目，确定各单项环境影响评价的工作等级，编制评价的工作大纲。

② 正式阶段：进一步进行工程分析和环境现状调查，并进行环境影响预测和环境影响评价。

③ 报告书编制阶段：汇总、分析正式阶段工作所得到的各种资料、数据，得出结论，完成环境影响报告书的编制。

（2）公众参与环境影响评价

国家鼓励有关单位、专家和公众以适当的方式参与环境影响评价，除规定需要保密的情形外，对环境可能造成重大影响的、应当编制环境影响报告书的建设项目，建设单位应当在报批建设项目环境影响报告书之前，举行论证会、听证会或采取其他形式，征求有关单位、专家和公众的意见，特别是征求项目所在地有关单位和居民的意见。建设单位报批的环境影响报告书应当附有对有关单位、专家和公众的意见采纳或不采纳的说明。

参与方式：由建设单位举行听证会、论证会、信息公告发布。

公示的时间及内容：建设项目环境影响评价文件在环评单位接受项目、审批前、环保主管部门受理环评文件后，均需进行公示。

知识点 2　战略环境影响评价　【★】

1. 战略环境影响评价的目标与内容

（1）概念

战略环境影响评价是根据可持续发展战略的思想提出的，指对政策、规划、计划及其替代方案的环境影响进行系统的和综合的评价的过程。它是在战略层次上及早协调环境与发展关系的一种决策和规划手段。

（2）目的及特性

目的：通过对发展战略引发的社会经济活动所产生的环境影响进行分析评价，提出相应的环境保护对策或修正战略、调整建议，以避免或降低由于决策失误带来的环境影响，从而促进社会、经济、环境的协调，全面推进社会可持续发展。

特性：高层次性；提供决策框架，提高客观性；综合考虑环境与发展，通过跨部门合作实现目标；早期充分考虑各方意见；全面考虑环境问题与影响，避免在项目层次上的重复评价，节省时间和资金；贯彻可持续、预防性原则的一种可操作方法。

2. 战略环境影响评价的程序

战略环境影响评价根据评价的范围、内容，工作程序差别非常大，一般可以参照建设项目环境影响评价的工作程序进行。主要包括筛选，选定范围，影响评价，审核，结合到战略制定过程中，决策、实施和监测，咨询和利益相关方参与等几个步骤。

3. 规划环境影响评价

（1）区域环境影响评价的内容

① 区域开发活动环境影响预测与评价；

② 开发区域选址合理性分析；

③ 开发区域总体布局合理性分析；

④ 开发区域规模与区域环境承载力分析；

⑤ 区域开发土地利用与生态适宜度分析；

城市生态与城市环境

⑥ 拟定开发区域环境管理体系规划。

（2）区域环境影响评价的应用

① 区域环境承载力分析：区域环境承载力最终表征为区域所能承受的社会经济规模和人口数量。环境承载力的指标体系应该从环境系统与社会经济系统的物质、能量和信息的交换入手。

自然资源供给类指标包括：水资源、土地资源、生物资源等。

社会条件支持类指标包括：经济实力、公用设施、交通条件等。

污染承受力类指标包括：污染物迁移、扩散和转化能力，区域绿化状况等。

② 区域土地利用的生态适宜度分析。

③ 环境容量估算和污染物排放总量控制。污染物排放总量控制包括大气污染物排放总量控制和水污染物排放总量控制。

知识点3　《中华人民共和国环境影响评价法》（节选）【★★★★】

第七条　国务院有关部门、设区的市级以上地方人民政府及其有关部门，对其组织编制的土地利用的有关规划，区域、流域、海域的建设、开发利用规划，应当在规划编制过程中组织进行环境影响评价，编写该规划有关环境影响的篇章或者说明。

规划有关环境影响的篇章或者说明，应当对规划实施后可能造成的环境影响作出分析、预测和评估，提出预防或者减轻不良环境影响的对策和措施，作为规划草案的组成部分一并报送规划审批机关。

未编写有关环境影响的篇章或者说明的规划草案，审批机关不予审批。

第八条　国务院有关部门、设区的市级以上地方人民政府及其有关部门，对其组织编制的工业、农业、畜牧业、林业、能源、水利、交通、城市建设、旅游、自然资源开发的有关专项规划（以下简称专项规划），应当在该专项规划草案上报审批前，组织进行环境影响评价，并向审批该专项规划的机关提出环境影响报告书。

第十八条　建设项目的环境影响评价，应当避免与规划的环境影响评价相重复。

作为一项整体建设项目的规划，按照建设项目进行环境影响评价，不进行规划的环境影响评价。

已经进行了环境影响评价的规划包含具体建设项目的，规划的环境影响评价结论应当作为建设项目环境影响评价的重要依据，建设项目环境影响评价的内容应当根据规划的环境影响评价审查意见予以简化。

第二十二条　审批部门应当自收到环境影响报告书之日起六十日内，收到环境影响报告表之日起三十日内，分别作出审批决定并书面通知建设单位。

国家对环境影响登记表实行备案管理。

审核、审批建设项目环境影响报告书、报告表以及备案环境影响登记表，不得收取任何费用。

第二十四条　建设项目的环境影响评价文件经批准后，建设项目的性质、规模、地点、采用的生产工艺或者防治污染、防止生态破坏的措施发生重大变动的，建设单位应当重新报批建设项目的环境影响评价文件。

建设项目的环境影响评价文件自批准之日起超过五年，方决定该项目开工建设的，其环境影响评价文件应当报原审批部门重新审核；原审批部门应当自收到建设项目环境影响评价文件之日起十日内，将审核意见书面通知建设单位。

第二十五条 建设项目的环境影响评价文件未依法经审批部门审查或者审查后未予批准的，建设单位不得开工建设。

知识点 4 《关于做好国土空间总体规划环境影响评价工作的通知》（节选）【★★★★】

一、各地在组织编制省级、市级（包括副省级和地级城市）国土空间总体规划过程中，应依法开展规划环评，编写环境影响说明，作为国土空间总体规划成果的组成部分一并报送规划审批机关，缺少环境影响说明的，不得报批。环境影响说明内容应当包括规划实施对环境可能造成影响的分析、预测和评估，预防或减轻不良环境影响的对策和措施等，具体技术要求可参考《市级国土空间总体规划环境影响评价技术要点（试行）》。市级以下国土空间总体规划的环境影响评价，可由省级人民政府根据需要规定（与《中华人民共和国环境影响评价法》一致）。

二、加强国土空间总体规划编制与规划环评的衔接互动。规划编制机关应及时启动规划环评工作，建立规划编制与规划环评的对接机制。在规划编制过程中，协同推动规划编制和规划环评，充分利用"双评价"（资源环境承载能力和国土空间开发适宜性评价）、生态环境分区管控方案等现有成果作为规划编制的基础，及时交流各阶段工作进展和相关信息，避免规划编制和规划环评工作相脱节。

真题演练

2023-095 依据《关于做好国土空间总体规划环境影响评价工作的通知》，下列关于环境影响评价的表述不正确的是（   ）。（多选）

A. 以保障生态安全和改善环境质量为目标

B. 国土空间总体规划完成后进行评价

C. 市级国土空间总体规划环评应单独编写环境影响评价

D. 包括规划实施对环境可能造成影响的分析预测和评估

E. 预防或减轻不良环境影响的对策和措施等

【答案】BC

【解析】开展环境影响评价，就是为了保障生态安全和改善环境质量，故 A 项正确。根据《关于做好国土空间总体规划环境影响评价工作的通知》，各地在组织编制省级、市级（包括副省级和地级城市）国土空间总体规划过程中，应依法开展规划环评，编写环境影响说明，作为国土空间总体规划成果的组成部分一并报送规划审批机关，缺少环境影响说明的，不得报批。环境影响说明内容应当包括规划实施对环境可能造成影响的分析、预测和评估，预防或减轻不良环境影响的对策和措施等，市级以下国土空间总体规划的环境影响评价，可由省级人民政府根据需要规定。故 BC 项错误，DE 项正确。

板块 4 生态学在城乡规划与建设中的应用途径

历年考频

板块	2020 年	2021 年	2022 年	2023 年	2024 年
生态学在城乡规划与建设中的应用途径	3	—	1	2	—

知识点 1 区域生态适宜性评价 【★★★】

1. 生态适宜性概念

生态适宜性：指区域土地的生态现状及开发利用条件，或指区域或特定空间的生态环境条件的最适生态利用方向，或指规划区内确定的土地利用方式对生态因素的影响程度。是土地开发利用适宜程度的依据。

2. 区域生态适宜性评价的内容

以规划范围内生态类型为评价单元，根据区域资源与生态环境特征、发展需求与资源利用要求、现有代表性的生态特性，从规划对象尺度的独特性、抗干扰性、生物多样性、空间地理单元的空间效应、观赏性以及和谐性分析规划范围内在的资源质量以及与相邻空间地理单元的关系，确定范围内生态类型对资源开发的适宜性和限制性，进而划分适宜性等级。

3. 区域生态适宜性评价方法

评价方法：①形态分析法；②因素地图叠加法；③线性与非线性因子组合法；④逻辑规划组合法；⑤生态位适宜度模型。

区域生态适宜性评价主要应用于高速公路选线、土地利用、森林开发、流域开发、城市与区域发展等领域的生态规划工作。

4. 国土空间开发适宜性评价

生态系统服务功能重要性评价：水源涵养、水土保持、生物多样性维护、防风固沙、海岸防护（取高）。

生态脆弱性评价：水土流失、石漠化、土地沙化、海岸侵蚀及沙源流失（取高）。

知识点 2 区域生态安全格局的概念与构建 【★★★★】

1. 区域生态安全格局的概念与意义

（1）概念

区域生态安全格局：以景观生态学理论和方法为基础，基于区域的景观过程和格局的关系，通过景观过程的分析和模拟来判别对这些过程的健康与安全具有关键意义的景观格局。

区域生态安全格局途径：把景观过程（包括城市的扩张、物种的空间运动、水和风的流动、灾害过程的扩散等）作为通过克服空间阻力来实现景观控制和覆盖的过程。要有效实现

375

控制和覆盖，必须占领具有战略意义的关键性的景观元素、空间位置和联系。这种关键性元素、战略位置和联系所形成的格局就是区域生态安全格局。

（2）区域生态安全格局途径是景观生态学的延伸

斑块、廊道和基质是景观生态学用来解释景观结构的基本模式，普遍适用于各类景观包括荒漠、森林、农业区、草原、郊区和建成区景观。景观中任意一点或是落在某一斑块内，或是落在廊道内，或是落在作为背景的基质内。

景观生态学基本原理：

① 关于斑块的原理，即关于斑块尺度、斑块数目、斑块形状和关于斑块位置与呈现生态过程的关系原理。

② 关于廊道的原理，即关于廊道的连续性、数目、构成、宽度与景观过程的关系原理。

③ 关于景观基质的基本原理，即关于景观的异质性、质地的粗细与景观阻力和生态过程的关系原理。

④ 景观生态规划总体格局原理，包括不可替代格局，"集聚间有离析"的最优的景观格局等。

区域生态安全格局途径的出发点：

区域生态安全格局途径求解如何在有限国土面积上，以尽可能少的用地、最佳的格局，最有效地维护景观中各种过程的健康和安全。更具体的出发点包括：

① 在土地极其紧张的情况下如何更有效地协调各种土地利用之间的关系，如城市发展用地、农业用地及生物保护用地之间的合理格局。

② 如何在各种空间尺度上优化防护林体系和绿道系统，使之具有高效的综合功能，包括物种的空间运动和生物多样性的持续及灾害过程的控制。

③ 如何在城市发展中形成一种有效的战略性的城市生态灾害（如洪水和海潮）控制格局。

④ 如何使现有各类孤立分布的自然保护地通过尽可能少的投入而形成最优的整体空间格局，以保障物种的空间迁徙和保护生物多样性。

⑤ 如何在最关键的部位引入或改变某种景观斑块，便可大幅改善城乡景观的某些生态和人文过程，如以尽量少的土地，建立城市或城郊连续而高效的游憩网络、连续而完整的遗产廊道网络以及视觉廊道的控制。

（3）区域生态安全格局的特征

区域生态安全格局强调在各种过程中存在系列阈限和层次，但不承认最终边界的存在，认为这些阈限和层次都不是顶级的和绝对的。

多层次的区域生态安全格局，有助于更有效地协调不同性质的土地利用之间的关系，并为不同土地利用之间的空间"交易"提供依据。

2. 区域生态安全格局的构建

（1）区域生态安全格局的构建模式

第一步：景观表述（垂直、水平、环境体验）。

第二步：景观过程分析（自然、生物、人文）。

第三步：景观评价（评价现状与过程的适宜性）。

第四步：景观改变（规划改造区域生态基础设施）。

第五步：影响评估（评估改造方案）。

第六步：景观决策。

（2）区域生态安全格局构建途径

总体上讲，针对某一过程的景观安全格局的确定分为三大步骤。

① 确定源。即过程的源，如生物的栖息地作为生物物种扩散和动物活动过程的源，河流作为洪水过程的源，文化遗产地作为乡土文化景观保护和体验的源，游步道和观景点作为视觉感知过程的源。这一部分的内容主要通过资源现状分布和土地适宜性分析来确定。

② 空间联系。确定以源为核心的、源以外的、对维护景观过程的安全和健康以及完整性起关键作用的区域和空间联系，包括缓冲区、连接廊道、战略点等。这一部分主要通过空间分析来确定。

③ 编制规划导则。制定保障实现景观安全格局和建立生态基础设施的具体的定量、定性原则。

（3）区域综合生态安全格局的构建

综合叠加各类安全格局，建立综合的区域生态安全格局和生态基础设施。它们共同为区域生态服务功能的健康和安全提供保障。

区域生态安全格局的等级包括高级安全格局、中级安全格局、低级安全格局。

知识点 3　生态工程的基本概念与应用领域 【★★★】

1. 生态工程的概念

生态工程：人类认识和改造世界的一种系统方法，将社会经济与其自然环境综合在一起，并达到两方面效益相统一的可持续生态系统的规划、设计与管理的系统科学方法与组合技术手段。

2. 生态工程的目的

① 恢复已经被人类活动严重干扰的生态系统，如环境污染、气候变化和土地退化。

② 通过利用生态系统具有自我维护的功能建立具有人类和生态价值的持久性生态系统，如居住系统、湿地污水处理系统。

③ 通过维护生态系统的生命支持功能保护生态系统。

3. 生态工程的特征

生态工程主要以社会—经济—自然复合生态系统为对象，以可持续发展作为其总目标，是可持续发展的重要手段。主要具有以下特征：

① 是多目标的，能够使资源得到合理利用与生态保护。

② 是综合效益的，经济效益、生态效益和社会效益协调发展。

③ 具有完整性、协调性、循环与自主的特性。

④ 具有多学科相结合的特征，并能够检验生态学是否有用。

⑤ 具有鲜明的伦理学特征，体现人类对自然的关怀而作出的精明选择。

4. 生态工程的主要应用领域

① 设计各种生态系统，以代替人工系统或能源密集型系统，从而满足人类需要，如农业生态系统和人工湿地污水处理系统等。

② 恢复受损生态系统，缓解对资源的过度开发，如土地复垦、废弃地生态恢复、城乡河流治理工程、土壤污染治理和水系综合治理等。

③ 管理、利用和保护自然资源，如林业资源开发、生物多样性保护等。

④ 将人类社会和生态系统紧密结合起来，进行城市环境综合治理，如固体有机废弃物的综合利用等。

知识点 4 生态恢复的概念与主要方法 【★★★】

1. 生态恢复的概念

生态恢复：有目的地把一个地方改建成定义明确的、固有的、历史上的生态系统的过程。这一过程的目的是竭力效仿那种特定生态系统的结构、功能、生物多样性及其变迁过程。

我国对生态恢复的理解包括重建、改良、改进、修补、更新、再植等。

2. 生态恢复的特征

① 强调恢复到具有生态学意义的理想状态。生态恢复并不完全是自然的生态系统次生演替，人类可以有目的地对受损生态系统进行干预。

② 强调生态完整性恢复。生态恢复并不是物种的简单恢复，而是对系统的结构、功能、生物多样性和持续性进行全面的恢复。

③ 强调应用生态学过程的重要性。演替是生态系统的基本过程和特征，生态恢复本质上是生物物种和生物量的重建，以及生态系统基本功能恢复的过程。

生态恢复可以应用于自然或者人为影响下的生态破坏、被污染土地的治理，包括灾后重建、棕地恢复、湿地保护、城市绿地建设等。

知识点 5 生态规划基本概念与内容 【★★】

1. 生态规划的概念

生态规划有广义和狭义之分。狭义的生态规划类似于环境规划，关注的是生态环境的质量；广义的生态规划指利用生态学的原理，对区域的社会、经济和自然环境进行综合性的规划，关注的是相互关系，包括景观（生态系统复合体）内部各要素之间的关系以及景观与外部空间的关系。

生态规划的目的是调控人地关系，实现资源的有效利用、人类经济社会的持续增长和生态系统的良性循环。

2. 生态规划的主要应用领域

生态规划不再局限于传统的土地利用规划或者为城市规划提供参考依据，而是广泛地应用到不同领域，包括涉及社会、经济、人口、资源和环境等诸多问题的解决方案。规划对象从国家、区域、城市、农村到保护地，既包括空间的规划，也包括对体制的设计与调控、政策的制定与评估、行为的调控等。

真题演练

2020-072 区域生态安全格局构建模式的第三步是( )。

    A. 景观决策   B. 景观表述

    C. 景观改变   D. 景观评价

【答案】D

【解析】区域生态安全格局构建分为六步，分别是景观表述、景观过程分析、景观评价、景观改变、影响评价、景观决策。故 D 项正确。

2020-081 资源环境承载能力评价是国土空间规划编制的重要专题，下列属于生态系统服务功能重要性评价因子的是( )。(多选)

    A. 生物多样性评价   B. 水土流失敏感性评价

C. 防风固沙评价   D. 水源涵养评价

E. 海岸防护评价

【答案】ACDE

【解析】评价水源涵养、水土保持、生物多样性维护、防风固沙、海岸防护等生态系统服务功能重要性，取各项结果的最高等级作为生态系统的服务功能重要性等级，故 ACDE 项正确。

2020-100 《资源环境承载能力和国土空间开发适宜性评价技术指南（试行）》规定，资源环境承载能力是指：基于特定的发展阶段、经济技术水平、生产生活或方式和保护目标的一定地域范围内，资源环境要素能够支撑(　　)的最大合理规划的人类活动。（多选）

A. 农业生产   B. 水利工程建设

C. 资源开发   D. 国家公园建设

E. 城镇建设

【答案】AE

【解析】资源环境承载能力是指基于特定发展阶段、经济技术水平、生产生活方式和生态保护目标的一定地域范围内，资源环境要素能够支撑农业生产、城镇建设等人类活动的最大合理规模。故 AE 项正确。

2022-066 下列人类活动中，不属于生态恢复措施的是(　　)。

A. 河岸护砌   B. 湿地保护

C. 棕地治理   D. 物种恢复

【答案】A

【解析】生态恢复的应用：生态破坏、被污染土地的治理，包括灾后重建、棕地恢复、湿地保护、城市绿地建设等。此外生态恢复强调生态完整性恢复，包括基本的物种恢复，也包括对生态系统的结构、功能、生物多样性和持续性进行全面的恢复。故 A 项不属于。

2023-066 下列工程中不属于生态工程的是(　　)。

A. 生活污水处理工程   B. 海水淡化工程

C. 矿山环境治理工程   D. 防护林工程

【答案】B

【解析】生态工程应用：①设计各种生态系统，来代替人工系统或能源密集型系统，从而满足人类需要，如产业生态系统、农业生态系统和人工污水湿地处理系统、生态建筑与生态城镇建设、生态交通、绿色化学工程、清洁能源开发等。C 项属于此类。②恢复受损生态系统，缓解对资源的过度开发，如土地复垦、退化土地生态恢复、废弃地生态恢复、城乡河流治理工程、土壤污染治理和水系综合治理等。D 项属于此类。③管理、利用和保护自然资源，如林业资源开发、生物多样保护和湿地保护等。④将人类社会和生态系统紧密结合起来，进行城市环境综合治理，如固体有机废弃物的综合利用、城乡生活垃圾处理系统、生态复合肥料开发和城乡绿地系统建设等。A 项属于此类。故 B 项不属于。

2023-067 下列措施不属于生态恢复的是(　　)。

A. 封山育林   B. 草原禁牧

C. 河湖禁渔   D. 土壤改良

【答案】D

【解析】生态恢复可应用于自然或者人为影响下的生态破坏（ABC 项属于此类）、被污染土地的治理，包括灾后重建、宗地恢复、湿地保护、城市绿地建设等。故 D 项不属于。

2024 年真题与解析

一、单项选择题（共 80 题，每题 1 分。每题备选项中只有一个最符合题意。）

001. 根据《绿色建筑评价标准》，下列关于绿色建筑评价说法正确的是( )。

　　A. 绿色建筑评价仅以单体建筑为评价对象

　　B. 建筑施工图设计完成后，可进行绿色建筑预评价

　　C. 在建筑竣工前，应开展绿色建筑最终评价

　　D. 达到 60% 控制项要求，可评为基本级绿色建筑

002. 根据《民用建筑通用规范》，下列某公共楼梯设计参数，错误的是( )。

　　A. 楼梯休息平台的上部净高 2.2m

　　B. 楼梯梯段的上部净高 2m

　　C. 直跑楼梯的中间平台宽度为 1m

　　D. 楼梯梯段改变，楼梯休息平台宽度为 1.3m

003. 下列关于建筑体型系数的说法，正确的是( )。

　　A. 建筑体型系数是建筑体积与建筑外表面积的比值

　　B. 建筑体型系数是建筑内表面积与建筑总面积的比值

　　C. 两栋相同的住宅以山墙拼合后，建筑体型系数变小

　　D. 建筑以面积最小的一面接地时，建筑体型系数最小

004. 根据《建筑防火通用规范》，下列某建筑设备用房，消防设计的做法，错误的是( )。

　　A. 设备用房的疏散门直通室外

　　B. 防火隔墙上的门为乙级防火门

　　C. 不燃性楼板的耐火极限为 1.5h

　　D. 防火隔墙的耐火极限为 2h

005. 根据《建筑环境通用规范》，下列省份全域属于夏热冬冷地区的是( )。

　　A. 江西　　　　　B. 陕西　　　　　C. 辽宁　　　　　D. 四川

006. 下列关于中国古代建筑斗栱的说法，错误的是( )。

　　A. 周代已出现柱上安置坐斗的做法

　　B. 汉代成组的斗已大量用于重要建筑

　　C. 唐代斗栱的式样趋于统一

　　D. 清代木构架上斗栱色彩日渐素雅

007. 下列古代文献，提出因地制宜营城原则的是( )。

　　A.《考工记》　　　　　　　　　　B.《营造法式》

　　C.《管子》　　　　　　　　　　　D.《墨经》

008. 下列古代文献，集中体现中国古典园林思想的是( )。

　　A.《园冶》　　　B.《木经》　　　C.《水经注》　　　D.《山海经》

009. 下列古代制度安排，没有直接体现空间类规划理念的是( )。

　　A. 择天下之中而立国　　　　　　B. 量地以制邑

　　C. 制土分民　　　　　　　　　　D. 编户齐民

010. 下列关于传统民居与其分布地区的配对关系的说法，错误的是（　　）。

    A. 碉楼—青海
               B. 土楼—福建

    C. 阿以旺—新疆
            D. 一颗印—山东

011. 下列古代城市属于街巷制城市布局的是（　　）。

    A. 东汉洛阳城
            B. 曹魏邺城

    C. 北魏平城
             D. 后周东京城

012. 下列指标用于划分城市客运交通枢纽级别的是（　　）。

    A. 占地规模
            B. 客流集结量

    C. 高峰小时客流量
       D. 日客流量

013. 城市道路统计中，快速路辅路按承担的功能，统计为（　　）。

    A. 快速路
             B. 支路

    C. Ⅰ级或Ⅱ级主干路
     D. Ⅲ级主干路或次干路

014. 根据《小交通量农村公路工程技术标准》，年平均日设计交通量低于1000量小客车的双车道农村道路，行车道宽度最小为（　　）。

    A. 5m
        B. 6m
        C. 7m
        D. 8m

015. 城市道路上单条自行车通行带设计标准宽度为（　　）。

    A. 0.8m
       B. 1m
        C. 1.2m
       D. 1.4m

016. 某商业建筑规划配建地下机动车库，设置600个停车位，下列做法错误的是（　　）。

    A. 该车库分开设置人员出入口和车行出入口

    B. 该车库设置3个机动车出入口

    C. 该车库设置30个具备充电条件的停车位

    D. 该车库每个出入口设置2条车道

017. 某城市沿生活性岸线，规划布局一条滨水路，道路等级不宜选择（　　）。

    A. Ⅰ级主干路
         B. Ⅲ级主干路

    C. 次干路
            D. 支路

018. 城市综合交通体系规划编制中，居民出行调查内容不包括（　　）。

    A. 住户特征
           B. 职业特征

    C. 车辆特征
           D. 健康特征

019. 下列关于公路和城市道路衔接说法，错误的是（　　）。

    A. 高速公路衔接城市快速路
       B. 高速公路衔接城市主干路

    C. 一级公路衔接城市快速路
     D. 二级公路衔接城市次干路

020. 下列关于城市道路立交形式选择的说法，错误的是（　　）。

    A. 左转交通量较大的应选择环形立交

    B. 相交道路等级相差较大且转弯交通量不大的一般立交，可选应菱形立交

    C. 枢纽立交可选择全定向、半定向的立交形式

    D. 城市中不宜选用占地较大的全苜蓿叶型立交

021. 轨道线网运营里程数500km，日均进站量250万人次，日均换乘150万人次，则线网负荷强度为（　　）万人次／（km·d）。

    A. 0.2
       B. 0.3
        C. 0.5
       D. 0.8

022. 下列选项中不属于源头低影响开发的是（　　）。

    A. 广场铺装
          B. 居住小区雨水花园

C. 下穿道路雨水泵站   D. 公建屋顶绿化

023. 以下不属于城镇燃气管道设计压力分级的是( )。

     A. 高压   B. 次高压

     C. 中压   D. 次中压

024. 下列关于变电站选址原则的说法中，错误的是( )。

     A. 便于进出线   B. 远离负荷中心

     C. 方便交通运输   D. 避免严重盐雾区

025. 以下关于环境卫生设施规划措施的说法，错误的是( )。

     A. 粪便处理设施和污水处理设施可以合并设置

     B. 公共厕所的设置应以独立式公厕为主、附属式公厕为辅

     C. 城市垃圾转运站应设置在垃圾产生量大、交通条件好的位置

     D. 新建垃圾焚烧厂应远离城市生活区

026. 以下四类工程管线交叉时，应以( )标高为交叉口的标高。

     A. 供水管线   B. 雨水管线

     C. 电力管线   D. 通信管线

027. 以下关于竖向规划措施的说法中，错误的是( )。

     A. 台地的长边应平行于等高线设置

     B. 建设用地的高程应高于周边道路的高程

     C. 城市各组团宜因地制宜的采用不同的坐标高程系统地

     D. 用地自然坡度大于 8% 时，规划地面形式为台阶式

028. 以下关于城市污水厂规划措施的说法中，错误的是( )。

     A. 污水处理厂的规模应按规划远期污水量和需接纳的初期雨水量确定

     B. 污水处理厂的选址与居住用地之间应保证必要的卫生防护距离

     C. 污水处理厂的布局宜采用集中分散或集中与分散相结合的形式

     D. 污水处理厂出水水质应高于受纳水体的水质标准

029. 根据《城市消防规划规范》，下列关于消防站分类的说法中，错误的是( )。

     A. 城市消防站分为陆上消防站、水上消防站和航空消防站

     B. 陆上消防站分为普通消防站、特勤消防站和战勤保障消防站

     C. 普通消防站分为一级普通消防站和二级普通消防站

     D. 特勤消防站分为一级特勤消防站和二级特勤消防站

030. 城市给水厂规模应根据( )确定。

     A. 城市的年平均用水量   B. 城市的平均日用水量

     C. 城市的最高日用水量   D. 城市的最高日最高时用水量

031. 下列关于抗震设防标准的说法，错误的是( )。

     A. 抗震设防标准可由抗震设防烈度和建筑抗震设防类别确定

     B. 抗震设防烈度超过 6 度地区的建筑必须进行抗震设计

     C. 一般情况下抗震设防烈度取 50 年内超越概率 10% 的地震烈度

     D. 抗震设防类别分为重点、标准和特殊

032. 利用计算机图形学和图像处理技术，将数据转化为图形或图像，在屏幕上显示出来，并进行交互处理，这种技术称为( )。

     A. 人机交互技术   B. 增强现实技术

C. 数据可视化技术   D. 三维建模技术

033. 下列不属于静态交通数据的是(   )。

    A. 道路车道数   B. 行车视距

    C. 交通事件信息   D. 沿线景观

034. 下列不属于时间序列分析的是(   )。

    A. 区域人口数量   B. 降水量

    C. 煤矿资源分布   D. 旅游收入

035. 如果某一类计算机的字由 8 个字节(Byte)组成,则字的长度(bit)为(   )。

    A. 8 位   B. 16 位

    C. 32 位   D. 64 位

036. 下列数据库设计的基本步骤顺序正确的是(   )。

    A. 需求分析、逻辑设计、概念设计、物理设计

    B. 需求分析、概念设计、逻辑设计、物理设计

    C. 概念设计、需求分析、物理设计、逻辑设计

    D. 概念设计、物理设计、逻辑设计、需求分析

037. 下列需求不能用机载激光雷达(LiDAR)数据分析处理实现的是(   )。

    A. 建立数字地表模型   B. 确定不同树龄林木覆盖范围

    C. 计算地表粗糙度   D. 获取地下水埋深信息

038. 下列关于国土空间规划系列图件编制的说法,不符合统一协调要求的是(   )。

    A. 同类现象采用共同的表示方法   B. 全域图和局部图采用相同比例尺

    C. 采用统一的地图投影   D. 底图兼顾全域图和局部图、特殊要求

039. 下列数据不属于空间数据的是(   )。

    A. 建筑物位置数据   B. 生态修复区范围数据

    C. 工业增加值统计数据   D. 煤矿资源分布数据

040. 根据城市经济学原理,政府加征污染税将导致(   )。

    A. 城市最佳规模扩大   B. 城市均衡规模减小

    C. 城市均衡规模向最佳规模靠近   D. 城市最佳规模向均衡规模靠近

041. 农村一、二、三产业融合发展业态不包括(   )。

    A. 农产品加工流通业   B. 农村休闲观光旅游业

    C. 电子商务   D. 化肥生产

042. 下列区域产业特征不能用区位熵衡量的是(   )。

    A. 产业专业化程度   B. 产业集聚度

    C. 产业比较优势   D. 产业生产率

043. 城市支柱产业是指城市产业体系中(   )。

    A. 产值占比最高的产业   B. 增长速度最快的产业

    C. 技术含量最高的产业   D. 就业人数最多的产业

044. 下列运用经济手段缓解城市中心区交通拥堵的做法错误的是(   )。

    A. 对进入城市中心区的车辆征收拥堵费

    B. 提高城市中心区的停车收费标准

    C. 降低车辆购置税

    D. 政府补贴公共交通

045. 下列关于城市资本密度的说法正确的是(　　)。

    A. 单位建筑面积投入的资本量
    B. 单位建设用地面积投入的资本量
    C. 单位产值投入的资本量
    D. 人均拥有的资本量

046. 下列关于城市用地承租能力最大的是(　　)。

    A. 商务用地
    B. 居住用地
    C. 工业用地
    D. 仓储用地

047. 城市经济中的基本市场需求等于(　　)。

    A. 内部需求和外部需求之和
    B. 生产需求和生活需求之和
    C. 资源需求和资本需求之和
    D. 中间产品需求和最终消费品需求之和

048. 下列关于社会消费品特征的说法，错误的是(　　)。

    A. 超市商品使用具有竞争性
    B. 供水管网使用具有排他性
    C. 煤炭资源使用具有竞争性
    D. 街头绿地使用具有排他性

049. 下列原则不属于城市经济区组织原则的是(　　)。

    A. 可达性原则
    B. 承载力原则
    C. 中心城市原则
    D. 腹地原则

050. 下列城市行政区城市首位度最低的是(　　)。

    A. 陕西
    B. 宁夏
    C. 山东
    D. 四川

051. 下列规划分析适合运用断裂点理论的是(　　)。

    A. 零售商业网点分析

    B. 城市更新效益分析

    C. 资源环境承载能力评价

    D. 文物影响评估

052. 下列原则不属于中心地理论三原则的是(　　)。

    A. 市场原则
    B. 交通原则
    C. 居住原则
    D. 行政原则

053. 下列规划适合运用增长极理论的是(　　)。

    A. 国家级新区规划
    B. 生态环境保护规划
    C. 文化遗产保护规划
    D. 永久基本农田保护规划

054. 下列不属于"城市收缩"现象的是(　　)。

    A. 就业岗位减少
    B. 产业衰退
    C. 路网密度降低
    D. 人口规模减小

055. 下列社会学理论，强调社会阶层对居住空间选择有重要影响的是(　　)。

    A. 冲突理论
    B. 功能主义理论
    C. 社会互动理论
    D. 社会分层理论

056. 下列关于包容性增长内涵的说法，错误的是(　　)。

    A. 倡导机会平等的增长
    B. 强调保护弱势群体
    C. 优先关注经济规模增长
    D. 寻求社会和经济协调发展

057. 根据《第七次全国人口普查公报》，下列关于我国流动人口概念的说法，错误的是(　　)。

    A. 指人户分离人口中扣除市辖区内人户分离的人口

    B. 指离开户口登记地半年以内的人口

C. 包含跨省流动的人口

D. 包含省内流动的人口

058. 下列调查方法，符合问卷调查特点的是( )。

A. 通过小组座谈的形式，开放、互动地了解群体想法

B. 通过统一设计、标准化的问卷获取受访者信息，便于进行量化分析

C. 研究者积极参与到被观察的社会群体中，与其进行深入交流

D. 研究者深入了解个体经历和态度

059. 下列城市建设活动，不会带来城市社会空间结构性变化的是( )。

A. 建设城市新区 　　　　　　　　　B. 加密城市路网

C. 产业"退二进三" 　　　　　　　　D. 老城更新改造

060. 下列关于我国当前社会结构中性别比的说法，正确的是( )。

A. 总体性别比偏低

B. 城市与农村的性别比差异不大

C. 性别比失衡带来婚配难题

D. 性别比失衡问题仅存在于某些特定年龄段

061. 下列关于城乡社区主要特点差异的说法，错误的是( )。

A. 城市社区公共服务水平高于农村社区

B. 城市社区人口构成异质性高于农村社区

C. 城市社区社会关系紧密度高于农村社区

D. 城市社区人口流动性高于农村社区

062. 下列要素不属于社区规划必须考虑的是( )。

A. 道路交通 　　　　　　　　　　　B. 环境保护

C. 生态修复 　　　　　　　　　　　D. 公共设施

063. 下列措施不利于雾霾治理的是( )。

A. 提高工业废气排放标准 　　　　　B. 增加城市通风廊道

C. 促进公共交通使用 　　　　　　　D. 增加建筑密度

064. 下列关于城市水污染综合整治的做法，错误的是( )。

A. 加强污水处理设施建设，提升污水处理能力

B. 水域治理与陆域治理分开，以免相互干扰

C. 推动雨水收集利用，减少城市径流污染

D. 实施河道清淤，恢复河流自净能力

065. 下列关于资源环境承载能力和国土空间开发适宜性评价应用的说法，错误的是( )。

A. 农业格局应与农业生产适宜性评价结果相衔接

B. 生态保护极重要区作为划定生态保护红线的空间基础

C. 对农业生产与城镇建设评价结果都适宜的农产品主产区，优先考虑城镇建设

D. 生态修复工程优先在生态极脆弱、环境污染严重等区域开展

066. 下列化合物不属于大气污染物的是( )。

A. 二氧化碳 　　　　　　　　　　　B. 二氧化硫

C. 氢氧化物 　　　　　　　　　　　D. 可吸入颗粒物

067. 下列污染来源，不属于城市雾霾来源的是( )。

A. 汽车尾气 　　　　　　　　　　　B. 餐饮油烟

C. 散煤燃烧　　　　　　　　　　　　D. 电厂排放

068. 下列指标不属于城市自然环境容量的是（　　）。

    A. 大气环境容量　　　　　　　　　　B. 城市人口容量

    C. 土壤环境容量　　　　　　　　　　D. 水环境容量

069. 下列废弃物不属于固体废弃污染物的是（　　）。

    A. 隧道弃土　　　　　　　　　　　　B. 生活污泥

    C. 冶炼矿渣　　　　　　　　　　　　D. 化工废渣

070. 下列关于各类污染治理相互关系的说法，错误的是（　　）。

    A. 大气污染治理可能造成水污染　　　B. 固体处理可能造成地下水污染

    C. 废气处理不会造成噪声污染　　　　D. 污水处理不会造成光污染

071. 根据《国土空间调查、规划、用途管制用地用海分类指南》，以下不属于居住用地的是（　　）。

    A. 村供销社用地　　　　　　　　　　B. 小型超市用地

    C. 幼儿园用地　　　　　　　　　　　D. 托儿所用地

072. 下列资源环境因素不适用区分农区畜牧业与牧区畜牧业范围的是（　　）。

    A. 年降水量　　　　　　　　　　　　B. 饲草生产能力

    C. 地层岩性　　　　　　　　　　　　D. 年积温量

073. 根据《城镇土地分等定级规程》，城镇土地分等揭示的是（　　）。

    A. 城镇内部土地质量的区域差异　　　B. 城镇之间土地价格的区域差异

    C. 城镇内部土地价格的区域差异　　　D. 城镇之间土地质量的区域差异

074. 根据《地质灾害防治条例》，以下不属于地质灾害的是（　　）。

    A. 滑坡　　　　　　　　　　　　　　B. 地裂缝

    C. 水土流失　　　　　　　　　　　　D. 泥石流

075. 以下矿产资源不属于我国战略性矿产资源的是（　　）。

    A. 煤炭　　　　　　　　　　　　　　B. 锂矿

    C. 白云岩　　　　　　　　　　　　　D. 稀土

076. 下列关于我国地质灾害特征的说法，错误的是（　　）。

    A. 藏东南地区主要发育高位远程滑坡

    B. 京津冀地区主要发育地面沉降

    C. 桂北黔地区主要发育泥石流

    D. 东南沿海地区主要发育台风暴雨型滑坡崩塌

077. 下列水资源不属于地下水的是（　　）。

    A. 潜水　　　　　　　　　　　　　　B. 沼泽水

    C. 承压水　　　　　　　　　　　　　D. 包气带水

078. 沿海地区海水倒灌的主要原因是（　　）。

    A. 海堤建设　　　　　　　　　　　　B. 海水养殖

    C. 港口建设　　　　　　　　　　　　D. 地下水采集

079. 下列用海中适宜进行海域立体分层设权的是（　　）。

    A. 航道　　　　　　　　　　　　　　B. 填海

    C. 海砂开采　　　　　　　　　　　　D. 温排水

080. 渤海中部属于我国的（　　）。

A. 内水 B. 领海

C. 专属经济区 D. 毗连区

二、多项选择题（共 20 题，每题 1 分。每题备选项中有 2～4 个符合题意，多选、错选、漏选都不得分。）

081. 根据建筑碳排放计算标准，关于碳排放计算方法正确的是（　　）。

A. 可以建筑群为计算对象

B. 可以单体建筑为计算对象

C. 可以在建筑设计阶段进行计算

D. 可在建造后对碳排放量进行核算

E. 碳排放计算年限应小于设计年限

082. 下列关于《既有建筑鉴定与加固通用规范》中既有建筑加固说法正确的是（　　）。

A. 加固的鉴定应选择安全性或抗震鉴定进行

B. 加固内容应包括承载力加固和抗震能力加固

C. 加固抗震设计必须按规定程序进行

D. 加固抗震施工的直接依据是鉴定报告

E. 加固施工质量检验合格，竣工验收后方可投入使用

083. 城市公共交通走廊，按客流规模可划分为（　　）。

A. 高客流走廊 B. 大客流走廊

C. 中客流走廊 D. 普通客流走廊

E. 低客流走廊

084. 下列交通衔接设施中属于中心区公共交通枢纽推荐配置的有（　　）。

A. 公共汽电车首末站

B. 非机动车停车区

C. 出租车和社会车辆上客区

D. 社会车辆停车区

E. 步行交通设施

085. 下列措施中有利于实现碳达峰、碳中和的是（　　）。

A. 虚拟电厂 B. 退林还耕

C. 污水源热泵 D. 电化学储能

E. 二氧化碳捕集和储存

086. 根据城市节水评价标准，属于城市节水评价内容的是（　　）。

A. 万元地区生产总值用水量

B. 城市非常规水资源利用率

C. 供水厂最大供水能力

D. 污水管网覆盖率

E. 污水厂处理能力

087. 下列场景适合采用元胞自动机分析方法的是（　　）。

A. 火灾救援方案制定 B. 传染病传播规模

C. 城市空间增长预测 D. 历史文化街区识别

E. 交通流仿真

088. 下列关于虚拟现实技术的说法，正确的有(　　)。

A. 将计算模拟出来的虚拟场景与真实环境相互融合的技术

B. 可以创建和体验虚拟世界的计算机仿真系统

C. 在输出设备上使用 VR 眼镜作为主要的图像输出

D. 将计算机生成的虚拟信息仿真后，应用到真实世界中

E. 完全建立在虚拟环境中，并通过外部设备增加用户体验度

089. 根据城市经济学原理，下列关于城市空间边界变化的说法，正确的是(　　)。

A. 农业地租整体下降，城市空间边界外扩

B. 城市地租整体上升，城市空间边界外扩

C. 城市交通改善，城市空间边界不变

D. 城市人口增加，带来城市空间边界外扩

E. 城市经济增长，带来城市空间边界外扩

090. 发展新质生产力的措施有(　　)。

A. 发展战略性新兴产业　　　　　　　B. 扩大城市人口规模

C. 推进技术的革命性突破　　　　　　D. 研发原创性科技创新成果

E. 扩大基础产业产能

091. 下列关于城市相对其腹地的位置关系的说法，正确的有(　　)。

A. 中心位置　　　　　　　　　　　　B. 重心位置

C. 邻近位置　　　　　　　　　　　　D. 门户位置

E. 边缘位置

092. 国家"十四五"规划纲要提出，培育发展一批同城化程度高的现代化都市圈其基本特征有(　　)。

A. 中心城市辐射带动　　　　　　　　B. 2 小时通勤圈

C. 职住同城　　　　　　　　　　　　D. 医疗资源共享

E. 产业园区共建

093. 根据《国务院办公厅关于加快发展保障性租赁住房的意见》，下列关于保障性租赁住房建设要求的说法，正确的是(　　)。

A. 以缓解住房租赁市场结构性供给不足为目标

B. 不得在集体经营性用地上建设

C. 允许使用非居住存量房屋

D. 以建筑面积不超过 $70m^2$ 的小户型为主

E. 简化审批流程，严格监管流程

094. 下列属于社区基本公共服务内容的有(　　)。

A. 卫生服务

B. 就业服务

C. 基础教育服务

D. 社区养老托育

E. 社区金融服务

095. 全球环境变暖造成的主要后果不包括(　　)。

A. 海平面上升　　　　　　　　　　　B. 地震频发

C. 城市化率提升　　　　　　　　　　D. 极端气候事件增加

E. 次生灾害频发

096. 下列固体废物中属于危险废物的有( )。

A. 废弃铅蓄电池　　　　　　　　B. 废弃阴极射线管

C. 生活厨余垃圾　　　　　　　　D. 过期药品

E. 废水银温度计

097. 形成城市地面塌陷的主要条件有( )。

A. 易溶的地层岩性和地下空洞　　B. 松散破碎的岩体结构

C. 活动强烈的地下水　　　　　　D. 较好的植被覆盖

E. 频繁的工程活动

098. 属于"三区四带"重要生态系统保护和修复重大工程布局区的有( )。

A. 东北森林带　　　　　　　　　B. 北方防沙带

C. 黄河重点生态区　　　　　　　D. 粤港澳大湾区

E. 青藏高原生态屏障区

099. 下列设施属于布局在深层地下空间的有( )。

A. 综合管廊　　　　　　　　　　B. 战略资源储备

C. 二氧化碳地质封存　　　　　　D. 地下商业综合体

E. 战略防御设施

100. 下列海岸线类型,属于生物海岸线的有( )。

A. 淤泥质海岸线　　　　　　　　B. 红树林海岸线

C. 基岩海岸线　　　　　　　　　D. 砂质海岸线

E. 珊瑚礁海岸线

---

001. 【解析】B。根据《绿色建筑评价标准》GB/T 50378—2019(2024年版)条款3.1.1,绿色建筑评价应以单栋建筑或建筑群为评价对象(故A项错误)。条款3.1.2,绿色建筑评价应在建筑工程竣工后进行,绿色建筑预评价应在建筑工程施工图设计完成后进行(故B项正确,C项错误)。条款3.2.7,当满足全部控制项要求时,绿色建筑等级应为基本级(故D项错误)。

002. 【解析】B。根据《民用建筑通用规范》GB 55031—2022条款5.3.5,当梯段改变方向时,楼梯休息平台的最小宽度不应小于梯段净宽,并不应小于1.2m(故D项正确);当中间有实体墙时,扶手转向端处的平台净宽不应小于1.3m。直跑楼梯的中间平台宽度不应小于0.9m(故C项正确)。条款5.3.7,公共楼梯休息平台上部及下部过道处的净高不应小于2m(故A项正确),梯段净高不应小于2.2m(故B项错误)。

003. 【解析】C。建筑体型系数指的是建筑物与室外大气接触的外表面积与其所包围的体积的比值。这个比值反映了单位建筑体积所分摊到的外表面积,是衡量建筑体型复杂程度和影响建筑能耗的关键指标。

004. 【解析】B。根据《建筑防火通用规范》GB 55037—2022条款4.1.4,燃油或燃气锅炉、可燃油油浸变压器、充有可燃油的高压电容器和多油开关、柴油发电机房等独立建造的设备用房与民用建筑贴邻时,应采用防火墙分隔,且不应贴邻建筑中人员密集的场所。上述设备用房附设在建筑内时,应符合下列规定:①当位于人员密集的场所的上一层、下一层或贴邻时,应采取防止设备用房的爆炸作用危及上一层、下一层或相邻场所的措施；②设备用房的疏散门应直通室外或安全出口（故 A 项正确）；③设备用房应采用耐火极限不低于 2h 的防火隔墙（故 D 项正确）和耐火极限不低于 1.5h 的不燃性楼板与其他部位分隔（故 C 项正确），防火隔墙上的门、窗应为甲级防火门、窗（故 B 项错误）。

005.【解析】A。根据《建筑环境通用规范》GB 55016—2021 表 D.0.3 全国主要城镇热工设计区属可知，江西全域属于夏热冬冷地区，故 A 项正确。

006.【解析】D。明清以后，斗栱的承托作用减弱，而装饰作用加强。清代木构架上的斗栱色彩主要是金碧辉煌的彩画，包括金琢墨斗栱彩画和雅伍墨、雄黄玉等彩画。

007.【解析】C。《管子》中有"因天材，就地利，故城郭不必中规矩，道路不必中准绳"，从思想上完全打破了《周礼》单一模式的束缚，体现出因地制宜的营城原则。

008.【解析】A。《园冶》是中国古代造园专著，也是中国第一本园林艺术理论的专著，由明末造园家计成所著。《园冶》是计成将园林创作实践总结提高到理论的专著，全书论述了宅园、别墅营建的原理和具体手法，反映了中国古代造园的成就，总结了造园经验，是一部研究古代园林的重要著作为后世的园林建造提供了理论框架以及可供模仿的范本。

009.【解析】D。编户齐民是西汉政府实行的一项重要户籍制度，旨在以户为单位编制户籍，将人民纳入国家组织，从而打破阶级等级，实现所有人在理论上的平等。与空间规划理念关联不大。

010.【解析】D。碉楼为藏族民居，多分布在西藏、青海一带；土楼为客家民居，福建是主要分布地之一；阿以旺是新疆地区常见的一种传统民居；一颗印为云南传统民居。

011.【解析】D。街巷制的特点是取消坊墙，使街坊完全面向街道，沿街设置商店，并沿着通向街道的巷道布置住宅。"里坊制"经过平城定型，逐渐演变升华为一种国家制度，经洛阳及北齐北周运行至隋唐，终于在唐朝的长安城登峰造极，古代的民居管理，从"里"到"坊"，再到"坊市"，完成了历史演变。随着城市商业和手工业的迅速发展，经济活动的空间需要扩大和开放，集中设市的模式和封闭的坊墙已不能适应社会的需要。自唐代中晚期起，城市中侵街建房、坊内开店、破坏夜禁等现象屡屡出现。唐后五代十国处于里坊制到街巷制的变革中，北宋东京城正式确立街巷制。

012.【解析】D。根据《城市客运交通枢纽设计标准》GB/T 51402—2021 条款 3.1.2，城市客运交通枢纽应根据规划年限的枢纽日客流量进行分级。

013.【解析】D。根据《城市综合交通体系规划标准》GB/T 51328—2018 条款 12.2.3，城市快速路统计应仅包含快速路主路，快速路辅路应根据承担的交通特征，计入Ⅲ级主干路或次干路。

014.【解析】B。根据《小交通量农村公路工程技术标准》JTG 2111—2019 条款 3.1.2，交通组成中无大型、重载型车辆的小交通量农村公路分为四级公路（Ⅰ类）、四级公路（Ⅱ类）两个类型。四级公路（Ⅰ类）年平均日设计交通量宜在 1000 辆小客车及以下。根据表 4.0.2 可知四级公路（Ⅰ类）单车道宽度应不小于 3m，即双车道最小为 6m。

车道宽度及路肩宽度（表 4.0.2）

公路等级	四级公路（Ⅰ类）	四级公路（Ⅱ类）
车道数	2	1
车道宽度（m）	3	3.5
路肩宽度（m）	0.25	0.5

015. 【解析】B。根据《城市步行和自行车交通系统规划标准》GB/T 51439—2021 表 5.3.4 可知，单条自行车通行带设计标准宽度为 1m。

单条自行车通行带的宽度和设计通行能力（表 5.3.4）

所在地点	隔离类型	宽度（m）	设计通行能力（veh/h）
城市路段	机非隔离	1	1500
	无机非隔离	1	1300

016. 【解析】C。根据《城市综合交通体系规划标准》GB/T 51328—2018 条款 13.1.4，机动车停车场应规划电动汽车充电设施。公共建筑配建停车场、公共停车场应设置不少于总停车位 10% 的充电停车位。故该车库应设置不少于 60 个充电停车位。

017. 【解析】A。根据《城市综合交通体系规划标准》GB/T 51328—2018 条款 12.9.2，沿生活性岸线布置的城市滨水道路，道路等级不宜高于Ⅲ级主干路（故 A 项错误），并应降低机动车设计车速，优先布局城市公共交通、步行与非机动车空间。

018. 【解析】D。根据《城市综合交通调查技术标准》GB/T 51334—2018 条款 4.3，居民出行调查内容应包括住户特征、个人特征、车辆特征和出行特征四大类。其中职业特征属于个人特征。

019. 【解析】B。根据《城镇化地区公路工程技术标准》JTG 2112—2021 条款 3.1.2，公路与城市道路的衔接应符合下列规定：①高速公路、作为干线的一级公路，宜与快速路衔接（故 B 项错误）；②作为集散的一级公路、作为干线的二级公路，宜与主干路衔接；③作为集散的二、三级公路，宜与次干路衔接；④作为支线的三级公路、四级公路，宜与支路衔接。

020. 【解析】A。根据《城市道路交叉口规划规范》GB 50647—2011 条款 5.1.1，在控制性详细规划阶段，除应按本规范表 3.2.3 的规定选择立体交叉类型外，还应根据交通需求和周围环境限制条件等因素，并按下列规定确定具体立体交叉形式：①枢纽立交应选择全定向、半定向、组合型等立交形式（故 C 项正确）。一般立交可选择全苜蓿叶形、部分苜蓿叶形、喇叭形、菱形以及环形或组合型等立交形式。②直行和转弯交通量均较大并需高速度集散车辆的快速路与快速路相交的枢纽型立交，应选用全定向型或半定向型立交；左转弯交通量差别较大的枢纽立交，可选用组合型立交。③相交道路等级相差较大，且转弯交通量不大的一般立交，可选用菱形、部分苜蓿叶形或喇叭形立交形式（故 B 项正确）。④城市中不宜选用占地较大的全苜蓿叶形立交（故 D 项正确）；如需设置同侧的环形左转匝道时，应在两相邻左转环形匝道间设置集散车道。⑤左转交通量较大的立交不应选用环形立交（故 A 项错误）。

021. 【解析】D。根据《城市轨道交通线网规划标准》GB/T 50546—2018 条款 2.0.5，负荷强度分为线路负荷强度和线网负荷强度。线路负荷强度为线路全日客运量与线路长度之比，线网负荷强度为线网全日客运量与线网长度之比。即(250＋150)/500＝0.8 万人次/km·d

022. 【解析】C。雨水花园、透水路面、绿色屋顶、生态植草沟、下凹绿地、地下蓄渗设施为常见的低影响开发（LID）的技术与措施。下穿道路雨水泵站主要功能应为排水功能，不属于源头上低影响开发。

023. 【解析】D。根据《燃气工程项目规范》GB 55009—2021 条款 5.1.1，输配管道应根据最高工作压力进行分级，并应符合表 5.1.1 的规定。

输配管道压力分级（表 5.1.1）

名称		最高工作压力（MPa）
超高压		$4 < P$
高压	A	$2.5 < P \leqslant 4$
	B	$1.6 < P \leqslant 2.5$
次高压	A	$0.8 < P \leqslant 1.6$
	B	$0.4 < P \leqslant 0.8$
中压	A	$0.2 < P \leqslant 0.4$
	B	$0.01 < P \leqslant 0.2$
低压		$P \leqslant 0.01$

024.【解析】B。根据《城市电力规划规范》GB/T 50293—2014 条款 7.2.4，城市变电站规划选址，应符合下列规定：①应与城市总体规划用地布局相协调；②应靠近负荷中心（故 B 项错误）；③应便于进出线（故 A 正确）；④应方便交通运输（故 C 正确）；⑤应减少对军事设施、通信设施、飞机场、领（导）航台、国家重点风景名胜区等设施的影响；⑥应避开易燃、易爆危险源和大气严重污秽区及严重盐雾区（故 D 正确）；⑦220～500kV 变电站的地面标高，宜高于 100 年一遇洪水位；35～110kV 变电站的地面标高，宜高于 50 年一遇洪水位；⑧应选择良好地质条件的地段。

025.【解析】B。根据《城市环境卫生设施规划标准》GB/T 50337—2018 条款 7.1.3，公共厕所应以附属式公共厕所为主，独立式公共厕所为辅，移动式公共厕所为补充。

026.【解析】B。根据《城市工程管线综合规划规范》GB 50289—2016 条款 4.1.13，工程管线交叉点的高程应根据排水等重力流管线的高程确定。

027.【解析】C。根据《城乡建设用地竖向规划规范》CJJ 83—2016 条款 3.0.7，同一城市的用地竖向规划应采用统一的坐标和高程系统。

028.【解析】D。根据《城市排水工程规划规范》GB 50318—2017 条款 4.4.6，污水处理厂的出水水质应执行现行国家标准《城镇污水处理厂污染物排放标准》GB 18918，并满足当地水环境功能区划对受纳水体环境质量的控制要求。

029.【解析】D。根据《城市消防规划规范》GB 51080—2015 条款 4.1.1，城市消防站应分为陆上消防站、水上消防站和航空消防站。陆上消防站分为普通消防站、特勤消防站和战勤保障消防站。普通消防站分为一级普通消防站和二级普通消防站。特勤消防站无分级，故 D 项错误。

030.【解析】C。《城市给水工程项目规范》GB 55026—2022 条款 3.2.1，给水工程设计规模应满足供水范围规划年限内的最高日用水量。

031.【解析】D。《建筑工程抗震设防分类标准》GB 50223—2008 条款 3.0.2，建筑工程应分为特殊设防类（简称甲类）、重点设防类（简称乙类）、标准设防类（简称丙类）、适度设防类（简称丁类）四个抗震设防类别。

032.【解析】C。可视化技术现已成为研究数据表示、数据处理、决策分析等一系列问题的综合技术。在现在的大数据时代的背景下，可视化的内容除了传统的科学可视化外，现在还有信息可视化、可视分析等。

033.【解析】C。静态与动态交通数据区别主要表现在实时性方面。静态交通数据一般采用一次性人工录入的方式存入静态交通信息数据库，包括：①公路网信息，包括道路的布局、宽度、长度等基本信息。②交通管理设备信息，包括交通信号灯、监控摄像头等设备的位置和状态信息。③城市基础地理数据，包括城市道路网的基础数据。④城市道路网基础信息，包括道路的布局、宽度、长度等基本信息。⑤公共交通车辆停放信息，包括公共交通车辆为乘客上下车的暂时停放信息。⑥货运车辆停放信息，包括货运车辆为装卸货物的暂时停放信息。⑦小客车和自行车停放信息，包括小客车和自行车等交通工具的停放信息等。ABD 项均属于静态交通数据。动态交通数据反映的是随时间变动的交通状况数据，它的采集必须是及时的、准确的。动态交通数据较为复杂，包括交通流状态特征数据（如流量、车速、密度等）、交通紧急事件信息数据（大型交通事故、大型社会事件的位置数据等）、在途车辆及驾驶员的实时数据（如停车位、修路位置等）、环境状况数据（如大气状况数据、污染情况数据等）、天气信息数据及交通管制数据等。C 项属于动态交通数据。

034.【解析】C。时间序列分析是现代计量经济学的重要内容，在指标预测中具有重要地位，是研究统计指标动态特征和周期特征及相关关系的重要方法，在金融工程、计量经济学、健康医疗、天气预报等方面得到广泛应用。C 项与时间基本无关联。

035.【解析】D。1 个字节（Byte）等于 8 位（bit）。

036.【解析】B。数据库设计通常分为 6 个阶段：①需求分析，分析用户的需求，包括数据、功能和性能需求；②概念结构设计，主要采用 E-R 模型（实体关系模型）进行设计；③逻辑结构设计，通过将 E-R 图转换成表，实现从 E-R 模型到关系模型的转换；④数据库物理设计，主要是为所设计的数据库选择合适的存储结构和存取路径；⑤数据库的实施，包括编程、测试和试运行；⑥数据库运行与维护，系统的运行与数据库的日常维护。

037.【解析】D。激光雷达数据是一种通过位置、距离、角度等观测数据直接获取对象表面点三维坐标，实现地表信息提取和三维场景重建的对地观测技术。D 项不属于地表信息。

038.【解析】B。根据《市级国土空间总体规划制图规范（试行）》条款 2.1.2，市级国土空间总体规划中，市域图件挂图的比例尺一般为 1∶10 万，如辖区面积过大或过小，可适当调整。条款 2.1.3，市级国土空间总体规划中，中心城区图件挂图的比例尺一般为 1∶1 万～1∶2.5 万；中心城区规划控制范围大的，图件比例尺可缩小至 1∶5 万或根据情况作进一步调整。故 B 项不符合。

039.【解析】C。工业 GDP 和增加值属于经济统计数据，不属于空间数据。

040.【解析】C。外部性是造成城市均衡规模与最佳规模不相等的重要原因，这种外部性导致了资源利用效率的低下。为了解决这一问题，政府可以通过对负的外部性征税（如污染税、拥挤税）和对正的外部性给予补贴（如节能补贴、减排补贴），从而使平均成本向边际成本靠近，进而使城市的均衡规模向最佳规模靠近。这种政策手段可以调整城市的发展方向，使其更加符合社会最优状态。

041.【解析】D。根据《自然资源部 国家发展改革委 农业农村部关于保障和规范农村一二三产业融合发展用地的通知》，农村一二三产业融合发展用地是以农业农村资源为依托，拓展农业农村功能，延伸产业链条，涵盖农产品生产、加工、流通、就地消费等环节，用于农产品加工流通、农村休闲观光旅游、电子商务等混合融合的产业用地，土地用途可确定为工业用地、商业用地、物流仓储用地等。

042.【解析】D。区位熵又称专门化率，是在经济地理学中用来衡量某一区域要素的空间分布情况、反映某一产业部门的专业化程度，以及某一区域在高层次区域的地位和作用等方面的指标。其与产业生产率关联不大。

043.【解析】A。支柱产业是指在国民经济体系中占有重要的战略地位，其产业规模在国民经济中占有较大份额，并起着支撑作用的产业或产业群。

044.【解析】C。降低购置税会使车辆增加，加剧中心区的拥堵。

045.【解析】B。对于建筑的生产者来说，土地和资本是最重要的两项投入，单位土地上投入的资本量称为资本密度，类似于规划中常用的容积率概念，即资本密度越高，建筑的高度就越高。

046.【解析】A。商务活动需要大量进行面对面的交易，对区位的可达性要求很高，愿意支付最高的租金以获得最大的便捷度，因此承租能力最大。

047.【解析】A。对于城市经济来说，基本的市场需求可分为内部的需求与外部的需求两部分。

048.【解析】D。可以简单理解为付费即排他，一个人使用时其他人可使用的范围减少就形成竞争。街头绿地为社会公共品，所有人都可使用，无排他性。

049.【解析】B。城市经济区组织的原则：①中心城市原则；②联系方向原则；③可达性原则；④过渡带原则；⑤腹地原则；⑥兼顾行政区单元完整性的原则。

050.【解析】C。2023年我国省级行政区首位度前十位由高到低为吉林、宁夏、青海、四川、湖北、陕西、黑龙江、西藏、海南、甘肃。山东首位度较低。

051.【解析】A。断裂点理论是关于城市与区域相互作用的一种理论，认为一个城市对周围地区的吸引力与它的规模成正比，与距它的距离的平方成反比，被广泛用来确定城市吸引范围和城市经济区的划分。断裂点理论可看作价格对需求的影响、量变引起质变的极值问题，相关联的有零售引力规律、价格断裂点理论、临界点理论等。

052.【解析】C。中心地理论三原则为市场原则、交通原则、行政原则。

053.【解析】A。增长极是否存在取决于有无发动型工业，所谓发动型工业就是能带动城市和区域经济发展的工业部门。它强调某个区域的经济发展。

054.【解析】C。城市收缩的特征主要包括：①人口减少，城镇地区的人口出现负增长；②经济衰退，产业结构调整导致经济下滑，第三产业占比低，工资水平下降；③建筑空置，大量住宅和商业建筑空置，基础设施荒废；④社会问题，失业率上升，社会服务不足，公共安全问题加剧。

055.【解析】D。社会分层是结构化、制度化的社会不平等，是按照一定的标准将人们区分为高低不同的等级序列。卡尔·马克思和马克斯·韦伯提供了有关社会分层的最基本的理论模式和分析框架，前者是阶级理论，后者是多元社会分层理论。

056.【解析】C。包容性增长寻求的是社会和经济协调发展、可持续发展，与单纯追求经济增长相对立。包容性增长包括以下要素：让更多的人享受全球化成果；让弱势群体得到保护；加强中小企业和个人能力建设；在经济增长过程中保持平衡；强调投资和贸易自由化，反对投资和贸易保护主义；重视社会稳定。包容性增长最基本的含义是公平、合理地分享经济增长，其中最重要的表现就是缩小收入分配差距。

057.【解析】B。流动人口是指人户分离人口中扣除市辖区内人户分离的人口。其中，人户分离人口是指居住地与户口登记地所在的乡镇街道不一致且离开户口登记地半年以上的人口（故B项错误）。市辖区内人户分离人口是指一个直辖市或地级市所辖的区内和区与区之间，居住地和户口登记地不在同一乡镇街道的人口。

058.【解析】B。问卷调查就是把要研究的内容变成一系列的问题，通过发放和回收一定数量的问卷，对被调查者的回答进行统计总结或定量分析。

059.【解析】B。城市社会空间结构是指在一定的经济、社会背景和基本发展动力下，综合了人口变化、经济职能的分布变化以及社会空间类型等要素而形成的复合性城市地域形式。B项不会造成城市社会空间结构的基础条件发生变化。

060.【解析】C。性别比是指某一时点某一特定人口中男性对女性的比例，通常以每100名女性对应的男性来表示，故D项错误。根据第七次全国人口普查公报，我国总人口性别比为104.8，故A项错误；全国城市人口性别比为102.97，全国镇人口性别比为103.28，全国乡村人口性别比为107.91，故B项错误。不合理的性别比会引发一系列的社会问题，如婚姻挤压问题，也能够反映出该城市或地区发展的一些问题，如重男轻女陋习等，故C项正确。

061.【解析】C。城市经济文化发展水平较高，因此能提供较好的公共服务。中国城市内部空间的差异性大于相似性，带有多中心结构的特点，整体上表现出明显的异质性特征。城市由于有较多的人口迁入和流出，因此人口流动性较高。

062.【解析】C。社区规划是通过公众参与从而有效地利用（整合和挖掘）社区资源，合理配置生产力和城乡居民点，改善社区环境，提高社区的生活质量。合理配置城乡居民点从某种程度上解决居住隔离。生态修复不是社区层面要处理的问题。

063.【解析】D。从节能减排的角度分析，增加建筑密度一是增加资源消耗，资源消耗的过程中产生污染物，二是过高的建筑密度不利于污染物扩散分解。

064.【解析】B。水域和陆域之间存在着密切的联系和相互作用，因此水域治理与陆域治理是紧密相关的，对于水域和陆域的治理应当采取综合性的方法，即陆海统筹的原则。

065.【解析】C。农产品主产区通常被视为提供农产品为主体功能的区域，其主体功能定位是明确以农业生产为主，而非城镇建设。尽管这些区域可能同时适宜于农业生产和城镇建设的发展，但它们的优先发展方向仍然是农业生产，以确保粮食安全和农产品供应的稳定性。

066.【解析】A。大气主要成分包括氮气、氧气、二氧化碳、水蒸气、氩气以及其他微量气体，因此二氧化碳不属于大气污染物。

067.【解析】B。雾霾分为一次颗粒和二次颗粒。一次颗粒物是指从排放源直接排放到大气环境中的液态或固态颗粒物，而且在排放之后颗粒物未发生变化，保持其排放时的原有物理和化学性状。以燃煤、机动车、工业生产日常生活等人为源排放的烟尘为主，粉尘、扬尘等都是一次颗粒物，ACD项属于此类。二次颗粒物是指由大气中某些气态污染物在大气中经过一系列化学转化或物理过程而生成的固态或液态颗粒物，是$PM_{2.5}$的主要来源。

068.【解析】B。城市自然环境容量包括大气环境容量、土壤环境容量、水环境（地表水和地下水）容量、生态环境容量等内容。

069.【解析】A。隧道弃土是可以就地填埋的，对环境不产生污染，因此不属于固体废弃污染物。

070.【解析】C。废弃处理过程中伴随噪声污染。

071.【解析】C。幼儿园用地（080404）属于0804教育用地，属于08公共管理与公共服务用地大类，不属于07居住用地大类。要注意0702城镇社区服务设施用地包括：社区服务站以及托儿所、社区卫生服务站、文化活动站、小型综合体育场地、小型超市等用地，以及老年人日间照料中心（托老所）等社区养老服务设施用地，不包括中小学、幼儿园用地。村供销社属于 0704 农村社区服务设施用地。

072.【解析】C。根据《资源环境承载能力和国土空间开发适宜性评价指南（试行）》，农区畜牧业与牧区畜牧业的区分主要是基于气候条件、生产方式以及年积温量的不同。农区畜牧业主要分布在气候条件较好的地区，以舍饲和秸秆饲料为主，而牧区畜牧业则主要分布在气候条件较为恶劣的地区，以放牧和轮牧为主，年积温量较低。

073.【解析】D。根据《城镇土地分等定级规程》GB/T 18507—2014，城镇土地分等揭示城镇之间土地质量的地域差异，城镇土地定级揭示城镇内部土地质量的地域差异。

074.【解析】C。常见地质灾害类型滑坡、崩塌、地面沉降、地面塌陷、泥石流、地裂缝等。

075.【解析】C。根据《全国矿产资源规划（2016—2020 年）》，有 24 种矿产被列入战略性矿产目录。

战略性矿产目录

能源矿产	石油、天然气、页岩气、煤炭、煤层气、铀
金属矿产	铁、铬、铜、铝、金、镍、钨、锡、钼、锑、钴、锂、稀土、锆
非金属矿产	磷、钾盐、晶质石墨、萤石

076.【解析】C。根据《全国地质灾害防治"十四五"规划》，全国共有 16 个地质灾害重点防治区：①西藏喜马拉雅重点地区高位远程滑坡及链式灾害重点防治区；②滇西川西藏东横断山区高山峡谷滑坡崩塌泥石流重点防治区；③川南滇东北黔东黔西高山峡谷区滑坡崩塌泥石流重点防治区；④桂北黔南粤西北中山区岩溶崩塌地面塌陷重点防治区；⑤湘东南赣西中低山区群发性滑坡崩塌重点防治区；⑥浙闽粤盐皖低山丘陵区台风暴雨型滑坡崩塌重点防治区；⑦长江中上游三峡库区滑坡崩塌重点防治区；⑧陇南陕南川北秦岭大巴山区滑坡崩塌泥石流重点防治区；⑨青东陇中陕北晋西北黄土滑坡崩塌泥石流重点防治区；⑩新疆南部滑坡崩塌泥石流重点防治区；⑪新疆伊犁地区滑坡泥石流重点防治区；⑫辽东低山丘陵区泥石流重点防治区；⑬华北平原地面沉降重点防治区；⑭长江三角洲地面沉降重点防治区；⑮汾渭盆地地面沉降地裂缝重点防治区；⑯珠江三角洲地面塌陷地面沉降重点防治区。

077.【解析】B。地下水包括包气带水、潜水、承压水。

078.【解析】D。海水倒灌的原因为过度开采地下水，地下水位下降，造成沿海地区海水倒灌。

079.【解析】D。根据《自然资源部关于探索推进海域立体分层设权工作的通知》，在不影响国防安全、海上交通安全、工程安全及防灾减灾等前提下，鼓励对跨海桥梁、养殖、温（冷）排水、海底电缆管道、海底隧道等用海进行立体分层设权，生产经营活动存在冲突的除外。

080.【解析】A。我国的渤海和琼州海峡属于内海。内海是内水的一种重要海域，内水的外延比内海大。内水除内海外，还包括海湾、海港、海峡等。内水属于国家领土的一部分，受国家的主权管辖。

081.【解析】ABCD。根据《建筑碳排放计算标准》GB/T 51366—2019 条款 3.0.1，建筑物碳排放计算应以单栋建筑或建筑群为计算对象（故 AB 项正确）。条款 3.0.2，建筑碳排放计算方法可用于建筑设计阶段对碳排放量进行计算，或在建筑物建造后对碳排放量进行核算（故 CD 项正确）。条款 4.1.2，碳排放计算中采用的建筑设计寿命应与设计文件一致，当设计文件不能提供时，应按 50 年计算（故 E 项错误）。

082. 【解析】BCE。根据《既有建筑鉴定与加固通用规范》GB 55021—2021 条款 2.0.4，既有建筑的鉴定应同时进行安全性鉴定和抗震鉴定（故 A 项错误）；既有建筑的加固应进行承载能力加固和抗震能力加固（故 B 项正确）。条款 2.0.6，既有建筑的加固必须按规定的程序进行加固设计（故 C 项正确）；不得将鉴定报告直接用于施工（故 D 项错误）。条款 2.0.7，既有建筑的加固施工必须进行加固工程的施工质量检验和竣工验收；合格后方允许投入使用（故 E 项正确）。

083. 【解析】ABCD。《城市综合交通体系规划标准》GB/T 51328—2018 条款 9.1.3，城市公共交通走廊按照高峰小时单向客流量或客流强度可分为高、大、中与普通客流走廊四个层级。

084. 【解析】ABCE。根据《城市综合交通体系规划标准》GB/T 51328—2018 条款 8.3.3，城市公共交通枢纽衔接交通设施的配置，应符合表 8.3.3 规定。社会车辆停车区只有其他地区才设置，故 D 项不属于。

城市公共交通枢纽衔接交通设施配置要求（表 8.3.3）

客运枢纽区位	交通设施配置要求
城市中心区	1. 宜设置城市公共汽电车首末站； 2. 应设置便利的步行交通系统； 3. 宜设置非机动车停车设施； 4. 宜设置出租车和社会车辆上、落客区
其他地区	1. 应设置城市公共汽电车首末站； 2. 应设置便利的步行交通系统； 3. 宜设置非机动车停车设施； 4. 应设置出租车上、落客区； 5. 宜设置社会车辆立体停车设施

085. 【解析】ACDE。耕地对于固碳的作用远远小于森林，故 B 项错误。

086. 【解析】AB。城市节水评价常用指标：万元地区生产总值用水量、城市非常规水资源利用率、城市污水集中处理率、城市供水管网漏损率、城市居民生活日用水量、节水型生活用水器具普及率、万元工业增加值用水量、工业用水重复利用率、工业企业单位产品用水量、节水型工业企业覆盖率。

087. 【解析】ABC。元胞自动机是一种时间、空间、状态都离散，空间相互作用和时间因果关系为局部的网格动力学模型，具有模拟复杂系统时空演化过程的能力。元胞自动机分析方法适宜的场景包括生命科学、物理学、社会科学、计算机科学、智能交通、生态学等多个领域，可应用于森林火灾、传染病场景、城市空间增长等产生空间变化的预测。

088. 【解析】ABD。虚拟现实就是虚拟和现实相互结合，即采用特定技术生成一个虚拟的情境，但给人以现实的感觉。从理论上来讲，虚拟现实技术（VR）是一种可以创建和体验虚拟世界的计算机仿真系统，它利用计算机生成一种模拟环境，使用户沉浸到该环境中。通过使用外部设备，如头戴式显示器、数据手套等，用户可以获得更加沉浸式的体验，仿佛真正置身于这个虚拟世界中（故 C 项错误）。虚拟现实技术并不完全建立在虚拟环境中，而是通过计算机生成一种模拟环境，并通过多种专用设备，使用户"投入"到该环境中，实现用户与该环境直接进行自然交互的技术（故 E 项错误）。

089.【解析】BDE。农业地租与城市空间边界无直接关联（故 A 项错误）。城市交通改善将带来城市空间边界外扩（故 C 项错误）。

090.【解析】ACD。中央经济工作会议指出，要以科技创新推动产业创新，特别是以颠覆性技术和前沿技术催生新产业、新模式、新动能，发展新质生产力。新质生产力是由技术革命性突破、生产要素创新性配置、产业深度转型升级而催生的当代先进生产力，它以劳动者、劳动资料、劳动对象及其优化组合的质变为基本内涵，以全要素生产率提升为核心标志。发展新质生产力，科技创新是核心驱动力，培育新产业是重点任务。BE 不属于以上范畴。

091.【解析】ABCD。城市相对其腹地的位置关系包括中心、重心位置和邻接、门户位置。

092.【解析】ADE。国家"十四五"规划纲要提出建设现代化都市圈。依托辐射带动能力较强的中心城市（故 A 项正确），提高 1 小时通勤圈协同发展水平（故 B 项错误），培育发展一批同城化程度高的现代化都市圈。以城际铁路和市域（郊）铁路等轨道交通为骨干，打通各类"断头路""瓶颈路"，推动市内市外交通有效衔接和轨道交通"四网融合"，提高都市圈基础设施连接性贯通性。鼓励都市圈社保和落户积分互认、教育和医疗资源共享，推动科技创新券通兑通用、产业园区和科研平台合作共建（故 E 项正确）。鼓励有条件的都市圈建立统一的规划委员会，实现规划统一编制、统一实施，探索推进土地、人口等统一管理。C 项未提及。

093.【解析】ACDE。《国务院办公厅关于加快发展保障性租赁住房的意见》提出，保障性租赁住房由政府给予土地、财税、金融等政策支持，充分发挥市场机制作用，引导多主体投资、多渠道供给，坚持"谁投资、谁所有"，主要利用集体经营性建设用地（故 B 错误）、企事业单位自有闲置土地、产业园区配套用地和存量闲置房屋建设，适当利用新供应国有建设用地建设，并合理配套商业服务设施。

094.【解析】ABCD。根据《国家基本公共服务标准（2023 年版）》，基本公共服务包括幼有所育、学有所教（C 项）、劳有所得（B 项）、病有所医（A 项）、老有所养（D 项）、住有所居、弱有所扶、优军服务保障、文体服务保障九个方面。

095.【解析】BC。全球变暖造成冰川融化，造成海平面上升，从而引发一系列极端气候事件，极端气候事件又会造成次生灾害。BC 项与全球变暖无关。

096.【解析】ABDE。根据《国家危险废物名录（2021 年版）》，生活厨余垃圾属于一般固体废物。

097.【解析】ABCE。城市地面塌陷的形成条件主要包括：①地质条件，地下存在一定的空洞，如岩溶洞隙、土洞和采空区（故 AB 项正确）；②覆盖层条件，一定厚度的松散覆盖层，如土壤和岩石的混合物；③动力因素，破坏地下洞室稳定的动力因素，如地下水变化、振动、地表加重和地表水渗入等（故 C 项正确）；④自然因素，地震、降雨、河道水位变化等；⑤人为因素，抽取地下水、坑道排水、地表水和大气降水渗入、施工振动等（故 E 项正确）。

098.【解析】ABCE。《全国重要生态系统保护和修复重大工程总体规划（2021—2035 年）》提出，将全国重要生态系统保护和修复重大工程规划布局在青藏高原生态屏障区、黄河重点生态区（含黄土高原生态屏障）、长江重点生态区（含川滇生态屏障）、东北森林带、北方防沙带、南方丘陵山地带、海岸带等重点区域。

099.【解析】BC。根据《城市地下空间规划标准》GB/T 51358—2019 条款 3.0.6 及条文说明，城市地下空间可分为浅层（0～－15m）、次浅层（－15～－30m）、次深层（－30～－50m）和深层（－50m以下）四层。城市地下空间利用应遵循分层利用、由浅入深的原则。对次深层和深层城市地下空间开发利用应以资源保护为主。

100.【解析】BE。生物性海岸是主要由生物构建的海岸，包括珊瑚礁和牡蛎礁等动物残骸构成的海岸，以及红树林与湿地草丛等植物群落构成的海岸。